KB246943

세계 중요 동식물 일반명 명감

-영명·국명·학명 상호대조-

윤 실 지음

전파과학사

【지은이 소개】

1943년 생.
경남 마산고등학교 졸업, 성균관대학교 생물학과 및
대학원 졸업. 월간『학생과학』편집장 역임(1967~1977).
현재 : (주) 한국일보 타임-라이프 편집이사(1977~현재)
저서 :『동물의 지혜와 본능』,『바이오닉스』,
　　　『미래를 여는 과학의 빛』,『동식물의 신비』,
　　　『우주인은 있을까』,『공룡은 왜 사라졌을까』,
　　　『내 친구 로봇』,『교실 밖으로 떠나는 과학여행』등
역서 :『생명의 뿌리』,『새로운 생물학』,『바이오테크놀로지』,
　　　『분자생물학』,『교실에서 못 배우는 식물 이야기』,
　　　『세포의 사회』등.

머리말

한 가지 동물이나 식물의 이름을 여러 다른 명칭으로 부르게 되면 혼란을 가져오게 된다. 특히 그것이 외국의 동식물일 경우 더욱 그러하다. 그래서 모든 생물의 종에 대해 학술적인 고유 이름인 학명(scientific name)과 그 것의 일반명(popular name)이 정해진다. 그러나 친숙하 지 못한 수많은 외국의 동식물 이름에 대해 적절한 일반 명을 때맞추어 제정 사용한다는 것은 쉬운 일이 아니다.

무지가 무모한 행동을 하게 하는 경우가 많다. 그렇듯 나의 무지가 이와 같은 세계 중요 동식물의 영어와 우리 말 일반명 명감을 만들 생각을 하게 했다. 각종 일반 서 적에 등장하는 중요 동식물의 영어 일반명에 대한 우리말 일반명을 카드로 정리하기 시작한 것은 1977년 5월 현재 의 직장에서 일하게 되면서부터였다. 미국의 출판사인 타 임-라이프사가 발간한 전집 도서 가운데 하나인 '라이프- 대자연'시리즈(Life Nature Library) 전 20권을 한국어 판으로 번역하여 편집하는 일에 참여하면서 그것의 필요 성을 절실히 느낀 것이다.

전세계 지역의 각종 동식물 영어 이름이 세 수 없도록 나오는 그 시리즈를 편집하면서, 가장 난처했던 일은 바 로 이들 온갖 동식물의 우리말 일반명을 찾아내고, 전문 학자에게 묻고 또 새로 작명하는 작업이었다. 그런데 책 에 소개되는 각종 동식물은 거의가 우리 나라에 소개되지도 않았을 뿐더러 지금까지 우리말 일반명이 정해져 있지 아니한 생소한 것들이었다.

이름을 찾느라 영한사전이나 국내에서 출판된 각종 동식물 도감과 백과사전 등을 조사하는 동안, 이들 생물의 이름과 내용 설명이 명확치 못하거나 책에 따라 또는 페이지에 따라 다르게 표기된 것이 너무나 많다는 것을 알게 됐다.

전문 학자가 아닌 출판 편집자가 대학에서 배운 얕은 분류학 지식만으로 외국의 생소한 동식물 이름을 명명하는 일을 감히 한다는 것은 여간 무모한 짓이 아니었다. 그러나 계획된 일정 안에 편집을 마치려면 그러지 않을 수 없었다. 그리하여 동식물 일반명에 대한 색인 카드의 수는 점점 늘어나기 시작했다. 카드에는 영어 일반명, 우리말 일반명, 학명, 과명, 일본어 일반명 그리고 약간의 메모를 가능한 데까지 적었다.

이러한 카드 작성은 타임-라이프사가 연이어 출간한 '세계의 야생동물'(Wild, Wild, World of Animal) 시리즈 전 20권, '지구 재발견'(Planet Earth) 시리즈 전 15권, '어린이 학습 과학백과' 시리즈 전 10권 등을 편집하면서 계속됐다. 카드의 수가 많아지자 이름을 확인하느라 카드를 뒤적이는 데도 상당한 시간이 걸렸다.

우리 나라에 없는 동식물의 일반명에 대한 불편은 1967년부터 10년간 근무해온 월간 잡지 '학생과학'을 편집하면서도 겪었다. 그리고 비슷한 일을 해오고 있는 사람이면 누구나 이 문제에 대해 답답함을 느낄 것이다. 그래서 나와 같은 일을 하거나 필요를 느끼는 사람들에게 조금이나마 참고가 되도록 하는 한편, 일반명 제정을 위한 기본안이 되기를 희망하는 마음으로 이 명감을 내놓기로 했다. 다행스러운 것은 이름들을 쉽게 정리할 수 있는 퍼스널 컴퓨터를 활용할 수 있는 세상이 온 것이다. 만일 퍼스널 컴퓨터가 없었더라면 일은 도중에 포기했거나 훨씬 늦게 진행되었을 것이다.

명감을 계획한 이후 다른 여러 자료들을 조사하여 색인카드 수를 더욱 늘여갔다. 그러나 지구상에 사는 수백만 종의 동식물 가운데 흔히 등장하는 일반적인 것 식물 2,000여종, 동물 10,000여종을 싣는 것으로 일차적인 작업은 끝내기로 했다. 앞으로 자료 조사를 계속하여 2년쯤 후에는 좀더 많은 이름을 싣고 또 잘못된 것들을 고쳐서 개정판을 낼 계획을 갖고 있다. 그리고 시간만 주어진다면 일본 문헌을 조사하여 일본어 일반명까지 색인을 만들 수 있도록 하고 싶다.

이 명감은 다만 우리말 일반명을 제정하기에 앞선 기본자료로서 생각하고 활용해주기 바란다. 그러므로 명감을 참고하다가 잘못된 이름이나 표기를 발견하면 꼭 서면이나 팩스로 지적하여 주실 것을 간절히 당부드린다.〈도서출판 전파과학사 편집부 팩스 : (02) 334-8092〉

이 명감이 만들어지기까지 여러 사람의 도움을 받았다. 명감의 내용을 전부 타이핑하고 컴퓨터로 정리하는데 수고한 한국일보 전산입력실의 정지혜 양, 자료를 구해 보내준 뉴욕에 사는 여동생 낭주, 그리고 카드 정리와 교정을 도와준 전공이 같은 아내에게 감사한다.

이 명감 발간을 염두에 두고 무모한 나의 뜻을 상의했을 때 격려하고 조언까지 해준 전북대학교 사범대학의 이병훈 교수와 성균관대학교 생물학과 이상태 교수, 그리고

명감 출판을 쾌히 받아준 전파과학사의 손명수 회장께 깊이 감사드린다.

1994년

윤 실

일러두기

지구상에 사는 무척추동물 가운데 지금까지 알려진 곤충의 종류는 약 850,000종이고, 연체동물은 약 60,000종에 이른다. 그리고 척추동물은 약 70,000종이 살고 있는 것으로 추정하고 있으며, 그 가운데 지금까지 물고기가 약 30,000종, 양서류가 4,000여종, 파충류가 6,500여종, 조류가 8,600여종, 포유류가 4,300종 기록됐다. 한편으로 식물은 현화식물이 약 250,000종 알려져 있다.

1. 명감에는 일반적인 교과서나 잡지, 텔레비전, 학생백과 등에 자주 등장하는 동물과 식물을 선택하여 그 영어 이름, 우리말 이름, 학명 그리고 큰 분류가 되는 괴명 순으로 기록됐다.

2. 이를 다시 정리하여 「우리말 이름 − 영어 이름」 그리고 「학명 − 영어 이름」을 대조하여 찾을 수 있는 색인을 만들었다. 그러므로 영어 이름, 우리말 이름, 학명 어느 것 하나만 알아도 연관된 이름을 찾을 수 있다.

3. 전체는 1. 무척추동물, 2. 곤충과 거미, 3. 어류, 4. 양서류와 파충류, 5. 조류, 6. 포유류, 7. 공룡과 고대 동물, 8. 식물 이렇게 8가지 부류로 크게 나누었다. 그러나 명감의 부피가 너무 늘어나지 않도록 총합 색인은 만들지 않았다.

4. 「식물」편에는 고등식물을 비롯하여 곰팡이, 버섯, 해조류까지 2,000여종을 실었으며, 특히 세계의 원예식물, 정원수, 삼림목 등을 가능한 많이 소개했다. 편이를 위해 고등식물의 과명(family name)에 대한 학명과 그것의 우리말을 같이 수록했다.

5. 「무척추동물」편에는 원시적인 하등동물에서부터 연체동물과 갑각류 등 곤충과 거미류를 제외한 다른 무척추동물 800여종을 실었다. 편의를 위해 문, 강, 목, 과의 영어 학명과 우리말 학명을 상당수 실었다.

6. 「곤충」편에 거미와 전갈, 진드기류, 다족류를 포함시켰다. 곤충은 농작물의 해충 종류를 가능한 많이 찾아 실었다. 편의를 위해 강, 목, 과명의 영어명과 우리말 학명을 다수 실었다.

7. 「어류」편에는 바다와 육지의 어류를 비롯하여 관상어류와 낚시어류를 가능한 많이 조사하여 실었다.

8. 「양서류와 파충류」편에서는 학술적으로 잘 알려진 종류를 주로 찾아 실었다.

9. 「조류」편에는 한국의 조류를 비롯하여 세계의 중요 조류를 합하여 모두 1,200여종을 실었고 특히 애완조류는 최대한 소개했다.

10. 「포유류」편에는 세계의 동물원에서 볼 수 있는 중요 종류를 비롯하여, 텔레비전 등에 자주 등장하거나 학술적으로 잘 취급되는 종류를 대다수 싣도록 했다.

11. 「공룡과 고생 동식물」편에는 그들의 영어 이름과 우리말 이름만을 실었다.

12. 명감 곳곳에는 공란이 남아 있다. 이는 자료 부족으로 채우지 못한 때문이다.

＊참고로 지금까지 학계에 알려진 세계 동식물의 분류에 따른 종 수를 일부 소개한다.

1. 무척추동물 : 산호류 5,000여 종
 해면류 3,000여 종
 조개류 및 연체동물 95,000여 종(문어류 650여 종)
 강장동물 9,000여 종(해삼 500여 종)
 극피동물 6,000여 종(불가사리 2,000여 종, 성게 750여 종)
 갑각류 42,000여 종

2. 곤충 : 곤충 850,000여 종
 거미류 37,000 종(늑대거미 3,000여 종, 깡충거미 5,000여 종)
 전갈류 1,200여 종
 다족류 12,500여 종

3. 어류 : 가오리류 320여 종
 상어류 370여 종
 메기류 2,400여 종

4. 양서류 : 4,000여 종

5. 파충류 : 6,500여 종(뱀 2,400여 종, 도마뱀붙이 800여 종)

6. 포유류 : 영장류 200여 종

7. 식물 : 청록조류 1,500여 종
 녹조류 5,000여 종
 갈조류 1,000여 종

홍조류 2,500여 종
현화식물 250,000여 종

차 례

무척추 동물

■영명-국명-학명-과명

영명	국명	학명	과명
abalone	전복	*Haliotis discus*	복족류
acorn barnacle	줄따개비	*Balanus amphitrite*	만각류
Alaska jingle	알라스카개굴	*Pododesmus macrochisma*	잠쟁이과
	아마우로키아테과	*Amaurochaetidae*	
amber pen shell	노랑키조개	*Pinna carnea*	키조개류
American crayfish	아메리카가재	*Procambarus clarkii*	참가재류
American lobster	아메리카새우	*Homarus americanus*	
amethyst gem clam	수정조개	*Gemma gemma*	백합과 제첩류
anemone crab	말미잘게		십각류
anemone shrimp	말미잘새우		십각류
angel wing mussel	날개석공조개	*Cyrtopleura costata*	석공조개과
aquatic leech	바다거머리		환형동물
ark shell	돌조개류	*Arcidae*	돌조개과
armed carb	금게	*Matutalunaris*	십각류
armed nylon shrimp	빨간점도화새우	*Heterocarpus ensifer*	십각류
arrow crab	화살게		십각류
arrow squid	화살오징어	*Dorteuthis bleekeri*	두족류
arrow tooth shell→cone shell			
arrow worm	화살벌레	*Sagitta bedoti*	모악동물
astarte	밤조개	*Astarte*	밤조개과
astrangia coral	아스트란지아산호	*Astrangia danae*	산호류
Atlantic bay scallop	대서양가리비	*Agropecten irradians*	가리비과
Atlantic sand dollar	대서양연잎성게	*Echinarachinus parma*	연잎성게류

영명	국명	학명	과명
Atlantic surfclam	대서양대합	Spisula solidissima	개량조개과
azure vase	꽃병해면		백합과
baby neck clam	바지락	Tapes	산호류
balanophylla	말미잘산호	Balanophylla elegans	말미잘과 공생
banded coral shrimp	예쁜이새우	Stenopus hispidus	십각류
banded shrimp	보리새우	Penaeus japonicus	만각류
barnacle	따개비	Balanus	만각류
barrel sponge	항아리해면		해면류
basket sponge	바스켓해면		해면류
basket star	삼천발이	Gorgonocephalus caryi	불가사리류
bay scallop	가리비		이매패
beach clam → Atlantic surfclam			
beach flea → sand hopper			
bentnose macoma	휜대양조개류	Macoma nasuta	접시조개과
black abalone	검은전복	Haliotis cracheriodii	전복과
black hammer oyster	검은망치조개		이매패
black katy	검은군부	Katharina tunicata	군부과
black sea cucumber	검정해삼	Holothuria atra	극피동물
black tegla	검정밤고둥	Tegula funebralis	밤고둥과
bleeding tooth	이빨고둥	Nerita pelornota	갈고둥과
blood ark	피조개	Anadara ovalis	돌조개과
blood sea star	애기불가사리	Henricia sanguinolenta	불가사리류
blood starfish	붉은불가사리		극피동물
blood worm	실지렁이	Limnodrilus gotoi	환형동물

영명	국명	목명	학명	과명	목명
blood red feather star	붉은깃나리			극피동물	
blue crab, swimming crab	꽃게류		*Portunus*	십각류	
blue green cat's eye	대양눈알고둥		*Turbo petholatus*	중복류	
blue mussel	털격판담치		*Mytilus edulis*	홍합과	
blue topsnail	푸른방석고둥		*Callistoma*	밤고둥과	
blue urchin				고슴도치성게	
boat shell, slippershell	침배고둥		*Crepidula gravispina*	중복족류	
bonnet	계란고둥류		*Semicassis*	계란고둥과	
boring sponge	호박해면		*Cliona celata*	해면류	
botan shrimp	모란새우		*Pandalus nipponensis*	도화새우과	
box crab	맹그로브게			십각류	
box jelly → sea wasp					
boxing crab	복싱크레브			게류	
brachyopod	완족강		*Tentaculata*	축수동물문	
brain coral	넓은잎산호, 뇌산호		*Diploria labyrinthiformis*	강장동물	
brindle calappa	범무늬만두게		*Calappa lophos*	십각류	
brine shrimp	소금새우			복미엽호	
bristle worm	갯지네		*Nereisjaponica*	환형동물	
brittle star	거미불가사리		*Ophioplocus japonicus*	극피류	
brown paper nautilus	집낙지		*Argonauta hians*	누족류	
bryozoa → moss animal					
bubble shell	민챙이(고둥)		*Bulla*	민챙이(고둥)과	
burrowing shrimp	쏙		*Upogebia major*	가재류	

English	국명	학명	과명
burrowing starfish	가시불가사리	*Astropecten polyacanthus*	극피동물
bush backed seaslug	산가지갯민숭달팽이	*Dendronotus frondosus*	갯민숭달팽이과
by-the-wind sailor	돛대관해파리	*Velella lata*	강장동물
calanus	칼라누스	*Calanus*	요각류
calico clam	칼리코조개	*Macrocallista maculata*	이매패
calico crab	캐디시꽃게	*Ovalipes ocellatus*	십각목
Califonia tagelus	캘리포니아맛조개	*Tagelus californianus*	죽합과
Califonia mussel	캘리포니아홍합	*Mytilus californianus*	홍합과
calliactis	집게말미잘	*Calliactis tricolor*	말미잘류
callyspongia	예쁜이해면	*Callyspongia elegans*	해면동물
candystick tellin	흰접시조개	*Tellina similis*	접시조개과
carpenter prawn	줄새우아재비	*Palaemon serrifer*	십각류
cask shell → tun			
cephalopod	두족류	*Cephalopod*	문어, 오징어류
chambered nautiluse	앵무조개		연체동물
channeled duck clam	주름개량조개	*Raeta plicatella*	개량조개과
charybdis	민꽃게	*Charybdis japonica*	십각류
chestnut clam → astarte			
chestnut crab → porcupine crab			
chestnut turban	밤고둥	*Turbo castanea*	밤고둥과
Chinese mitten crab	참게	*Eriocheir sinensis*	십각류
chiton	군부류	*Chitonidae*	군부과
cidaris	시디리스성게	*Cidaris tribuloides*	성게류

영명	국명	학명	과명
ciona		Cionia intestinalis	
clam worm	갯지네	Nereis virens	갯지네과
clam → white clam			
cloth-of-gold cone shell	비단청자고둥		복족류
clown sea slug	광대해삼		
cockle	새조개류	Cardiidae	새조개과
coconut crab	야자집게	Birgus latro	30cm 대형집게
coffee bean shell	커피원두조개	Trivia	개오지과
comb jellyfish	빗살해파리		
conch	거미고둥	Lambis lambis	중복족류
cone shell	청자고둥	Chelyconus fulmen	청자고둥과
conochilus	뿔점윤충류	Conochilus unicornis	윤충류
coonstripe shrimp	도화새우	Pandalus hypsinotus	십각류
coquina	코키나조개	Donax variabilis	쪽합과
coral crab	산호게	Trapezia cymodoce	십각류
coral snapping shrimp	산호딱총새우	Alpheus sublucamus	십각류
coral spiny lobster	흰줄닭새우	Panulirus versicolor	십각류
corb shell → marsh clam			
corbicula → marsh clam			
cowry, cowrie	개오지류	Cypraeidae	중복족류
crayfish	장수가재		십각목, 북미
creeper	갯고둥류	Potamididae	중복족류
cross barred venus	플로리다바지락	Chione cancellata	백합과

영명	국명	학명	과명
crown conch	왕관뿔소라	*Melongena*	뿔소라과
crown-of-thorn sea star	가시관불가사리		독불가사리
cup coral	잔산호		산호류
cup shell ′	매부리고둥류	*Capulidae*	중복족류
cushion star	별불가사리	*Asterina pectinifera*	극피동물
cuttlefish	갑오징어	*Sepia eseulenta*	두족류
cyclops	검물벼룩		민물성 요각류
daisy brittle star	떼이지거미불가사리	*Ophiopholis aculeata*	거미불가사리류
dardanus hermit crab	털줄왼손집게	*Dardanus arrosor*	집게류
deadman's finger	얇게해면	*Haliclona oculata*	해면류
decorator crab	긴집게발게	*Oregonia gracilis*	십각류
dentalium tusk shell	여덟모뿔조개	*Dentalium octagulatum*	뿔조개과
diopatra fan worm	집갯지네	*Dioptra neapolitana*	꽃갯지네류
dog cockle	밤색무늬조개류	*Glycymeridae*	이매패
dog welk → osyster drill			
dogwinkle	열주름고둥류	*Nucella*	뿔소라과
donax → coquina			
dormid crab	해면치레	*Dromia dehaani*	십각류
dosinia	떡조개	*Dosinia*	백합과
dove shell(snail)	무륵류	*Pyrenidae*	신복족류
drill shell	드릴뿔소라	*Eupleura*	굴껍질 구멍뚫음
dwarf surf clam	왜개량조개	*Mulinia lateralis*	개량조개과
eastern jingle	개굴류	*Anomia simplex*	잠쟁이과
eastern oyster	버지니아굴	*Crassostrea virginica*	굴과

영명	국명	학명	과명
eastern starfish	불가사리	*Asterias forbesi*	불가사리류
eccentric sand dollar	파랑연잎성게	*Dendraster excentricus*	연잎성게류
edible crab	은행게류	*Cancer magister*	십각목
edible mussel	털격판담치	*Mytilus edulis*	홍합류
egg cowrie	개오지	*Cypraeidae*	복족류
eight armed squid	문어오징어	*Gonatopsis borealis*	두족류
eight armed starfish	팔손이불가사리	*Coscinasterias acutispina*	극피동물
elkhorn coral	사슴뿔산호		강장동물
elongated nut clam	납시조개류	*Nuculanidae*	이매패
escargot	에스카고		식용달팽이
eupterid	유프테리드	*Eupterus fischer*	완시형 계류
ezomussel	진주담치	*Crenomytilus grayanus*	두족류
fairy shrimp	풍년새우		십각류
false coral	무나무	*Melithaea flabellifera*	산호류
false trumpet shell	털탑고둥류	*Basyconidae*	중복족류
fan worm	갯부채벌레	*Bispira*	갯지네과
fat innkeeper	개불	*Urechis unicinctus*	환형동물
feather star → sea lily			
featherduster worm	총채갯지렁이		환형동물
fiddler crab	농게	*Gelasimus arcuatus*	달랑게과
file clam	캐가리비	*Limasowerbyi*	이매패
file shell → file clam			
fingered limpet	손가락배말	*Collisella digtalis*	횐삿갓조개과

영명	국명	학명	과명
fire coral	파이어코랄		히드라류, 독성
firefly squid	반디오징어	*Watasenia scintillans*	두족류
five armed bristle star	긴가시거미불가사리	*Ophiothrix marenzelleri*	극피동물
flamingo tongue snail	플라밍고고둥		
flatnose shrimp	넓적뿔꼬마새우	*Latreutes planirostris*	십각류
flatworm	편형동물	*Platyhelminthes*	전세계 15,000종
floating hydroid	판해파리	*Siphonophorae*	판해파리목
flying squid	빨강오징어	*Ommastrephes bartrami*	두족류
freshwater flatworm	플라나리아아충		편충류
freshwater leech	거머리	*Hirudo nipponica*	환형동물
freshwater mussel	민물담치	*Limnoperma lucustris*	담수 이매패
freshwater snail	강우렁이	*Sinotaia quadrata*	중복족류
fringed worm	수염갯지네	*Cirratulus grandis*	갯지네과
furry crab	가시투성어리게	*Hapalogaster dentata*	십각류
geoduck	아메리카왕조개	*Panope abrupta*	우럭(조개)과
ghost crab	달랑게	*Ocypode stimpsoni*	십각류
ghost sand crab	남방달랑게	*Ocypode cordimana*	십각류
giant Pacific oyster	왕굴	*Crassostrea gigas*	굴과
giant clam	대왕조개	*Tridacna gigas*	산호초 대형 조개
giant earshell	말전복	*Nordotis gigantea*	전복과
giant octopus	문어	*Octopus dofleini*	두족류
giant rock scallop	큰바위가리비	*Hinnites giganteus*	가리비류
giant squid	대왕오징어	*Architeuthis japonica*	두족류
giantezo scallop	큰가리비	*Patinopecten yessoensis*	이매패

영 명	국 명	학 명	과 명
giantic horse conch	산호말조개		최대형 조개
gladiator prawn	긴다리줄새우	*Palaemon ortmanni*	십각류
glaucus	글라우쿠스	*Philomycidae*	갯민달팽이류
glossy black	애기돌말조개	*Lithophaga curta*	이매패
glove sponge	장갑해면	*Hippiospongia canaliculata*	해면류
glycera	글리세라라갯지렁이		환형동물
gold ring cowry	노랑테두리개오지	*Monetaria annulus*	중부류
golden lip peral shell	배엽조개	*Pinctata maxima*	이매패
golden shrimp	열목도화새우	*Plesionika martia*	십각류
gonionemus	고니오네무스	*Gonionemus vertens*	강장동물
goniopora	플라누스라돌산호		강장동물
goose-foot star	거위발불가사리	*Asteriidae*	불가사리과
gooseneck barnacle	거위목따개비	*Balanidae*	갑각류 따개비과
gorgonian coral	고르곤산호		
grass sponge	그라스해면	*Hippiosponyia equinoformis*	해면류
greasyback shrimp	젓새우	*Metapenaeus ensis*	십각류
great red jellyfish	우렁해파리		해파리류
green anemone	초록말미잘	*Anthopleura xanthogrammica*	말미잘류
green brittle star	초록거미불가사리	*Ophioderma brevispina*	거미불가사리류
green crab	초록꽃게	*Carcinus maenas*	십각류
green sea anemone	초록해변말미잘		강장동물
green sea urchin	초록성게	*Strongylocentrous*	성게류
green tigger prawn	금새우	*Penaeus semisulcatus*	십각류

영명	국명	학명	과명
green turban	야광패	*Turbo marmorata*	패류
green tail prawn	말새우	*Metapenaeus moyebi*	십각류
hairing crab	털게	*Erimacrus isenbeckii*	십각류
hairy gilled worm	촉수갯지렁이	*Cirriformia tentaculata*	환형동물
hammer oyster	망치조개	*Halleus malleus*	이매패
hard clam	참조개	*Lanceolaria acrorhyncha*	이매패
hard corals	경산호류		산호충 형성
hard shell clam→quahog			
harp crab	가시비파게	*Lyreidus tridentatus*	십각류
hatpin urchin	긴바늘성게		가시 길이 30cm
heart sea urchin	염통성게	*Schizaster lacunosus*	극피동물
heart shell→cockle			
helke crab	조개치비	*Dorippe japonica*	십각류
helmet shell (snail)	게란고둥류	*Bursidae*	중복족류
helmeted sea urchin	장방느보라-성게	*Colobocentrotus mertensi*	극피동물
hemphill surfclam	헬필대합	*Spisula hemphilli*	개량조개과
hen clam→Atlantic surfclam			
hermit crab	참집게, 무지개집게	*Pagurus samuelis*	십각류
heteropod	헤비로포드		연체류
honey sponge	뿔해면류		약 2,000종
horn eyed ghost crab	뿔눈달랑게	*Ocypode ceratophthalma*	십각류
hornsnail	비틀이고둥	*Cerithidea*	갯고둥과
horny coral	뿔산호		강장동물
horse hoof shell	기생고둥류	*Hipponicidae*	중복족류

영 명	국 명	학 명	과	목
horsehair crab→hairing crab				
horseshoe crab	투구게, 장게	*Limulus polyphemus*	원시형 게류	
hyastemus spider crab	뿔게	*Hyastemus diacanthus*	히드라와 공생	
hydroid	히드라충	*Hydrozoa*	전세계 27,000종	
hydrozoan	히드라충류	*Coelenterata*	강장동물	
imperator squid	유령오징어	*Chiroteuthis imperator*		누족류
imperial sea hare	붉은테갯민숭이	*Hexabranchus marginatus*	연체동물	
ishnochiton	연두딱지조개	*Ishnochiton comptus*		군부류
ivory shell	수랑	*Babylonia japonica*	종부족류	
jackknife clam	맛조개류	*Solenidae*	죽합과	
jackknife shrimp	긴디듬이새우	*Parahaliporus sibogae*	심각류	
janthina	안티나달팽이		거품달팽이	
jellyfish	해파리	*Aurelia*	전세계 249종	
jewel beetle	보석충		호주산	
jewel box	국화운숭이조개	*Chamma refrexa*	이매패	
jingle shell	개꿀, 잠쟁이류	*Anomidae*	잠쟁이과	
Jonah crab	요나은행게	*Cancer borealis*		심각목
jujube top shell→tampa				
kelp crab	풀맞이게	*Pugettia producta*		심각목
keyhole limpet	구멍삿갓조개	*Fissurellidae*	구멍삿갓조개과	
keyhole urchin	구멍연잎성게		극피동물	
king conch	킹콘치		최대형 소라	
king crab→horseshoe crab				

knobbed whelk	털탑고둥	*Hemifusus ternatamus*	복족류
krill	크릴	*Eupausia superba*	십각류
lady crab	숙녀게		십각류
lamp shell	짜리조개	*Brachiopod*	완족류
lancelet	창고기		두색류
land hermit crab	랜드하밋크랩		나무에 오르는 집게류
land snail	달팽이류	*Bradybaenidae*	신복족류
large sea hare	군소	*Aplysia kurodai*	복족류
large shrimp	대하	*Penaeus orientalis*	보리새우과
leaf coral	잎산호	*Agaricia agaricites*	산호류
lesserglas shrimp	돗대기새우	*Leptochela gracilis*	십각류
limpet	삿갓조개류	*Patellidae*	복족류
linckia	링키아불가사리	*Linckia columbiae*	불가사리류
lined chiton	줄비단군부	*Tonicella lineata*	군부과
lineus	연두끈벌레	*Lineus fuscoviridis*	유형동물
little neck clam → baby neck clam			
littoral spoon clam	띠조개	*Latemula Limicola*	띠조개과
locust bobster	부채새우	*Ibacus ciliatus*	십각류
long bristled sandworm	실갯지네	*Tylorrhynchus heterochaetus*	환형동물
long finned squid	창오징어	*Doryteuthis kensaki*	두족류
long neck clam → softshell clam			
lucina shell	루시나조개		루시나조개과
lucine	꽃잎조개류	*Lucinidae*	이매패

영명	국명	학명	과	목
lug worm	검은갯지렁이	*Arenicola cristata*	갯지렁이과	갯지렁이류
macoma shell	대양조개류	*Macoma*	접시조개과	
maine lobster	메인가재			십각류
mangrove blue crab	톱날꽃게	*Scylla serrata*		십각류
mantis prawn(shrimp)	갯가재	*Squilla oratoria*		갯각류
mantis shrimp → mantis prawn				
marine flatworm	플라노세라류			편충류
marsh clam	가량제첩, 제첩	*Corbicula leana*	담수이매패	
marsh periwinkle	눈총알고둥	*Littoraria irrorata*	중일고둥과	복족류
marsh snail	다슬기	*Semisulcospira bensoni*		복족류
mask crab	세로무늬민꽃게			십각류
masked limpet	배무래기류	*Notoacmea persona*	힌삿갓조개과	
medusa	메두사해파리			강장동물
melania snail	구슬다슬기, 다슬기류	*Semisulcospira nodifila*	중복족류	
melon shell	총중고둥	*Fulgornria kaneko*	신복족류	
metridium	메트리디움말미잘	*Metridium senile*		말미잘류
midget octopus	꼬마문어	*Octopus berevice*		두족류
migrant prawn	붉은줄참새우	*Palaemon macrodactylus*		십각류
miter shell	명주붓고둥, 붓고둥류	*Chrysame chrysostoma*		복족류
mole crab → sandbug				
mollusk	연체동물	*Mollusca*		전세계 60만종
moon jellyfish	물해파리	*Aurelia aurita*	해파리류	
moon shell (snail)	구슬우렁류	*Natica*	구슬우렁과	

영명	국명	학명	분류
moss animal	이끼벌레류		이끼벌레류
mud lobster → burrowing shrimp			
mud star	진흙불가사리	*Ctenodiscus crispatus*	불가사리류
murex snail, rock shell	뿔소라류	*Muricidae*	뿔소라과
mushroom coral	버섯산호		강장동물
mussel	홍합류, 담치	*Mytilidae*	이매패
myrafugax crab	뱅정게		십각류
nautilus → chambered nautiluse			
needle spined sea urchin	흰줄긴극성게	*Diadema setosum*	극피동물
Neptune rose shrimp	민꽃새우	*Parapenaeus fissurus*	십각류
Neptune's cup	해신의 잔		최대형 해면
nerite snail	갈고둥류	*Neritidae*	중복족류
nine-spined spider crab	아홉가시거미게	*Libinia emarginata*	십각목
nossa	좁쌀무늬고둥류	*Nasarius*	좁쌀무늬고둥과
notched sand dollar	노랑연잎성게	*Encope emarginata*	연잎성게류
nudibranch → sea slug			
nut clam	호두조개류	*Nuculidae*	이매패
nutmeg, cross borred shell	감생이고둥류	*Cancellariidae*	신복족류
obelia	옥히드라	*Obelia*	강장동물
ocre star	오크리불가사리	*Pisaster ochraceus*	불가사리류
octopus	헤문어	*Octopus vulgaris*	두족류
oculina coral	오클리나산호	*Oculina diffusa*	산호류
olive snail, olive shell	대추고둥	*Olividae*	대추고둥과
olympia oyster	올림피아굴	*Ostrea lurida*	굴과

영	국	명	학	명	과	명
oreaster	혹붉은가시리				극피동물	
Oregon triton	털골뱅이				복족류	
oriental clam	민무늬백합		Meretrix lamarckii		이매패	
oriental piddock	석공조개		Zirfaea subconstricta		패류	
oval sea urchin	보라성게붙이		Echinometra lucunter		성게류	
ovalipes	깨다시꽃게		Ovalipes punctatus		십각류	
owl limpet	올빼미삿갓조개		Lottia gigantea		흰삿갓조개과	
oyster	굴류		Ostreidae		이매패	
oyster drill	좀쌀무늬고둥		Niotha livescens		복족류	
Pacific chiton	비단딱지조개				군부과	
Pacific gaper	패서픽개피		Tresus nuttalli		우럭(조가)과	
Pacific littleneck	태평양살조개		Protothaca staminea		백합과	
Pacific prawn, narwal shrimp	긴뿔도화새우		Parapandalus spinipes		십각류	
palolo worm	팔룰로벌레				갯지네류	
pandalus prawn	분홍새우				새우류	
pandora shell	판도라조개		Pandora		판도라과	
paramecium	짚신벌레		Paramecium caudatum		섬모충류	
parchment worm	겹절갯지네		Chaetopterus varioperatus		갯지네과	
paste shrimp	젓새우		Acets japonicus		십각류	
pea crab	콩게					
peacock worm, serpulid	꽃갯지네				환형동물	
peanut worm	별벌레				성구동물	
pearl oyster	진주조개		Pinctada		진주조개류	

영명	국명	학명	과명	심각류
pebble crab	등근무늬밤게			
pecten → scallop				
pen shell	키조개류	*Pinnidae*	이매패	
pencil sea urchin	판성게, 연필성게	*Heterocentrotus mamillatus*	극피동물	
pentagon starfish	오각불가사리		극피동물	
periwingkle	총알고둥	*Littorina littorea*	중복족류	
phronima	프로니마		갑각류	
piddock	돌맛조개류	*Pholadidae*	이매패	
pill bug	쥐며느리			
pilsbry piddock	석공조개류	*Zirfaea pilsbryi*	석공조개과	
pink conch	분홍수정고둥	*Strombus gigas*	수정고둥과	
pink jellyfish	분홍해파리	*Cyanea capillata*	해파리류	
pismo clam	메사코대합	*Tivela stultorum*	백합과	
pistol prawn	딱총새우	*Alpheus brebicristatus*	심각류	
plate limpet	등근배무레기	*Notoacmaea*	흰삿갓조개과	
pleurobrachina	플리우로브라키아	*Pleurobrachia brunnea*	빗살해파리류	
plumed seaslug	털갯민숭달팽이	*Aeolis papillosa*	갯민숭달팽이과	
pond prawn	물새우		민물새우	
pond snail	논우렁	*Cipangopaludina chinensis*	복족류	
ponderous ark	흰테도사꼬막	*Noetica ponderasa*	돌조개과	
porcelain crab	갯가제붙이	*Petrolisthes japonicus*	심각류	
porcupine crab	가시왕게붙이	*Paralomis histrix*	심각류	
Portuguese man-of-war	고깔해파리	*Physalia physalis*	해파리류	
portunus crab	꽃게류	*Portunus*	심각목	

영명	국명	학명	과	목
prawn killer	가시갯가재	*Harpiosquilla raphidea*	심각류	
prawn → banded shrimp				
precious coral	지중해산호	*Corallium rubrum*	산호류	
precious wentletrap	설구리고둥	*Cerithidea montagnei*	복족류	
prickle skin	가시성게		대형, 독가시	
pteropod	프테로포드		연체류	
purple octopus	보라문어	*Tremoctopus violaceus*	두족류	
purple sea cucumber	보라바퀴해삼	*Polycheira rufeseens*	극피동물	
purple sea urchin	보라성게	*Anthocidaris crassipina*	보라성게과	
purple star	보라불가사리	*Asterias vulgaris*	불가사리류	
purplish Washington clam	북방개조개	*Saxidomus nuttallii*	이매패	
pygmy squid	꼬마오징어	*Idiosepius pygmaeus*	두족류	
quahog clam	비늘백합	*Mercenaria*	백합과	
quarterdeck → slippershell				
radiolarian	방산충		원색동물	
razor clam → jackknife clam				
red abalone	붉은전복	*Haliotis rufescens*	전복과	
red banded lobster	가시발새우	*Metanephrops tomsoni*	심각류	
red coral crayfish	사슴무늬닭새우	*Panulirus longipes*	심각류	
red frog crab	닭게	*Ranina ranina*	심각류	
red sea anemone	붉은해변말미잘		강장동물	
red sea whip	채찍산호		강장동물	
red star (fish)	빨강불가사리	*Henricia leviuscula*	불가사리류	

영명	국명	학명	과명
red-spot swimming crab	점박이꽃게	*Portunus sanguinolentus*	십각류
redbeard sponge	붉은수염해면	*Microciona prolifera*	해면류
reef lobster	일룩가시발새우	*Enoplometopus occidentalis*	십각류
ribbed mussel	주름홍합	*Geukensia demissa*	홍합과
ribbon worm	끈벌레	*Cerebratulus lacteus*	환형동물
ridgetail prawn	밀새우	*Exopalaemon carinicauda*	십각류
river crab	냇물게	*Geothelpusa dehaani*	십각류
river crayfish	왜가재	*Cambaroides japonicus*	민물가재
robber crab→coconut crab			
rock banacle→banacle			
rock crab	은행게	*Cancer irroratus*	십각목
rock lobster	닭새우	*Pamulirus japonicus*	십각류
rock shell(snail)	뿔소라류	*Muricidae*	신복족류
rock shrimp	돗새우	*Sicyonia cristata*	십각류
rock venus shell→littleneck			
rose-petal bubble shell	장미잎거품조개		
rotifer	윤충	*Rotifera*	대형동물문
rough keyhole limpet	주름구멍삿갓조개	*Diodora aspera*	구멍삿갓조개과
round worm	선충		환형동물
sagartia	흰털말미잘	*Sagartia modesta*	말미잘류
salp	샐프		십각류
sand dollor	연잎성게	*Staphecinus mirabilis*	극피동물
sand hopper	바다벼룩류	*Amphipod*	십각류 단각목
sand shrimp	자주새우	*Crangon septemspinosa*	십각목 새우류

영명	국명	학명	과명	명
sandbird octopus	모래문어	*Octopus aegina*	두족류	
sandbug	두더지게	*Emerita*	십각목	
sandworm	갯지네류	*Polynoidae*	환형동물	
sanquin clam → razor clam				
sapphirina	사파리나	*Sapphirina*	요각류	
saucer scallop	해가리비	*Amusium japonicus*	이매패	
saw toothed pen shell	톱날키조개	*Atrina serata*	키조개류	
scallop, fan shell	가리비류	*Pectinidae*	이매패	
screw shell	송곳고둥	*Turritellidae*	신복족류	
scud	스커드세우		민물	
sea anemone	말미잘	*Actiniaria*	강장동물	
sea bat	박쥐불가사리	*Patiria miniata*	불가사리류	
sea biscuit → sand doller				
sea cucumber	해삼	*Stichopus japonicus*	극피동물	
sea fan	부채산호	*Gorgonia flabellum*	강장동물	
sea grape	바다포도	*Porcellanella picta*	우렁쉥이류	
sea hare	군소류	*Aplysiidea*	신복족류	
sea lily	갯나리		극피동물	
sea mouse	바다쥐갯지렁이	*Aphrodite aculeata*	환형동물	
sea nettle	매양해파리	*Dactilometra pacifica*	강장동물	
sea orange	오렌지등근해면	*Tethya aurantium*	강장동물	
sea peach	바다복숭		우렁쉥이류	
sea pen	바다조름	*Pennatula aculeata*	강장동물	

영명	국명	학명	과명
sea pork	시포크		해면류
sea slug	갯민숭달팽이류		신복족류
sea snail → sea slug			
sea squirt	우렁쉥이	Halocynthia roretzi	원색동물
sea star → starfish			
sea urchin	성게류	Echinoderm	극피동물
sea wasp	등해파리	Charybdea rastonii	맹독 자포가 있음
sea whip	바다체적산호	Plexaura flexuosa	각산호류
sea spider	기다리게	Macrocheira kaempferi	십각류
seacactus	바다선인장	Cavernularia obesta	강장동물
seale worm	등비늘갯지렁이		환형동물
seavase	시베즈		
segmented worm	환형동물	Annelida	약 8,000여종
serpulid fan worm	환졸갯지렁이		환형동물
shark eye	상어눈구슬우렁	Neverita duplicata	구슬우렁과
sheep's wool sponge	양모해면	Hippiospongia lachne	해면류
shipworm, teredo	배좀벌레조개	Teredo navalis	이매패
short finned squid	일테스오징어	Illex illecebrosus	두족류
shovel nosed shrimp	민촉매미새우	Scyllarides squamosus	십각류
siphon snail	고랑따개비류	Siphonariidae	신복족류
skimmer → Atlantic surfclam			
slipper limpet	배고둥류	Calyptraeidae	중복층류
slipper lobster	잠신세우		십각류
slippershell	슬리퍼조개	Crepidula	슬리퍼조개과

영명	국명	학명	과명
slitshell	미카도고둥		복족류
small white prawn	중하	*Metapenaeus joyneri*	십각류
smooth shell shrimp	민새우	*Parapenaeopsis tenella*	십각류
snake star	지렁이불가사리	*Amphipholis squamata*	거미불가사리류
snow crab	대게	*Chionoecetes opilis*	물맞이게과
soft coral	연산호류		강장동물
softshell clam	우럭(조개)	*Mya*	우럭(조개)과
soldier crab	남방콩게	*Mictyris longicarpus*	십각류
spid chiton	털딱지조개		군부류
spider crab	거미게류	*Libinia*	십각류
spindle egg cowrie	뿔개오지		복족류
spindle shell, tulp	긴고둥류	*Fasciolariidae*	신복족류
spiny brittle star	가시거미불가사리	*Ophiothrix angulata*	거미불가사리류
spiny lobster	닭새우	*Pamulirus argus*	
spiny lobster → rock lobster			
spiny seastar	넓적가시불가사리	*Acanthaster planci*	극피동물
spoon worm → fat innkeeper			
squat lobster	거미바다가재		
squid	오징어	*Totarodes pacificus*	두족류
staghorn coral	가지산호	*Acropora cervicornis*	산호류
stalked barnacle	거북손붙이	*Scalpellum koreanum*	만각류
star coral	뿔빛돌산호	*Favia sp*	강장동물
stardus shrimp	볏새우	*Sergia lucens*	십각류

영명	국명	학명	과명
starfish, sea star	불가사리류		극피동물
steamer clam → softshell clam			
stiff pen shell	가시키조개	*Atrina rigida*	키조개과
stinging hydroid	깃히드라	*Plumularia setacea*	강장동물
ston crab	남반구웰삐왕게	*Lithodes antarcticus*	십각류
stormb	수정고둥류	*Strombidae*	중복족류
stout red shrimp	발광천긴새우	*Aristaeus virilis*	십각류
striped sea anemone	담황줄말미잘	*Haliplannella luciae*	강장동물
sun star	햇님불가사리	*Solaster endeca*	불가사리류
sunflower star	해바라기불가사리	*Pycnopodia helianthoides*	불가사리류
sunray shell → sunray venus			
sunray venus	햇살조개	*Macrocallista nimbosa*	이매패
sunrise tellin	햇살접시조개	*Tellina radiata*	접시조개과
sunset shell	빛조개	*Soletellina olivacea*	이매패
surf clam	개량조개류, 동죽	*Mactridae*	이매패
swordtip squid	등불오징어	*Loligo edulis*	두족류
synapta	시네프타해삼		극피동물
table coral	테이블산호		
tampa	방석고둥	*Calliostoma jujubium*	밤고둥과
tapestry turban	눈일고둥	*Lunella coronata*	복족류
tegular shell	밤고둥류	*Tegula*	밤고둥과
telescope shrimp	뿔눈새우	*Ogyrides orientalis*	십각류
tellin shell	접시조개류	*Tellina*	접시조개과
teredo → shipworm			

영	국	명	하	국	과	명
tetilla serica	유두해면		*Tetilla japonica*		해면동물	
thornmouth shell	가시입뿔소라		*Ceratostoma*		뿔소라과	
thorny oyster	국화조개		*Spondylus barbatus*		이매패	
tide flat shell	짜부락고둥류		*Cerithiidae*		중부족류	
tiger cowrie	호랑이개오지				부족류	
tiger lucina	타이거루시나		*Codakia orbicularis*		루시나조개과	
tooth shell → tusk shell						
topshell(snail)	밤고둥류		*Monodonta*		밤고둥류	
tortoise-shell limpet	애기삿갓조개		*Cellana toreuma*		복족류	
towel anemone	타올말미잘				강장동물	
trebellid worm	메두사갯지렁이		*Loimia medusa*		환형동물	
tripanosome	트리파노솜		*Tripanosoma*		원편모충	
triton shell	수염고둥류		*Cymatiidae*		중부족류	
triumphant star	수레바퀴고둥				원시복족류	
true limpet	배무래기, 흰삿갓조개류		*Notoacmea schrenckii*		이매패	
trumpet worm	트럼펫갯지네		*Pectinaria gouldii*		환형동물	
tubastrea	붉은나팔산호				강장동물	
tube coral	관산호		*Tubipora musica*		산호류	
tube worm, fan worm	꽃갯지렁이		*Sabellastarte japonica*		환형동물	
tubularian worm	관히드라		*Tubularia mesembryanthemum*		강장동물	
tulp, spindle	긴고둥류		*Fasciolaria*		긴고둥과	
tun, cask shell	위고둥류		*Tonna*		위고둥과	
tunifex → blood worm						

turban shell	소라	Turbo coruntus	중복족류
turicate→sea squirt			
tusk shell	뿔조개	Dentalum entale	뿔조개과
vase sponge	꽃병해면	Callyspongia vaginalis	해면류
Venus clam	백합류	Veneridae	이매패
Venus comb murex	가시뿔소라		복족류
Venus' girdle	띠밧실해파리	Folia parallela	빗살해파리류
Venus's flower basket	바다수세미		해면동물
volute→melon shell			
volvox	볼복스	Volvox	단세포원시생물
warty sea star	사마귀불가사리	Echinaster sentus	불가사리류
Washington clam	위싱턴백합	Saxidomus nuttalli	백합과
water flea	물벼룩	Daphnia carinata	갑각류
wedgeclam	도끼날조개	Solenidae	죽합과
wentletrap	실패고둥류	Epitonium	실패고둥과
whelk	물레고둥류	Buccinidae	신복족류
whiskered velvet shrimp	용털빨강새우	Metapenaeopsis barbata	십각류
white clam	백합, 대합	Meretrix lusoria	이매패
white sand macoma	흰대양조개	Macoma secta	접시조개과
white shell→lucina shell			
white shrimp	보리새우	Penaeus setiferus	십각목
wing conch			
wing oyster	주모	Pteria	진주조개류
wood lice→pill bug			

영 명	국 명	학 명	과 명
worm shell	뱀고둥류, 지렁이고둥류	*Vermetidae*	중복족류
yellow cockle	노랑새조개	*Trachycardium muricatum*	새조개과
zebra ark	얼룩돌조개	*Arca zebra*	돌조개과

■ 국명-영명

국	영	명	국	영	명
가리비	bay scallop		각산호목	Antipatharia	
가리비과	Pectinidae		각시노래기목	Juliformida	
가리비류	scallop, fan shell		간흡충과	Fasciolidae	
가시잇가재	prawn killer		갈기미과	Tetragnathidae	
가시거미불가사리	spiny brittle star		갈고둥과	Neritidae	
가시거미불가사리과	Ophiothrichidae		갈고둥류	nerite snail	
가시고둥과	Bursdae		갈퀴노래기과	Julidae	
가시관불가사리	crown-of-thorn sea star		감생이고둥과	Cancellariidae	
가시발새우	red banded lobster		감생이고둥류	nutmeg, cross borred shell	
가시발새우과	Nephropsidae		감각강	Crustacea	
가시불가사리	burrowing starfish		감오징어	cuttlefish	
가시비파게	harp crab		갑옷바다벌룩과	Stegocephalidae	
가시뿔소라	Venus comb murex		강우렁이	freshwater snail	
가시성게	prickle skin		강장동물문	Coelenterata	
가시왕게붙이	porcupine crab		강접시고둥과	Ancylidae	
가시임뿔소라	thornmouth shell		개가리비	file clam	
가시키조개	stiff pen shell		개굴, 잠쟁이류	jingle shell	
가시투성어리게	furry crab		개굴류	eastern jingle	
가재과	Potamobiidae		개량조개과	Mactridae	
가재더부사리조개과	Erycinidae		개량조개류, 등축	surf clam	
가재붙이과	Laomediidae		개맛과	Linguilidae	
가지산호	staghorn coral		개불	fat innkeeper	
가지해파리과	Willsidae		개불강	Echiuroidea	

개불과	Urechidae
개불목	Echiurida
개오지	egg cowrie
개오지과	Cypraeidae
개오지류	cowry, cowrie
개흙조개과	Limposidae
갯가재	mantis prawn(shrimp)
갯가재과	Spuilidae
갯가제붙이	porcelain crab
갯강구과	Lygiidae
갯고둥과	Potamididae
갯고둥류	creeper
갯나리	sea lily
갯달팽이고둥과	Philinidae
갯민숭달팽이류	sea slug
갯부채벌레	fan worm
갯쥐며느리과	Tylidae
갯지네	bristle worm, clam worm
갯지네강	Polychaeta
갯지네과	Nereidae
갯지네류	sandworm
갯지네목	Polynoidae
거미해파리과	Geryoniidae
거향게과리과, 제첩	marsh clam
거머리	freshwater leech
거머리지렁이과	Branchiobdellidae
거미강	Arachnoidae
거미게류	spider crab
거미고둥	conch
거미목	Araneina
거미바다가재	squat lobster
거미불가사리	brittle star
거미불가사리과	Ophiolepididae
거북등명게과	Corellidae
거북등우슴과	Anuraeidae
거북손과	Scalpellidae
거북손붙이	stalked barnacle
거위목따개비	gooseneck barnacle
거위발불가사리	goose-foot star
검물벼룩	cyclops
검은갯지렁이	lug worm
검은군부	black katy
검은망치조개	black hammer oyster
검은전복	black abalone
검정밤고둥	black tegla
검정해삼	black sea cucumber
게가제과	Albuneidae
게불이과	Porcellanidae

구	영	구	영
껌마	amethyst clam	광대해삼	clown sea slug
경산호류	hard corals	구각목	Stomatopoda
경해면목	Hadromerina	구멍삿갓조개	keyhole limpet
계란고둥과	Cassidae	구멍삿갓조개과	Fissurellidae
계란고둥류	bonnet, helmet shell (snail)	구멍연잎성게	keyhole urchin
고깔해파리	Portuguese man-of-war	구슬다슬기, 다슬기류	melania snail
고니오네무스	gonionemus	구슬우렁과	Naticidae
고깔따개비과	Siphonariidae	구슬우렁류	moon shell (snail)
고깔따개비류	siphon snail	구충과	Ancylostomidae
고려조개사도과	Dallininidae	국화운송이조개	jewel box
고르곤산호	gorgonian coral	국화조개	thorny oyster
고슴도치성게	blue urchin	국화조개과	Spondylidae
군붕멍게과	Polycitoridae	군부 → 딱지조개	
군봉히드라과	Coryidae	군부강	Polyplacophora
굴뼁이류 → 물레고둥류		군부과	Chitonidae
굼세우	green tigger prawn	군부류	chiton
공지목	Camarodonta	군부목	Chitodida
관산호	tube coral	군소	large sea hare
관성게, 연필성게	pencil sea urchin	군소과	Aplysiidae
관해파리	floating hydroid	군소류	sea hare
관해파리목	Siphonophorae	군함관해파리	portuguese man-of-war
관하드라	tubularian worm	군해파리목	Trachymedusae
관하드라과	Tubulariidae	굴과	Ostreidae

굴류	oyster	진바늘성게	hatpin urchin
굴족강	Scaphopoda	진뿔도화새우	Pacific prawn, narwal shrimp
귀꼴투기과	Sepiolidae	진뿔물벼룩과	Bosminidae
귀신운충과	Dinocharidae	진집게발게	decorator crab
그라스헤연	grass sponge	깃히드라	stinging hydroid
그리마목	Scutigeromorpha	깃히드라과	Plumulariidas
극피동물문	Echinodermata	깨다시꽃게	calico crab, ovalipes
근족충강	Rhizopodea	깨알달팽이과	Diplommatinidae
글라우쿠스	glaucus	깝질갯지네	parchment worm
글리세라갯지렁이	glycera	꼬마문어	midget octopus
금게	armed crab	꼬마새우과	Hippolytidae
금게과	Calappidae	꼬마오징어	pygmy squid
기생고둥과	Amaltheidae	꽃갯지네	peacock worm, serpulid
기생고둥류	horse-hoof shell	꽃갯지렁이	tube worm, fan worm
기생아메바과	Endamoebidae	꽃게과	Portunidae
기수관히드라과	Monophysidae	꽃게류	blue crab, swimming crab, portunus crab
기수우렁과	Assiminieidae	꽃병벌레과	Difflugiidae
기인목	Basommatophora	꽃병해면	vase sponge, azvre vase
긴가시거미불가사리	five-armed bristle star	꽃잎조개과	Lucinidae
긴고둥과	Fasciolariidae	꽃잎조개류	lucine
긴고둥류	tulp, spindle (shell)	꽃해파리목	Anthomedusae
긴꼬리물벼룩과	Sididae(Baird)	꽈리조개	lamp shell
긴다리줄새우	gladiator prawn	끈벌레	ribbon worm
긴담이새우	jackknife shrimp	끈벌레강	Nemertini

국	영	국	영
믄적해면과	Myxillidae	누모목	Peritirichida
나두촌충과	Anoplocephalidae	논우렁	pond snail
나풀해면과	Grantiidae	논우렁과	Viviparidae
낙지과	Polypodidae	농게	fiddler crab
낚시지렁이과	Lumbricidae	눈알고둥	tapestry turban
날개석공조개	angel wing mussel	높층알고둥	marsh periwinkle
날개진주조개 → 주모		다고촌충과	Dilepidae
남극세우 → 크릴		다골해면목	Poecilosclerina
남반구절레왕게	ston crab	다슬기	marsh snail
남방달팽게	ghost sand crab	다슬기과	Pleuroceridae(Thiarida)
남방풍게	soldier crab	다편모충목	Polymastigina
납거미과	Urocteidae	단각목	Amphipoda
낭저달팽이과	Alycaeidae	단골해면목	Haplosclerina
내성해초목	Enterogona	단근목	Astigmatea
냇물게	river crab	단지오충과	Brachnionidae
넓은잎산호, 뇌산호	brain coral	단풍고둥과	Turridae
넓적가시불가사리	spiny seastar	단풍불가사리과	Astropectinidae
넓적뿔꼬마새우	flatnose shrimp	달랑게	ghost crab
노랑세조개	yellow cockle	달랑게과	Ocypodidae
노랑연잎성게	notched sand dollar	달완충과	Cathypnidae
노랑기조개	amber pen shell	달팽이과	Bradybaenidae
노랑테두리개오지	gold ring cowry	달팽이류	land snail
노배기강	Diplopoda	닭게	red frog crab

국명	영명
닭게과	Raninidae
닭새우	rock lobster, spiny lobster
닭새우과	Palinuridae
담황줄말미잘	striped sea anemone
닻해변과	Ancorinidae
대게	snow crab
대고둥과	Subulinidae
대서양가리비	Atlantic bay scallop
대서양대합	Atlantic surfclam
대서양연잎성게	Atlantic sand dollar
대앙눈알고둥	blue green cat's eye
대양조개류	macoma shell
대양해파리	sea nettle
대왕오징어	giant squid
대왕조개	giant clam
대점벌레과	Arcellidae
대추고둥	olive snail, olive shell
대추고둥과	Olividae
대주멍게과	Ascidiidae
대하	large shrimp
대합→배합	
대행동물문	
덮개해면	Aschelminthes
데이지거미불가사리	deadman's finger
	daisy brittle star

국명	영명
도끼납조개	wedgeclam
도화새우	coonstripe shrimp
도화새우과	Pandalidae
돌고부지과	Trapeziidae
돌맛조개류	piddock
돌세우	rock shrimp
돌조개과	Arcidae
돌조개류	ark shell
동물성편모충강	Zoomastigophorea
동사리조개과	Ungulinidae
돛대관해파리	by-the-wind sailor
돛대기새우	lesserglas shrimp
돛대기새우과	Pasiphaeidae
두더지게	sandbug
두족강	Cephalopoda
두족류	cephalopod
두타래갯지네과	Magelonidae
둥근무늬밤게	pebble crab
둥근배무래기	plate limpet
둥글해면과	Tethyidae
드릴뿔소라	drill shell
등각목	Isopoda
등불오징어	swordtip squid
등비늘갯지렁이	seale worm

국	영	명	국	영	명
등에파리	sea wasp		말랑게과	Hymenosomidae	
디비넘파리과	Dinenymphidae		말미잘	sea anemone	
디디미움과	Didymiidae		말미잘게	anemone crab	
따가리과	Mopaliidae		말미잘산호	balanophylla	
따개비	barnacle		말미잘새우	anemone shrimp	
따개비과	Balanidae		말전복	green-tail prawn	
따홍새우	pistol prawn		말전복	giant earshell	
따홍새우과	Alpheidae		맛조개과	Cutellidae	
딱조개	dosinia		맛조개류	jackknife clam	
따고둥과	Fossaridae		망치조개	hammer oyster	
따밋살해파리	Venus' girdle		매미새우과	Scyllaridae	
따조개	littoral spoon clam		매부리고둥류	cup shell	
따조개과	Laternulidae		맵시조개류	elongated nut clam	
랜드허밋크랩	land hermit crab		맹그로브게	box crab	
래티풀라리아과	Reticulariidae		멍게→우렁쉥이		
루시나조개	lucina shell		멍게과	Pyuridae	
리케아과	Liceidae		메두사갯지렁이	trebellid worm	
리코갈라과	Lycogalidae		메두사해파리	medusa	
링키아불가사리	linckia		메인가재	maine lobster	
마구목	Hymenostomatida		메트리디움말미잘	metridium	
마상춘충과	Hymenolepididae		맥시코대합	pismo clam	
만각목	Cirripedia		명주붓고둥, 붓고둥류	miter shell	
만두멍게과	Policlinidae		모란새우	botan shrimp	

국명	영명
모래무치벌레과	Cymthoidae
모래무치염통성게과	Loveniidae
모래문어	sandbird octopus
모악동물문	Chaetognatha
목주립고둥과	Truncatellidae
무강목	Acoela
무나무	false coral
무릇과	Pyrenidae
무릇류	dove shell(snail)
무협목	Atremata
문어	giant octopus
문어오징어	eight-armed squid
문셀리	moon jelly
물고둥과	Hydatinidae
물베고둥과	Buccinidae
물베고둥류	whelk
물맛이게	kelp crab
물맛이게과	Majidae
물벼룩	water flea
물벼룩과	Daphniidae
물새우	pond prawn
물지렁이과	Naidaidae
물지렁이목	Archioligochaeta
물해파리	moon jellyfish
미갈갯지네과	Glyceridae
미더덕과	Styelidae
미카도고둥	slitshell
믹소볼루스과	Myxodbolidae
민꽃게	charybdis
민꽃새우	Neptune rose shrimp
민달팽이과	Philomycidae
민무늬백합	oriental clam
민물담치	freshwater mussel
민물해면과	Spongillidae
민새우	smooth shell shrimp
민징이(고둥)	bubble shell
민징이과	Atycidae
민홀매미새우	shovel-nosed shrimp
밀새우	ridgetail prawn
바늘끈벌레목	Hoplonemertini
바늘뼈해면과	Ophlitaspongiidae
바다거머리	aquatic leech
바다벼룩류	sand hopper
바다복숭	sea peach
바다선인장	seacactus
바다송충과	Arcturidae
바다수세미	Venus's flower basket
바다조름	sea pen

국	명	영	명	국	명	영	명
바다쥐갯지렁이		sea mouse		배고둥류		slipper limpet	
바다채찍산호		sea whip		배무래기, 흰삿갓조개류		true limpet	
바다포도		sea grape		배무래기류		masked limpet	
바베시아과		Babesiidae		배좀별레조개		shipworm, teredo	
바스켓해면		basket sponge		배좀별레조개과		Teredinidae	
바위게과		Grapsidae		백엽조개		golden lip peral shell	
바지락		baby neck clam		백합, 대합		white clam	
바퀴불가사리		sea bat		백합과		Veneridae	
반디고둥과		Cionellidae		백합류		Venus clam	
반디오징이		firefly squid		뱀거미불가사리과		Ophiodermatidae	
반쪽이조개사토과		Rhynchonellidae		뱀고둥과		Vermiculariidae	
발광천집새우		stout red shrimp		뱀고둥류, 지렁이고둥류		worm shell	
밤게과		Leucossidae		버섯산호		mushroom coral	
밤고둥		chestnut turban		버지니아굴		eastern oyster	
밤고둥과		Trochidae		번데기우렁과		Pupinellidae	
밤고둥류		tegular shell, topeshell		뱀무늬단두게		brindle calappa	
밤털뱅이과		Hexixarionidae		벛세우		stardus shrimp	
밤색무늬조개과		Glycymeridae		별고둥 → 수레바퀴고둥			
밤색무늬조개류		dog cockle		별벌레			
밤조개		astarte		별벌레강		peanut worm	
방산충		radiolarian		별벌레과		Sipunculoidea	
방석고둥		tampa		별벌레목		Sipunculidae	
배고둥과		Calyptraeidae		별불가사리		Sipunculida	
						cushion star	

별불가사리과	Asterinidae
병인목	Stylommatophora
병정게	myrafugax crab
보도과	Bodonidae
보라문어	purple octopus
보라바퀴해삼	purple sea cucumber
보라불가사리	purple star
보라성게	purple sea urchin
보라성게과	Echinometridae
보라성게붙이	oval sea urchin
보라해면과	Haliclonidae
보리새우	banded shrimp, white shrimp
보리새우과	Penaeidae
보석충	jewel beetle
보통해면강	Demospongiae
복싱크레브	boxing crab
복족강	Gastropoda
볼복스	volvox
부르사리아과	Bursariidae
부채게과	Xanthidae
부채산호	sea fan
부채새우	locust bobster
북방개조개	purplish Washington clam
분지성게과	Temnopleuridae

분홍새우	pandalus prawn
분홍성게과	Toxopneustidae
분홍수정고둥	pink conch
분홍해파리	pink jellyfish
붉가사리	eastern starfish
붉가사리강	Asteroidea
붉가사리과	Asteriidae
붉가사리류	starfish, sea star
붉은갯나리	blood red feather star
붉은나팔산호	tubastrea
붉은불가사리	blood starfish
붉은빛조개사도과	Laqueidae
붉은수염해면	redbeard sponge
붉은전복	red abalone
붉은줄참새우	migrant prawn
붉은테깃민숭이	imperial sea hare
붉은판명게과	Botryllidae
붉은해변말미잘	red sea anemone
붓고둥과	Mitrioae
비늘백합	quahog clam
비단군부과	Tonicidae
비단딱지조개	Pacific chiton
비단무늬고둥과	Xenophoridae
비단청고둥	cloth-of-gold cone shell

국	명	영	명
비자고둥과		Acteonidae	
비틀이고둥		hornsnail	
빗살해파리		comb jellyfish	
빛조개		sunset shell	
빨간점도화새우		armed nylon shrimp	
빨강불가사리		red star (fish)	
빨강불가사리과		Linckiidae	
빨강오징어		flying squid	
빨족혜물우렁과		Succineidae	
뿔개오지		spindle egg cowrie	
뿔게		hyastemus spider crab	
뿔고둥과		Thaididae	
뿔눈달랑게		horn-eyed ghost crab	
뿔눈새우		telescope shrimp	
뿔빛돌산호		star coral	
뿔산호		horny coral	
뿔소라과		Muricidae	
뿔소라류		murex snail, rock shell(snail)	
뿔조개		tusk shell	
뿔조개과		Dentalidae	
뿔조개목		Dentaliacea	
뿔집완충류		conochilus	
뿔해면류		honey sponge	
사마귀불가사리		warty sea star	
사미강		Ophiuroidea	
사방해면목		Tetractinellida	
사상충과		Filariidae	
사세목		Filibranchia	
사슴게과		Thelexiopeidae	
사슴무늬닭새우		red coral crayfish	
사슴뿔산호		elkhorn coral	
사파리나		sapphirina	
산우렁과		Cyclophoridae	
산호강		Anthozoa	
산호게		coral crab	
산호딱총새우		coral snapping shrimp	
산호말조개		giantic horse conch	
살파과		Salpidae	
삼기장목		Tricladida	
삼천발이		basket star	
삼천발이과		Gorgonocephalidae	
삿갓조개과		Patellidae	
삿갓조개류		limpet	
상어눈구슬우렁		shark eye	
새각목		Branchiopoda	
새뱅이과		Atyidae	

국명	영명
세알조개과	Glauconomidae
세우붙이과	Galatheidae
세조개과	Cardiidae
세조개류	cockle
새치성게과	Stronglocentrotidae
셀포	salp
생토끼윤충과	Coluridae
석공조개	oriental piddock
석공조개과	pholadidae
석공조개류	pilsbry piddock
석패과	Uninidae
석회해면강	Calcarea
선미선충과	Spiruridae
선미선충목	Spirurida
선충	round worm
선충강	Nematoda
섬모충강	Ciliatea
성게강	Echinoidea
성게류	sea urchin
성구동물문	Sipunculoidata
세로무늬민꽃게	mask crab
소간선충과	Rhabdiasidae
소금새우	brine shrimp
소라	turban shell
소라과	Turbinidae
속살이게과	Pinnotheridae
손가락배말	fingered limpet
송곳고둥	screw shell
송곳고둥과	Turritellidae
쇄가리비과	Plicatulidae
쇄방사늑조개과	Corbulidae
쇠우렁과	Bulimidae
수랑	ivory shell
수레바퀴고둥	triumphant star
수리거미과	Gnaphosidae
수염갯지네	fringed worm
수염고둥과	Cymatiidae
수염고둥류	triton shell
수정고둥과	Strombidae
수정고둥류	stormb
수정조개	amethyst gem clam
수중다리노래기과	Blaniulidae
숙녀게	lady crab
순사미목	Chilophiurida
스커드새우	scud
스테모니티스과	Stemonitidae
슬리퍼조개	slippershell
슬리퍼조개과	Crepidulidae

국	영	명
시내포타해삼	synapta	
시니에나과	Streptazidae	
시디리스성게	cidaris	
시바즈	seavase	
시포크	sea pork	
식물성편모충강	Phytomastigophorea	
신복족목	Neogastropoda	
실갯지네	long bristled sandworm	
실무거리고둥	precious wentletrap	
실주름달팽이과	Valloniidae	
실지렁이	blood worm	
실지렁이과	Tubificidae	
실패고둥과	Epitoniidae	
실패고둥류	wentletrap	
심행목	Spatangoida	
심각목	Decapoda	
심완목	Decapoda	
쌈지윤충과	Asplabchnidae	
쌍구흡충과	Paramphistomatidae	
쏙	burrowing shrimp	
쏙과	Callianasiidae	
아르켈라목	Arcellinida	
아르키리아과	Arcyriidae	

국	영	명
아마우로가아티과	Amaurochaetidae	
아마우로가아티과	Amaurochaetidae	
아메리카가재	American crayfish	
아메리카세우	American lobster	
아메리카왕조개	geoduck	
아메바목	Amoebida	
아스트란지아산호	astrangia coral	
아홉가시거미게	nine-spined spider crab	
아사미목	Gnathophiurida	
안쪽인대조개과	Lyonsiidae	
알라스카개굴	Alaska jingle	
애기둥말조개	glossy black	
애기불가사리	blood sea star	
애기불가사리과	Echinasteridae	
애기삿갓조개	tortoise-shell limpet	
애호두조개과	Nuculidae	
앵무조개	chambered nautiluse	
아광패	green turban	
아자집게	coconut crab	
얀티나달팽이	janthina	
양모해면	sheep's wool sponge	
얼룩가시발세우	reef lobster	
얼룩도화새우	golden shrimp	

얼룩돌조개	zebra ark	
에스카고	escargot	
에이메리아과	Eimeriidae	
여덟모뿔조개	dentalium tusk shell	
연두개불과	Thalassemidae	
연두군부과	Ischnochitonidae	
연두군벌레	lineus	
연두끈벌레과	Lineidae	
연두딱지조개	ishnochiton	
연산호류	soft coral	
연잎성게과	Scutellidae	
연잎성게류	sand dollor	
연잎성게목	Clypeastroida	
연체동물	mollusk	
연체동물문	Mollusca	
열두촌충과	Diphyllobothriidae	
엄낭거미과	Clubionidae	
염주위지렁이과	Moniligastridae	
염통성게	heart sea urchin	
염통성게과	Schizasteridae	
영덕게 → 대게		
옆주름고둥류	dogwinkle	
예쁜이새우	banded coral shrimp	
예쁜이해면	callyspongia	
예쁜이해면과	Callyspongiidae	
오각불가사리	pentagon starfish	
오렌지등근해면	sea orange	
오목해면과	Heteropiidae	
오이토나과	Oithonidae	
오징어	squid	
오징어과	Speiidae	
오물리나산호	oculina coral	
오크리불가사리	ocre star	
오팔리나과	Opalinidae	
오팔리나목	Opalinida	
올림피아굴	olympia oyster	
올빼미삿갓조개	owl limpet	
와충강	Turbellaria	
와편모충목	Dinoflagellida	
완족강	Brachiopoda	
완족류	brachyopod	
왕게과	Lithodiae	
왕관고둥과	Melongenidae	
왕관뿔소라	crown conch	
왕굴	giant Pacific oyster	
왜가재	river crayfish	
왜개량조개	dwarf surf clam	
왜문어	octopus	

국	영	국	영
외투조개과	Limidae	유글레나목	Euglenida
요각목	Copepoda	유두해면	tetilla serica
요나은행게	Jonah crab	유렁멍게과	Cionidae
요충과	Oxyuridae	유령오징어	imperator squid
용털빨강새우	whiskered velvet shrimp	유령해파리	great red jellyfish
우럭(조개)	softshell clam	유리고둥과	Phasianellidae
우럭과	Myidae	유영목	Plaima
우렁쉥이	sea squirt	유종목	Tintinnida
우르케올라리이과	Urceolariidae	유침목	Enoplida
위싱턴백합	Washington clam	유프테리드	eupterid
원새목	Protobranchia	유형동물문	Nemertinea
원색동물문	Protochordata	윤충	rotifer
원생동물문	Protozoa	윤충강	Rotifera
원승이게과	Goneplacidae	은행게	rock crab
원시복족목	Archaeogastropoda	은행게과	Cancridae
원협목	Cyclophyllidea	은행게류	edible crab
원충과	Strongylidae	이엽목	Pseudophyllidea
원충목	Rhabditida	이원충과	Metastrongylidae
원편모충목	Protomonadina	이강목	Heterocoela
위고둥과	Tonnidae	이강흡충과	Dicrocoeliidae
위고둥류	tun, cask shell	이끼벌레류	moss animal
유극목	Spinulosa	이매패강	Pelecypoda(Bivalvia)
유글레나과	Euglenidae	이모목	Heterotrichida

국명	영명	국명	영명
이빨고둥	bleeding tooth	전복과	Haliotidae
이빨번데기고둥과	Vertiginidae	절지동물문	Arthropoda
이생목	Digenea	점박이꽃게	red-spot swimming crab
이형흡충과	Heterophyidae	점애포자충목	Myxosporida
일테스오징어	short-finned squid	첩시조개과	Tellinidae
입고랑고둥과	Strobilopsidae	첩시조개류	tellin shell
입술대고둥과	Clausiliidae	젓새우	paste shrimp
입술대고둥아제비과	Enidae	젓새우과	Sergestidae
잎산호	leaf coral	정구촌충과	Davaineidae
잎세우과	Chirocephalidae	조개치레	helke crab
자계과	Parthenopidae	조개치레과	Dorippidae
자주새우	sand shrimp	족사부착제조개과	Hiatellidae
자주새우과	Crangoindae	홈쌀무늬고둥	oyster drill
자패과	Asaphidae	홈쌀무늬고둥과	Nassariidae
전가지갯민숭달팽이	bush-backed seaslug	홈쌀무늬고둥류	nossa
참궹이 → 개불		종렬목	Telotremata
참궹이과	Anomiidae	종하드라과	Campanulariidae
참뱀고둥과	Ellobiidae	주걱벌레과	Idoteidae
장갑해면	glove sponge	주걱벌레붙이과	Tanaidae
장미잎거품조개	rose-petal bubble shell	주걱벌레붙이목	Tanaidacea
장방금보라성게	helmeted sea urchin	주머기 → 홋데기새우	
장수가재	crayfish	주름개랑조개	channeled duck clam
제첩과	Corbiculidae	주름구멍삿갓조개	rough keyhole limpet
전복	abalone	주름방사늑조개과	Carditidae

국	영	명
구름옹합		
구모	ribbed mussel	
구혈홉충과	wing oyster	
독합과	Schistomatidae	
줄군부과	Solenidae	
줄따개비	Loricidae	
줄말미잘과	acorn barnacle	
줄비단군부	Diadumenidae	
줄세우아제비	lined chiton	
줄완충과	carpenter prawn	
중복족목	Ploesomatidae	
중하	Mesogastropoda	
쥐며느리	small white prawn	
쥐온충과	pill bug	
지네강	Rattulidae	
지느라미꼴뚜기과	Chilopoda	
지렁이강	Thysanoteuthidae	
지렁이고둥과	Oligochaeta	
지렁이과	Siliquariidae	
지렁이목	Megascolecidae	
지렁이불가사리	Neooligochaeta	
지중해산호	snake star	
진구충목	precious coral	
	Eucoccida	

국	영	명
진균충목	Eumycetozoida	
진주담치	ezomussel	
진주조개	pearl oyster	
진주조개과	Pteriidae	
진판새목	Fulamellibranchia	
진흙불가사리	mud star	
질삼노래기목	Nematophora	
집갯지네	diopatra fan worm	
집게과	Paguridae	
집게말미잘	calliactis	
집낙지	brown paper nautilus	
집낙지과	Argonautidae	
징거미새우과	Palaemonidae	
짚신벌레	paramecium	
짚신벌레과	Parameciidae	
짜부타고둥과	slipper lobster	
짜부타고둥류	Cerithiidae	
쨀물우렁과	tide flat shell	
자극목	Lymnaeidae	
참게	Forcipulata	
참집게, 무지개집게	Chinese mitten crab	
창게 → 투구게	hermit crab	

국명	영명
창고기	lancelet
창오징어	long finned squid
채찍산호	red sea whip
청자고둥	cone shell, conus
청자고둥과	Conidae
초록거미불가사리	green brittle star
초록꽃게	green crab
초록말미잘	green anemone
초록성게	green sea urchin
초록해변말미잘	green sea anemone
조편모충목	Hypermastigina
촉수갯지렁이	hairy gilled worm
촉수동물문	Tentaculata
촌충강	Cestoda
촌충과	Taeniidae
총알고둥	periwingkle
총알고둥과	Littorinidae
총채갯지렁이	featherduster worm
측강목	Pleurocoela
측성해초목	Pleurogona
침배고둥	boat shell, slippershell
칼라누스	calanus
칼라누스과	Calanidae
칼리코조개	calico clam
칼새우	greasyback shrimp
캅조개	hard clam
캘리포니맛조개	Califonia tagelus
캘리포니홍합	Califonia mussel
컵산호	cup coral
케라티오믹사과	Ceratiomyxidae
켄트로파게스과	Centropagidae
크르크해변과	Suberitidae
크리케우스과	Corycaeidae
크기나조개	coquina
크피원두조개	coffee bean shell
크릴	krill
큰가리비	giantezo scallop
큰구슬우렁, 구슬우렁이류	moon snail(shell)
큰바위가리비	giant rock scallop
키다리게	sea spider
키스토디니움과	Cystodiniidae
키조개과	Pinnidae
키조개류	pen shell
킬로마스틱스과	Chilomastigidae
킹콘치	king conch
타올말미잘	towel anemone
타이거루시나	tiger lucina
탈리아강	Thaliacea

국명	영명
태충류 →이끼벌레류	
태평양살조개	Pacific littleneck
턱가머리목	Gnathobdellae
턱갯민숭달팽이	plumed seaslug
턱갯지네과	Eunicidae
턱갯지렁이 → 꽃갯지렁이	
털게	hairing crab
털게과	Atelecyclidae
털격판담치	blue mussel, edible mussel
털골뱅이	Oregon triton
털군부과	Cryptoplacidae
털군부목	Acanthochitonida
털납갯지네과	Chaetopteridae
털노래기과	Diplomaragnidae
털딱지조개	spid chiton
털선충과	Trichostrongylidae
털줄왼손집게	dardanus hermit crab
털탑고둥	knobbed whelk
털탑고둥과	Busyconidae
털탑고둥류	false trumpet shell
테이블산호	table coral
테히드라과	Sertulariidae
텔라지아과	Thelaziidae

국명	영명
퉁날꽃게	mangrove blue crab
퉁날키조개	saw toothed pen shell
퉁집우산충과	Melicertidae
퉁퉁플라나리아과	Kenkiidae
퇴조개과	Mesodesmatidae
투구게, 참게	horseshoe crab
투불리나과	Tubulinidae
퉁병고둥과	Retusidae
트럼펫갯지네	trumpet worm
트리코님파과	Trichonymphidae
트리코모나스과	Trichomonadidae
트리키아과	Trichiidae
트리파노소마과	Trypanosomatidae
트리파노솜	tripanosome
틴틴니디움과	Tintinnidae
파랑연잎성게	eccentric sand dollar
파이어코랄	fire coral
판도라조개	pandora shell
팔롤로벌레	palolo worm
팔손이불가사리	eight armed starfish
팔완목	Octopoda
팔운충과	Philinidae
페시뿍개과	Pacific gaper

국	명	영	명
해비라키스과		heterakidae	
해비로비르마과		Heterodermidae	
해비로포트		heteropod	
해사미타과		Hexamitidae	
헴필대합		hemphill surfclam	
현사미목		Phrynophiurida	
현대목		Phanerozonnia	
호두조개류		nut clam	
호랑이개오지		tiger cowrie	
호박달팽이		Zonitidae	
호박해면		boring sponge	
호박해면과		Clionidae	
호불가사리		oreaster	
호투성가미불가사리과		Trichasteridae	
호히드라		obelia	
홀로마스티고비스과		Holomastigotidae	
홍줄고둥		melon shell	
홍줄고둥과		Volutidae	
홍합 → 담치			
홍합과		Myidae	
홍합류, 담치		mussel	
화살게		arrow crab	
화살벌레		arrow worm	

국	명	영	명
화살벌레강		Sagittoidea	
화살벌레과		Sagittidae	
화살벌레목		Aphragmophora	
화살오징어		arrow squid	
화살오징어과		Loliginidae	
환형동물		segmented worm	
환형동물문		Annelida	
회오리고둥과		Pyramidellidae	
회충과		Ascaridae	
후고둥충과		Opisthorchidae	
흡충강		Trematoda	
흰꽃갯지렁이		serpulid fan worm	
흰대양조개		white sand macoma	
흰대양조개류		bentnose macoma	
흰당이멍게과		Didemnidae	
흰빛조개사도과		Terebratulidae	
흰삿갓조개과		Acmaeidae	
흰접시조개		candystick tellin	
흰줄긴극성게		needle spined sea urchin	
흰줄닭새우		coral spiny lobster	
흰털말미잘		sagartia	
히드라충		hydroid	
히드라충강		Hydrozoa	

| 하드라충목 | Hydroida |
| 하드라충류 | hydrozoan |

■ 학명 - 국명

학	명	국	명	학	명	국	명
Aanthaster planci	넓적가시불가사리	*Amusium japonicus*	해가리비
Acanthochitonida	털군부목	*Anadara ovalis*	피조개
Acets japonicus	젓새우	*Ancorinidae*	닻해면과
Acmaeidae	흰삿갓조개과	*Ancylidae*	강접시고둥과
Acoela	무장목	*Ancylostomidae*	구충과
Acropora cervicornis	가지산호	*Annelida*	환형동물
Acteonidae	비자고둥과	*Anomia simplex*	개굴큰
Actiniaria	말미잘	*Anomiidae*	잠쟁이과
Actiniidae	해변말미잘과	*Anoplocephalidae*	나무촌충과
Aeolis papillosa	털갯민숭달팽이	*Anthocidaris crassipina*	보라성게
Agaricia agaricites	잎산호	*Anthomedusae*	꽃해파리목
Agropecten irradians	대서양가리비	*Anthopleura xanthogrammica*	줄록말미잘
Albuneidae	게가제과	*Anthozoa*	산호강
Alpheidae	딱총새우과	*Antipatharia*	각산호목
Alpheus brebicristatus	딱총새우	*Antipathidae*	해송과
Alpheus sublucamus	산호딱총새우	*Anuraeidae*	가부등윤충과
Alycaeidae	남작달팽이과	*Aphragmophora*	화살별데목
Amaltheidae	기생고둥과	*Aphrodite aculeata*	바다쥐갯지렁이
Amaurochaetidae	아머우로카에티과	*Aplysia kurodai*	군소
Amoebida	아메바목	*Aplysiidae*	군소과
Amphipholis squamata	지렁이불가사리	*Aplysiidea*	군소류
Amphipod	바다벼룩류	*Arachnoidae*	거미강
Amphipoda	단각목	*Araneina*	거미목

Arca zebra	얼룩돛조개	*Asteriidae*	불가사리과
Arcellidae	네잎빔페과	*Asterina pectinifera*	별불가사리
Arcellinida	아르켈라목	*Asterinidae*	별불가사리과
Archaeogastropoda	원시복족목	*Asteroidea*	불가사리강
Archioligochaeta	물지렁이목	*Astigmatea*	단근목
Architeuthis japonica	대왕오징어	*Astrangia danae*	아스트란지아산호
Arcidae	돛조개과	*Astropecten polyacanthus*	가시불가사리
Arcturidae	바다송충과	*Astropectinidae*	단풍불가사리과
Arcyriidae	아르키리아과	*Atelecyclidae*	털게과
Arenicola cristata	검은갯지렁이	*Atremata*	무협목
Argonauta hians	집낙지	*Atrina serata*	톱날키조개
Argonautidae	집낙지과	*Atrina rigida*	가시키조개
Aristaeus virilis	발광천집새우	*Atyidae*	민챙이과
Arthropoda	절지동물문	*Atyidae*	새뱅이과
Asaphidae	자폐과	*Aurelia*	해파리
Ascaridae	회충과	*Aurelia aurita*	물해파리
Aschelminthes	내형동물문	*Babesiidae*	바베시아과
Ascidiacea	해초강	*Babylonia japonica*	수랑
Ascidiidae	대추멍게과	*Balanidae*	따개비과
Asplabchnidae	쌍지윤충과	*Balanophylla elegans*	알미잔산호
Assiminieidae	기수우렁과	*Balanus*	따개비
Astarte	밤조개	*Balanus amphitrite*	줄따개비
Asterias forbesi	불가사리	*Basommatophora*	기안목
Asterias vulgaris	보타불가사리	*Basyconidae*	탑밤고둥류

학명	국명	학명	국명
Birgus latro	야자집게	*Calcarea*	석회해면강
Bispira	깃부채벌레	*Calliactis tricolor*	집게말미잘
Bivalvia	이매패강	*Callianasiidae*	쏙과
Blaniulidae	수중다리노래기과	*Calliostoma jujubium*	방석고둥류
Bodonidae	보도과	*Callistoma*	푸른방석고둥
Bosminidae	긴뿔물벼룩과	*Callyspongia elegans*	예쁜이해면
Botryllidae	붉은판명게과	*Callyspongia vaginalis*	꽃병해면
Brachiopod	팔이조개	*Callyspongiidae*	예쁜이해면과
Brachiopoda	완족강	*Calyptraeidae*	배고둥과
Brachionidae	단지윤충과	*Camarodonta*	공치목
Bradybaenidae	달팽이과	*Cambaroides japonicus*	왜가재
Branchiobdellidae	거머리지렁이과	*Campanulariidae*	종히드라과
Buccinidae	물레고둥과	*Cancellariidae*	감생이고둥과
Bulimidae	쇠우렁과	*Cancer borealis*	요나은행게
Bulla	민챙이(고둥)	*Cancer irroratus*	은행게
Bursariidae	부르사리아과	*Cancer magister*	은행게류
Bursdae	가시고둥과	*Cancridae*	은행게과
Bursidae	개란고둥류	*Capulidae*	매부리고둥류
Busyconidae	털탑고둥과	*Carcinus maenas*	초록꽃게
Calamidae	갈대누스과	*Cardiidae*	새조개과
Calanus	갈대누스	*Carditidae*	주름방사늑조개과
Calappa lophos	범무늬만두게	*Cassidae*	계란고둥과
Calappidae	금게과	*Cathypnidae*	털은충과

학명	국명
Cavernularia obesta	바다선인장
Cellana toreuma	애기삿갓조개
Centropagidae	켄트로파게스과
Cephalopod	두족류
Cephalopoda	두족강
Ceratiomyxidae	케라티오믹사과
Ceratostoma	가시입뿔소라
Cerebratulus lacteus	끈벌레
Cerithidea	비틀이고둥
Cerithidea montagnei	실꾸리고둥
Cerithiidae	짜부타고둥과
Cestoda	촌충강
Chaetognatha	모악동물문
Chaetopteridae	털날개갯지네과
Chaetopterus varioperatus	껍질갯지네
Chamma refrexa	국화은승이조개
Charybdea rastonii	등해파리
Charybdis japonica	민꽃게
Chelyconus fulmen	청자고둥
Chilomastigidae	킬로마스틱스과
Chilophiurida	순사미강
Chilopoda	지네강
Chione cancellata	톱로리다버지락
Chionoecetes opilis	대게
Chirocephalidae	잎새우과
Chiroteuthis imperator	유령오징어
Chitonida	군부목
Chitonidae	군부과
Chrysame chrysostoma	명주뱃고둥, 붓고둥류
Cidaris tribuloides	시디리스성게
Ciliatea	섬모충강
Cionellidae	반디고둥과
Cionidae	유령멍게과
Cipangopaludina chinensis	논우렁
Cirratulus grandis	수염갯지네
Cirriformia tentaculata	촉수갯지렁이
Cirripedia	만각목
Clausiliidae	입술대고둥과
Cliona celata	호박해면
Clionidae	호박해면과
Clubionidae	염낭거미과
Clypeastroida	연잎성게목
Codakia orbicularis	타이거루시나
Coelenterata	강장동물문
Collisella digtalis	손가락배말
Colobocentrotus mertensi	창방극보라성게
Coluridae	생토기웅충과
Conidae	청자고둥과

학	국	명
Conochilus unicornis	뿔집윤충류	
Conus	청자고둥	
Copepoda	요각목	
Corallium rubrum	지중해산호	
Corbicula leana	가당재첩, 재첩	
Corbiculidae	재첩과	
Corbulidae	쇄방사늑조개과	
Corellidae	거북등멍게과	
Corycaeidae	코리케우스과	
Coryidae	코붕히드라과	
Coscinasterias acutispina	팔손이불가사리	
Crangoindae	자주새우과	
Crangon septemspinosa	자주새우	
Crassostrea gigas	왕굴	
Crassostrea virginica	버지니아굴	
Crenomytilus grayanus	진주담치	
Crepidula	슬리퍼조개	
Crepidula gravispina	집배고둥	
Crustacea	갑각강	
Cryptoplacidae	털군부과	
Ctenodiscus crispatus	진흙불가사리	
Cutellidae	맛조개과	
Cyanea capillata	분홍해파리	

학	국	명
Cyclophoridae	산우렁과	
Cyclophyllidea	원엽목	
Cymatiidae	수염고둥과	
Cymthoidae	모래무지벌레과	
Cypraeidae	개오지과	
Cyrtopleura costata	날개석공조개	
Cystodiniidae	키스토디니움과	
Dactilometra pacifica	대양해파리	
Dallininidae	고려조개사돈과	
Daphnia carinata	물벼룩	
Daphniidae	물벼룩과	
Dardanus arrosor	털줄왼손집게	
Davaineidae	정구촌충과	
Decapoda	십각목	
Demospongiae	보통해면강	
Dendraster excentricus	과향연잎성게	
Dendronotus frondosus	산가지갯민승달팽이	
Dentaliacea	뿔조개목	
Dentalidae	뿔조개과	
Dentalium octagulatum	여덟모뿔조개	
Dentalum entale	뿔조개	
Diadema setosum	흰줄긴극성게	
Diadumenidae	줄말미잘과	

Dicrocoeliidae	이강흡충과	
Didemnidae	흰덩이멍게과	
Difflugiidae	꽃병벌레과	
Digenea	이생목	
Dilepidae	다고촌충과	
Dinenymphidae	디네님파과	
Dinocharidae	구신운충과	
Dinoflagellida	와편모충목	
Diodora aspera	주름구멍삿갓조개	
Dioptra neapolitana	집갯지네	
Diphyllobothriidae	열두촌충과	
Diplomaragnidae	털노래기과	
Diplommatinidae	깨알달팽이과	
Diplopoda	노래기강	
Diploria labyrinthiformis	넓은잎산호, 뇌산호	
Discidae	땡땡땡땡이과	
Donax variabilis	코끼리나조개	
Dorididae	갯민숭달팽이류	
Dorippe japonica	조개치레	
Dorippidae	조개치레과	
Dorteuthis bleekeri	화살오징어	
Doryteuthis kensaki	창오징어	
Dosinia	떡조개	
Dromia dehaani	해면치레	

Dromiidae	해면치레과	
Echinarachinus parma	대서양연잎성게	
Echinaster sentus	사마귀불가사리	
Echinasteridae	애기불가사리과	
Echinoderm	성게류	
Echinodermata	극피동물문	
Echinoidea	성게강	
Echinometra lucunter	보라성게붙이	
Echinometridae	보라성게과	
Echiurida	개불목	
Echiuroidea	개불강	
Eimeriidae	에이메리아과	
Ellobiidae	잔방고둥과	
Emerita	두더지게	
Encope emarginata	노랑연잎성게	
Endamoebidae	기생아메바과	
Enidae	입술대고둥아제비과	
Enoplida	유침목	
Enoplometopus occidentalis	열목가시발새우	
Enterogona	내성해초목	
Epitoniidae	실패고둥과	
Epitonium	실패고둥류	
Erimacrus isenbeckii	털게	
Eriocheir sinensis	참게	

학명	국명	학명	국명
Erycinidae	가제더부사리조개과	Gastropoda	복족강
Eucoccida	진구충목	Gelasimus arcuatus	농게
Euglenida	유글레나목	Gemma gemma	수정조개
Euglenidae	유글레나과	Geothelpusa dehaani	냇물게
Eumycetozoida	진균충목	Geryoniidae	거대해파리과
Eunicidae	털갯지네과	Geukensia demissa	주름홍합
Eupausia superba	크릴	Glauconomidae	세일조개과
Eupleura	드릴뿔소라	Glyceridae	미갑갯지네과
Eupterus fischer	유프테리드	Glycymeridae	밤색무늬조개과
Exopalaemon carinicauda	밀새우	Gnaphosidae	수리거미과
Fasciolaria	긴고둥류	Gnathobdellae	턱거머리목
Fasciolariidae	긴고둥과	Gnathophiurida	악사미목
Fasciolidae	간흡충과	Gonatopsis borealis	문어오징어
Favia	뿔빗돌산호	Goneplacidae	원숭이게과
Filariidae	사상충과	Gonionemus vertens	고니오네무스
Filibranchia	사새목	Gorgonia flabellum	부채산호
Fissurellidae	구멍삿갓조개과	Gorgonocephalidae	삼천발이과
Folia parallela	떠밧살해파리	Gorgonocephalus caryi	삼천발이
Forcipulata	차극목	Grantiidae	나팔해면과
Fossaridae	띠고둥과	Grapsidae	바위게과
Fulamellibranchia	진판새목	Hadromerina	경해면목
Fulgornria kaneko	홍줄고둥	Halichondriidae	해변해면과
Galatheidae	새우붙이과	Halichondrina	해변해면목

Haliclona oculata	옆개해면
Haliclonidae	보라해면과
Haliotidae	전복과
Haliotis cracheriodii	검은전복
Haliotis discus	전복
Haliotis rufescens	붉은전복
Haliplannella luciae	담황줄말미잘
Halleus malleus	망치조개
Halocynthia roretzi	우렁쉥이
Hapalogaster dentata	가시투성어리게
Haplosclerina	단질해면목
Harpacticidae	하르파티쿠스과
Harpiosquilla raphidea	가시갯가재
Hemifusus ternatanus	밀탑고등
Henricia leviuscula	빨강불가사리
Henricia sanguinolenta	에기불가사리
Heterakidae	해테라키스과
Heterocarpus ensifer	빨간점도화새우
Heterocentrotus mamillatus	관성게, 연필성게
Heterocoela	이강목
Heterodermidae	헤테로데르마과
Heterophyidae	이형흡충과
Heteropiidae	오무해면과
Heterotrichida	이모목

Hexabranchus marginatus	붉은비갯민숭이
Hexamitidae	헥사미티타과
Hexixarionidae	밤달팽이과
Hiatellidae	쪽사부채체조개과
Hinnites giganteus	큰바위가리비
Hippiospongia canaliculata	장갑해면
Hippiospongia lachne	양모해면
Hippiosponyia equinoformis	그라스해면
Hippolytidae	꼬마새우과
Hipponicidae	기생고등류
Hirudo nipponica	거머리
Holomastigotidae	홀로마스티고테스과
Holothuria atra	검정해삼
Homarus americanus	아메리카새우
Hoplonemertini	바늘끈벌레목
Hyastemus diacanthus	뿔게
Hydatinidae	물고둥과
Hydroida	하드라충목
Hydrozoa	하드라충강
Hymenolepidiae	막상촌충과
Hymenosomidae	밑양게과
Hymenostomatida	막구목
Hypermastigina	초편모충목
Ibacus ciliatus	부채새우

학명	국	명	학명	국	명
Idiosepius pygmaeus	꼬마오징어		*Limasowerbyi*	개가리비	
Idoteidae	주걱벌레과		*Limidae*	외투조개과	
Illex illecebrosus	일데스오징어		*Limnodrilus gotoi*	실지렁이	
Ischnochitonidae	연두군부과		*Limnoperma lucustris*	민물담치	
Ishnochiton comptus	연두딱지조개		*Limposidae*	개흙조개과	
Isopoda	등각목		*Limulus polyphemus*	투구게, 장게	
Juliidae	칼퀴노래기과		*Linckia columbiae*	딩기아불가사리	
Juliformida	각시노래기목		*Linckiidae*	빨강불가사리과	
Katharina tunicata	검은군부		*Lineidae*	연두끈벌레과	
Kenkiidae	통통폴라나디아과		*Lineus fuscoviridis*	연두끈벌레	
Lambis lambis	거미고둥		*Linguilidae*	개맛과	
Lanceolaria acrorhyncha	칼조개		*Lithodes antarcticus*	남반구왕게 왕게	
Laomediidae	가세붙이과		*Lithodiae*	왕게과	
Laqueidae	붉은빛조개사돈과		*Lithophaga curta*	애기돌맛조개	
Latenula Limicola	띠조개		*Littoraria irrorata*	늪총알고둥	
Latermulidae	띠조개과		*Littorina littorea*	총알고둥	
Latreutes planirostris	납작뿔꼬마새우		*Littorinidae*	총알고둥과	
Leptochela gracilis	돗대기새우		*Loimia medusa*	메두사갯지렁이	
Leucosia obtusifrons	등근무늬밤게		*Loliginidae*	화살오징어과	
Leucossidae	밤게과		*Loligo edulis*	둥블오징어	
Libinia	거미게류		*Loricidae*	줄군부과	
Libinia emarginata	아홉가시거미게		*Lottia gigantea*	을빼미삿갓조개	
Liceidae	리케아과		*Loveniidae*	모래무지염통성게과	

Lucinidae	꽃잎조개과
Lumbricidae	낚시지렁이과
Lunella coronata	눈알고둥
Lycogalidae	리코갈라과
Lygiidae	갯강구과
Lymnaeidae	쨈물우렁과
Lyonsiidae	안쪽인대조개과
Lyreidus tridentatus	가시비파게
Macoma	대양조개류
Macoma nasuta	흰대양조개류
Macoma secta	흰대양조개
Macrocallista maculata	갈리코조개
Macrocallista nimbosa	햇살조개
Macrocheira kaempferi	기다리게
Mactridae	개량조개과
Magelonidae	두터배갯지네과
Majidae	물맞이게과
Matutalunaris	금게
Megascolecidae	지렁이과
Melicertidae	통집운충과
Melithaea flabellifera	무나무
Melongena	앞관뿔소라
Melongenidae	앞관고둥과
Mercenaria	비늘백합

Meretrix lamarckii	민무늬백합
Meretrix lusoria	백합, 대합
Mesodesmatidae	퇴조개과
Mesogastropoda	중부족목
Metanephrops tomsoni	가시발새우
Metapenaeopsis barbata	용털빨강새우
Metapenaeus ensis	긴새우
Metapenaeus joyneri	중하
Metapenaeus moyebi	말새우
Metastrongylidae	외원충과
Metridium senile	메트리디움말미잘
Microciona prolifera	붉은수염해면
Mictyris longicarpus	남방콩게
Mitrioae	붓고둥과
Mollusca	연체동물
Monetaria annulus	노랑테두리개오지
Moniligastridae	염주위지렁이과
Monodonta labio	밤고둥류
Monophyisidae	기수관히드라과
Mopaliidae	따가리과
Mulinia lateralis	헤게량조개
Muricidae	뿔소라과
Mya	우럭(조개)
Myidae	우럭과

학 명	국 명	학 명	국 명
Mytilidae	홍합류, 담치	*Neverita duplicata*	상어논구슬우렁
Mytilus californianus	캘리포니아홍합	*Niotha livescens*	좀쌀무늬고둥
Mytilus edulis	털격판담치	*Noetica ponderasa*	돈테로사지꼬막
Myxillidae	끈적해면과	*Nordotis giantea*	말전복
Myxodbolidae	믹소볼루스과	*Notoacmea*	둥근배무래기
Myxosporida	점액포자충목	*Notoacmea persona*	배무래기류
Naidaidae	물지렁이과	*Notoacmea schrenckii*	배무래기, 흰삿갓조개류
Nasarius	좀쌀무늬고둥류	*Nucella*	얼룩음고둥류
Nassariidae	좀쌀무늬고둥과	*Nuculanidae*	땅지조개류
Natica	구슬우렁류	*Nuculiidae*	에호두조개과
Naticidae	구슬우렁과	*Obelia*	촉하드라
Nematoda	선충강	*Octopoda*	팔완목
Nematophora	질삼노배기목	*Octopus aegina*	모래문어
Nemertinea	유형동물문	*Octopus berevice*	꼬마문어
Nemertini	끈별레강	*Octopus dolfleini*	문어
Neogastropoda	신복족목	*Octopus vulgaris*	왜문어
Neooligochaeta	지렁이목	*Oculina diffusa*	오물리나산호
Nephropsidae	가시발새우과	*Ocypode ceratophthalma*	뿔눈달랑게
Nereidae	갯지네과	*Ocypode cordimana*	남방달랑게
Nereisjaponica	갯지네	*Ocypode stimpsoni*	달랑게
Nerita pelornota	이빨고둥	*Ocypodidae*	달랑게과
Neritidae	갈고둥과	*Ogyrides orientalis*	뿔눈세우
Neverita	근구슬우렁, 구슬우렁이류	*Oithonidae*	오이토나과

Oligochaeta	지렁이강
Olividae	대추고둥과
Ommastrephes bartrami	빨강오징어
Omnatostrephidae	꼬마오징어과
Opalinida	오팔리나목
Opalinidae	오팔리나과
Ophioderma brevispina	초록거미불가사리
Ophiodermatidae	뱀거미불가사리과
Ophiolepididae	거미불가사리과
Ophiopholis aculeata	네이지거미불가사리
Ophioplocus japonicus	거미불가사리
Ophiothrichidae	가시거미불가사리과
Ophiothrix angulata	가시거미불가사리
Ophiothrix marenzelleri	긴가시거미불가사리
Ophiuroidea	사미강
Ophlitaspongiidae	바늘뼈해면과
Opisthorchidae	후고흡충과
Oregonia gracilis	긴집게발게
Ostrea lurida	을림피아굴
Ostreidae	굴과
Ovalipes ocellatus	깨다시꽃게
Oxyuridae	요충과
Paguridae	집게과
Pagurus samuelis	참집게, 무지개집게

Palaemon macrodactylus	붉은줄참새우
Palaemon ortmanni	긴다리줄새우
Palaemon serrifer	줄새우아재비
Palaemonidae	징거미새우과
Palinuridae	닭새우과
Pandalidae	도화새우과
Pandalus hypsinotus	도화새우
Pandalus nipponensis	모란새우
Pandora	판도라조개
Panope abrupta	아메리카왕조개
Panulirus argus	닭새우
Panulirus longipes	사슴무늬닭새우
Panulirus versicolor	횐줄닭새우
Parahaliporus sibogae	긴다듬이새우
Paralomis histrix	바늘가시왕게붙이
Parameciidae	짚신벌레과
Paramecium caudatum	짚신벌레
Paramphistomatidae	쌍구흡충과
Parapandalus spinipes	긴뿔도화새우
Parapenaeopsis tenella	민새우
Parapenaeus fissurus	민꽃새우
Parthenopidae	자게과
Pasiphaeidae	돗대기새우과
Patellidae	삿조개과

학명	국명	학명	국명
Patinopecten yessoensis	큰가리비	*Phytomastigophorea*	식물성편모충강
Patiria miniata	바위붉가사리	*Pinctada*	진주조개
Pectinaria gouldii	트럼펫갯지네	*Pinctata maxima*	백엽조개
Pectinidae	가리비과	*Pinna carnea*	노랑키조개
Pelecypoda(Bivalvia)	이매패강	*Pinnidae*	키조개과
Penaeidae	보리새우과	*Pinnotheridae*	속살이게과
Penaeus orientalis	대하	*Pisaster ochraceus*	오크리불가사리
Penaeus semisulcatus	꿈새우	*Plaima*	유영목
Penaeus setiferus	보리새우	*Planariidae*	플라나리아과
Pennatula aculeata	바다조름	*Planorbiidae*	평물달팽이과
Peridiniidae	페리디니움과	*Plasmodiidae*	플라스모디움과
Peritirichida	누모목	*Platyhelminthes*	편형동물문
Petrolisthes japonicus	갯가재붙이	*Plesionika martia*	일본도화새우
Phanerozomnia	현대목	*Pleurobrachia brunnea*	플리우로브라키아
Phasianellidae	유리고둥과	*Pleuroceridae(Thiarida)*	다슬기과
Philinidae	갯달팽이고둥과	*Pleurocela*	측강목
Philinidae	팔윤충과	*Pleurodiscidae*	평지달팽이아제비과
Philometridae	필로메트라과	*Pleurogona*	측성해초목
Philomycidae	민달팽이과	*Plexaura flexuosa*	바다채찍산호
Pholadidae	석공조개과	*Plicatulidae*	쇄가리비과
Phrynophiurida	화사미목	*Ploesomatidae*	줄윤충과
Physalia physalis	고깔해파리	*Plumularia setacea*	깃히드라
Physaridae	파사룸과	*Plumulariidas*	깃히드라과

Pododesmus macrochisma	일다스가개굴	*Protozoa*	원생동물문
Poecilosclerina	다골해면목	*Pseudophyllidea*	의엽목
Policlinidae	만두멍게과	*Pteria*	주모
Polychaeta	갯지네강	*Pteriidae*	진주조개과
Polycheira rufescens	보라바위해삼	*Pugettia producta*	물맞이게
Polycitoridae	군봉멍게과	*Pupinellidae*	번데기우렁과
Polymastigidae	폴리마스티고과	*Pycnopodia helianthoides*	해바라기불가사리
Polymastigina	다편모충목	*Pyramidellidae*	회오리고둥과
Polynoidae	갯지네목	*Pyrenidae*	무륵과
Polyplacophora	군부강	*Pyuridae*	멍게과
Polypodidae	낙지과	*Raeta plicatella*	주름개량조개
Porcellanella picta	바다포도	*Ranina ranina*	닭게
Porcellanidae	게붙이과	*Raninidae*	닭게과
Porifera	해면동물문	*Rattulidae*	쥐윤충과
Portunidae	꽃게과	*Reticulariidae*	레티쿨라리아과
Portunus	꽃게류	*Retusidae*	등멍고둥과
Portunus sanguinolentus	점박이꽃게	*Rhabdiasidae*	소간선충과
Potamididae	갯고둥과	*Rhabditida*	원충목
Potamobiidae	가재과	*Rhizopodea*	근족충강
Procambarus clarkii	아메리가가재	*Rhynchonellidae*	반쪽이조개사돈과
Protobranchia	원새목	*Rotifera*	윤충강, 윤충
Protochordata	원색동물문	*Sabellastarte japonica*	꽃갯지렁이
Protomonadina	원편모충목	*Sagaria modesta*	흰털말미잘
Prototothaca stominea	살조개류	*Sagitta bedoti*	화살벌레

학명	국명	학명	국명
Sagittidae	화살벌레과	*Sertulariidae*	테히드라과
Sagittoidea	화살벌레강	*Sicyonia cristata*	돌새우
Salpidae	살파과	*Sididae (Baird)*	긴꼬리물벼룩과
Sapphirina	사피리나	*Siliquariidae*	지렁이고둥과
Saxidomus nuttallii	북방개조개	*Sinotaia quadrata*	강우렁이
Scalpellidae	거북손과	*Siphonariidae*	고랑따개비과
Scalpellum koreanum	거북손붙이	*Siphonophorae*	관해파리
Scaphopoda	굴족강	*Siphonophorae*	관해파리목
Schistomatidae	주혈흡충과	*Sipunculida*	별벌레목
Schizaster lacunosus	염통성게	*Sipunculidae*	별벌레과
Schizasteridae	염통성게과	*Sipunculoidata*	성구동물문
Scutellidae	연잎성게과	*Sipunculoidea*	별벌레강
Scutigeromorpha	그리마목	*Solaster endeca*	햇님불가사리
Scylla serrata	톱날꽃게	*Solasteridae*	햇님불가사리과
Scyllaridae	매미새우과	*Solenidae*	죽합과
Scyllarides squamosus	민축매미새우	*Soletellina olivacea*	빛조개
Semicassis	제란고둥류	*Spatangoida*	심행목
Semisulcospira bensoni	다슬기	*Speiidae*	오징어과
Semisulcospira nodifila	구슬다슬기, 다슬기류	*Spinulosa*	유극목
Sepia esculenta	참오징어	*Spirurida*	선미선충목
Sepiolidae	귀꼴뚜기과	*Spiruridae*	선미선충과
Sergestidae	젓새우과	*Spisula hemphilli*	헬필대합
Sergia lucens	빛새우	*Spisula solidissima*	대서양대합

Spondylidae	국화조개과
Spondylus barbatus	국화조개
Spongillidae	민물해면과
Sporozoa	포자충강
Spuillidae	갯가재과
Squilla oratoria	갯가재
Staphecinus mirabilis	엽잎성게류
Stegocephalidae	삿갓바다비늘과
Stemoniidae	스비모니티스과
Stenopidae	해로새우과
Stenopus hispidus	예쁜이새우
Stichopus japonicus	해삼
Stomatopoda	구각목
Streptazidae	시니에나과
Strobilopsidae	입고랑고둥과
Strombidae	수정고둥과
Strombus gigas	분홍수정고둥
Stronglocentrotidae	세치성게과
Strongylidae	원충과
Strongylocentrous	초록성게
Styelidae	미더덕과
Stylommatophora	병안목
Suberitidae	코르크해면과
Subulinidae	대고둥과

Succineidae	뾰족쨈물우렁과
Taeniidae	촌충과
Tagelus californianus	캘리포니너맛조개
Tanaidacea	주걱벌레붙이목
Tanaidae	주걱벌레붙이과
Tapes	바지락
Tegula	밤고둥류
Tegula funebralis	검정밤고둥
Tellina	접시조개류
Tellina radiata	햇살접시조개
Tellina similis	흰접시조개
Tellinidae	접시조개과
Telotremata	종렬목
Temnopleuridae	분지성게과
Tentaculata	촉수동물문
Terebratulidae	흰빛조개사돈과
Teredinidae	배좀벌레조개과
Teredo navalis	배좀벌레조개
Tethya aurantium	오렌지등근해면
Tethyidae	등근해면과
Tetilla japonica	유두해면
Tetractinellida	사방해면목
Tetragnathidae	갈거미과
Thaididae	뿔고둥과

학명	국명	학명	국명
Thalassemidae	연두개불과	*Trichiidae*	트리키아과
Thaliacea	탈리아강	*Trichonymphidae*	트리코님파과
Thelaziidae	텔라지아과	*Trichostrongylidae*	털선충과
Thelexiopeiidae	사슴게과	*Trichuridae*	편충과
Thysanoteuthidae	지느러미물뜨기과	*Tricladida*	삼기장목
Tintinnida	유종목	*Tridacna gigas*	대왕조개
Tintinnidae	틴틴나디움과	*Tripanosoma*	트리파노솜
Tivela stultorum	멕시코대합	*Trivia*	코퍼윈두조개
Tonicella lineata	줄비단군부	*Trochidae*	밤고둥과
Tonicidae	비단군부과	*Troglotrematidae*	폐흡충과
Tonna	위고둥류	*Truncatellidae*	목주립고둥과
Tonnidae	위고둥과	*Trypanosomatidae*	트리파노소마과
Totarodes pacificus	오징어	*Tubificidae*	실지렁이과
Toxopneustidae	분홍성게과	*Tubipora musica*	관산호
Trachycardium muricatum	노랑새조개	*Tubularia mesembryanthemum*	관히드라
Trachymedusae	군해파리목	*Tubulariidae*	관히드라과
Trapezia cymodoce	산호게	*Tubulinidae*	투불리나과
Trapeziidae	돌고부지과	*Turbellaria*	와충강
Trematoda	흡충강	*Turbinidae*	소라과
Tremoctopus violaceus	보라문어	*Turbo castanea*	밤고둥
Tresus nuttalli	패지막개과	*Turbo coruntus*	소라
Trichasteridae	흑투성거미불가사리과	*Turbo marmorata*	야광패
Trichomonadidae	트리코모나스과	*Turbo petholatus*	대양눈알고둥

학명	국명
Turridae	단풍고둥과
Turritellidae	송곳고둥과
Tylidae	갯쥐며느리과
Tylorrhynchus heterochaetus	실갯지네
Uca pugnax	농게
Ungulinidae	둥사리조개과
Uninidae	석폐과
Upogebia major	쏙
Urceolariidae	우르케올라리아과
Urechidae	개불과
Urechis unicinctus	개불
Urocteidae	납거미과
Valloniidae	실주름달팽이과
Velella lata	돛대만해파리

학명	국명
Veneridae	백합과
Vermetidae	뱀고둥류, 지렁이고둥류
Vermiculariidae	뱀고둥과
Vertiginidae	이빨번데기고둥과
Viviparidae	논우렁과
Volutidae	총알고둥과
Watasenia scintillans	반디오징어
Willsidae	가지해파리과
Xanthidae	부채게과
Xenophoridae	비단무늬고둥과
Zirfaea pilsbryi	석공조개류
Zirfaea subconstricta	석공조개
Zonitidae	호박달팽이
Zoomastigophorea	동물성편모충강

곤충과 거미

82 곤충과 거미

■ 영명-국명-학명-과명

영명	국명	학명	과명
acrea moth	아크리아나방	*Estigmene acrea*	
admiral butterfly	줄나비류	*Limenitis*	네발나비과
African bark spider	아프리카수피거미		
Alaskan swallowtail	산호랑나비	*Papilio machaon*	호랑나비과
alfalfa butterfly	알팔파노랑나비	*Colias eurytheme*	흰나비과
alfalfa looper moth	알팔파자나방	*Autographa califonica*	밤나방과
alpine butterfly	지옥나비류	*Erebia epipsodea*	뱀눈나비과
Amazon ant	붉은무사개미		서유럽, 노에이옹 개미
ambush bug	가시노린재	*Phymata americana*	노린재류
American cockroach	이질바퀴	*Periplaneta americana*	바퀴과
American dog tick	개진드기	*Dermacentor variabilis*	진드기과
American grasshopper	아메리카메뚜기	*Schistocerca americana*	메뚜기과
anise swallowtail		*Papilio zelicaon*	호랑나비과
annual cicada	깽깽매미	*Tibicen*	매미과
anteler jawed ant			개미과
ant lion	명주잠자리류	*Myrmeleontidae*	명주잠자리과
ant mimic jumper, jumping spider	개미깡충거미	*Myrmarachne plataleoides*	깡충거미류
ant mimic spider	개미거미	*Castianeira*	거미류
apple aphid	사과진딧물	*Aphis pomi*	진딧물과
arctic → satyr butterfly			
Argentine ant	아르헨티나개미	*Iridomyrmex humilis*	개미과
army ant	군대개미		개미과
armyworm moth	아미웜밤나방	*Noctuidae*	밤나방과

영명	국명	학명	과명
asemonia jumper	아세모니아깡충거미	Asemonea temuipes	깡충거미류
Asia giant scorpion	아시아왕전갈	Heterometrus	전갈류 맹독
Asian flowerfly	아시아꽃등에	Metasyphus confrater	꽃등에과
Asiatic locust	풀무치		메뚜기과
asparagus beetle	아스파라거스잎벌레	Crioceris asparagi	잎벌레과
atta ant	아타가위개미		개미과
backswimmer	송장헤엄치개	Notonecta	송장헤엄치개과
bagworm moth	주머니나방류	Psychidae	주머니나방과
bald faced hornet	대머리말벌	Vespula maculata	말벌과
baltimore	어리표범나비	Euphydryas	네발나비과
banana spider	바나나거미	Cupiennius salei	방랑성거미과
bed bug	빈대	Cimex lectularius	빈대과
bee fly	재니등에	Bombylius major	재니등에과
bee hunter	파리매	Laphria	파리매과
bee moth → wax moth			
bell moth → leaf roller			
bem bex	코벌		
billbug	바구미	Sphenophorus	바구미과
bird eating spider	세점이타란툴라	Avicularia avicularia	타란툴라과 아마존
black-and-yellow garden spider	호랑거미	Argiope	호랑거미과
Blackburn's butterfly	블랙번나비		부전나비과, 하와이 특산
black carrion beetle	검은송장벌레	Silpha ramosa	송장벌레과
black fly → gnat			
black horse fly	검은말등에	Tabanus atratus	등에과

영 명	국 명	학 명	과 명	목 명
black swallowtail	검은제비꼬리나비	*Papilio polyxenes*	호랑나비과	
black widow	검은과부거미	*Latrodectus mactans*	붉미 독거미	
blackwing damselfly	검은물잠자리	*Calopteryx maculata*	물잠자리과	
blastobasid moth	밑두리뿔나방류	*Blastobasidae*	밑두리뿔나방과	
black witch → giant noctuid				
blue butterfly	푸른부전나비	*Celastrina*	부전나비과	
bluebottle fly	검정파리	*Calliphora*	검정파리과	
blue mud dauber	청나나니	*Chalybian californicum*	구멍벌과	
blue spring azure	푸른부전나비	*Celastrina ladon*	부전나비과	
body louse	이	*Pediculus humanus*	이과	
boll weevil	메시코솜비구미	*Anthonomus grandis*	바구미과	
bombardier beetle	폭탄먼지벌레	*Brachinus*	딱정벌레과	
booklice	다듬이벌레	*Psocoptera*	다듬이벌레목	
Bornean stingbug	보르네오노린제	*Peutatomidae*	노린재과	
broad winged planthopper	선녀벌레		선녀벌레과	
brown lacewing	갈색풀잠자리	*Hemerobius*	풀잠자리과	
brown planthopper	갈색멸구	*Nilaparvata lugens*	멸구과	
brown recluse	폐클루스거미	*Loxosceles reclusa*	미국 독거미	
brush footed butterfly	네발나비류	*Nymphalidae*	네발나비과	
buckeye	공작나비류	*Junonia coenia*	네발나비과	
buffalo gnat, black fly	들소각다귀	*Simulium*	각다귀과	
bull ant	황소개미	*Myrmecia*	개미과 호주	
bumble bee	뒤영벌	*Bombus*	꿀벌과	

영명	국명	학명	과명
buprestid	비단벌레	*Buprestidae*	딱정벌레과
burying beetle	반날개	*Nichrophoru*	반날개과
bush katydid	숲베짱이	*Scudderia*	여치과
cabbage army worm	도둑나방		밤나방과
cabbage butterfly, cabbage worm	배추흰나비	*Pieris rapae*	흰나비과
cabbage looper	양배추자나방	*Trichoplusia*	밤나방과
cabbage sawfly	배추잎벌	*Tenthredinidae*	잎벌과
cabbage webworm	배추순나방	*Pyralidae*	명나방류
cabbage worm→cabbage butterfly			
cactus moth	선인장나방		
caddisfly	날도래류	*Trichoptera*	날도래과
cadelle	쌀도둑	*Tenebroides mauritanicus*	딱정벌레목 쌀도둑과
camel cricket	꼽등이	*Ceuthophilus*	귀뚜라미과
camphor shot borer	녹나무좀	*Xyleborus*	나무좀과
camphor weevil	동양콩포바구미	*Hylobius*	바구미과
cane borer→pyralid moth			
cankerworm	겨울자나방류	*Alsophila pometaria*	자나방과
carpenter ant	모수개미	*Camponotus pennsylvanicus*	개미과
carpenter bee	어리호박벌	*Xylocopa*	꿀벌과
carpenter moth, goat moth	굴벌레나방	*Prionoxystus robiniae*	굴벌레나방과
carpet beetle	수시렁이	*Anthrenus*	수시렁이과의 갑충
carpet moth→geometer moth			
carposinid moth	심식나방류	*Carposinidae*	심식나방과
carrion beetle	송장벌레	*Silpha americana*	송장벌레과

영	명	국	명	한	명	과	명
case bearer		통나방류		Coleophoridae		통나방과	
casemaking clothes moth		옷좀나방		Tinea pellionella		좀나방과	
caterpillar hunter		멍주박정벌레류		Callosoma		딱정벌레과	
catocala moth, underwing moth		노랑나방류		Catocala		밤나방과	
cattle tick		소진드기		Boophilus annulatus		진드기과	
cecropia moth		세크로피아나방		Hyalophora cecropia		누에나방과	
cedar scale		삼나무깍지벌레		Coccidae		깍지벌레과	
celery leaf tiger		셀러리잎나방		Udea rubigalis		온실해충	
centipedes → hundred legger							
chafer → scarab beetle							
chalcid(fly)		좀벌		Chalcididae		수중다리좀벌과	
checkerspot		표범나비류		Nymphalidae		네발나비과	
cherry bug		허리노린재류		Coreidae		허리노린재과	
cherry maggot		버찌파리				파리과	
cherry tree borer		복숭아유리나방		Aegeriidae		유리날개나방과	
chestnut curculio		밤바구미		Curculio		바구미과	
chestnut gall wasp		밤나무혹벌		Dryocosmus		혹벌과	
chewing lice		새이		Mallophaga		새이과	
chinch bug, milkweed bug		장님노린재		Blissus leucopterus		장님노린재류	
Chinese sumac		오배자면충				진딧물과	
chironomus fly → midge							
cicada		매미		Cicadidae		노린재목	
cicada killer wasp		매미잡이벌		Sphecius speciosus		구멍벌과	

cigar case bearer	시가케이스굴나방	Coleophora cerasivolella	굴나방과 과일해충
cigarette beetle	권연벌레		빗살벌레목
cimbex	수중다리잎벌	Cimbox	수중다리잎벌과
cinnabar moth		Tyria jacobeae	
citrus dog	남방제비나비	Papilio	호랑나비과
citrus mealybug	귤가루깍지벌레		깍지벌레류
clearwing moth	유리나방	Aegeriidae	유리날개나방과
click beetle	방아벌레	Alaus	방아벌레과
clodius	클로디우스모시나비	Parnassius clodius	호랑나비과
clothes moth	옷좀나방	Tinea pellionella	좀나방과
clouded sulphur	노랑나비류	Colias philodice	흰나비과
clover mite	클로버응애		응애과
clymene	클리메나나방	Haploa clymene	불나방과
cochlid	쐐기나방류	Cochlidionidae	쐐기나방과
coffee been weevil	누룩바구미	Curculionidae	바구미과
colding moth	애기잎말이나방류	Cydia pomonella	애기잎말이나방과
Colorado potato beetle	콜로라도감자잎벌레	Leptinotarsa decemlineata	잎벌레과
comma	표범나비류	Polygonia comma	네발나비과
cone borer	수수종멍이		딱정벌레목
convergent ladybird	무당기무당벌레	Hippodamia convergens	무당벌레류
copper butterfly	주홍부전나비류	Lycaena	부전나비과
corn earworm	옥수수밤나방	Heliothis zea	밤나방과
cornfield ant	고동털개미	Lasius niger	개미과
cotton caterpillar	목화밤나방		밤나방과

영 명	국 명	학 명	과 명
cotton leafworm	목화잎밤나방	*Alabama argillacea*	밤나방과
cottony cushion scale	솜털깍지벌레	*Icerya purchasi*	노린재목 깍지벌레과
cow killer	소깨미벌	*Dasymutilla occidentalis*	개미벌과
crab louse	사면발이	*Phthirus pubis*	사면발이과
crab spider	게거미		게거미과
crane fly	각다귀류	*Tipula*	파리목 각다귀과
crawler	크롤러		뿔잠자리 유충의 별칭
crescent	크레슨트표범나비	*Phyciodes*	네발나비과 표범나비류
cricket	귀뚜라미	*Gryllidae*	귀뚜라미과
croton bug, German cockroach	바퀴벌레	*Blattidae*	바퀴벌레과
cryptocercus cockroach	갑옷바퀴	*Blattidae*	바퀴벌레과
crysopa → lacewing			
cuckoo wasp	청벌	*Chrysis*	청벌과
cuckoobee	얼룩꽃벌	*Nomada*	꿀벌과
cucumber beetle	넓적다리잎벌레	*Aulacophora*	잎벌레과
cucurbit beetle	오이잎벌레		잎벌레과
culicine mosquito	집모기	*Aedes*	모기과
curculio	바구미류	*Curculionidae*	바구미과
cutworm moth	거세미나방류	*Noctuidae*	밤나방과
cyclosa spider	먼지거미		
cymatophorid	뾰족날개나방		밤나방과
cynthia moth	신티아나방	*Samia cynthia*	박각시나방과
daddy longleg → harvest spider			

영명	국명	학명	과명
dagger moth	칼무늬밤나방	*Acronicta*	밤나방과
daimyo skipper	왕자팔랑나비	*Hesperiidae*	팔랑나비과
dairymen ant	목축개		개미과
damselfly	담색물잠자리	*Hnais strigata*	물잠자리과
dance fly	춤파리		
dark sided cutworm	애소리아밤나방	*Euxoa mesoria*	밤나방과
darkling beetle	거저리	*Tenebrio*	거저리과
death watch beetle	빗살수염벌레	*Ptilineurus*	빗살수염벌레과
deer fly	대모등에	*Chrysops*	등에과
delena spider	델레나거미		호주산 대행거미
delicate white	기생나비	*Lepiidae*	흰나비과
desert scorpion	사막전갈		전갈과
diacamma ant	디아카마개미	*Diacamma*	개미과
diamondback moth	배추좀나방	*Plutella*	좀나방과
digger wasp	배벌	*Scolia dubia*	배벌과
diana butterfly	다이아나나비	*Speyeria diana*	네발나비과
diving beetle, water beetle	물방개	*Dytiscidae*	물방개과
diving spider	잠수거미		수생거미
dobsonfly	뱀잠자리	*Corydalus*	뱀잠자리과
dogbane beetle	개정향풀풍뎅이	*Scarabacidae*	풍뎅이과
dog face butterfly	개머리노랑나비	*Zerene*	흰나비과
dog flea	개벼룩	*Ctenocephalides canis*	벼룩과
dog tick	참진드기	*Dermacentor*	진드기과
dolly	장다리파리		

영명	국명	학명	과	목명
dor beetle	풍뎅이류 풍정	*Scarabacidae*	풍뎅이과	
dragonfly	잠자리	*Odonata*	잠자리목	
drepanid moth	갈고리나방류	*Drepanulidae*	갈고리나방과	
dried fish beetle	카펫수시렁이	*Dermestiidae*	딱정벌레목 수시렁이과	
driver ant	병정개미	*Dorylus*	아프리카	
drone fly	꽃등에류	*Eristalis*	꽃등에과	
drug darkling beetle	구룡충, 구룡거저리	*Tenebrio*	거저리과	
duck louse	오리이	*Lipeurus squalidus*	집승이과	
dung beetle	비단쇠똥구리	*Phanaeus vindex*	풍뎅이과	
dusky wing butterfly	멧팔랑나비	*Erynnis*	팔랑나비과	
dustlice →booklice				
earwing	집게벌레류	*Forficulidae*	집게벌레과	
eastern hercules beetle	헤를리스쇠똥구리	*Dynastes tityus*	풍뎅이과	
eciton	에키톤개미		개미과	
eggar moth	솔나방류	*Lasiocampiae*	솔나방과	
elder borer		*Desmocerus palliatus*	하늘소과	
elechistid moth	풀굴나방류	*Elachistiidae*	풀굴나방과	
elfin butterfly	주홍부전나비	*Lycaena*	부전나비과	
elongate cicada	애매미	*Meimuna*	매미과	
emperor butterfly	제왕나비	*Asterocampa celtis*	네발나비과 표범나비류	
emperor dragonfly	왕잠자리	*Anax*	왕잠자리과	
emperor moth	황제산누에나방		산누에나방과	
emperor scorpion	제왕전갈	*Pandinis imperator*	아프리카, 12cm 크기	

영명	국명	학명	과명
engraver beetle	나무좀	*Sphaerotrypes*	나무좀과
Eriocraniid moth	좀날개나방류	*Eriocraniidae*	좀날개나방과
ermine moth	집나방	*Yponomeutidae*	집나방과
European corn borer	조명나방	*Pyralidae*	명나방과
European earwing	유럽집게벌레	*Forficula auricularia*	집게벌레과
European weevil	유럽거위벌레	*Curculionidae*	바구미과
eurypterid	왕전갈		멸종된 전갈
euschistus		*Euschistus*	노린재류
evening moth	뿔나방	*Sphingidae*	박각시나방과
eyed click beetle	눈점방아벌레	*Alaus oculatus*	방아벌레과
eyed hawk moth	박각시나방	*Sphingidae*	박각시나방과
fairy fly	알벌	*Trichogramma*	알벌과
Fairy moth → yucca moth			
fall armyworm	배추밤나방	*Noctuidae*	밤나방과
fall crankerworm	겨울자나방	*Alsophila pometaria*	자나방과
fall webworm	미국흰불나방	*Hyphantria cunea*	불나방과
false rice grasshopper	벼메뚜기붙이	*Parapleurus*	메뚜기과
field cricket	왕귀뚜라미	*Gryllus pennsylvanicus*	귀뚜라미과
fiery searcher → caterpillar hunter			
fig wasp	무화과기생벌	*Blastophaga psenes*	
fire ant	침개미	*Solenopsis geminata*	개미과
firebrat	파이어브래트	*Thermobia domestica*	좀류
firefly	개똥벌레, 반딧불	*Luciola cruciata*	반딧불과
fishing spider	고기잡이거미		수생거미

영명	국명	학명	과명	명
flannel moth	플란넬나방		브라질, 독나방	
flat bark beetle	넓적나무좀	Ipidae	나무좀과	
flat bodied dragonfly	배모잠자리	Libellula angelina	잠자리과	
flathead borer	납작머리비단벌레	Buprestis rufipes	비단벌레과	
flatid	플래티드		나비류	
flea	벼룩	Pulex irritans	벼룩과	
flea beetle	좀잎벌레	Chrysomelidae	잎벌레과	
Florida red scale	유리깍지벌레	Coccidae	깍지벌레과	
flower chafer	꽃무지	Scarabaeidae	풍뎅이과	
flowerfly, hover fly	꽃등에류	Syrphidae	꽃등에과	
flower mantis	꽃사마귀	Mantidae	사마귀과	
fly maggot				
footman moth → tiger moth				
forester moth	얼룩나방류	Agaristidae	얼룩나방과	
forktail damselfly	아시아실잠자리	Agrionidae	실잠자리과	
formica ant	산개미		붉은무사개미의 노예가 됨	
four-eyed milkweed beetle	네눈박이하늘소	Cerambycidae	하늘소과	
fritillary butterfly	표범나비류	Speyeria	네발나비과	
froghopper, spittlebug	거품벌레	Aphrophora costaris	거품벌레과	
frosted click beetle	서리방아벌레	Elateridae	방아벌레과	
fruit fly, vinegar fly	초파리	Drosophilidae	초파리과	
fruit moth → leaf roller				
fruit tree katydid	어리베짱이	Tettigoniidae	여치과	

fulgorid plant hopper	풀고리드플랜트호퍼	Fulgoridae	꽃매미과
fungus gnat	개통벌레파리	Mycetophilidae	호주산, 유충이 발광함
funnelweb spider	깔때기그물거미	Atrax	호주 독거미류
gall midge	혹파리류		혹파리충징
gall wasp	혹벌류		혹벌충징
garden looper	간색에기자나방	Geometridae	자나방과
garden springtail	얼록토기	Collembola	독토기류
garden tiger moth	불나방	Arctia caja	불나방과
garden webworm		Achyra rantalis	해충
gelechiid moth	뿔나방류	Gelechiidae	뿔나방과
geometer moth, looper moth	자나방류	Geometridae	자나방과
German cockroach	독일바퀴벌레	Blatella germanica	바퀴과
ghost moth	박쥐나방류	Hepialidae	박쥐나방과
giant katydid	철석이	Mecopoda	여치과
giant noctuid	큰밤나방		밤나방과
giant siusim moth	신누에나방류	Ascalapha odorata	신누에나방과
giant swallowtail	큰제비꼬리나비	Saturniidae	호랑나비과
giant water bug	물장군	Papilio cresphontes	물장군과
glasswing butterfly	유리나방	Lethocerus	유리나방과
glyphipterigid moth	그림날개나방류	Aegeriidae	그림날개나방과
gnat	각다귀, 모기파리류	Glyphipterigidae	각다귀과
goat moth	굴벌레나방	Tipulidae	굴벌레나방과
goatweed butterfly	고트위드나비	Cossidae	네발나비과 표범나비류
golden buprestid	비단벌레	Anoea andria	비단벌레과
		Buprestidae	

영(명)	국(명)	학(명)	과(명)
golden eye lacewing	금눈풀잠자리	Chrysopa caulata	풀잠자리과
golden ringed dragonfly	황금고리잠자리	Odonata	잠자리과
goliath beetle	골리앗청뿔풍뎅이		풍뎅이과
grain beetle, snout beetle	바구미류	Curculionidae	바구미과
grain moth	곡식나방		곡식좀나방과
grain moth→clothes moth			
granary weevil	점질바구미	Sitophilus	바구미과
grand lecanium	왕깍지벌레	Lecanium	깍지벌레과
grape asteropetes	애범나방		밤나방과
grape curculio	포도바구미		바구미과
grape leaf folder	포도잎말이나방	Desmia funeralis	잎말이나방과
grasshopper	메뚜기, 방아깨비		메뚜기, 여치 등 총칭
grass moth	명나방류	Pyralidae	명나방과
gray cossid	회색굴벌레나방	Cossus	굴벌레나방과
greater wax moth	벌통나방	Galleria mellonella	꿀벌통해충
great green bush cricket	왕귀뚜라미	Gryllus	귀뚜라미과
great stag beetle	왕사슴벌레	Lucanidae	사슴벌레과
great leopard moth	큰표범나방	Ecpantheria regalis	누에나방과
green bottle fly	금파리	Lucilia	검정파리과
greenbottle fly	초록파리	Phaenicia	검정파리과
greenbug	보리두갈래진딧물	Schizaphis graminum	진딧물과
green cloverworm	클로버잎나방	Plathypena scabra	밤나방과
green darner	왕잠자리	Anax junicus	왕잠자리과

greenfly	초록애매미충		애매미충과
greenish noctuid	푸른날개밤나방		밤나방과
green june beetle	초록풍뎅이		풍뎅이과
green peach aphid	시두진딧물	*Eupteryx*	진딧물과
green rice bug, sting bug	풀노린재	*Ochropleura*	노린재과
green veined white	신줄흰나비	*Cotinus nitida*	흰나비과
green lacewing	풀잠자리	*Myzus percicae*	풀잠자리과
ground beetle	딱정벌레류 충정	*Nezara antennata*	땅위를 기는 딱정벌레
growworm	개똥벌레 유충	*Pieris*	
grub	땅벌레 충정	*Chrysopa intima*	풍뎅이 따위의 유충
gypsy moth	매미나방		독나방과
hackberry → emperor butterfly			
hag moth		*Lymantria dispar*	삼립해충
hairstreak butterfly	부전나비류		부전나비과
hairy rove beetle	덥반날개	*Phobetron pithecium*	반날개과
harvest spider	장님거미	*Lycaenidae*	거미류
harvester ant, seed collector	수확개미	*Creophilus villosus*	개미과
harvester termite	수확흰개미		흰개미목
harlequin bug	할리퀸노린재		악지벌레과
havester butterfly → blue b.		*Pogonomyrmex*	
hawk moth, horn worm	박각시나방류	*Reticulitermes*	박각시나방과
head louse	머리이	*Meganita histronica*	이과
heel fly → warble fly			
hessian fly	헤시안혹파리	*Spingidae*	파리목
		Pediculus humanus	
		Mayetiola destructor	

영	국	학	과
hey worm	진줏나방		밤나방과
heliconoid	독나비류		
Himalaya grasshopper	히말라야메뚜기		메뚜기목
honey ant	꿀단지개미	*Myrmecocystus*	꿀개미과
honey bee	꿀벌	*Apis mellifoera*	꿀벌과
honeypot ant → honey ant			
hook tip moth	갈고리나방류	*Drepanidae*	갈고리나방과
hop aphid	호프진딧물	*Phorodon canabis*	진딧물과
horn beetle	뿔사슴벌레	*Odontotaenius disjunctus*	사슴벌레과
horned spider	뿔거미		둥납아산
horned tree hopper	귀뿔매미		뿔매미과
horn worm → hawk moth			
hornet gar	호넷나방		
hornet wasp	말벌	*Vespidae*	말벌류 총칭
horntail	송곳벌	*Siricidae*	송곳벌과
horse fly	소등에	*Tabanus trigomus*	등에과
house ant	집개미	*Leptothorax congruus*	개미과
house cricket	귀뚜라미	*Scapsipedus aspersus*	귀뚜라미과
house fly	집파리	*Musca domestica*	집파리과
house scorpion	집전갈	*Euscorpius italicus*	전갈류 지중해
hover fly	꽃등에	*Eristallis*	꽃등에과
holly blue	푸른부전나비	*Celastrina argiolus*	부전나비과
hummingbird hawk moth	주홍박각시나방	*Dielephila elpenor*	박각시나방과

hummingbird moth	벌새나방	Hemaris thysbe	박각시나방과
hundred legger, centipedes	지네	Chilopoda	지네류
hunting wasp → digger wasp			
hydropsyche	줄날도래	Macronema	줄날도래과
hyllus jumper	힐러스깡충거미	Hyllus	깡충거미류
ichneumon wasp	맵시벌	Ichneumonidae	맵시벌과
imperial blue butterfly	부전나비	Lycaenidae	부전나비과
imperial moth	임페리얼나방	Eacles imperialis	누에나방과
indian meal moth	인디언곡식명나방	Plodia interpunctella	명나방과 곡식해충
indian skipper	인디언스키퍼	Hesperia sassacus	팔랑나비과 꽃팔랑나비류
io moth, silk moth	참나무산누에나방	Antheraea	산누에나방과
isabella moth	이사벨라나방	Pyrrharctia isabella	
isopoda	이소포다	Isopoda	호주산 대형 거미
ithomiids	이토미드류	Ithomiid	나비류
janitor ant	문지기개미		개미과
Japanese beetle	콩풍뎅이	Popillia japonica	콩풍뎅이과
jumping spider	깡충거미	Saliticus scenicus	깡충거미과
June bug → May beetle			
kamehameha	카메하메하나비		하와이 특산 나비
katydid	베짱이류	Tettigoniidae	여치과
kentish glorymoth	베버들나방	Gastropacha	솔나방과
knot borer → pyralid moth			
lac insect	타락지별레	Cossidae	각지별레과
lace bug	방패별레	Cantacader	방패별레과

영	국	명	한	명	과	명
lacewing butterfly	풀잠자리나비					
lackey moth	천막벌레나방		*Malacosoma*		솔나방과	
lady butterfly	까불나비		*Vanessa*		네발나비과	
ladybird, ladybug	무당벌레류		*Coccinellidae*		무당벌레과	
ladyburg → ladybird						
lantern fly → fulgorid						
lappet moth, eggar moth	밤나무나방		*Lasiocampidae*		솔나방과	
larch seed chalcid	써실이좀벌		*Eurytoma laricis*		써실이좀벌과	
larch torymid	꼬리좀벌		*Torymidae*		꼬리좀벌과	
larder beetle	수시렁이		*Dermestes*		수시렁이과 잡충	
large brown cicada	유지매미		*Graptopsaltria*		매미과	
large milkweed bug	큰일탁킨노린재		*Oncopeltus fasciatus*		긴노린재류	
larger green damselfly	청실잠자리류		*Lestes*		청실잠자리과	
large roach	왕바퀴		*Blatta concinna*		바퀴과	
large weevil	왕바구미		*Sipalus hypocrita*		바구미가	
lasiocampid	배버들나방류		*Lasiocampidae*		솔나방과	
lava wolf spider	화산늑대벌레					
leaf butterfly	네발나비		*Kallima*		네발나비류 총칭	
leaf blotch miner	가는나방		*Gracillariidae*		가는나방과	
leaf caterpilar, noctuid	밤나방		*Noctuidae*		밤나방류 총칭	
leaf cutter → leaf cutting ant						
leaf cutting ant	가위개미		*Atta*		개미과 열대아메리카	
leaf cutting bee	가위벌		*Megachile*		가위벌과	

영명	국명	학명	과명
leaf insect, stick insect	대벌레류	*Phraortes*	대벌레과
leaf katydid	잎여치		
leaf miner, leaf worm	굴나방류	*Lyonetiidae*	굴나방과 총칭
leaf roller moth	잎말이나방류	*Tortricidae*	잎말이나방과
leafbug, plantbug	장님노린재		장님노린재과
leafhopper	매미충, 멸구	*Jassidae*	매미충과
legionaries → driver ant			
leopard moth	레퍼나방	*Zeuzera pyrina*	밤나방과 산림해충
lestes dragonfly	청실잠자리	*Lestes*	청실잠자리과
lightnig bug → firefly			
ligustrum moth	쥐똥나방		쥐똥나방과
little black ant	꼬마개미	*Monomorium minimum*	개미과
lobster moth	하늘나방	*Stauropinae*	하늘나방과
locust	메뚜기	*Orthoptera*	메뚜기목 총칭
locust borer	메뚜기하늘소	*Megacyllene robiniae*	하늘소과
long horned beetle(borer)	하늘소	*Cerambycidae*	하늘소과
long horned grasshopper	북방여치	*Gampsocleis buergeri*	여치과
long horned leaf rolling weevil	거위벌레	*Apoderus jekeri*	바구미과
long jawed spider	긴턱거미		거미류
long nosed planthopper	상투벌레	*Dictyophara*	상투벌레과
long tailed blue	물결부전나비	*Lampides boeticus*	부전나비과
long tailed lycaenid	긴꼬리부전나비	*Araragi enthea*	부전나비과
long winged planthopper	긴날개멸구	*Derbidae*	긴날개멸구과
longhorned borer	하늘소류	*Cerambycidae*	하늘소과

영	명	국	명	학	명	과	명
looper		자나방류		*Noctuidae*		밤나방과	
looper moth → geometrid							
lophomyrmex ant		르포미르메스개미		*Lophomyrmex*		개미과	
lubber grasshopper		밑들이메뚜기		*Brachystola magna*		메뚜기과	
luna moth		긴꼬리산누에나방		*Actias luna*		누에나방과	
lycaenid		부전나비류		*Lycaenidae*		부전나비과	
lynx spider		스라소니거미					
lyonetiid → leaf miner							
magnificent spider		을가미거미				호주산거미	
mandibulate moth		잔날개나방류		*Micropterigidae*		잔날개나방과	
mange mite				*Sarcoptes scabiei*		옴에	
marauder ant		마라우더개미					
march fly		털파리류		*Bibionidae*		털파리과	
mason wasp		줄감탕벌		*Ancistrocerus*		말벌과	
May beetle		풍뎅이류		*Phyllophaga*		풍뎅이과	
mayfly		하루살이		*Ephemeroptera*		하루살이목	
malaria mosquito		학질모기, 말라리아모기		*Anopheles hyrcanus*		모기과	
measuring moth → geometer moth							
meal moth		홍줄비단명나방		*Pyralis forinalis*		명나방과 곡식해충	
mealworm(beetle)		거저리의 유충				거저리과	
mealy bug		가루깍지벌레				깍지벌레과	
meganeura		메가네우라		*Pseudococcus calcoelariae*		화석 잠자리	
Melipona		멜리포나		*Meganeura*		벌류	

metalic beetle	비단벌레류	*Buperstidae*	비단벌레과
metalmark butterfly	메탈마크나비	*Liphelisca*	네발나비과
Mexican bean beetle	멕시코콩무당벌레	*Epilachna varivestis*	무당벌레류
melon aphid	멜론진딧물	*Aphididae*	진딧물과
midge	깔따구류	*Chironomus*	깔따구목 깔따구과
migratory grasshopper(locust)	이동메뚜기), 비황	*Melanoplus mexicanus*	메뚜기과
minuscule fairy moth	긴수염나방		켈리포니산
mite	응애		잠각류 응애과
milkweed bug	긴노린재류	*Lygaeidae*	긴노린재류
milkweed butterfly	왕나비류	*Danaidae*	왕나비과
miller moth	밤나방류	*Noctuidae*	밤나방류
millipede	노래기	*Diplopoda*	노래기강
monarch butterfly	황제나비	*Danaus plexippus*	왕나비과 북미
mormon cricket	모르몬방울벌레	*Anabrus simplex*	귀뚜라미과
morning clock	신부나비	*Nymphalis antiopa*	네발나비과
morphoe	모르포나비		
mosquito larva	장구벌레		모기 유충의 호칭
motherly snout beetle	꿀꿀이바구미	*Curculio dentipes*	바구미과
mountain pine beetle	소나무좀	*Xyleborus*	나무좀과
mountain white	눈나비		흰나비과
mouse lice	쥐이	*Polyplx*	이과
mole cricket	땅강아지	*Neocurtilla hexadactyla*	땅강아지과
mud dauber wasp	나나니	*Sceliphron caementarium*	구멍벌과
mugwort leaf beetle	쑥잎벌레	*Chrysolina*	잎벌레과

영	명	국	명	학	명	과	명
mustard white		흰흰나비		*Pieris napi*		흰나비과	
mulberry sucker		뽕나무이				나무이과	
mulberry lecanium		뽕나무공깍지벌레					
mystrium ant		미스트룸개미				개미과	
nepticulid moth		꼬마굴나방류		*Nepticulidae*		꼬마굴나방과	
net winged beetle		그물날개홍반디		*Lycidae*		열대산 홍반디과	
net winged midge		깜따구		*Chironomidae*		파리목 깜따구과	
Nevada arctic		뱀눈나비류		*Oeneis nevadensis*		뱀눈나비과	
noctuid		밤나방류		*Noctuidae*		밤나방과	
no-seeum		등에모기류		*Culicioides*		등에모기과	
nothomyrmecia		노토미르메시아개미		*Nothomyrmecia macrops*		원시개미 호주	
nun moth		민나방				독나방과	
nursely-web spider		서성거미					
nuttall blister beetle		미국청가뢰		*Lytta nuttallii*		가뢰과	
nut weevil → chestnut curculio							
nymph		수체, 약충				잠자리 유충의 별칭	
nymphalid		네발나비류		*Nymphalidae*		네발나비과	
nymphula		물명나방		*Nymphula*		명나방류	
oak bug		참나무노린제		*Urostylis*		노린제과	
oak drepanid		참나무갈고리나방		*Albara scabiosa*		갈고리나방과	
oakworm moth		참나무나방		*Anisota*		누에나방과	
oecophorid moth		원뿔나방류		*Oecophoridae*		원뿔나방과	
oedemerid beetle		하늘소붙이		*Oedemera*		하늘소붙이과	

onion maggot	고자리파리	*Hylemyia antiqua*	꽃과리과
onion thrip	파총채벌레	*Thripidae*	총채벌레과
opostegid moth	흰꼬마굴나방류	*Opostegidae*	흰꼬마굴나방과
orang tip → white butterfly			
orb webbing spider	오브웨빙스파이더		
orchid bee	난초벌		
orchid mantis			
orgre faced spider	도깨비얼굴거미		거미류
oribatid			
oriental fruit moth	복숭아애기잎말이나방	*Graphalita molesta*	애기잎말이나방과 복숭아해충
owlfly	올빼미잠자리		아프리카산
owl moth	올빼미나방		나방류
ox beetle	황소쇠똥구리		풍뎅이과
oyster shell scale	굴깍지깍지벌레	*Stragegus antaneus*	각자벌레과
oleander	송악깍지벌레	*Lepidosaphes ulmi*	각자벌레과
olethreutid moth	애기잎말이나방류	*Coccidae*	애기잎말이나방
painted lady	멋장이나비	*Olethreutidae*	네발나비과
pale clouded yellow → sulphur butterfly		*Vanessa cardui*	
paper wasp	쌍살벌	*Polistes*	말벌과
papilio	호랑나비류	*Papilionidae*	호랑이과
parmassian → swallow tail			
peach curculio	복숭아거위벌레	*Apoderus*	바구미과
peach fruit moth	복숭아속녁이나방	*Carposina*	속녁이나방과
peach slug	복숭아잎벌	*Eriocampoides*	잎벌과

영	명	국	명	학	명	과	명
peach tree borer		애기유리나방류		*Synanthedon exitiosa*		유리날개나방과	
peacock butterfly		공작나비		*Nymphalis io*		네발나비과	
pear amatid		애기나방		*Amata fortunei*		애기나방과	
pear bark miner		배나무굴나방				굴나방류	
pear leaf worm		사과굴나방		*Zygaenidae*		알락나방과	
pearly eye		먹그늘나비		*Lethe portlandia*		뱀눈나비과	
pear oystershell		배굴작지별레					
pear phylloxera		콩가루별레				뿌리혹벌레과	
pear stem sawfly		배나무벌		*Janus piri*		나무벌과	
pear sucker		배나무이				나무이과	
periodical cicada		십칠년매미		*Magicicada septendecim*		매미과	
perilla looper		국화밤나방		*Dadica truncipennis*		밤나방과	
pernix leechi		말별나방				말별을 닮은 나방	
persimmon fruit worm		감꼭지나방				감꼭지나방과	
petroleum fly		석유파리				파리류	
phantom crane fly		유령각다귀		*Tipulidae*		각다귀과	
pharaoh ant		파라오개미		*Monomorium pharaonis*		개미과	
phengodid beetle, starworm		별별레				반디류	
phidippus		피디푸스깡충거미		*Phidippus*		깡충거미류	
phoebis		포에비스				나비류	
phrysarachne		새똥거미				거미류	
phyaces jumper		피아세스깡충거미		*Phyaces comosus*		깡충거미류	
phylloxera		뿌리혹별레					

pig lice	돼지이	Haematopinus	집승이과
pigeon horntail	긴허리송곳벌	Tremex columba	송곳벌과
pine beauty moth, pine carpet	소나무좀나방	Therafimata	좀나방과
pine big weevil	소나무왕바구미	Curculionidae	바구미과
pine caterpillar	솔나방	Dendrolimus spectabilis	솔나방과
pine engraver	소나무좀	Mylophilis	나무좀과
pine eucosmid	솔애기잎말이나방	Rhyacionia	애기잎말이나방과
pine leaf gall midge	솔잎혹파리	Thecodiplosis pinicola	파리목
pine mealbug	소나무가루깍지벌레		각지벌레과
pine sawyer	수염치레하늘소	Monochamus	하늘소과
pine shoot borer	소나무순명나방	Pyralidae	명나방과
pine spittle bug	소나무거품벌레	Aphrophora flavipes	거품벌레과
pine webworm	소나무납작잎벌	Acantholyda	납작잎벌과
pink bollworm	무화과레나나방		뿔나방과
pipevein swallowtail		Battus philenor	호랑나비과
pistol case bearer	피스톨케이스굴나방	Coleophora malivorella	굴나방과 과일해충
pillbug→pill milipede			
pill milipede	쥐며느리, 단지벌레		쥐며느리과
pomace fly			
pompilid wasp	대모벌	Pompilidae	대모벌과
popla nymphalid	왕줄나비	Limenitis populi	네발나비과
poplar leaf roller	사시잎말이나방	Eucosmidae	애기잎말이나방과
portia jumper	포르티아깡충거미	Portia schultzii	깡충거미류
potato beetle	감자잎벌레		소형잎충류

영명	국명	학명	과명	비고
potato lady beetle	무당벌레붙이			
potter wasp	호리병벌	Eumenes	알벌과	
polistes → paper wasp				
polydamas swallowtail		Battus polydamas	호랑나비과	
polyphemus moth	산누에나방	Antheraea	산누에나방과	
praying mantis	사마귀	Tenoderma aridifolia	사마귀과	
primrose moth	프리임로즈나방			
prionus beetle	톱하늘소	Prionus	하늘소과	
prominent moth, pus moth	재주나방류	Notodontoidea	재주나방과	
prototelytron	프로토텔리트론	Prototelytron	화석 곤충	
prowl loose				
pryer tortrix	상수리잎말이나방	Acleris affinatana	잎말이나방과	
pseudo scorpion	전갈붙이			
psocid → booklice				
psychid → bag worm				
punky, biting midge	등에모기	Culicoides	등에모기과	
purple butterfly	오색나비	Apatura ilia	네발나비과	
purple caddisfly	자주날도래	Phryganeidae	날도래과	
purple sting bug	자주노린재	Pentatomidae	노린재과	
puss moth → prominent moth				
pyralid moth → grass moth				
pyrausta	들명나방류	Pyrausta	명나방과	
plantbug, leafbug	장님노린재	Miridae	장님노린재과	

planthopper	멸구		멸구과
plant louse → aphid	진딧물		진딧물과
plum curculio	풀텀바구미	*Conotrachelus nemuphar*	바구미과
plume moth	털날개나방		털날개나방과
queen butterfly	여왕나비	*Tolorta acuminata*	왕나비과 북미
question mark	물리고니아	*Danaus gilippus*	네발나비과
railroad worm, apple magot	철도벌레	*Polygonia interrogationis*	광대파리류
rat flea	쥐벼룩	*Trypetidae*	벼룩과
red admiral	붉은까불나비	*Xenopsylla cheopis*	네발나비과
red Amazon ant	붉은아마존개미	*Vanessa atalanta*	개미과
red ant	홍개미	*Formica*	개미과
red back spider	붉은등거미	*Latrodectus hasseltii*	호주 독거미
reddish oraesia	우묵밤나방		밤나방과
red tail moth	사과독나방	*Dasychira pseudabietis*	독나방과
red velvet mite	붉은우단응에		응에과
reed aphid	대진딧물	*Aphididae*	진딧물과
refuse beetle	딱정벌레		딱정벌레과
rhinoceros beetle	남방장수풍뎅이	*Xyloryctes satyrus*	풍뎅이과
rhombic planthopper	장삼벌레	*Oliarus apicalis*	장삼벌레과
rice bug	노린재류		허리노린재과
rice grasshopper	벼메뚜기	*Oxya velox*	메뚜기과
rice leaf beetle	벼잎벌레	*Lema oryzae*	잎벌레과
rice leaf roller	벼얼맘이명나방		명나방과
rice leaf tier	줌점팔랑나비	*Parnara guttatus*	팔랑나비과

영	명	구	명	하	명	과	명
rice looper		벼은무늬밤나방		*Chrysa pidia*		밤나방과	
rice midge		벼모기붙이		*Ceratopogonidae*		등에모기과	
rice stem borer		이화명나방		*Diptychophora suppressalis*		명나방과	
rice stem maggot		벼줄기굴파리				파리목	
rice webworm		벼포충나방		*Pyralidae*		명나방과	
rice weevil		벼바구미		*Echinocnemus*		바구미과	
ringlet		처녀나비류		*Coenonympha*		뱀눈나비과	
river damselfly		담색실잠자리		*Agrionidae*		실잠자리과	
robber fly		파리매류		*Asilidae*		파리매과	
roeselia		흑나방		*Roeselia albula*		혹나방과	
rose arge		장미등에잎벌		*Arge pagana*		등에잎벌과	
rose chafer		장미풍뎅이		*Macrodactylus subspinosus*		풍뎅이과	
rose slug → saw fly							
rose leafhopper		장미애매미충		*Typhlocyba rosae*		애매미충과	
round headed		삼하늘소류		*Thyestilla*		하늘소과	
round headed borer		톱하늘소의 유충		*Prionus*			
royal moth → giant siucim moth							
royal walnut moth		로열호두나방		*Citheronia regalis*		누에나방과	
rusty tussock moth		닮은무늬독나방		*Orgyia antiqua*		독나방과	
sacred beetle		왕소똥구리		*Scarabaeus sacer*		쇠똥구리과	
saddleback caterpillar		말안장쐐기나방		*Sibine stimulea*		쐐기나방과 해충	
samurai aphid		사무라이진딧물		*Pseudoregma bambucicola*		진딧물과	
samurai aphid		사무라이진딧물		*Pseudoregma bambucicola*		진딧물과	

영명	국명	학명	과명
san jose scale	산요세깍지벌레	*Aspidiotus perniciosus*	깍지벌레과
sand fly	나방파리	*Psychoda*	나방파리과
sandhill hornet	모래땅벌	*Vespular arenaria*	땅벌류
sand wasp	굴벌	*Bembix*	구멍벌과
sara orange tip	갈고리나비류	*Anthocharis sara*	흰나비과
saturniid moth	산누에나방류	*Saturniidae*	산누에나방과
satyr moth	뱀눈나비류	*Satyridae*	뱀눈나비과
sawfly, rose slug	잎벌	*Tenthredinidae*	잎벌과
salix aphid	버드나무진딧물	*Cavariella bicaudata*	진딧물과
salix borer	호랑하늘소	*Xylotrechus*	하늘소과
scale insect	깍지벌레류	*Coccidae*	깍지벌레과
scarab beetle	풍뎅이류	*Scarabaeidae*	풍뎅이과 익3만종
scavenger ant	검정개미		개미과
scolytid	나무좀류	*Ipidae, Scoly tidae*	딱정벌레목 나무좀과
scorpion	전갈	*Arachnidae*	거미강
scorpionfly	밑들이류	*Panorpha*	밑들이과
screw worm fly → green bottle fly			
seed collector, harvester ant	수확개미	*Pogonomyrmex*	개미과
sesidae moth	세시다나방		말벌 모양의 나방
seventeen year locust	십칠년매미	*Cicadidae*	매미과
shamrock spider	토끼풀가미		거미과
sheep ked	양이	*Melophagus ovinus*	집승이과
shield bug	노린재류	*Eurygaster alternata*	깍지벌레과
short horned grasshopper	메뚜기류		메뚜기류

영명	국명	학명	과명	명
short nosed cattle louse	소이	*Haematopinus eurystermus*	짐승이 과	
short taild stone fly	메추리강도래	*Rhabdiopteryx*	강도래 류	
silk moth	누에나방류	*Bombycidae*	누에나방과	
silver striped juniper beetle	은줄풍뎅이	*Scarabaeidae*	풍뎅이 과	
silverfish	돌좀	*Lepisma saccharina*	돌좀과	
silverline moth	실버라인나방			
skiff moth		*Prolimacodes badia*	쐐기해충	
skin botfly	밤파리류	*Dermatobia hominis*	밤파리과	
skin moth → clothes moth				
skipper butterfly	팔랑나비	*Hesperiidae*	팔랑나비 과	
small brown planthopper	애멸구	*Nilaparvata*	멸구과	
small copper	작은주홍부전나비	*Lycaena*	부전나비 과	
smaller borer	참나무하늘소	*Callidium*	하늘소과	
smaller citrus dog	호랑나비(범나비)	*Papilionidae*	호랑나비과	
small milkweed bug	작은일테린노린재	*Lygaeus kalmi*	긴노린재류	
small prominent	애기제주나방		제주나방과	
smintheus	스민테우스모시나비	*Parnassius phoebus*	호랑나비과	
snakefly	야매벌레	*Inocellia*	뿔잠자리목	야매 별레 과
snife fly	노랑등에	*Rhagio basalis*	노랑등에과	
snout beetle → grain beetle				
snout butterfly	뿔나비	*Libytheana bochmanii*	뿔나비 과	
snout moth	뿔나방류	*Callidulidae*	뿔나비나방과	
snout prominent	등떡제주나방		제주나방과	

sooty wing	먹팔랑나비	*Pholisora catullus*	팔랑나비과
sorghum aphid	사탕수수진딧물		진딧물과
sowbug → pill milipede			
soybean moth	콩나방	*Eucosmidae*	애기잎말이나방과
soldier bug	노린재	*Pentatomidae*	노린재과
soldier fly	동애등에	*Ptecticus tenebrifer*	파리목 동애등에과
solitary oak leaf miner	참나무잎굴나방		굴나방과
solpugid	솔푸지드	*Solpugidia*	거미류
Spanish fly	유럽가뢰	*Lytta*	가뢰과
spanworm	가시나방류	*Geometridae*	자나방과
sphinx moth, hawk moth	박각시나방류	*Sphingidae*	박각시나방과
spicebush swallowtail	스파이스부시제비나비	*Papilio troilus*	호랑나비과
spider mite → red spider	붉은응애류 진드기과		
spiderling, spiderlet	거미 새끼 별칭		
spiny ant	침개미	*Ponera japonica*	개미과
spiny(backed) spider	가시거미	*Argiopidae*	호랑거미과
spittlebug, froghopper	거품벌레	*Philaenus spumarius*	거품벌레과
spotted froghopper	별줌매미	*Cercopidae*	거품벌레과
spotted giant hornet	말벌류	*Vespidae*	말벌과
springtail	톡토기	*Collembola*	톡토기목
spruce budworm	가문비좀벌레	*Choristoneura fumiferana*	산림해충
spruce sawfly	솔잎벌	*Diprinidae*	솔잎벌과
squash bug	스콰시노린재	*Anasa tristis*	허리노린재류
stag beetle	사슴벌레류	*Lucanidae*	사슴벌레과

영　명	국　명	학　명	과　명
stake swallow tail	산제비나비	*Papilio*	호랑나비과
stalk eyed fly	자루눈등에	*Tabanidae*	아프리카산
starworm→phengodid beetle			
stem borer→pyralia moth			
stenodictya	스테노딕티아	*Stenodictya*	화석곤충
stick insect	대벌레류	*Phasmida*	대벌레과
sting bug	노린재	*Pentatomidae*	노린재과
stink ant	악취개미	*Paltothyreus tarsatus*	개미과
stilt spider	죽마거미		거미류
stone leaf miner	국식좀나방	*Tinea*	좀나방과
stonfly	강도래	*Plecoptera*	강도래과
strawberry leaf roller	딸기잎말이나방	*Ancylis comptana*	잎말이나방과
striated cantharid	병대벌레	*Cantharis*	딱정벌레목 병대벌레과
striped blister beetle	닥가뢰류	*Epicauta vittata*	가뢰과
striped blue crow butterfly	자색왕나비		왕나비과
striped cucumber beetle	줄무늬호박잎벌레	*Acalymma vittata*	잎벌레과
sucking lice	이	*Pediculus*	이과
sulphur butterfly	노랑나비류	*Pieridae*	흰나비과
swarming locust	이동메뚜기(비황)		
swallowtail	호랑나비, 제비나비류	*Papilionidae*	호랑나비과
sweat bee	꼬마꽃벌	*Halictus*	꼬마꽃벌과
sweetpotato weevil	고구마바구미	*Curculionidae*	바구미과
swift moth	박쥐나방	*Hepialidae*	박쥐나방과

syntomid moth	신토미드나방		
syrphid fly, flower fly	꽃등에류	*Syrphidae*	꽃등에과
sleepy orange	남방노랑나비류	*Eurema nicippe*	흰나비과
slug caterpillar moth	달팽이나방류		
tachinid fly	기생파리류	*Tachinidae*	기생파리과
tailor ant	명주개미		아프리카산, 명주실 분비
tan mite → tick			
tarantula	타란툴라거미		타란툴라과 독거미
tarnished plant bug	장님노린재류	*Lygus lineolaris*	장님노린재류
tea amatid	노랑애기나방	*Amata germana*	애기나방과
tenebrinoid beetle	거저리류	*Tenebrinidae*	거저리과
ten spot dragonfly	십점박이잠자리	*Libellula pulchella*	잠자리과
tent callerpillar	천막벌레나방	*Malacosoma*	솔나방과
termite, white ant	흰개미	*Reticulitermes*	흰개미과
terrapin scale	알각지별레	*Lecanium nigrofasicatum*	깍지별레과
thick tailed scorpion	굵은꼬리전갈류	*Parabuthus*	전갈류
thieves and beggar	청소개미		개미과
thorn bug	뿔매미	*Orthobelus*	뿔매미과
thread wasist	긴허리말벌	*Ammophila aureonotata*	말벌과
three striped butterfly	세줄나비	*Neptis*	네발나비과
thrip	총채별레		노린재목
thyridid	창나방류	*Thyrididae*	창나방과
tick	진드기	*Dermacentor andersoni*	참각류 진드기과
tiger beetle, Spanish fly	길앞잡이	*Cicindela*	길앞잡이과

영 명	국 명	학 명	과 명
tiger moth	불나방류	*Arctiidae*	불나방과
tiger swallowtail	미국호랑나비	*Papilio*	호랑나비과
timber beetle	통나무 맘벌	*Vespidae*	맘벌과
tineid moth	좀나방류	*Tineidae*	좀나방과
tischeriid moth	어리굴나방류	*Tischeriidae*	어리굴나방과
tortoise beetle	남생이잎벌레	*Cassida*	잎벌레과
tortricid → leaf roller			
tortrix → leaf roller			
trapdoor spider	함정거미	*Ctenizidae*	거미류
trap jawed ant	집게턱개미		개미과
tree cricket	긴꼬리	*Oecanthus longicauda*	귀뚜라미과
treehopper	뿔매미	*Membracidae*	뿔매미과
tree weta	트리웨타	*Hemideina crassidens*	귀뚜라미과
trite jumper	트리테깡충거미	*Trite planiceps*	깡충거미류
true katydid	베짱이	*Pterophylla camellifolia*	여치과
true silk moth	누에나방	*Bombyx mori*	누에나방과
tsetse fly	체체파리	*Glossina morsitans*	수면병 매개 집파리과
tussock moth	지의독나방류	*Orgyia*	독나방과
twelve spotted cucumber beetle	열두점호박잎벌레	*Diabrotica undecimpunctata*	잎벌레과
twig caterpillar	자벌레	*Geometridae*	자나방 유충
two ringed satyrid	굴뚝나비류	*Satyridae*	뱀눈나비과
two tailed swallowtail	제비나비류	*Papilio multicaudata*	호랑나비과
ultronia underwing moth	밑날개나방	*Catocala ultronia*	밤나방과

underwing moth	뒷날개나방류	*Catocala*	밤나방과
varigated cutworm	회색밤나방	*Ochropheura*	밤나방과
velvet ant	개미벌	*Dasymutilla*	개미벌과
velvety soldier beetle	벨벳병정벌레		
viceroy butterfly	바이스로이나비	*Limenitis archippus*	네발나비과 줄나비류
vinegar fly → fruit fly			
vinegaroon	식초전갈	*Mastigoproctus giganteus*	전갈류
walking stick, stick insect	대벌레	*Diapheromera femorata*	대벌레과
walnut sphinx	도토리박각시	*Loothoe juglandis*	박각시나방과
warajicocus	잎신각지벌레	*Coccidae*	깍지벌레과
warble fly, heel fly	쇠파리	*Hypoderma bovis*	쇠파리과
warter tiger	물호랑이(물방개유충)	*Dytiscidae*	물방개과
wasp	말벌류	*Vespidae*	말벌과
wasp moth → tiger moth			
water beetle → diving beetle			
water boatman	물벌레	*Corixa*	물벌레과
waterbug	물장군	*Kirkaldyia*	물장군과
water flea	물벼룩	*Daphnia*	물벼룩과(무척추동물)
water scavenger	물땅땅이	*Hydrophilus triangularis*	물땡땡이과
water scorpion	장구애비	*Laccotrephes*	장구애비과
water springtail	물톡토기	*Bourletiella*	톡토기과
water stick	게아재비	*Ranatra*	노린재목 장구애비과
wax moth, bee moth	꿀벌나방	*Galleria mellonella*	명나방과
wave moth → geometer moth			

영명	국명	학명	과명
wavy huge comma	테극나방	*Speiredonia*	밤나방과
wax moth, bee moth	꿀명나방	*Galleria mellonella*	명나방과
wax scale	루비깍지벌레	*Diaspidae*	깍지벌레과
weaver ant	베짜기개미	*Oecophylla longinoda*	개미과
weta	웨타	*Deinacrida heteracantha*	귀뚜라미류
wheel bug, assassin bug	통나노린재	*Arilus cristatus*	노린재류 북미
whirligig beetle	물매암이	*Gyrinus*	물매암이과
white ant → termite			
white back planthopper	흰등멸구	*Sogata furcifera*	멸구과
white fly	가루이	*Aleyrodidae*	가루이과
white lade dune spider	모래거미		거미류
whiteoak leafminer	흰떡갈굴나방		굴나방과
white underwing	흰뒷날개나방	*Catocala relicta*	밤나방과
winged walking stick	분홍날개대벌레	*Micadina*	메뚜기목 날개대벌레과
wireworm	방아벌레의 유충	*Elater*	딱정벌레목 방아벌레과
wolf spider	늑대거미	*Trebacosa*	늑대거미과
wood nymph	굴뚝나비	*Minois dryas*	뱀눈나비과
wood worm	통나무좀	*Hylecoetus cossis*	딱정벌레목 통나무좀과
woolly bear	모충		불나방류 애벌레 총칭
wooly aphid	목화진딧물		
wooly apple aphid	사과면충	*Eriosoma lanigerum*	진딧물과
wormwood leaf beetle → mugwort l. b.			
xyelid sawfly	잎잎벌	*Pleroneura dahli*	잎잎벌과

■ 국명-영명

국	영	국	영
가는꼬리검정벌과	Proctotrupidae	갈고리나방류	drepanid moth, hook tip moth
가는나방	leaf blotch miner	갈고리나비	yellow tipped white
가는나방과	Gracillariidae	갈고리벌과	Trigonalidae
가는잎말이나방과	Cochylidae	갈르와벌레	Gryllobutta
가랑지감잠파리이목	Cyclorrhapha	갈르와벌레목(유시아강)	Grylloblattodea
가뢰과	Meloidae	갈색멸구	brown planthopper
가루깍지벌레	mealy bug	갈색에기자나방	garden looper
가루이	white fly	갈색풀잠자리	brown lacewing
가루이과	Aleyrodidae	감꼭지나방	persimmon fruit worm
가문비좀벌레	spruce budworm	감꼭지나방과	Stathmopodidae
가시거미	spiny(backed) spider	감자잎벌레	potato beetle
가시노린재	ambush bug	감웃바퀴	cryptocercus cockroach
가시톡토기과	Tomoceridae	감충깡충거미	Pachyballus cordiforme
가위개미	leaf cutting ant	강도래	stonfly
가위벌	leaf cutting bee	강도래과	Perlidae
가위벌과	Megachilidae	강도래목	Plecoptera
가지나방류	spanworm	강하루살이과	Potamanthidae
가날도래과	Stenopsychidae	개나무좀과	Bostrichidae
각다귀	gnat	개똥벌레	firefly
각다귀과	Tipulidae	개똥벌레 유충	growworm
각다귀류	crane fly	개똥벌레파리	fungus gnat
각다귀붙이과	Bittacidae	개머리노랑나비	dog face butterfly
갈고리나방과	Drepanidae	개미거미	ant mimic spider

개미 과	Formicidae
개미깡충거미	ant mimic jumper(jumping spider)
개미땡벌구과	Tettigometridae
개미벌	velvet ant
개미벌과	Mutillidae
개미붙이과	Cleridae
개미상이과	Pselaphidae
개미상이좀벌과	Eucharitidae
개벼룩	dog flea
개정향풀포풍뎅이	dogbane beetle
개진드기	American dog tick
갯노린재과	Saldidae
거미 세끼 별청	spiderling, spiderlet
거미강	Arachnida
거미목	Arachneae
거미파리과	Nycteribiidae
거세미나방류	cutworm moth
거위벌레	long horned leaf rolling weevil
거저리	darkling beetle
거저리과	Tenebrionidae
거저리류	tenebrinoid beetle
거저리의 유충	mealworm(beetle)
거품벌레	froghopper, spittlebug
거품벌레과	Cercopidae

건초나방	hey worm
검은과부거미	black widow
검은낮방이과	Sinentomidae
검은알등에	black horse fly
검은물잠자리	blackwing damselfly
검은송장벌레	black carrion beetle
검은제비꼬리나비	black swallowtail
검정개미	scavenger ant
검정알벌과	Scelionidae
검정파리	bluebottle fly
검정파리과	Calliphoridae
게거미	crab spider
게아제비	water stick
겨울자나방	fall crankerworm
겨울자나방류	cankerworm
고구마바구미	sweetpotato weevil
고기잡이거미	fishing spider
고동털개미	cornfield ant
고양이벼룩	Ctenocephalides felis
고자리파리	onion maggot
고치벌과	Braconidae
고트위드나비	goatweed butterfly
굴나방	yucca moth, fairy moth
굴나방과	Incurvarioidae

국	영	국	영
굔식나방	grain moth	굴뚝나비	wood nymph
굔식좀나방	stone leaf miner	굴뚝나비류	two ringed satyrid
굔식좀나방과	Tineoidea	굴별레나방	carpenter moth, goat moth
굔롱호리빌레	Gasteruptiidae	굴별레나방과	Cossidae
굘리앗장뿔풍뎅이	goliath beetle	굼파리과	Agromyzidae
굠보빌레과	Cupedidae	굵은꼬리전갈류	thick tailed scorpion
굠둥이	camel cricket	굼벵이벌과	Tiphiidae
굠추등에과	Acroceridae	권연빌레	cigarette beetle
굠추좀빌과	Perilampidae	귀뚜라미	cricket, house cricket
굠작나비	peacock butterfly	귀뚜라미과	Gryllidae
굠작나비류	buckeye	귀매미	Ledridae(Scaridae)
굠팁날개과	Phloeothripidae	귀뿔매미	horned tree hopper
판메미충과	Evacanthidae	귤가루깍지벌레	citrus mealybug
반충체빌레과	Phlaeothripidae	귤굴나방과	Phyllocnistidae
광메파리과	Trypetidae	그림날개나방과	Glyphipterigidae
구룡충, 구룡거저리	drug darkling beetle	그림날개나방류	glyphipterigid moth
구멍빌과	Sphecidae	그물강도래과	Perlodidae
국화각지빌레과	Orthezidae	그물날개좀반디	net winged beetle
국화밤나방	perilla looper	금눈풀잠자리	golden eye lacewing
군데개미	army ant	금좀벌과	Pteromalidae
굴점질각지빌레	oyster shell scale	금파리	green bottle fly
굴나방과	Lyonetiidae	기생나비	delicate white
굴나방류	leaf miner, leaf worm	기생파리과	Tachinidae

국명	영명
기생파리류	tachinid fly
긴꼬리	tree cricket
긴꼬리부전나비	long tailed lycaenid
긴꼬리산누에나방	luna moth
긴나무좀과	Platypodidae
긴날개밑구	long-winged planthopper
긴날개멸구과	Derbidae
긴노린재과	Lygaeidae
긴노린재류	milkweed bug
긴뿔파리이목	Nematocera
긴수염나방	minuscule fairy moth
긴수염나방과	Adelidae
긴썩덩벌레과	Melandryidae(Serropalpidae)
긴좀붙이과	Campodeidae
긴턱거미	long jawed spider
긴허리말벌	thread wasist
긴허리송곳벌	pigeon horntail
깁앞잠이	tiger beetle, Spanish fly
깁앞잠이과	Cicindelidae
깁쭉벌레과	Colydiidae
까불나비	lady butterfly
까지벌레과	Coccidae
까지벌레류	scale insect
깔때기그물거미	funnelweb spider
깔때구	net winged midge
깔때구과	Chironomidae
깔때구류	midge
깡충거미	jumping spider
깡충노린재과	Dipsocoroidae
깡충좀벌과	Encyrtidae
깨알소금쟁이과	Veliidae
깽깽매미	annual cicada
껍질바구미	granary weevil
꼬리좀벌	larch torymid
꼬리좀벌과	Torymidae
꼬리하루살이과	Ecdyonuridae
꼬마개미	little black ant
꼬마굴나방과	Nepticulidae
꼬마굴나방류	nepticulid moth
꼬마꽃벌	sweat bee
꼬마꽃벌과	Halictidae
꼬마하루살이과	Baetidae
꼽등이과	Stenopelmatidae
꽃노린재과	Anthocoridae
꽃등에	syrphid fly, flower fly, hover fly, drone fly
꽃등에과	Syrophidae
꽃매미과	Fulgoridae

국	영	국	영
꽃벌구	Lycorma	나비목	Lepidoptera
꽃벌구과	Fulgoridae	난초벌	orchid bee
꽃무지	flower chafer	날개남도레과	Molannidae
꽃벼룩과	Mordellidae	날매벌레과	Necrosciidae
꽃사마귀	flower mantis	날도레과	Phryganeidae
꽃파리과	Anthomyzidae	날도레류	caddisfly
꽃벌이바구미	motherly snout beetle	날도레목	Trichoptera
꽃단지개미	honey ant	남은무늬독나방	rusty tussock moth
꿀벌나방	wax moth, bee moth	남방노랑나비	yellow butterfly
꿀벌	honey bee	남방노랑나비류	sleepy orange
꿀벌과-	Apidae	남방장수풍뎅이	rhinoceros-beetle
나나니	mud dauber wasp	남방제비나비	citrus dog
나무벌과	Cephidae	남색꼬리좀벌과	Ormyridae
나무쑤시기과	Helotidae	남생이잎벌레	tortoise beetle
나무이과	Psylloidea	남작머리비단벌레	flathead borer
나무좀	engraver beetle	남작잎벌과	Pamphilidae
나무좀과	Ipidae(Soclytidae)	낫발이	Eosentomon
나무좀류	scolytid	낫발이과	Acerentomidae
나방류	Heterocera	낫발이목(무시아강)	Protula
나방파리	sand fly	닌나방	nun moth
나방파리과	Psychodidae	넓적나무좀	flat bark beetle
나비남도레과	Leptoceridae	넓적나무좀과	Lyctidae
나비류	Rhopalocera	넓적노린재과	Aradidae

국명	영명
넓적다리알벌레	cucumber beetle
넓적메미충과	Gyponidae
네눈박이하늘소	four-eyed milkweed beetle
네발나비	leaf butterfly
네발나비과	Nymphalidae
네발나비류	brush footed butterfly, nymphalid
노랑굴파리과	Chloropidae
노랑나비류	clouded sulphur, sulphur butterfly
노랑등에	snife fly
노랑등에과	Rhogiolidae
노랑똥파리	yellow dung fly
노랑애기나나방	tea amatid
노래기	millipede
노린재	sting bug, soldier bug
노린재과	Pentatomidae
노린재류	rice bug, shield bug
노린재목	Hemiptera
노토미르메시아개미	nothomyrmecia
녹나무좀	camphor shot borer
누룩바구미	coffee been weevil
누에나방	true silk moth
누에나방과	Bombycidae
누에나방류	silk moth
눈나비	mountain white
눈점박이벌레	eyed click beetle
누대거미	wolf spider
느렁이벌과	Ampulicidae
다듬이벌레	booklice
다듬이벌레과	Psocidae
다듬이벌레목	Psocoptera
다이아나나비	diana butterfly
다이아카마개미	diacamma ant
달팽이나방류	slug caterpillar moth
담털이과	Menoponidae
담색물잠자리	damselfly
담색실잠자리	river damselfly
대머리말벌	bald-faced hornet
대모등에	deer fly
대모벌	pompilid wasp
대모벌과	Pompilidae
대모잠자리	flat-bodied dragonfly, walking stick
대모파리과	Dryonyzidae
대벌레	stick insect, walking stick
대벌레과	Phasmidae
대벌레목	Phasonia
대진딧물	reed aphid
델레나거미	delena spider
도깨비얼굴거미	orgre-faced spider

국	영	국	영
도둑나방	cabbage army worm	등에모기류	no-seeum
도토리밤바각시	walnut sphinx	등에잎벌과	Argidae
둑나방과	Lymantriidae	따부리물별레과	Ochteridae(Pelngonidae)
둑나비류	heliconoid	따정별레	refuse beetle
둑일바퀴별레	German cockroach	따정별레과	Carabidae
둘좀	silverfish	따정별레류	ground beetle
둘좀과	Machilidae	따정별레목	Coleoptera
둥글둘별레과	Pleidae	딸기잎않이나방	strawberry leaf roller
둥시아목	Homoptera	땅강아지	mole cricket
둥에둥에	soldier fly	땅강아지과	Gryllotalpidae
둥에둥에과	Stratiomyiidae	땅별레 총정	grub
둥양꼽보바구미	camphor weevil	똥파리과	Scatophagidae
돼지이	pig lice	뚱뚱보바퀴과	Tungidae
둥근가시별레과	Byrrhidae	뚱보꽃파리과	Phasiidae
뒤영벌	bumble bee	락깍지별레	lac insect
뒷날개나방	ultronia underwing moth	께름루스거미	brown recluse
뒷날개나방류	underwing moth	께피드나방	leopard moth
듬명나방류	pyrausta	로열호두나방	royal walnut moth
듬소각다귀	buffalo gnat, black fly	루비깍지별레	wax scale
등막제주나방	snout prominent	르포미르메스개미	lophomyrmex ant
등에과	Tabanidae	마라우더개미	marauder ant
등에모기	punky, biting midge	말매미충과	Cicadellidae
등에모기과	Ceratopogonidae	말벌	hornet wasp

국명	영명
말벌과	Vespidae
말벌나방	pernix leechi
말벌류	spotted giant hornet, wasp
말안장쐐기나방	saddleback catterpillar
말파리류	skin botfly
매미	cicada
매미과	Cicadidae
매미나방	gypsy moth
매미목	Homoptera
매미잡이벌	cicada killer wasp
매미충, 멸구	leafhopper
매미충과	Jassidae
맵시벌	ichneumon wasp
맵시벌과	Ichneumonidae
머리대장과	Cucujidae
머리매미충과	Bythoscopidae
머리무노린재과	Enicocephaloidae
머리이	head louse
먹가뢰류	striped blister beetle
먹그늘나비	pearly eye
먹점뿔나방과	Ethmiidae
먹팔랑나비	sooty wing
먼지거미	cyclosa spider
멋장이나비	painted lady
메가네우라	meganeura
메뚜기	locust
메뚜기, 방아깨비	grasshopper
메뚜기과	Locustidae
메뚜기목	short horned grasshopper
메뚜기목	Orthoptera
메뚜기하늘소	locust borer
메소리아밤나방	dark sided cutworm
메추리강도래	short taild stone fly
메추리강도래과	Taeniopterygidae
메탈마크나비	metalmark butterfly
메시코솜바구미	boll weevil
메시코콩무당벌레	Mexican bean beetle
멜론진딧물	melon aphid
멜리포나	Melipona
멧모기과	Blehparoceidae
멧팔랑나비	dusky-wing butterfly
멸구	planthopper
멸구과	Araeopidae
명나방	pyralid
명나방과	Pyralidae
명나방류	grass moth
명아주노린재과	Piesmatidae
명주개비	tailor ant

국	영	평
명주딱정벌레류	caterpillar hunter	
명주잠자리과	Myrmeleonidae	
명주잠자리류	ant lion	
모기과	Culicidae	
모기파리과	Rhyphidae	
모래거미	white lade dune spider	
모래땅벌	sandhill hornet	
모르몬방울벌레	mormon cricket	
모르포나비	morphoe	
모충	woolly bear	
	Tettigidae	
목대장과	Cephaloidae	
목대청송곳벌과	Xiphydrinae	
목수개미	carpenter ant	
목축개미	dairymen ant	
목화다래나방	pink bollworm	
목화밤나방	cotton caterpillar	
목화잎밤나방	cotton leafworm	
목화진딧물	wooly aphid	
무늬잎말이나방과	Oecophoridae	
무당벌과	Sapygidae	
무당벌레과	Coccinellidae	
무당벌레류	ladybird, ladybug	
무당벌레붙이	potato lady beetle	
무더기무당벌레	convergent ladybird	
무시아강	Apterygota	
무화과기생벌	fig wasp	
문지기개미	janitor ant	
물결부전나비	long tailed blue	
물날도래과	Rhyacophilidae	
물노린재과	Mesoveliidae	
물둥구리과	Naucoridae	
물땅땅이과	Hydrophilidae	
물맴이	water sacvenger	
물매암이과, 물무당과	whirligig beetle	
	Gyrinidae	
물명나방	nymphula	
물방개	diving beetle, water beetle	
물방개과	Dytiscidae	
물벌과	Agriotypidae	
물벌레	water boatman	
물벵이과	Corixidae	
물벼룩	water flea	
물빈대과	Aphelochiridae	
물잠자리과	Calopterygidae	
물장군	giant water bug, waterbug	

국명	영명
물장군과	Belostomatidae
물진드기과	Haliplidae
물톡토기	water springtail
물폴잠자리과	Sisyridae
물호랑이(물방개유충)	warter tiger
뭉툭날개나방	Choreutidae
미국청가뢰	nuttall blister beetle
미국호랑나비	tiger swallowtail
미국흰불나방	fall webworm
미나리좀나방과	Epermeniidae
미소나방류	Microlepidoptera
미스트룸개미	mystrium ant
민강도래과	Nemouridae
민날개강도래과	Scopuridae
민벌레	Zorotypus
민벌레목(유시아강)	Zoraptera
민집게벌레과	Anisolabiidae
밑두리뿔나방과	Blastobasidae
밑두리뿔나방류	blastobasid moth
밑들이과	Panorpidae
밑들이류	scorpionfly
밑들이메뚜기	lubber grasshopper
밑들이목	Mecoptera
밑들이벌과	Lencospidae
밑들이파리매과	Xylophagidae
밑빼진벌레과	Nitidulidae
바구미	billbug
바구미과	Curculionidae
바구미류	grain beetle, snout beetle
바나나거미	banana spider
바이스로오이나비	viceroy butterfly
바퀴과	Blattidae
바퀴벌레	croton bug, German cockroach
박각시나방	Sphingidae
박각시나방	eyed hawk moth
박각시나방류	sphinx moth, hawk moth, horn worm
박쥐나방	swift moth
박쥐나방과	Hepialidae
박쥐나방류	ghost moth
반날개	burying beetle
반날개과	Staphylinidae
반딧불	Luciola cruciata
반딧불과	Lamphyridae
밤나무나방	lappet moth
밤나무혹벌	chestnut gall-wasp
밤나방	leaf caterpilar, noctuid
밤나방과	Noctuidae
밤나방류	noctuid, miller moth

면	국	영	면	국	영	면
	밤바구미	chestnut curculio		뱀눈나비류	Nevada arctic, satyr moth	
	밤색하루살이과	Leptophlebiidae		뱀자리목(유시아강)	Megaloptera	
	방아벌레	click beetle		뱀잠자리	dobsonfly	
	방아벌레과	Elateridae		뱀잠자리과	Corydalidae(Sialidae)	
	방아벌레붙이과	Languriidae		뱀잠자리붙이과	Hemerobiidae	
	방아벌레의 유충	wireworm		버드나무진딧물	salix aphid	
	방패멸구과	Tropiduchidae		버섯벌레과	Erotylidae	
	방패벌레	lace bug		버찌파리	cherry maggot	
	방패벌레과	Tingitidae		벌나방	evening moth	
	배굴깍지벌레	pear oystershell		벌레살이숨곳벌과	Orussidae	
	배나무굴나방	pear bark miner		벌목	Hymenoptera	
	배나무벌	pear stem sawfly		벌붙이파리과	Conopidae	
	배나무이	pear sucker		벌새나방	hummingbird moth	
	배벌들나방	kentish glorymoth		벌통나방	greater wax moth	
	배벌들나방류	lasiocampid		붓나무깍지벌레과	Pseudococcidae	
	배벌	digger wasp		베짜기개미	weaver ant	
	배벌과	Scoliidae		베짱이	true katydid	
	배추밤나방	fall armyworm		베짱이류	katydid	
	배추순나방	cabbage webworm		벨벳병정벌레	velvety soldier beetle	
	배추잎벌	cabbage sawfly		벼룩	flea	
	배추좀나방	diamondback moth		벼룩과	Pulicidae	
	배추흰나비	cabbage butterfly, cabbage worm		벼룩목	Siphonaptera(Aphaniptera)	
	뱀눈나비과	Satyridae		벼룩좀벌과	Eupelmidae	

국명	영명	국명	영명
벼룩파리과	Phoridae	복숭아유리나방	cherry tree borer
벼메뚜기	rice grasshopper	복숭아잎벌	peach slug
벼메뚜기붙이	false rice grasshopper	부전나비	imperial blue butterfly
벼모기붙이	rice midge	부전나비과	Lycaenidae
벼바구미	rice weevil	부전나비류	hairstreak butterfly, lycaenid
벼은무늬밤나방	rice looper	부채벌레목(유시아강)	Strepsiptera
벼잎말이명나방	rice leaf roller	부채장수잠자리과	Gomphidae
벼잎벌레	rice leaf beetle	북방여치	long horned grasshopper
벼줄기굴파리	rice stem maggot	분홍날개대벌레	winged walking stick
벼포충나방	rice webworm	불나방	garden tiger moth
별대벌레과	Cantharidae	불나방과	Arctiidae
별바이노린재과	Pyrrhocoridae	불나방류	tiger moth
별벌레	phengodid beetle, starworm	붉나방붙이과	Hyspsidae
별홈메미	spotted froghopper	붉은까불나비	red admiral
뽕노린재과	Pyrrhocoridae	붉은등거미	red back spider
뿅대벌레	striated cantharid	붉은무사개미	Amazon ant
뿅정개미	driver ant	붉은아마존개미	red Amazon ant
보날개풀잠자리과	Osmylidae	붉은우단응에	red velvet mite
보리톡토기과	Hypogastruridae	붉은옹에류	spider mite→red spider
보르네오노린재	Bornean stingbug	블래번나비	Blackburn's butterfly
보리두갈매진딧물	greenbug	비단벌레	golden buprestid, buprestid
복숭아거위벌레	peach curculio	비단벌레과	Buprestidae
복숭아속나이나방	peach fruit moth	비단벌레류	metalic beetle
복숭아애기잎말이나방	oriental fruit moth	비단쇠똥구리	dung beetle

국	영	명
비수염낱도레과	Odontoceridae	
비황	swarming locust	
빈대	bed bug	
빈대과	Cimicidae	
빗살수염벌레	death watch beetle	
빗살수염벌레과	Anobiidae	
빗살수염잠자리과	Dilaridae	
빛날개집나방과	Roleslerstammiidae	
뽕나무이	mulberry sucker	
뽕나무공각지벌레	mulberry lecanium	
뾰죽날개나방	cymatophorid	
뾰죽날개나방과	Cymatophoridae(Thyatiridae)	
뿌리혹벌레	phylloxera	
뿔거미	horned spider	
뿔나방과	Gelechiidae	
뿔나방류	gelechiid moth, snout moth	
뿔나방붙이과	Lecithoceridae	
뿔나비	snout butterfly	
뿔나비과	Libytheidae	
뿔나비나방과	Callidulidae	
뿔매미	treehopper, thorn bug	
뿔매미과	Membracidae	
뿔벌레과	Anthicidae(Notoxidae)	

국	영	명
뿔시슴벌레	horn beetle	
뿔잠자리과	Ascalaphidae	
사과굴나방	pear leaf worm	
사과독나방	red tail moth	
사과면충	wooly apple aphid	
사과좀나방과	Argyresthiidae	
사과진딧물	apple aphid	
사마귀	praying mantis	
사마귀과	Mantidae	
사마귀꼬리좀벌과	Podagrionidae	
사마귀붙이과	Mantispidae	
사막전갈	desert scorpion	
사면발이	crab louse	
사면발이과	Phthiridae	
사무라이진딧물	samurai aphid	
사슴벌레과	Lucanidae	
사슴벌레류	stag beetle	
사슴풍뎅이	Dicranocephalus	
사시잎말이나방	popular leaf roller	
사철나무각지벌레과	Diaspidae	
사탕수수진딧물	sorghum aphid	
산개미	formica ant	
산누에나방	polyphemus moth	

국명	영명
산누에나방과	Saturniidae
산누에나방류	giant siusim moth, saturniid moth
산요세깍지벌레	san jose scale
산제비나비	stake swallow tail
산줄흰나비	green veined white
산호랑나비	Alaskan swallowtail
삼나무깍지벌레	cedar scale
삼나무하늘소	smaller borer
삼하늘소류	round headed
상수리잎말이나방	pryer tortrix
상투벌레	long nosed planthopper
상투벌레과	Dictyopharidae
새누에나방	Bombyx mandarina
새똥거미	phrysarachne
새이	chewing lice
세잎이타란툴라	bird eating spider
생쥐벼룩	Leptopsylla segnis
서리방아벌레	frosted click beetle
서성거미	nursely-web spider
석유파리	petroleum fly
신데벌레	broad winged planthopper
신데벌레과	Flatidae
신인장나방	cactus moth
세시다나방	sesidae moth
세줄나비	three striped butterfly
세크로피아나방	cecropia moth
셀러리잎나방	celery leaf tiger
소개미벌	cow killer
소경거미목	Opiliones
소금쟁이	water strider
소금쟁이과	Gerridae
소나무가루깍지벌레	pine mealbug
소나무거품벌레	pine spittle bug
소나무넓적잎벌	pine webworm
소나무순명나방	pine shoot borer
소나무왕바구미	pine big weevil
소나무좀	mountain pine beetle, pine engraver
소나무좀나방	pine beauty moth, pine carpet
소등에	horse fly
소바구미과	Anthribidae(Platyrrhinidae)
소이	short nosed cattle louse
소진드기	cattle tick
숙떡이나방과	Carposinidae
솔나방	pine caterpillar
솔나방과	Lasiocampidae
솔나방류	eggar moth
솔에기잎말이나방	pine eucosmid
솔잎벌	spruce sawfly

국	영	국	영
솔잎벌과	Diprinidae	수확흰개미	harvester termite
솔잎혹파리	pine leaf gall midge	숲베짱이	bush katydid
솔루지드	solpugid	쉬파리과	Sarcophagidae
솔진딧물과	Eriosomatidae	스라소니거미	lynx spider
솔탐각지벌레	cottony cushion scale	스민테우스모시나비	smintheus
송곳벌	horntail	스콰시노린재	squash bug
송곳벌과	Siricidae	스비노딕티아	stenodictya
송악각지벌레	oleander	스콰이스부시제비나비	spicebush swallowtail
송장벌레	carrion beetle	시가케이스줄나방	cigar case bearer
송장벌레과	Silphidae	식초전갈	vinegaroon
송장헤엄치기	backswimmer	신부나비	morning clock
송장헤엄치개과	Notonectidae	신토미드나방	syntomid moth
쇠파리	warble fly, heel fly	신티아나방	cynthia moth
쇠파리과	Hypodermidae	실노린재과	Berytidae
수수풍뎅이	cone borer	실베라인나방	silverline moth
수시렁이	carpet beetle, larder beetle	실소금쟁이과	Hydrometridae
수시렁이과	Dermestidae	실잠자리과	Agrionidae
수염치레하늘소	pine sawyer	심식나방과	Carposinidae
수중다리알벌	cimbex	심식나방류(속먹이나방류)	carposinid moth
수중다리잎벌과	Cimbicidae	십점박이잠자리	ten spot dragonfly
수중다리혹벌과	Chalcididae	십칠년매미	periodical cicada, seventeen year locust
수제, 약충	nymph	쌀도둑	cadelle
수확개미	harvester ant, seed collector	쌀도적과	Temnochilidae

쌍점이깡충거미	Bavia aericeps	일각자벌레	terrapin scale
쌍꼬리나방과	Epiplemidae	일꽃벼룩과	Helodidae
쌍꼬리하루살이과	Siphlonuridae	알락꽃벌	cuckoobee
쌍살벌	paper wasp	알락나방과	Zygaenidae
썩덩벌레과	Alleculidae(Cistelidae)	알락나방류	zygaenid
썩덩벌레붙이과	Othniidae(Elactidae)	알락하루살이과	Ephemerellidae
쐐기나방과	Cochlidionidae(Heterogeneidae)	알맹구과	Issidae
쐐기나방류	cochlid	알벌	fairy fly
쐐기노린재과	Nabidae	알벌과	Trichogrammatidae
쑥잎벌레	mugwort leaf beetle	알톡토기	garden springtail
씨살이좀벌	larch seed chalcid	알팔파노랑나비	alfalfa butterfly
씨살이좀벌과	Eurytomidae	알팔파자나방	alfalfa looper moth
아르젠티개미	Argentine ant	알팔파줄총채벌레	Aeolothripidae
아메리카멸무기	American grasshopper	애기나방	pear amatid
아미웜밤나방	armyworm moth	애기나방과	Amatidae
아세모니아깡충거미	asemonia jumper	애기비단나방과	Scythrididae
아스파라거스잎벌레	asparagus beetle	애기유리나방류	peach tree borer
아시아꽃등에	Asian flower fly	애기잎말이나방과	Eucosmidae(Olethreutidae)
아시아실잠자리	forktail damselfly	애기잎말이나방류	colding moth, olethreutid moth
아시아왕전갈	Asia giant scorpion	애기제주나방	small prominent
아크리아나방	acrea moth	애꽃벌과	Andrenidae
아타개미	atta ant	애날도래과	Hydroptilidae
아프리카수피거미	African bark spider	애매미	elongate cicada
악취개미	stink ant	애매미충과	Eupterygidae

국	영	명	국	영	명
에털구	small brown planthopper		일록록토기과	Achorutidae	
에범나방	grape asteropetes		에키톤개미	eciton	
아배별레	snakefly		여왕나비	queen butterfly	
아배별레과	Raphidiidae		여치과	Tettigoniidae	
아배별레목(유시아강)	Raphidioptera		열두점호박잎별레	twelve-spotted cucumber beetle	
앵깨주자나방	cabbage looper		옛낫발이과	Eosentomidae	
양이	sheep ked		오리이	duck louse	
양파리과	Oesteridae		오배자면충	Chinese sumac	
어리각다귀과	Trichoceridae		오브왜빙스파이더	orb-webbing spider	
어리굴나방과	Tischeriidae		오색나비	purple butterfly	
어리굴나방류	tischeriid moth		오이잎별레	cucurbit beetle	
어리뿔별과	Colletidae		옥수수밤나방	corn earworm	
어리뱃모기과	Deuterophlebiidae		울가미거미	magnificent spider	
어리모기각다귀붙이과	Tanyderidae		올빼미나방	owl moth	
어리베짱이	fruit tree katydid		올빼미잠자리	owlfly	
어리여치과	Gryllacridae		옷좀나방	clothes moth, casemaking clothes moth	
어리제니등에과	Nemestrinidae		왕귀뚜라미	field cricket, great green bush cricket	
어리독토기과	Onychiuridae		왕깍지별레	grand lecanium	
어리표범나비	baltimore		왕꽃벼룩과	Rhipipheridae	
어리호박벌	carpenter bee		왕나비과	Danaidae	
얼룩나방과	Agaristidae		왕나비류	milkweed butterfly	
얼룩나방류	forester moth		왕누에나방	Rondiotia menciana	
얼룩말나비	zebra butterfly		왕물결나방과	Brahmaeidae	

국명	영명	국명	영명
왕바구미	large weevil	유시아강	Pterygota
왕바퀴	large roach	유지매미	large brown cicada
왕사슴벌레	great stag beetle	유카팔랑나비	yucca skipper(moth)
왕산똥구리	sacred beetle	으름콩명이	silver striped juniper beetle
왕인잠코리나방과	Cyclidiidae	응애	mite
왕자팔랑나비	daimyo skipper	응애목	Acarina
왕잠자리	emperor dragonfly, green darner	이	body louse, sucking lice
왕잠자리과	Aeschnidae	이과	Pediculidae
왕잔깃	eurypterid	이동메뚜기, 비황	migratory grasshopper(locust)
왕줄나비	popla nymphalid	이목	Anoplura
우무납도래과	Limnophilidae	이사벨라나방	isabella moth
우무밤나방	reddish oraesia	이소포다	isopoda
원뿔나방과	Oecophoridae	이질바퀴	American cockroach
원뿔나방류	oecophorid moth	이토미드류	ithomiids
원시나방목	Zeugloptera	이파리과	Hippoboscidae
웨타	weta	이화명나방	rice stem borer
유럽가뢰	Spanish fly	인디인곡식명나방	indian meal moth
유럽거우벌레	European weevil	인디인스키퍼	indian skipper
유럽집게벌레	European earwing	임페리얼나방	imperial moth
유령각다귀	phantom crane fly	잎맘이나방과	Tortricidae
유리작지벌레	Florida red scale	잎맘이나방류	leaf roller moth
유리나방	clearwing moth, glasswing butterfly	잎벌	sawfly, rose slug
유리나방과	Sesiidae	잎벌과	Tenthredinidae
유리날개나방과	Aegeriidae	잎벌레과	Chrysomelidae

국	영	국	영
잎벌레류	leaf beetle, flea beetle	장구벌레	mosquito larva
잎벌레붙이과	Laguriidae	장구애비	water scorpion
잎여치	leaf katydid	장구애비과	Nepidae
자나방과	Geometridae	장구파리과	Pipunculidae
자나방류	geometer moth, looper moth	장님거미	harvest spider
자두진딧물	green peach aphid	장님노린재	chinch bug, milkweed bug, leafbug, plantbug
자루눈등에	stalk eyed fly	장님노린재과	Miridae
자벌레	twig caterpillar	장님노린재류	tarnished plant bug
자색왕나비	striped blue crow butterfly	장님아띠벌레과	Inocelliidae
자주날도래	purple caddisfly	장님쥐벼룩과	Hystrichopsyllidae
자주노린재	purple sting-bug	장다리파리	dolly
작은알락진노린재	small milkweed bug	장다리파리매과	Dolichopodidae
작은주홍부전나비	small copper	장미등에잎벌	rose arge
작은집게벌레과	Labidae	장미애매미충	rose leafhopper
잔날개나방과	Micropterigidae	장미풍뎅이	rose chafer
잔날개나방류	mandibulate moth	장산벌레	rhombic planthopper
잠수거미	diving spider	장삼벌레과	Cixiidae
잠자리	dragonfly	장수말벌	yellow jacket
잠자리과	Libellulidae	장수잠자리과	Cordulegasteridae
잠자리장충거미	Viciria praemandibularis	장수하늘소	Callipogon retictus
잠자리목	Odonata	재니등에	bee fly
참조노린재과	Rhopalidae	재니등에과	Bombyliidae
장구묵벌레과	Pedelidae		

국명	영명
제주나방류	prominent moth, pus moth
전갈	scorpion
전갈붙이	pseudo scorpion
전나무좀	Hylastes plumbeus
절지동물문	Arthropoda
접밑들이파리매과	Solvidae
제비나방과	Uraniidae
제비나방붙이과	Epicopeidae
제비나비 → 호랑나비	
제비나비류	two tailed swallowtail
제왕나비	emperor butterfly
제왕전갈	emperor scorpion
조명나방	European corn borer
좀과	Lepismatidae
좀나방과	Tineidae
좀나방류	tineid moth
좀날개나방과	Eriocranidae
좀날개나방류	Eriocraniid moth
좀매미충과	Ricaniidae
좀머리벌구과	Achilidae
좀목(무시아강)	Thysanura
좀벌	chalcid(fly)
좀벌과	Eulophidae
좀붙이과	Campodeidae
좀붙이목(무시아강)	Diplura
좀잎벌레	flea beetle
좀파리과	Neriidae
좀파리매과	Therevidae
좀쌀메뚜기과	Tridactylidae
주걱메미충과	Nirvanidae
주머니나방류	bagworm moth
주홍박각시나방	hummingbird hawk moth
주홍부전나비	elfin butterfly
주홍부전나비류	copper butterfly
죽마거미	stilt spider
줄감탕벌	mason wasp
줄나비류	admiral butterfly
줄납도래	hydropsyche
줄납도래과	Hydropsychidae
줄별구과	Meenoplidae
줄무늬호박잎벌레	striped cucumber beetle
줄점팔랑나비	rice leaf tier
줄총채벌레과	Aeolothripidae
줄흰나비	mustard white
쥐똥나방	ligustrum moth
쥐며리거품벌레과	Tomaspidae
쥐며느리, 단각벌레	pill milipede
쥐벼룩	rat flea

국	영	명	국	명	영	명
쥐벼룩과	Dolichopsillidae		집파리		house fly	
쥐이	mouse lice		집파리과		Muscidae	
쥐털이과	Gyropidae		짚신각지벌레		warajicocus	
지네	hunndred legger, centipedes		짧은뿔파리아목		Brachycera	
지옥나비류	alpine butterfly		참나무갈고리나방		oak drepanid	
지옥독나방류	tussock moth		참나무나방		oakworm moth	
진드기	tick		참나무노린재		oak bug	
진드기거미	Gamasomorpha		참나무노린재과		Urostylidae	
진드기아목	Ixodes, Metastigmata		참나무산누에에나방		io moth, silk moth	
진딧물	plant louse→aphid		참나무잎굴나방		solitary oak leaf miner	
진딧물과	Aphididae		참나무하늘소		Mallambyx raddei	
집슴이과	Haematopinidae		참새털이과		Philapteridae	
집슴털이과	Trichodertidae		참진드기		dog tick	
집개미	house ant		창나방과		Thyrididae	
집게벌레류	earwing		창나방류		thyridid	
집게벌레목	Dermaptera		창날개뿔나방과		Cosmopterigidae	
집게좀붙이과	Jopygidae		체다리담도레과		Calamoceratidae	
집게털개미	trap jawed ant		처녀나비류		ringlet	
집게벌레과	Forficulidae		천막벌레나방		lackey moth, tent callerpillar	
집나방	ermine moth		철도벌레		railroad worm, apple magot	
집나방과	Yponomeutidae		철석이		giant katydid	
집모기	culicine mosquito		청나나니		blue mud dauber	
집전갈	house scorpion		청벌		cuckoo wasp	

국명	영명
청벌과	Chrysididae
청벌붙이과	Cleptidae
청소개미	thieves and beggar
청실잠자리	lestes dragonfly
청실잠자리과	Lestidae
청실잠자리류	larger green damselfly
청줄벌과	Anthophoridae
체체파리	tsetse fly
초록애매미충	greenfly
초록파리	greenbottle fly
초록풍뎅이	green june beetle
초파리	fruit fly, vinegar fly
초파리과	Drosophilidae
총채벌레과	Thripidae
총채좀벌과	Mymaridae
총채벌레	thrip
춤나방과	Heliodiniae
춤파리	dance fly
침개미	fire ant, spiny ant
침노린재과	Reduviidae
침파리과	Stomoxyidae
카메하메하나비	kamehameha
카펫수시렁이	dried fish beetle
칼무늬밤나방	dagger moth
칼잎벌	xyelid sawfly
칼잎벌과	Xyelidae
코벌	bem bex, sand wasp
콜로라도감자잎벌레	Colorado potato beetle
콩가루벌레	pear phylloxera
콩나방	soybean moth
콩바구미과	Bruchidae(Lariidae, Mylabridae)
콩풍뎅이	Japanese beetle
크레슨트표범나비	crescent
크롤러	crawler
큰그물강도래과	Pteronarcidae
큰나방류	Macrolepidoptera
큰날개별구과	Ricaniidae
큰넓적노린재과	Dysodiidae
큰멋쟁이나비 → 카볼나비	
큰밤나방	giant nortuid
큰별노린재과	Largidae
큰알락기노린재	large milkweed bug
큰제비꼬리나비	giant swallowtail
큰점별레과	Labiduridae
큰표범나방	great leopard moth
클로디우스모시나비	clodius
클로버웅애	clover mite

국	영	평	국	영	평
글로버얀나방	green cloverworm		통나무맘벌	timber beetle	
글리메나나방	clymene		통나무좀	wood worm	
타란툴라거미	tarantula		통나무좀과	Lymexylonidae	
패구나방	wavy huge-comma		통나방과	Coleophoridae	
털날개과	Thripidae		통나방류	case-bearer	
털날개나방	plume moth		통날도래과	Psychomyidae	
털날개나방과	Pterophoridae		트리웨타	tree weta	
털날개목	Thysanoptera		트리테깡충거미	trite jumper	
털날도래과	Sericortomatidae		파라오개미	pharaoh ant	
털다듬이벌레과	Caeciliidae		파리매	bee hunter	
털반날개	hairy rove beetle		파리매과	Asilidae	
털보에꽃벌과	Melittidae		파리매류	robber fly	
털이목(새이목)	Mallophaga		파리목	Diptera	
털파리과	Bibionidae		파이어브레트	firebrat	
털파리류	march fly		파좀나방	Acrolepiidae	
털파리붙이과	Scatopsidae		파총채벌레	onion thrip	
토끼풀거미	shamrock spider		판날개뿔나방과	Xyloryctidae	
톡토기	springtail		판날개뿔나방류	xyloryctid moth	
톡토기과	Smynthuridae		팔랑나비	skipper butterfly	
톡토기목(무시아강)	Collembola		팔랑나비과	Hesperiidae	
통니노린재	wheel bug, assassin bug		패나방과	Gelechiidae	
톱하늘소	prionus beetle		패나방류	gelechiid moth	
톱하늘소의 유충	round headed borer		포도바구미	grape curculio	

국명	영명
포도잎말이나방	grape leaf folder
포르티아깡충거미	portia jumper
포에비스	phoebis
폭탄먼지벌레	bombardier beetle
폴리고니아	question mark
표범나비류	checkerspot, comma, fritillary butterfly
표본벌레과	Ptinidae
푸른날개밤나방	greenish noctuid
푸른부전나비	blue butterfly, holly blue, blue spring azure
풀고리드플랜트호퍼	fulgorid plant hopper
풀굴나방과	Elachistidae
풀굴나방류	elechistid moth
풀노린재	green rice bug, sting bug
풀매미과	Tibicinidae
풀무치	Asiatic locust
풀잠자리	green lacewing
풀잠자리과	Chrysopidae
풀잠자리나비	lacewing butterfly
풀잠자리류	lacewing, crysopa
풀잠자리목	Neuroptera
풍뎅이과	Scarabaeidae
풍뎅이류	May beetle, scarab beetle
풍뎅이류 충정	dor beetle
풍뎅이붙이과	Histeridae
풍뎅이파리과	Dexiidae
프라임로즈나방	primrose moth
프로토텔리트론	prototelytron
플레넬나방	flannel moth
플래티드	flatid
플럼버구미	plum curculio
피디푸스깡충거미	phidippus
피스톨케이스날벌방	pistol case bearer
피아세스깡충거미	phyaces jumper
하늘나방	lobster moth
하늘나방과	Ceruridae(Notodontidae)
하늘소	long horned beetle(borer)
하늘소과	Cerambycidae
하늘소류	longhorned borer
하늘소붙이	oedemerid beetle
하늘소붙이과	Oedemeridae
하루살이	mayfly
하루살이과	Ephemeridae
하루살이목	Ephemeroptera
학질모기, 말라리아모기	malaria mosquito
할리퀸노린재	harlequin bug
함정거미	trapdoor spider

국 명	영 명	국 명	영 명
향나무좀	Phloeosinus	홍반디과	Lycidae
향나무하늘소	Semmanotus bifasciatus	홍점비단명나방	meal moth
허리노린재과	Coreidae	화산늑대벌레	lava wolf spider
허리노린재류	cherry bug	황금고리잠자리	golden ringed dragonfly
하룰리스쇠똥구리	eastern hercules beetle	황소개미	bull ant
헤시안혹파리	hessian fly	황소쇠똥구리	ox beetle
호넛나방	hornet gar	황전갈	yellow scorpion
호랑거미	black-and-yellow garden spider	황제나비	monarch butterfly
호랑나비(범나비)	smaller citrus dog	황제산누에나방	emperor moth
호랑나비, 제비나비류	swallowtail, papilio	회색굴뚝밤나방	gray cossid
호랑나비과	Papilionidae	회색밤나방	varigated cutworm
호랑하늘소	salix-borer	흰개미	termite, white ant
호리벌과	Evaniidae	흰개미과	Termitidae(Metatermitidae)
호리병벌	potter wasp	흰개미목	Isoptera
호프진딧물	hop aphid	흰개미붙이목(유시아강)	Embioptera
혹나방	roeselia	흰꼬마굴뚝나방과	Opostegidae
혹나방과	Nolidae	흰꼬마굴뚝나방류	opostegid moth
혹벌과	Cynipidae	흰나비과	Pieridae
혹벌류	gall wasp	흰뒷날개나방	white underwing
혹파리과	Cecidomyiidae	흰등멸구	white back planthopper
혹파리류	gall midge	흰떡갈굴나방	whiteoak leafminer
홍개미	red ant	히말라야메뚜기	Himalaya grasshopper
홍날개과	Pyrochroidae	힐리스깡충거미	hyllus jumper

■ 학명 – 국명

학명	국명	명	학명	국명	명
Acalymma vittata	줄무늬호박잎벌레		*Alaus oculatus*	눈점방아벌레	
Acantholyda	소나무남작잎벌류		*Albara scabiosa*	참나무갈고리나방	
Acarina	응애목		*Aleyrodidae*	가루이과	
Acerentomidae	낫발이과		*Alleculidae(Cistelidae)*	썩덩벌레과	
Achilidae	좀머리별구과		*Alsophila pometaria*	겨울자나방	
Achorutidae	얼룩톡토기과		*Amata fortunei*	애기나방	
Acleris affinatana	상수리잎말이나방		*Amata germana*	노랑애기나방	
Acroceridae	꼽추등에과		*Amatidae*	애기나방과	
Acrolepiidae	좀나방류		*Ammophila aureonotata*	진홍리맵벌	
Acronicta	집무늬밤나방류		*Ampulicidae*	느쟁이벌과	
Actias luna	긴꼬리산누에나방		*Anabrus simplex*	모르몬방울벌레	
Adelidae	긴수염나방과		*Anasa tristis*	스쿼시노린재	
Aedes	집모기류		*Anax junicus*	왕잠자리	
Aegeriidae	유리날개나방과		*Ancistrocerus*	줄감탕벌류	
Aeolothripidae	줄총채벌레과		*Ancylis comptana*	딸기잎말이나방	
Aeschnidae	왕잠자리과		*Andrenidae*	애꽃벌과	
Aganaidae → Hypsidae			*Anisolabiidae*	민집게벌레과	
Agaristidae	알록나방과		*Anisota*	참나무나방류	
Agrionidae	실잠자리과		*Anobiidae*	빗살수염벌레과	
Agriotypidae	물벌과		*Anoea andria*	고트위드나비	
Agromyzidae	굴파리과		*Anopheles hyrcanus*	학질모기, 말라리아모기	
Alabama argillacea	목화잎말이나방		*Anoplura*	이목	
Alaus	방아벌레류		*Antheraea*	산누에나방류	

학명	국명
Anthicidae(Notoxidae)	뿔벌레과
Anthocharis sara	갈고리나비류
Anthocoridae	꽃노린재과
Anthomyzidae	꽃파리과
Anthonomus grandis	멕시코솜바구미
Anthophoridae	청줄벌과
Anthrenus	수시렁이류
Anthribidae(Platyrrhinidae)	소바구미과
Apatura ilia	오색나비
Aphaniptera→Siphonaptera	
Aphelochiridae	물빈대과
Aphididae	진딧물과
Aphis pomi	사과진딧물
Aphrophora costaris	거품벌레
Aphrophora flavipes	솔나무거품벌레
Apidae	꿀벌과
Apis mellifoera	꿀벌
Apoderus	거위벌레류
Apoderus jekeri	거위벌레
Apterygota	무시아강
Arachnida	거미강
Arachneae	거미목
Arachnidae	전갈류
Aradidae	넓적노린재과
Araeopidae	멸구과
Araragi enthea	긴꼬리부전나비
Arctia caja	불나방
Arctiidae	불나방과
Arge pagana	장미등에잎벌
Argidae	등에잎벌과
Argiope	호랑거미류
Argiopidae	가시거미류
Argyresthiidae	사과좀나방과
Arilus cristatus	톱니노린재
Arthropoda	절지동물문
Ascalapha odorata	큰밤나방
Ascalaphidae	뿔잠자리과
Asemonea tenuipes	아세모니아깡충거미
Asilidae	파리매과
Aspidiotus perniciosus	신요세깍지벌레
Asterocampa celtis	제왕나비
Atlacidae→Saturniidae	
Atrax	깔때기그물거미류
Atta	가위개미류
Aulacophora	넓적다리잎벌레
Autographa califonica	은빛밤자나방
Avicularia avicularia	새집이타란툴라
Baetidae	꼬마하루살이과

Cantharis	병대벌레류	*Chironomus*	깔따구류
Carabidae	딱정벌레과	*Chloropidae*	노랑굴파리과
Carposina	속먹이나방류	*Choreutidae*	뭉뚝날개나방류
Carposinidae	속먹이나방과(심식나방과)	*Choristoneura fumiferana*	가문비좀벌레
Cassida	남생이잎벌레류	*Chrysa pidia*	배은무늬밤나방
Castianeira	개미거미류	*Chrysididae*	청벌과
Catocala	뒷날개나방류	*Chrysis*	청벌류
Catocala relicta	흰뒷날개나방	*Chrysolina*	쑥잎벌레류
Catocala ultronia	뒷날개나방	*Chrysomelidae*	잎벌레과
Cavariella bicaudata	버드나무진딧물	*Chrysopa*	풀잠자리류
Cecidomyiidae	혹파리과	*Chrysopa caulata*	금노풀잠자리
Celastrina argiolus	푸른부전나비	*Chrysopa intima*	풀잠자리
Celastrina ladon	푸른부전나비	*Chrysopidae*	풀잠자리과
Cephaloidae	목대장과	*Chrysops*	대모등에류
Cephidae	나무벌과	*Cicadellidae*	말매미충과
Cerambycidae	하늘소과	*Cicadidae*	매미과
Ceratopogonidae	등에모기과	*Cicindela*	길앞잡이류
Cercopidae	거품벌레과	*Cicindelidae*	길앞잡이과
Ceruridae (Notodontidae)	하늘나방과	*Cimbicidae*	수중다리잎벌과
Ceuthophilus	꼽등이류	*Cimbox*	수중다리잎벌류
Chalcididae	수중다리좀벌과	*Cimex lectularius*	빈대
Chalybian californicum	청나나니	*Cimicidae*	빈대과
Chilopoda	지네류	*Cistelidae → Alleculidae*	
Chironomidae	깔따구과	*Citheronia regalis*	로열호두나방

학	국	학	국
Cixiidae	장삼벌레과	Corydalidae(Sialidae)	뱀잠자리과
Cleptidae	청벌붙이과	Corydalus	뱀잠자리류
Cleridae	개미붙이과	Corynephoria	알톡토기류
Coccidae	깍지벌레과	Cosmopterigidae	장님개뿔나방과
Coccinellidae	무당벌레과	Cossidae	굴벌레나방과
Cochlidionidae(Heterogeneidae)	쐐기나방과	Cossus	굴벌레나방류
Cochylidae	가는잎말이나방과	Cotinus nitida	초록풍뎅이
Coenonympha	처녀나비류	Creophilus villosus	털반날개
Coleophora cerasivolella	시거케이스굴나방	Crioceris asparagi	아스파라거스잎벌레
Coleophora malivorella	파스튜케이스굴나방	Ctenizidae	함정거미류
Coleophoridae	통나방과	Ctenocephalides canis	개벼룩
Coleoptera	딱정벌레목	Ctenocephalides felis	고양이벼룩
Colias eurytheme	알팔파노랑나비	Cucyjidae	머리대장과
Colias philodice	노랑나비류	Culicidae	모기과
Collembola	톡토기목(무시아강)	Culiciodes	등에모기류
Colletidae	여리꿀벌과	Cupedidae	곰보벌레과
Colydiidae	검쪽벌레과	Cupiennius salei	바나나거미
Conopidae	별붙이파리과	Curculio	밤바구미류
Conotrachelus nemphar	플럼바구미	Curculio dentipes	물푸레바구미
Cordulegasteridae	장수잠자리과	Curculionidae	바구미과, 거우벌레류
Coreidae	허리노린재과	Cyclidae	왕인갈고리나방과
Corixa	물벌레류	Cyclorrhapha	가락지감침파리아목
Corixidae	물벌레과	Cydia pomonella	애기잎말이나방류

Cymatophoridae(Thyatiridae)	뾰족날개나방과
Cynipidae	혹벌과
Dadica truncipennis	극화밤나방
Danaidae	왕나비과
Danaus gilippus	여왕나비
Danaus plexippus	황제나비
Daphnia	물벼룩류
Dasychira pseudabietis	사과독나방
Dasymutilla	개미벌류
Dasymutilla occidentalis	소개미벌
Deinacrida heteracantha	웨타
Dendrolimus spectabilis	솔나방
Derbidae	긴날개멸구과
Dermacentor	진드기류
Dermacentor andersoni	진드기
Dermacentor variabilis	개진드기
Dermaptera	집게벌레목
Dermatobia hominis	말파리류
Dermestes	수시렁이류
Dermestiidae	수시렁이과
Desmia funeralis	포도잎말이나방
Deuterophlebiidae	어리뱃모기과
Dexiidae	똥벵이파리과
Diabrotica undecimpunctata	열두점호박잎벌레

Diacamma	다이아카마개미류
Diapheromera femorata	대벌레
Diaspidae	사철나무각지벌레과
Dicranocephalus	사슴풍뎅이류
Dictyophara	상투벌레
Dictyopharidae	상투벌레과
Dielephila elpenor	주홍박각시나방
Dilaridae	빗살수염좀자리과
Diplopoda	노래기류
Diplura	좀붙이목(무시아강)
Diprinidae	솔잎벌과
Dipsocoroidea	깡충노린재류
Diptera	파리목
Diptychophora suppressalis	이화명나방
Dolichopodidae	장다리파리매과
Dolichopsillidae	쥐벼룩과
Dorylus	병정개미류
Drepanidae	갈고리나방과
Drosophilidae	초파리과
Dryocosmus	밤나무혹벌류
Dryonyzidae	대모파리과
Dynastes tityus	헤롤리스쉬통구리
Dysodiidae	큰넓적노린재과
Dytiscidae	물방개과

학 명	국 명	학 명	국 명
Eacles imperialis	임페리얼나방	Eriosoma lanigerum	사과면충
Ecdyonuridae	꼬리하루살이과	Eriosomatidae	솜진딧물과
Echinocnemus	바바구미류	Eristalis	꽃등에류
Ecpantheria regalis	큰표범나방	Erotylidae	버섯벌레과
Elachistidae	풀굼나방과	Erynnis	뗏팔랑나비류
Elater	방아벌레류	Estigmene acrea	아크리아나방
Elateridae	방아벌레과	Ethmiidae	막점뿔나방과
Embioptera	흰개미붙이목(유시아강)	Euchariidae	개미살이좀벌과
Encyrtidae	깡충좀벌과	Eucosmidae(Olethreutidae)	애기잎말이나방과
Enicocephaloidea	머리목노린재과	Eulophidae	좀벌과
Eosentomidae	옛낫발이과	Eumenes	호리병벌류
Eosentomon	낫발이류	Eupelmidae	벼룩좀벌과
Epermeniidae	미나리좀나방과	Euphydryas	어리표범나비류
Ephemerellidae	알락하루살이과	Eupterygidae	애매미충과
Ephemeridae	하루살이과	Eupteryx	애매미충류
Ephemeroptera	하루살이목	Eurema nicippe	남방노랑나비류
Epicauta vittata	먹가뢰류	Eurygaster alternata	노린재류
Epicopeiae	제비나방붙이과	Eurytoma laricis	씨살이좀벌
Epilachna varivestis	멕시코콩무당벌레	Eurytomidae	씨살이좀벌과
Epiplemidae	쌍꼬리나방과	Euscorpius italicus	집전갈
Erebia epipsodea	지옥나비류	Euxoa mesoria	메소리아밤나방
Eriocampoides	붉슭이잎벌류	Evacanthidae	큰매미충과
Eriocranidae	좀날개나방과	Evaniidae	호리벌과

Flatidae	선녀벌레과
Forficula auricularia	유럽집게벌레
Forficulidae	집게벌레과
Formica	홍개미류
Formicidae	개미과
Fulgoridae	꽃매미과, 꽃멸구과
Galleria mellonella	꿀명나방, 벌통나방
Gamasomorpha	진드기거미류
Gampsocleis buergeri	북방여치
Gasteruptiidae	곤봉호리벌과
Gastropacha	배버들나방류
Gelechiidae	뿔나방과, 패나방과
Geometridae	자나방과
Gerridae	소금쟁이과
Gerris	소금쟁이류
Glossina morsitans	체체파리
Glyphipterigidae	그림날개나방과
Gomphidae	부채장수잠자리과
Gracillariidae	가는나방과
Graphalita molesta	복숭아애기잎말이나방
Graptopsaltria	유지매미류
Gryllacridae	어리여치과
Gryllidae	귀뚜라미과
Grylloblattodea	갈르와벌레목(유시아강)
Gryllobutta	갈르와벌레류
Gryllotalpidae	땅강아지과
Gryllus pennsylvanicus	왕귀뚜라미
Gyponidae	넓적매미충과
Gyrinidae	물매암이과, 물무당과
Gyrinus	물매암이류
Gyropidae	쥐털이과
Haematopinidae	짐승이과
Haematopinus eurysternus	소이
Halictidae	꼬마꽃벌과
Halictus	꼬마꽃벌류
Haliplidae	물진드기과
Haploa clymene	클리메니나방
Heliconius charitonius	얼룩말나비
Heliodiniae	춤나방과
Heliothis zea	옥수수밤나방
Helodidae	알꽃벼룩과
Helotidae	나무쑤시기과
Hemaris thysbe	벌새나방
Hemerobiidae	뱀잠자리붙이과
Hemerobius	풀잠자리류
Hemideina crassidens	트리웨타
Hemiptera	노린재목, 매미목
Hepialidae	박쥐나방과

Kirkaldyia	물장군류
Labiduridae	큰집게벌레과
Labiidae	작은집게벌레과
Laccotrephes	장구애비류
Laguriidae	외줄테붙이과
Lamphyridae	반딧불과
Lampides boeticus	물결부전나비
Languriidae	방아벌레붙이과
Laphria	파리매류
Largidae	큰별노린재과
Lariidae → Bruchidae	
Lasiocampidae	솔나방과
Lasius niger	고동털개미
Latrodectus hasseltii	붉은등거미
Latrodectus mactans	검은과부거미
Lecanium	깍지벌레류
Lecanium nigrofasicatum	입자깍지벌레
Lecithoceridae	뿔나방붙이과
Ledridae(Scaridae)	귀매미과
Lema oryzae	벼잎벌레
Lencospidae	밑들이벌과
Lepidoptera	나비목
Lepidosaphes ulmi	굴점깍지벌레
Lepisma saccharina	좀좀

Lepismatidae	좀과
Leptidae	흰나비과
Leptinotarsa decemlineata	콜로라도감자잎벌레
Leptoceridae	나비날도래과
Leptophlebiidae	밤색하루살이과
Leptopsylla segnis	생쥐벼룩
Leptothorax congruus	집개미
Lestes	청실잠자리류
Lestidae	청실잠자리과
Lethe portlandia	먹그늘나비
Lethocerus	물장군류
Libellula angelina	대모잠자리
Libellula pulchella	십점박이잠자리
Libellulidae	잠자리과
Libytheana bochmanii	뿔나비
Libytheidae	뿔나비과
Limenitis	줄나비류
Limenitis archippus	바이스로이나비
Limenitis populi	왕줄나비
Limnophilidae	우묵날도래과
Lipeurus squalidus	오리이
Liphelisca	메탈마크나비류
Locustidae	메뚜기과
Loothoe juglandis	도토리박각시

학 명	국 명	학 명	국 명
Lophomyrmex	로포미르메스개미류	Magicicada septendecim	십칠년매미
Loxosceles reclusa	테클루스거미	Malacosoma	천막벌레나방류
Lucanidae	사슴벌레과	Mallophaga	털이목(새이목)
Lucilia	금파리류	Mantidae	사마귀과
Luciola	반디불	Mantispidae	사마귀붙이과
Lycaena	주홍부전나비류	Mastigoproctus giganteus	식초전갈
Lycaenidae	부전나비과	Mayetiola destructor	헤시안혹파리
Lycidae	홍반디과	Mecopoda	철석이류
Lycorma	꽃벌구류	Mecoptera	밑들이목
Lyctidae	넓적나무좀과	Meenoplidae	줄매구과
Lygaeidae	긴노린재과	Megachile	가위벌류
Lygaeus kalmi	작은알락긴노린재	Megachilidae	가위벌과
Lygus lineolaris	장님노린재류	Megacyllene robiniae	메뚜기하늘소
Lymantria dispar	매미나방	Megaloptera	뱀자리목(유시아강)
Lymantriidae	독나방과	Meganeura	메가네우라
Lymexylonidae	통나무좀과	Meganita histronica	힐리킨노린재
Lyonetiidae	굴나방과	Megathymus yuccae	유카팔랑나비
Lytta	가뢰류	Meimuna	애매미류
Lytta nuttallii	미국청가뢰	Melandryidae(Serropalpidae)	긴썩덩벌레과
Machilidae	돌좀과	Melanoplus mexicanus	이동메뚜기, 비황
Macrodactylus subspinosus	장미풍뎅이	Melittidae	털보어꽃벌과
Macrolepidoptera	큰나방류	Meloidae	가뢰과
Macronema	줄납도래류	Melophagus ovinus	양이

학명	국명
Membracidae	뿔매미과
Menoponidae	닭털이과
Mesoveliidae	물노린재과
Metastigmata	진드기아목
Metasyphus confrater	아시아꽃등에
Metatermitiidae → Termitiidae	
Micadina	분홍날개대벌레류
Microlepidoptera	미소나방류
Micropterigidae	진날개나방과
Minois dryas	굴뚝나비
Miridae	장님노린재과
Molannidae	날개날도래과
Monochamus	수염치레하늘소류
Monomorium minimum	꼬마개미
Monomorium pharaonis	파라오개미
Mordellidae	꽃벼룩과
Musca domestica	집파리
Muscidae	집파리과
Mutillidae	개미벌과
Mycetophilidae	버섯벌레파리
Mylabridae → Bruchidae	
Mylophilis	소나무좀류
Mymaridae	총채좀벌과
Myrmarachne plataleoides	개미깡충거미

학명	국명
Myrmecia	황소개미류
Myrmeleonidae	명주잠자리과
Myrmecocystus	꿀단지개미류
Myzus persicae	자두진딧물
Nabidae	쐐기노린재과
Naucoridae	물둥구리과
Necrosciidae	날매벌레과
Nematocera	긴뿔파리아목
Nemestrinidae	어리재니등에과
Nemophora	긴수염나방류
Nemouridae	민강도래과
Neocurtilla hexadactyla	땅강아지
Nepidae	장구애비과
Nepticulidae	꼬마굴나방과
Neptis	세줄나비류
Neriidae	좀파리과
Neuroptera	풀잠자리목
Nezara antennata	풀노린재
Nichrophoru	반날개류
Nilaparvata	애멸구류
Nilaparvata lugens	갈색멸구
Nirvanidae	주걱매미충과
Nitidulidae	밀애진벌레과
Noctuidae	밤나방과

학명	국명	학명	국명
Nolidae	혹나방과	*Oeneis nevadensis*	뱀눈나비류
Nomada	얼타꽃벌류	*Oesteridae*	양파리과
Nothomyrmecia macrops	노토미르메시아개미	*Olethreutidae(Eucosmidae)*	애기잎말이나방류
Notodontidae→Ceruridae		*Oliarus apicalis*	장삼벌레
Notodontoidea	재주나방류	*Oncopeltus fasciatus*	큰알락긴노린재
Notonecta	송장헤엄치개류	*Onychiuridae*	어리톡토기과
Notonectidae	송장헤엄치개과	*Opiliones*	소경거미목
Notoxidae→Anthicidae		*Opostegidae*	흰꼬마굴나방과
Nycteribiidae	거미파리과	*Orgyia*	지옥독나방류
Nymphalidae	네발나비과	*Orgyia antiqua*	낮은무늬독나방
Nymphalis antiopa	신부나비	*Ormyridae*	납색꼬리좀벌과
Nymphalis io	공작나비	*Orthezidae*	구화각지벌레과
Nymphula	물명나방류	*Orthoptera*	메뚜기목
Ochropheura	회색밤나방류	*Orussidae*	벌레살이송곳벌과
Ocheridae(Pelngonidae)	딱부리물벼룩레과	*Osmylidae*	보날개풀잠자리과
Odonata	잠자리목	*Othniidae(Elactidae)*	썩덩벌레붙이과
Odontoceridae	비수염날도래과	*Oxya velox*	벼메뚜기
Odontotaenius disjunctus	뿔사슴벌레	*Pachyballus cordiforme*	갑충깡충거미
Oecanthus longicauda	긴꼬리	*Paltothyreus tarsatus*	악취개미
Oecophoridae	무늬잎말이나방과, 원뿔나방과	*Pamphiliidae*	납작잎벌과
Oecophylla longinoda	베짜기개미	*Pandinis imperator*	제왕전갈
Oedemera	하늘소붙이류	*Panorpa*	밑들이류
Oedemeridae	하늘소붙이과	*Panorpidae*	밑들이과

학명	국명	학명	국명
Papilio	제비나비류	*Phaloniidae→Cochylidae*	
Papilio cresphontes	큰제비꼬리나비	*Phanaeus vindex*	비단쇠똥구리
Papilio machaon	산호랑나비	*Phasiidae*	등보꽃파리과
Papilio multicaudata	제비나비류	*Phasmida*	대벌레류
Papilio polyxenes	호랑나비과	*Phasmidae*	대벌레과
Papilio troilus	검은제비꼬리나비	*Phasonia*	대벌레목
Parabuthus	스콰이스부시제비나비	*Phidippus*	파디푸스깡충거미
Parapleurus	굵은꼬리전갈류	*Philaenus spumarius*	거품벌레
Parnara guttatus	벼메뚜기붙이류	*Philapteridae*	참새털이과
Parnassius clodius	줄점팔랑나비	*Phlaeothripidae*	관총채벌레과
Parnassius phoebus	클로디우스모시나비	*Phloeosinus*	향나무좀류
Pechamia picata	스민베우스모시나비	*Phloeothripidae*	굵털날개과
Pedelidae	개미깡충거미	*Pholisora catullus*	먹팔랑나비
Pediculidae	장구무벌레과	*Phoridae*	벼룩파리과
Pediculus humanus Linne	이과	*Phorodon canabis*	호프진딧물
Pediculus humanus corporis	이	*Phraortes*	대벌레류
Pentatomidae	머리이	*Phryganeidae*	날도래과
Perilampidae	노린재과	*Phthiridae*	사면발이과
Periplaneta americana	꼽추좀벌과	*Phthirus pubis*	사면발이
Perlidae	이질바퀴	*Phyaces comosus*	피아세스깡충거미
Perlodidae	강도래과	*Phyciodes*	크레슨트표범나비류
Peutatomidae	그물강도래과	*Phyllocnistidae*	굴굴나방과
Phaenicia	보르베오노린재류	*Phyllophaga*	풍뎅이류
	초록파리	*Phymata americana*	가시노린재

학 명	국 명	학 명	국 명
Pieridae	흰나비과	*Portia schultzii*	포르티아깡충거미
Pieris	흰나비류	*Potamanthidae*	강하루살이과
Pieris napi	줄흰나비	*Prionoxystus robiniae*	굴벌레나방
Pieris rapae	배추흰나비	*Prionus*	톱하늘소류
Piesmatidae	방아주노린재과	*Proctotrupidae*	가는꼬리점벌벌과
Pipunculidae	장구파리과	*Prototelytron*	프로토텔리트론
Plathypena scabra	릴로벼잎나방	*Protula*	낫발이목(무시아강)
Platypodidae	긴나무좀과	*Pselaphidae*	개미살이과
Platyrrhinidae → Anthribidae		*Pseudococcidae*	빛나무깍지벌레과
Plecoptera	강도래목	*Pseudococcus calcoelariae*	가루깍지벌레
Pleidae	동글물벌레과	*Pseudoregma bambucicola*	사무라이진딧물
Pleroneura dahli	갈잎벌	*Psocidae*	다듬이벌레과
Plodia interpunctella	인디언곡식명나방	*Psocoptera*	다듬이벌레목
Plutella	배추좀나방류	*Psychidae*	주머니나나방과
Podagrionidae	사마귀꼬리좀벌과	*Psychoda*	나방파리류
Pogonomyrmex	수확개미류	*Psychodidae*	나방파리과
Polistes	쌍살벌류	*Psychomyiidae*	통날도래과
Polygonia comma	표범나비류	*Psylloidea*	나무이과
Polygonia interrogationis	뿔리고니아	*Ptecticus tenebrifer*	동애등에
Polyplx	쥐이	*Pteromalidae*	금좀벌과
Pompilidae	대모벌과	*Pteronarcidae*	큰그물강도래과
Ponera japonica	침개미	*Pterophoridae*	털날개나방과
Popillia japonica	풍뎅이	*Pterophylla camellifolia*	베짱이

Pterygota	유시아강	*Rhyphidae*	모기파리과
Ptilineurus	빗살수염벌레류	*Ricaniidae*	좀매미충과, 큰날개매미충과
Ptinidae	표본벌레과	*Roeselia albula*	흑나방
Pulex irritans	벼룩	*Roleslerstammiidae*	빛날개집나방과
Pulicidae	벼룩과	*Rondiotia menciana*	왕누에나방
Pyralidae	명나방과	*Saldidae*	갯노린재과
Pyralis forinalis	줄점비단명나방	*Salticus scenicus*	깡충거미
Pyrausta	들명나방류	*Samia cynthia*	신티아나방
Pyrochroidae	홍날개과	*Sapygidae*	무당벌과
Pyrrharctia isabella	이사벨라나방	*Sarcophagidae*	쉬파리과
Pyrrhocoridae	별노린재과	*Saturniidae*	산누에나방과
Ranatra	게아재비류	*Satyridae*	뱀눈나비과
Raphidiidae	약대벌레과	*Scapsipedus aspersus*	가무라미
Raphidioptera	약대벌레목 (유시아강)	*Scarabaeidae*	풍뎅이과
Reduviidae	침노린재과	*Scarabaeus sacer*	왕쇠똥구리
Reticuliternes	흰개미류	*Scaridae →Ledridae*	
Rhabdiopteryx	메추리강도래	*Scatophaga*	똥파리류
Rhagio basalis	노랑등에	*Scatophagidae*	똥파리과
Rhipipheridae	왕꽃벼룩과	*Scatopsidae*	털파리붙이과
Rhogiolidae	노랑등에과	*Scelionidae*	검정알벌과
Rhopalidae	잠초노린재과	*Sceliphron caementarium*	나나니
Rhopalocera	나비류	*Schistocerca americana*	아메리카메뚜기
Rhyacionia	솔애기잎말이나방	*Schizaphis graminum*	보리두갈래진딧물
Rhyacophilidae	물납도래과	*Scolia dubia*	배벌

학	명	국	명	학	명	국	명
Scoliidae		배벌과		*Solvidae*		점밑들이파리매과	
Scolytidae→Ipidae		민납개강도래과		*Speiredonia*		태극나방류	
Scopuridae		배쟁이류		*Speyeria*		표범나비류	
Scudderia		애기비단나방과		*Speyeria diana*		다이아나나비	
Scythrididae		털날도래과		*Sphaerotrypes*		나무좀류	
Sericortomatidae		우리나방과		*Sphecidae*		구멍벌과	
Sesiidae		맑은장쇄기나방		*Sphecius speciosus*		매미잡이벌	
Sibine stimulea		송장벌레		*Sphenophorus*		바구미류	
Silpha americana		검은송장벌레		*Sphingidae*		박각시나방과	
Silpha ramosa		송장벌레과		*Staphylinidae*		반날개과	
Silphidae		각다귀류		*Stathmopodidae*		검둑거나방과	
Simulium		검은낯벌이과		*Stauropinae*		하늘나방류	
Sinentomidae		왕바구미		*Stenodictya*		스페노딕티아	
Sipalus hypocrita		쌍꼬리하루살이과		*Stenopelmatidae*		꼽등이과	
Siphlonuridae		벼룩목		*Stenopsychidae*		각날도래과	
Siphonaptera(Aphanniptera)		송곳벌과		*Stomoxyidae*		침파리과	
Siricidae		물풍뎅이자리과		*Stragegus antaneus*		황소쇠똥구리	
Sisyridae		겹집바구미류		*Stratiomyiidae*		동애등에과	
Sitophilus		독토기과		*Strepsiptera*		부채벌레목(유시아강)	
Smynthuridae		흰등멸구		*Sympetrum*		잠자리류	
Sogata furcifera		쥐개미		*Synanthedon exitiosa*		애기유리나방류	
Solenopsis geminata		솔푸지드		*Syrphidae*		꽃등에과	
Solpugidia				*Tabanidae*		등에과	

학명	국명
Tabamus atratus	검은말등에
Tabamus trigonus	소등에
Tachinidae	기생파리과
Taeniopterygidae	매주리강도래과
Tanyderidae	어리모기각다귀붙이과
Temnochilidae	쌀도적과
Tenebrinidae	거저리류
Tenebrio	구룡충, 구룡거저리류
Tenebrionidae	거저리과
Tenebroides	*mauritanicus* 쌀도둑
Tenoderma ariidifolia	사마귀
Tenthredinidae	잎벌과
Termitidae(*Metatermitidae*)	흰개미과
Tettigidae	모메뚜기과
Tettigometridae	깨미땅별구과
Tettigoniidae	여치과
Thecodiplosis pinicola	솔잎혹파리
Therafimata	소나무좀나방류
Therevidae	좀파리매과
Thermobia domestica	파이어브레트
Thripidae	총채벌레과
Thyatiridae(*Cymatophoridae*)	뾰족날개나방과
Thyestilla	삼하늘소류
Thyrididae	창나방과
Thysanoptera	털날개목
Thysanura	좀목(무시아강)
Tibicen	깽깽매미류
Tibicinidae	풀매미과
Tinea	좀나방류
Tinea pellionella	옷좀나방
Tineidae	좀나방과
Tineoidea	곡식좀나방과
Tingitidae	방패벌레과
Tiphiidae	굼벵이벌과
Tipula	각다귀류
Tipulidae	각다귀과
Tischeriidae	어리굴나방과
Tolorta acuminata	털날개나방
Tomaspidae	쥐머리거품벌레과
Tomoceridae	가시톡토기과
Tortricidae	잎말이나방과
Torymidae	꼬리좀벌과
Trebacosa	늑대거미류
Tremex columba	긴허리송곳벌
Trichoceridae	어리각다귀과
Trichodertidae	짐승털이과
Trichogramma	알벌류
Trichogrammatidae	알벌과

학명	국명	쪽
Trichoplusia	양배추자나방	
Trichoptera	날도래목	
Tridactylidae	좁쌀메뚜기과	
Trigonaliidae	검고리벌과	
Trite planiceps	트리테깡충거미	
Tropiduchidae	방패멸구과	
Trypetidae	광대파리과	
Tungidae	뚱보벼룩과	
Typhlocyba rosae	장미애매미충	
Udea rubigalis	셀러리잎나방	
Uraniidae	제비나방과	
Urostylidae	참나무노린재과	
Urostylis	참나무노린재류	
Vanessa	까불나비류	
Vanessa atalanta	붉은가불나비	
Vanessa cardui	멋장이나비	
Veliidae	깨알소금쟁이과	
Vespidae	말벌과	
Vespula	장수말벌류	
Vespula maculata	대머리말벌	
Vespular arenaria	모래땅벌	
Viciria praemandibularis	잠자리깡충거미	
Xenopsylla cheopis	쥐벼룩	

학명	국명	쪽
Xiphydrinae	목재장수긴뿔벌과	
Xyelidae	갈잎벌과	
Xyleborus	나무좀류	
Xylocopa	어리호박벌류	
Xylophagidae	밑들이파리매과	
Xyloryctes satyrus	교빨쇠똥구리	
Xyloryctidae	판날개빨나방과	
Xylotrechus	호랑하늘소	
Yponomeutidae	집나방과	
Zerene	개머리노랑나비류	
Zeugloptera	원시나방목	
Zeuzera pyrina	쾌과드나방	
Zoraptera	민벌레목(유시아강)	
Zorotypus	민벌레류	
Zygaena	알락나방류	
Zygaenidae	알락나방과	

어 류

■영명—국명—학명—과명

영명	국명	학명	과명
abramites →headstander			
abyssal searobin	밑달갱이	*Lepidotrigla abyssalis*	양성대과
Acanthodes	아칸토데스		화석어
actic lamprey→lamprey			
acutenose skate	살홍어	*Raja tengu*	가오리과
aeneus catfish	에네우스캣피쉬	*Corydoras aeneus*	칼리크티과 판상어
African butterfly	아프리카나비고기		물밖의 곤충을 잡음
African jewelfish→jewelfish			
African knife fish	아프리카나이프피시	*Xenomystus nigri*	노토프테리과
African polka-dot catfish	아프리카무릎베기	*Synodontis angelicus*	모코키과 판상어
African pompano	아프리카폼파노		전갱이과
African tiger fish, tiger fish	타이거피시	*Theraponidae*	판상어 육식성
Agassiz's catfish	아가시즈캣피시	*Corydoras agassizi*	칼리크티과 판상어
Agnatha	원구류, 무악류	*Agnatha*	하등어류
aholehole, flagfish	은성어	*Kuhlia mugil*	알롱잉어과
Alaska dab→yellowfin sole			
Alaska greenfish	쥐노래미	*Hexagrammos octogrammus*	쥐노래미과
Alaska pollack	명태	*Theragra chalcogramma*	대구과
albacore	참다랭이	*Thunus alalungo*	다랑어과
alewife	에일와이프	*Alosa pseudoharengus*	청어과
alfonsino→bull eye perch			
algae eater	청소고기	*Gyrinocheilus aymonieri*	수조 이끼 청소어
alligator fish, sailfin poacher	날개줄고기	*Podothecus sachi*	양성대과

영명	국명	학명	과명
alligator gar	악어가리피시	*Lepisosteus*	가피시과
allowtoothed halibut	기름가자미	*Glyptocephalus stelleri*	붕넙치과
Amargosa pupfish	아마르고사송사리		송사리과
Amazon freshwater stingray	아마존독가오리	*Paratygon laticeps*	노랑가오리과
Amazon leaf fish → leaf fish			
amberfish, round scad	가라지	*Decapterus maruadsi*	전갱이과
amberjack	잿방어	*Seriola dumerili*	전갱이과
American eel	아메리카뱀장어	*Anguilla rostrata*	뱀장어류
American flagfish	아메리카플베그피시	*Jordanella floridae*	시프리노돈트과 란상어
anchovy	엔초비	*Anchoa*	청어과 페루 멸치류
anemone fish, clownfish	흰동가리	*Amphiprion clarkii*	점자돔과
angelfish	에인절피시	*Pterophyllum scalara*	키클리드과 란상어
angel shark	전자리상어	*Squatina squatina*	전자리상어과
angler fish, frog fish	아귀류	*Lophiida*	아귀목
Antarctic cod	남극대구		남극산
arapaima	에라피오이머		아마존 최대 담수어
archer fish	사수어, 물총고기	*Toxotes jaculator*	독소티과
arctic char	북극곤들메기		
arctic smelt, rainbow smelt	바다빙어	*Osmerus eperlanus*	바다빙어과
Argentine pearl fish	아르헨틴진주고기	*Cynolebias belloti*	시프리노돈트과 란상어
ariake ice fish	국수뱅어	*Salanx ariakensis*	뱅어과
armed (armored) catfish	갑옷메기	*Corydoras*	칼리크티과 란상어
armored rockfish	우럭볼락	*Sebastes hubbsi*	양볼락과
armored weasel fish	밝은메기	*Hoplobrotus armata*	앙메기과

영 명	국 명	학 명	과 명
arowana	애로와나	*Osteoglossum bicirrhosum*	오스테오글로소시과 판상어
arrowhead worm eel	날개붕장어	*Myrophis uropterus*	날붕장어과
ashen drummer, blue chub	무늬갈돔	*Kyphosus cinerascens*	갈돔과
atka mackerel	임연수어	*Pleurogrammus azonus*	쥐노래미과
Atlantic bonito	대서양가다랭이	*Sarda sarda*	다랑어과
Atlantic chimaera → chimaera			
Atlantic cod	대서양대구	*Gadus morhua*	대구류
Atlantic croaker	대서양민어	*Micropogonias undulatus*	민어류
Atlantic herring	대서양청어	*Clupea harengus*	청어과
Atlantic manta	대서양가오리	*Manta birostris*	가오리과
Atlantic menhaden	대서양청어리	*Brevoortia tyrannus*	청어과
Atlantic salmon	대서양연어	*Salmo salar*	연어과
Atlantic sturgeon	대서양철갑상어	*Acipenser oxyrhynchus*	철갑상어과
badis	바디스	*Badis badis*	난디과 판상어
bagrid catfish	소흘동개이	*Pseudobagrus vachelli*	동자개과
Baikal cod	바이칼코드		
ballonfish, porcupine	가시복	*Diodon halocanthus*	가시복과
ballyhoo	발리후	*Hemiramphus brasiliensis*	학공치류
bambooleaf wrasse	황늘래기	*Pseudolabrus japonicus*	양놀래기과
bambu sole	남서대	*Heteromycteris japonicus*	양서대과
banded boarhead	육동가리돔	*Evistias acutirostris*	황줄돔과
banded grouper → blue grouper			
banded knifefish	줄무늬나이프피시	*Gymnotus carapo*	짐노티드과

banded pigfish	사랑놀래기	*Bodianus oxycephalus*	양놀래기과
banded pipefish	줄실고기		실고기과
banded reef-cod	홍바리	*Epinephelus fasciatus*	농어과
banded tuna	동갈삼치	*Scomberomorus commerson*	동갈삼치과
bandfish	황강치	*Cepola schlegeli*	횟감치과
banjo catfish	밴조켓피시	*Bunocephalus coracoideus*	부노세팔러스과 판상어
banjofish	독돔	*Banjos banjos*	독돔과
barb	바브	*Barbus*	잉어과 판상어
barbed pipefish	풀해마	*Urocampus rikuzenius*	실고기과
barbel, cornet fish	누치	*Hemibarbus labeo*	잉어과
barcheek gunnel	황줄베도라치	*Pholis taczanowskii*	황줄베도라치과
barfin flounder	노랑가자미	*Verasper moseri*	붕넙치과
barfin plaice	호수가자미	*Liopsetta pinnifasciata*	붕넙치과
barhead poacher	고양이고기	*Agonomalus jordani*	날개줄고기과
barilius	바릴리우스	*Barilius*	잉어과 판상어
barndoor skate	문척가오리	*Raja laevis*	가오리과
barracuda, red barracuda	꼬치고기	*Sphyraena pinguis*	꼬치고기과
barred long-tom	물동갈치	*Ablennes hians*	동치과
barred red bass	연붉돔	*Plectranthias japonicus*	농어과
barred snailfish	물미거지	*Crystallias matsushimae*	도치과
basketfish	우리복	*Kentrocapros aculeatus*	거북복과
basking shark	돌묵상어	*Cetorhinus maximus*	악상어과
bass	배스		북미산 농어류
bastard halibut, flounder	넙치	*Paralichthys olivaceus*	가자미과

영명	국명	학명	과명
bastard mullet	날가지숭어	*Polydactylus plebejus*	날가지숭어과
batfish → shortnose batfish			
bay anchovy	멸치	*Anchoa mitchilli*	청어과
beack conger	검붕장어	*Conger japonicus*	먹붕장어과
bearded goby	아자망둑	*Triaenopogon barbatus*	망둑어과
bearded waspfish	별감펭	*Apistus carinatus*	양볼락과
Belenger's jewfish	민태	*Johnius belengerii*	민어과
bellow fish, snipe fish	대구등지	*Macrorhamphosus scolopax*	대구등치과
beluga stugeon	벨루가철갑상어	*Acipenser*	철갑상어과
Bennett's butterflyfish	비비트나비고기		양취돔과 판상어
Bering-poacher	꽃줄고기	*Occlla dodecaedron*	날개줄고기과
Bermuda chub	바뮤다처브	*Kyphosus sectatrix*	돔류
betta	투어	*Betta splendens*	아나반티과 판상어 원시 어류
bicher	비처		공기호흡 원시 어류
bicolorbarred weever	열쌍둥가리	*Parapercis multifasciata*	양둥미리과
big-eyed blenny	대갱베도라치	*Istiblennius enosimae*	베도라치과
big-eyed herring	밴댕이	*Harengula zunasi*	청어과
big-eyed scad	새가라지	*Selar crumenophthalmus*	전갱이과
bigeye tuna	눈다랭이	*Thunnus obesus*	고등어과
bighead beaked salmon	날치	*Gonorhynchus abbreviatus*	압치과
bighead carp, silver carp	흑연	*Aristichthys nobilis*	잉어과
bigmouth buffalo	큰임버팔로	*Ictiobus cyrpinellus*	잉어과
bigscale pomfret	타래치	*Traractes platycephalus*	새다레과

bird-mouth wrasse	부리놀래기		양놀래기
birdfish	버드피시		
bitterling	납줄개	*Rhodeus sericeus*	잉어과 납자와 공생
blackall → painted sweet lips			
blackbanded amberjack	메지방어	*Zonichthis nigrofasciatus*	전갱이과
blackbanded blenny	두줄베도라치	*Petroscirtes brebiceps*	청베도라치과
blackbanded stargazer	통구멍이	*Uranoscopus bincinctus*	통구멍과
black band → convict			
black banded sunfish	검은줄선피시	*Mesogonistius chaetodus*	센트럴리과
blackbarred morwong	여덟동가리	*Goniistius quadricornis*	다동가리과
black barred trigger fish	배주름쥐치	*Balistapus aculeatus*	쥐치복과
black bass	블래배스		농어류
blackbelly lantern shark → priest shark			
blackchin conger	먹붕장어	*Alloconger anagoides*	먹붕장어과
black cow tongue, blacksole	흑대기	*Paraplagusia japonica*	참서대과
black crappy	블래크래피		
black croaker	흑조기	*Atrobucca nibe*	민어과
black devil	흑아귀	*Melanocetus johnsoni*	아귀류
blackdotted puffer	까칠복	*Takifugu stictonotus*	참복과
black drum	블래드럼	*Pogonias cromis*	민어류
blackedged-fin eelpout	칠성갈치	*Petroschmidtia toyamensis*	등가시치과
black eelpout	먹갈치	*Lycodes diapterus*	등가시치과
black eyed sculpin	대구횟대	*Gymnocanthus herzensteini*	두줄개과
blackfin butterfly fish	나비돔	*Chaetodon nippon*	나비고기과

영 명	국 명	학 명	과 명
blackfin longtom → alligator gar			
blackfin sweeper	날개주벅지	*Pempheris japonicus*	주벅치과
black grouper	먹우럭	*Mycteroperca bonasi*	농어과
black line tetra	검은줄테트라	*Hyphessobrycon scholzei*	캐라신과 관상어
black marlin	누새치	*Makaira mazara*	돛새치과
black molly	블랙몰리	*Mollienisia sphenops*	난태생송사리과 금붕어 변종
black moor	블랙무어		
blackmouth cardinalfish	흑무늬줄지	*Synagrops japonicus*	동갈돔과
black neon	블랙네온	*Hyphessobrycon*	캐라신과
black nibbler	흑벵에돔		
black pomfret	병치메가리	*Parastromateus niger*	병치메가리과
black porgy → black seabream			
black remora	흑빨판이		빨판상어과
black round-head	육도바리	*Plesiops coeruleolineatus*	육돈바리과
black sea bass	블랙시배스	*Centropristis striata*	농어과
black seabream, black porgy	감성돔	*Acanthopagrus schlegeli*	감성돔과
black shark	블랙사크	*Morulius chrysophekadion*	잉어과 관상어
black sole → black cow tongue			
blackspot hogfish → banded pigfish			
blackspotted dogfish	불범상어	*Halaelurus burgeri*	두름상어과
black spotted grouper	점줄우럭	*Epinephelus epistictus*	농어과
black spotted snapper → single-spotted snapper			
black striped gudgeon	돌고기	*Pungtungia herzi*	잉어과

black striped snapper	동갈퉁돔	*Lutjanus vitta*	퉁돔과
black swallower	블랙스왈로워		섬해어
black tetra	블랙테트라	*Gymnocorymbus ternetzi*	캐라신과 판상어
black throat seaperch	눈볼대	*Doderleinia berycoides*	농어과
blacktipped conger	태붕장어	*Rhechias retrotincta*	먹붕장어과
blacktipped shark	검정지느러미상어	*Carcharhinus melanopterus*	흉상어류
black tipped silver biddy	게레치	*Gerres oyena*	주둥치과
blacktip shark → blacktipped shark			
blackwing flyingfish	검은날치	*Hirundichthys rondeleti*	날치류
blanquillo	옥돔	*Branchiostegus japonicus*	옥돔과
blenny	베도라치류	*Enedrias*	황줄베도라치과
blind cave fish	장님고기	*Anoptichthys jordani*	캐라신과 판상어
blind goby, red eel goby	빨갱이	*Ctenory pauchen wakae*	망둑어과
blood-spot squirrelfish	무늬얼게돔	*Flammeo sammara*	얼게돔과
bloodfin	블루드핀	*Aphyocharax rubropinnis*	판토돈티과
blotched eelpout	등가시치	*Zoarces gillii*	등가시치과
blotchy swell shark	복상어	*Cephaloscyllium umbratile*	두룸상어과 판상어
blowfish	밀복	*Lagocephalus lunaris*	참복과
blue acara	블루아가라	*Aequidens pulachur*	키클리드과 판상어
blue angelfish	블루엔젤		
blue catfish	푸른왕메기	*Ictalus furcatus*	메기과 미시시피강
blue chub → ashen drummer			
blue damselfish	파랑돔	*Pomacentrus coelestis*	점자돔과
blue drum, nibe croaker	동갈민어	*Nibea mitsukurii*	민어과

영 명	구 명	학 명	과	명
bluefin tuna	청다랭이	*Tunnus thynnus*	고등어과	
bluefish	블루피시	*Pomatomus satatrix*	전갱이과	
bluegill, sunfish	블루길	*Lepomis macrochirus*	북미 농어과	
blue gourami	블루구라미	*Trichogaster trichopterus*	아나반티과 판상어 농어과	
blue grouper, banded grouper	도도바리	*Epinephelus awoara*	농어과	
blue gularis	블루굴라리스	*Aphyosemion sjoestedti*	시프리노든트과 판상어	
bluehead	블루헤드	*Thalassoma bifasciatum*	양놀래기과	
blue marlin, striped marlin	청새치	*Tetrapturus audax*	돛새치과	
blue neon	블루네온	*Hemigrammus hyanuary*	캐라신과 판상어	
blue parrotfish, parratfish	파랑비늘돔	*Ypsiscarus ovifrons*	파랑비늘돔과	
blue runner	실전갱이			
blue shark	청새리상어	*Prionace glaucus*	상어과	
bluestriped grunt	청줄돔	*Haemulon sciurus*	돔류	
blue tang	블루탱		양쥐돔과	
blunt-nosed gar, pike characin	강꼬치고기	*Ctenolucius hujeta*	캐라신과	
bluntnose stingray	체찍꼬리가오리	*Dasyatis sayi*	색가오리과	
boarfish	황줄돔	*Histiopterus typus*	황줄돔과	
bocaccio	보카치오	*Sebastes paucispinis*	볼락류	
Bombay duck	물천구	*Harpodon nehereus*	매퉁이과	
bonefish	여을멸	*Albula vulpes*	청어과	
bonito shark, mako shark	청상아리	*Isurus oxyrinchus*	상어과	
bonito, skipjack	가다랭이	*Euthynnus pelamis*	다랑어과	
bonito→little tunny				

영명	국명	학명	과명
bonnetmouth	선홍치	*Erythrocles schlegeli*	선홍치과
bony fish, whole sardine	당멸치	*Elops machnata*	당멸치과
botia → clown loach			
bounfish	보운피시		아프리카산 담수어
bowen snapper, red fin	실붉돔	*Argyrops bleekeri*	감성돔과
bowfin	보핀		원시적 어류
bowmouth guitarfish	목타수구리	*Rhina ancylostoma*	수구리과
boxfish	박스피시	*Ostracion cubicus*	거북복과
brackish halfbeak	줄공치	*Hemiramphus kurumeus*	학공치과
bramble shark	가시상어	*Echinorhinus brucus*	상어류
briddled trigger	검쥐치	*Balistes capistratus*	쥐치복과
bridled clownfish	꽝대흰동가리		점자돔과
bright redwrase → cold porgy			
brindle bass	얼룩베스		
bristlemouth	브리슬마우스		심해어
broad alfonsino	금눈돔	*Beryx decadactylus*	금눈돔과
broad sole → hogchoker			
broadbill swordfish	황새치	*Xiphias gladius*	황새치과
brook lamprey, sand lamprey	칠성말배꼽	*Eudontomyzon morii*	다묵장어과
brook stickleback	깅가시고기	*Culaea inconstans*	가시고기과
brook trout	브룩트라우트	*Salvelinus fontinalis*	북미 송어류
brotulid	브로툴리드	*Brotulid*	메기류
brownbanded butterfly fish	세동가리돔	*Chaetodon modestus*	나비고기과
brown bullhead	아메리카메기	*Ictalurus nebulosus*	메기류

영 명	구	명	학 명	과	명
brown croaker	민어		*Miichthys miiuy*	민어과	
brown goby	무늬망둑		*Bathygobius fuscus*	망둑어과	
brown hagfish	묵꾀장어		*Paramyxine atami*	꾀장어과	
brown leather jacket	흑백쥐치		*Amanses howensis*	쥐치복과	
brown remora → remora					
brown sole	참가자미		*Limanda herzensteini*	붕넙치과	
brown-spotted grouper	구실우럭		*Epinephelus chlorostigma*	농어과	
brown trout	브라운송어			유럽원산 송어류	
brown unicornfish	표문쥐치		*Naso unicornis*	양쥐돔과	
bubble eye	퍼블아이			금붕어 변종	
buffalo fish	버팔로고기			잉어과	
bulgysnout tadpolefish	꼬리치		*Ictiobus*	꼬리치과	
bull shark	불상크		*Ateleopus japonicus*	상어류	
bulleye perch, alfonsino	홍치			붉벨돔과	
bullhead	불레드		*Noturus*	메기과	
bullhead shark	소머리상어		*Heterodontus quoyi*	괭이상어과	
bumblebee catfish	범불비캣피시		*Leiocassis siamensis*	동자개과 관상어	
bumblebee fish	범불비피시		*Brachygobius xanthozonus*	꼬비과 관상어	
burbot, pull fish, eel boat	모오캐		*Lota lota*	메구과	
butter fish, wart fish	샛돔		*Psenopsis anomala*	병어과	
butterfly fish	나비고기		*Chaetodon auripes*	나비고기과 관상어	
butterfly ray	나비가오리		*Gymnura japonica*	색가오리과	
buttom perch	줄도화돔		*Apogon semilineatus*	동갈돔과	

cabezon	케이비존	*Scorpaenichthys*	독중개류
California grunion	캘리포니아그루니언	*Leuresthes tenuis*	숭어류
California sheephead	캘리포니아시프헤드	*Semicossyphus pulcher*	양놀래기류
canopy shark → monkfish			
capelin	열빙어	*Mallotus villosus*	바다빙어과
carangid	가란지드		
cardinal fish	열동가리돔	*Apogon lineatus*	동갈돔과
carp	잉어	*Cyprinus carpio*	잉어과
carpet shark	융단상어	*Orectolobus ornatus*	상어과
cat shark	얼룩상어	*Chiloscyllium colax*	수염상어과
catalufa → bull eye perch			
catfish, silurid catfish	메기	*Para silurus asotu*	메기과
cave characin, cavefish	장님송사리		멕시코 동굴 어류
ceratias	세라티아스	*Ceratias*	아귀류
chain pickrel	체인피크럴	*Exos niger*	꼬치고기과
channel catfish → stonecat			
characin	캐라신		아마존
cheirolpis	케이롤페피스		화석어
cherry porgy	꽃돔	*Sacura margaritacea*	농어과
cherry salmon → landloked masou salmon			
chestnut goby	날망둑	*Chaenogobius castanea*	망둑어과
chilipepper	칠리페퍼	*Sebastes goodei*	볼락류
chilodus	킬로더스	*Chilodus punctatus*	캐라신과 판상어
chimaera	은상어	*Chimaera affinis*	은상어과

영 명	국 명	학 명	과 명
chinook salmon, king salmon	왕연어	*Oncorhynchus tshawytscha*	연어과
chocolate gourami	초콜렛구라미	*Sphaerichthys osphromenoides*	아나반티과
chub	처브	*Kyphosus*	돔류
chub mackerel → mackerel			
chum salmon, dog salmon	개연어	*Onchorhynchus keta*	연어과
chuna gourami	추나구라미	*Colisa chuna*	아나반티과
cichlid	키클리드科(류)	*Cichlidae*	키클리드과의
ciclasoma	키클라소마	*Cichlasoma*	키클리드과
cigar shark → dwarf shark			
cinnamon flounder	별넙치	*Pseudorhombus cinnamoneus*	가자미과
cisco, lake herring	시스코	*Coregonus artedii*	연어과
clara	클라라	*Clarias lazera*	클라리드과
clarid catfish, walking catfish	날개메기	*Clarias batrachus*	클라리드과
cleaner wrasse	청소놀래기		
climbing perch, walking fish	아나바스	*Anabas testudineus*	버들붕어과
clingfish, stork clingfish	황학치	*Aspasmichthys ciconiae*	학어과
clown anemone fish → damsel fish			
clownfish → anemone fish			
clown loach	보르네오미꾸라지	*Botia macracanthus*	미꾸라지과
clown wrasse	광대놀래기	*Thalassoma*	양놀래기과
clupeid	때지	*Pristigaster cayana*	청어과
cobalt damselfish	코발트자리돔		점자돔과
cobaltcap silverside	은줄멸	*Hypoatherina tsurugae*	색줄멸과

영 명	국 명	학 명	과 명
			산상어
			산상어
			산상어
			열대어
			산상어

cobbler fish → threadfin			
cobia	날새기	*Rachycentron canadum*	날새기과
cockatail fish	어렝놀래기	*Pteragogus flagellifer*	양놀래기과
cockscomb poacher	실줄고기	*Podothecus thompsoni*	날개줄고기과
cod	대구류	*Gadus*	대구류
coelacanth	실러켄스	*Coelacanth*	화석어
coho salmon → sliver salmon			
cold porgy, bright red wrasse	혹돔	*Semicossyphus reticulatus*	양놀래기과
combtail paradise	빗꼬리파라다이스	*Belontia signata*	아나반티과 관상어
comet	카밋		금붕어 변종
conger eel, sea eel	붕장어	*Conger oceanicus*	대형 뱀장어류
Congo tetra	콩고테트라	*Phenoacogrammus interruptus*	캐라신과 관상어
Congo upside down catfish	콩고누운메기		메기과 누워서 유영
convict	컨빅트	*Cichlasoma nigrofasciatum*	키클리드과 관상어
coolie loach	쿨리미꾸리		기름종개과
copeina	코페이나	*Copeina*	캐라신과 관상어
coppernosed bream	브림		블루길 일종
coral cod	무늬바리	*Plectopmus leopardus*	농어과
coral dragon, coral seahorse	산호해마	*Hippocampus japonicus*	실고기과
coral fish, striped damselfish	줄자돔	*Abudefduf sordidus*	전자돔과
coral rabbitfish	산호독가시치		독가시치과
coral scorpion fish	산호쏨뱅이		볼락류
coral seahorse → coral dragon			
coral trout	산호송어		연어과

영 명	국 명	학 명	과	목
corbina	코비나	*Menticirrhus undulatus*	민어류	
cornetfish, flute mouth	청대치	*Fistalaria petimba*	대치과	
corydoras → armed catfish				
cotton comephorid	코튼캄포리드		독중개과 비아칼콥호	
cowfish, horned trunkfish	뿔복	*Lactoria cornutus*	거북복과	
cow shark → sevengill shark				
crappy	크래피	*Pomoxis*	대형 선피시류	
creek chub	크리크처브	*Semotilus atromaculatus*	송사리류	
crescent perch → striped therapon				
crescent-banded wrasse	사냥놀래기	*Bodianus bilumulatus*	양놀래기과	
crescent-tail bigeye	홍우치	*Priacanthus hamrur*	뿔돔과	
crested sculpin	까치횟대	*Blepsias bilobus*	독중개과	
cresthead cutlassfish	보장어	*Eupleurogrammus muticus*	갈치과	
cresthead flounder	점가자미	*Limanda schrencki*	붕넙치과	
crevalle	전갱이류	*Caranx*	전갱이류	
cribensis	크리벤시스	*Pelmatochromis*	키클리드과 관상어	
crimson sea bream	붉돔	*Evynnis japonica*	감성돔과	
crimson snapper	가붉돔	*Pristipomoides sieboldii*	퉁돔과	
crimson squirrel fish	작루어	*Myripristis murdjan*	얼개돔과	
crimsontip longfish → black round-head				
croaker, roncador	수조기	*Nibea albiflora*	민어과	
crucian carp	붕어	*Carassius carassius*	잉어과	
ctenopoma	티노포마	*Ctnopoma*	아나반티과 관상어	

영명	국명	학명	과명
Cuban jack			
cucumber fish → pearl fish	실전갱이의 별칭		
cupid wrasse, rainbow	고생놀래기	*Thalassoma cupido*	양놀래기과
cusk eel	커스크뱀장어		홍메기과
cutlips minnow	커틀립미노	*Exoglossum maxillingua*	잉어과 피라미류
cut-tailed bullhead	동자개	*Pelteobagrus fluvidrac*	동자개과
cutthroat trout	커트스로트송어	*Salmo clarki*	연어과
cutlass fish, hairtail	갈치	*Trichiurus haumela*	갈치과
Cyprinidae	잉어과	*Cyprinidae*	전세계 1,500종
Cyprinofome	잉어목	*Cyprinifome*	전세계 5,000종
dab	대브		가자미류
dace	황어	*Tribolodon taczanowskii*	잉어과
damselfish	자리돔	*Chromis notatus*	잠자돔과
dandy blenny → black-banded blenny			
danio	다니오	*Brachydanio*	잉어과 관상어
dark sleeper	동사리	*Odontobutis obscura*	구굴무치과
dart → pompano			
dealfish, ribbon fish	투라치	*Trachipterus ishikawae*	이악어목 투라치과
deep-ea angler		*Crytopsaras couesi*	아귀류
deep sea smelt	샛멸	*Glossanodon semifasciata*	샛멸과
delicate loach, spotted loach	기름종개	*Cobitis taenia*	기름종개과
demon poacher	흑줄고기	*Tilesina gibbosa*	날개줄고기과
dermogenys → wrestling halfbeak			
devil fish, manta ray	쥐가오리	*Mobula japonica*	매가오리과

영　명	국　명	명	학　명	과　명
devil flathead	비늘양태		Onigocia spinosa	양태과
devil stinger	쑤기미		Inimicus japonicus	쑥지과
dirteater	더트이터		Geophagus jurupari	키클리드과 관상어
disc flounder	별목탁가자미		Bothus myriaster	가자미과
discus, discusfish	디스커스		Symphysodon discus	키클리드과 관상어
distichodus	디스티코두스		Distichodus lussoso	관상어
dogfish	개상어		Mustelus griseus	악상어류
dog poacher	네줄고기		Percis japonica	날개줄고기과
dog salmon → chum salmon				
dogshark → dogfish				
dogtooth flathead	봉오리양태		Ratabulus megacephalus	양태과
dolly varden → stream trout				
dorado	만새기		Coryphaena hippurus	만새기과
dory, John dory, target dory	달고기		Zeus japonicus	달고기과
dragon moray eel	얼룩곰치		Muraena pardalis	곰치과
dragonet	동갈양태		Callionymus punctatus	동갈양태과
dragonfish	드래곤피시		Bathophilus ater	심해어
drum	드럼			대형민어류
duckbill eel	오리주둥이장어		Venifica tentaculata	대형민어류
dusk shark → narrowtooth shark				
dusky damsel	동갈자돔		Abudefduf notatus	점자돔과
dusky sailfin tang	제브라소마			양쥐돔과 관상어
dusky sole → gravel flounder				

dusky damsel	동갈자돔	*Abudefduf notatus*	정자돔과
dusky sailfin tang	제브라소마		양쥐돔과 판상어
dusky sole → gravel flounder			
dusky spinefoot → rabbit fish			
dusky triple tooth goby	검정망둑	*Tridentiger obscurus*	망둑어과
dwarf gourami	비단구라미	*Colisa lalia*	아나반티과 판상어
dwarf shark, cigar shark	난쟁이상어	*Squaliolus laticaudus*	상어과
dwarf topminnow	난쟁이톱미노	*Heterandria formosa*	포에실르과 판상어
Dybowski's sand eel	양미리	*Hypoptychus dybowskii*	까나리과
eagle ray	이글베이		가오리류
eastern flower porgy	우각바리	*Zalanthia azumanus*	농어과
eas-teru-borbel	눈불개	*Squaliobarbus curriculus*	잉어과
eel	뱀장어류	*Anguillidae*	전세계 350여종
eel boat → pull fish			
eel cat	일킷		
eelpout	문자갈치	*Davidijordania poecilimon*	등가시치과
Egyptian mouthbreeder	이집트마우스브리더	*Haplochromis strigigena*	기름티드과 판상어
eight spined stickleback	전가시고기	*Pungitus kaibarae*	튼가시고기과
elber	엘버		
electric catfish	전기메기	*Malapterurus electricus*	말라프테르과
electric eel	전기뱀장어	*Electrophorus electricus*	일렉트로퓰과
electric ray, torpedo	전기가오리	*Torpedo torpedo*	전기가오리과
elegant blenny	앞동갈베도라치	*Omobranchus elegans*	청베도라치과
elegant catfish	엘리진트캣피시	*Corydoras elegans*	칼리크티과 판상어

영명	국명	학명	과명
elegant sculpin	베로치	*Bero elegans*	둑중개과
elephant fish	코끼리고기	*Gnathonemus petersi*	몰미리드과
elephant trunk mormyrid	코끼리모르미리드		자이베강 담수어
elever	뱀장어치어 볼징		
elk sculpin, horned sculpin	뿔횟대	*Enophrys diceraus*	둑중개과
elkhorn sculpin	뿔긴횟대	*Alcichthys alcicornis*	둑중개과
elongate slimy	왜주둥치	*Leiognathus elongatus*	주둥치과
emerald bass	황줄바리	*Aulacocephalus temmincki*	농어과
emerald shiner	에머랄드샤이너	*Notropis atherinoides*	잉어과 황어류
emperor angelfish	제왕에인절피시		판상어
emperor snapper	제왕스내퍼		
emperor tetra	황제비트라	*Nematobrycon palmeri*	캐라신과 판상어
estuary tapertail anchovy	싱어	*Coilia nasus*	멸치과
fairy basslet → royal ramma			
falrowella → twig catfish			
fangtooth, ogrefish	귀신고기	*Anoplogaster cornuta*	심해어
fanray, thornback ray	목탁가오리	*Platyrhina sinensis*	목타가오리과
fat minnow	배틀치	*Moroco steindachneri*	잉어과
festivum	페스티붐	*Cichlasoma festivum*	기름도드과 판상어
fiddler	동수구리	*Rhynchobatus djiddensis*	수구리과
fighting brook trout	브룩송어		북미원산
fighting fish → betta			
filefish	쥐치류	*Monacanthus*	쥐치류 등가시 1개

finepatterned puffer	흰점복	*Fugu poecilonotus*	참복과
finespot goby	쉬쉬망둑	*Chaeturichthys stigmatias*	망둑어과
finespotted flounder	도다리	*Pleuronichthys cornutus*	붕넙치과
firefly fish, lanternbelly	반딧불게르치	*Acropoma japonicum*	반딧불게르치과
firemouth	파이어마우스	*Cichlasoma meeki*	기름티드과 판상어
firemouth panchax	붉은입판챠스	*Epiplatys dageti*	시프리노트트과 판상어
fishing frog	황아귀	*Lophius litulon*	아귀과
fivespot flounder	점넙치	*Pseudorombus pentophthalmus*	가자미과
flagfish, aholehole	아홉동가리	*Goniistius gonatus*	다동가리과
flame tetra → flamefish			
flamefish, flame tetra	붉은비트라	*Hyphessobrycon flammeus*	캐라신과 판상어
flat bitterling	납지리	*Paracheilognathus rhombea*	잉어과
flatfish	넙치류	*Bothidae*	넙바닥이 횐 넙지류
flathead	양태	*Platycephalus indicus*	양태과
flathead catfish	납작머리메기	*Pylodictis olivaris*	메기과
flathead flounder	홍가자미	*Hippoglossoides dubius*	붕넙치과
flathead goby	미끈망둑	*Luciogobius guttatus*	망둑어과
flathead silverside	세줄멸	*Allanetta bleekeri*	세줄멸과
floating goby	무적어	*Chaenogobius urotaenia*	망둑어과
Florida bluefin(blue dace)	플로리다블루핀	*Lucania goodei*	시프리노트트과 판상어
flounder	넙지		대형 넙지 총칭
flower goby	청황문접	*Vireosa hanae*	망둑어과
flower of the surf	물꽃치	*Iso flos-maris*	세줄멸과
fluke	가자미	*Pleuronectidae*	가자미류 총칭

영명	국명	학명	과명
flute mouth, red cornetfish	홍대치	*Fistularia commersonii*	대치과
flute porgy	불등돔	*Lutjanus rivulatus*	불등돔과
flying barb	플라잉바브	*Esomus donrica*	잉어과 다니오류
flying fish	날치	*Prognichthys agoo*	상날치과
flyingfox	플라잉폭스	*Epalzeorhynchus kallopterus*	잉어과 다니오류
flying gurnard	별죽지성대	*Daicocus peterseni*	양성대과
Folorida pompano	플로리다폼파노		전갱이과 낚시어
forceps fish	집게고기		
forehead breeder, kurtus	구르투스	*Kurtus*	이마에 알을 붙여다님
four-eyed fish	네눈고기	*Anableps anableps*	아나블레프과
fourhorn poacher	뿔줄고기	*Hypsagonus quadricornis*	날개줄고기과
four-saddle puffer	청복	*Canthigaster rivulata*	참복과
four-spined stickleback	네마디가시고기	*Apeltes quadracus*	가시고기과
fourstripe cardinalfish	세줄얼게비늘	*Apogon doederleini*	동갈돔과
fourstripe grunt	노랑군펭선	*Hapalogenys kishinouyei*	하스돔과
four-tailed bullhead → bagrid catfish			
fox shark	환도상어	*Alopias pelagicus*	악상어과
freshwater butterflyfish	담수나비고기	*Pantodon bucholizi*	아과류
freshwater goby	밀어	*Rhinogobius brunneus*	망둑어과
fresh water smelt, pond smelt	빙어	*Hypomesus olidus*	바다빙어과
fresh-water puffer	담수복어		아프리카산 담수어
freshwater sole	민물가자미	*Achirus fasciatus*	사사우우시노시타과
freshwater sting ray	강가오리	*Potamotrygon*	강가오리과

영명	국명	학명	과명
frigate mackerel	물치다래	*Auxis thazard*	다랑어류
frilledshark	목주름상어	*Chlamydoselacus anguineus*	상어과
fringe shark	수염상어	*Orectolobus japonicus*	수염상어과
frog fish, sargassum fish	노랑씬벵이	*Histrio histrio*	씬벵이과
gaff topsail catfish	갬뭉세일메기	*Bagre marinus*	바다메기
gaff topsail goby	실망둑	*Cryptocentrus filifer*	망둑어과
gaily spotted scat	점박이스캣		농어목 관상어
gambusia → mosquitofish			
Ganges shark	갠지스상어		
gar, gar fish	가피시류	*Lepisosteus*	가피시과
garden eel	고르가시아뱀장어		
garibaldi	가리발디		망상어류
garrupa	닻줄바리	*Epinephelus poecilonotus*	농어과
Gemuendina	게무엔디나		화석어
genuin puffer, purple puffer	검복	*Takifugu porphyreus*	참복과
ghost pipefish	유령실고기		큰가시고기류
ghost shark	귀신은상어	*Chimaera monstrosa*	은상어과
giant burfish, oopuhu	돌담복		복어과
giant gourami	자이언트구라미		비늘붕어과 관상어
giant grouper	자이언트그루퍼		농어과
giant sea bass	둥돔	*Stereolepis gigas*	농어과
giant snake eel	자물뱀	*Mystriophis porphyreus*	물뱀과
giant tail	기간투라		심해어
gigantic	흑농어	*Bass*	

영	명	학 명	과 명
ginkgofish	까지돔	*Gymmocranius griceus*	실꼬리돔과
gizzard shad	전어	*Clupanodon punctatus*	청어과
glass catfish	유리메기	*Kryptopterus bicirrhis*	실루리과 란상어
glass fish	유리고기	*Chanda lala*	셰토로포미과
globe fish, swell fish	홀복	*Fugu pardalis*	참복과
glowlight tetra	글로우라이트비트라	*Hemigrammus gracillis*	캐라신과 란상어
goatfish, surmullet	노랑촉수	*Upeneus bensasi*	촉수과
goby	모젤망둑류	*Gobius*	망둑어과
golden ear	골든이어	*Fundulus chrysotus*	시프리노돈트과 란상어
golden peasant	골든피전트	*Roloffia occidentalis*	시프리노돈트과 란상어
golden shiner	골든샤이너	*Notemigonus crysoleucas*	잉어과 피라미류
golden tetra	골든비트라	*Hemigrammus armstrongi*	캐라신과
golden-threadfin bream	실꼬리돔	*Nemipterus virgatus*	실꼬리돔과
golden trout	골든트라우트	*Salmo*	연어과
goldeye rockfish	불볼락	*Sebastes thompsoni*	양볼락과
goldfish	금붕어	*Carassius auratus*	잉어과
Gonez's sculpin	꼬마횃대	*Cottiusculus gonez*	둑중개과
goosefish	거위고기	*Lophius americanus*	아귀과
gouramy	구라미(류)	*Colisa*	아나반티과 란상어
granady, rattail	그라나디	*Trachyrhynchus holdepsis*	
grass carp	초어	*Ctenopharyngodon idella*	잉어과
grass fish → Japanese snail			
grass pickrel	그라스피크렐	*Exos americanus*	꼬치고기류

영명	국명	학명	과명
grass puffer → green puffer			
gravel flounder, dusky sole	슬봉가자미	*Lepidopsetta mochigarei*	붕넙치과
gray snapper	회색통돔	*Lutjanus griseus*	퉁돔과
grayling	사루기	*Thymallus jaluensis*	사루기과
great barracuda	큰바라쿠다	*Sphyraena barracuda*	바라쿠다과
greater amberjack	큰방어	*Seriola dumerili*	전갱이류
greater weever	양동미리		양동미리과
great lizardfish	툼빌매퉁이	*Saurida wanieso*	매퉁이과
great northern pike → muskellunge			
great travally → king fish			
great white shark, white shark	백상아리	*Carcharodon carcharias*	악상어과
green chub, Venus fish	왜몰개	*Aphyocypris chinensis*	잉어과
green eel goby	개소경	*Odontamblyopus rubicundus*	망둑어과
greeneye	푸른눈매퉁이류		
greenling	쥐노래미	*Hexagrammos otakii*	쥐노래미과
green moray	초록곰치	*Gymnothorax funebris*	곰치류
green puffer, grass puffer	복섬	*Takifugu niphobles*	참복과
green saifin molly	세일핀몰리	*Poecilia latipinna*	포에실르과 판상어
green sturgeon	용상어	*Acipenser medirostris*	철갑상어과
green sunfish	그린선피시	*Lepomis cyanellus*	선피시류
ground shark, requiem shark	흉상어	*Carcharhinus japonicus*	참상어과
grouper	우럭류	*Epinephelus*	농어과
groy mullet, striped mullet	숭어	*Mugil cephalus*	숭어과
grunion	그루니언		

영 명	국 명	학 명	과 명
grunt	벤자리류	*Parapristipoma trilineatum*	하스돔과
gudgeon	모샘치	*Gobio gobio*	잉어과
guitarfish, sand shark	가래상어, 수구리	*Rhinobatos lentiginosus*	수구리과
gulper eel	가스트로스토무스		심해어
gummy shark, star spotteds.	별상어	*Mustelus manazo*	참상어과
guppy	구피	*Poecillia reticulata*	포에실리드과 관상어
gurnard	둑지성대		양성대과
haarder	가숭어	*Liza haematocheila*	숭어과
hadock	해도크	*Melanogrammus aeglefins*	대구과
hagfish, salad eel	먹장어	*Eptatretus burgeri*	꾀장어과
hairlychin goby	바닥문절	*Sagamia geneionema*	망둑어과
hairtail → cuttlass			
hairy stingfish	쑥감펭	*Scorpaenopsis cirrhosa*	양볼락과
hake	헤이크		대구류
halfbeak	학꽁치	*Hyporhamphus unifaciatus*	학꽁치과
half-mouthed sardine	멸치	*Engraulis japonica*	멸치과
halibut	헬리버트		가자미류
Hamilton's anchovy	풀반지	*Thrissa hamiltoni*	멸치과
hammerhead shark	귀상어	*Sphyma zygaena*	상어과
haplolepis	하프롤레피스		
hardhead catfish	돌머리메기	*Arias felis*	바다메기류
hard head grenadier	꼬리민태	*Coelorhynchus japonicus*	민태과
harlequin rasbora	할리퀸라스보라	*Rasbora heteromorpha*	잉어과 관상어

harvest fish	방어	*Pampus argenteus*	병어과
hatchetfish	도끼고기	*Sternoptyx diaphana*	심해발광어
havenly damselfish→blue damselfish			
hawk poacher	집줄고기	*Podothecus gilberti*	날개줄고기과
headfish, ocean sunfish	개복치	*Mola mola*	개복치과
headlight fish	헤드라이트피시	*Hemigrammus ocellifer*	캐라신과 환상어
headstander	헤드스탠더	*Abramites microcephalus*	캐라신과
hedgehog skate	고슴도치홍어		홍어류
hemiodus	헤미오두스	*Hemiodus*	캐라신과 환상어
heniochus fish, lantern fish	샛비늘치	*Myctophum nitidulum*	심해 발광어
herring	청어	*Clupea pallasi*	청어과
hobo gurnard, sea robin	성대	*Chelidonichthys spinosus*	양성대과
hogchoker	호그초커	*Trinectes maculatus*	가자미류
hogfish	호그피시	*Lachnolaimus maximus*	양놀래기류
hog sucker	호그서커	*Hypentelium nigricans*	잉어과
horned sculpin→elk sculpin			
horn shark, cat shark	쾅이상어	*Heterodontus japonicus*	쾅이상어과
hornfish→snipefish			
horny skate, starry ray	가시가오리	*Raja radiata*	가오리과
horse mackerel	누줄매가리	*Trachurus declivis*	전갱이과
humpback salmon	곱사숭어	*Oncorhynchus gorbuscha*	연어과
icefish	얼음고기		남극
icegoby→white goby			
inconnu	인코뉴		

영명	국명	학명	과명
Indian bluefin tuna	인도다랭이		고등어과
Indian catfish	인도메기		
Indian knife fish	인도나이프피시	*Notopterus chitala*	노토프테리다과
Ishikawa's sculpin	알롱횟대	*Furcina ishikawai*	둑중개과
izu scorpionfish	실쏠치	*Scorpaena izensis*	양볼락과
jack dampsey	책넘포시	*Cichlasoma biocelatum*	키클리드과 관상어
jack → crevalle			
jack mackerel	전갱이	*Trachurus symmetricus*	전갱이류
jacksmelt	색스멜트	*Atherinopsis califoniensis*	승어류
jacopever	조피볼락	*Sebastes schlegeli*	양볼락과
Japanese baracuda	애꼬치	*Sphyraena japonica*	꼬치고기과
Japanese bluefish	게르치	*Scombrop boops*	게르치과
Japanese boarfish	사지구	*Pentaceros japonicus*	황줄돔과
Japanese butterfish	연어병치	*Hyperoglyphe japonicus*	노메치과
Japanese codlet	날개멸	*Bregmaceros japonicus*	날개멸과
Japanese eel	뱀장어	*Anguilla japonica*	참장어과
Japanese majarra	비늘게레치	*Gerres japonicus*	주둥치과
Japanese parrot fish	돌돔	*Oplegnathus fasciatus*	돌돔과
Japanese perlside	앨통이	*Maurolicus muelleri*	앨통이과
Japanese porgy red seabream	참돔	*Pagrus major*	농어목
Japanese scavenger	구갈돔	*Lethrinus haematopterus*	갈돔과
Japanese snail, grassfish	꼼치	*Liparis tanakae*	도치과
Japanese stingfish	볼락	*Sebastes inermis*	양볼락과

영명	국명	학명	과명
Japanese threadfin shad	대전어	*Nematalosa japonica*	청어과
Japaness wrasse	용치놀래기	*Halichoeres poecilopterus*	양놀래기과
Javelin goby	풀망둑	*Acanthogobius hasta*	망둑어과
jewel fish	보석어	*Hemichromis bimaculatus*	키클리드과 판상어
jewfish, striped jewfish	쥬피시	*Epinephelus itajara*	농어과 우럭류
John dory → dory			
johnny darter	자니다터	*Etheostoma nigrum*	퍼지류
Jordan ice fish	꽃빙어	*Neosalanx jordani*	뱅어과
joyner stingfish	도화볼락	*Sebastes joyneri*	양볼락
kanagashira gurnard	달강어	*Lepidotrigla microptera*	양성대과
keelback mullet	등줄숭어	*Liza carinata*	숭어과
kelasa	켈라사		동남아 묻인어류
kelp bass	켈프베스	*Paralabrax clathratus*	농어과
kelpbass, kelp grouper	자바리	*Epinephelus moara*	농어과
kelp fish	켈프피시	*Hexagrammos decagramus*	노래미류
kelp grouper → kelpbass			
kelp perch	켈프퍼치		망상어류
keyhole fish	키홀피시	*Aequidens morani*	키클리드과 판상어
killifish	킬리피시	*Fundulus*	송사리류
king markerel	꺙삼치	*Scomberomorus koreanus*	동갈삼치과
kingfish	깅피시		민어류
king salmon → chinook salmon			
kinkazan sculpin	점줄횟대	*Cottiusculus schmidti*	둑중개과
kissing gourami	키싱구라미	*Helostoma temmincki*	아나반티과 판상어

영 명	국 명	학 명	과 명
kite ray, eagle ray	매가오리	*Myliobatis bobijei*	매가오리과
knife eel → electric eel			
knife fish	나이프피시		담수생 골인어류
knight fish → pine cone fish			
kokanee	코가니		송어류
Korean ice fish	도화뱅어	*Neosalanx andersoni*	뱅어과
Korean sword fish	웅어	*Coilia ectenes*	멸치과
kuhli loach	말레이미꾸라지	*Acanthophthalmus*	미꾸라지과 잔상어
kuweh trevally	청전갱이	*Atropus atropus*	전갱이과
lady fish → bony fish			
ladyrinth fish, paradise fish	버들붕어	*Macropodus chinensis*	버들붕어과 열대어
lake herring → cisco			
lake trout	레이크트라우트	*Salvelinus namaycush*	연어과 송어류
lake whitefish	레이크화이트피시	*Coregonus clupeaformis*	연어과 오대호
lambtongue flounder	목타가자미	*Arnoglossus japonicus*	가자미과
lamprey	칠성장어	*Lampetra japonica*	다목장어과
lamprotoxus	람프로톡수스	*Lamprotoxus*	심해어
lance flounder	흰비늘가자미	*Laeops kitaharai*	가자미과
lancer, thread fin emperor	줄돔돔	*Lethrinus nematacanthus*	갈돔과
lancet fish	랜싯피시		심해어
landloked masou salmon	산천어	*Onchohynchus masou*	연어과
lantern fish → heniochus fish			
lanternbelly → firefly-fish			

large-eyed sea bass → black throat seaperch			
largemouth bass	큰입배스	*Micropterus salmoides*	농어과
laterally banded grouper	종대우럭	*Epinephelus latifaciatus*	농어과
leaf fish	리프피시	*Monocirrhus polyacanthus*	난디과
left-eyed flounder	왼눈가자미		
leiocassis → bumblebee catfish			
lembus rudderfish	황줄깜정이	*Kyphosus lembus*	황줄깜정이과
lemon shark	레몬상어		상어과
lemon tetra	레몬테트라	*Hyphessobrycon pulachripinnis*	캐라신과
leopard catfish	레퍼트캣피시	*Corydoras julii*	칼리크티과 관상어
leopard searobin	레파드시로빈	*Prionotus scitulus*	양성대과
leopard shark → horn shark			
leopard spiny eel	얼룩가시장어	*Mastocembelus congicus*	마스타센벨리과
leporinus	레포리누스	*Leporinus fasciatus*	캐라신과
lesser blue shark	아구상어	*Scoliodon laticaudus*	참상어과
lined panchax	라인판착스	*Aplocheilus lineatus*	시프리노돈트과 관상어
lined pony fish	줄주둥치	*Leiognathus lineolatus*	주둥치과
ling	링	*Merluccius bilinearis*	대구류
lionfish, red fire fish	쏠배감펭	*Pterois lunulata*	양볼락과
lionhead	라이온헤드		금붕어 변종
lion-headed catfish	사자머리메기		메기류 인도
little skate	쇠가오리	*Raja erinacea*	가오리과
lizard flathead	점양태	*Inegocia japonica*	양태과
lizardfish	매퉁이류	*Synodus*	매퉁이과

영명	국명	학명	과	목
loach → clown loach				
loach brotula	동갈매기	*Sirembo imberbis*	앙매기과	
lollipop tang → briddle trigger				
longbill pike conger	붉붕장어	*Oxyconger leptognathus*	둑중개과	
longchin goby	점망둑	*Chasmichthys dolichognathus*	망둑어과	
longear sunfish	긴귀선퍼지	*Lepomis megalotis*	선퍼지류	
longfin razorfish	우두늘매기	*Xyrichys dea*	양늘매기과	
longfined albacore	날개다랑어	*Thunnus alalunga*	다랑어과	
longfined rockcod	알락우럭	*Epinephelus megachir*	농어과	
longnosed barbel	참마자	*Hemibarbus longirostris*	잉어과	
longnosed gar	긴주둥이가펴지	*Lepisosteus osseus*	원시적 어류	
longnout poacher	산줄고기	*Brachyopsis rostratus*	날개줄고기과	
long shanny	장갱이	*Stichaeus grigorijewi*	장갱이과	
longsnouted chimaera	긴주둥이은상어	*Chimaera*	은상어과	
longspined rockfish	흰꼬리볼락	*Sebastes longispinis*	양볼락과	
longtail conger	에붕장어	*Uroconger lepturus*	먹붕장어과	
longtail filefish	날개쥐치	*Aluterus scriptus*	쥐치복과	
lookdown	무그디운	*Selene vomer*	전갱이과	
loosejaw		*Malacosteus niger*	심해어	
loricaria, whiptail catfish	긴꼬리매기	*Loricaria parva*	로리가리아이과	환상어
lumpfish	덤프퍼지	*Cyclopterus lumpus*	도치과	
lumphead blenny → bigeyed blenny				
lung fish	폐어	*Protoperus dolloi*	프로토프테라과	

영명	국명	학명	과명
lyretail	거문고꼬리	Aphyosemion australe	시프리노돈트과 란상어
lyre flattfish	풀넙치	Citharoides macrolpidotus	가자미과
mable catfish	마블캣피시	Ameiurus	아메이우르과
mackerel, chub mackerel	고등어	Scomber japonicus	고등어과
mackerel shark	고등어상어		청상아리류
maiden goby	금줄망둑	Pterogobius virgo	망둑어과
Manchurian trout	열목어	Brachymystax lenok	연어과
mandarin fish	쏘가리	Siniperca scherzeri	농어과
manse spring poolfish			송사리류
manta ray → devil fish	맨스스프링풀피시		
many-bandedsole	노랑각시서대	Zebrias fasciatus	양서대과
marble gourami → blue gourami			
marbled blenny sculpin	돌망둑어	Pseudoblennius marmoratus	망둑어과
marbled eel	무태장어	Anguilla mauritianus	참장어과
marbled hatchetfish	마블도끼고기	Carnegiella strigata	가스테로펠레시과
marbled sole, dab	문치가자미	Limanda yokohamae	붕납치과
margined flyingfish	하늘치	Cypselurus cyanopterus	상납치과
marin catfish	쏠종개	Plosotus lineatus	독가시 쏠종개과
marsher	마서		
masked greenling → Alaska greenfish			
matron flathead	눈양태	Parabembras curtus	양태과
mejina → nibbler			
melon-seed grouper	날바리	Trisotripis dermopterus	농어과
menhaden → herring			

영명	국명	학명	과명
merry widow	메리위도우	*Phallichtys amates*	난태생송사리과
Mieroszwiski's moray	백설곰치	*Gymnothorax mieroszewskii*	곰치과
milkfish, salmon herring	가노스청어		청어류
milk shark	펜두상어	*Rhizoprionodon acutus*	참상어과
milkyspotted sole	동서대	*Aseraggodes kobensis*	양서대과
Miller's thumb, sculpin	둑중개	*Cottus poecilopterus*	둑중개과
minnow	미노		잉어과 피라미류
mirror carp	거울잉어		
mirror dory	민달고기	*Zenopsis nebulosa*	달고기과
mirror ray	거울가오리	*Raja miraletus*	가오리과
misaki striped goby	회동갈망둑	*Zonogobius boreus*	망둑어과
modestas minnow	모데스타스	*Moroco czkanowskii*	잉어과
mojarras	모야라스	*Eucinostomus*	실버케니류
molly	몰리	*Poecilia*	포에실르과 관상어
monk goby	열동린문절	*Sicyopterus japonicus*	망둑어과
monkey-fish	등쏠치	*Erosa erosa*	쏙치과
monkfish → angel shark			
mono	모노	*Monodactylus argenteus*	모노다크틸과 관상어
monocle damselfish	파랑줄돔	*Pomacentrus dorsalis*	점자돔과
moon dragonet	통양태	*Callionymus lunatus*	동갈양태과
moon fish	베불둑지	*Mene maculata*	베불둑과
moonlight gouramy, silverg.	실버구라미	*Trichogaster microlepis*	아나반티과 관상어
Moorish idol	전글루스		양쥐돔과 관상어

영명	국명	학명	과명
moray eel, moray	곰치	*Gymnothorax kidako*	곰치과.
mosquitofish	모기고기	*Gambusia affinis*	송사리류
mossbunker → Atlantic menhaden			
mottled sculpin	얼룩스컬핀	*Cottus bairdi*	둑중개류
mottled skate	눈가오리	*Raja pulchra*	가오리과
mottled tonguefish	칠서대	*Cynoglossus interruptus*	참서대과
mouthbreeder	마우스브리더		
mudskipper	말뚝망둥어	*Periophthalmus barbarus*	망둥어과
mudsucker	머드서커	*Gillichthys mirabilis*	망둑류
mullet	숭어	*Mugil cephalus*	숭어과
mumichog	무미초그		
muskllunge → musky			
musky, muskllunge	머스클런지	*Exos masquinongy*	최대형 파이크
naked goby	민바늘망둑	*Gobiosoma bosci*	망둥류
naked-headed goby	날개망둑	*Favonigobius gymnauchen*	망둑어과
nandid fish	낸디트피시		
narrowtooth shark, dusk shark	무태상어	*Carcharhinus brachyurus*	참상어과
nassau grouper	주귀매지		
needlefish	니들피시	*Strongylura marina*	학꽁치과
neoceratodus	네오케라토두스		폐가 1개 호주산 폐어
neon goby	네온고비		
neon tetra	네온비트라	*Hyphessobrycon innesi*	캐라신과 관상어
network filefish	그물코쥐치	*Rudarius ercodes*	쥐치복과
nibbler, mejina	뱅에돔	*Girella punctata*	뱅에돔과

영명	국명	학명	과명	명
nibbler, mejina	뱅에돔	*Girella punctata*	뱅에돔과	
nibe croaker → blue drum				
Nicaragua shark	니카라과상어			
Nile perch	나일퍼치		아프리카 대형 민물고기류	담수어
nine-spined stickleback	청가시고기	*Pungitius pungitius*	큰가시고기과	
nomeus	노미우스			
northern anchovy	북멸	*Engraulis mardax*	청어과	
northern blufin tuna	백다랭이	*Thunnus tonggol*	고등어과	
northern pike	노선파이크	*Exos lucius*	꼬치고기류	
nurse shark	너스상어	*Ginglymostoma cirratum*	상어과	
oarfish, slender oarfish	산갈치	*Regalecus russellii*	이악어류	심해어
oblong rockfish	황점볼락	*Sebastes oblongus*	양볼락과	
oblong sunfish	긴개복치		개복치과	
ocean perch, redfish	오선퍼치	*Sebastes marinus*	볼락류	
ocean sunfish → headfish				
ocean surgen	오선서전		양쥐돔과	
ocean triggerfish	그물쥐치	*Canthidermis rotundatus*	쥐치부과	
ocean turbot → ocean triggerfish				
oily bitterling	럼낚시자루	*Acheilognathus limbatus*	잉어과	
oily shiner	참중고기	*Sarcocheilichthys wakiyae*	잉어과	
ones pot snapper	무늬퉁돔	*Lutjanus monostigma*	퉁돔과	
oopuhu → giant burfish				
opah	람프리스		이악어류	

opaleye	오팔아이	*Girella nigricans*	돔류
Opisthoproctus	오피스토프록투스		심해어
orange chromade	오렌지크로마이드	*Etroplus maculatus*	키클리드과 판상어
orange filefish	오렌지쥐치	*Aluterus schoepfi*	쥐치류
orange sea perch	금강바리	*Franzia squamipinnis*	농어과
oriental crocodilefish	황성대	*Peristedion orientale*	양성대과
oriental tonguefish	보섬서대	*Symphurus orientalis*	참서대과
oriental weatherfish	미꾸라지	*Misgurnus mizolepis*	기름종개과
oval filefish	말쥐치	*Navodon modestus*	쥐치복과
oweston stingfish	황볼락	*Sebastes owstoni*	양볼락과
Pacific barracuda	태평양바라큐다	*Sphyraena argentea*	바라큐다과
Pacific cod, codfish	대구	*Gadus macrocephalus*	대구과
Pacific herring → herring			
Pacific ribbed sculpin	눈퉁횟대	*Triglops beani*	둑중개과
Pacific rockling	수염대구	*Gaidropsarus pacificus*	대구과
Pacific sardin → pilchard			
Pacific tarpon, ox-eye tarpon	풀잉어	*Megalops cyprinoides*	풀잉어과
paddlefish	주걱철갑상어	*Polyodon spathula*	철갑상어과
paiche → pirarucu			
painted sweet lips, blackall	청황돔	*Plectorhynchus pictus*	하스돔과
pale chub → minnow			
pale-edged stingray	청달내가오리	*Dasyatis zugei*	색가오리과
palometa	팔로메다		전갱이과
pan fish	팬피시		

영 명	구	명	학	명	과	명
paradise fish	천구어	*Macropodus opercularis*	아나반티과 관상어
parrot fish	비늘돔류	*Calotomus japonicus*	파랑비늘돔과
pearl gourami	모자이크구라미	*Trichogaster leei*	아나반티과 관상어
pearlfish	숨이고기	*Cyprinodontidae*	해삼과 공생
pearly razor fish	진주놀래기	*Hemipteronatus novacula*	양놀래기과
penguinfish	펭귄피시	*Thayeria obliqua*	캐라신과
pensil fish	펜슬피시	*Nannostomus*	캐라신과 관상어
perch	퍼치	*Perca*	퍼치류
perch sculpin	둘쭉망둑	*Pseudoblennius percoides*	망둑어과
permit	메가리	*Trachinotus falcatus*	전갱이류
photostomias	포토스토미아스	*Photostomias*	심해어
pickerel	피크렐		파이크의 새끼이름 등류
pigfish	피그피시	*Orthopristis chrysoptera*	포치고기과
pike	파이크	*Exos lucius*	캐라신과 관상어
pike charasin	파이크캐라신	*Boulengerella maculata*	캐라신과 관상어
pike cichild	파이크킬리드	*Crenicichla lepidota*	기름티드과 관상어
pike gudgeon	모래무지	*Pseudogobio esocinus*	잉어과
pike top minnow	파이크톱미노	*Belonesox belizanus*	포에실르과 관상어
pilchard	필차드	*Sardnops sagax*	청어과
pilot fish	동갈방어	*Naucrates cluctor*	전갱이과
pine-cone fish, knight fish	철갑둥어	*Monocentris japnoica*	철갑둥어과
pine sculpin	상어횟대	*Ricuzenius pinetorum*	둑중개과
pinfish	핀피시	*Lagodon rhomboides*	돔류

pink salmon → humpback salmon		
pinkgray goby	도화망둑	*Chaeturichthys hexanema*	망둑어과
pink-tailed characin	붉은꼬리카라신		남미 카라신과
pinktailed characin	핑크테일카라신	*Chalceus macrolepidotus*	카라신과 칸상어
pipefish	실고기	*Syngnathus spicifer*	실고기과
pirahna	피라냐	*Rooseveltiella nattereri*	카라신과 칸상어
piraiba fish	피라이바		
pirarucu, paiche	피라루쿠	*Arapaima gigas*	<u>오스테오글로시과</u>
piscivorous chub	끄리	*Opsariichythys bidens*	잉어과
placie, sand dab	흉가자미	*Hippoglossides platessoides*	붕넙치과
platax	활치		망상어과
platy	플래티	*Xiphophorus maculatus*	포에실르과
platyberix	플라티베릭스	*Platyberix*	심해어
plecostomas	플레코스토마스	*Plecostomas punctatus*	로리카리아과 칸상어
plownose chimera	키메라은상어	*Callorynchussp*	은상어과
pollock	폴록	*Pollachius virens*	대구류
polydon → paddle fish		
pomfret	새다래	*Brama raii*	새다래과
pompano, dart	빨판매가리	*Trachinotus baillonii*	전갱이과
pompano dolphin	줄만세기	*Coryphaena egquisetis*	만세기과
pond skipper → mudskipper		
pony fish, slip mouth	주둥치	*Leiognathus nuchalis*	주둥치과
porbeagle → salmon shark		
porcupine → ballonfish		

영 명	국 명	학 명	과	목
porgy, scup	포기	*Stenotomus chrysops*	돔류	돔류
porkfish	포크피시	*Anisotremus virginicus*	돔류	
porky → filefish				
porous-head eelpout	청자갈치	*Allolepsis hollandi*	등가시치과	
port	포트	*Aequidens portalegrensis*	기름티드과	
portheus	포르테우스		화석어	
prickly lanternfish	일비늘치	*Myctophum asperum*	샛비늘치과	
priest shark, spiny shark	가시줄상어	*Etmopterus lucifer*	곱상어류	
princess small porgy	각시돔	*Chelidoperca hirundinacea*	농어과	
pudding wife	놀래기	*Halichoeres tenuispinus*	양놀래기과	
pulcher.	펄처	*Hemigrammus pulcher*	캐라신과 란상어	
pull fish → burbot				
pumpkinseed fish	호박서선피치	*Lepomis gibbosus*	선피시류	
puny goblinfish	일락쏠치	*Minous pusillus*	쏠치과	
pupfish → killifish				
purple damselfish	점자돔	*Neopomacentrus violascens*	점자돔과	
purple eel goby	꽃개소겡	*Taenioides cirratus*	망둑어과	
purple puffer → genuin puffer				
purple wrasse → rainbow wrasse				
pygmy moray eel	피그미 곰치		인도네시아	
pygmy sunfish	피그미선피기	*Elassoma evergladei*	센트라키드과	
Queensland rainbow	퀸슬렌드베인보	*Melanotaenia macullinchi*	아테리니과	
queentrigger, triggerfish	파랑쥐치	*Balistes conspicillum*	쥐치복과	

queentrigger, triggerfish	과랑쥐치	*Balistes conspicillum*	쥐치복과
quillback sucker	퀼백서커	*Carpiodes cyprinus*	잉어과
quillfish	뱀장어(베도라치)		
rabbitfish, dusky spinefoot	독가시치	*Siganus fuscescens*	독가시치과
rainbowfish	무지개놀래기	*Stethojulis interrupta*	양놀래기과
rainbow darter	레인보다터	*Etheostoma caeruleum*	퍼지류 북미
rainbow → cupid wrasse			
rainbow parrotfish	레인보페로트피시	*Scarus guacamaia*	파랑비늘돔류
rainbow runner → runner			
rainbow smelt	무지개빙어	*Osmerus mordax*	연어류
rainbow trout, brook trout	무지개송어	*Salmo gairdneri*	연어과
rainbow wrasse, purple wrasse	비단놀래기	*Thalassoma purpureum*	양놀래기과
ram	램	*Astronotus ramirezi*	키클리드과 판상어
Ransonnet's surfperch	인상어	*Neoditrema ransonneti*	양망상어과
rasbora	라스보라	*Rasbora*	잉어과 판상어
raspback skate	저자가오리	*Breviraja isotrachys*	가오리과
ratfish, sliver shark	은상어류	*Hydrologus*	은상어과
rattail → granady			
rat-tailed lizardfish	발광멸	*Aldrovandia affinis*	발광멸과
ray, skate	가오리, 홍어	*Rajidae*	세계 400여종 갈치과
razorback scabbardfish	봉동갈치	*Assurger anzac*	갈치과
razorfish, scarbreast tuskfish	호박돔	*Choerodon axurio*	양놀래기과.
redbanded searobin	꼬마달제	*Lepidotrigla guntheri*	양성대과
red barracuda → barracuda			

영 명	국	명	학 명	과	명
red batfish → torpedo batfish					
redbelly dace	붉은배데이스		*Phoxinus erythrogaster*	잉어과 피라미류	
redbelt monocle bream	내동가리		*Scolopsis inermis*	하스돔과	
red catfish	자가사리		*Liobagrus mediadiposalis*	동자개과	
red cornetfish → flute moth					
red devil	레드데블		*Cichlasoma erythraeum*	키클리드과 관상어	
reddish bullhead	동자가사리		*Liobagrus reini*	동자개과	
red dragonet, drogonet	도화양태		*Synchiropus altivelis*	돛양양태과	
red drum	레드드럼		*Seiaenops ocellatus*	민어류	
redear sunfish	붉은귀선피시		*Lepomis microlophus*	선피시류	
red eel goby → blind goby					
red eye caracin	붉은눈캐라신		*Arnoldichys spilopterus*	캐라신과 관상어	
redeye puffer	눈불개복		*Takifugu chrysops*		
red fin → bowen snapper					
redfin pickerel → grass pickerel					
redfin shark	레드핀샤크		*Labeo erythrurus*	잉어과 관상어	
redfinned shiner	레드핀샤이너		*Notropis lutrensis*	잉어과 다니오류	
red flathead	빨간양태		*Bembras japonicus*	양태과	
red goatfish → goatfish					
red grouper	적우럭		*Epinephelus morio*	농어과	
red lizard	꽃동멸		*Synodus variegatus*	매통이과	
red mullet	붉은숭어			촉수류	
rednose, rummynose	레드노스		*Hemigrammus rhodostomus*	캐라신과 관상어	

red osca	레드오스카		키클리드과 관상어
red platy	레드플레티		송사리류 관상어
red salmon, sockeye salmon	홍연어	*Oncorhynchus nerka*	연어과
red seabream → japanese porgy			
red shark → red tailed shark			
red skate, sting ray	노랑가오리	*Dasyatis akajei*	색가오리과
red snapper	붉은퉁돔	*Lutjanus campechanus*	퉁돔과
red spikefish	보홍쥐치	*Triacanthodes anomalus*	빨판상어과
redspotted grouper	붉바리	*Epinephelus akaara*	농어과
redtailed shark	붉은꼬리사크	*Labeo bicolor*	잉어과 관상어
red tongue sole, brown sole	참서대	*Cynoglossus joyneri*	참서대과
reef fish	리프피쉬	*Chromis marginatus*	자리돔류 아프리카 담수어
regal tang	파라칸투루스		양쥐돔과 열대어
remora, brown remora	빨판상어	*Remora remora*	빨판상어과
requiem shark → ground shark			
rhinofish	붉각쥐치	*Pseudalutarius nasicornis*	쥐치복과
ribbed gunnel	그물베도라치	*Dictyosoma burgeri*	장갱이과
ribbonfish → crested cutlassfish			
ribbon goby	댕기망둑	*Eutaeniichthys gilli*	망둑어과
rice eel, swamp eel	드렁허리	*Monopterus albus*	드렁허리과
rice fish, medaka	쌀고기	*Oryzia latipes*	시프리노돈트과 관상어
rifle cardinal fish	큰줄얼개비늘	*Apogon kiensis*	동갈돔과
right eyed flounder	가자미류	*Pleuronectidae*	붕넙치과
rikuzen sole	도가자미	*Dexistes rikuzenius*	붕넙치과

영명	국명	학명	과명
ring flounder	둥뼈가자미	*Psettina ijimai*	가자미과
ringstraked guitarfish	점수구리	*Rhinobatos hynnice phalus*	수구리과
ring-tailed surgeonfish	링테일서전피시		양쥐돔과 판상어
river lamprey → lamprey			
rockbass	록배스	*Ambloplites rupestris*	선피시류
rock bream → Japanese parrot fish			
rock sole	까지가자미	*Lepidopsetta bilineata*	붕넙치과
roncador → croakr			
rose bitterling	흰줄납줄개	*Rhodeus ocellatus*	잉어과
rosefish	홍감펭	*Helicolenus hilgendorfi*	양볼락과
rosy grub fish	눈동미리	*Parapercis pulchella*	양동미리과
rough triggerfish	무늬쥐치	*Canthidermis maculatus*	쥐치복과
roughscale sole	줄가자미	*Clidoderma asperrimum*	붕넙치과
roughskin sculpin	꺽정이	*Trachidermus fasciatus*	둑중개과
roundel skate	눈알가오리		메시꼬민
round herring	눈퉁멸	*Etrumeus teres*	청어과
roundnose flounder → spotted halibut			
round pompano → permit			
round scad → amberfish			
round stingray	노랑점가오리	*Urolophus halleri*	새가오리과
round whitefish	라운드화이트피시	*Prosopium cylindraceum*	연어류
royal gramma, fairy basslet	로열그라마		판상어
ruby snapper	꼬리돔	*Etelis carbunculus*	퉁돔과

영명	국명	학명	과명
rummynose, rednose	라미노스	*Hemigrammus rhodostomus*	캐라신과
runner, rainbow runner	잿방어	*Elagatis bipinnulata*	전갱이과
sacramento chub → thicktail chub			
sacramento perch	새크라멘토퍼치	*Archoplites interruptus*	농어류
saddled blenny	오색베도라치	*Pholis ornatus*	황줄베도라치과
stingfish			
saddled weever	쌍동가리	*Parapercis sexfasciata*	양동미리과
sailfin flying fish	황날치	*Parexocoetus brachypterus*	날치과
sailfin molly	세일핀몰리	*Mollienisia velifera*	난태생송사리과
sailfin moonfish	점매가리	*Velifer hypselopterus*	점매가리과
sailfin poacher	팔각쥐고기	*Podothecus hamlini*	날개줄고기과
sailfin sandfish → sandfish			
sailfish, blue marlin	돛새치	*Histiophorus orientalis*	돛새치과
Sakhalin lake minnow	동버들개	*Moroco percnurus*	잉어과
salad eel → hagfish			
salmon herring → milkfish			
salmon shark, porbeagle	악상어	*Lamna ditropis*	악상어과
samlet, sweetfish	은어	*Plecoglossus altivelis*	은어과
sandbar shark	샌드바상어	*Carcharhinus plumbeus*	상어과
sanddab, sand flounder	층거리가자미	*Limanda punctatissima*	붕넙치과
sandfish, sailfin sandfish	도루묵	*Arctoscopus japonicus*	양도루묵과
sand floundr → plaice			
sand lamprey → brooklamprey			
sand lance	까나리	*Ammodytes personatus*	까나리과

영명	구명	학명	과명
sand shark, guitarfish	강남상어	*Pseudocarcharias kamoharai*	악상어류
sand shar → bonito			
sand smelt	보리멸	*Sillago sihama*	보리멸과
sand tiger shark	범상어	*Odontaspis taurus*	상어과
santamariae	산타마리아	*Thayeria sanctamariae*	캐라신과 란상어
sardine	정어리	*Sardinops melanosticta*	청어과
sargassum fish → frogfish			
saury	꽁치류	*Cololabis saira*	침어과
sawedged perch	다금바리	*Niphon spinosus*	농어과
sawfish	톱상어	*Pristis pectinata*	톱상어과
saw shark → sawfish			
sawshark → sawfish			
sawtail	쥐돔	*Priomurus microlepidotus*	양쥐돔과
sawtooth caridina	새뱅이	*Caridina denticulata*	전갱이과
scad	갈고등어	*Cecapterus muroadi*	봉남치과
scalyeye plaice	가시가자미	*Acanthopsetta nadeshnyi*	
scat → scatophagus			
scatophagus	스카토파구스	*Scatophagus argus*	스카토파구스과
Schlegel's red bass	붉벤자리	*Caprodon schlegelii*	농어과
schoolmaster	스물베스티	*Lutjanus apodus*	돔류
schultz	슐츠	*Symphysodon*	기름리드과 란상어
scleropages	스클레로파게스		호주산 담수어
scorpion fish, rockfish	앙볼락류	*Sebastes*	볼락류

영명	국명	학명	과명
scrawled cowfish	뿔가시복	*Lactophrys quadricornus*	거북복과
scrawled filefish → longtail filefish			
scribbled toby → four-saddle puffer			
sculpin	스클핀	*Myoxocephalus*	둑중개과 덕장이류
scup → porgy			
sea bass	시베스	*Serranidae*	농어과
seabass	농어	*Lateolabrax japonicus*	
sea chub → surf perch			
sea conger	피붕장어	*Anago anago*	먹붕장어과
sea eel → conger eel			
seahorse	해마	*Hippocampus*	실고기과
sea lamprey	칠성장어	*Petromyzon marinus*	먹장어류
sea lancelet	활유어		
sea raven	삼세기	*Hemiripterus americanus*	둑중개과 금눈돔류
searchlight fish	서치라이트피시		양성대과
searobin	양성대류	*Prionotus*	도치과
seasnail, snailfish	물메기	*Liparis tessellatus*	
sea toad → toadfish			
seabream → Japanese porgy red seabream			
seatrout	바다송어	*Cynossion*	민어류
seaweed gunnel	육점날개	*Opisthocentrus zonope*	양츙갱이과
sebago salmon	세바고연어	*Salmo salar v.*	대서양연어 변종
seeperd, thorny seahorse	가시해마	*Hippocampus histrix*	실고기과

영 명	국 명	명	학 명	과	명
sepia stingray, round stingray	흰가오리		*Urolophus aurantiacus*	색가오리과	
sergent-major	해포리고기		*Abudefduf vaigiensis*	점자돔과	
serranoid fish	세라누스				
seto sole	각시서대		*Pseudaesopia japonica*	양서대과	
seven-gill shark, cow shark	칠성상어		*Notorhynchus cepedianus*	신락상어과	
sevenspine goby	실망둑		*Chaenogobius heptacanthus*	망둑어과	
sevenstriped goby	일곱동갈망둑		*Pterogobius elapoides*	망둑어과	
severum	세베룸		*Cichlasoma severum*	키클리드과 판상어	
shad	아메리카청어		*Alosa sapidissima*	청어과	
shark	상어류			전세계 250종	
sharksucker	대빨판이		*Echeneis naucrates*	빨판상어과	
sharpfin sea bass	장미돔		*Pseudanthias elongatus*	농어과	
sharpnose grenadier	무줄비늘치		*Coelorhynchus longissimus*	민태과	
sharptail sunfish	물개복치		*Masturus lanceolatus*	개복치과	
sharp-toothed eel, silver eel	갯장어		*Muraenesox cinereus*	뱀장어류	
sheephead minnow	양머리미노		*Cyprinodon variegatus*	송사리류	
sheephead porgy	양머리포기		*Archosargus probatocephalus*	돔류	
shiner	샤이너			잉어과	
shore goby	풀비늘망둑		*Eviota abax*	망둑어과	
short bigeye	큰눈돔			농어목	
shortheaded redhorse	레드호스서커		*Moxostoma macrolepidotum*	잉어과	
shorthorn sculpin	울작장이		*Myoxocephalus jaok*	둑중개과	
shortnose batfish	박쥐아귀		*Ogcocephalus nasutus*	아귀류	

shortnose dogfish	모조리상어	*Squalus brevirostris*	곱상어과
shortnose gar	짧은코가리피시	*Lepisosteus platostamus*	가리과
shot-horned ancovy	풀반댕이	*Thrissapurava*	멸치과
shotted halibut	물가자미	*Eopsetta grigorjewiunda*	붕넙치과
shovelnose	삼코메기		남미
shovelnose sturgeon	삽주둥이철갑상어	*Scaphirhynchus platorhynchus*	철갑상어과
shrimp fish → razor fish			
Siberian stone loach	종개	*Barbatula toni*	기름종개과
Siberian whitefish	시베리아송어		
sibling	시블링		
silk sculpin	무늬횟대	*Furcina oshimai*	둑중개과
silurid catfish	실루리드메기		
silverbelly seaperch	불기우럭	*Malakichthys wakiyai*	농어과
silver bighead carp	백연	*Hypophthalmichthys molitrix*	잉어과
silver bream, tarwhine	청돔	*Rhabdosargus sarba*	감성돔과
silver dara	실버다라	*Ephipicharax orbicularis*	캐라신과 란성어
silver dollar	실버달러	*Metynnis schreitmuelleri*	캐라신과
silver eel → sharp toothed eel			
silver gourami	실버구라미	*Trichogaster microlepis*	아나반티과 란성어
silvergray seaperch	눈퉁바리	*Malakichthys griseus*	농어과
silvergrunter, grunt	하스돔	*Pompadasys hasta*	하스돔과
silver hake, saffron cod	빨간대구	*Eleginus novaga*	대구과
silver hake → white hake			
silver hatchetfish	은도끼고기	*Gastropelecus levis*	가스티로펠레시과

영 명	국 명	명	학 명	과 명
silver jenny	실버제니		*Eucinostomus gula*	실버제니류
silver leather jacket	은비늘치		*Triacanthus biaculeatus*	은비늘치과
silver salmon, coho salmon	은연어		*Oncorhynchus kisutch*	연어과
silverside	실버사이드			숭어류
silverspotted sculpin	날개횟대		*Blepsias cirrhosus*	둑중개과
silver trout → rainbow trout				
silver whiting	청보리멸		*Sillago japonica*	보리멸과
silvery conger	은붕장어		*Gnathophis nystromi*	먹붕장어과
single-spotted	점등돔		*Lutjanus russelli*	퉁돔과
sixgill shark	식스길상크			
sixline prickleback	세줄베도라치		*Ernogrammus hexagrammus*	앞장갱이과
skate, ray	홍어(류)		*Rajidae*	가오리과
skipjack tuna	점다랭이		*Euthynnus affinis*	다랭이과
skunk catfish	스컹크캣피시		*Corydoras arcuatus*	칼리크티과 관상어
skunk loach	스컹크미꾸라지		*Botia horae*	미꾸라지류 관상어
slate bream → painted sweet lips				
sleeper	슬리퍼			망둑어류
slender	준치		*Ilisha elongata*	청어과
slender bittering	납자루		*Acheilognathus lanceolatus*	잉어과
slender catfish	슬렌더캣피시		*Pimelodella gracillis*	피멜로디과 관상어
slender oarfish → oarfish				
slender round herring	샛줄멸		*Spratelloides japonicus*	청어과
slickhead	슬틱헤드			심해어

영명	국명	학명	과명
slim wrasse	실놀래기	*Pseudolabrus gracilis*	양놀래기과
slime eel → hagfish			
slime flounder	찰가자미	*Microstomus achne*	붕넙치과
slimy, soapy	점주둥치		주둥치과
slippery flounder	슬리퍼리플라운더	*Leiognathus rivulatus*	붕넙치과
sliver carp → bighead carp			
smallfin halfbeak	살꽁치	*Hemiramphus micropterus*	학꽁치과
smallmouth bass	작은입베스	*Micropterus doromieui*	농어과
smallmouth buffalo	작은입버팔로	*Ictiobus bubalis*	잉어과
smallmouth scorpionfish	주둥감펭	*Scorpaena neglacta*	양볼락과
smalltooth sawfish, sawfish	톱상어	*Pristis pectinata*	톱상어과
smelt	은어류		연어류
smooth lumpsucker	뚝지	*Aptocyclus ventricosus*	도치과
smooth puffer	매복	*Lagocephalus laevigatus*	참복과 최대형
snailfish → seasnail			
snake blenny, snake triplefin	가막베도라치	*Tripterygion etheostoma*	먹도라치과
snake eel	물뱀	*Ophichthys remiger*	뱀장어과
snake fish	황메퉁이	*Trachinocephalus myops*	매퉁이과
snakehead	가물치	*Channa argus*	가물치과
snakehead goby	얼룩망둑	*Chaenogobius mororanus*	망둑어과
snakeskin gourami	뱀껍질구라미	*Trichogaster pectoralis*	아나반티과 관상어
snake triplefin → snake blenny			
snapper	물퉁돔류	*Lutianidae*	퉁돔과 250여종
snipe eel	스나이프일		심해어

영 명	구 명	학 명	과 명
snook	스눅	*Centropomus undecimalis*	농어과
soapy → slimy			
sockeys salmon → red salmon			
sohachi flounder	용가자미	*Cleisthenes pinetorum*	붕넙치과
soldier fish, squirrel fish	도화돔	*Ostichthys japonicus*	금눈돔류
sole	솔		소형 넙치
soupfin shark	수표판상어	*Galeorhinus zyopterus*	상어과 지느러미 요리
southern kingfish	남방꼬마민어	*Menticirrhus americanus*	민어류
southern puffer	남방복	*Sphoeroides nephelus*	참복과
southern top mouthed minnow	참붕어	*Pseudorasbora parva*	잉어과
spadefish, triple tale	백미돔	*Lobotes surinamensis*	백미돔과
Spanish killfish	스페인킬피시	*Aphanius iberus*	시프리노돈트과 판상어
Spanish mackerel	재방어	*Scomberomorus maculatus*	둥잡삼치과
spear dragonet	철갑베	*Callionymus doryssus*	둥잡양테과
spearfish	스피어피시		돛세치류
speckled drum	꼬마민어	*Nibea diacanthus*	민어과
spectacled sculpin	골판횟대	*Triglops scepticus*	둑중개과
spiderfish	기미고기	*Bathypterois atricolor*	
spined sleeper	구굴무치	*Eleotris oxycephala*	구굴무치과
spineless dogfish	스파인리스상어		
spinetail mobula → devil fish			
spiny dogfish	곱상어	*Squalus acanthias*	곱상어과
spiny eel	가시장어	*Notachantus aculeatus*	장어류

spinyhead sculpin	고무적정어	Dasycottus japonicus	둑중개과
spiny lumpsucker	도치	Eumicrotremus orbis	도치과
spiny shark → priest shark			
splash tetra	스플래시비트라	Copeina arnoldi	캐라신과
spoon bill sculpin	창치	Vellitor centropomus	둑중개과
spoted dogfish → spotted shark			
spotlined bass	가시우럭	Chorististium japonicum	농어과
spotsail cardinalfish	꺽테일개비늘	Apogon carinatus	동갈돔과
spotted bass	점박이배스	Micropterus punctulatus	농어과
spotted blenny	저울베도라지	Entomacrodus stellifer	청베도라치과
spotted flagtail → aholehole			
spotted flathead	까치양태	Cociella crocodila	양태과
spotted flyingfish	새날치	Cypselurus poecilopterus	상날치과
spotted goatfish	두줄촉수	Parupeneus spilurus	촉수과
spotted knife fish	스포트나이프피쉬	Notopterus	나트프테리과
spotted lamprey	칠성장어	Petromyzon marinus	다묵장어류
spotted loach → delicate loach			
spotted mackerel	망치고등어	Scomber australasicus	고등어과
spotted moray	점박이곰치	Gymnothorax moringa	곰치류
spotted ratfish	점박이은상어	Hydrolagus colliei	은상어과
spotted seahorse	복해마	Hippocampus kuda	실고기과
spotted shark, spotted dogfish	두툽상어	Scylliorhinus torazame	두툽상어과
spotted velvetfish	풀미역치	Erisphex potti	쑬치과
spottyback searobin	밑성대	Pterygotrigla hemisticta	양성대과

영 명	국 명	학 명	과 명
spottybelly greenling	노래미	*Hexagrammos agrammus*	쥐노래미과
spottysail goby	수염문절	*Chaeturichthys sciistius*	망둑어과
squawfish	스코피시		
squeaker	누운메기		
squirrel fish → soldier fish			
stargazer	얼룩통구멍	*Uranoscopus japonicus*	통구멍과
starry bowfish	개끔복	*Tetraodon stellatus*	참복과
starry flounder	별가자미	*Platichthys stellatus*	붕넙치과
starry toado	별복	*Boesemanichthys firmamentum*	참복과
star-spotted shark	별상어	*Mustelus manazo*	상어류
steelhead	스틸헤드		바다 무지개송어
stennoptyx	스테노프틱스		심해어 매통어류
stickleback	가시고기	*Pungitius pungitius*	큰가시고기과
sting ray → red skate			
stonecat	돌메기	*Ictalurus punctatus*	메기과
stone flounder	돌가자미	*Kareius bicoloratus*	붕넙치과
stone moroko	참붕어	*Pseudorasbora parva*	잉어과
stonfish → scorpion fish			
stork clingfish → clingfish			
streaked goby	줄망둑	*Acentrogobius pflaumi*	망둑어과
stream trout	곤들메기	*Salvelinus malma*	연어과
stretched silk → sevenstriped goby			
string fish	자치	*Hucho ishikawai*	연어과

striped barb	줄무늬바브		동남아 잉어과
striped bitterling	일자납자루	*Acheilognathus cyanostigma*	잉어과
striped cat shark	삿갓이상어	*Heterodontus zebra*	괭이상어과
striped damselfish → coral fish			
striped filefish	새양쥐치	*Stephanolepis japoniucs*	쥐치복과
striped jewfish	돗돔	*Stereolepis doederleini*	농어과
striped marlin → blue marlin			
striped mullet → groy mullet			
striped pufer	까치복	*Takifugu xanthopterus*	참복과
striped shiner	쉬리	*Coreoleuciscus splendidus*	잉어과, 한국특산
striped squirrelfish	얼게돔	*Adioryx spinosissimus*	얼게돔과
striped therapon	살벤자리	*Terapon jarbua*	살벤자리과
striped tinned bleny → seaweed grunnel			
striped triggerfish	자주쥐치		
striped barracuda	창꼬치	*Sphyraena obtusata*	꼬치고기과
striped bass	줄무늬베스		
striped burrfish	바늘거북복	*Chilomycterus schoepfi*	복어류
striped butterfly fish	줄나비고기		
striped surgeonfish	스트라이프서전피시		
striped threadfin → bastard mullet			
striped wrasse	스트라이프레스		
striprey	범돔	*Microcanthus strigatus*	나비고기과
sturgeon	철갑상어	*Acipenser sinensis*	철갑상어과
suckerfish → remora			

영 명	국 명	학 명	과	목
sucker mouth catfish	서커마우스메기			
sumatra → tiger barb				
sunfish, bluegill	블루길, 선피시	*Lepomis macrochirus*	농어과	
sunrise goat fish	떡줄촉수	*Upeneus sulphureus*	촉수과	
sunrise sculpin	가시망둑	*Pseudoblennius cottoides*	망둑어과	
surfperch	양망상어류	*Ditrema temmincki*	망상어류	
surf smelt	날빙어	*Hypomesus pretiosus*	바다빙어과	
surgeonfish	서전피시			
surmullet → goatfish				
swallow killi	스왈로킬리	*Austrofundulus*	난태생송사리과	
swampeel → rice eel				
swarthy skate	묵가오리	*Raja fusca*	가오리과	
sweetfish → samlet				
sweglesi	스위글레시	*Megalamphodue sweglesi*	캐라신과 잔상어	
swell shark	노란복상어	*Cephaloscyllium ventriosum*	상어과	
swordfish	황새치	*Xiphias gladius*	황새치과	
swordtail	칼꼬리	*Xiphophorus helleri*	포에실로크 잔상어	
swordtail caracin	칼꼬리캐라신	*Corynopoma riisei*	캐라신과 잔상어	
synderis weever	동미리	*Parapercis snyderi*	양동미리과	
synodontis	시노돈티스	*Synodise*	모코카과 잔상어	
tadpole sculpin	물수배기	*Psychrolutes paradoxus*	뚝중개과	
talking catfish	토킹캣피시	*Doras spinosissimus*	도라디과 잔상어	
Tanaka's eelpout	별배문치	*Lycodes tanakae*	등가시치과 심해어	

target dory → dory			
tarpon	타폰	*Megalops atlantica*	청어과
tarpon snook	타폰스눅	*Centropomus*	농어과
tarwhine → sliverbream			
tautog	토토그	*Tautoga onitis*	양놀래기류
tenpounder → bony fish			
ten-spined stickleback	열마디가시고기	*Pygosteus pungitius*	가시고기과
tentacled sculpin	실횟대	*Porocottus allisi*	둑중개과
tetra	테트라류	*Hemigrammus*	캐라신과 란상어
thicklip gouramy	입술구라미	*Colisa labiosa*	아나반티과 란상어
thick-lipped grunt	어름돔	*Plectorhynchus cinctus*	하스돔과
thicktail chub	시크테일처브	*Gila crassicauda*	잉어과 피라미과
thornback ray	등가시가오리	*Raja clavata*	가오리과 상어 닮은 홍어
thorny seahorse → seeperd			
thread sculpin	밀횟대	*Gymnocanthus pistilliger*	둑중개과
threadfin butterflyfish	가시나비고기	*Chaetodon auriga*	양쥐돔과 란상어
threadfin jack, cobbler fish	실전갱이	*Alectis ciliaris*	전갱이과
thread-sail fish → lizard fish			
threadfin wrasse	실용치	*Cirrhilabrus temmincki*	양놀래기과
threadtail → flower goby			
threeline tonguefish	까지서대	*Cynoglossus trigrammus*	참서대과
three stripe rockfish	세줄볼락	*Sebastes tribititatus*	양볼락과
three-spine stickleback	큰가시고기	*Gasterosteus aculeatus*	큰가시고기과
threetooth puffer	불뚝복	*Triodon macropterus*	불뚝복과

영 명	국 명	학 명	과 명
thresher shark	제찍꼬리상어	*Alopias vulpinus*	상어과
tidepool goby	별망둑	*Chasmichthys gulosus*	망둑어과
tidewater silverside	실버사이드		
tiger barb	타이거바브	*Barbus tetrazona*	잉어과 란상어
tigerfish	줄벤자리	*Terapon oxyrhynchus*	살벤자리과
tiger loach	범미꾸리		기름종개과
tiger oscar	타이거오스카	*Astronotus ocellatus*	키클리드과 란상어
tiger puffer	자주복	*Takifugu rubripes*	참복과
tiger shark	뱀이상어	*Galeocerdo cuvieri*	찬상어과
tilapia	틸라피아	*Tilapia mossamombica*	키클리드라
tilefish	타일피시	*Lopholatilus chamaeleonticeps*	
tirante	둥둥갈치	*Evoxymetopon taeniatus*	갈치과
toadfish	두꺼비고기	*Ospanus beta*	
tomcod	톰코드	*Microgadus tomcod*	대구류
tomtate	톰베이트	*Haemulon aurolineatum*	돔류
tongue fish	개서대	*Cynoglossus robustus*	참서대과
tongue sole	혀가자미		양서대류
tope shark	행택상어	*Galeorhimus galeus*	참상어과
topsmelt	톱스멜트		숭어류
torpedo batfish, red batfish	빨강부지	*Halieutaea stellata*	부지과
torpedo, electric ray	전기가오리	*Torpedo nobiliana*	전기가오리과
translucent knife fish	투명고기	*Hyopomus artedii*	짐노티과
tree-spot damselfish	세점박이점자돔		짐자돔과

trident goby	두줄말둑	*Tridentiger trigonocephalus*	망둑어과
trigate mackerel	몽치다래	*Auxis tapeinosoma*	다랭이과
triggerfish	그물쥐치류	*Canthidormis*	쥐치류 등가시치3개
tripletail	베미돔		식꼬리돔과
trout, cherry salmon	송어	*Lobotes surinamensis*	연어과
trout lamprey	송어막장어	*Oncorhynchus masou*	막장어류
true bass, sea bass	능성어		농어과
true minow	트루미노	*Epinephelus septemfasciatus*	최대형 잉어목
trumpetfish	주둥이해마	*Aulostomus chinensis*	실고기과
trunkfish	트렁크피시	*Lactophrys trigonus*	거북복류
tubesnout	실비늘치	*Aulichthys japonicus*	튼가시고기류
turbot	터보트		가자미류
twig catfish	트위그캣피시	*Farlowella acus*	로리카리과 란상어
two-spot goatfish	금줄촉수	*Parupeneus fraterculus*	촉수과
Ubangi mormyrid	우방기모르미리드		아프리카산 담수어
unicon filefish	객주리	*Aluterus monoceros*	쥐치복과
upsidedown catfish	시거스메기	*Synodontise nigriventris*	모코기과 란상어
vermiculated puffer	매리복	*Takifugu vermicularis*	참복과
viperfish	바이퍼피시	*Chauliodus barbatus*	심해어
wahoo	꼬치삼치	*Acanthocybium solandri*	다랭어과
walking catfish → clarid catfish			
walking fish → climbing fish			
walleye	월아이		북미의 강 적지류
warmouse	위마우스	*Chaenobryttus gulosus*	선피지류

영명	국명	학명	과명	명
warsaw grouper	와르소우럭	Epinephelus nigritus	우럭류	
warted seadevil	점정아귀	Cryptopsaras couesi	망둥류	
wart fish → butter fish				
water dogfish	유리상어			
weakfish	위크피시	Cynoscion regalis	민어류	
weatherfish, loach	미꾸라지류	Cobitidae	기름종개과	
weeverfish	위버피시			
western rose bitterling	각시붕어	Pseudoperilampus uyekii	잉어과	
whale shark	고래상어	Rhincodon typus	상어과 길이]20m	
whip sculpin	가시횟대	Gymnocanthus intermedius	둑중개과	
whipfin dragonet	실양태	Callionymus flagris	동갈양태과	
whiptail catfish	긴꼬리메기	Loricaria parva	로리카리아과 관상어	
whitbait smelt	화이트베이트은어	Allosmerus elongatus	연어류	
white bass	화이트베스	Morone chrysops	농어과	
white cloud mountain fish	백운산꾀다미	Tanichthys albonubes	잉어과 관상어	
white croaker	보구치	Argyrosomus argentatus	민어과	
white-edged purple moray	가지곰	Gymnothorax hepatica	곰치과	
white-edged rockfish	턱자볼락	Sebastes taczanowskii	양볼락과	
white fish, icefish	뱅어	Salangichthys microdon	뱅어과	
white girdled goby	흰줄망둑	Pterogobius zonoleucus	망둑어과	
white goby, ice goby	사백어	Leucopsarion petersi	망둑어과	
white grappie	화이트그래피			
white grunt	흰돔	Haemulon plumieri	돔류	

white hake	화이트헤이크	*Urophycis tenuis*	대구류
white-lined moray eel	얼룩곰치		곰치과
white marlin	백새치	*Makaira indica*	돛새치과
white perch	화이트퍼치	*Morone americana*	농어과
white rice fish	쌀빙어	*Leucosoma reevesii*	바다빙어과
white sea smelt	흰바다빙어		
white seabass	화이트시배스	*Atractoscion nobilis*	민어류
white shark → great white shark			
white spotted brotula	그물메기	*Neobythites sivicola*	앙메기과
white sucker	화이트서커	*Catostomus commersoni*	잉어과
white suckerfish	흰빨판이	*Remora albescens*	빨판상어과
white-tipped shark	화이트팁샤크		상어류
white-tongued crevalle	민전갱이	*Caranx helvolus*	전갱이과
white ventral goby	흰발망둑	*Acanthogobius lacticeps*	망둑어과
whiting → southern kingfish			
whole sardine → bony fish			
wholesail snake eel	돛물뱀	*Pisoodonophis zophistius*	물뱀과
wobbegong → carpet shark			
wolf eel	울프일		베도라치류
wolffish	울프피시	*Anarhichas lupus*	베도라치류
wolf herring, dorab	물멸	*Chirocentrus dorab*	물멸과
worm eel	지렁이뱀장어	*Myrophis punctatus*	뱀장어류
wrasse, rainbow fish	참놀래기	*Halichoeres tremebundus*	양놀래기과
wrestling halfbeak	레슬링하프비크	*Dermogenys pussilus*	공미리과　란상어

영	명	구	명	학	명	과	명
yatabe blenny		청베도라치		*Pictiblennius ystabei*		청베도라치과	
yellow angler		황아귀		*Lophius litulon*		아귀과	
yellowback fusilier		황등어		*Paracaesio tumidus*		퉁돔과	
yellow bass		옐로배스		*Morone mississippiensis*		농어과	
yellow branchiostegus fish		황옥돔		*Branchiostegus japonicus*			
yellow bullhead		옐로불헤드					
yellow croaker		참조기		*Pseudosciaena polyactis*		민어과	
yellowfin bream		새눈치		*Sparus latus*		감성돔과	
yellowfin red bass → eastern flower porgy							
yellowfin sole, Alaska dab		각시가자미		*Limanda aspera*		붕넙치과	
yellowfin tuna		황다랑어		*Thunnus albacares*		다랑어과	
yellow goatfish → spotted goatfish							
yellow grouper		황우럭		*Mycteroperca venenosa*		농어과	
yellow horsehead		옥누어		*Branchiostegus argentatus*		옥돔과	
yellow perch		옐로퍼치		*Perca flavescens*		각지류	
yellow porgy, yellow sea bream		황돔		*Dentex tumifrons*		감성돔과	
yellowsail red bass		노랑뱅자리		*Callanthias japonicus*		농어과	
yellow sea bream → yellow porgy							
yellow (tail) snapper		노랑꼬리물퉁돔		*Ocyurus chrysurus*		물퉁돔과	
yellow spotted bandfish		점줄홍갈치		*Acanthocepola krusensterni*		홍갈치과	
yellowstriped blackfish		양뱅에돔		*Girella mezina*		뱅에돔과	
yellowstriped butter fish		황조어		*Labracoglossa argentiventris*		황조어과	
yellowtail, amberjack		방어		*Seriola quinqueradiata*		전갱이과	

영명	국명	학명	과명
Zambizi shark	잼비지상어		판상어
zebra angelfish	제브라에인절피시		
zebrafish, zebradanio	제브라다니오	*Brachydanio rerio*	잉어과 다니오류
zebra tonge sole	궁제기서대	*Zebrias zebra*	양서대과

■ 국명—영명

국	영 명	국	영 명
가다펭이	bonito, skipjack	가지굴	white-edged purple moray
가다지	amberfish, round scad	가피시류	gar, gar fish
가래상어	guitarfish, sand shark	각시가자미	yellowfin sole, Alaska dab
가리발디	garibaldi	각시돔	princess small porgy
가막베도라치	snake blenny, snake triplefin	각시붕어	western rose bitterling
가물치	snakehead	각시서대	seto sole
가숭어	haarder	갈고등어	scad
가스트로스토무스	gulper eel	갈쥐치	briddled trigger
가시가오리	horny skate, starry ray	갈치	cuttlass fish, hairtail
가시가자미	scalyeye plaice	감성돔	black seabream, black porgy
가시고기	stickleback	갑옷메기	armed (armored) catfish
가시나비고기	threadfin butterflyfish	강가시고기	brook stickleback
가시복	ballonfish, porcupine	강가오리	freshwater sting ray
가시상어	bramble shark	강꼬치고기	blunt-nosed gar, pike characin
가시우럭	spotlined bass	강남상어	sand shark, guitarfish
가시장어	spiny eel	개복치	headfish, ocean sunfish
가시줄상어	priest shark, spiny shark	개상어	dogfish
가시해마	seeperd, thorny seahorse	개서대	tongue fish
가시횟대	whip sculpin	개소겡	green eel goby
가실망둑	sunrise sculpin	개연어	chum salmon, dog salmon
가오리, 홍어	ray, skate	객주리	unicon filefish
가자미	fluke	겐지스상어	Ganges shark
가자미류	right-eyed flounder	겜톱세일메기	gaff topsail catfish

국명	영명
갯장어	sharp-toothed eel, silver eel
거문고꼬리	lyretail
거미고기	spiderfish
거울가오리	mirror ray
거울잉어	mirror carp
거위고기	goosefish
검복	genuin puffer, purple puffer
검봉장어	beack conger
검은날치	blackwing flyingfish
검은줄선피시	black banded sunfish
검은줄비트라	black line tetra
검정망둑	dusky triple tooth goby
검정아귀	warted seadevil
검정지느러미상어	black-tipped shark
게베치	black tipped silver biddy
케르치	Japanese bluefish
케무엔디나	Gemuendina
고등어	mackerel, chub mackerel
고등어상어	mackerel shark
고래상어	whale shark
고르가시아뱀장어	garden eel
고무적장어	spinyhead sculpin
고생늘메기	cupid wrasse, rainbow
고슴도치홍어	hedgehog skate
고양이고기	barhead poacher
곤들매기	stream trout, dolly varden
골드피전트	golden peasant
골드샤이니	golden shiner
골드이어	golden ear
골드비트라	golden tetra
골드트라우트	golden trout
골판횟대	spectacled sculpin
곰지	moray eel, moray
곱사송어	humpback salmon, pink salmon
곰상어	spiny dogfish
광대놀래기	clown wrasse
광대흰동가리	bridled clownfish
괭이상어	horn shark, cat shark
구갈돔	Japanese scavenger
구굴무치	spined sleeper
구라미(뮤)	gouramy
구설우럭	brown-spotted grouper
구피	guppy
국수뱅이	ariake ice fish
홍제기서대	zebra tonge sole
귀상어	hammerhead shark
귀신으상어	ghost shark
그라나디	granady, rattail

국	영	명
그라스피크럴	grass pickrel, redfin pickerel	
그레이트노신파이크→머스크린지		
그루니언	grunion	
그린선피시	green sunfish	
그물베기	white spotted brotula	
그물베도라치	ribbed gunnel	
그물쥐치	ocean triggerfish	
그물쥐치류	triggerfish	
그물코쥐치	network filefish	
글로우라이트테트라	glowlight tetra	
금강바리	orange sea perch	
금눈돔	broad alfonsino	
금붕어	goldfish	
금줄망둑	maiden goby	
금줄촉수	two-spot goatfish	
기간투라	giant tail	
기름가자미	allowtoothed halibut	
기름종개	delicate loach, spotted loach	
진개복지	oblong sunfish	
진귀선피시	longear sunfish	
진꼬리메기	whiptail catfish	
진주등이가피시	long nosed gar	
진주등이온상어	long snouted chimaera	

국	영	명
길품쏠고기	hawk poacher	
까나리	sand lance	
까지가자미	rock sole	
까치돔	threeline tonguefish	
까치복	ginkgofish	
까치양태	striped puffer	
까치횟대	spotted flathead	
가릴복	crested sculpin	
게말복	black-dotted puffer	
꺽정이	starry bowfish	
꼬리돔	roughskin sculpin	
꼬리민태	ruby snapper	
꼬리치	hard head grenadier	
꼬마달재	bulgysnout tadpolefish	
꼬마민어	redbanded searobin	
꼬마횟대	speckled drum	
꼬치고기	Gonez's sculpin	
꼬치삼치	barracuda, red barracuda	
꿈치	wahoo	
꽁치류	Japanese snail, grassfish	
꽃게소갱	saury	
꽃돔	purple eel goby	
	cherry porgy	

국명	영명
꽃동멸	red lizard
꽃잎베트라	black tetra
꽃줄고기	Bering poacher
괴붕장어	sea conger
꾸적어	floating goby
끄리	piscivorous chub
나비가오리	butterfly ray
나비고기	butterfly fish
나비돔	blackfin butterfly fish
나이프피시	knife fish
나일퍼치	Nile perch
난쟁이상어	dwarf shark, cigar shark
난쟁이톱미노	dwarf topminnow
날가지숭어	bastard mullet
날개다랑어	longfinned albacore
날개망둑	naked-headed goby
날개메기	clarid catfish, walking catfish
날개멸	Japanese codlet
날개붕장어	arrowhead worm eel
날개주박치	blackfin sweeper
날개줄고기	alligator fish
날개쥐치	longtail filefish
날개횟대	silverspotted sculpin
날망둑	chestnut goby
남바리	melon-seed grouper
남방어	surf smelt
날새기	cobia
남극메구	Antarctic cod
남방복	southern puffer
남방정꽁피시	southern kingfish
남서대	bambu sole, hookmouth sole
남자루	slender bittering
남작머리메기	flathead catfish
남줄개	bittering
남지리	flat bittering
낸디트피지	nandid fish
너스상어	nurse shark
넙치	bastard halibut, flounder
넙치	flounder
넙치류	flatfish
네눈고기	four-eyed fish
네동가리	redbelt monocle bream
네마디가시고기	four-spined stickleback
네오케라토두스	neoceratodus
네온고비	neon goby
네온테트라	neon tetra
네줄고기	dog poacher

국	명	영	명
노란복상어		swell shark	
노랑가오리		red skate, sting ray	
노랑가자미		barfin flounder	
노랑각시서대		many-banded sole	
노랑꺼리물롱돔		yellow (tail) snapper	
노랑벤자리		yellowsail red bass	
노랑쉰뱅이		frog fish, sargassum fish,	
노랑점가오리		round stingray	
노랑촉수		goatfish, surmullet	
노래미		spottybelly greenring	
노미우스		nomeus	
노선파이크		northern pike	
녹새치		black marlin	
누줄매가리		horse mackerel	
놀매기		pudding wife	
농어		seabass	
누운매기		squeaker	
누치		barbel, cornet fish	
눈가오리		mottled skate	
눈가자미		rikuzen sole	
눈다랭이		bigeye tuna	
눈동미리		rosy grub fish	
눈볼대		black throat seaperch	

국	명	영	명
눈불개		eas-teru-borbel	
눈볼개복		redeye puffer	
눈일가오리		roundel skate	
눈양태		matron flathead	
눈충군펭선		fourstripe grunt	
눈퉁멸		round herring	
눈퉁바리		silvergray seaperch	
눈퉁횟대		Pacific ribbed sculpin	
능성어		true bass, sea bass	
니들피시		needlefish	
니카라과상어		Nicaragua shark	
다금바리		sawedged perch	
다니오		danio	
달강어		kanagashira gurnard	
달고기		dory, John dory, target dory	
담수나비고기		freshwater butterflyfish	
담수복어		fresh-water puffer	
당멸치		bony fish, whole sardine	
닻줄바리		garrupa	
대강베도라치		big-eyed blenny	
대구		Pacific cod, codfish	
대구름		cod	
대구횟대		black eyed sculpin	

대부	smooth puffer
대브	dab
대빨판이	sharksucker
대서양가다랭이	Atlantic bonito
대서양가오리	Atlantic manta
대서양대구	Atlantic cod
대서양민어	Atlantic croaker
대서양연어	Atlantic salmon, sebagos.
대서양정어리	Atlantic menhaden
대서양철갑상어	Atlantic sturgeon
대서양청어	Atlantic herring
대전어	Japanese threadfin shad
대주둥치	bellow fish, snipe fish
댕기망둑	ribbon goby
더트이터	dirteater
도가고기	hatchetfish
도다리	finespotted flounder
도도바리	blue grouper, banded grouper
도루묵	sandfish, sailfin sandfish
도지	spiny lumpsucker
도화돔	soldier fish, squirrel fish
도화망둑	pinkgray goby
도화뱅어	Korean ice fish
도화볼락	joyner stingfish
도화양태	red dragonet, drogonet
독가시치	rabbitfish, dusky spinefoot
독돔	banjofish
돌가자미	stone flounder
돌고기	black striped gudgeon
돌담북	giant burfish, oopuhu
돌돔	Japanese parrot fish
돌망둑어	marbled blenny sculpin
돌머리메기	hardhead catfish
돌메기	stonecat, channel catfish
돌묵상어	basking shark
돌팍망둑	perch sculpin
동갈메기	loach brotula
동갈민어	blue drum, nibe croaker
동갈방어	pilot fish
동갈삼치	banded tuna
동갈양태	dragonet
동갈자돔	dusky damsel
동갈퉁돔	black striped snapper
동동갈치	tirante
동미리	synderis weever
동백가자미	ring flounder
동버들개	Sakhalin lake minnow
동사리	dark sleeper

국	영	국	영
동서대	milkyspotted sole	때지	clupeid
동수구리	fiddler	뚝지	smooth lumpsucker
동자가사리	reddish bullhead	라스보라	rasbora
동자개	cut-tailed bullhead	라운드화이트피시	round whitefish
돛돔	giant sea bass	라이온헤드	lionhead
돛돔	striped jewfish	라인판차스	lined panchax
돛물뱀	wholesail snake eel	람프로톡수스	lamprotoxus
돛새치	sailfish, blue marlin	람프리스	opah
돛양태	moon dragonet	랜싯피시	lancet fish
두깨비고기	toadfish	램	ram
두룹상어	spotted shark, spotted dogfish	러미노스	rummynose, rednose
두줄망둑	trident goby	럼프피시	lumpfish
두줄베도라치	black-banded blenny	레드노스	rednose, rummynose
두줄촉수	spotted goatfish	레드데블	red devil
둑중개	Miller's thumb, sculpin	레드드럼	red drum
드테코피시	dragonfish	레드오스카	red osca
드럼	drum	레드플레티	red platy
드렁허리	rice eel, swamp eel	레드핀샤이너	redfinned shiner
등가시가오리	thornback ray	레드핀샤크	redfin shark
등가시치	blotched eelpout	레드훌스시커	shortheaded redhorse
등줄숭어	keelback mullet	레모상어	lemon shark
디스커스	discus, discusfish	레몬테트라	lemon tetra
디스티코두스	distichodus	레슬링하프비크	wrestling halfbeak

레이크트라우트	lake trout	말쥐치	oval filefish
레이크화이트피시	lake whitefish	망치고등어	spotted mackerel
레인보다티	rainbow darter	매가리	permit
레인보패로트피시	rainbow parrotfish	매가오리	kite ray, eagle ray
레퍼드시로빈	leopard searobin	매리복	vermiculated puffer
레퍼드캣피시	leopard catfish	매지방어	black-banded amberjack
레포리누스	leporinus	매통이류	lizardfish
로리카리아	loricaria	맨스프링풀피시	manse spring poolfish
로열그라마	royal gramma, fairy basslet	머드서커	mudsucker
로치	loach	머스클런지	musky, muskllunge
록베스	rockbass	먹갈치	black eelpout
루크다운	lookdown	먹붕장어	blackchin conger
리드피시	reed fish	먹우럭	black grouper
리프피시	leaf fish	먹장어	hagfish, salad eel
리프피시	reef fish	먹줄촉수	sunrise goat fish
링	ling	먹비얼게비늘	spotsail cardinalfish
링테일서전피시	ring-tailed surgeonfish	메기	catfish, silurid catfish
마블도카기고기	marbled hatchetfish	메리위도우	merry widow
마블캣피시	mable catfish	멸치	bay anchovy, half-mouthed serdine
마셔	marsher	명태	Alaska pollack
마우스브리더	mouthbreeder	모기고기	mosquitofish
단세기	dorado	모노	mono
말뚝망둥어	mudskipper	모데스타스-민노스	modestas-minnow
말베이미꾸라지	kuhli loach	모래무지	pike gudgeon

국	영	명
모아라스	mojarras	
모오케	burbot, pull fish, eel boat	
모사이크구라미	pearl gourami	
모조리상어	shortnose dogfish	
목름상어	frilledshark	
목타가오리	fanray, thornback ray	
목타가자미	lambtongue flounder	
목타수구리	bowmouth guitarfish	
몰리	molly	
무늬감둥	ashen drummer, blue chub	
무늬망둑	brown goby	
무늬바리	coral cod	
무늬윌케돔	blood-spot squirrelfish	
무늬쥐치	rough triggerfish	
무늬통돔	one-spot snapper	
무늬횟대	silk sculpin	
무미조그	mumichog	
무줄비늘치	sharpnose grenadier	
무지개돌래기	rainbowfish	
무지개빙어	rainbow smelt	
무지개송어	rainbow trout, brook trout	
무태상어	narrowtooth shark, dusk shark	
무태장어	marbled eel	

국	영	명
묵가오리	swarthy skate	
묵꾀장어	brown hagfish	
문자볼치	eelpout	
문절망둑류	goby	
문쪽가오리	barndoor skate	
문치가자미	marbled sole, dab	
물가자미	shotted halibut	
물كرسrench	rhinofish	
물개복치	sharptail sunfish	
물꽃치	flower of the surf	
물둥굽치	barred long-tom	
물매기	seasnail, snailfish	
물밀	wolf herring, dorab	
물미거지	barred snailfish	
물뱀	snake eel	
물붕장어	longbill pike conger	
물수배기	tadpole sculpin	
물천구	Bombay duck	
물치다래	frigate mackerel	
물룽돔	flute porgy	
물룽돔류	snapper	
뭉치다래	trigate mackerel	
미꾸라지류	weatherfish, loach	

국명	영명	국명	영명
미끈망둑	flathead goby	반딧불게르치	firefly-fish, lanternbelly
미노	minnow	발광멸	rat-tailed lizardfish
민달고기	mirror dory	발디후	ballyhoo
민물가자미	freshwater sole	방어	yellowtail, amberjack
민비늘망둑	naked goby	배불뚝치	moon fish
민어	brown croaker	배스	bass
민전갱이	white-tongued crevalle	배암상어	tiger shark
민태	Belenger's jewfish	배주름쥐치	black barred trigger fish
밀복	blowfish	배다랭이	northern blufin tuna
밀어	freshwater goby	배미돔	spadefish, triple tale
밀달갱이	abyssal searobin	배상아리	great white shark, white shark
밀성대	spottyback searobin	배세지	white marlin
밀횃대	thread sculpin	배설곰치	Mieroszwiski's moray
바늘거북복	stripped burrfish	배연	silver bighead carp
바다빙어	arctic smelt, rainbow smelt	배운산피라미	white cloud mountain fish
바다송어	seatrout	밴댕이	big-eyed herring, bonny fish
바다문절	hairlychin goby	밴조캣피시	banjo catfish
바디스	badis	뱀점질구라미	snakeskin gourami
바릴리우스	barilius	뱀장어	Japanese eel
바브	barb	뱀장어 치어 별칭	elever
바이칼코드	Baikal cod	뱀장어류	eel
바이퍼피시	viperfish	뱀장어배도라지	quillfish
박스피시	boxfish	뱅어	white fish, icefish
박쥐아귀	shortnose batfish	버드피시	birdfish

국	명	영	명	국	영	명
버들붕어		ladyrinth fish, paradise fish	별죽지성대	flying gurnard	
버들치		fat minnow	뼁어	harvest fish	
버뮤다처브		Bermuda chub	병차메가리	black pomfret	
버블아이		bubble eye	보구치	white croaker	
버팔로고기		buffalo fish	보르네오미꾸라지	clown loach	
별감펭		bearded waspfish	보리멸	sand smelt	
별레문치		Tanaka's eelpout	보석어	jewel fish	
범돔		striprey	보섭서대	oriental tonguefish	
범미꾸리		tiger loach	보운표치	bounfish	
범블비캣피지		bumblebee catfish	보카치오	bocaccio	
범블비피지		bumblebee fish	보티아	botia, clown loach	
범상어		sand tiger shark	보핀	bowfin	
베도라치류		blenny	복상어	blotchy swell shark	
베로치		elegant sculpin	복섬	green puffer, grass puffer	
벤자리류		grunt	복해마	spotted seahorse	
벨루가철갑상어		beluga stugeon	볼기우럭	silverbelly seaperch	
뼁에돔		nibbler, mejina	볼락	Japanese stingfish	
별가자미		starry flounder	봉오리앙태	dogtooth flathead	
별넘치		cinnamon flounder	부리놀래기	bird-mouth wrasse	
별망둑		tidepool goby	북극곤들매기	arctic char	
별목타가자미		disc flounder	북멸	northern anchovy	
별복		starry toado	분홍치	cresthead cutlassfish	
별점상어		star-spotted shark, gummy shark	분홍줄치	red spikefish	

붉복	threetooth puffer	브룩트라우트	brook trout
불범상어	blackspotted dogfish	브리슬마우스	bristlemouth
불볼락	goldeye rockfish	브림	coppernosed bream
불사크	bull shark	블래비온	black neon
불헤드	bullhead	블래트럼	black drum
붉돔	crimson sea bream	블래몰리	black molly
붉바리	red-spotted grouper	블래무어	black moor
붉벤자리	Schlegel's red bass	블래베스	black bass
붉은귀산피쉬	redear sunfish	블래벤드→컬빗트	
붉은꼬리상어	red shark, red tailed shark	블래사크	black shark
붉은꼬리캐라신	pink-tailed characin	블래스왈로위	black swallower
붉은눈캐라신	red eye caracin	블래시베스	black sea bass
붉은메기	armored weasel-fish	블래크래피	black crappy
붉은베이스	redbelly dace	블래팁사크	blacktip shark
붉은숭어	red mullet	블루구라미	blue gourami, marble g.
붉은임판차스	firemouth panchax	블루굴라리스	blue gularis
붉은베트라	flamefish, flame tetra	블루길, 선피쉬	bluegill sunfish
붉은갈동	red snapper	블루네온	blue neon
붕동갈치	razorback scabbardfish	블루드핀	bloodfin
붕어	crucian carp	블루아가라	blue acara
붕장어	conger eel, sea eel	블루엔젤	blue angelfish
브라운송어	brown trout	블루탱	blue tang
브로툴리드	brotulid	블루피쉬	bluefish
브룩송어	fighting brook trout	블루헤드	bluehead

국명	영명	국명	영명
비네트나비고기	Bennett's butterflyfish	사배어	white goby, ice goby
비늘개떼저	Japanese majarra	사수어, 물총고기	archer fish
비늘돔류	parrot fish	사자구	Japanese boarfish
비늘양태	devil flathead	사자머리메기	lion-headed catfish
비단구라미	dwarf gourami	산갈치	oarfish, slender oarfish
비단놀래기	rainbow wrasse, purple wrasse	산천어	landloked masou salmon
비저	bicher	산타마리아	santamariae
빗꼬리파라다이스	combtail paradise	산호독가시치	coral rabbitfish
빙어	fresh water smelt, pond smelt	산호송어	coral trout
빨간대구	silver hake, saffron cod	산호쑥볼이	coral scorpion fish
빨간양태	red flathead	산호해마	coral dragon, coral seahorse
빨간횟대	elkhorn sculpin	살꽁치	smallfin halfbeak
빨강부치	torpedo batfish, red batfish	살망둑	sevenspine goby
빨갱이	blind goby, red eel goby	실베자리	striped therapon
빨판매가리	pompano, dart	살쌀치	izu scorpionfish
빨판상어	remora, brown remora	살롱어	acutenose skate
뿔거부북	scrawled cowfish	삼세기	sea raven
뿔복	cowfish, horned trunkfish	삼주둥이철갑상어	shovelnose sturgeon
뿔줄고기	fourhorn poacher	삼코메기	shovelnose
뿔횟대	elk sculpin, horned sculpin	삿징이상어	striped cat shark
사당놀래기	crescent banded wrasse	상어류	shark
사랑놀래기	banded pigfish	상어횟대	pine sculpin
사루기	grayling	세가라지	big-eyed scad

국명	영명
세남치	spotted flyingfish
세눈치	yellowfin bream
세다래	pomfret
세뱅이	sawtooth caridina
세양구치	striped filefish
세크라멘토퍼치	sacramento perch
세줄벌	flathead silverside
센드바상어	sandbar shark
샛돔	butter fish, wart fish
샛멸	deep sea smelt
샛비늘치	heniochus fish, lantern fish
샛줄멸	slender round herring
사이니	shiner
서전피시	surgeonfish
서치라이트피시	searchlight fish
서커마우스메기	sucker mouth catfish
서커스메기	upsidedown catfish
선피시, 블루길	sunfish, bluegill
선홍치	bonnetmouth
성대	hobo gurnard, sea robin
세동가리돔	brownbanded butterfly fish
세라누스	serranoid fish
세라티아스	ceratias
세베룸	severum
세일핀몰리	sailfin molly
세점박이점자돔	tree-spot damselfish
세줄베도라치	sixline prickleback
세줄볼락	three stripe rockfish
세줄일케비늘	fourstripe cardinalfish
소머리상어	bullhead shark
소종농갱이	bagrid catfish
솔	sole
숭어	trout, cherry salmon
숭어먹장어	trout lamprey
쇠가오리	little skate
수구리	guitarfish
수마트라 → 타이거바브	
수염대구	Pacific rockling
수염문절	spottysail goby
수염상어	fringe shark
수조기	croaker, roncador
수표편상어	soupfin shark
줄봉가자미	gravel flounder, dusky sole
숨이고기	pearlfish
숭어	groy mullet, striped mullet
쉬리	striped shiner
쉬쉬망둑	finespot goby
술즈	schultz

국 명	영 명	국 명	영 명
스나이프일	snipe eel	슬리퍼리플라운더	slippery flounder
스눅	snook	슬릭헤드	slickhead
스왈로킬리	swallow killi	시노돈티스	synodontis
스위글레시	sweglesi	시배스	sea bass
스카토파구스→스캣		시베리아송어	Siberian whitefish
스캣	scat	시블링	sibling
스컹크미꾸라지	skunk loach	시스코	cisco, lake herring
스컹크캣피시	skunk catfish	시크테일처브	thicktail chub
스코피시	squawfish	식스길사크	sixgill shark
스쿨메스터	schoolmaster	실고기	pipefish
스컬핀	sculpin	실꼬리돔	golden-threadfin bream
스클레로파케스	scleropages	실놀래기	slim wrasse
스테노프틱스	stennoptyx	실리캔스	coelacanth
스트라이프래스	stripped wrasse	실루리드메기	silurid catfish
스트라이프서전피시	stripped surgeonfish	실망둑	gaff topsail goby
스틸헤드	steelhead	실버구라미	silver gourami, moonlight gourami
스파인리스상어	spineless dogfish	실버다라	silver dara
스페인킬피시	Spanish killfish	실버달러	silver dollar
스포트나이프피시	spotted knife fish	실버사이드	silverside, tidewater silverside
스플래시비트라	splash tetra	실버제니	silver jenny
스피어피시	spearfish	실붉돔	bowen snapper, red fin
슬렌더캣피시	slender catfish	실비늘치	tubesnout
슬리퍼	sleeper	실양태	whipfin dragonet

실용치		threadfin wrasse	아메리카플래그피시	American flagfish
실전갱이		threadfin jack, cobbler fish	아브라미테스	abramites
실전갱이의 별칭		Cuban jack	아작망둑	bearded goby
실줄고기		cockscomb poacher	아칸토데스	Acanthodes
실횟대		tentacled sculpin	아프리카나비고기	African butterfly
싱어		estuary tapertail anchovy	아프리카나이프피시	African knife fish
쌀고기		rice fish, medaka	아프리카폼파노	African pompano
쌀방어		white rice fish	아프리카푸른메기	African polka-dot catfish
쌍동가리		saddled weever	아홀동가리	flagfish, aholehole
쏘가리		mandarin fish	악상어	salmon shark, porbeagle
쏠배감펭		lionfish, red fire fish	악어가프치	alligator gar
쏠종개		marin catfish	알락곰치	dragon moray eel
쑤기미		devil stinger	알락쏠치	puny goblinfish
쑥감펭		hairy stingfish	알락우럭	long-fined rockcod
아가시즈캣피시		Agassiz's catfish	알롱횟대	Ishikawa's sculpin
아구상어		lesser blue shark	암치	bighead beaked salmon
아귀류		angler fish, frog fish	요동갈베도라치	elegant blenny
아나바스		climbing perch, walking fish	에꼬지	Japanese baracuda
아르헨티진주고기		Argentine pearl fish	에리꾜이며	arapaima
아마르고사송사리		Amargosa pupfish	에로와나	arowana
아마존독가오리		Amazon freshwater stingray	에붕장어	longtail conger
아메리카메기		brown bullhead	엔쵸비	anchovy
아메리카뱀장어		American eel	헬통이	Japanese perlside
아메리카청어		shad	양통미리	greater weever

국	명	영	명
양망상어류		surfperch	
양머리미노		sheephead minnow	
양머리포기		sheephead porgy	
양미리		Dybowski's sand eel	
양뺑에돔		yellowstriped blackfish	
양볼락류		scorpion fish, rockfish	
양성대류		searobin	
양태		lathead	
어링눌레기		cockatail fish	
어름돔		thick-lipped grunt	
얼게돔		striped squirrelfish	
얼룩가시장어		leopard spiny eel	
얼룩곰치		white-lined moray eel	
얼룩망둑		snakehead goby	
얼룩베스		brindle bass	
얼룩상어		cat shark	
얼룩스물핀		mottled sculpin	
얼룩통구멍		stargazer	
얼비늘치		prickly lanternfish	
얼음고기		icefish	
에네우스캣피시		aeneus catfish	
에머럴드샤이너		emerald shiner	
에인절피시		angelfish	

국	명	영	명
에일와이프		alewife	
엘리건트캣피시		elegant catfish	
엘버		elber	
여덟동가리		blackbarred morwong	
여울멸		bonefish	
연붉돔		barred red bass	
연어병치		Japanese butterfish	
연동가리돔		cardinal fish	
연동강문절		monk goby	
열마디가시고기		ten-spined stickleback	
열목어		Manchurian trout	
열빙어		capelin	
열쌍동가리		bicolorbarred weever	
옐로베스		yellow bass	
옐로불헤드		yellow bullhead	
옐로퍼치		yellow perch	
오렌지쉬지		orange filefish	
오렌지크로메이드		orange chromade	
오리주둥이장어		duckbill eel	
오색베도라치		saddled blenny	
오션서전		ocean surgen	
오션퍼치		ocean perch, redfish	
오팔아이		opaleye	

오피스토프록투스	Opisthoproctus	
옥돔	blanquillo	
옥두놀래기	longfin razorfish	
옥두어	yellow horsehead	
올각정이	shorthorn sculpin	
와르소우럭	warsaw grouper	
왕연어	chinook salmon, king salmon	
왜몰개	green chub, Venus fish	
왜주둥치	elongate slimy	
왼눈가자미	left-eyed flounder	
용가자미	sohachi flounder	
용상어	green sturgeon	
용치놀래기	Japaness wrasse	
우각바리	eastern flower porgy	
우럭류	grouper	
우럭볼락	armored rockfish	
우방기모르미리드	Ubangi mormyrid	
울포일	wolf eel	
울포피시	wolffish	
웅어	Korean sword fish	
위마우스	warmouse	
윈구류, 무악류	Agnatha	
윌아이	walleye	
위버피시	weeverfish	

위크피시	weakfish
유령실고기	ghost pipefish
유리고기	glass fish
유리메기	glass catfish
유리상어	water dogfish
육각복	basketfish
육도바리	black round-head
육동가리돔	banded boarhead
육점날개	seaweed gunnel
융단상어	carpet shark
은도끼고기	silver hatchetfish
은붕장어	silvery conger
은비늘치	silver leather-jacket
은상어	chimaera, Atlantic chimaera
은상어류	ratfish, silver shark
은송어	silver trout
은어	samlet, sweetfish
은연어	silver salmon, coho salmon
오잉어	aholehole, flagfish
은줄멸	cobaltcap silverside
이글레이	eagle ray
이집트마우스브리더	Egyptian mouthbreeder
인도나이프피시	Indian knife fish
인도다랭이	Indian bluefin tuna

국 명	영 명	국 명	영 명
인도메기	Indian catfish	작은입버팔로	smallmouth buffalo
인상어	Ransonnet's surfperch	잔가시고기	eight-spined stickleback
인코뉴	inconnu	잔줄고기	longnout poacher
일곱동갈망둑	sevenstriped goby	잔클루스	Moorish idol
일자납자루	striped bitterling	잘전갱이	blue runner
일캣	eel cat	장갱이	long shanny
임연수어	atka mackerel	장님고기	blind cave fish
입술구라미	thicklip gouramy	장님송사리	cave characin, cavefish
잉어	carp	장미돔	sharpfin sea bass
잉어과	Cyprinidae	재방어	Spanish mackerel
잉어목	Cyprinofome	잭댐프시	jack dampsey
자가사리	red catfish	잭스멜트	jacksmelt
자니다터	johnny darter	잼비지상어	Zambizi shark
자리돔	damselfish	잿방어	amberjack
자물뱀	giant snake eel	저울베도라치	spotted blenny
자바리	kelpbass, kelp grouper	저자가오리	raspback skate
자붉돔	crimson snapper	적우럭	red grouper
자이언트구라미	giant gourami	적투어	crimson squirrel fish
자이언트그루퍼	giant grouper	전갱이	jack mackerel
자주복	tiger puffer	전갱이류	crevalle
자주쥐치	striped triggerfish	전기가오리	electric ray, torpedo
자치	string fish	전기메기	electric catfish
작은입배스	smallmouth bass	전기뱀장어	electric eel

국명	영명
전어	gizzard shad
전자리상어	angel shark
점가자미	cresthead flounder
점넙치	fivespot flounder
점다랭이	skipjack tuna
점망둑	longchin goby
점메가리	sailfin moonfish
점박이꼼치	spotted moray
점박이베스	spotted bass, largemouth bass
점박이스캣	gaily spotted scat
점박이은상어	spotted ratfish
점수구리	ringstraked guitarfish
점양태	lizard flathead
점자돔	purple damselfish
점주둥치	slimy, soapy
점줄우럭	black spotted grouper
점줄홍갈치	yellow spotted bandfish
점줄횟대	kinkazan sculpin
점통돔	single-spotted
정어리	sardine
젖병어	Jordan ice fish
제브라다니오	zebrafish, zebradanio
제브라소마	dusky sailfin tang
제브라에인절피시	zebra angelfish
제왕스내퍼	emperor snapper
제왕에인절피시	emperor angelfish
조피볼락	jacopever
졸복	globe fish, swell fish
종개	Siberian stone loach
종대우럭	laterally-banded grouper
주걱대지	nassau grouper
주걱철갑상어	paddlefish
주둥이해마	trumpetfish
주둥치	pony fish, slip mouth
죽지성대	gurnard
준치	slender
줄가시횟대	ice sculpin
줄가자미	roughscale sole
줄감돔	lancer, thread-fin emperor
줄꽁치	brackish halfbeak
줄나비고기	stripped butterfly fish
줄노래미	Alaska greenfish
줄도화돔	buttom perch
줄만새기	pompano dolphin
줄망둑	streaked goby
줄무늬나이프피시	banded knifefish
줄무늬바브	striped barb
줄무늬베스	stripped bass

국 명	영 명	국 명	영 명
줄벤자리	tigerfish	참서대	red tongue sole, brown sole
줄실고기	banded pipefish	참조기	yellow croaker
줄자돔	coral fish, striped damselfish	참중고기	oily shiner
줄주둥치	lined pony fish	참치방어	runner, rainbow runner
쥐가오리	devil fish, manta ray	창꼬치	stripped barracuda
쥐노래미	greenling	창치	spoon bill sculpin
쥐돔	sawtail	채찍꼬리가오리	bluntnose stingray
쥐치류	filefish	채찍꼬리상어	thresher shark
쥬피시	jewfish, striped jewfish	처브	chub
지렁이뱀장어	worm eel	천국어	paradise fish
진주놀래기	pearly razor fish	철갑둥어	pine-cone fish, knight fish
집게고기	forceps fish	철갑상어	sturgeon
짧은코가피시	shortnose gar	청가시고기	nine-spined stickleback
쭈굴감펭	smallmouth scorpionfish	청다랭이	bluefin tuna
찰가자미	slime flounder	청달내가오리	pale-edged stingray
찰양태	spear dragonet	청대치	cornetfish, flute mouth
참가자미	brown sole	청돔	silver bream, tarwhine
참놀래기	wrasse, rainbow fish	청베도라치	yatabe blenny
참다랭이	albacore	청보리멸	silver whiting
참돔	Japanese porgy red seabream	청복	four-saddle puffer
참마자	long-nosed barbel	청상아리	bonito shark, mako shark
참붕어	southern top-mouthed minnow, stone moroko	청새리상어	blue shark
		청새치	blue marlin, striped marlin

청소고기	algae eater	칼꼬리카라신	swordtail caracin
청소놀래기	cleaner wrasse	칼납자루	oily bitterling
청어	herring, Pacific herring	카라신	characin
청자갈치	porous-head eelpout	캘리포니그루니언	California grunion
청전갱이	kuweh trevally	캘리포니시프헤드	California sheephead
청줄돔	bluestriped grunt	커스크뱀장어	cusk eel
청황돔	painted sweet lips, blackall	커트스로트송어	cutthroat trout
청황문절	flower goby	커틀립미노	cutlips minnow
체리샐먼	cherry salmon	컨빅트	convict
초록곰치	green moray	케이롤피스	cheirolpis
준어	grass carp	케이비존	cabezon
초콜렛구라미	chocolate gourami	켈라사	kelasa
추나구라미	chuna gourami	켈프베스	kelp bass
층거리가자미	sanddab, sand flounder	켈프퍼치	kelp perch
칠리페퍼	chilipepper	켈프피지	kelp fish
칠서대	mottled tonguefish	코끼리고기	elephant fish
칠성갈치	blackedged-fin eelpout	코끼리모르미리드	elephant-trunk mormyrid
칠성말배꼽	brook lamprey, sand lamprey	코발트자리돔	cobalt damselfish
칠성장어	seven-gill shark, cow shark	코비나	corbina
칠성장어	lamprey, sea lamprey, spotted l.	코카니	kokanee
카노스청어	milkfish, salmon herring	코튼캄포리드	cotton comephorid
카란지드	carangid	코페이나	copeina
카밋	comet	콩고누운메기	Congo upside down catfish
칼꼬리	swordtail	콩고테트라	Congo tetra

국	영	명	국	영	명
구르투스	forehead breeder, kurtus		타랍지	bigseale pomfret	
쿨리머꾸리	coolie loach		타이거바브	tiger barb	
퀸슬랜드레인보	Queensland rainbow		타이거피시	African tiger fish, tiger fish	
퀼백서커	quillback sucker		타이거오스카	tiger oscar	
크래피	crappy		타일피시	tilefish	
크리벤시스	cribensis		타폰	tarpon	
크리크처브	creek chub		타폰스눅	tarpon snook	
쓰리가시고기	three-spine stickleback		타자불락	white-edged rockfish	
쑈눈똠	short bigeye		태붕장어	blacktipped conger	
큰바라큐다	great barracuda		태평양바라큐다	Pacific barracuda	
큰방어	greater amberjack		터보트	turbot	
큰입베스	largemouth bass, spotted bass		비노포마	ctenopoma	
큰입버팔로	bigmouth buffalo		비트라류	tetra	
큰줄일개비늘	rifle cardinal fish		토킹캣피시	talking catfish	
클라라	clara		토토그	tautog	
키메라은상어	plownose chimera		톰코드	tomcod	
키싱구라미	kissing gourami		톰테이트	tomtate	
키클라소마	ciclasoma		톱상어	sawfish, small tooth sawfish	
키클리드(류)	cichlid		톱스멜트	topsmelt	
키홀피시	keyhole fish		통구멍이	blackbanded stargazer	
킬로더스	chilodus		투라치	dealfish, ribbon fish	
킬리피시	killifish		투명고기	translucent knife fish	
킹피시	kingfish		투어	betta	

통빗매퉁이	great lizardfish	펜슬피시	pensil fish
통쏠치	monkey-fish	펭귄피시	penguinfish
트렁크피시	trunkfish	평삼치	king markerel
트루미노	true minnow	폐어	lung fish
트위그캣피시	twig catfish, falrowella	포기	porgy, scup
틸라피아	tilapia	포르테우스	portheus
파라칸투루스	regal tang	포크피시	porkfish
파랑돔	blue damselfish	포토스토미아스	photostomias
파랑비늘돔	blue parrotfish, parratfish	포트	port
파랑줄돔	monocle damselfish	폴록	pollock
파랑쥐치	queentrigger, triggerfish	표문쥐치	brown unicornfish
파이어마우스	firemouth	푸른눈매퉁이류	greeneye
파이크	pike	푸른왕메기	blue catfish
파이크캐라신	pike charasin	풀넙치	lyre flatfish
파이크캐릴리드	pike cichild	풀망둑	Javelin goby
파이크톱미노	pike top minnow	풀미역치	spotted velvetfish
파잉줄고기	sailfin poacher	풀반댕이	shot-horned ancovy
팔로메다	palometa	풀반지	Hamilton's anchovy
팔로웰라→트위그캣피시	falrowella	풀비늘망둑	shore goby
팬피시	pan fish	풀잉어	Pacific tarpon, ox eye tarpon
퍼치	perch	풀해마	barbed pipefish
펄처	pulcher	프리스카카라스	Priscacaras
페스티붐	festivum	프티콜레프시스	Ptycholepsis
펜두상어	milk shark	플라잉바브	flying barb

국	영	명
플라잉폭스	flyingfox	
플라티베릭스	platyberix	
플래티	platy	
플레코스토마스	plecostomas	
플로리다블루핀	Florida bluefin(blue dace)	
플로리다폼파노	Folorida pompano	
피그미곰치	pygmy moray eel	
피그미선피기	pygmy sunfish	
피그피시	pigfish	
피라나	pirahna	
피라루쿠	pirarucu, paiche	
피라이바	piraiba fish	
피크렐	pickerel	
핀피시	pinfish	
필차드	pilchard	
핑크테일캐라신	pinktailed characin	
하스돔	silvergrunter, grunt	
하프로플레피스	haplolepis	
하프빅	halfbeak	
할리퀸라스보라	harlequin rasbora	
해도크	hadock	
해마	seahorse	
해이크	hake	

국	영	명
해포리고기	sergent-major	
핼리버트	halibut	
행타상어	tope shark	
헤드라이트피시	headlight fish	
헤드스탠더	headstander	
헤미오두스	hemiodus	
혀가자미	tongue sole	
허날치	margined flyingfish	
호그서커	hog sucker	
호그초커	hogchoker	
호그피시	hogfish	
호바돔	razorfish, scarbreast tuskfish	
호박써선피시	pumpkinseed fish	
호수가자미	barfin plaice	
혹돔	cold porgy, bright red wrasse	
홍가자미	flathead flounder, placie, sand dab	
홍감팽	rosefish	
홍대치	flute mouth, red cornetfish	
홍바리	banded reef-cod	
홍어(류)	skate, ray	
홍연어	red salmon, sockeye salmon	
홍옥치	crescent-tail bigeye	
홍치	bulleye perch, alfonsino	

화이트그래피	white grappie	황우럭	yellow grouper
화이트배스	white bass	황점볼락	oblong rockfish
화이트베이트은어	whitbait smelt	황제비테트라	emperor tetra
화이트서커	white sucker	황조어	yellowstriped butter fish
화이트시베스	white seabass	황줄깜정이	lembus rudderfish
화이트팁사크	white-tipped shark	황줄돔	boarfish
화이트퍼치	white perch	황줄바리	emerald bass
화이트헤이크	white hake	황줄베도라치	barcheek gunnel
흰도상어	fox shark	황하지	clingfish, stork clingfish
황우어	sea lancelet	회색통돔	gray snapper
황치	platax	흰꼬리볼락	longspined rockfish
황갈치	bandfish	흉상어	ground shark, requiem shark
황날치	sailfin flying fish	흑농어	gigantic
황놀래기	bambooleaf wrasse	흑대기	black cow tongue, blacksole
황다랑어	yellowfin tuna	흑배쥐치	brown leather jacket
황돔	yellow porgy, yellow sea bream	흑베일돔	black nibbler
황등어	yellowback fusilier	흑빨판어	black remora
황배통이	snake fish	흑아귀	black devil
황볼락	oweston stingfish	흑연	bighead carp, silver carp
황새치	broadbill swordfish, swordfish	흑조기	black croaker
황성대	oriental crocodilefish	흑줄고기	demon poacher
황아귀	fishing-frog, yellow angler	흰무늬치	blackmouth cardinalfish
황어	dace	흰가오리	sepia stingray, round stingray
황옥돔	yellow branchiostegus fish	한돔	white grunt

국	영	국	영
흰동가리	anemone fish, clownfish	흰빨판이	white suckerfish
흰동갈망둑	misaki striped goby	흰점복	finepatterned puffer
흰바다빙어	white sea smelt	흰줄납줄개	rose bitterling
흰배망둑	white ventral goby	흰줄망둑	white girdled goby
흰비늘가자미	lance flounder	흰지느러미상어	white tipped shork

■ 학명-국명

Ammodytes personatus	까나리	Apogon kiensis	큰줄얼게비늘
Amphiprion clarkii	흰동가리	Apogon lineatus	열동가리돔
Anabas testudineus	아나바스	Apogon semilineatus	줄도화돔
Anableps anableps	네눈고기	Aptocyclus ventricosus	뚝지
Anago anago	꾀붕장어	Arapaima gigas	피라루쿠
Anarhichas lupus	울프피시	Archoplites interruptus	새크라멘토퍼치
Anchoa	엔초비	Archosargus probatocephalus	양마리포기
Anchoa mitchilli	멸치	Arctoscopus japonicus	도루묵
Anguilla japonica	뱀장어	Argyrops bleekeri	실붉돔
Anguilla mauritianus	무태장어	Argyrosomus argentatus	보구치
Anguilla rostrata	아메리카뱀장어	Arias felis	돌머리메기
Anguillidae	뱀장어류	Aristichthys nobilis	흑연
Anisotremus virginicus	포크피시	Arnoglossus japonicus	목탁가자미
Anoptichthys jordani	장님고기	Arnoldichys spilopterus	붉은눈케라신
Apeltes quadracus	네마디가시고기	Aseraggodes kobensis	동서대
Aphanius iberus	스페인킬리피시	Aspasmichthys ciconiae	황학치
Aphyocharax rubropinnis	블루드핀	Assurger anzac	붕동갈치
Aphyocypris chinensis	왜몰개	Astronotus ocellatus	타이거오스카
Aphyosemion australe	가문고꼬리	Astronotus ramirezi	램
Aphyosemion sjoestedti	블루굴라리스	Ateleopus japonicus	꼬리치
Apistus carinatus	별감펭	Atherinopsis califoniensis	잭스멜트
Aplocheilus lineatus	라인판차스	Atractoscion nobilis	화이트시베스
Apogon carinatus	먹테얼게비늘	Atrobucca nibe	흑조기
Apogon doederleini	세줄얼게비늘	Atropus atropus	청전갱이

학명	국명	학명	국명
Aulacocephalus temmincki	황줄바리	*Bero elegans*	베로치
Aulichthys japonicus	실비늘치	*Beryx decadactylus*	금눈돔
Aulostomus chinensis	주둥이해마	*Betta splendens*	투어
Austrofundulus	스왈로우킬리	*Blepsias bilobus*	가지횟대
Auxis tapeinosoma	물치다래	*Blepsias cirrhosus*	날개횟대
Auxis thazard	물치다래	*Bodianus bilunulatus*	사당놀래기
Badis badis	바디스	*Bodianus oxycephalus*	사랑놀래기
Bagre marinus	갬툼세일메기	*Boesemanichthysfirmamentum*	별복
Balistapus aculeatus	배주름쥐치	*Bothidae*	넙치류
Balistes capistratus	검쥐치	*Bothus myriaster*	별목테가자미
Balistes conspicillum	파랑쥐치	*Botia horae*	스컹크미꾸라지
Banjos banjos	독돔	*Botia macracanthus*	보르네오미꾸라지
Barbatula toni	종개	*Boulengerella maculata*	파이크캐라신
Barbus	바브류	*Brachydanio*	다니오류
Barbus tetrazona	타이거바브	*Brachydanio rerio*	제브라다니오
Barilius	바릴티우스	*Brachygobius xanthozomus*	범붕비피시
Bass	흑농어	*Brachymystax lenok*	열목어
Bathophilus ater	드메코피시	*Brachyopsis rostratus*	잔줄고기
Bathygobius fuscus	무늬망둑	*Brama raii*	새다래
Bathypterois atricolor	가미고기	*Branchiostegus argentatus*	우두어
Belonesox belizanus	파이크톱미노	*Branchiostegus japonicus*	옥돔
Belontia signata	빗꼬리파라다이스	*Branchiostegus japonicus*	황옥돔
Bembras japonicus	빨간양태	*Bregmaceros japonicus*	날개멸

학명	국명
Breviraja isotrachys	저가가오리
Brevoortia tyrannus	대서양정어리
Brotulid	브로툴리드
Bunocephalus coracoideus	배조캣피시
Callanthias japonicus	노랑벤자리
Callionymus doryssus	창양태
Callionymus flagris	실양태
Callionymus lunatus	돛양태
Callionymus punctatus	동갈양태
Callorynchus	키메라코은상어
Calotomus japonicus	비늘돔류
Canthidermis maculatus	무늬쥐치
Canthidermis rotundatus	그물쥐치
Canthidormis	그물쥐치류
Canthigaster rivulata	청복
Caprodon schlegelii	붉벤자리
Caranx	전갱이류
Caranx helvolus	민전갱이
Carassius auratus	금붕어
Carassius carassius	붕어
Carcharhinus brachyurus	무태상어
Carcharhinus japonicus	흉상어
Carcharhinus melanopterus	검정지느러미상어
Carcharhinus plumbeus	샌드바상어
Carcharodon carcharias	백상아리
Caridina denticulata	새뱅이
Carnegiella strigata	마블도끼고기
Carpiodes cyprinus	흰백서커
Catostomus commersoni	화이트서커
Cecapterus muroadi	갈고등어
Centropomus	스눅류
Centropomus undecimalis	스눅
Centropristis striata	블랙시배스
Cephaloscyllium umbratile	복상어
Cephaloscyllium ventriosum	노란복상어
Cepola schlegeli	황줄치
Ceratias	세라티아스
Cetorhinus maximus	돌묵상어
Chaenobryttus gulosus	위마우스
Chaenogobius gulosus	날망둑
Chaenogobius heptacanthus	산망둑
Chaenogobius mororanus	얼룩망둑
Chaenogobius urotaenia	꾹저어
Chaetodon auriga	가시나비고기
Chaetodon auripes	나비고기
Chaetodon modestus	세동가리돔
Chaetodon nippon	나비돔
Chaeturichthys hexanema	도화망둑

학	명	구	명
Chaeturichthys sciistius	수염문절		
Chaeturichthys stigmatias	쉬쉬망둑		
Chalceus macrolepidotus	꽁크비일케다신		
Chanda lala	유리고기		
Channa argus	가물치		
Chasmichthys dolichognathus	점망둑		
Chasmichthys gulosus	별망둑		
Chauliodus barbatus	바이퍼피시		
Chelidonichthys spinosus	성대		
Chelidoperca hirundinacea	각시돔		
Chilodus punctatus	칠로더스		
Chilomycterus schoepfi	바늘거부복		
Chiloscyllium colax	얼룩상어		
Chimaera	은상어류		
Chimaera affinis	은상어		
Chimaera monstrosa	귀신은상어		
Chirocentrus dorab	물멸		
Chlamydoselacus anguineus	무주름상어		
Choerodon axurio	호박돔		
Chorististium japonicum	가시우럭		
Chromis marginatus	디프피시		
Chromis notatus	자리돔		
Cichlasoma	기름다소마		

학	명	구	명
Cichlasoma biocelatum	잭댐포시		
Cichlasoma erythraeum	페트베블		
Cichlasoma festivum	페스티붐		
Cichlasoma meeki	파이어마우스		
Cichlasoma nigrofasciatum	진비트		
Cichlasoma severum	세베룸		
Cichlidae	기름리드(류)		
Cirrhilabrus temmincki	실용치		
Citharoides macrolpidotus	풀넙치		
Clarias batrachus	날개메기		
Clarias lazera	클라리		
Cleisthenes pinetorum	용가자미		
Clidoderma asperrimum	줄가자미		
Clupanodon punctatus	전어		
Clupea harengus	대서양청어		
Clupea pallasi	청어		
Cobitidae	미꾸라지류		
Cobitis taenia	기름종개		
Cociella crocodila	까치양태		
Coelacanth	실러캔스		
Coelorhynchus japonicus	꼬리민태		
Coelorhynchus longissimus	무쭐비늘치		
Coilia ectenes	웅어		

Coilia nasus	싱어
Colisa	구라미(류)
Colisa chuna	주나구라미
Colisa labiosa	입술구라미
Colisa lalia	비단구라미
Cololabis saira	꽁치류
Conger japonicus	검붕장어
Conger oceanicus	붕장어
Copeina	코페이나
Copeina arnoldi	스플래시테트라
Coregonus artedii	시스코
Coregonus clupeaformis	레이크화이트피시
Coreoleuciscus splendidus	쉬리
Corydoras	감옷메기류
Corydoras aeneus	에네우스캣피시
Corydoras agassizi	아가시즈캣피시
Corydoras arcuatus	스킹크캣피시
Corydoras elegans	엘리건트캣피시
Corydoras julii	줄리코리캣피시
Corynopoma riisei	칼꼬리테라신
Coryphaena egquisetis	줄만새기
Coryphaena hippurus	만새기
Cottiusculus gonez	꼬마횟대
Cottiusculus schmidti	점줄횟대

Cottus bairdi	얼룩스클핀
Cottus poecilopterus	둑중개
Crenicichla lepidota	파이크크리클리드
Cryptocentrus filifer	실망둑
Cryptopsaras couesi	검정아귀
Crystallias matsushimae	물미거지
Ctenolucius hujeta	강꼬치고기
Ctenopharyngodon idella	초어
Ctenotry pauchen wakae	빨갱이
Ctnopoma	티노포마
Culaea inconstans	갑가시고기
Cyclopterus lumpus	덤프피시
Cynoglossus interruptus	칠서대
Cynoglossus joyneri	참서대
Cynoglossus robustus	개서대
Cynoglossus trigrammus	까지서대
Cynolebias belloti	아르젠티진주고기
Cynoscion regalis	위크피시
Cynossion	바다송어
Cyprinidae	잉어과
Cypriniforme	잉어목
Cyprinodontidae	송이고기
Cyprinodon variegatus	양머리미노
Cyprinus carpio	잉어

학	명	국	명	학	명	국	명
Cypselurus cyanopterus		허남치		Eleginus novaga		빨간대구	
Cypselurus poecilopterus		새남치		Eleotris oxycephala		구굴무치	
Daicocus peterseni		별죽지성대		Elops machnata		당멸치	
Dasyatis akajei		노랑가오리		Enedrias		베도라치류	
Dasyatis sayi		세찍꼬리가오리		Engraulis japonica		멸치	
Dasyatis zugei		청달내가오리		Engraulis mardax		부멸	
Dasycottus japonicus		고무적정이		Enophrys diceraus		뿔횟대	
Davidijordania poecilimon		문자갈치		Entomacrodus stellifer		저울베도라치	
Decapterus maruadsi		가라지		Eopsetta grigorjewiunda		물가자미	
Dentex tumifrons		황돔		Epalzeorhynchus kallopterus		플라잉폭스	
Dermogenys pussilus		페슐링하프비크		Ephipicharax orbicularis		실버다라	
Dexistes rikuzenius		눈가자미		Epinephelus		우럭류	
Dictyosoma burgeri		그물베도라치		Epinephelus akaara		붉바리	
Diodon halocanthus		가시복		Epinephelus awoara		도도바리	
Distichodus lussoso		디스티코두스		Epinephelus chlorostigma		구실우럭	
Ditrema temmincki		양망상어류		Epinephelus epistictus		점줄우럭	
Doderleinia berycoides		눈볼대		Epinephelus fasciatus		홍바리	
Doras spinosissimus		토킹캣피시		Epinephelus itajara		쥬피시	
Echeneis naucrates		대빨판이		Epinephelus latifaciatus		종매우럭	
Echinorhinus brucus		가시상어		Epinephelus megachir		일탁우럭	
Elagatis bipinnulata		참치방어		Epinephelus moara		자바리	
Elassoma evergladei		피그미선피기		Epinephelus morio		적우럭	
Electrophorus electricus		전기뱀장어		Epinephelus nigritus		와르소우럭	

학명	국명
Epinephelus poecilonotus	닻줄바리
Epinephelus septemfasciatus	능성어
Epiplatys dageti	붉은입관찬스
Eptatretus burgeri	먹장어
Erisphex potti	풀미역치
Ernogrammus hexagrammus	세줄베도라치
Erosa erosa	둑중개
Erythrocles schlegeli	선홍치
Esomus donrica	풀라잉바브
Etelis carbunculus	꼬리돔
Etheostoma caeruleum	베인보다티
Etheostoma nigrum	자니다티
Etmopterus lucifer	가시줄상어
Etroplus maculatus	오렌지크로메이드
Etrumeus teres	눈퉁멸
Eucinostomus	모아라스
Eucinostomus gula	실배체니
Eudontomyzon morii	칠성말배꼽
Eumicrotremus orbis	도치
Eupleurogrammus muticus	분장어
Eutaeniichthys gilli	댕기망둑
Euthynnus affinis	점다랑이
Euthynnus pelamis	가다랑이
Eviota abax	풀비늘망둑
Evistias acutirostris	육동가리돔
Evoxymetopon taeniatus	등동갈치
Eynnis japonica	붉돔
Exoglossum maxillingua	커틀립미노
Exos americanus	그라스피크럴
Exos lucius	노선파이크, 파이크
Exos masquinongy	머스클런지
Exos niger	체인피크럴
Farlowella acus	트위그캣피시
Favonigobius gymnauchen	날개망둑
Fistalaria petimba	청대치
Fistularia commersonii	홍대치
Flammeo sammara	무늬알게돔
Franzia squamipinnis	금강바리
Fugu pardalis	졸복
Fugu poecilonotus	흰점복
Fundulus	킬리피시
Fundulus chrysotus	골든이어
Furcina ishikawai	알롱횟대
Furcina oshimai	무늬횟대
Gadus	대구류
Gadus macrocephalus	대구
Gadus morhua	대서양대구
Gaidropsarus pacificus	수염대구

학	명	국	명	학	명	국	명
Galeocerdo cavieri		뱀암상어		Goniistius quadricornis		네뿔동가리	
Galeorhinus galeus		행락상어		Gonorhynchus abbreviatus		압치	
Galeorhinus zyopterus		수프빈상어		Gymnocanthus herzensteini		대구횟대	
Gambusia affinis		모기고기		Gymnocanthus intermedius		가시횟대	
Gasterosteus aculeatus		큰가시고기		Gymnocanthus pistilliger		밑횟대	
Gastropelecus levis		은도끼고기		Gymnocorymbus ternetzi		꽃잎테트라	
Geophagus jurupari		더트이터		Gymnocranius griceus		가치돔	
Gerres japonicus		비늘게레치		Gymnothorax funebris		초록곰치	
Gerres oyena		게레치		Gymnothorax hepatica		가지골	
Gila crassicauda		시크비일처브		Gymnothorax kidako		곰치	
Gillichthys mirabilis		머드서커		Gymnothorax mieroszewskii		배설곰치	
Ginglymostoma cirratum		너스상어		Gymnothorax moringa		점박이곰치	
Girella mezina		양벵에돔		Gymnotus carapo		줄무늬나이프피시	
Girella nigricans		오팔아이		Gymnura japonica		나비가오리	
Girella punctata		뱅에돔		Gyrinocheilus aymonieri		청소고기	
Glossanodon semifasciata		샛멸		Haemulon aurolineatum		톰테이트	
Glyptocephalus stelleri		기름가자미		Haemulon plumieri		흰돔	
Gnathonemus petersi		코끼리고기		Haemulon sciurus		줄돔	
Gnathophis nystromi		은붕장어		Halaelurus burgeri		불범상어	
Gobio gobio		모샘치		Halichoeres poecilopterus		용치놀래기	
Gobiosoma bosci		민바늘망둑		Halichoeres tenuispinus		놀래기	
Gobius		문절망둑류		Halichoeres tremebundus		참놀래기	
Goniistius gonatus		아홉동가리		Halieutaea stellata		빨강부치	

학명	국명
Hapalogenys kishinouyei	눈퉁군펭선
Haplochromis strigigena	이집트마우스브리더
Harengula zunasi	밴댕이
Harpodon nehereus	물천구
Helicolenus hilgendorfi	홍감펭
Helostoma temmincki	키싱구라미
Hemibarbus labeo	누치
Hemibarbus longirostris	참마자
Hemichromis bimaculatus	보석어
Hemigrammus	테트라류
Hemigrammus armstrongi	골든테트라
Hemigrammus gracillis	글로우라이트테트라
Hemigrammus hyanary	블루네온
Hemigrammus ocellifer	헤드라이트피시
Hemigrammus pulcher	펄처
Hemigrammus rhodostomus	라미노스, 페드노스
Hemiodus	헤미오두스
Hemipteronatus novacula	진주놀래기
Hemiramphus brasiliensis	발리후
Hemiramphus kurumeus	줄공치
Hemiramphus micropterus	산꽁치
Hemitripterus americanus	삼세기
Heterandria formosa	난쟁이톱미노
Heterodontus japonicus	괭이상어

학명	국명
Heterodontus quoyi	소머리상어
Heterodontus zebra	삿갓상어
Heteromycteris japonicus	납서대
Hexagrammos agrammus	노래미
Hexagrammos decagramus	쥐노래미
Hexagrammos octogrammus	줄노래미
Hexagrammos otakii	쥐노래미
Hippocampus	해마
Hippocampus histrix	가시해마
Hippocampus japonicus	산호해마
Hippocampus kuda	복해마
Hippoglossides platessoides	홍가자미
Hippoglossoides dubius	홍가자미
Hirundichthys rondeleti	검은날치
Histiophorus orientalis	돛새치
Histiopterus typus	황줄돔
Histrio histrio	노랑씬벵이
Hoplobrotus armata	붉은메기
Hucho ishikawai	자치
Hydrolagus colliei	점박이은상어
Hydrologus	은상어류
Hyopomus artedii	투명고기
Hypentelium nigricans	호그서커
Hyperoglyphe japonicus	연어병치

학 명	국 명	명	학 명	국 명	명
Hyphessobrycon	블레비온		Istiblennius enosimae	대강베도라치	
Hyphessobrycon flammeus	붉은비드라		Isurus oxyrinchus	청상아리	
Hyphessobrycon innesi	네오비드라		Johnius belengerii	민태	
Hyphessobrycon pulachripinnis	피르비드라		Jordanella floridae	아메리카플봬그피시	
Hyphessobrycon scholzei	검은줄비드라		Kareius bicoloratus	돌가자미	
Hypoatherina tsurugae	은줄멸		Kentrocapros aculeatus	육각복	
Hypomesus olidus	빙어		Kryptopterus bicirrhis	유리메기	
Hypomesus pretiosus	날빙어		Kuhlia mugil	은엉어	
Hypophthalmichthys molitrix	백연		Kurtus	구르투스	
Hypoptychus dybowskii	양미리		Kyphosus	처브	
Hyporhamphus unifaciatus	학꽁치		Kyphosus cinerascens	무늬갈돔	
Hypsagonus quadricornis	뿔줄고기		Kyphosus lembus	황줄감정이	
Icelue spiniger	줄가시횟대		Kyphosus sectatrix	바뮤다처브	
Ictalurus nebulosus	아메리카메기		Labeo bicolor	붉은꼬리자크	
Ictalurus punctatus	돌메기		Labeo erythrurus	레드판사크	
Ictalus furcatus	푸른왕메기		Labracoglossa argentiventris	황조어	
Ictiobus	버팔로고기		Lachnolaimus maximus	호그피시	
Ictiobus bubalis	작은입버팔로		Lactophrys quadricornus	뿔가부복	
Ictiobus cyrpinellus	큰입버팔로		Lactophrys trigonus	트렁크피시	
Ilisha elongata	준치		Lactoria cornutus	뿔복	
Inegocia japonica	잡양태		Laeops kitaharai	회비늘가자미	
Inimicus japonicus	쑤기미		Lagocephalus laevigatus	매복	
Iso flos-maris	물꽃치		Lagocephalus lunaris	밀복	

학명	국명
Lagodon rhomboides	편피시
Lamna ditropis	악상어
Lampetra japonica	칠성장어
Lamprotoxus	람프로톡수스
Lateolabrax japonicus	농어
Leiocassis siamensis	냄블비캣피시
Leiognathus elongatus	왜주둥치
Leiognathus lineolatus	줄주둥치
Leiognathus nuchalis	주둥치
Leiognathus rivulatus	점주둥치
Lepidopsetta bilineata	까지가자미
Lepidopsetta mochigarei	솔봉가자미
Lepidotrigla abyssalis	밀달갱이
Lepidotrigla guntheri	꼬마달재
Lepidotrigla microptera	달갱이
Lepisosteus	가피시류
Lepisosteus osseus	긴주둥이가피시
Lepisosteus platostamus	짧은코가피시
Lepomis cyanellus	그린선피시
Lepomis gibbosus	호박색선피시
Lepomis macrochirus	선피시, 블루길
Lepomis megalotis	긴귀선피시
Lepomis microlophus	붉은귀선피시
Leporinus fasciatus	페포리누스
Lethrinus haematopterus	구갈돔
Lethrinus nematacanthus	줄갈돔
Leucopsarion petersi	사백어
Leucosoma reevesii	쌀병어
Leuresthes tenuis	켈리포너그루니언
Limanda aspera	각시가자미
Limanda herzensteini	참가자미
Limanda punctatissima	총가리가자미
Limanda schrencki	점가자미
Limanda yokohamae	문치가자미
Liobagrus mediadiposalis	자가사리
Liobagrus reini	동지가사리
Liopsetta pinnifasciata	호수가자미
Liparis tanakae	꼼치
Liparis tessellatus	물메기
Liza carinata	등줄숭어
Liza haematocheila	가숭어
Lobotes surinamensis	백미돔
Lophiida	아귀류
Lophius americanus	키위고기
Lophius litulon	황아귀
Lopholatilus chamaeleonticeps	타일피시
Loricaria parva	긴꼬리메기, 로리카리아
Lota lota	모오캐

학 명	국 명	학 명	국 명
Lucania goodei	플로리다블루핀	*Masturus lanceolatus*	물개복치
Luciogobius guttatus	미끈망둑	*Maurolicus muelleri*	앨퉁이
Lutianidae	물퉁돔류	*Megalamphodue sweglesi*	스위글페시
Lutjanus apodus	스쿨매스터	*Megalops atlantica*	타폰
Lutjanus campechanus	붉은퉁돔	*Megalops cyprinoides*	풀잉어
Lutjanus griseus	회색퉁돔	*Melanocetus johnsoni*	촛오귀
Lutjanus monostigma	무늬퉁돔	*Melanogrammus aeglefins*	해도크
Lutjanus rivulatus	물퉁돔	*Melanotaenia macullnchi*	퀸슬랜드레인보
Lutjanus russelli	점퉁돔	*Mene maculata*	배불뚝치
Lutjanus vitta	동갈퉁돔	*Menticirrhus americanus*	남방킹피시
Lycodes diapterus	먹갈치	*Menticirrhus undulatus*	코비나
Lycodes tanakae	벌레문치	*Merluccius bilinearis*	헤이크
Macropodus chinensis	버들붕어	*Mesogonistius chaetodus*	검은줄선피시
Macropodus opercularis	천구어	*Metynnis schreitmuelleri*	실버달러
Macrorhamphosus scolopax	대주둥치	*Microcanthus strigatus*	범돔
Makaira indica	백새치	*Microgadus tomcod*	톰코드
Makaira mazara	녹새치	*Micropogonias undulatus*	대서양민어
Malakichthys griseus	눈퉁바리	*Micropterus doromieui*	작은입베스
Malakichthys wakiyai	불기우럭	*Micropterus punctulatus*	점박이베스
Malapterurus electricus	전기메기	*Micropterus salmoides*	큰입베스
Mallotus villosus	열빙어	*Microstomus achne*	참가자미
Manta birostris	대서양가오리	*Miichthys miiuy*	민어
Mastocembelus congicus	일록가시장어	*Minous pusillus*	얕탈쏠치

Misgurnus mizolepis	미꾸라지
Mobula japonica	쥐가오리
Mola mola	개복치
Mollienisia Velifera	세일핀몰리
Mollienisia sphenops	블랙몰리
Monacanthus	쥐치류
Monocentris japnoica	철갑둥어
Monocirrhus polyacanthus	리프피시
Monodactylus argenteus	모노
Monopterus albus	드렁허리
Moroco czkanowskii	모래스타스
Moroco percnurus	동버들개
Moroco steindachneri	버들치
Morone americana	화이트퍼치
Morone chrysops	화이트배스
Morone mississippiensis	옐로배스
Morulius chrysophekadion	블랙샤크
Moxostoma macrolepidotum	레드호스스커커
Mugil cephalus	숭어
Muraena pardalis	알락곰치
Muraenesox cinereus	갯장어
Mustelus griseus	개상어
Mustelus manazo	별상어
Mycteroperca bonasi	먹우럭

Mycteroperca venenosa	황우럭
Myctophum asperum	얼비늘치
Myctophum nitidulum	샛비늘치
Myliobatis bobijei	매가오리
Myoxocephalus	스물핀
Myoxocephalus jaok	울적장이
Myripristis murdjan	적투어
Myrophis punctatus	지렁이뱀장어
Myrophis uropterus	날개뱀장어
Mystriophis porphyreus	자물뱀
Nannostomus	펜슬피시
Naso unicornis	표문쥐치
Naucrates cluctor	동갈방어
Navodon modestus	말쥐치
Nematalosa japonica	대전어
Nematobrycon palmeri	황제테트라
Nemipterus virgatus	실꼬리돔
Neobythites sivicola	그물메기
Neoditrema ransonneti	인상어
Neopomacentrus violascens	점자돔
Neosalanx andersoni	도화뱅어
Neosalanx jordani	젓뱅어
Nibea albiflora	수조기
Nibea diacanthus	꼬마민어

학명	국명	평
Nibea mitsukurii	동갈민어	
Niphon spinosus	다금바리	
Notachantus aculeatus	가시장어	
Notemigonus crysoleucas	금드샤이너	
Notopterus	스포트나이프피시	
Notopterus chitala	인도나이프피시	
Notorhynchus cepedianus	칠성상어	
Notropis atherinoides	에머랄드샤이너	
Notropis lutrensis	레드핀샤이너	
Noturus	불헤드	
Occlla dodecaedron	꽃줄고기	
Ocyurus chrysurus	노랑꼬리물퉁돔	
Odontamblyopus rubicundus	개소겡	
Odontaspis taurus	밤상어	
Odontobutis obscura	동사리	
Ogcocephalus nasutus	박쥐아귀	
Omobranchus elegans	앞동갈베도라치	
Oncohohynchus masou	산천어	
Onchorhynchus keta	개연어	
Onchorhynchus gorbuscha	곱사송어	
Oncorhynchus kisutch	은연어	
Oncorhynchus masou	송어	
Oncorhynchus nerka	홍연어	

학명	국명	평
Oncorhynchus tshawtscha	왕연어	
Onigocia spinosa	비늘양태	
Ophichthys remiger	물뱀	
Opisthocentrus zonope	육점날개	
Oplegnathus fasciatus	돌돔	
Opsariichthys bidens	끄리	
Orectolobus japonicus	수염상어	
Orectolobus ornatus	융단상어	
Orthopristis chrysoptera	피그피시	
Oryzia latipes	쌀고기	
Osmerus eperlanus	바다빙어	
Osmerus mordax	무지개빙어	
Ospanus beta	두꺼비고기	
Osteoglossum bicirrhosum	애로와나	
Ostichthys japonicus	도화돔	
Ostracion cubicus	박스피시	
Oxyconger leptognathus	물붕장어	
Pagrus major	참돔	
Pampus argenteus	병어	
Pantodon bucholizi	담수나비고기	
Parabembras curtus	눈양태	
Paracaesio tumidus	황등어	
Paracheilognathus rhombea	납지리	

Paralabrax clathratus	켈프베스
Paralichthys olivaceus	넙치
Paramyxine atami	묵꾀장어
Parapercis multifasciata	열쌍동가리
Parapercis pulchella	노동미리
Parapercis sexfasciata	쌍동가리
Parapercis snyderi	동미리
Paraplagusia japonica	흑대기
Parapristipoma trilineatum	벤자리류
Para silurus asotus	메기
Parastromateus niger	병차매가리
paratygon laticeps	아마촌독가리오리
Parexocoetus brachypterus	황날치
Parupeneus fraterculus	금줄촉수
Parupeneus spilurus	두줄촉수
Pelmatochromis	크리벤시스
Pelteobagrus fluvidrac	동자개
Pempheris japonicus	날개주뱅이
Pentaceros japonicus	시저구
Perca	퍼치
Perca flavescens	옐로퍼치
Percis japonica	네줄고기
Periophthalmus barbarus	말뚝망둥어
Peristedion orientale	황성대

Petromyzon marinus	칠성장어
Petroschmidtia toyamensis	칠성갈치
Petroscirtes brebiceps	두줄베도라치
Phallichthys amates	메리위도우
Phenoacogrammus interruptus	콩고베트라
Pholis ornatus	오색베도라치
Pholis taczanowskii	황줄베도라치
Photostomias	포토스토미아스
Phoxinus erythrogaster	밝은베네이어스
Pictiblennius ystabei	청베도라치
Pimelodella gracillis	슬렌더캣피시
Pisoodonophis zophistius	돛물뱀
Platichthys stellatus	별가자미
Platyberix	플라티베릭스
Platycephalus indicus	양태
Platyrhina sinensis	목타가오리
Plecoglossus altivelis	은어
Plecostomas punctatus	플레코스토마스
Plectopmus leopardus	무늬바리
Plectorhynchus cinctus	어름돔
Plectorhynchus pictus	청황돔
Plectranthias japonicus	연붉돔
Plesiops coeruleolineatus	육돈바리
Pleurogrammus azonus	임연수어

학	명	구	명	학	명	구	명
Pleuronectidae		가자미류		Prionotus		양성대류	
Pleuronichthys cornutus		도다리		Prionotus scitulus		레파드시로빈	
Plosotus lineatus		쏠종개		Prionurus microlepidotus		쥐돔	
Podothecus gilberti		길줄고기		Pristigaster cayana		때지	
Podothecus hamlini		팔각줄고기		Pristipomoides sieboldii		자붉돔	
Podothecus sachi		날개줄고기		Pristis pectinata		톱상어	
Podothecus thompsoni		실줄고기		Prognichthys agoo		날치	
Poecilia		물리		Prosopium cylindraceum		라은드화이트피시	
Poecilia latipinna		세일핀물리		Protoperus dolloi		폐어	
Poecilia reticulata		구피		Psenopsis anomala		샛돔	
Pogonias cromis		블텍드럼		Psettina ijimai		동백가자미	
Pollachius virens		폴록		Pseudaesopia japonica		각시서대	
Polydactylus plebejus		날가지숭어		Pseudalutarius nasicornis		물각쥐치	
Polyodon spathula		주걱철갑상어		Pseudanthias elongatus		장미돔	
Pomacentrus coelestis		파랑돔		Pseudobagrus vachelli		소홀동갱이	
Pomacentrus dorsalis		파랑줄돔		Pseudoblennius cottoides		가실망둑	
Pomatomus satatrix		블루피시		Pseudoblennius marmoratus		돌망둑어	
Pomoxis		크래피		Pseudoblennius percoides		돌팍망둑	
Pompadasys hasta		하스돔		Pseudocarcharias kamoharai		강남상어	
Porocottus allisi		실횟대		Pseudogobio esocinus		모래무지	
Potamotrygon		강가오리		Pseudolabrus gracilis		실놀래기	
Priacanthus hamrur		홍옥치		Pseudolabrus japonicus		황놀래기	
Prionace glaucus		청새리상어		Pseudoperilampus uyekii		각시붕어	

Pseudorasbora parva	참붕어	Raja miraletus	가울가오리
Pseudorasbora parva	참붕어	Raja pulchra	눈가오리
Pseudorhombus cinnamoneus	별넙치	Raja radiata	가시가오리
Pseudorombus pentophthalmus	점넙치	Raja tengu	살홍어
Pseudosciaena polyactis	참조기	Rajidae	가오리, 홍어
Psychrolutes paradoxus	물수배기	Rasbora	라스보라
Pteragogus flagellifer	여행놀메기	Rasbora heteromorpha	할리퀸라스보라
Pterogobius elapoides	일곱동갈망둑	Ratabulus megacephalus	봉오리양태
Pterogobius virgo	금줄망둑	Regalecus russellii	산갈치
Pterogobius zonoleucus	흰줄망둑	Remora albescens	흰빨판이
Pterois lumulata	쏠베감펭	Remora remora	빨판상어
Pterophyllum scalara	에인젤피시	Rhabdosargus sarba	청돔
Pterygotrigla hemisticta	밑성대	Rhechias retrotincta	태봉장어
Pungitius pungitius	가시고기	Rhina ancylostoma	목탁수구리
Pungitius pungitius	청가시고기	Rhincodon typus	고래상어
Pungitus kaibarae	잔가시고기	Rhinobatos hynnice phalus	점수구리
Pungtungia herzi	돌고기	Rhinobatos lentiginosus	수구리, 가래상어
Pygosteus pungitius	열마디가시고기	Rhinogobius brunneus	밀어
Pylodictis olivaris	남작메기메기	Rhizoprionodon acutus	쾌두상어
Rachycentron canadum	날세기	Rhodeus ocellatus	흰줄납줄개
Raja clavata	등가시가오리	Rhodeus sericeus	납줄개
Raja erinacea	쇠가오리	Rhynchobatus djiddensis	동수구리
Raja fusca	무가오리	Ricuzenius pinetorum	상어횟대
Raja laevis	문쩍가오리	Roloffia occidentalis	롤트피전트

학	국	명
Rooseveltiella nattereri	피라나	
Rudarius ercodes	그물코쥐치	
Sacura margaritacea	꽃돔	
Sagamia geneionema	바닥문절	
Salangichthys microdon	뱅어	
Salanx ariakensis	국수뱅어	
Salmo	골든트라우트	
Salmo clarki	커드스롯트송어	
Salmo gairdneri	무지개송어	
Salmo salar	대서양연어	
Salmo salar v.	세바고연어	
Salvelinus fontinalis	브룩트라우트	
Salvelinus malma	끈들매기	
Salvelinus namaycush	레이크트라우트	
Sarcocheilichthys wakiyae	참중고기	
Sarda sarda	대서양가다랭이	
Sardinops melanosticta	정어리	
Sardnops sagax	필자드	
Saurida wanieso	툴비매퉁이	
Scaphirhynchus platorhynchus	삽주둥이철갑상어	
Scarus guacamaia	레인보패로트피시	
Scoliodon laticaudus	아구상어	
Scolopsis inermis	네동가리	

학	국	명
Scomber australasicus	망치고등어	
Scomber japonicus	고등어	
Scomberomorus commerson	동갈삼치	
Scomberomorus koreanus	평삼치	
Scomberomorus maculatus	재방어	
Scombrop boops	게르치	
Scorpaena izensis	살살치	
Scorpaena neglacta	주공감펭	
Scorpaenichthys	케이비존	
Scorpaenopsis cirrhosa	쑥감펭	
Scylliorhinus torazame	두름상어	
Sebastes	양볼락류	
Sebastes goodei	칠리페퍼	
Sebastes hubbsi	우럭볼락	
Sebastes inermis	볼락	
Sebastes joyneri	도화볼락	
Sebastes longispinis	흰꼬리볼락	
Sebastes marinus	오션퍼치	
Sebastes oblongus	황점볼락	
Sebastes owstoni	황볼락	
Sebastes paucispinis	보가치오	
Sebastes schlegeli	조피볼락	
Sebastes taczanowskii	탁자볼락	

Sebastes thompsoni	불볼락
Sebastes tribittatus	세줄볼락
Seiaenops ocellatus	때드드럼
Selar crumenophthalmus	새가라지
Selene vomer	루크다운
Semicossyphus pulcher	캘리포니어시프헤드
Semicossyphus reticulatus	혹돔
Semotilus atromaculatus	크리크처브
Seriola dumerili	잿방어
Seriola quinqueradiata	방어
Serranidae	시베스
Sicyopterus japonicus	엽동갈문절
Siganus fuscescens	독가시치
Sillago japonica	청보리멸
Sillago sihama	보리멸
Siniperca scherzeri	쏘가리
Sirembo imberbis	등줄메기
Sparus latus	새눈치
Sphaerichthys osphromenoides	초콜릿구라미
Sphoeroides nephelus	남방복
Sphyma zygaena	귀상어
Sphyraena argentea	태평양바라쿠다
Sphyraena barracuda	큰바라쿠다
Sphyraena japonica	애꼬치
Sphyraena obtusata	창꼬치
Sphyraena pinguis	꼬치고기
Spratelloides japonicus	샛줄멸
Squaliobarbus curriculus	눈불개
Squaliolus laticaudus	난쟁이상어
Squalus acanthias	곱상어
Squalus brevirostris	모조리상어
Squatina squatina	전자리상어
Stenotomus chrysops	포기
Stephanolepis japonicus	세앙쥐치
Stereolepis doederleini	돗돔
Stereolepis gigas	돗돔
Sternoptyx diaphana	도끼고기
Stethojulis interrupta	무지개놀래기
Stichaeus grigorjewi	장갱이
Strongylura marina	나들피시
Symphurus orientalis	보섬서대
Symphysodon discus	디스커스
Synagrops japonicus	흑무점치
Synchiropus altivelis	도화양태
Syngnathus spicifer	실고기
Synodontis angelicus	아프리카쿠로메기
Synodontise nigriventris	서커스메기
Synodus	매통이류

학명	국명
Synodus variegatus	꽃동멸
Synondise	시노드티스
Taenioides cirratus	꽃개소경
Takifugu chrysops	눈불개복
Takifugu niphobles	복섬
Takifugu porphyreus	검복
Takifugu rubripes	자주복
Takifugu stictonotus	까칠복
Takifugu vermicularis	매리복
Takifugu xanthopterus	까치복
Tanichthys albonubes	백운산꼬리라미
Tautoga onitis	토토그
Terapon jarbua	살벤자리
Terapon oxyrhynchus	줄벤자리
Tetraodon stellatus	거끔복
Tetrapturus audax	청새치
Thalassoma	광대놀래기
Thalassoma bifasciatum	블루헤드
Thalassoma cupido	고생놀래기
Thalassoma purpureum	비단놀래기
Thayeria obliqua	펭귄피시
Thayeria sanctamariae	산타마리아
Theragra chalcogramma	명태
Theraponidae	타이거피시
Thrissa hamiltoni	풀반지
Thrissapurava	풀반댕이
Thunnus alalunga	날개다랑어
Thunnus albacares	황다랑어
Thunnus obesus	눈다랑이
Thunnus tonggol	백다랑이
Thunnus alalungo	참다랑이
Thymallus jaluensis	사루기
Tilapia mossamombica	틸라피아-
Tilesina gibbosa	혹줄고기
Torpedo nobiliana	전기가오리
Torpedo torpedo	전기가오리
Toxotes jaculator	사수어, 물총고기
Trachidermus fasciatus	꺽정이
Trachinocephalus myops	황매퉁이
Trachinotus baillonii	빨판매가리
Trachinotus falcatus	매가리
Trachipterus ishikawae	투라치
Trachurus declivis	누줄매가리
Trachurus symmetricus	전갱이
Trachyrhynchus holdepsis	그라나디
Traractes platycephalus	타타치

학명	국명
Triacanthodes anomalus	분홍쥐치
Triacanthus biaculeatus	은비늘치
Triaenopogon barbatus	아작망둑
Tribolodon taczanowskii	황어
Trichiurus haumela	갈치
Trichogaster leei	모자이크구라미
Trichogaster microlepis	실버구라미
Trichogaster pectoralis	뱀점절구라미
Trichogaster trichopterus	블루구라미
Tridentiger obscurus	검정망둑
Tridentiger trigonocephalus	두줄망둑
Triglops beani	고등횟대
Triglops scepticus	꼬마횟대
Trinectes maculatus	호그초커
Triodon macropterus	불뚝복
Tripterygion etheostoma	가막베도라치
Trisotripis dermopterus	날베리
Tunnus thynnus	청다랭이
Upeneus bensasi	노랑촉수
Upeneus sulphureus	먹줄촉수
Uranoscopus bincinctus	통구멍이
Uranoscopus japonicus	얼룩통구멍
Urocampus rikuzenius	풀해마
Uroconger lepturus	애붕장어

학명	국명
Urolophus aurantiacus	흰가오리
Urolophus halleri	노랑점가오리
Urophycis tenuis	화이트헤이크
Velifer hypselopterus	점매가리
Vellitor centropomus	창치
Venifica tentaculata	오리주둥이장어
Verasper moseri	노랑가자미
Vireosa hanae	청황문절
Xenomystus nigri	아프리카나이프피시
Xiphias gladius	황새치
Xiphophorus helleri	칼꼬리
Xiphophorus maculatus	플래티
Xyrichys dea	옥두놀래기
Ypsiscarus ovifrons	파랑비늘돔
Zalanthia azumanus	우각바리
Zebrias fasciatus	노랑각시서대
Zebrias zebra	궁제기서대
Zenopsis nebulosa	민달고기
Zeus japonicus	달고기
Zoarces gillii	등가시치
Zonichthis nigrofasciatus	매지방어
Zonogobius boreus	흰동갈망둑

양서류와 파충류

■ 영명 - 국명 - 학명 - 과명

영명	국명	학명	과명
Acanthostega	아칸토스테가		화석 양서류
African bullfrog	아프리카황소개구리	*Pyxicephalus adspersus*	개구리과
African chameleon	아프리카카멜레온	*Chamaeleo chamaeleo*	카멜레온과
African crocodile	아프리카악어		
African house snake	아프리카집뱀	*Lamprophis fuscus*	뱀과
agama lizard	아가마도마뱀		변색성 도마뱀
agamid	아가미드도마뱀		도마뱀류
ajolote	아홀로틀도마뱀		
Aldabra tortoise	알다브라코끼리거북		땅거북
alligator	엘리게이터		미국 플로리다 악어
alligator (snapping) turtle	악어거북	*Macroclemys temminckii*	늑대거북과 북미
alligator lizard	악어도마뱀		엘리게이터과
American alligator	미시시피악어	*Alligator mississippiensis*	개구리과
American bullfrog	아메리카황소개구리	*Rana catesbeiana*	개구리과
American crocodile	아메리카악어	*Crocodylus acutus*	크로코다일과
American toad	아메리카두꺼비	*Bufo americanus*	두꺼비과
amethystine python	에미시스틴비단뱀		호주산 비단뱀류
Amphibian	양서류	*Amphibia*	3목 34과 4000여종
amphiuma	암퓨마	*Amphiumidae*	영원류
anaconda	애니콘다		남미, 7.6m
Angola plated lizard	앙골라도마뱀	*Angolosaurus skoogi*	갑옷도마뱀과
anguid	무족도마뱀류	*Anguidae*	무족도마뱀과
anole lizard	애놀도마뱀		이구아나과, 체색변화

영명	국명	학명	과명
Arabian toad-head lizard	아라비아두꺼비도마뱀	*Phrynocephalus nejdensis*	아가마과
arboreal iguana	목생이구아나		나무에 사는 길기도마뱀
Arizona alligator lizard	애리조나무족도마뱀	*Elgaria kingii*	무족도마뱀과
armadillo lizard	아르마딜로도마뱀		
arrau turtle	아라우타틀		남미
arrow poison frog	독화살개구리		중남미
Aruba rattlesnake	아루바방울뱀		독사류
arum lily frog	천남성개구리		아프리카, 꽃속에 산다
Asian blind lizard	장님도마뱀	*Dibamus novaeguinae*	장님도마뱀과
Asian bullfrog	아시아황소개구리	*Rana tigrina*	개구리과
Asian cobra	인도코브라	*Naja naja*	코브라과
Asian horned toad	아시아뿔두꺼비 동남아		
Asian pipesnake	붉은꼬리파이프뱀	*Cylindrophius rufus*	파이프뱀과
Asian wart snake		*Acrochordus arafurae*	뱀과
Asiatic monitor	말레이왕도마뱀	*Varanus salvator*	왕도마뱀과
asp viper Vipera aspis			
Atlantic ridley	켐프바다거북	*Lepidochelys kempi*	바다거북과
Australian freshwater crocodile	호주악어	*Crocodylus johonstoni*	크로코다일과
Australian frilled lizard	목도리도마뱀	*Chlamydosaurus kingii*	아가마과
axolotle	멕시코도룡뇽	*Ambystoma mexicanum*	도룡뇽류
banded gecko	줄무늬게코		도마뱀붙이류
banded krait	줄무늬크라이트		동남아, 1.5m, 독사
banded water snake	얼룩바다뱀		

영명	국명	학명	과명
barking tree frog	납작머리청개구리	*Hylactophryne latrans*	미국 도마뱀류
basilisk lizard	바실리스크도마뱀		
beaded lizard	매시코구슬도마뱀	*Heloderma horridum*	독도마뱀 중남미
bearded lizard	수염도마뱀	*Amphibolus borbatus*	아가마과
beared dragon	턱수염도마뱀		호주산 도마뱀
Bengal monitor	벵갈왕도마뱀	*Varanus bengalensis*	왕도마뱀과
bent-toed gecko	도마뱀붙이		
big-headed turtle	큰머리거북	*Platysternidae*	큰머리거북과
bigjaw blind snake	큰입장님뱀	*Uropeltoidea*	왕뱀과
bird snake	세잔이뱀	*Thelotomis kirtland*	독뱀류 아프리카
black and white lipped cobra	흰입코브라	*Naja melanoleuca*	엘라케이티과
black caiman	블래케이먼	*Melanosuchus niger*	코브라과 아프리카
black mamba	검은맘바	*Dendroaspis polylepis*	늪거북과
black marsh turtle	검은늪거북	*Siebenrockiella crassicollis*	북미
black pine snake	검은소나무뱀		뱀류 북미
black rat snake	검은쥐잡이뱀	*Elaphe obsoleta*	
black rat snake	검은쥐뱀	*Elaphe obsoleta*	
black-necked (spitting) cobra	검은목코브라	*Naja nigrocollis*	
blind lizard	장님도마뱀	*Divamidae*	장님도마뱀과
blind salamander→olm			
blind snake	장님뱀류	*Typhlopidae*	장님뱀과 163종
blind worm	장남지렁이도마뱀	*Typhlosaurus*	도마뱀과
bloodsucker	흡혈도마뱀	*Calotes versicolor*	아가마과

영명	국명	학명	과명
blue-tongued skink	푸른혀도마뱀	*Tiliqua accipitalis*	도마뱀과
boa	왕뱀류, 보아류	*Boidae*	왕뱀과 33종
boomslang	붐슬랭	*Dispholidus typus*	뱀과 아프리카산 독사
Bornean earless lizard	귀머거리도마뱀	*Lanthanotus borneensis*	귀머거리도마뱀과
Bornean lizard	보르네오도마뱀		
box turtle	상자거북		
Boyd's rain forest dragon	보이드도마뱀	*Gonocephalus boydii*	진빨가타케구리과
Brazilian horned frog	아마존뿔개구리	*Ceratophrys cornuta*	엘디케이티과
broad-nosed caiman	넓은코케이먼	*Caiman latirostris*	도마뱀류 북미
broathead skink	넓적머리스킹크	*Eumeces laticeps*	뱀과, 인도, 1.5m
bronze tree snake	청동나무뱀		
brook's half-toed gecko	브룩도마뱀붙이	*Hemydactylus brooki*	도마뱀붙이과
brown snake	브라운스네이크	*Pseudanaja fextilis*	코브라과 호주산 독사
bullfrog	황소개구리	*Leptodactylus pentadactylus*	진빨가타케구리과
bullsnake	황소뱀	*Pituophis melanoleucus*	뱀류 북미
burrowing frog	작은입개구리	*Hemisus marmoratum*	개구리과
burrowing toad	멕시코맹꽁이	*Rhinophrynus dorsalis*	멕시코맹꽁이과
bush frog	덤불개구리류	*Afrixalus*	덤불개구리과
bushmaster	부시마스터	*Lachesis muta*	살모사과 남미
butterfly lizard	나비도마뱀	*Liolepis belliana*	아가마과
caecilian	시실리언		다리가 없는 양서류
caiman lizard	케이먼도마뱀	*Dracaena guianensis*	경주도마뱀과
calabar python	칼라바르비단구렁이	*Calaboria reinhardii*	비단구렁이과
California legless lizard	켈리포니아무족도마뱀	*Anniella pulchra*	무족도마뱀과

영명	국명	학명	과	명
cantil	켄틸살모사	*Agkistrodon bilineatus*	독뱀류	중남미
cape cobra	황색코브라	*Naja nivea*	독뱀류	아프리카
cape monitor	케이프왕도마뱀	*Varanus exanthematicus*	왕도마뱀과	
cape platana	케이프발톱개구리	*Xenopus gilli*	발톱개구리과	
cape red tailed flat	케이프납작도마뱀	*Platysaurus capensis*	갑옷도마뱀과	
carpet python	카펫비단뱀		호주산	
carpet snake	다이아몬드비단뱀			
casque headed frog	에쿼도르뿔청개구리	*Hemiphractus proboscideus*	청개구리과	
cat eyed snake	고양이눈뱀	*Dipsas*	뱀과	
cave salamander	동굴긴꼬리도롱뇽	*Eurycea lucifuga*	도롱뇽류	
chameleon dragon	치장도마뱀	*Chelosania brunnea*	아가마과	
chameleon	카멜레온류	*Chamaeleontidae*	카멜레온과 85종	
chequered keelback	깃뱀뱀		동남아, 1.2 m, 수생	
chiapas cross breasted turtle	십자사향거북	*Staurotypus salvinii*	큰사향거북과	
chicken turtle	병아리거북		거북류	
Chinese alligator	양자강악어	*Alligator sinensis*	엘리게이터과	
Chinese giant salamander	대륙장수도롱뇽	*Cryptobranchus davidianus*	장수도롱뇽류	
chisel teeth lizard	아가마도마뱀류	*Agamidae*	아가마과 300종	
chorus frog	합창개구리	*Pseudacris*	청개구리류	
chuckwalla lizard	처크월라	*Sauromalus obesus*	도마뱀류 북미	
clawed toad	발톱개구리	*Xenopus laevis*	발톱개구리과	
coachwhip snake	큰채찍뱀	*Masticophis flagellum*	뱀류 북미	
collared lizard	목무늬도마뱀	*Crotaphytus collaris*	이구아나과	

영명	국명	학명	과명
Colorado checkered whiptail	콜로라도체적꼬리도마뱀	*Cnemidophorus tesselatus*	경주도마뱀과
congo eel, amphiuma	앰퓨마	*Amphinuma*	도롱뇽류, 미국 동남부
Cook's boa	쿡보아		왕뱀류
cooter turtle	쿠터터틀		북미 민물거북
copperhead	아메리카살모사	*Agkistrodon contortrix*	살모사과 미국
coral pipesnake	산호파이프뱀	*Anilius scytale*	파이프뱀과
coral snake	산호새뱀	*Micrurus*	뱀류 북미
corn snake	오수수뱀	*Elaphe guttata*	뱀류 북미
corroboree toad	코로보리개구리		호주산 개구리
corucia	등근꼬리도마뱀		
cottonmouth moccasin	늪살모사	*Agkistrodon piscivorus*	살모사과 미국
crawfish frog	가재개구리	*Rana areolata*	개구리과 미국
crested basilisk	투바실리스크도마뱀		
crested iguana	벼슬이구아나	*Brachylophus vitiensis*	
crested lizard → desert iguana			
crested newt	알기영원		양서류
cricket frog	귀뚜라미청개구리	*Acris crepitans*	청개구리과
cricket-voiced toad → stream toad			
crocodile	나일악어		
cross-bearing tree frog	십자가청개구리		
crown snake	왕관뱀		
Cuban crocodile	쿠바악어	*Crocodylus rhombifer*	크로코다일과
Cuban Island ground boa	쿠바정글왕뱀	*Tropidophis melanurus*	정글왕뱀과
Cuban night (anole) lizard	쿠바야행도마뱀	*Cricosaura typica*	야행도마뱀과

영명	국명	학명	과명
cylindrical skink	실린더스킹크		북아프리카
dark softshell	검은자라	Trionyx nigricans	자라과
Darwin's frog	다윈코개구리	Rhinoderma darwinii	코개구리과
dawn blind snake	지렁이뱀류	Anomalepidae	지렁이뱀과 20종
day gecko	데이게코		바다가스카르산
death adder	데스에더	Acanthophis antarcticus	코브라과 호주
desert grassland whiptail	사막채찍꼬리도마뱀	Cnemidophorus uniparens	
desert iguana	사막이구아나	Dipsosaurus dorsalis	도마뱀류 북미
desert night lizard	사막야행도마뱀	Xantusia vigilis	야행도마뱀과
desert tortoise	사막거북		
diamond python	다이아몬드비단구렁이	Python spilotes	비단구렁이과
diamondback rattlesnake	다이아몬드방울뱀	Coratalus atrox	살모사과
diamondback terrapin	다이아몬드거북	Malaclemys parbouri	늪거북과
Dipsadinae	딥뱀아과		
disk-tongued toad	무당개구리류	Discoglossidae	무당개구리과 14종
dragon lizard	아시꼬리도마뱀	Crocodilurus lacertimus	경주도마뱀과
Dubois's reef snake	뒤보아바다뱀	Aipysurus duboisii	코브라과
dusky salamander	검은도롱뇽	Desmognathus fuscus	도룡뇽류
dwarf caiman	난쟁이케이먼		미국산 악어류
dwarf chameleon	난쟁이카멜레온		
dwarf crocodile	난쟁이악어		룽고산
dwarf siren	난쟁이사이렌	Pseudobranchus striatus	양서류 사이렌과
eastern box turtle	캐롤라이나거북	Terrapene carolina	늪거북과

eastern coral snake	미국산호뱀	*Micrurus fulvius*	코브라과
eastern diamondback	다이아몬드방울뱀		미국, 2 m, 최대형 방울뱀
eastern newt	노랑배영원		도룡뇽류 북미
eastern spiny tailed gecko	가시꼬리도마뱀붙이		
edible frog	유럽참개구리	*Notophthalmus*	개구리과
egg-eating snake	달걀뱀	*Diplodactylus intermedius*	뱀과
Egyptian cobra	이집트코브라	*Rana esculenta*	코브라과
emerald tree boa	에메랄드보아	*Dasypeltis*	
emperor newt	왕영원	*Naja haje*	녹색, 2.5 m, 남미
ensatina	엔사티나		도룡뇽류 중구
European adder	북살모사	*Tylototriton verrucosus*	도룡뇽류 북미
European frog	산개구리	*Ensatina*	살모사과
European pond turtle	유럽늪거북	*Vipera berus*	개구리과
European toad	유럽두꺼비	*Rana temporaria*	늪거북과
eyed lizard	눈알도마뱀	*Emys orbicularis*	두꺼비과
eyelash viper	아일래시바이퍼	*Bufo bufo*	태생의 도마뱀
false gharial	말레이가비알		살모사류
false eyed frog	안점개구리	*Tomistoma schlegelii*	크로코다일과
fan toed gecko	부채발도마뱀붙이	*Physalaemus notereri*	독개구리 남미
fat tailed gecko	뭉툭꼬리도마뱀붙이	*Ptyodactylus hasselquistii*	도마뱀붙이과
fence lizard	울타리도마뱀	*Hemitheconyx caudocintus*	도마뱀붙이과
fer-de-lance	페르드랑스		미구신
Fiji snake	피지코브라	*Ogmodon vitianus*	서인도제도 독사류
fringe-toed lacertid		*Acanthodactylus*	코브라과
			장지도마뱀과

영 명	국 명	학 명	과	명
fire salamander	노랑무늬도롱뇽	*Salamandra salamandra*	도롱뇽과	
five lined skink	오선스킹크도마뱀	*Eumeces fasciatus*	도마뱀과	
flap necked chameleon	멱테피스카멜레온	*Chamaeleo delepis*	카멜레온과	
flat lizard	납작도마뱀	*Platysaurus intermedius*	도마뱀과	
flat toed salamander	무생도롱뇽		나무에 사는 멕시코 도롱뇽과	
Florida worm lizard	플로리다지렁이도마뱀	*Rhineura floridana*	지렁이도마뱀과	
flowerpot snake	화분장님뱀	*Rhamphotyphlops braminus*	장님뱀과	
fly river turtle	자라사촌			
flying dragon	날도마뱀	*Draco volans*	아가마과	
flying snake	날뱀		보르네오	
foam-nesting tree frog	거품집청개구리		일본	
fox snake	여우뱀	*Elaphe vulpina*	뱀류 북미	
frilled-neack dragon (lizard)	목도리도마뱀		호주산	
fringe-limbed tree frog	날개청개구리	*Hyla miliaria*	청개구리과	
fringe-toed lizard	갈퀴발도마뱀	*Umanotata*	도마뱀류 북미사막	
frog	개구리	*Rana nigromaculata*	개구리과	
gaboon viper	가분살모사	*Bitis gabonica*	독뱀류 사하라	
Galapagos land iguana	갈라파고스이구아나	*Conolophus subcristatus*	이구아나과	
Galapogos giant tortoise	갈라파고스코끼리거북	*Geochelone elephantopus*	땅거북과, 별종	
garter snake	가터스네이크	*Thamnophis*	뱀과 북미	
gecko (lizard)	도마뱀붙이류	*Gekkonidae*	도마뱀붙이과 800종	
Georgia blind salamander	조지아장님도롱뇽			
gharial, gavial	가비알	*Gavialis gangeticus*	가비알과 인도산 악어	

ghost frog	유령개구리	Heleophrynidae	유령개구리과 4종
giant anole	자이언트이구아나	Anolis roosevelti	도마뱀류
giant salamander	왕도룡뇽	Dicamptodon ensatus	도룡뇽류
giant skink	왕스킹크도마뱀		최대형 스킹크, 솔로몬제도
giant snake-necked turtle	큰뱀목거북	Chelodina expansa	자라과
giant softshell	황소자라	Pelechelys bibroni	자라과
giant toad → marine toad			
giant tree frog	자이언트청개구리		아마존정글
gila monster	아메리카독도마뱀	Heloderma suspectum	독도마뱀과
girdle-tailed lizard	갑옷도마뱀류	Cordylidae	갑옷도마뱀과 50종
glass frog	투명개구리	Centrolenella vireovittata	청개구리류
glass snake lizard	유리꼬리도마뱀류	Ophisaurus	도마뱀류
glossy snake	애리조나뱀	Arizona elegans	뱀류·북미
goana, monitor lizard	왕도마뱀		호주산 도마뱀
Godeffroy's dragon	고드프로이도마뱀	Gonocephalus godeffroi	아가마과
Goeldi's frog	고엘디청개구리		남미
goggle-eyed leaf frog	안경청개구리		투명개구리과
gold frog	황금개구리	Centrolenella prosoblepon	황금개구리과
golden mantella	골든맨텔라개구리	Brachycephalus ephippium	마다가스카르
Goliath frog	골리앗개구리	Conraua goliath	개구리과
gopher snake → bullsnake			
gopher tortoise (turtle)	고퍼거북	Gopherus polyphemus	고퍼거북과
Gould's monitor (goanna)	굴드왕도마뱀	Varanus gouldii	왕도마뱀과
granite night lizard	얼룩밤도마뱀	Xantusia henshawi	밤도마뱀과

영명	국명	한명	과명
grass snake	유럽유혈목이	*Natrix natrix*	뱀과
great crested newt	등가시영원		
great plains skink	평원도마뱀	*Eumeces obsoletus*	도마뱀과
greater siren	른사이렌	*Siren lacertina*	양서류 사이렌과
green anaconda	애너콘다	*Epicrates murinus*	왕뱀과
green anole	애놀이구아나	*Anolis carolinensis*	도마뱀류
green basilisk	초록바실리스크도마뱀		물위를 걷는다
green frog	초록개구리	*Rana clamitans*	개구리과
green iguana	초록이구아나	*Iguana iguana*	이구아나과
green pit viper	초록살모사		동남아, 90cm, 독사
green rat snake	초록쥐잡이뱀		
green snake	초록뱀	*Opheodrys*	뱀류 북미
green tree gecko	뉴질랜드초록도마뱀붙이	*Naultinus elegans*	도마뱀붙이과
green tree pyton	초록비단구렁이	*Chondrophon viridis*	비단구렁이과
green tree snake	푸른나무뱀		
green turtle	바다거북	*Chelonia mydas*	바다거북과
green water snake	푸른바다뱀		바다뱀과
green-blood skink	파푸아도마뱀	*Prasinohaema virens*	도마뱀과
greenhouse frog	온실개구리		미국
groto salamander	동굴도롱뇽		
ground iguana	땅이구아나		도마뱀류, 마다가스카르
ground lizard	땅도마뱀		살쾡이 작은 도마뱀
ground skink	그라운드스킨크	*Scincella lateralis*	도마뱀류 북미

ground snake	그라운드스네이크	*Sonora semiannulata*	뱀류 북미]
hairy frog	털개구리	*Trichobatrachus robustus*	세지개구리과
Hamilton's frog	해밀턴개구리	*Leiopelma hamiltoni*	휫구리과
hawksbill turtle	매부리거북	*Eretmochelys imbricata*	바다거북과
hellbender	지옥도롱뇽	*Cryptobranchus alleganiensis*	장수도롱뇽류
helmeted turtle	헬멧거북	*Pelomedusa subrufa*	가로목거북과
hog nosed snake	돼지코뱀	*Heterodon*	
hog nosed viper	돼지코살모사	*Bothrops nasutus*	뱀류 북미] 80cm
hoop snake → mud snake			
horned Cameroon toad	빨가메론두꺼비		
horned lizard	뿔도마뱀류	*Phrynosoma*	도마뱀류
horned toad	뿔개구리	*Megophrys*	쟁기발개구리과
horned viper	혼바이꾀		
horney devil	도깨비도마뱀	*Moloch horridus*	아가마과
house gecko	집도마뱀붙이	*Gehyra mutilata*	도마뱀붙이과
household agama	무지깨아가마	*Agama agama*	아가마과
humming frog	하밍거북개구리	*Neobatrachus pelobatoides*	거북개구리과
hyla crucifer	십자청개구리		호주산 청개구리
Icthyostega	익티오스테가		화석 양서류
iguana	길기도마뱀(이구아나)	*Iguanidae*	도마뱀류 이구아나과 650종
Indian flasphell	인도자라	*Lissemys punctata*	자라과
Indian gavial (gavial)	인도개비열		6m, 인도산, 아어류
Indian python	인도비단구렁이	*Python molurus*	비단구렁이과
Indian star tortoise	별거북	*Geochelone elegans*	땅거북과

영명	국명	학명	과	목
Indian wall gecko	인도도마뱀붙이	*Hemydactylus flaviviridis*	도마뱀붙이과	뱀목
indigo snake	인디고스네이크	*Drymarchon corais*		뱀류
Israel painted frog	이스라엘참무당개구리	*Discoglossus nigriventer*	무당개구리과	
Jackson's chameleon	잭슨카멜레온			파충류, 아프리카
Jamaican rhinoceros iguana	자메이카뿔이구아나	*Cyclura collei*		도마뱀류
Japalura tree lizard	자팔루라도마뱀			
Japanese giant slamander	일본장수도롱뇽	*Cryptobranchus japonicus*		장수도롱뇽류
Japanese tree frog	일본청개구리	*Rhacophorus arboreus*	산청개구리과	
jararaca	하라라카살모사	*Bothrops jararaca*	살모사과	
jungle runner lizard	정글경주도마뱀	*Ameiva*	경주도마뱀과	
kassina frog	카시나개구리			아프리카
kidney-tailed gecko	넓은꼬리도마뱀붙이			
king cobra	킹코브라	*Ophiphagus hannah*	코브라과	
kingsnake	왕뱀류	*Lampropeltis*		뱀류 북미
knob tailed gecko	구슬꼬리도마뱀붙이	*Nephruru*	도마뱀붙이과	
kokoi poison-arrow frog	코코이독개구리	*Colostethus latinasus*	독개구리과	
komodo dragon	코모도왕도마뱀	*Varanus komodoensis*	왕도마뱀과	
komodo dragon	코모도드래건			도마뱀류
krate	우산뱀			
lace monitor	레이스왕도마뱀			호주산 도마뱀
lancehead	창살머리뱀	*Bothrops atrox*		독뱀류 남미
Latifis viper	페르시살모사	*Vipear latifii*	살모사과	
leaf frog	흰눈청개구리	*Phyllomedusa bicolor*	청개구리과	

영명	국명	학명	과명
leaf-green Seychelles gecko	세이쉘초록잎도마뱀붙이		붙이
leaf-tailed gecho	나뭇잎도마뱀붙이		호주산
leafnose snake	잎코뱀	*Phyllorhychus hrowni*	뱀류 북미 사막
leafy plumb tree basilisk	바실리스크이구아나	*Basilisucus plumifrons*	도마뱀류
leatherback sea turtle	장수거북	*Dermochelys coriacea*	장수거북과
leathery crag lizard	참옷도마뱀사촌	*Pseudocordylus microlepidotus*	잎옷도마뱀과
legless snake lizard	무족뱀도마뱀	*Lialis burtonis*	무족도마뱀과
Leiopelmid	꼬리개구리류		
leopard lizard	얼룩무늬도마뱀	*Gambelia wislizenii*	도마뱀류 북미
leopard tortoise	표범거북		
leopelma frog	페오펠마개구리		뉴질랜드
Leptodactylid	긴손가락	*Leptodactylidae*	개구리류
leptodactylid frog	긴발가락개구리류		진발가락개구리과 700여종
lesser siren	늪사이렌	*Pseudobranchus intermedia*	양서류 사이렌과
liasis childreni	어린이비단뱀		
lidless skink lizard	뜬눈스킹크도마뱀		눈꺼풀 없음
lizard	도마뱀류	*Sauria*	도마뱀목 3750여종
loggerhead musk turtle	큰머리사향거북	*Sternotherus minor*	사향거북과
loggerhead sea turtle	붉은바다거북	*Caretta caretta*	바다거북과
long nosed whip snake	긴주둥이채찍뱀		동남아, 1.4 m
longnose snake	긴코뱀	*Rhinocheilus lecontei*	뱀류 북미
lyre snake	거문고뱀	*Trimorphodon biscutatus*	뱀류 북미
mabuya skink	마부야도마뱀		북미
Madagascan day gecko	초록도마뱀붙이	*Phelsuma laticuada*	도마뱀붙이과

영 명	국 명	학 명	과	명
Madagascar spider tortoise	거미거북	*Pyxis arachnoides*	땅거북과	
Malaysian flying frog	말레이날개구리	*Rhacophorus reinwardtii*	산청개구리과	
Mali lizard	믈리왕도마뱀		강력한 꼬리, **4m**, 동남아	
mamba	맘바		사하라, **4m**, 독뱀	
mangrove snake	맹그로브뱀		동남아, **2m**	
map turtle	지도거북		북미 민물거북	
marbled newt	대리석영원			
marbled rush forg	대리석개구리	*Hyperolius marmoratus*	세지개구리과	
marbled salamander	대리석도룡뇽			
marine iguana	바다갈기도마뱀	*Amblyrhynchus cristatus*	도마뱀류	
marine skink	바다도마뱀	*Emoia atrocostata*	도마뱀과	
marine toad	왕두꺼비	*Bufo marinus*	두꺼비과	
marsh frog	웃음개구리	*Raa ridibunda*	개구리과	
marsupial frog	주머니청개구리	*Gastrotheca*	청개구리과	
massasauga snake	늪울뱀	*Sistrurus catenatus*	방울뱀류 북미	
matamata	마타마타거북	*Chelus fimbriatus*	뱀목거북과	
Meller's chameleon	멜러카멜레온		아프리카, **86cm**	
Metaxygathus	메타지그나투스		화석 양서류	
Mexican beaded lizard	멕시코독도마뱀	*Heloderma horridum*	독도마뱀과	
Mexican burrowing python	멕시코비단구렁이	*Loxocemus bicolor*	비단구렁이과	
Mexican worm lizard	멕시코지렁이뱀	*Bipes biporus*	지렁이도마뱀과	
Mexico ridge nose	멕시코방울뱀	*Coralatus willardi*	살모사과	
midwife toad	보모개구리	*Alytes obstetricans*	당개구리과	

milk snake	우유뱀	Lampropeltis triangulum	뱀과 북미
Mitchell's water monitor	미첼왕도마뱀	Varanus mitchelli	왕도마뱀과 호주산
mole salamander	두더지도룡뇽	Ambystoma talpoideum	도룡뇽류
moloch → horney devil			
mona blind snake	모나장님뱀	Typhlops monensis	장님뱀과
monitor lizard	왕도마뱀류	Varanidae	왕도마뱀과 30종
mountain chameleon	산카멜레온	Chamaeleo montium	
mouth-brooding frog	코개구리류	Rhinodermatidae	코개구리과 2종
mud snake	진흙뱀	Farancia abacura	뱀류 북미
mud turtle	자라	Amyda maackii	자라과
mudpuppy	머드퍼피	Nectrus maculosus	도룡뇽류, 북미
mugger crocodile	인도악어	Crocodylus pulustris	크로코다일과
Muhlenberg turtle	뮬렌버그거북		북미 민물거북
musk turtle	사향거북류	Kinosternidae	사향거북과 20종
myobatrachid frog	거북개구리류	Myobatrachidae	거북개구리과 100여종
narrow headed softshell	작은머리자라	Chitra indica	자라과
narrow mouthed frog	맹꽁이류	Microhylidae	맹꽁이과 280종
narrowmouth	좁은입개구리	Gastrophryne	개구리류 북미
natterjack toad	내터잭두꺼비	Bufo calamita	두꺼비과
neotropical leaf toad	나뭇잎두꺼비	Bufo typhonius	두꺼비과
newt	영원류	Salamandroidea	영원과 도룡뇽류
night lizard	야행도마뱀	Xantusiidae	야행도마뱀과 16종
Nile crocodile	나일악어	Crocodylus niloticus	크로코다일과
Nile monitor	나일왕도마뱀	Varanus niloticus	왕도마뱀과

영명	국명	학명	과명
ocellated green lizard	보석장지도마뱀	*Lacerta lepida*	장지도마뱀과
oenpelli python	오엔펠리비단구렁이	*Python oenpelliensis*	
old world tree frog	산청개구리류	*Rhacophoridae*	산청개구리과 180종
olm	동굴영원	*Proteus anguinus*	영원류 아프리카산
orange frog	오렌지청개구리		
oriental fire-bellied toad	무당개구리	*Bombina orientalis*	무당개구리과
Orinoco crocodile	오리노코악어	*Crocodylus intermedius*	크로코다일과
ornate horned frog	무당뿔개구리	*Ceratophrys ornata*	긴발가락개구리과
Pacific giant salamander	태평양왕도롱뇽	*Dicamptodon ensatus*	도롱뇽류
Pacific newt	태평양도롱뇽	*Taricha torosa*	도롱뇽류 북미
Pacific ridley	작은바다거북	*Lepidochelys olivacea*	바다거북과
painted frog	땅뚱이		땅뚱이과
painted reed frog	얼룩갈대청개구리	*Kaloula tornieri*	남아프리카, 청개구리과
painted terrapin	큰강거북	*Callagur borneonsis*	늪거북과
painted turtle	비단거북	*Chrysemys picta*	늪거북과
pancake tortoise	팬케이크거북	*Malacochersus tornieri*	땅거북과
paradise snake	극락뱀		동남아, 1.2m
paradise tree snake	날뱀		보르네오
paradoxical frog	파라독스개구리	*Pseudis paradoxa*	파라독스개구리과
parrot snake	앵무새뱀	*Leptophis depressirostris*	
parsley frog	파슬리개구리	*Pelodytes*	청개발개구리과
patchnose snake	누더기코뱀	*Salvadora grahamiae*	뱀류 북미
pelagic sea snake	바다뱀	*Pelamis platurus*	바다뱀과

perentie monitor	페렌티왕도마뱀		호주산 도마뱀
Peron's hemiergis	페론도마뱀	*Hemiergis peronii*	도마뱀과
Philippines crocodile	필리핀악어	*Crocodylus mindorensis*	크로코다일과
phyllobates	필로바테스	*Phyllobates*	독개구리류 남미
pickerel frog	피크렐개구리	*Rana palustris*	개구리과 미국
pig frog	돼지개구리	*Rana grylio*	개구리과
pig-nosed softshell turtle	돼지코자라	*Carettochelys insculpa*	자라사촌과
pine snake → bullsnako			
pipesnake	파이프뱀류	*Aniliidae*	파이프뱀과 11종
pit viper	피트바이퍼	*Crotalidae*	방울뱀류
plainbelly water snake		*Nerodia erythrogaster*	뱀과
poison arrow frog	독화살개구리류	*Dendrobatidae*	독개구리과
pond and river turtle	늪거북류	*Emydidae*	늪거북과 85종
pond cooter	폰드쿠터		거북류
pouched frog	주머니개구리	*Assa darlingtoni*	거북개구리과
Puerto Rican boa	푸에르토리코왕뱀	*Epicrates inornatus*	왕뱀과
puff adder	퍼에더	*Bitis arietans*	살모사과 남미산 독사
pygmy chameleon	피그미카멜레온	*Microsaura*	카멜레온과
pygmy python	피그미비단구렁이	*Liasis perthensis*	
pygmy ratter (rattlesnake)	피그미방울뱀	*Sistrurus miliarius*	방울뱀류 북미
pygmy salamander	피그미도룡뇽	*Desmognathus wrighti*	도룡뇽류
python	비단구렁이류	*Pythonidae*	비단구렁이과 27종
racer snake	검은채찍뱀	*Coluber constrictor*	뱀과
racerunner lizard	경주도마뱀	*Teiidae*	경주도마뱀과 227종

영명	구명	명	학명	명	과	명
radiated turtle	꼬마거북				마다가스카르	
rainbow snake	무지개뱀		Farancia erytrogramma		뱀류 북미	
rat snake	쥐잡이뱀류		Elaphe		뱀류 북미	
rattle snake → sidewinder						
razorback musk turtle	사향거북		Sternotherus carinatus		사향거북과	
red center frog	레드센티개구리				호주산 개구리	
red eft	붉은점도룡뇽				양서류	
red eyed tree frog	붉은눈청개구리		Notophthalmus viridescens			
red racer	레드레이서					
red-eared turtle	붉은귀거북		Pseudemys scripta		늪거북과	
red-footed tortoise	붉은발땅거북		Geochelone carbonaira		땅거북과	
red-spotted newt, red eft	붉은점도룡뇽		Notophthalmus viridescens		양서류	
red-tailed rat snake	붉은꼬리쥐잡이뱀				동남아, 2.5 m	
red-tailed skink	붉은꼬리도마뱀					
redbelly newt	붉은배영원		Triturus rivularis		영원류	
redbelly snake	붉은배뱀		Storeria occipitomaculata		뱀과	
redbelly turtle	붉은배늪거북		Chrysemys rubriventris		늪거북과	
reticulated python	왕비단뱀		Python reticulatus		비단구렁이과 동남아 10m 길이	
rhinoceros iguana	코뿔소이구아나				장기도마뱀류	
rhinoceros viper	뿔살모사		Bitis nasicornis		독뱀류 아프리카	
ribbon snake	리본스네이크				북미	
ridley turtle	각시바다거북					
ring salamander	흰꼬리도룡뇽					

영명	국명	학명	과명
ringhals	링할스	*Hemachatus haemachatus*	코브라과
ringneck snake	목고리뱀	*Diodophis punctatus*	뱀류 북미
river turtle	강거북	*Dermatemys mavei*	강거북과
rock python	아프리카비단구렁이	*Python molurus*	비단구렁이과
rosy boa	로지왕뱀	*Lichanura trivirgata*	왕뱀과
rough green snake	파랑뱀		
roughskin newt	상어영원	*Taricha granulosa*	영원류
royal python	로열비단뱀		
rubber boa	고무왕뱀	*Charina bottae*	왕뱀과
Russell's viper	러셀살모사	*Vipera russelli*	살모사과
sail-fin lizard	돛도마뱀	*Hydrosaurus pustulatus*	아가마과
salamander	도룡뇽류		꼬리가진 양서류
saltwater crocodile	바다악어	*Crocodylus porosus*	크로코다일과 8m 최대형
sand lizard	모래장지도마뱀	*Lacerta agilis*	장지도마뱀과
sand skink	샌드스킹크	*Neoceps reynoldsi*	도마뱀류 북미
sand snake	모래뱀	*Psammophis condenarus*	뱀과
sand viper	샌드바이퍼		아프리카가산 방울뱀류
saw-scaled viper	가시살모사	*Vipera echis*	살모사과
scarlet kingsnake	붉은왕뱀	*Lampropeltis*	뱀류 북미
Schlegel's blind snake	슐레겔장님뱀	*Rhinotyphlops schlegeli*	장님뱀과
scorpion lizard	전갈도마뱀		
scorpion mud turtle	전갈자라	*Kinosternon scorpiodies*	사향거북과
scrub lizard	덤불도마뱀		
sea snake	바다뱀		해생 독사

영 명	국 명	학 명	과 명
sea turtle	바다거북류	*Cheloniidae*	바다거북과 6종
sedge frog	세즈개구리류	*Hyperoliidae*	세즈개구리과
Senegal kassina	세네갈개구리	*Kassina senegalensis*	세지개구리과
Seychelles frog	세이쉘개구리	*Sooglosus seychellensis*	세이쉘개구리과
sharp-ribbed newt	이베리아흑영원	*Pleurodeles waltl*	영원류
sheep frog	양개구리	*Hypopachus variolosus*	개구리류 북미
shield tail snake	가시꼬리뱀	*Uropeltis ocellatus*	가시꼬리뱀과
shingleback skink	슬방울도마뱀		호주산
short-horned lizard	짧은뿔도마뱀		미국
short-tailed monitor	짧은꼬리왕도마뱀	*Varanus brevicauda*	왕도마뱀과
shovelfoot frog	주걱발개구리	*Notaden*	거북개구리과 북미
shovelnose snake	삽주둥이뱀	*Chionactis*	뱀류 북미
Siamese crocodile	샴악어	*Crocodylus siamensis*	크로코다일과
Siberian slamander	네발가락도룡뇽	*Salamandrelle keyselingii*	도룡뇽과
side-blotched lizard	옆줄무늬도마뱀	*Uta stansburiana*	도마뱀류 북미
side-necked turtle	긴목거북류	*Pelomedsidae*	가로목거북과 24종
sidewinder	방울뱀	*Coratalus cerastes*	살모사과
silver speckled frog	은점개구리		아프리카
siren	사이렌	*Sirenidae*	뱀장어 모양의 양서류
six line grass lizard	육선장지도마뱀	*Takydromus sexlineatus*	장지도마뱀과
skink	스킹크도마뱀	*Scincidae*	도마뱀과
slider turtle	노랑배거북	*Chrysemys scripta*	늪거북과
slimy salamander	푸른등도룡뇽	*Plethodon glutinosus*	도룡뇽류 북미

slowworm	굼벵이무족도마뱀	*Anguis fragilis*	무족도마뱀과
smooth softshell	등넓은자라	*Trionyx muticus*	자라과
snail eating turtle	달팽이잡이거북	*Malayemys subtrijuga*	늪거북과
snail eater snake	달팽이잡이뱀	*Pareas*	뱀과
snake lizard	넓은발도마뱀류	*Pygopodiae*	넓은발도마뱀과 30종
snake necked turtle	뱀목거북류	*Chelidae*	뱀목거북과 37종
snapping turtle	늑대거북	*Chelydra serpentina*	늑대거북과
softshell turtle	자라류	*Trionychidae*	자라과 22종
South American river turtle	큰가로목거북	*Podocnemis expansa*	가로목거북과
southern fer-de-lance	풀살모사	*Bothrops atrox*	살모사과
southern hognose snake	남방돼지코뱀	*Heterodon simus*	뱀과
southern toad	남방두꺼비	*Bufo terrestris*	두꺼비과
spadefoot toad	쟁기발개구리	*Pelobatidae*	쟁기발개구리과 88종
spectacled caiman	안경케이먼		
sphagnum frog	물이끼개구리		호주산 개구리
spiney newt	가시영원	*Echinotriton andersoni*	도룡뇽류 일본
spiny iguana	가시이구아나	*Ctenosura pectinata*	도마뱀류 북미
spiny lizard	가시도마뱀류	*Sceloporus*	도마뱀류
spiny newt	안델센홍영원	*Echinotriton andersoni*	영원류
spiny turtle	가시자라	*Heosemys spinosa*	늪거북과
spiny-tailed lizard	가시꼬리이구아마	*Uromastix acanthinurus*	아가마과
spitting cobra	스프링코브라		아프리카, 독사
spot-legged turtle	얼룩다리거북		늪거북과
spotted turtle	돌거북	*Rhinoclemmys punctularia*	북미 민물거북

영 명	구 명	학 명	과 명	명
spring peeper	십자무늬청개구리	*Hyla crucifer*	청개구리류 북미	
spring softshell	가시자라	*Trionyx spiniferus*	자라과	
squirrel tree frog	다람쥐청개구리	*Hyla squirella*	청개구리과	
stinkjim → stink pot				
stinkpot	아메리카풀거북	*Sternotherus odoratus*	바다거북과	
stream toad	방울소리두꺼비	*Ansonia grilliroca*	두꺼비과	
striped sand snake	줄무늬모래뱀		호주, 40cm	
stump-tailed chameleon	실린꼬리카멜레온	*Brookesia*	카멜레온과	
sunbeam python	햇살비단구렁이	*Xenopeltis unicolor*	비단구렁이과	
sungazer lizard	큰감옷도마뱀	*Cordylus giganteus*	감옷도마뱀과	
Surinam toad	에보기두꺼비	*Pipa pipa*	발톱개구리과	
swamp snake	늪뱀			
sword-tailed newt	칼꼬리영원	*Cynops ensicauda*	도롱뇽류 일본	
tail-spotted newt	얼룩꼬리영원	*Paramesotriton*	도롱뇽류 중국	
tailed frog	꼬리개구리	*Ascaphus truei*	꼬리개구리류	
taipan snake	타이판스네이크	*Oxyuranus scutellatus*	호주산 독사	
talkative gecko	금파기도마뱀붙이	*Petnopus garrulus*	도마뱀붙이과	
tegu lizard	테구도마뱀	*Tupinambis teguixin*	경주도마뱀과	
terrapin	테리핀		북미산 거북	
Texas blind snake	텍사스실장님뱀	*Leptophlops dulicis*	실장님뱀과	
Texas horned lizard	텍사스뿔도마뱀	*Phrynosoma cornutum*	이구아나과	
thorny devil, moloch	가시도마뱀		호주산 도마뱀	
thread snake	실장님뱀류	*Leptotyphlopidae*	실장님뱀과 78종	

영명	국명	학명	과명
three toed box turtle	세발가락상자거북		
tiger salamander	타이거도롱뇽	Ambystoma tigrinum	도롱뇽류
tiger snake	타이거스네이크	Notechis scutatus	코브라과 호주산
tiliqua	틸리구아		혀가 푸른 도마뱀
timber ratter	검정방울뱀	Crotalus horridus	방울뱀류 북미
toad eater snake	두꺼비뱀	Xenodon rabdocephalus	살모사과
toad headed lizard	두꺼비머리도마뱀		
tokay gecko	토케이	Gecko gecko	도마뱀붙이과 최대형
tortoise	땅거북류	Testudinidae	땅거북과 40종
tree frog	청개구리	Hyla arborea	청개구리과
tree lizard	나무도마뱀	Urosaurus ornatus	도마뱀류 북미
tree snake	나무뱀		
trilling frog	트릴링땅개구리	Neobatrachus centralis	개부개구리과
true frog	참개구리류	Ranidae	개구리과 600여종
true iguana	이구아나, 잡기도마뱀	Iguana iguana	도마뱀류 북미
true toad	두꺼비류	Bufonidae	두꺼비과 340종
true tree frog	청개구리류	Hylidae	청개구리과 640여종
trutle frog	거북개구리		호주산 개구리
tuatara	투아타르	Sphenodon punctatus	뉴질랜드산 큰 도마뱀
Turkish gecko	터기도마뱀붙이		
turtle frog	거북개구리	Myobatrachus gouldii	거북개구리과
twist necked turtle	붉은머리뱀목거북	Platemys platycephala	자라과
Typhlopidae	장님뱀과		
Venezuelan tree frog	베네주엘라청개구리		

영	국	학	과
vine snake	덩굴뱀	*Oxybelis aeneus*	뱀류 북미
viper	바이퍼		살모사류
Viperidae	살모사과		
viviparous lizard	보르장지도마뱀	*Lacerta vivipara*	장지도마뱀과
wall and sand lizard	장지도마뱀류	*Lacertidae*	장지도마뱀과 200종
Wallace's flying frog	윌리스날개구리	*Rhacophorus nigropalmatus*	산청개구리과, 동남아, 2m
wart snake	혹뱀		
water dragon	물도마뱀	*physignatus lesueurii*	아가마과 호주산
water lizard	물도마뱀		
water moccasin	물뱀		
water snake	물뱀		동남아, 65cm
water holding frog	물주머니개구리	*Cyclorana platycephala*	청개구리과 호주산
waterdog → mudpuppy			
web footed gecko	물갈퀴발도마뱀붙이	*Palmatogekko rangei*	도마뱀붙이과
western hooknose snake	들창코뱀	*Gyalopion canum*	뱀류 북미
western newt	붉은배영원류	*Taricha*	도룡뇽류 북미
western painted turtle	비단거북		
western rattlesnake	서부방울뱀	*Crotalus viridis*	방울뱀과
western sealyfoot	넓은발도마뱀	*Pygopus nigriceps*	넓은발도마뱀과
western skink	푸른꼬리도마뱀	*Eumeces skiltonianus*	도마뱀과
whipsnake	채찍뱀	*Coluber*	뱀과
whiptail lizard	채찍꼬리도마뱀류	*Cenmidophorus*	경주도마뱀과
white salt dragon	화이트솔트레건		도마뱀류

영명	국명	학명	과명
white tree frog	흰점청개구리	*Litoria caerulea*	청개구리과 호주
white lipped frog	흰입술개구리	*Leptodactylus albirabris*	긴발가락개구리과
white-spotted tree frog	흰얼룩청개구리	*Hyla leucophyllata*	청개구리과
wood frog	캐나다산개구리	*Rana sylvatica*	개구리과
wood turtle	우드터틀		북미 민물거북
worm lizard	지렁이도마뱀		뿔로리다산
worm snake	지렁이뱀	*Carphophis amoena*	뱀류 북미
wriggling snake lizaed	앉은뱅이도마뱀		
xenosaur	아어도마뱀류	*Xenosauridae*	아어도마뱀과
yello-bellied toad	노랑배두꺼비	*Bombina variegata*	독두꺼비 유럽
yellow mud turtle	노란진흙거북	*Kinosternon flavescens*	진흙거북과
yellow rat snake	노랑쥐뱀		
yellow spotted Amazon turtle	노랑점아마존거북	*Podocnemis unifilis*	
zebratail lizard	얼룩꼬리도마뱀	*Callisaurus draconioides*	도마뱀류

■ 국명-영명

국	영	명
가본살모사	gaboon viper	
가비알	gharial, gavial	
가시꼬리도마뱀붙이	eastern spiny-tailed gecko	
가시꼬리뱀	shield tail snake	
가시꼬리이구아마	spiny-tailed lizard	
가시도마뱀	thorny devil, moloch	
가시도마뱀류	spiny lizard	
가시살모사	saw-scaled viper	
가시영원	spiney newt	
가시이구아나	spiny iguana	
가시자라	spiny turtle, spring softshell	
가제개구리	crawfish frog	
가터스네이크	garter snake	
각시바다거북	ridley turtle	
갈기도마뱀, 이구아나	iguana	
갈기영원	crested newt	
갈라파고스이구아나	Galapagos land iguana	
갈라파고스코끼리거북	Galapogos giant tortoise	
갈퀴발도마뱀	fringe-toed lizard	
갑옷도마뱀류	girdle-tailed lizard	
갑옷도마뱀사촌	leathery crag lizard	
강거북	river turtle	
개구리	frog	

국	영	명
개구리목	Salientia	
거문고뱀	lyre snake	
거미거북	Madagascar spider tortoise	
거북개구리	trutle frog	
거북개구리류	myobatrachid frog	
거품집청개구리	foam-nesting tree frog	
검은늪거북	black marsh turtle	
검은도롱뇽	dusky salamander	
검은맘바	black mamba	
검은목코브라	black-necked spitting cobra	
검은소나무뱀	black pine snake	
검은자라	dark softshell	
검은쥐잡이뱀	black rat snake	
검은채찍뱀	racer snake	
검정방울뱀	timber ratter	
검정뱀	black snake	
경주도마뱀	racerunner lizard	
고드프로이도마뱀	Godeffroy's dragon	
고무왕뱀	rubber boa	
고양이눈뱀	cat-eyed snake	
고엘디청개구리	Goeldi's frog	
고퍼거북	gopher turtle (tortoise)	
골든맨텔라개구리	golden mantella	

국명	영명
나일악어	Nile crocodile, crocodile
나일왕도마뱀	Nile monitor
난쟁이사이렌	dwarf siren
난쟁이악어	dwarf crocodile
난쟁이카멜레온	dwarf chameleon
난쟁이케이먼	dwarf caiman
날개청개구리	fringe-limbed tree frog
날도마뱀	flying dragon
날뱀	flying snake, paradise tree snake
남방돼지코뱀	southern hognose snake
남방두꺼비	southern toad
납작도마뱀	flat lizard
낮우머리청개구리	barking tree frog
내터잭두꺼비	natterjack toad
넓은꼬리도마뱀붙이	kidney-tailed gecko
넓은발도마뱀	western sealyfoot
넓은발도마뱀류	snake lizard
넓은코케이먼	broad-nosed caiman
넓적머리스킹크	broathead skink
네발가락도룡뇽	Siberian slamander
노란진흙거북	yellow mud turtle
노랑무늬도룡뇽	fire salamander
노강배거북	slider turtle
노랑배두꺼비	yello-bellied toad
골리앗개구리	Goliath frog
금사거북	radiated turtle
구슬꼬리도마뱀붙이	knob-tailed gecko
구슬도마뱀	beaded lizard
굴드왕도마뱀	Gould's monitor (goanna)
굴짜기도마뱀붙이	talkative gecko
굼뱅이무족도마뱀	slowworm
귀뚜라미청개구리	cricket frog
카머거리도마뱀	Bornean earless lizard
그라운드스네이크	ground snake
그라운드스킹크	ground skink
극락뱀	paradise snake
진목거북류	side-necked turtle
진발가락개구리류	leptodactylid frog
진손가락개구리류	Leptodactylid
진주둥이체찍뱀	long-nosed whip snake
진코뱀	longnose snake
꼬리개구리	tailed frog
꼬리개구리류	Leiopelmid
나무도마뱀	tree lizard
나무뱀	tree snake
나뭇잎도마뱀붙이	leaf-tailed gecho
나뭇잎두꺼비	neotropical leaf toad
나비도마뱀	butterfly lizard

국	영	명	국	영	명
노랑배영원	eastern newt		대리석개구리	marbled rush forg	
노랑점아마존거북	yellow-spotted Amazon turtle		대리석도룡뇽	marbled salamander	
노랑쥐뱀	yellow rat snake		대리석영원	marbled newt	
누더기코뱀	patchnose snake		덤불개구리류	bush frog	
눈알도마뱀	eyed lizard		덤불도마뱀	scrub lizard	
누우젤렌드초록독도마뱀붙이	green tree gecko		덩굴뱀	vine snake	
늪대거북	snapping turtle		데스에디	death adder	
늪거북류	pond and river turtle		데이게코	day gecko	
늪방울뱀	massasauga snake		델비피스카멜레온	flap-necked chameleon	
늪뱀	swamp snake		도케비도마뱀	horney devil	
늪사이렌	lesser siren		도룡뇽류	salamander	
늪살모사	cottonmouth moccasin		도마뱀류	lizard	
다람쥐청개구리	squirrel tree frog		도마뱀붙이	bent-toed gecko	
다윈코개구리	Darwin's frog		도마뱀붙이류	gecko (lizard)	
다이아몬드거북	diamondback terrapin		독화살개구리	arrow poison frog	
다이아몬드방울뱀	diamondback rattlesnake		돌거북	spotted turtle	
다이아몬드비단구렁이	diamond python		동굴긴꼬리도룡뇽	cave salamander	
다이아몬드비단뱀	carpet snake		동굴도룡뇽	groto salamander	
달걀뱀	egg-eating snake		동굴영원	olm	
달팽이뱀과	Dipsadinae		돛도마뱀	sail-fin lizard	
달팽이잡이거북	snail eating turtle		돼지개구리	pig frog	
달팽이잡이뱀	snail-eater snake		돼지코뱀	hog-nosed snake	
대륙장수도룡뇽	Chinese giant salamander		돼지코살모사	hog-nosed viper	

쾌지코자라	pig-nosed softshell turtle
두꺼비류	true toad
두꺼비머리도마뱀	toad-headed lizard
두꺼비뱀	toad eater snake
두더지도룡뇽	mole salamander
둥근꼬리도마뱀	corucia
뉴보아바다뱀	Dubois's reef snake
들창코뱀	western hooknose snake
등가시영원	great crested newt
등넓은자라	smooth softshell
땅거북류	tortoise
땅도마뱀	ground lizard
땅이구아나	ground iguana
뜬눈스킹크도마뱀	lidless skink lizard
러셀살모사	Russell's viper
레드레이서	red racer
레드센터개구리	red center frog
레오펠마개구리	leopelma frog
레이스왕도마뱀	lace monitor
로시왕뱀	rosy boa
로열비단뱀	royal python
리본스네이크	ribbon snake
링할스	ringhals
마부야도마뱀	mabuya skink
마타마타거북	matamata
말베이가리알	false gharial
말베이날개구리	Malaysian flying frog
말베이왕도마뱀	Asiatic monitor
말리왕도마뱀	Mali lizard
맘바	mamba
매부리거북	hawksbill turtle
맹그로브뱀	mangrove snake
맹꽁이	painted frog
맹꽁이류	narrow-mouthed frog
머드퍼피	mudpuppy
메타시그나투스	Metaxygathus
베시코구슬도마뱀	Mexican beaded lizard
베시코도룡뇽	axolotle
베시코맹꽁이	burrowing toad
베시코방울뱀	Mexico ridge nose
베시코비단구렁이	Mexican burrowing python
베시코지렁이뱀	Mexican worm-lizard
멜러카멜레온	Meller's chameleon
모나장님뱀	mona blind snake
모래뱀	sand snake
모래장지도마뱀	sand lizard
목고리뱀	ringneck snake
목도리도마뱀	Australian frilled lizard

국	영	영	국	영
목도리도마뱀	frilled-neack dragon (lizard)	바다거북류	snake-necked turtle	
목무늬도마뱀	collared lizard	바다도마뱀	marine skink	
목생도롱뇽	flat-toed salamander	바다뱀	sea snake, pelagic sea snake	
목생이구아나	arboreal iguana	바다악어	saltwater crocodile	
무당개구리	oriental fire-bellied toad	바다이구아나		
무당개구리류	disk-tongued toad	바실리스크도마뱀	basilisk lizard	
무당뿔개구리	ornate horned frog	바실리스크이구아나	leafy plumb-tree basilisk	
무족도마뱀류	anguid	바이퍼	viper	
무족뱀도마뱀	legless snake lizard	발톱개구리	clawed toad	
무지개뱀	rainbow snake	방울뱀	sidewinder	
무지개아가마	household agama	방울소리두꺼비	stream toad	
물갈퀴발도마뱀붙이	web-footed gecko	뱀류		
물도마뱀	water dragon, water lizard	뱀목거북류		
물뱀	water snake	베네주엘라청개구리	Venezuelan tree frog	
물이끼개구리	sphagnum frog	벵갈왕도마뱀	Bengal monitor	
물주머니개구리	water-holding frog	볏슴이구아나	crested iguana	
뭉툭꼬리도마뱀붙이	fat-tailed gecko	별거북	Indian star tortoise	
뮬렌버그거북	Muhlenberg turtle	병아리거북	chicken turtle	
미국산호뱀	eastern coral snake	보르네오도마뱀	Bornean lizard	
미시시피피악어	American alligator	보모개구리	midwife toad	
미첼왕도마뱀	Mitchell's water monitor	보모장지도마뱀	viviparous lizard	
바다걸기도마뱀	marine iguana	보석장지도마뱀	ocellated green lizard	
바다거북	green turtle	보이드도마뱀	Boyd's rain forest dragon	

국명	영명
부시마스터	bushmaster
부채발도마뱀붙이	fan-toed gecko
북살모사	European adder
붉은귀거북	red-eared turtle
붉은꼬리도마뱀	red-tailed skink
붉은꼬리쥐잡이뱀	red-tailed rat snake
붉은꼬리파이프뱀	Asian pipesnake
붉은눈청개구리	red eyed tree frog
붉은머리뱀모거북	twist-necked turtle
붉은바다거북	loggerhead sea turtle
붉은발땅거북	red-footed tortoise
붉은배늪거북	redbelly turtle
붉은배뱀	redbelly snake
붉은배영원	redbelly newt, western newt
붉은왕뱀	scarlet kingsnake
붉은점도롱뇽	red-spotted newt, red eft
붐슬랭	boomslang
브라운스네이크	brown snake
브룩도마뱀붙이	brook's half-toed gecko
블베케이먼	black caiman
비단거북	painted turtle
비단구렁이류	python
뿔개구리	horned toad
뿔도마뱀류	horned lizard
뿔살모사	rhinoceros viper
뿔가메룬두꺼비	horned Cameroon toad
사막거북	desert tortoise
사막야행도마뱀	desert night lizard
사막이구아나	desert iguana
사막채찍꼬리도마뱀	desert grassland whiptail
사이렌	siren
사향거북	razorback musk turtle
사향거북류	musk turtle
산개구리	European frog
산청개구리류	old world tree frog
산카멜레온	mountain chameleon
산호뱀	coral snake
산호파이프뱀	coral pipesnake
살모사과	Viperidae
삽주등이뱀	shovelnose snake
상어영원	roughskin newt
상자거북	box turtle
새잡이뱀	bird snake
샌드바이퍼	sand viper
샌드스킹크	sand skink
샴악어	Siamese crocodile
서부방울뱀	western rattlesnake
세네갈개구리	Senegal kassina

국	영	국	영
세발가락상자거북	three-toed box turtle	아마촌뿔개구리	Brazilian horned frog
세이셸개구리	Seychelles frog	아메리카독도마뱀	gila monster
세이셸초록잎도마뱀붙이	leaf-green Seychelles gecko	아메리카두꺼비	American toad
세즈개구리류	sedge frog	아메리카살모사	copperhead
솔방울도마뱀	shingleback skink	아메리카악어	American crocodile
수염도마뱀	bearded lizard	아메리카풀거북	stinkpot
슐레겔장님뱀	Schlegel's blind snake	아시아뿔두꺼비	Asian horned toad
스피팅코브라	spitting cobra	아시아황소개구리	Asian bullfrog
시실리언	caecilian	아욜로트도마뱀	ajolote
실린더스킹크	cylindrical skink	아일래시바이퍼	eyelash viper
실장님뱀류	thread snake	아칸토스테가	Acanthostega
심자무늬청개구리	spring peeper	아프리카비단구렁이	rock python
심자사항거북	chiapas cross-breasted turtle	아프리카악어	African crocodile
심자자청개구리	cross-bearing tree frog	아프리카집뱀	African house snake
심자청개구리	hyla crucifer	아프리카카멜레온	African chameleon
아가마도마뱀	agama lizard	아프리카황소개구리	African bullfrog
아가마도마뱀류	chisel-teeth lizard	악어거북	alligator (snapping) turtle
아가미드도마뱀	agamid	악어꼬리도마뱀	dragon lizard
아늘도마뱀		악어도마뱀	alligator lizard
아라비아두꺼비도마뱀	Arabian toad-head lizard	악어도마뱀류	xenosaur
아라우터틀	arrau turtle	안경청개구리	goggle-eyed leaf frog
아루바방울뱀	Aruba rattlesnake	안경케이먼	spectacled caiman
아르마딜로도마뱀	armadillo lizard	인델센촉영원	spiny newt

국명	영명
안점개구리	false-eyed frog
앉은뱅이도마뱀	wriggling snake-lizaed
알다브라코끼리거북	Aldabra tortoise
앙골라도마뱀	Angola plated lizard
애니콘다	(green) anaconda
애늘도마뱀	anole lizard
애늘이구아나	green anole
애리조나무족도마뱀	Arizona alligator lizard
애리조나뱀	glossy snake
애미시스틴비단뱀	amethystine python
애보기두꺼비	Surinam toad
앨리게이터	alligator
앰퓨마	amphiuma, congo eel
앵무세뱀	parrot snake
야행도마뱀	night lizard
양개구리	sheep frog
양서류	Amphibian
양자강악어	Chinese alligator
어린이비단뱀	liasis childreni
얼룩달대청개구리	painted reed frog
얼룩꼬리도마뱀	zebratail lizard
얼룩꼬리영원	tail-spotted newt
얼룩다리거북	spot-legged turtle
얼룩무늬도마뱀	leopard lizard
얼룩바다뱀	banded water snake
얼룩밤도마뱀	granite night lizard
에메랄드트보아	emerald tree boa
에콰도르뿔청개구리	casque-headed frog
인사티나	ensatina
여우뱀	fox snake
영원류	newt
얼줄무늬도마뱀	side-blotched lizard
오렌지청개구리	orange frog
오리노코악어	Orinoco crocodile
오선스킹크도마뱀	five-lined skink
오엔펠리비단구렁이	oenpelli python
우수수뱀	corn snake
온실개구리	greenhouse frog
옴개구리	
왕관뱀	crown snake
왕도롱뇽	giant salamander
왕도마뱀	goana, monitor lizard
왕두꺼비	marine toad
왕뱀류, 보아뮤	boa, kingsnake
왕비단뱀	reticulated python
왕스킹크도마뱀	giant skink
왕영원	emperor newt
우드터틀	wood turtle

국	영	영
우산뱀	krate	
우유뱀	milk snake	
울타리도마뱀	fence lizard	
웃음개구리	marsh frog	
월리스날개구리	Wallace's flying frog	
유럽늪거북	European pond turtle	
유럽두꺼비	European toad	
유럽유혈목이	grass snake	
유럽참개구리	edible frog	
유령개구리	ghost frog	
유리꼬리도마뱀류	glass snake lizard	
육선장지도마뱀	six-line grass lizard	
은점개구리	silver-speckled frog	
이구아나, 갈기도마뱀	true iguana	
이베리아훅영원	sharp-ribbed newt	
이스라엘참무당개구리	Israel painted frog	
이집트코브라	Egyptian cobra	
익티오스테가	Icthyostega	
인도가비알	Indian gavial (gavial)	
인도도마뱀붙이	Indian wall gecko	
인도비단구렁이	Indian python	
인도악어	mugger crocodile	
인도자라	Indian flasphell	

국	영
인도코브라	Asian cobra, Indian cobra
인디고스네이크	indigo snake
일본장수도롱뇽	Japanese giant slamander
일본청개구리	Japanese tree frog
잎코뱀	leafnose snake
자라	mud turtle
자라류	softshell turtle
자라사촌	fly river turtle
자메이카뿔이구아나	Jamaican rhinoceros iguana
자이인트이구아나	giant anole
자이인트청개구리	giant tree frog
자팔루라도마뱀	Japalura tree lizard
작살머리뱀	lancehead
작은머리자라	narrow-headed softshell
작은바다거북	Pacific ridley
작은입개구리	burrowing frog
잘린꼬리카벨레온	stump-tailed chameleon
장님도마뱀	(Asian) blind lizard
장님뱀과	Typhlopidae
장님뱀류	blind snake
장님지렁이도마뱀	blind worm
장수거북	leatherback sea turtle
장지도마뱀류	wall and sand lizard

국명	영명
잭슨카멜레온	Jackson's chameleon
쟁기발개구리	spadefoot toad
전갈도마뱀	scorpion lizard
전갈자라	scorpion mud turtle
정글경주도마뱀	jungle runner lizard
조지아장님도룡뇽	Georgia blind salamander
좁은입개구리	narrowmouth
주걱발개구리	shovelfoot frog
주머니개구리	pouched frog
주머니청개구리	marsupial frog
줄무늬게코	banded gecko
줄무늬모래뱀	striped sand snake
줄무늬크라이트	banded krait
쥐잡이뱀류	rat snake
지도거북	map turtle
지렁이도마뱀	worm lizard
지렁이뱀	worm snake
지렁이뱀류	dawn blind snake
지옥도롱뇽	hellbender
집도마뱀붙이	house gecko
짧은꼬리왕도마뱀	short-tailed monitor
짧은뿔도마뱀	short-horned lizard
참개구리류	true frog
채찍꼬리도마뱀류	whiptail lizard
채찍뱀	whipsnake
체크왈더	chuckwalla, lizard
천남성개구리	arum lily frog
청개구리	tree frog
청개구리류	true tree frog
청동나무뱀	bronze tree snake
초록개구리	green frog
초록도마뱀붙이	Madagascan day gecko
초록바실리스크도마뱀	green basilisk
초록뱀	green snake
초록비단구렁이	green tree pyton
초록살모사	green pit viper
초록이구아나	green iguana
초록쥐잡이뱀	green rat snake
치청도마뱀	chameleon dragon
침꼬리뱀	mud snake
카멜레온	chameleon
카시나개구리	kassina frog
카펫비단뱀	carpet python
칼꼬리영원	sword-tailed newt
칼라바르비단구렁이	calabar python
캐나다산개구리	wood frog
캐롤라이나거북	eastern box turtle
켄틸살모사	cantil

국	영	국	영
캘리포니아무족도마뱀	California legless lizard	큰뱀목거북	giant snake-necked turtle
케이먼도마뱀	caiman lizard	큰사이렌	greater siren
케이프남작도마뱀	cape red-tailed flat	큰입장님뱀	bigjaw blind snake
케이프플틀개구리	cape platana	큰채찍뱀	coachwhip snake
케이프왕도마뱀	cape monitor	킬뱀	chequered keelback
켄프바다거북	Atlantic ridley	킹코브라	king cobra
코개구리류	mouth-brooding frog	타이거도룡뇽	tiger salamander
코로보리개구리	corroboree toad	타이거스네이크	tiger snake
코모도트배진	komofj dragon	타이판스네이크	taipan snake
코모도왕도마뱀	komodo dragon	태평양도룡뇽	Pacific newt
코뿔소이구아나	rhinoceros iguana	태평양왕도룡뇽	Pacific giant salamander
코코이독개구리	kokoi poison-arrow frog	터키도마뱀붙이	Turkish gecko
콜로라도체꼬리도마뱀	Colorado checkered whiptail	턱수염도마뱀	beared dragon
쿠바악어	Cuban crocodile	텅개구리	(rare) hairy frog
쿠바아행도마뱀	Cuban night (anole) lizard	테구도마뱀	tegu lizard
쿠바정글늑왕뱀	Cuban Island ground boa	테라핀	terrapin
쿠터터틀	cooter turtle	텍사스뿔도마뱀	Texas horned lizard
쿡보아	Cook's boa	텍사스실장님뱀	Texas blind snake
큰가로목거북	South American river turtle	토케이	tokay gecko
큰감옷도마뱀	sungazer lizard	투구바실리스크도마뱀	crested basilisk
큰상거북	painted terrapin	투명개구리	glass frog
큰머리거북	big-headed turtle	투어타르	tuatara
큰머리사향거북	loggerhead musk turtle	트릴링개구리	trilling frog

국명	영명
틸리쿠아	tiliqua
파라독스개구리	paradoxical frog
파랑뱀	rough green snake
파슬리개구리	parsley frog
파이크뱀류	pipesnake
파푸아도마뱀	green-blood skink
팬케이크거북	pancake tortoise
퍼벤티왕도마뱀	perentie monitor
퍼프에디	puff adder
페론도마뱀	Peron's hemiergis
페르드랑스	fer-de-lance
페르사살모사	Latifis viper
평원도마뱀	great plains skink
폰드쿠터	pond cooter
표범거북	leopard tortoise
푸른꼬리도마뱀	western skink
푸른나무뱀	green tree snake
푸른등도룡뇽	slimy salamander
푸른바다뱀	green water snake
푸른혀도마뱀	blue-tongued skink
푸에르토리코왕뱀	Puerto Rican boa
풀살모사	southern fer-de-lance
플로리다지렁이도마뱀	Florida worm-lizard
피그미도룡뇽	pygmy salamander
피그미방울뱀	pygmy ratter (rattlesnake)
피그미비단구렁이	pygmy python
피그미카멜레온	pygmy chameleon
피저코브라	Fiji snake
피크릴개구리	pickerel frog
피트바이퍼	pit viper
필로바테스	phyllobates
필리핀악어	Philippines crocodile
하라라카살모사	jararaca
함창개구리	chorus frog
해밀턴개구리	Hamilton's frog
햇살비단구렁이	sunbeam python
허밍거북개구리	humming frog
헬멧거북	helmeted turtle
호주악어	Australian freshwater crocodile
혹뱀	wart snake
혼바이퍼	horned viper
화분장넘뱀	flowerpot snake
화이트솔트드래건	white salt dragon
황금개구리	gold frog
황새코브라	cape cobra
황소개구리	bullfrog
황소뱀	bullsnake
황소자라	giant softshell

국	영	명
흰고리도룡뇽	ring salamander	
흡혈도마뱀	bloodsucker	
흰눈청개구리	leaf frog	

국	영	명
흰얼룩북청개구리	white-spotted tree frog	
흰입술개구리	white-lipped frog	
흰점청개구리	white tree frog	

■ 학명-국명

학	명	국	명	학	명	국	명
Acanthophis antarcticus		데스에더		*Anguis fragilis*		굼뱅이무족도마뱀	
Acris crepitans		귀뚜라미청개구리		*Aniliidae*		파이프뱀류	
Afrixalus		덤불개구리류		*Anilius scytale*		산호파이프뱀	
Agama agama		무지개아가마		*Anniella pulchra*		캘리포니아무족도마뱀	
Agamidae		아가마도마뱀류		*Anolis carolinensis*		애놀이구아나	
Agkistrodon bilineatus		캔털살모사		*Anolis roosevelti*		자이언트이구아나	
Agkistrodon contortrix		아메리카살모사		*Anomalepidae*		지렁이뱀류	
Agkistrodon piscivorus		늪살모사		*Ansonia grilliroca*		방울소리두꺼비	
Aipysurus duboisii		뒤보아바다뱀		*Arizona elegans*		에리조나뱀	
Alligator mississippiensis		미시시피악어		*Ascaphus trueii*		꼬리개구리	
Alligator sinensis		양쯔강악어		*Assa darlingtoni*		주머니개구리	
Alytes obstetricans		보모개구리		*Basiliscus plumifrons*		바실리스크이구아나	
Amblyrhynchus cristatus		바다잡기도마뱀		*Bipes biporus*		멕시코지렁이뱀	
Ambystoma mexicanum		멕시코도롱뇽		*Bitis arietans*		퍼에더	
Ambystoma talpoideum		두더지도롱뇽		*Bitis gabonica*		가분살모사	
Ambystoma tigrinum		타이거도롱뇽		*Bitis nasicornis*		뿔살모사	
Ameiva		정글경주도마뱀		*Boidae*		왕뱀류, 보아류	
Amphibia		양서류		*Bombina orientalis*		무당개구리	
Amphibolus borbatus		수염도마뱀		*Bombina variegata*		노랑배두꺼비	
Amphiumidae		엠퓨마		*Bothrops atrox*		작살머리뱀	
Amyda maackii		자라		*Bothrops atrox*		풀살모사	
Angolosaurus skoogi		앙골라도마뱀		*Bothrops jararaca*		하라라카살모사	
Anguidae		무족도마뱀류		*Bothrops nasutus*		베지코살모사	

학명	국명	학명	국명
Conraua goliath	골리앗개구리	Cryptobranchus japonicus	일본장수도룡뇽
Crotalus atrox	다이아몬드방울뱀	Ctenosura pectinata	가시이구아나
Crotalus cerastes	방울뱀	Cyclorana platycephala	물주머니개구리
Crotalus willardi	멕시코방울뱀	Cyclura collei	자마이카뿔이구아나
Cordylidae	검은도마뱀류	Cylindrophius rufus	붉은꼬리파이프뱀
Cordylus giganteus	큰갑옷도마뱀	Cynops ensicauda	칼꼬리영원
Cricosaura typica	루바아행도마뱀	Dasypeltis	달걀뱀
Crocodilurus lacertinus	악어꼬리도마뱀	Dendroaspis polylepis	검은맘바
Crocodylus acutus	아메리카악어	Dendrobatidae	독화살개구리류
Crocodylus intermedius	오리노코악어	Dermatemys mavei	강거북
Crocodylus johonstoni	호주악어	Dermochelys coriacea	장수거북
Crocodylus mindorensis	필리핀악어	Desmognathus fuscus	검은도룡뇽
Crocodylus niloticus	나일악어	Desmognathus wrighti	피그미도룡뇽
Crocodylus porosus	바다악어	Dibamus novaequinae	장님도마뱀
Crocodylus pulustris	인도악어	Dicamptodon ensatus	왕도룡뇽
Crocodylus rhombifer	쿠바악어	Dicamptodon ensatus	태평양왕도룡뇽
Crocodylus siamensis	샴악어	Diodophis punctatus	목고리뱀
Crotalidae	피트바이퍼과	Diplodactylus intermedius	가시꼬리도마뱀붙이
Crotalus horridus	검정방울뱀	Dipsas	고양이눈뱀
Crotalus viridis	서부방울뱀	Dipsosaurus dorsalis	사막이구아나
Crotaphytus collaris	목무늬도마뱀	Discoglossidae	무당개구리류
Cryptobranchus alleganiensis	지옥도룡뇽	Discoglossus nigriventer	이스라엘참무당개구리
Cryptobranchus davidianus	대륙장수도룡뇽	Dispholidus typus	붐슬랭

학명	국명
Divamidae	장님도마뱀
Dracaena guianensis	케이먼도마뱀
Draco volans	날도마뱀
Drymarchon corais	인디고스네이크
Echinotriton andersoni	가시영원
Echinotriton andersoni	안델센훗영원
Elaphe	쥐잡이뱀류
Elaphe guttata	우수뱀
Elaphe obsoleta	검은쥐잡이뱀
Elaphe vulpina	여우뱀
Elgaria kingii	애리조나무족도마뱀
Emoia atrocostata	바다도마뱀
Emydidae	늪거북류
Emys orbicularis	유럽늪거북
Ensatina	엔사티나
Epicrates inornatus	푸에르토리코왕뱀
Epicrates murinus	애니론다
Eretmochelys imbricata	매부리거북
Eumeces fasciatus	오선스킹크도마뱀
Eumeces laticeps	넓적머리스킹크
Eumeces obsoletus	평원도마뱀
Eumeces skiltonianus	푸른꼬리도마뱀
Eurycea lucifuga	동굴긴꼬리도룡뇽
Farancia abacura	짐꼬리뱀
Farancia erytrogramma	무지개뱀
Gambelia wislizenii	얼룩무늬도마뱀
Gastrophryne	좁은입개구리
Gastrotheca	주머니청개구리
Gavialis gangeticus	가비알
Gecko gecko	토케이
Gehyra mutilata	집도마뱀붙이
Gekkonidae	도마뱀붙이류
Geochelone carbonaira	붉은발땅거북
Geochelone elegans	별거북
Geochelone elephantopus	갈라파고스코끼리거북
Gonocephalus boydii	보이드도마뱀
Gonocephalus godeffroi	고드프로이도마뱀
Gopherus polyphemus	고퍼거북
Gyalopion canum	들창코뱀
Heleophrynidae	유령개구리
Heloderma horridum	멕시코구슬도마뱀
Heloderma suspectum	아메리카독도마뱀
Hemachatus haemachatus	링할스
Hemiergis peronii	페론도마뱀
Hemiphractus proboscideus	예콰도르뿔청개구리
Hemisus marmoratum	삽은입개구리
Hemitheconyx caudocinctus	붉둑꼬리도마뱀붙이
Hemydactylus brooki	브룩도마뱀붙이

학명	국명	학명	국명
Hemydactylus flaviviridis	인도도마뱀붙이	*Lacerta agilis*	모래장지도마뱀
Heosemys spinosa	가시자라	*Lacerta lepida*	보석장지도마뱀
Heterodon	돼지코뱀	*Lacerta vivipara*	보모장지도마뱀
Heterodon simus	남방돼지코뱀	*Laceridae*	장지도마뱀류
Hydrosaurus pustulatus	돛도마뱀	*Lachesis muta*	부시메스터
Hyla arborea	청개구리	*Lampropeltis*	왕뱀류
Hyla crucifer	십자무늬청개구리	*Lampropeltis triangulum*	우유뱀
Hylactophryne latrans	남작머리청개구리	*Lamprophis fuscus*	아프리카집뱀
Hyla leucophyllata	흰얼룩청개구리	*Lanthanotus borneensis*	귀머거리도마뱀
Hyla miliaria	날개청개구리	*Leiopelma hamiltoni*	해밀턴개구리
Hyla squirella	다람쥐청개구리	*Lepidochelys kempi*	켐프바다거북
Hylidae	청개구리류	*Lepidochelys olivacea*	작은바다거북
Hyperoliidae	세즈개구리류	*Leptodactylidae*	긴발가락개구리류
Hyperolius marmoratus	대리석개구리	*Leptodactylus albirabris*	흰입술개구리
Hypopachus variolosus	양개구리	*Leptodactylus pentadactylus*	청소개구리
Iguana iguana	이구아나, 갈기도마뱀	*Leptophis depressirostris*	앵무새뱀
Iguanidae	갈기도마뱀(이구아나)	*Leptotyphlops dulicis*	텍사스실장님뱀
Kaloula tornieri	땅꽁이	*Leptotyphlopidae*	실장님뱀류
Kassina senegalensis	세네갈개구리	*Lialis burtonis*	무족뱀도마뱀
Kinosternidae	사향거북류	*Liasis perthensis*	피그미비단구렁이
Kinosternon flavescens	노란진흙거북	*Lichanura trivirgata*	로시왕뱀
Kinosternon flavescens	일리노이자라	*Liolepis belliana*	나비도마뱀
Kinosternon scorpiodies	전갈자라	*Lissemys punctata*	인도자라

학명	국명
Phrynocephalus nejdensis	아라비아두꺼비도마뱀
Phrynosoma	뿔도마뱀류
Phrynosoma cornutum	텍사스뿔도마뱀
Phyllobates	필로바티스
Phyllomedusa bicolor	흰눈청개구리
Phyllorhychus browni	잎코뱀
Physalaemus notereri	안점개구리
Physignatus lesueurii	물도마뱀
Pipa pipa	애보기두꺼비
Pituophis melanoleucus	황소뱀
Platemys platycephala	붉은머리뱀목거북
Platysaurus capensis	케이프납작도마뱀
Platysaurus intermedius	납작도마뱀
Platysternidae	큰머리거북
Plethodon glutinosus	푸른등도룡뇽
Pleurodeles waltl	이베리아흑영원
Podocnemis expansa	큰가로목거북
Podocnemis unifilis	노랑점아마존거북
Prasinohaema virens	파루아도마뱀
Proteus anguinus	동굴영원
Psammophis condenarus	모래뱀
Pseudacris	합창개구리
Pseudanaja fextilis	브라운스네이크

학명	국명
Pseudemys scripta	붉은귀거북
Pseudis paradoxa	파라독스개구리
Pseudobranchus intermedia	늪사이렌
Pseudobranchus striatus	난쟁이사이렌
Pseudocordylus microlepidotus	갑옷도마뱀사촌
Ptyodactylus hasselquistii	부채발도마뱀붙이
Pygopodiae	넓은발도마뱀류
Pygopus nigriceps	넓은발도마뱀
Python molurus	아프리카비단구렁이
Python oenpelliensis	오엔펠리비단구렁이
Python reticulatus	왕비단뱀
Pythonidae	비단구렁이류
Python molurus	인도비단구렁이
Python spilotes	다이아몬드비단구렁이
Pyxicephalus adspersus	아프리카황소개구리
Pyxis arachnoides	거미거북
Raa ridibunda	웃음개구리
Rana areolata	가제개구리
Rana catesbeiana	아메리카황소개구리
Rana clamitans	초록개구리
Rana esculenta	유럽참개구리
Rana grylio	돼지개구리
Rana nigromaculata	개구리

Rana palustris	피크틸개구리
Rana rugosa	옴개구리
Rana sylvatica	캐나다산개구리
Rana temporaria	산개구리
Rana tigrina	아시아황소개구리
Ranidae	참개구리류
Rhacophoridae	산청개구리류
Rhacophorus arboreus	일본청개구리
Rhacophorus nigropalmatus	윌리스날개구리
Rhacophorus reinwardtii	말베이날개구리
Rhamphotyphlops braminus	화분장님뱀
Rhineura floridana	플로리다지렁이도마뱀
Rhinocheilus lecontei	긴코뱀
Rhinoclemmys punctularia	얼룩다리거북
Rhinoderma darwinii	다윈코개구리
Rhinodermatidae	코개구리류
Rhinophrynus dorsalis	멕시코맹꽁이
Rhinotyphlops schlegeli	슐레겔장님뱀
Salamandra salamandra	노랑무늬도룡뇽
Salamandrelle keyselingii	네발가락도룡뇽
Salamandroidea	영원류
Salientia	개구리목
Salvadora grahamiae	누디기코뱀
Sauria	도마뱀류

Sauromalus obesus	처크월러
Sceloporus	가시도마뱀류
Scincella lateralis	그라운드스킹크
Scincidae	스킹크도마뱀
Serpentes	뱀류
Siebenrockiella crassicollis	검은늪거북
Siren lacertina	큰사이렌
Sirenidae	사이렌
Sistrurus	방울뱀류
Sistrurus catenatus	늪방울뱀
Sistrurus miliarius	피그미방울뱀
Sonora semiannulata	그라운드스네이크
Sooglossus seychellensis	세이셸개구리
Sphenodon punctatus	투아타라
Staurotypus salvinii	십자사향거북
Sternotherus carinatus	사향거북
Sternotherus minor	큰머리사향거북
Sternotherus odoratus	애베디카롤거북
Storeria occipitomaculata	붉은배뱀
Takydromus sextlineatus	우선장지도마뱀
Taricha	영원류
Taricha granulosa	상어영원
Taricha torosa	태평양도룡뇽
Teiidae	경주도마뱀

학 명	국 명	학 명	국 명
Terrapene carolina	캐롤라이나거북	*Urosaurus ornatus*	나무도마뱀
Testudinidae	땅거북류	*Uta stansburiana*	얼룩무늬도마뱀
Thamnophis	가터스네이크	*Varanidae*	왕도마뱀류
Thelotornis kirtland	세잎이뱀	*Varanus bengalensis*	뱅갈왕도마뱀
Tiliqua accipitalis	푸른혀도마뱀	*Varanus brevicauda*	짧은꼬리왕도마뱀
Tomistoma schlegelii	말레이가비알	*Varanus exanthematicus*	케이프왕도마뱀
Trichobatrachus robustus	털개구리	*Varanus gouldii*	굴드왕도마뱀
Trimorphodon biscutatus	거문고뱀	*Varanus komodoensis*	코모도왕도마뱀
Trionychidae	자라류	*Varanus mitchelli*	미첼왕도마뱀
Trionyx muticus	등넓은자라	*Varanus niloticus*	나일왕도마뱀
Trionyx nigricans	검은자라	*Varanus salvator*	말레이왕도마뱀
Trionyx spiniferus	가시자라	*Vipear latifii*	페르샤살모사
Triturus rivularis	붉은배영원	*Vipera aspis*	북살모사
Tropidophis melanurus	쿠바정글왕뱀	*Vipera berus*	가시살모사
Tupinambis teguixin	테구도마뱀	*Vipera echis*	러셀살모사
Tylototriton verrucosus	왕영원	*Vipera russelli*	러셀살모사
Typhlopidae	장님뱀류	*Xantusia henshawi*	얼룩밤도마뱀
Typhlops monensis	모나장님뱀	*Xantusia vigilis*	사막야행도마뱀
Typhlosaurus	장님지렁이도마뱀	*Xantusiidae*	야행도마뱀
Umanotata	긴귀발도마뱀	*Xenodon rabdocephalus*	두꺼비뱀
Uromastix acanthinurus	가시꼬리아가마	*Xenopeltis unicolor*	햇살비단구렁이
Uropeltis ocellatus	가시꼬리뱀	*Xenopus gilli*	케이프발톱개구리
Uropeltoidea	둥근장님뱀	*Xenopus laevis*	발톱개구리

악어도마뱀류

Xenosauridae

조　류

■ 영명—국명—학명—과명

영 명	국 명	학 명	과 명
Abyssinian ground hornbill	아프리카코뿔새	*Bucorvus abyssinicus*	코뿔새과
accentor	바위종다리류	*Prunellidae*	바위종다리과, 13종
acorn woodpecker	도토리딱다구리	*Melanerpes formicivorus*	딱다구리과
adjutant stork →marabow			
Afircan jacana	아프리카자카나	*Actophilornis africanus*	자카나과
African darter	아프리카뱀가마우지	*Anhinga rufa*	뱀가마우지과
African fish eagle	아프리카수리	*Haliaetus vocifer*	수리과
African golden oriole	아프리카노랑꾀꼬리	*Oriolus aurantus*	꾀꼬리과
African little sparrow hawk	아프리카새매	*Accipiter minullus*	수리과
African mourning dove	아프리카비설비둘기	*Streptopelia decipiens*	비둘기과
African pitta	아프리카팔색조	*Pitta angolensis*	팔색조과
African pygmy kingfisher	아프리카쇠물총새	*Ispidina picta*	물총새과
African ring-necked parakeet	아프리카목고리앵무	*Psittacula krameri*	앵무과
African river martin	아프리카강제비	*Pseudochelidon eurystomina*	제비과
African skimmer	아프리카스키머	*Rynchop flavirostris*	스키머과
akiapolaau	반죽부리하와이꿀빨이새	*Hemignathus wilsoni*	하와이꿀빨이새과
albatros	알바트로스류	*Diomedea*	알바트로스과, 14종
Albert's lyrebird	알버트금조새	*Menura alberti*	거문고새과
alpine accentor	바위종다리	*Prunella collaris*	바위종다리과
alpine chough	노랑부리까마귀	*Pyrrhocorax graculus*	까마귀과
alpine swift	흰가슴칼새	*Apus melba*	칼새과
amani sunbird	흰배태양새	*Anthreptes pallidigaster*	태양새과
Amazon kingfisher	아마존물총새	*Chloroceryle amazona*	물총새과

American blackbird	아메리카흑조	Icteridae	찌르레기사촌과, 90종
American crow	아메리카까마귀	Corvus brachyrhynchos	까마귀과
American dipper	아메리카물까마귀	Cinclus mexicanus	물까마귀과
American eagle→bald eagle			
American gallinule	노랑부리물닭	Porphyrio martinica	뜸부기과
American goldfinch	아메리카금방울새	Carduelis tristis	방울새아과
American jacana	아메리카자카나	Jacana spinosa	자카나과
American redstart	붉은꼬리솔새	Setophaga ruticilla	아메리카솔새과
American robin	아메리카지빠귀	Turdus migratorius	지빠귀과
American sparrowhawk	아메리카황조롱이	Falco sparverius	매과
American tree sparrow	참가슴멧새	Spizella arborea	멧새과
American warbler	아메리카솔새	Parulidae	아메리카솔새과, 120종
American white pelican	흰사다새	Pelecanus erythrorhynchos	사다새과
American wigeon	아메리카홍머리오리	Anas americana	오리과
American woodcock	아메리카멧도요	Philohela minor	도요과
ancient murrelet	바다쇠오리	Synthliboramphus antiquus	바다오리과
Andean condor	안데스콘도르	Vultur gryphus	콘도르과
Andean flamingo	안데스홍학	Phoenicoparrus andinus	홍학과
Andean hillstar	안데스벌새	Oreotrochilus estella	벌새과
anhinga	뱀가마우지	Anhinga anhinga	뱀가마우지과
Anna's violet ear	안나벌새	Calypte anna	벌새과
Antipodes Islands parakeet	안티포드앵무	Cyanoramphus unicolor	앵무과
apostle bird	회색진흙집새	Struthidea cinerea	근진흙집새과, 호주
arctic tern	극제비갈매기	Sterna paradisaea	제비갈매기과

영 명	국 명	학 명	과	명
arctic warbler	쇠솔새	*Phylloscopus borealis*	딱새과	
arfak	아르팍	*Astrapia nigra*	풍조과	
arrowhead piculet	화살촉딱다구리	*Picumnus minutissimus*	딱다구리과	
Ascension frigate-bird	아센션군함새	*Fregata aquila*	군함새과	
ashy minivet	할미새사촌	*Pericrocotus divaricatus*	할미새사촌과	
ashy swallow-shrike	회색숲제비	*Artamus fuscus*	숲제비과	
Asian paradise flycatcher	아시아극락딱새	*Terpsiphone paradisi*	딱새과	
Asian wandering tattler→greater yellowleg				
Audubon's shearwater	오드본슴새	*Puffinus iherminieri*	슴새과	
austral parakeet	오스트랄앵무	*Microsittace ferruginea*	앵무과	
Australian curlew	일락꼬리마도요	*Numenius madagascariensis*	도요과	
avocet	뒷부리장다리물떼새	*Recurvirostra avosetta*	장다리물떼새과	
avocetbill	뒷부리벌새	*Avocettula recurvirostris*	벌새과	
azure nuthatch	검은머리동고비	*Sitta azurea*	동고비과	
azure tit	흰박새	*Parus cyanus*	박새과	
azure winged magpie	물까치	*Cyanopica cyanus*	까마귀과	
babbler	꼬리치레류	*Timaliinae*	꼬리치레과, 250여종	
Baikal teal	가창오리	*Anas formosa*	오리과	
Baillon's crake	쇠뜸부기	*Porzana pusilla*	뜸부기과	
bald eagle	대머리수리	*Haliaetus leucocephalus*	독수리과	
bald starling	안경찌르레기	*Sarcops calvus*	찌르레기과	
banded broadbill	자바넓적부리새	*Eurylaimus javanicus*	넓적부리새과	
banded pitta	줄무늬팔색조	*Pitta guajana*	팔색조과	

bank swallow	갈색제비	*Riparia riparia*	제비과
barbot	오색조	*Capitonidae*	오색조과, 78종
barn owl	가면올빼미	*Tyto alba*	올빼미과
barn swallow	제비	*Hirundo rustica*	제비과
barred owl	아메리카올빼미	*Strix varia*	올빼미과
Barrow's goldeneye	북방흰뺨오리	*Bucephala islandica*	오리과
bar tailed godwit	흰허리띳부리도요	*Limosa lapponica*	도요과
bay owl→barn owl			
bay wren	갈색굴뚝새	*Thryothorus nigricapillus*	굴뚝새과
bean goose	큰기러기	*Anser fabalis*	오리과
bearded helmet crest	깃머리벌새	*Oxypogon guerinii*	벌새과
bearded reedling		*Panurus biamicus*	꼬리치레과
bear's pochard	붉은가슴흰죽지	*Aythya baeri*	오리과
bee eater	벌잡이새류	*Meropidae*	벌잡이새과, 24종
bee hummingbird	꿀벌벌새	*Mellisuga helenae*	벌새과, 최소형
belted kingfisher	가슴띠물총새	*Megaceryle alcyon*	물총새과
bird of paradise	풍조류	*Paradisaeidae*	풍조과, 43종
bittern	알락해오라기	*Botaurus stellaris*	백로과
blackbird	검정지빠귀	*Turdus merula*	지빠귀과
black belled sand grouse	검은배사막꿩	*Pterocles orientalis*	사막꿩과
black browed reed warbler	쇠개개비	*Acrocephalus bistrigiceps*	딱새과
black buffalo weaver	검은배필로위버	*Bubalornis albirostris*	참새과 위버류
black bulbul	검은직바구리	*Hypsipetes madagascariensis*	직바구리과
blackcap	검은머리아메리카솔새	*Sylvia atricapilla*	휘파람새과

영 명	국 명	학 명	과	목
black capped broadbill	검은머리넓적부리새	Smithornis capensis	넓적부리새과	
black capped kingfisher	청호반새	Halcyon pileata	물총새과	
black casqued hornbill	검은혹코뿔새	Ceratogymana atrata	코뿔새과	
black collared starling	검은목도리찌르레기	Gracupica nigricollis	찌르레기과	
black drongo	검은바람까마귀	Dicrurus macrocercus	바람까마귀과	
black faced bunting	촉새	Emberiza spodocephala	멧새과	
black faced spoon bill	저어새	Platalea minor	저어새과	
black footed albatros	검은알바트로스	Diomedea nigripes	알바트로스과	
black grouse	검둥뇌조	Lyrurus tetrix	들꿩과	
black headed gull	붉은부리갈매기	Larus ridibundus	갈매기과	
black headed manakin	금부조	Lonchura malacca	참새목, 에원조	
black heron	블래해론	Melanophoyx ardesiaca	백로과	
Blackiston's fish owl	블래키스톤올빼미	Ketupa blakistoni	올빼미과	
black kite	솔개	Milbus migrans	독수리과	
black lark	검정종다리	Melanocorhypha yeltoniensis	종다리과	
black legged kittiwake	검은다리세가락갈매기	Rissa tridactyla	갈매기과	
black lory	검은장수앵무	Chalcopsitta atra	앵무과	
black naped oriole	피꼬리	Oriolus chinensis	피꼬리과	
black necked grebe	검은목논병아리	Podiceps nigricollis	논병아리과	
black necked screamer	검은목스크리머	Chauna chavaria	오리과	
black necked swan	검은목혹고니	Cygnus melanocoryphus	오리과	
black paradise flycatcher	삼광조	Terpsiphone atrocaudata	딱새과	
black rumped waxbill	검은꼬리왁스빌	Estrilda troglodytes	참새과	

black skimmer	붙테스키머	Rynchop nigra	스키머과
black spotted barbet	검은점오색조	Capito niger	오색조과
black stork	먹황새	Ciconia nigra	황새과
black swan	검둥고니	Cygnus atratus	오리과
black tailed gotwit	흑꼬리도요	Limosa limosa	도요과
black tailed gull	괭이갈매기	Larus crassirostris	갈매기과
black tern	검은제비갈매기	Chlidonias niger	제비갈매기과
black throated accentor	검은목바위종다리	Prunella atrogularis	바위종다리과
black throated diver	큰회색머리아비	Gavia arctica	아비과
black throated honeyguide	검은목물길잡이새	Indicator indicator	물길잡이새과
black vulture	독수리	Aegypius monachus	독수리과
black winged stilt	장다리물떼새	Himantopus himantopus	장다리물떼새과
black woodpecker	까막딱다구리	Dryocopius martius	딱다구리과
blackpoll warbler	검은머리솔새	Dendroica striata	아메리카솔새과
blake crake	검은뜸부기	Limnocorax flavirostris	뜸부기과
bleeding heart pigeon	피가슴비둘기	Gallicolumba luzonica	비둘기과
blue and white flycatcher	큰유리새	Cyanoptila cyanomelaena	딱새과
blue and yellow macaw	청황마코	Ara aracauna	앵무과
bluebird	파랑지빼귀	Sialia sialis	지빼귀과
blue crowned motmot	별잡이새사촌	Momotus momota	별잡이새사촌과
blue crowned pigeon	푸른공작비둘기	Goura cristata	비둘기과
blue jay	파랑어치	Cyanocitta cristata	까마귀과
blue jewel babbler	파푸아붉은눈세	Ptilorrhoa caerulescens	지빼귀과
blue naped mousebird	푸른머리쥐새	Colius macrourus	쥐새과

영 명	국 명	명	학 명	과	명
blue rock trush	바다직바구리		*Monticola solitarius*	지빠귀과	
blue roller	유럽파랑새		*Coracias garrulus*	파랑새과	
bluethroat	흰눈썹울새		*Erithacus svecicus*	딱새과	
blue tit	푸른박새		*Parus caeruleus*	박새과	
blue winged parrot	푸른날개앵무		*Neophema chrysostomus*	앵무과	
blue winged pitta	팔색조		*Pitta brachyura*	팔색조과	
boat billed heron	넓적부리해오라비		*Cochlearius cochlearius*	해오라비과	
bobolink	보블링크		*Dolichonyx oryzivorus*	찌르레기사촌과	
bobwhite quail	보브화이트		*Colinus virginianus*	꿩과	
Bohemian waxwing	황여새		*Bombycilla garrulus*	여새과	
booby	부비		*Sula*	부비과, 9종	
booted racket-tail	긴라켓꼬리벌새		*Spathula underwoodii*	벌새과	
bowerbird	바워버드		*Ptilonorhynchidae*	바워버드과, 18종	
Brahminy kite	흰머리수리		*Haliastur indus*	독수리과	
brambling	되새		*Fringilla montifringilla*	되새아과	
Brant goose, brant, brent	흑기러기		*Branta bernicla*	오리과	
broadbill	넓적부리새		*Eurylaimidae*	참새목, 넓적부리새과, 14종	
broad billed roller → dollar bird					
broad billed sandpiper	송곳부리도요		*Limicola falcinellus*	도요과	
broad billed tody	넓적부리난쟁이새		*Todus subulatus*	난쟁이새과	
bronze manakin	우의철보조			참새목, 애완조	
bronze winged jacana	청동날개자카나		*Metopidius indicus*	자카나과	
brow flycatcher	쇠솔딱새		*Muscicapa latirostris*	딱새과	

영명	국명	학명	과명
brown booby	노랑부비	*Sula leucogaster*	부비과
brown eared bulbul	직박구리	*Hypsipetes amaurotis*	직박구리과
brown dipper	물까마귀	*Cinclus pallasii*	물까마귀과
brown headed cowbird	갈색머리흑조	*Molothrus ater*	찌르레기사촌과
brown necked parakeet	갈색가슴앵무	*Poicephalus robustus*	앵무과
brown pelican	갈색사다새	*Pelecanus occidentalis*	사다새과
brown shrike	노랑때까치	*Lanius cristatus*	때까치과
brown songlark	종다리사촌	*Cinclorhamphus crulalis*	가시부리세류, 호주
brown thrush	붉은배지빠귀	*Turdus chrysolamus*	딱새과
brown wood owl	갈색올빼미	*Strix leptogrammica*	올빼미과
budgerigar	사랑앵무	*Melospittacus undulatus*	앵무과
buff breasted sandpiper	노랑가슴도요	*Trynigites subruficollis*	도요과
buff faced pygmy parrot	피그미앵무	*Micropsitta pusio*	앵무과
bulbul	직박구리류	Pycnonotidae	직박구리과, 118종
bullfinch	멋쟁이새	*Pyrrhula pyrrhula*	되새과 방울새아과
bull headed shrike	때까치	*Lanius bucephalus*	때까치과
bunting	멧새류	Emberizidae	멧새과, 280여종
Burmeister's seriema	검은발세리마	*Chunga burmeisteri*	세리마과
bush shrike	숲때까치류	Laniidae	때까치과
bush warbler	휘파람새	*Cettia diphone*	휘파람새과
bushchat, stonechat	검은딱새	*Saxicola torquatus*	지빠귀과
bushtit	숲박새	*Psaltripaurs minimus*	오목눈이과
bustard quail	세가락메추라기	*Turnix suscitator*	세가락메추라기과
buzzard	말똥가리	*Buteo buteo*	독수리과

영	명	국	명	학	명	과	명	목	명
cactus wren		선인장굴뚝새		*Campylorhynchus brunneicapillus*		굴뚝새과			
calandra lark		검은깃종다리		*Melanocorhypha bimaculata*		종다리과			
California condor		캘리포니아콘도르		*Gymnogyps californianus*		콘도르과			
Canada goose		캐나다기러기		*Branta canadensis*		오리과			
Canada jay→gray jay									
canary		카나리아		*Serinus canaria*		방울새아과			
canvasback		큰흰죽지		*Aythya valisineria*		오리과			
cape pigeon		비둘기바다제비		*Daption capensis*		바다제비과			
cape sparrow		케이프참새		*Passer melanurus*		참새아과			
cape weaver		케이프위버		*Ploceus capensis*		참새과 위버아과			
capercaillie		케퍼케일리		*Tetrao urogallus*		들꿩과			
caracara		카라카라				매과			
cardinal		홍관조류		*Cardinalidae*		홍관조과, 37종			
cardinal honeyeater		붉은머리꿀빨이새		*Myzomela cardinalis*		꿀빨이새과			
Caribian flamingo→greater flamingo									
carmine bee-eater		붉은벌잡이새		*Merops nubicus*		벌잡이새과			
Carolina parakeet		캐롤라인앵무		*Conuropsis·carolinensis*		앵무과, 멸종			
carrion crow		까마귀		*Corvus corone*		까마귀과			
Caspian plover		큰물떼새		*Charadrius asiaticus*		물떼새과			
Caspian tern		카스피제비갈매기		*Hydroprogne caspia*		제비갈매기과			
cassowary		화식조		*Casuarius casuarius*		화식조과			
cattle egret		황로		*Bubulcus ibis*		백로과			
Cetti's warbler		세티휘파람새		*Cettia cetti*		휘파람새과			

chaffinch	푸른되새	*Fringilla coelebs*	되새아과
chat	오스트레일리아티티새	*Ephthianuridae*	오스트레일리아딱새과
chattering lory	붉은장수앵무		앵무새과, 에윈조
cherry finch	체리핀지		참새목, 에윈조
chestnut bunting	꼬까참새	*Emberiza rutila*	멧새과
chestnut capped puffbird		*Buccomacrodactylus*	땀벌드과
Chilean flamingo	칠레홍학	*Phoenicopterus chilensis*	홍학과
chimney swift	검은칼새	*Chaetura pelagica*	칼새과
Chinese babbler	꼬리치레	*Rhopophilus pekinensis*	딱새과
Chinese egret	노랑부리백로	*Egretta europhotes*	백로과
Chinese great grey shrike → long tailed s.			
Chinese grosbeak	밀화부리	*Eophona migratoria*	되새과
Chinese little bittern	덤불해오라기	*Ixobrychus sinensis*	백로과
Chinese merganser	호사비오리	*Mergus squamatus*	오리과
Chinese nuthatch	쇠동고비	*Sitta villosa*	동고비과
Chinese pond heron	흰날개해오라기	*Ardeola bacchus*	백로과
Chinese sparrow hawk	붉은배새매	*Accipiter soloensis*	수리과
chinstrap penguin	턱끈펭귄	*Pygoscelis antarctica*	펭귄과
Christmas Island frigate-bird	흰가슴군함새	*Fregata andrewsi*	군함새과
chukar partridge	메추라기닭		닭목, 에윈조
cinnamon bittern	열대붉은해오라기	*Ixobrychus cinnamomeus*	백로과
cirl bunting	검은목촉새	*Emberiza cirlus*	멧새과
coal tit	진박새	*Parus ater*	박새과
cockatiel	왕관앵무	*Nymphicus hollandicus*	앵무새과, 에윈조

영 명	국 명	학 명	과	목
cockatoo	코카투	*Psittaciformes*	호주산 앵무류	앵무류
collared dove, ring dove	염주비둘기	*Streptopelia decaoto*	비둘기과	
collared inca	붉은목도리벌새	*Coeligena torquata*	벌새과	
collared scops owl	큰소쩍새	*Otus bakkamoena*	올빼미과	
collared sunbird	목줄때양새	*Anthreptes collaris*	태양새과	
collared turtle dove → ring dove				
Colombian eared grebe	콜롬비아귀논병아리	*Podiceps andinus*	논병아리과	
common cormorant	민물가마우지	*Phalacrocarax carbo*	가마우지과	
congo peacock	콩고공작	*Afropavo congensis*	꿩과	
coot	물닭	*Fulica atra*	뜸부기과	
copper pheasant	큐슈꿩	*Syrmaticus soemmerringii*	꿩과	
cordilleran snipe	안데스꼬도요	*Gallinago stricklandii*	도요과	
cormorant	가마우지	*Phalacrocorax*	가마우지과, 29종	
corncrake	발톱부기	*Crex crex*	뜸부기과	
courol	두견파랑새	*Leptosomus discolor*	파랑새과	
cowbird, blackbird	아메리카찌흑조	*Icteridae*	제르레기사촌과	
crane	검은목두루미	*Grus grus*	두리미과	
cream colored courser	노랑게비물떼새	*Cursorius cursor*	제비물떼새과	
crested auklet	뿔바다쇠오리	*Aethia cristatella*	바다쇠오리과	
crested gallito	깃머리칼리토	*Rhinocrypta lanceolata*	타파쿨로과	
crested kingfisher	뿔호반새	*Ceryle lugubris*	물총새과	
crested lark	뿔종다리	*Galerida cristata*	종다리과	
crested malimbe	붉은비슬등지새	*Malimbus malimbus*	참새과	

영명	국명	학명	과명
crested pitohui	관머리때까치딱새	*Pitohui ferrugineus*	때까치딱새과
crested screamer	관머리스크리머	*Chauna torquata*	오리과
crested seriema	왕관세리머	*Cariama cristata*	세리머과
crested tit	관머리딱새	*Parus cristatus*	박새과
crested tree swift	배슬갈새	*Hemiprocne logipennis*	칼새과
crestent honeyeater	흰배꿀빨이새	*Phylidonyris pirrhoptera*	꿀빨이새과
crimson chat	붉은호주딱새	*Ephthianura tricolor*	오스트레일리아딱새과
crimson eared waxbill	사과이아		참새과, 예완조
crimson finch	크림슨핀치	*Neochmia phaeton*	참새과
crimson topaz	토파즈벌새	*Topaza pella*	벌새과
crimson winged waxbill	미남새		참새과, 예완조
crossbill	솔잣새	*Loxia curvirostra*	방울새아과
crow	까마귀류	*Corvidae*	까마귀과, 116종
crowned willow warbler	신솔새	*Phylloscopus occipitalis*	휘파람새과
crow tit	붉은머리오목눈이	*Paradoxornis webbiana*	딱새과
crsted coot	흰이마물닭	*Fulica cristata*	뜸부기과
Cuban tody	쿠바토디	*Todus multicolor*	쉬별잡이새사촌과
Cuban palm swift	쿠바야자잎칼새		칼새과
cuckoo	뻐꾸기	*Cuculus canorus*	두견이과
cuckoo weaver	뻐꾸기위버	*Anomalospiza imberbis*	참새과 위버류
curlew	마도요	*Numenius arquata*	도요과
curlew sandpiper	붉은갯도요	*Calidris ferruginea*	도요과
curve billed thrasher	흰부리흉내지빠귀사촌	*Toxostoma curvirostre*	흉내지빠귀과
crested malimbe	붉은벼슬등지새	*Malimbus malimbus*	참새과

영 명	구 명	학 명	과 명
Cuvier's toucan	큐비에르부리새	*Ramphastos cuvieri*	큰부리새과
dark-throated thrush	검은목지빠귀	*Turdus ruficollis*	딱새과
darter→anhinga			
dartford warbler	긴꼬리휘파람새	*Sylvia undata*	휘파람새과
Darwin finch	다윈방울새	*Geospizinae*	방울새아과
Darwin's rhea	다윈레아	*Rhea pterocnemia*	레아과
daurian redstart	딱새	*Phoenicurus auroreus*	딱새과
daurian starling	북방쇠르테기	*Sturnia sturnia*	찌르레기과
dead sea sparrow	사해참새	*Passer moabiticus*	참새아과
Delacour's broadbill→black capped b.			
Delacour's little grebe	델라쿠르논병아리	*Podiceps rufolaratus*	논병아리과
demoiselle crane	쇠재두루미	*Anthropoides virgo*	두루미과
desert sparrow	사막참새	*Passer simplex*	참새아과
diamond bird	보석새	*Pardalotidae*	보석새과
diamond dove	방설구(薄雪鳩)		비둘기과, 예완조
diamond finch	대금화조		참새목, 예완조
dickcissel	검은가슴흥관조	*Spiza americana*	흥관조아과
dipper	물까마귀	*Cinclidae*	물까마귀과, 5종
diving petrel	잠수바다제비	*Pelecanoides*	잠수바다제비과
dodo	도도	*Raphus cucullatus*	비둘기과 절멸
dollar bird	파랑새	*Eurystomus orientalis*	파랑새과
dotterel	도티멜	*Eudromias morinellus*	물떼새과
double crested white trumpeter	쌍사리비둘기		비둘기과

dove, pigeon	비둘기류	Columbidae	비둘기과, 289종
drongo	바람까마귀류	Dicrurus	참새목 런미과, 19종
dunlin	민물도요	Calidris alpina	도요과
dunnock → hedge sparrow			
dusky thrush	개똥지빠귀	Turdus naumanni	지빠귀과
eagle owl	수리부엉이	Bubo bubo	올빼미과
eastern kingbird	검은머리아메리카딱새	Tyrannus tyrannus	아메리카딱새과
eastern little owl	금눈쇠올빼미	Athene noctua	올빼미과
eastern phoebe	쇠아메리카딱새	Sayornis phoebe	아메리카딱새과
eastern reef egret	흑로	Egretta sacra	백로과
eclectus parrot	누기니앵무	Eclectus roratus	앵무과
edible-nest swiftlet	흰제비칼새	Collocalia inexpectata	칼새과
egret	백로류	Ardeidae	백로과
Egyptian goose	이집트오리	Alopochen aegyptiacus	오리과
Egyptian vulture	이집트독수리	Neophron percnopterus	독수리과
eider	솜털오리	Somateria mollissima	오리과
elegant imperial pigeon	맵시아체왕비둘기	Ducula concinna	비둘기과
elephant bird	코끼리새	Aepyornis maximus	멸종, 아프리카
elf owl	난쟁이올빼미	Micrathene whitneyi	올빼미과
emerald cuckoo	초록뻐꾸기	Chrysococcyx cupreus	두견이과
emerald dove	에메랄드멧비둘기	Chalcophaps indica	비둘기과
emerald toucan	에메랄드큰부리새	Aulacorhynchus prasinus	큰부리새과
emperor goose	황제기위	Anser canagicus	오리과
emperor of Germany's	독일황제풍조	Paradisaea guilielmi	풍조과

영 명	국 명	학 명	과 명
emperor penguin	황제펭귄	*Aptenodytes forsteri*	펭귄과
emu	에뮤	*Dromaius novaehollandiae*	에뮤과
esatern medowlark	초원종달이	*Sturnella magna*	찌르레기사촌과
Eurasian dipper	흰가슴물까마귀	*Cinclus cinclus*	물까마귀과
Eurasian jay	어치	*Garrulus glandarius*	까마귀과
Eurasian nuthatch	동고비	*Sitta europaea*	동고비과
European greater flamingo	유럽홍학	*Phoenicopterus r. roseus*	홍학과
European staring	흰점찌르레기	*Sturnus vulgaris*	찌르레기과
Europen bee-eater	유럽벌잡이새	*Merops apiaster*	벌잡이새과
fairly pitta→bank swallow			
fairly tern	흰제비갈매기	*Gygis alba*	제비갈매기과
fairy wren	오스트레일리아솔새	*Malurinae*	지빠귀과
falcated teal	청머리오리	*Anas falcata*	오리과
fan-tailed warbler	개개비사촌	*Cisticola juncidis*	딱새과
fantail	부채비둥기		비둥기과
ferruginous pygmy owl	참새올빼미	*Glaucidium brasilianum*	올빼미과
fiery throated awlbill	진홍가슴벌새	*Opisthoprora euryptera*	벌새과
Fiji warbler	피지가시부리새	*Vitia ruficapilla*	가시부리새류, 호주
finch→tanager			
finfoot	판푸트	*Heliornis fulica*	뜨루미목 판푸트과
fire finch	홍우새류		참새목, 단풍새과
firecrest	흰눈섭솔새	*Regulus ignicapillus*	휘파람새과
fiscal shrike	반쪽흰꼬리때까치	*Lanius collaris*	때까치과

fish crow	고기잡이까마귀	*Corvus ossifragus*	까마귀과
fish hawk→osprey			
flicker	아메리카딱다구리	*Colaptes auratus*	딱다구리과
flightless cormorant	작은날개가마우지	*Nannopterum harrisi*	가마우지과
flightless steamer duck	젊은날개오리	*Tachyeres pteneres*	오리과
flowerpecker	꽃새류	*Dicaeidae*	꽃새과, **49종**
flycatcher	딱새류	*Muscicapidae*	딱새과
forest wagtail	물떼새	*Dendronanthus indicus*	할미새과
forest wood hoopoe	숲낫부리새	*Phoeniculus castaneiceps*	낫부리새과
fork-tailed flycatcher	긴꼬리아메리카딱새	*Muscivora tyrannus*	아메리카딱새과
Formosan bamboo-partridge	대만자고새	*Bambusicola thoracica*	꿩과
four-colored bush shrike	붉은무늬때까치	*Telophorus quadricolor*	때까치과
frigate-bird	군함새	*Fregata*	군함새과
fugitive hawk cuckoo	매뼈꾸기	*Hyerococcyx fugax*	두견이과
fulma	풀마갈매기	*Fulmarus glacialis*	슴새과
gadwall	알락오리	*Anas strepera*	오리과
Galapagos penguin	갈라파고스펭귄	*Spheniscus mendiculus*	펭귄과
gallinule	붉은발물닭	*Porphyrio porphyrio*	뜸부기과
gang-gang cockatoo	갱갱코카투	*Callocephalon fimbriatum*	앵무과
gannet	개닛	*Morus*	부비과
garden warbler	정원솔새	*Sylvia borin*	휘파람새과
gardener bowerbird	갈색정원사새	*Amblyornis inornatus*	바위머드과
garganey teal	발구지	*Anas querquedula*	오리과
gaudy barbet	금무오색조	*Megalaima mystacophane*	오색조과

영	구	학	과
gentoo penguin	젠투펭귄	Pygoscelis papua	펭귄과
giant coua	자이언트코아	Coua gigas	두견이과
giant hummingbird	파타코니아이벌새	Patagonia gigas	벌새과, 칼새형
giant kingfisher	자이언트물총새	Megaceryle maxima	물총새과
giant moa	자이언트모아	Dinornis maximus	모아과, 멸종
giant pied-billed grebe	큰얼룩부리논병아리	Podilymbus gigas	논병아리과
giant potoo	자이언트포투	Nyctibius grandis	쏙독새목
giant snipe	큰깍도요	Gallinago undulata	도요과
ginat cowbird	자이언트카우버드	Scaphidura oryzivora	찌르레기사촌과
glaucous gull	흰갈매기	Larus hyperboreus	갈매기과
glossy cockatoo	유리앵무	Calyptorhychus lathami	앵무과
glossy ibis	회색따오기	Plegadis falcinellus	따오기과
goatsucker→nightjar			
godwit	도요류	Limosa spp	도요과
goldcrest	상모솔새	Regulus regulus	딱새과
golden bowerbird	노랑바위버드	Prinodura newtoniana	바위버드과
golden breasted starling	노랑가슴찌르레기	Cosmopsarus regius	찌르레기과
golden eagle	검독수리	Aquila chrysaetos	독수리과
goldeneye	흰뺨오리	Bucephala clangula	오리과
golden oriole	노랑꾀꼬리	Oriolus oriolus	꾀꼬리과
golden pheasant	금꿩	Chrysolophus pictus	꿩과
golden plover	개꿩	Pluvialis apricaria	물떼새과
golden sparrow	노랑참새	Passer luteus	참새아과

golden whistler	노랑배때까치딱새	*Pachycephala pectoralis*	때까치딱새과
goldfinch	금방울새	*Carduelis carduelis*	방울새아과
Goliath heron	끝갈잇왜가리	*Ardea goliath*	백로과
goosander	비오리	*Mergus merganser*	오리과
goshawk	참매	*Accipiter gentilis*	독수리과
gouldian finch	호금조	*Chloebia gouldiae*	참새목, 예원조
grackle→great tailed grackle			
grandala	보라지빠귀	*Grandala coelicolor*	지빠귀과
grass finch	금정조(金靜鳥)		참새목, 예원조
grasshopper warbler	메뚜기휘파람새	*Locustella naevia*	휘파람새과
gray backed myna	잿빛쇠찌르레기	*Sturnus sinensis*	찌르레기과
gray backed thrush	되지빠귀	*Turdus hortulorum*	딱새과
gray bucherbird	회색도살새,	*Cracticus torquatus*	도살새과
gray bunting	검은멧새	*Emberiza variabilis*	멧새과
gray catbird	고양이흉내지빠귀	*Dumetella carolinensis*	흉내지빠귀과
gray faced buzzard eagle	왕새매	*Butastur indicus*	수리과
gray headed bunting	붉은뺨멧새	*Emberiza fucata*	멧새과
gray headed kingfisher	회색머리물총새	*Halcyon leucocephala*	물총새과
gray headed lapwing	민댕기물떼새	*Microsarcops cinereus*	물떼새과
gray headed pigmy woodpecker	아물쇠딱다구리	*Dendrocopos nanus*	딱다구리과
gray headed thrush	흐른셈붉은배지빠귀	*Turdus obscurus*	딱새과
gray headed woodpecker	청딱다구리	*Picus canus*	딱다구리과
gray heron	왜가리	*Ardea cinerea*	백로과
gray jay	캐나다어치	*Perisoreus canadensis*	까마귀과

영	명	국	명	학	명	과	명
graylag goose		회색기러기		*Anser anser*		오리과	
gray parrot		회색앵무		*Psittacus erithacus*		앵무과	
gray partridge		잿빛자고새		*Perdix perdix*		꿩과	
gray plover		제물떼새		*Pluvialis squatarola*		물떼새과	
Gray's grasshopper warbler		붉은허리개개비		*Locustella fasciolata*		따새과	
grayspotted flycatcher		제비딱새		*Muscicapa griseisticta*		딱새과	
gray starling		찌르레기		*Sturnus cineraceus*		찌르레기과	
gray thrush		검은지빠귀		*Turdus cordis*		딱새과	
gray wagtail		흰눈썹할미새		*Motacilla cinerea*		할미새과	
great-billed parrot		큰부리앵무		*Tanygnathus megalorhynchus*		앵무과	
great blue heron		푸른가슴왜가리		*Ardea herodias*		백로과	
great bustard		느시		*Otis tarda*		느시과	
great crested flycatcher		관머리아메리카딱새		*Myiarchus crinitus*		아메리카딱새과	
great crested grebe		뿔논병아리		*Podiceps cristatus*		논병아리과	
great curassow		왕관새		*Crax rubra*		왕관새과	
greater adjutant stork		인도민머리황새		*Leptoptilos dubius*		황새과	
greater bird of paradise		큰노랑꼬리풍조		*Paradisaea apoda*		풍조과	
greater flamingo		큰홍학		*Phoenicopterus ruber*		홍학과	
greater honeyguide→black-throated h.							
greater knot		붉은어깨도요		*Calidris tenuirostris*		도요과	
greater sand plover		큰왕눈물떼새		*Charadrius leschenaultii*		물떼새과	
greater shearwater							
greater yellowleg		노랑발도요		*Tringa melanoleuca*		도요과	

영명	국명	학명	과명
great frigate-bird	큰군함새	*Fregata minor*	군함새과
great gray owl	붕방올빼미	*Strix nebulosa*	올빼미과
great gray shrike→northern shrike			
great grebe	큰논병아리	*Podiceps major*	논병아리과
great hornbill	큰코뿔새	*Buceros bicornis*	코뿔새과
great horned owl	큰뿔올빼미	*Bubo virginianus*	올빼미과
great northern diver	큰북방아비	*Gavia immer*	아비과
great reed warbler	개개비	*Acrocephalus arundinaceus*	휘파람새과
great scua	큰도적갈매기	*Stercorarius scua*	도적갈매기과
great spotted cuckoo	얼룩반머리뻐꾸기	*Clamator glandarius*	두견이과
great spotted woodpecker	오색딱다구리	*Dendrocopos major*	딱다구리과
great swallow tailed swift	큰제비꼬리칼새	*Panyptila sanctihieronymi*	칼새과
great tailed grackle	큰꼬리점은쩨르레기사촌	*Cassidix mexicanus*	쩨르레기사촌과
great tit	박새	*Parus major*	박새과
great white heron	큰흰해오라기	*Casmerodius albu*	백로과
green avadavat	대만금화조	*Amandava formosa*	단풍새과
green back firecrown	초록불꽃머리벌새	*Sephanoides sephanoides*	벌새과
green backed heron	검은댕기해오라기	*Butorides striatus*	백로과
green broadbill	초록넓적부리새	*Calyptomena hosei*	넓적부리새과
green catbird	초록고양이새	*Ailuroedus crassirostris*	바위머트과
greenfinch	초록방울새	*Carduelis chloris*	방울새아과
green imperial pigeon	초록제왕비둘기	*Ducula aenea*	비둘기과
greenish warbler→willow warbler			
green oropendola	초록오로펜돌라	*Psarocolius viridis*	쩨르레기사촌과

영	구	명	학	명	과	명
green peacock	초록공작		Pavo muticus		꿩과	
green pigeon	청비둘기		Sphemurus sieboldii		비둘기과	
green sandpiper	삐삐도요		Tringa ochropus		도요과	
green shank	청다리도요		Tringa nebularia		도요과	
green winged teal	미국쇠오리		Anas carolinensis		오리과	
green wood hoopoe	초록낫부리새		Phoeniculus purpureus		낫부리새과	
green woodpecker	초록딱다구리		Picus viridis		딱다구리과	
griffon vulture	흰목독수리		Gyps fulvus		독수리과	
grosbeak weaver	굵은부리위버		Amblyospiza albifrons		참새과 위버류	
ground barbet	긴꼬리오색조		Trachyphonus		오색조과	
ground parrot	꿩앵무		Pezoporus parrot		앵무과	
guiana fowl	호로조				예원조	
guillemot →murre						
guinia fowl	새시닭		Numida meleagris		새시닭과	
gull	갈메기		Larus canus		갈메기과	
gyrfalcon	흰매		Falco rusticolus		매과	
hadada ibis	흰뺨따오기		Hagedashia hagedash		따오기과	
hammerhead stork	망치머리황새		Scopus umbretta		망치머리황새과	
harlequin duck	흰줄박이오리		Histrionicus histrionicus		오리과	
harned screamer	뿔스크리머		Anhima cornuta		스크리머과	
Hartlaub's touraco	하틀로브투라코		Taraco hartlaubi		투라코과 두견이목	
Hawaian goose	하와이기러기		Branta sandvicensis		오리과	
Hawaian honeycreeper	하나이꿀빨이새		Drepanidae		하와이꿀빨이새과, 28종	

hawfinch	콩새	Coccothraustes coccothraustes	되새과 방울새아과
hawk owl	긴꼬리올빼미	Surnia ulula	올빼미과
hazel grouse	들꿩	Tetrastes bonasia	들꿩과
headge sparrow	유럽바위종다리	Prunella modularis	바위종다리과
helmeted hornbill	헬멧코뿔새	Rhinoplax vigil	코뿔새과
hen harrier	잿빛개구리매	Circus cyaneus	독수리과
hermit ibis	검은따오기	Geronticus eremita	따오기과
herring gull	재갈매기	Larus argentanus	갈매기과
hill mynah	구관조	Gracula religiosa	찌르레기과
Himalayan pheasant	히말라야꿩	Lophophours impeyamus	꿩과
Himalayan slaty headed	히말라야검은머리앵무	Psittacula himalayana	앵무과
hoary-headed grebe	흰머리논병아리	Podiceps poliocephalus	논병아리과
hoazin	호아진	Opisthocomus hoazin	호아진과, 남미
hobby	새홀리기	Falco subbuteo	매과
Hodgson's hawk eagle	뿔매	Spizaetus nipalensis	수리과
honey buzzard	벌매	Pernis apivorus	독수리과
honeycreeper	꿀새	Coerebinae	멧새과 꿀새아과
honeyeater	꿀빨이새류	Meliphagidae	꿀빨이새과, 169종
honeyguide	꿀길잡이새	Indicatoridae	꿀길잡이새과, 15종
honker→Canadian duck			
hooded crane	흑두루미	Grus monacha	두루미과
hooded crow	흰배까마귀	Corvus corone cornix	까마귀과
hooded merganser	관머리비오리	Mergus cucullatus	오리과
hooded vulture	두건독수리	Neocrosyrtes monachus	독수리과

영 명	국 명	학 명	과 명	목 명
hooded warbler	검은목아메리카노랑솔새	Wilsonia citrina	아메리카솔새과	
hoopoe	후투티	Upupa epops	후투티과	
hornbill	코뿔새류	Bucerotidae	코뿔새과, 45종	
hornbilled puffin →rhinoceros auklet				
horned grebe	귀뿔논병아리	Podiceps auritus	논병아리과	
horned lark	해변종다리	Eremophila alpestris	종다리과	
horned puffin	뿔퍼핀		바다오리과	
Horsfield's hawk cuckoo	매사촌	Cuculus fugax	두견과	
house martin	흰털발제비	Delichon urbica	제비과	
house sparrow	참새	Passer domesticus	참새아과	
house swift	쇠칼새	Apus affinus	칼새과	
house wren	집굴뚝새	Troglodytes aedon	굴뚝새과	
huia	후이아	Heterolocha acutirostris	까마귀과, 뉴질랜드	
hummingbird	벌새류	Trochilidae	벌새과, 320여종	
hyacinthine macaw	푸른마코	Anodorhynchus hyacinthinus	앵무새과	
iiwi	이위	Vestiaria coccinea	하와이꿀빨이새과	
imperial eagle	흰죽지수리	Aquila heliaca	독수리과	
imperial snipe	제왕꺅도요	Gallinago imperialis	도요과	
imperial woodpecker	제왕딱다구리	Campephilus imperialis	딱다구리과	
Inca tern	잉가제비갈매기	La rosterna inca	제비갈매기과	
Indian cuckoo	검은등뻐꾸기	Cuculus micropterus	두견과	
Indian gray hornbill	인도회색코뿔새	Tockus birostris	코뿔새과	
Indian open billed stork	인도큰부리황새	Anastomus oscitans	황새과	

Indian pratincole	제비물떼새	*Glareola pratincola*	제비물떼새과
Indian skimmer	인도스키머	*Rynchop albicollis*	스키머과
indigo bunting	우리멧새	*Passerina cyanea*	홍관조아과
indigo macaw	인디고마코	*Anodorhynchus leari*	앵무과
intermediate egret	중백로	*Egretta intermedia*	백로과
island trush	타이완지빠귀	*Turdus poliocephalus*	지빠귀과
ivory billed woodpecker	상아부리딱다구리	*Campephilus principalis*	딱다구리과
ivory gull	상아갈매기	*Pagophila eburnea*	갈매기과
jabiru	재비루	*Jabiru mycteria*	황새과
jacamar	송곳부리새	*Galbulidae*	딱다구리목 송곳부리새과
jacana, lily trotter	자카나	*Jacanidae*	도요목 자카나과
jack snipe	꼬마도요	*Lymnocryptes minimus*	도요과
jackass penguin	제카스펭귄	*Spheniscus demersus*	펭귄과
jackdaw	갈까마귀	*Corvus monedula*	까마귀과
jacobin	자코빈비둘기		비둘기과
jaeger → skua			
Jamaican tody	자메이카난쟁이새	*Todus todus*	난쟁이새과
James' flamingo	제임스홍학	*Phoenicoparrus jamesi*	홍학과
Japanese accentor	일본바위종다리	*Prunella ruvida*	바위종다리과
Japanese bullfinch → bullfinch			
Japanese crane	두루미	*Grus japonensis*	두루미과
Japanese crested ibis	따오기	*Nipponica nippon*	따오기과
Japanese green pigeon	청비둘기	*Sphenurus sieboldii*	비둘기과
Japanese grosbeak	큰부리밀화부리	*Eophona personata*	되새과

영 명	국 명	학 명	과	목
Japanese lesser sparrow hawk	조롱이	Accipiter gularis	수리과	
Japanese marsh warbler	큰개개비	Megalulus pryeri	딱새과	
Japanese murrelt	뿔쇠오리	Synthliboramphus wumizusume	바다오리과	
Japanese night heron	붉은해오라기	Gorsachius goisagi	백로과	
Japanese pigmy woodpecker	쇠딱다구리	Dendrocopos kizuki	딱다구리과	
Japanese reed bunting	쇠검은머리쑥새	Emberiza yessoensis	멧새과	
Japanese robin	붉은가슴울새	Erithacus akahige	딱새과	
Japanese waxwing	홍여새	Bombycilla japonica	여새과	
Japanese wood pigeon	흑비둘기	Columba janthina	비둘기과	
Japanese yellow bunting	무당새	Emberiza sulphurata	멧새과	
Java sparrow	문조(文鳥)	Padda oryzibora	십자매류, 예의조	
jay	어치류	Garrulus	까마귀과	
jungle babbler	정글꼬리치레	Turdoides striatus	꼬리치레과	
jungle crow	큰부리까마귀	Corvus macrorhynchos	까마귀과	
jungle fowl	정글닭	Gallus gallus	꿩과	
Juvenile white tailed sea eagle	북극수리		독수리과	
kagu	카구	Phynochetos jubatus	누루미목 카구과	
kaka, southern nestor	카카	Noster meridionalis	앵무과	
kakapo, owl parrot	올빼미앵무	Strigops habroptilus	앵무과	
kauai akialoa	긴부리하와이꿀빨이새	Hemignathus procerus	하와이꿀빨이새과	
kea	키어	Nestor notabilis	앵무과, 뉴질랜드	
keel billed toucan	무지개큰부리새	Ramphastos sulfuratus	큰부리새과	
kentish plover	흰물떼새	Charadrius alexandrinus	물떼새과	

영명	국명	학명	과명
Kenya crested gunia fowl	케냐세시닭	Guttera pucherani	세시닭과
kestrel	황조롱이	Falco tinnunculus	매과
killdeer	쌍띠물떼새	Charadrius vociferus	물떼새과
king eider	오세숌털오리	Somateria spectabilis	오리과
kingfisher	물총새	Alcedo atthis	물총새과, 86종
king of Saxony bird	색손왕풍조	Pteridofora alberti	풍조과
king penguin	킹펭귄	Aptenodytes patagonica	펭귄과
king vulture	오세머리콘도르	Sarcorhampus papa	콘도르과
kiwi	키위	Apteryx australis	키위과
knot	붉은가슴도요	Calidris canutus	도요과
knysna touraco	판네리투라코	Tauraco corythaix	투라코과, 두건이목
Koch's pitta	루손팔색조	Pitta kochi	팔색조과
koel	검정뻐꾸기	Eudynamis scolopacea	두건이과
kokako	코카코	Callaeas cinerea	코카코과, 뉴질렌드
kookaburra	쿠카부라	Dacelo gigas	물총새과, 호주
Lady Amherst's pheasant	은계, 무지개꿩	Chrysolophus amnerstiae	꿩과, 에원조
lapland bunting (longspur)	긴발톱멧새	Calcarius lapponicus	멧새과
lapwing	댕기물떼새	Vanellus vanellus	물떼새과
large egret	중대백로	Egretta alba	백로과
large green pigeon	큰초록비둘기	Treron capellei	비둘기과
large scimitar babber	낫부리꼬리치레	Pomatorhinus hypoleucos	꼬리치레과
lark bunting	힌어깨멧새	Calamospiza melanocorys	멧새과
Latham's snipe	꺼삭도요	Gallinago hardwickii	도요과
lavender waxbill	붉은꼬리왁스빌	Estrilda caerulescens	참새과

영 명	국 명	학 명	과 명
Leach's petrel	리처바다제비	Oceanodroma beucorhoa	바다제비과
least bittern	검정해오라비	Ixobrychus exilis	백로과
least grebe	쇠논병아리	Podiceps dominicus	논병아리과
least sandpiper	종달도요	Calidris minutilla	도요과
least tern	쇠제비갈매기	Sterna albifrons	제비갈매기과
lesser black-backed gull	쇠검은날개갈매기	Larus fuscus	갈매기과
lesser flamingo	아프리카쇠홍학	Phoeniconaia minor	홍학과
lesser frigate-bird	쇠군함새	Fregata ariel	군함새과
lesser golden grebe	금빛논병아리	Podiceps chilensis	논병아리과
lesser gray shrike	쇠재때까치	Lanius minor	때까치과
lesser green broadbill	쇠초록넓적부리새	Calyptomena viridis	넓적부리새과
lesser pied kingfisher	쇠얼룩물총새	Ceryle rudis	물총새과
lesser spotted woodpecker	쇠오색딱다구리	Dendrocopos minor	딱다구리과
lesser whistling duck	쇠휘파람오리	Dendrocygna javanica	오리과
lesser white fronted goose	흰이마기러기	Anser erythropus	오리과
lesser whitethroat	쇠흰턱떼새	Sylvia curruca	딱새과
lesser yellowleg	좀노랑발도요	Tringa flavipes	도요과
lilac breasted roller	분홍가슴파랑새	Coracias caudata	파랑새과
lily trotter→African jacana			
limpkin	림프킨	Aramus guarauna	두루미목 림프킨과
linnet	붉은가슴방울새	Acanthis cannabina	방울새아과
little bittern	쇠덤불해오라비	Ixobrychus minutus	백로과
little blue macaw	꼬마마코	Cyanopsitta spixi	앵무과

little bunting	쇠붉은뺨멧새	*Emberiza pusilla*	멧새과
little crake	쇠알락뜸부기	*Porzana parva*	뜸부기과
little cuckoo	두견	*Cuculus poliocephalus*	두견이과
little egret	쇠백로	*Egretta garzetta*	백로과
little grebe	논병아리	*Podiceps ruficollis*	논병아리과
little green bee-eater	초록벌잡이새	*Merops orientalis*	벌잡이새과
little gull	쇠갈매기	*Larus minutus*	갈매기과
little nightjar	쇠쏙독새	*Caprimulgus parvulus*	쏙독새과
little penguin	난쟁이펭귄	*Eudyptula minor*	펭귄과
little ringed plover	꼬마물떼새	*Charadrius dubius*	물떼새과
little spider hunter	거미잡이새	*Arachnothera longirostra*	태양새과
little stint	좀도요	*Calidris minuta*	도요과
little whimbrel	쇠부리도요	*Numenius minutus*	도요과
logrunner	통나무발발이류	*Orthonychinae*	지빠귀과
long billed crombee	긴부리휘파람새	*Sylvietta rufesens*	휘파람새과
long billed dowitcher	큰부리도요	*Limnodromus scolopaceus*	도요과
long billed ringed plover	횐목물떼새	*Charadrius placidus*	물떼새과
long eared owl	쪽부엉이	*Asio otus*	올빼미과
long tailed broadbill	긴꼬리넓적부리새	*Psaisomus dalhousiae*	넓적부리새과
long tailed bunting	멧새	*Emberiza cioides*	멧새과
long tailed duck→old squaw			
long tailed grey shrike	물떼까치	*Lanius sphenocercus*	때까치과
long tailed hermit	긴꼬리벌새	*Phaethornis superciliosus*	벌새과
long tailed manakin	긴꼬리매너킨	*Chiroxiphia linearis*	매너킨과

영 명	국 명	학 명	과 명	목 명
long tailed munia	긴꼬리단풍새	*Erithrura prasina*	참새과	
long tailed rose finch	긴꼬리홍진이	*Uragus sibiricus*	되새과	
long tailed silky flycatcher	긴꼬리여새사촌	*Ptilogonys caudatus*	여새과	
long tailed skua	긴꼬리도적갈매기	*Stercorarius longicaudatus*	도적갈매기과	
long tailed sylph	긴꼬리실프	*Aglaiocercus kingi*	벌새과	
long tailed tit	오무뉴이	*Aegithalos caudatus*	박새과	
long toed lapwing	긴발가락댕기물떼새	*Hemiparra crassirostris*	물떼새과	
long toed stint →least sandpiper				
loon →red-throated diver				
Louisiana heron	삼색왜가리	*Hydranassa tricolor*	백로과	
lovebird	모란앵무		앵무새과, 에완조	
lyrne tailed honeyguide	가문고꼬리꿀길잡이새	*Melichneutus robustus*	꿀길잡이새과	
lyrebird	가문고새류	*Menuridae*	가문고새과, 2종	
macaroni penguin	마카로니펭귄	*Eudyptes chrysolophus*	펭귄과	
Macgregor's bowerbird	판머리정원사새	*Amblyonis macgregoriae*	정원사새과	
Madagascar jacana	마다가스칼자카나	*Actophilornis albinucha*	자카나과	
Madagascar little grebe	마다가스칼논병아리	*Podiceps pelzelnii*	논병아리과	
Madagascar nuthatch	붉은부리동고비매까지	*Hypositta corallirostris*	마다가스카르매까지	
Magellan goose	마젤란거위	*Chloephaga picta*	오리과	
Magellan penguin	마젤란펭귄	*Spheniscus magellanicus*	펭귄과	
magnificant bird of paradise	금도롱이풍조	*Diphyllodes magnificus*	풍조과	
magnificent riflebird	큰비늘풍조	*Ptiloris magnificus*	풍조과	
magnificent frigate-bird	걸리파고스군함새	*Fregata magnificens*	군함새과	

영명	국명	학명	과명
magnolia warbler	매그놀리아솔새	*Dendroica magnolia*	아메리카솔새과
magpie	까치	*Pica pica*	까마귀과
magpie goose	까치거위	*Arseranas semipalmata*	오리과
magpie lark	까치종다리	*Grallina cyanoleuca*	까치종다리과, 호주
magpie pouter	까치비둘기		비둘기과
magpie robin	까치울새	*Copsychus saularis*	지빠귀과
malachite sunbird	공작태양새	*Nectarinia formosa*	태양새과
mallard drake	청둥오리	*Anas platyrhynchos*	오리과
mallee fowl	무덤새	*Leipoa ocellata*	무덤새과
manakin	매너킨류	*Pipridae*	매너킨과, 약55종
mandarin duck	원앙	*Aix galericulata*	오리과
Manx shearwater	맹스슴새	*Paffinus puffinus*	슴새과
marabow	민머리황새	*Leptoptilos crumeniferus*	황새과
marbled murrelet	알락쇠오리	*Brachyramphus marmoratus*	바다오리과
maroon oriole	붉은찌꼬리	*Oriolus taillii*	찌꼬리과
marsh harrier (hawk)	개구리매	*Circus aeruginosus*	독수리과
marsh sandpiper	쇠청다리도요	*Tringa stagnatillis*	도요과
marsh tit	쇠박새	*Parus palustris*	박새과
marvelous spatuletail	주걱꼬리벌새	*Loddigesia mirabilis*	벌새과
masked lovebird	가면앵무	*Agapornis personata*	앵무과, 아프리카
meadow bunting	회머리멧새	*Emberiza cioides*	멧새과
medow pipit	목장밭종다리	*Anthus pratensis*	할미새과
melodious warbler	멜로디화과담새	*Hippolaias sutorius*	휘파람새과
merlin	쇠황조롱이	*Falco columbarius*	매과

영 명	국 명	학 명	과 명
mesite	메사이트	Mestornis unicolor	두루미목 메사이트과
military macaw	밀리타리마코	Ara militaris	앵무과
mistle thrush	겨우살이지빠귀	Turdus viscivorus	지빠귀과
mistletoe flowerpecker	겨우살이꽃새	Dicaeum hirundinaceum	꽃새과
mockingbird	흉내지빠귀	Mimus polyglottus	흉내지빠귀과, 30종
monarch flycatcher	까치딱새류	Monarchinae	지빠귀과
moorhen	쇠물닭	Gallinula chloropus	뜸부기과
motmot	별잡이새사촌류	Momtidae	별잡이새사촌과, 8종
mountain hawk eagle	뿔매	Spizaetus nipalensis	독수리과
mourning dove	비성비둘기	Zeinadura macroura	비둘기과
mousebird	쥐새류	Coliidae	쥐새과, 6종
mugimaki flycatcher	노랑딱새	Ficedula mugimaki	딱새과
murre, guillemot	바다오리	Uria aalge	바다오리과
muscovy duck	모스코바오리	Cairina moschata	오리과
mute swan	혹고니	Cygnus olor	오리과
Narcissus flycatcher	황금새	Ficedula narcissina	딱새과
narrow billed tody	좁은부리난쟁이새	Todus angustirostris	난쟁이새과
narrow billed wood creeper	좁은부리나무발발이	Lepiocalaptes angustirostris	나무발발이과
Naumann's thrush	노랑지빠귀	Turdus naumanni	딱새과
needle tailed swift	바늘꼬리칼새	Chaetura caudacuta	칼새과
New Zealand dabchick	뉴질랜드논병아리	Podiceps rufupectus	논병아리과
New Zealand snipe	뉴질랜드쟉도요	Coenocorypha aucklandica	도요과

nicobar pigeon	니코바비둘기	*Caloenas nicobarica*	비둘기과
night heron	해오라기	*Nycticorax nycticorax*	백로과
nighthawk	아메리카쏙독새	*Chordeiles minor*	쏙독새과
nightingale	나이팅게일	*Luscinia megarhynchos*	지빠귀과
nightjar, goatsucker	쏙독새	*Caprimulgus europaeus*	쏙독새과, 100여종
noisy miner	검은얼굴꿀빨이새	*Manorina melanocephala*	꿀빨이새과
noisy pitta	검은무팔색조	*Pitta versicolor*	팔색조과
North America black duck	미국오리	*Anas rubripes*	오리과
northern goshawk→goshawk			
northern phalarope	지느러미발도요	*Phalaropus lobatus*	지느러미발도요과
northern shrike	큰재개구마리	*Lanius excubitor*	때까치과
northern white rumped swift	칼새	*Apus pacificus*	칼새과, 약70종
nutcracker	잣까마귀	*Nucifraga caryocatactes*	까마귀과
nuthatch	동고비류	*Sittidae*	동고비과, 21종
nutmeg pigeon→imperial pigeon			
nyasa lovebird	나야사앵무	*Agapornis lilianae*	앵무과, 아프리카
ocellated tapaculo	점무늬타파쿨로	*Acropternis orthonyx*	타파쿨로과
ocellated turkey	사마귀칠면조	*Agriocharis ocellata*	칠면조과
ocher flanked tapaculo	파디독스타파쿨로	*Eugralla paradoxa*	타파쿨로과
oil bird	기름쏙독새	*Steatornis caripensis*	기름쏙독새과
old squaw	바다꿩	*Clangula hyemalis*	오리과
olivebacked pipit	힝둥새	*Anthus hodgsoni*	할미새과
olive black eye	검은눈동박새	*Chlorocharis emiliae*	동박새과
olive oropendola	올리브오로펜돌라	*Gymnostinops yuracares*	찌르레기사촌과

영 명	국 명	학 명	과 명
olive sunbird	올리브태양새	*Nectarinia olivacea*	태양새과
orange bellied parrot	노랑가슴앵무	*Neophema chrysogaster*	앵무과
orange cheeked waxbill	협홍조		참새목, 애원조
orange weaver	금란조		참새목, 애원조
oriental cuckoo	벙어리뻐꾸기	*Cuculus saturatus*	두견이과
oriental greenfinch	방울새	*Carduelis sincia*	되새과
oriental hawk owl	솔부엉이	*Ninox scutulata*	올빼미과
oriental ibis	검은머리흰따오기	*Threskiornis melanocephalus*	저어새과
oriental white stork	황새	*Ciconia boyciana*	황새과
oriental white-eye	동박새	*Zosterops palpebrosa*	동박새과
oriole babbler	꾀꼬리휘파람새	*Hypergerus atriceps*	휘파람새과
osprey	물수리	*Pandion haliaetus*	독수리과
ostrich	타조	*Struthio camelus*	타조과
ovenbird	가마새	*Furnariidae*	참새목 가마새과, 217종
owlet nightjar	올빼미쏙독새	*Aegotheles cristatus*	올빼미쏙독과
owl parrot→kakapo			
oxpecker	소등쪼기류	*Buphagus*	찌르레기과
oystercatcher	검은머리물떼새	*Haematopus ostralegus*	검은머리물떼새과
Pacific diver	회색머리아비	*Gavia pacifica*	아비과
Pacific golden plover	검은가슴물떼새	*Pluvialis fulva*	물떼새과
painted bunting	오색멧새	*Passerina ciris*	참새과
painted redstart	붉은배아메리카솔새	*Setophaga picta*	아메리카솔새과
painted snipe	호사도요	*Rostratula benghalensis*	호사도요과

pale arctic ruff	북도리도요	*Philomachus pugnax*	도요과
pale footed shearwater	붉은발슴새	*Puffinus carneipes*	슴새과
pale headed manakin	흰머리매니킨	*Lonchura maja*	참새과
pale legged willow warbler	뇌솔새	*Phylloscopus tenellipes*	딱새과
pale thrush	흰배지빠귀	*Turdus pallidus*	딱새과
Pallas' reed bunting	북방검은머리쑥새	*Emberiza pallasi*	멧새과
Pallas's rosy finch	양진이	*Carpodacus roseus*	되새과
Pallas's sand grouse	사막꿩	*Syrrhaptes paradoxus*	사막꿩과
Pallas's willow warbler	노랑허리솔새	*Phylloscopus proregulus*	딱새과
pallid swift	흰무늬칼새	*Apus pallidus*	칼새과
palm cockatoo	야자코카투	*Probosciger aterrimus*	앵무과, 호주
palm swift	야자잎칼새	*Cypsiurus parvus*	칼새과
paradise crow	까마귀풍조	*Lycocorax pyrrhopterus*	풍조과
paradise jacamar	긴꼬리숭곳부리새	*Galbula dea*	딱다구리목
paradise kingfisher	파라다이스물총새	*Tanysiptera galatea*	물총새과
paradise parrot	파라다이스앵무	*Psephotus pulcherrimus*	앵무과
paradise tanager	칠색풍금새	*Tangara chilensis*	풍금새아과
paradise whydah	파라다이스천냐새	*Steganura paradisaea*	참새과
parakeet	앵무류	*Psittaciformes*	앵무과
parakeet auklet	앵무바다오리	*Cyclorrhynchus psittacula*	바다오리과
parasitic jaeger	북극도둑갈매기	*Stercorarius parasiticus*	도둑갈매기과
parasitic skua	검은도적갈매기	*Stercorarius parasiticus*	도적갈매기과
pardalote→diamond bird			
parot crossbill	앵무솔잣새	*Loxia pytopsittacus*	방울새아과

영 명	국 명	학 명	과 명
parrot finch	청홍조	*Erythrura psittacea*	참새목, 에원조
parrot, parakeet, lovebird	앵무류		앵무과, 328종
parrotbill	앵무부리지빠귀	*Paradoxornithinas*	지빠귀과
passenger pigeon	나그네비둘기	*Ectopistes migratorius*	비둘기과
peacock	공작	*Pavo cristatus*	꿩과
pectoral sandpiper	아메리카메추라기도요	*Calidris melanotos*	도요과
Peking robin	북경로빈	*Leiothrix lutea*	꼬리치레과
pelagic cormorant	쇠가마우지	*Phalacrocorax pelagicus*	가마우지과
pelican	사다새	*Peleanus*	사다새과
Pell's fishing owl	펠올빼미	*Scotopelia peli*	올빼미과
penduline tit	스윈호오목눈이	*Remizidae*	박새과
pennant-winged nightjar	깃발꼬리쏙독새	*Semeiophorus vexillarius*	쏙독새과
peregrin falcon	매	*Falco peregrinus*	매과
Peruvian penguin	페루펭귄	*Spheniscus humboldti*	펭귄과
Peruvian plantcutter	페루톱부리새	*Phytotoma raimondii*	톱부리새과
Peter's finfoot	피티핀푸트	*Podica senegalensis*	누루미목 핀푸트과
Peter's twin-spot	피티트윈스포트	*Hypargos niveoguttatus*	참새과
petrel, storm petrel	바다제비류	*Hydrobatidae*	바다제비과, 20종
phainopepla	검은여새	*Phainopepla nitens*	여새과
pheasant tailed jacana	꿩꼬리자카나	*Hydrophasianus chirurgus*	자카나과
pied billed grebe	얼룩부리논병아리	*Podilymbus podiceps*	논병아리과
pied flycatcher	얼룩딱새	*Ficedula hypoleuca*	딱새과
pied harrier	얼룩개구리매	*Circus melanoleucus*	수리과

pied kingfisher → crested k.			
pied weatear	검은등사막딱새	Oenanthe pleschanka	딱새과
pigeon hawk →sparrow hawk			
pigeon →dove			
pileated woodpecker	볏딱따구리	Drypocopus pileatus	딱다구리과
pine grosbeak	사할린솔잣새	Pinicola enucleator	방울새아과
pintail	고방오리	Anas acuta	오리과
pin tailed sand grouse	뾰족꼬리사막꿩	Pterocles alchata	사막꿩과
pin tailed whydah	긴꼬리새, 천인조	Vidua macroura	참새과, 애완조
pintail snipe	바늘꼬리도요	Gallinago stenura	도요과
pipit	밭종다리류	Motacillidae	참새목 할미새과
pirot bird	깁참이새	Pyconoptilus floccosus	가시부리새류, 호주
pitta	팔색조류 .	Pittadae	참새목 팔색조과, 26종
plantcutter	톱부리새류	Phytotomidae	참새목 톱부리새과, 3종
plover	물떼새류	Charadriidae	물떼새과
plumed pigeon	갓머리비둘기	Lophophaps plumifera	비둘기과
plum-headed parakeet	갓머리앵무	Psittacula cyanocephala	앵무과
plush-capped finch	노랑모자방울새	Catamblyrhynchus diadema	방울새아과
pochard	흰죽지	Aythya ferina	오리과
pointed finch	소정조(小町鳥)		참새목, 애완조
poor will	아메리카쥐빛무쏙독새	Phalaenoptilus nuttallii	쏙독새과
potoo	포투	Nyctibius griseus	쏙독새목
prairie chicken	초원뇌조	Tympanuchus cupido	들꿩과
princess parrot	여왕앵무	Polytelis alexandrae	앵무과

영 명	국 명	학 명	과 명
prothonotary warbler	노랑아메리카솔새	*Protonotaria citrea*	아메리카솔새과
ptarmigan	뇌조	*Lagopus mutus*	들꿩과
Puerto Rican tody	멕시코토디	*Todus mexicanus*	서별잠이새사촌과
puffbird	팜버드	*Bucconidae*	팜버드과, 딱따구리목
puffin	퍼핀	*Fratercula arctica*	바다오리과
Puna grebe	푸나논병아리	*Podiceps tackzanowskii*	논병아리과
purple backed thornbill	작은부리푸른등별새	*Ramphomicron microrhynchum*	벌새과
purple crowned fairy	푸른관머리별새	*Heliothryx barroti*	벌새과
purple heron	붉은왜가리	*Ardea purpurea*	백로과
purple martin	보라른털발제비	*Progne subis*	제비과
purple sandpiper	보라도요	*Calidris maritima*	도요과
purple throated carib	붉은목가리브	*Eulampis jugularis*	벌새과
pygmy goose	피그미거위	*Nettapus*	오리과
pygmy owl	피그미올빼미	*Glaucidium passerinum*	올빼미과
pygmy tit	자바오목눈이	*Psaltria exilis*	오목눈이과
pyrrhuloxia	붉은가슴홍관조	*Cardinalis sinuata*	홍관조아과
quail	메추라기	*Coturnix coturnix*	꿩과
quetzal	케찰	*Pharomachrus mocino*	비단깃털제과
raddish egret	적로	*Dichromanassa rufescens*	백로과
rainbow bearded thornbill	무지개수염별새	*Chalco stigma herrani*	벌새과
rainbow lorikeet	무지개앵무	*Trichoglossus haematodus*	앵무새과, 아프리카신
raven	철새까마귀	*Corvus corax*	까마귀과
recquet tailed coquette	라켓꼬리별새	*Discosura longicauda*	벌새과

red and green macow	적록마코	Ara chloroptera	앵무과
red avadavat	붉은부리금화조	Amandava amandava	단풍새과
red backed shrike	붉은등때까치	Lanius collurio	때까치과
red backed warbler	붉은등딱새	Eugerygone rubra	딱새과
red beared bee eater	붉은수염벌잡이새	Nyctornis amicta	벌잡이새과
red billed bufflo weaver	붉은부리버팔로위버	Bubalornis niger	참새과 위버류
red billed chough	붉은부리까마귀	Pyrrhocorax pyrrhocorax	까마귀과
red billed firefinch	홍옥새	Lagonostricta senegala	단풍새과
red billed hornbill	붉은부리코뿔새	Tockus erythrorhynchus	코뿔새과
red billed oxpecker	붉은부리소등쪼기	Burphagus erythrorhynchus	찌르레기과
red billed quelea	홍엽새	Quelea quelea	참새과 위버류
red billed robin	상사조		참새과, 애완조
red billed scythebill	붉은부리낫부리새	Campylorhamphus trochilorostris	나무발발이과
red bishop	붉은목금란조	Euplectes franciscana	참새과
red breasted flycatcher	붉은가슴딱새	Ficedula parva	딱새과
red breasted fruit dove	붉은가슴과일비둘기	Pitinopus viridis	비둘기과
red breasted goose	붉은가슴기러기	branta ruficollis	오리과
red breasted merganser	바다비오리	Mergus serrator	오리과
red browed tree creeper	붉은눈썹나무발발이	Climacteris erythrops	나무발발이과
red capped babbler	붉은머리꼬리치레	Timalia pileata	꼬리치레과
red cheeked cordon-bleu	볘갈단풍새	Uraeginthus bengalus	단풍새과
red cheeked myna	쉬저르레기	Sturnus philippensis	찌르레기과
red crested cardinal	홍관조	Cardinalis cardinalis	홍관조과
red crested pochard	붉은볏슴흰죽지	Nettarufina	오리과

영 명	구 명	학 명	과 명
red faced lovebird	붉은얼굴앵무	*Agapornis pullaria*	앵무과, 아프리카
red faced mousebird	붉은얼굴쥐새	*Colius indicus*	쥐새과
red faced spinetail	붉은얼굴가마새	*Cranioleuca erythrops*	가마새과
red faced waxbill	미녀새		참새목, 애완조
red footed booby	붉은발부비	*Sula sula*	부비과
red footed falcon	비둘기조롱이	*Falco vespertinus*	매과
red fronted parakeet	분홍가슴앵무	*Cyanoramphus novaezelandiae*	앵무새과
red grouse, willow grouse	붉은뇌조	*Lagopus lagopus*	들꿩과
red headed bunting	붉은머리멧새	*Emberiza bruniceps*	멧새과
red headed woodpecker	붉은머리딱다구리	*Melanerpes erythrocephalus*	딱다구리과
red kite	붉은솔개	*Milvus milvus*	독수리과
red legged cormorant	붉은발가마우지	*Phalacrocorax gaimardi*	가마우지과
red legged honeycreeper	붉은발꿀새	*Cyanerpes cyaneus*	꿀새아과
red legged partridge	붉은발자고새	*Alectoris rufa*	꿩과
red lory	장수앵무	*Eosbornea*	앵무과
red necked grebe	붉은목논병아리	*Podiceps grisegena*	논병아리과
red necked phalarope → northern p.			
red necked stint → little stint			
redpoll	홍방울새	*Acanthis flammea*	되새과
red rumped parakeet	붉은허리앵무		앵무새과, 애완조
red rumped swallow	귀제비	*Hirundo daurica*	제비과
redshank	붉은발도요	*Tringa totanus*	도요과
red siskin	붉은방울새	*Carduelis cucullatus*	방울새아과

redstart	딱새류	*Phoenicurus*	딱새과
red spectacped parrot	붉은안경앵무	*Amazona pretrei*	앵무과
red tailed ant trush	개미잡이지빠귀	*Neocossyphus rufus*	지빠귀과
red tailed comet	제비꼬리벌새	*Sappho sparganura*	벌새과
red tailed tropic bird	열대새	*Phaethon rubricauda*	열대새과
red throated bee eater	붉은목벌잡이새	*Melittophagus bulocki*	벌잡이새과
red throated diver	아비	*Gavia stellata*	아비과
red throated pipit	붉은가슴밭종다리	*Anthus cervinus*	할미새과
red whiskered bulbul	붉은수염직박구리	*Pycnonotus jocosus*	직박구리과
reed bunting	검은머리쑥새	*Emberiza schoeniclus*	멧새과
reed warbler	유럽개개비	*Acrocephalus scirpaceus*	딱새과
relict gull	적호갈매기	*Larus relictus*	갈매기과
rhea	레아	*Rhea americana*	레아과
rhinoceros auklet	흰수염바다오리	*Cerorhinca monocerata*	바다오리과
rhinoceros hornbill	코뿔새	*Buceros rhinoceros*	코뿔새과, 파랑새목
ribbon finch	일홍조		심자메류, 예인조
ribon-tailed bird of paradise	리본꼬리풍조		풍조과
Richard's pipit	큰밭종다리	*Astrapia mayeri*	할미새과
ring dove	염주비둘기	*Anthus novaesselandiae*	비둘기과
ringed lover	흰죽지꼬마물떼새	*Streptopelia decaocto*	물떼새과
ring necked pheasant	꿩	*Charadrius hiaticula*	꿩과
roadrunner	로드러너	*Phasianus colchimus*	두견이과
robin	유럽붉은가슴울새	*Geococcyx calforniamus*	지빠귀과
rock dove→dove		*Erithacus rubecula*	

영 명	국 명	학 명	과 명
rock nuthatch	바위동고비	*Sitta neumayer*	동고비과
rock partridge	바위자고새	*Alectoris graeca*	꿩과
rock sparrow	바위참새	*Petronia petronia*	참새아과
rockthrush	적바구리뮤	*Monticola*	딱새과
roller	파랑새류	*Coraciidae*	파랑새과, 16종
rook	떼까마귀	*Corvus frugilegus*	까마귀과
rose breasted goshbeak	붉은가슴밀화부리	*Pheucticus dudovicianus*	홍관조아과
roseate spoonbill	붉은저어새	*Ajaja ajaja*	따오기과
roseate tern	붉은제비갈매기	*Sterna dougalli*	제비갈매기과
rosella parrot	장미앵무		앵무새과, 예원조
rosy finch	갈색양진이	*Leucosticte arctoa*	되새과
rosy minivet	뼈꾸기떼까치	*Pericrocotus roseus*	할미새사촌과
rosy pastor	분홍쥐르레기	*Pastor roseus*	쩌르레기과
rosy billed pochard	붉은뿌리흰죽지		오리과
roufous belled pied woodpecker	붉은배오색딱다구리	*Dendrocopos hyperythrus*	딱다구리과
rough legged buzzard	털발말똥가리	*Buteo lagopus*	수리과
ruby throated hummingbird	붉은가슴벌새		벌새과
ruddy crake	쇠뜸부기사촌	*Porzana fusca*	뜸부기과
ruddy duck	루돌포오리	*Oxyura jamaicensis*	오리과
ruddy kingfisher	호반새	*Halcyon coromanta*	물총새과
ruddy shelduck	황오리	*Tadorna ferruginea*	오리과
rudy throated hummingbird	붉은목벌새		벌새과
rudy topaz hummingbird	붉은토파즈벌새	*Chrysolampis mosquitus*	벌새과

ruffed grouse	뿔꼬리뇌조	*Bonasa umbellus*	들꿩과
rufous bellied niltava	붉은배딱새	*Niltava sundara*	딱새과
rufous chatterer	붉은꼬리치레	*Turdoides rubiginosus*	꼬리치레과
rufous chested dotterel	붉은가슴도요티렐		물떼새과
rufous hummingbird	긴색벌새	*Selasphorus rufus*	벌새과
rufous ovenbird	붉은솔마새	*Furnarius rufus*	가마새과
rufous tailed plantcutter	붉은꼬리흡부리새	*Phytotoma rara*	흡부리새과
rufous turtle dove	멧비둘기	*Streptopelia orientalis*	비둘기과
Ruppell's parrot	루펠앵무	*Poicephalus rueppellii*	앵무과
russet sparrow	섬참새	*Passer rutilans*	참새과
rustic bunting	쑥새	*Emberiza rustica*	멧새과
ruwenzori touraco	루웬조리투라코	*Tauraco johnstoni*	투라코과 두견이목
Sabine's gull	목비갈매기	*Xema sabini*	갈매기과
saddle billed stork	주둥부리황새	*Ephippiorhynchus senegalensis*	황새과
sage grouse	꿩꼬리뇌조	*Centrocercus urophasianus*	들꿩과
saker falcon	헨다손매	*Falco cherrug*	매과
salmon crested cockatoo	붉은관코커투	*Cacatua moluccensis*	앵무새과, 호주산
sanderling	세가락도요	*Calidris alba*	도요과
sand grouse	사막꿩류	*Pteroclidae*	사막꿩과, 16종
sandhill crane	캐나다두루미	*Grus canadensis*	두루미과
sand martin→bank swallow			
sandpiper	도요	*Tringa hypoleucos*	도요과
sand plover	왕눈물떼새	*Charadrius mongius*	물떼새과
sarus crane	붉은머리재두루미	*Grus antigone*	두루미과

영 명	국 명	학 명	과	목
satin bowerbird	푸른바위버드	*Ptilonorhynchus violaceus*	바위버드과	
Saunder's gull	검은머리갈매기	*Larus saundersi*	갈매기과	
saw whet owl	애기금눈올빼미	*Aegolius acadicus*	올빼미과	
scarlet backed flowerpecker	붉은등꽃새	*Dicaeum cruentatum*	꽃새과	
scarlet chested parrot	붉은가슴앵무	*Neophema splendida*	앵무새과, 아프리카산	
scarlet finch	적원자	*Carpodacus erythrinus*	되새과	
scarlet honeyeater	붉은꿀빨이새	*Myzomela sanguinolenta*	꿀빨이새과	
scarlet ibis	붉은따오기	*Eudocimus ruber*	따오기과	
scarlet macow	금강앵무	*Ara macao*	앵무과	
scarlet minivet	붉은빼꾸기떼까치	*Pericrocotus flammeus*	할미새사촌과	
scarlet tanager	붉은풍금새	*Piranga olivacea*	풍금새아과	
scaup	검은머리흰죽지	*Aythya marila*	오리과	
Schrenk's little bittern	큰덤불해오라기	*Ixobrychus eurhythmus*	백로과	
scops owl	소쩍새	*Otus scops*	올빼미과	
scoter	검둥오리	*Melanitta nigra*	오리과	
scred ibis	검은머리따오기	*Threskiornis aethiopica*	따오기과	
scrub jay	아메리카어치	*Aphelocoma coerulescens*	까마귀과	
scythebill	낫부리새	*Dendrocolapidae*	참새목 나무발발이과	
sealy throated honeybird	비늘목꿀길잡이새	*Indicator variegatus*	꿀길잡이새과	
secretary bird	뱀잡이수리	*Sagittarius serpentarius*	독수리과	
semipalmated sandpiper	물갈퀴도요	*Calidris*	도요과	
seriema	세리머	*Cariamidae*	두루미목 세리머과	
serin	노랑방울새	*Serinus serinus*	방울새아과	

shag	팔미리가마우지	*Phalacrocorax aristotelis*	가마우지과
shallow tailed hummingbird	꽝꼬리벌새	*Eupetomena macroura*	벌새과
sharp tailed sandpiper	메추라기도요	*Calidris acuminata*	도요과
shearwater, petrel	슴새류	*Procellariidae*	슴새과, 54종
sheepmaker's crowned pigeon	왕관비둘기	*Goura scheepmakeri*	비둘기과
shelduck	혹부리오리	*Tadorna tadorna*	오리과
shoebill stork	넓적부리황새	*Balaeniceps rex*	넓적부리황새과
shore plover	해변댕기물떼새	*Thinornis novaeseelandiae*	물떼새과
short eared owl	쇠부엉이	*Asio flammeus*	올빼미과
short legged ground roller	짧은다리파랑새	*Brachypteracias leptosomus*	파랑새과
short tailed bush warbler	숲새	*Cettia squameiceps*	딱새과
short tailed shearwater	짧은꼬리슴새		슴새과
short tailed storm petrel	짧은꼬리에기바다제비	*Hydrobates*	바다제비과
short toed lark	북방쇠종다리	*Calandrella cinera*	종다리과
short winged grebe	짧은날개논병아리	*Centropelma micropterum*	논병아리과
shovel billed kingfisher	산부리물총새	*Clytoceyx rex*	물총새과
shoveler	넓적부리오리	*Anas clypeata*	오리과
shrike	때까치류	*Laniidae*	때까치과, 70종
shrike tit	굵은부리때까치딱새	*Falcunculus frontatus*	때까치딱새과
Siberian accentor	멧종다리	*Prunella montanella*	바위종다리과
Siberian blue robin	쇠유리새	*Erithacus cyane*	딱새과
Siberian bluechat	유리딱새	*Tarsiger cyanurus*	딱새과
Siberian grasshopper warbler	북방개개비	*Locustella certhiola*	딱새과
Siberian bluechat	유리딱새	*Tarsiger cyanurus*	딱새과

영 명	국 명	학 명	과 명
Siberian grasshopper warbler	북방개개비	*Locustella certhiola*	딱새과
Siberian rubythroat	진홍가슴울새	*Erithacus calliope*	딱새과
Siberian ruddy crake	시베리아뜸부기	*Porzana paykullii*	뜸부기과
Siberian thrush	흰눈썹지빠귀	*Turdus sibericus*	딱새과
Siberian tit	시베리아박새	*Parus cinctus*	박새과
Siberian white crane	시베리아흰두루미	*Grus leucogeranus*	두루미과
silky flycatcher	여새사촌류	*Bombycillidae*	여새과
silver bird	은딱새	*Empidornis semipartitus*	딱새과
silver pheasant	은납개꿩, 백한	*Lophura nychemera*	꿩과 에원조
silvery grebe	은빛논병아리	*Podiceps occipitalis*	논병아리과
siskin	검은방울새	*Carduelis spinus*	방울새아과
skua, jaeger	도적갈매기	*Stercorarius pomarinus*	도적갈매기과
skylark	종다리	*Alauda arvensis*	종다리과, 76종
slaty backed gull	큰재갈매기	*Larus schistisagus*	갈매기과
slender billed shearwater	쇠부리슴새	*Puffinus tenuirostris*	슴새과
smew	흰비오리	*Mergus albellus*	오리과
snake eagle	뱀독수리	*Circaetus gallicus*	독수리과
snakebird → anhinga			
snipe	깍도요	*Gallinago gallinago*	도요과
snow bunting	흰멧새	*Plectrophenax nivalis*	멧새과
snow finch	스노우핀치	*Montifringilla nivalis*	참새아과
snow goose	흰기러기	*Anser caerulescens*	오리과
social weaver	소설위버	*Philetarius socitus*	참새과 위버아과

영명	국명	학명	과명
solitary snipe	청도요	*Gallinago solitaria*	도요과
song sparrow	울참새	*Melospiza melodia*	멧새과
song thrush	노래지빠귀	*Turdus philomelos*	지빠귀과
sooty flycatcher	숯딱새	*Muscicapa sibirica*	딱새과
sooty guillemot	흰눈썹바다오리	*Cepphus carbo*	바다오리과
sooty shearwater	검은슴새	*Puffinus griseus*	슴새과
sooty tern	검은등제비갈매기	*Sterna fuscata*	제비갈매기과
south polar skua	남극도적갈매기		도적갈매기과
southern ground hornbill	남방코뿔새	*Bucorvus cafer*	코뿔새과
southern nestor→kaka			
spangled drongo	바람까마귀	*Dicrurus hottentottus*	바람까마귀과
Spanish sparrow	스페인참새	*Passer hispaniolensis*	참새아과
sparkling violet ear	푸른귀벌새	*Colibri coruscans*	벌새과
sparrow	참새류	*Passerinae*	참새아과, 40여종
sparrowhawk	새매	*Accipiter nisus*	독수리과
spectacled guillemot→sooty g.			
spectacled owl	안경올빼미	*Pulsatrix perspicillata*	올빼미과
spine tail swift	큰바늘꼬리칼새	*Hirundapus giganteus*	칼새과
splendid sunbird	비단태양새	*Nectarinia coccinigastra*	태양새과
spoonbill	노랑부리저어새	*Platalea leucorodia*	따오기과
spoonbill sandpiper	넓적부리도요	*Eurynorhynchus pygmaeus*	도요과
spotbill duck	흰뺨검둥오리	*Anas poecilorhyncha*	오리과
spotted breasted oriole	점박이가슴꾀꼬리	*Icterus pectoralis*	찌르레기사촌과
spotted crake	붉은발쓰부기	*Porzana porzana*	뜸부기과

영 명	국 명	학 명	과	명
spotted egale	항라머리검독수리	*Aquila clanga*	수리과	
spotted greenshank	쇠청다리도요사촌	*Tringa gutifer*	도요과	
spotted redshank	학도요	*Trigna erythropus*	도요과	
spotted sand grouse	얼룩사막꿩	*Pterocles senegallus*	사막꿩과	
standard winged nightjar	꼬리쑥독새	*Macrodipteryz longipennis*	쑥독새과	
stanley parrakeet	노랑털앵무		앵무새과, 에왼조	
star finch	스문조(小紋鳥)	*Bathilda ruficauda*	참새목, 에왼조	
staring	찌르레기류	*Sturnidae*	찌르레기과, 150여종	
Steer's pitta	푸른배팔색조	*Pitta steerii*	팔색조과	
Steller's albatros	알바트로스	*Diomedea albatrus*	알바트로스과	
Steller's eider	스텔러솜털오리	*Polysticta stelleri*	오리과	
Steller's sea eagle	흰죽지참수리	*Haliaetus pelagicus*	독수리과	
stock dove	양비둘기	*Columba oenas*	비둘기과	
stonechat →bushchat				
stork	황새류	*Ciconiidae*	황새과	
stork-billed kingfisher	황새부리물총새	*Halcyon capensis*	물총새과	
streaked shearwater	슴새	*Calonectris leucomelas*	슴새과	
streamertail	싱꼬리벌새	*Trochilus polytmus*	벌새과	
strong billed wood-creeper	굵은부리나무발발이	*Xiphocolaptes promeropirhynchus*	나무발발이과	
sulfur crested cockatoo	노랑볏코카투	*Cacatua galerita*	앵무과	
sultan tit	노랑관머리박새	*Melanchlora sultanea*	박새과	
sunbird	태양새류	*Nectarinidae*	태양새과, 116종	
sun bittern	선비틴	*Eurypyga helias*	선비틴과	

영명	국명	학명	과명
sun grebe→finfoot Eurypygidae	두루미목		뜸부기과
sun parakeet	태양앵무	Aratinga solsthialis	앵무과
superb fruit dove	큰과일비둘기	Ptilinopus superbus	비둘기과
superb lyrebird	큰거문고새	Menura novaehollandiae	거문고새과
superb sunbird	붉은가슴태양새	Nectarinia superba	태양새과
surf cinclode	해변가마새	Cinclodes taczanowskii	가마새과
swallow tail nightjar	제비꼬리쏙독새	Uropsalis segmentata	쏙독새과
swallow tailed manakin	제비꼬리매니킨	Chiroxiphia caudata	매니킨과
swallow tanager	제비풍금새	Tersina viridis	풍금새아과
swallow wing	제비날개쬠버드	chelidoptera tenebrosa	쬠버드과
swan goose	개리	Anser cygnoides	오리과, 기러기류
swift	유럽칼새	Apus apus	칼새과
Swinhoe's bushrobin	울새	Erithacus sibilans	딱새과
Swinhoe's fork-tailed petrel	바다제비	Oceanodroma monorhis	바다제비과
Swinhoe's snipe	꺅도요사촌	Gallinago megala	도요과
Swinhoe's yellow rail	알락뜸부기	Porzana exquisita	뜸부기과
sword-billed hummingbird	칼부리벌새	Ensifera ensifera	벌새과
tailorbird	재봉새	Orthotomus sutorius	휘파람새과
takahe	타카헤	Notornis mantelli	뜸부기과, 뉴질랜드
tanager	풍금새류	Thraupinae	멧새과, 풍금새아과
tapaculo	타파쿨로	Rhinocryptidae	참새목 과타콜로과, 28종
tawny frogmouth	개구리입쏙독새	Podargus strigoides	쏙독새목
tawny owl	올빼미	Strix aluco	올빼미과
tawny pipit	쇠발종다리	Anthus campestris	할미새과

영 명	국 명	학 명	과 명
tawny prinia	프리니아	*Prinia subflava*	
teal	쇠오리	*Anas crecca*	오리과
Temminck's cormorant	비명크가마우지	*Phalacrocorax capillatus*	가마우지과
Temminck's stint	흰꼬리좀도요	*Calidris temminckii*	도요과
Tengmalm's owl	뱅땅올빼미	*Aegolius funereus*	올빼미과
terex sandpiper	뒷부리도요	*Xerus cinereus*	도요과
tern	제비갈매기	*Sterna hirundo*	제비갈매기과
thick billed parrot	굵은부리앵무	*Rhynchopsitta pachyrhyncha*	앵무과
thick billed shrike	흰때까치	*Lanius tigrinus*	때까치과
three colored manakin	으북조	*Lonchura malacca*	참새목, 애완조
three toed woodpecker	세발가락딱다구리	*Piceides tridactylus*	딱다구리과
thrush	지빠귀류	*Turdidae*	지빠귀과, 300여종
tit(titmice)	박새류	*Paridae*	박새과, 65종
toco toucan	토코큰부리새	*Ramphastos toco*	큰부리새과
tody	난쟁이새류	*Todidae*	난쟁이새과, 파랑새목
tody motmot	토디모트모트	*Hylomanes momotula*	벌잡이새사촌과
toucan	큰부리새	*Ramphastidae*	큰부리새과, 38종
tree creeper→wood creeper			
tree pipit	나무밭종다리	*Anthus trivialis*	할미새과
tree sparrow	제주참새	*Passer montanus*	참새아과
tree swallow	나무제비	*Tachycineta bicolor*	제비과
tree creeper	나무발발이	*Certhia familiaris*	나무발발이과
tricolored manakin	으북조	*Lonchura malacca m.*	참새과

tricolour flycatcher	흰눈썹황금새	*Ficedula zanthopygia*	딱새과
Tristram's bunting	흰배멧새	*Emberiza tristrami*	멧새과
trogon	비단깃털새류	*Trogonidae*	비단깃털새과, 37종
trumpeter	나팔새	*Psophia*	나팔새과, 브라질
trumpeter hornbill	나팔수코뿔새	*Bycanister buccinator*	코뿔새과
trumpeter swan	나팔수큰고니	*Cygnus c. buccinator*	오리과
tufted coquette	털머리벌새	*Lophornis ornata*	벌새과
tufted duck	댕기흰죽지	*Aythya fuligula*	오리과
tufted puffin	갈기퍼핀	*Lunda cirrhata*	바다오리과
turkey vulture	칠면조콘도르	*Cathares aura*	콘도르과
turnstone	꼬까도요	*Arenaria interpres*	도요과
turquoise browed motmot	푸른눈썹모트모트	*Eumomota superciliosa*	별잡이새사촌과
turtle dove	유럽멧비둘기	*Streptopelia turtur*	비둘기과
two banded plover			
tyrant flycatcher	아메리카딱새	*Tyrannidae*	아메리카딱새과, 380여종
upland buzzard	큰말똥가리	*Buteo hemilasius*	수리과
upland sandpiper	무장도요	*Bartramia longicauda*	도요과
Ural owl	긴점박이올빼미	*Strix uralensis*	올빼미과
vanga	방가	*Vangidae*	마다가스카르때까치
variable sunbird	오색태양새	*Cinnyris venustus*	태양새과
varied tit	곤줄박이	*Parus varius*	박새과
velvet asity	비단눈썹핀새조	*Philepitta castanea*	눈썹핀색조과
velvet scoter	검둥오리사촌	*Melanitta fusca*	오리과
verdin	버딘	*Auriparus flaviceps*	박새과

영명	국명	학명	과명
vermilion flycatcher	붉은아메리카딱새	Pyrocephalus rubinus	아메리카딱새과
vervain hummingbird	샛별벌새	Mellisuga minima	벌새과
Victoria crowned pigeon	빅토리공작비둘기	Goura victoria	비둘기과
violet saberwing	보라빛벌새	Compylopterus hemileucurus	벌새과
violet touraco	바이오렛투라코	Musophaga violacea	투라코과 두견이목
violet eared waxbill	상반삭		편지류, 에완조
vogelkop gardener	검색정원사새	Amblyonis inornatus	정원사새과
vulturine guinea fowl	독수리색시담	Acryllium vulturinum	색시담과
wader, sandpiper	도요류	Scolopacidae	도요목 도요과
wagtail	할미새류	Motacillidae	참새목 할미새과
wall creeper	절벽발발이	Tichodroma muraria	나무발발이과
wandering albatross	큰앨바트로스	Diomedea exulans	알바트로스과
warbler	위블러	Sylviinae	딱새과 총칭 340종
water cock	뜸부기	Gallicrex cinerea	뜸부기과
water pipit	강변밭종다리	Anthus spinoletta	할미새과
water rail	흰눈썹뜸부기	Rallus aquaticus	뜸부기과
wattled broadbill	필리핀넓적부리새	Eurylaimus steerii	넓적부리새과
wattled false sunbird	태양새사촌	Neodrepanis coruscans	태양새사촌과
wattled plover	발톱날개물떼새	Vanellus senegallus	물떼새과
wattled staring→kokako			
waxbill	단풍새	Estrilda astrild	단풍새과, 124종
waxwing	여새류	Bombycilla	여새과
weaver	위버류		참새과, 100여종

영명	국명	학명	과명
weka	위카	*Gallirallus australis*	뜸부기과, 뉴질랜드
western grebe	북아메리카논병아리	*Aechmophorus occidentalis*	논병아리과
western tanager	노랑풍금새	*Piranga ludoviciana*	풍금새아과
whimbrel	중부리도요	*Numenius phaeopus*	도요과
whipbird	흰수염새류	*Orthonychinae*	지빠귀과
whip poor-will	아메리카쏙독새	*Caprimulgus vociferus*	쏙독새과
whiskered auklet	수염바다오리	*Aethia pygmaea*	바다오리과
whiskered tern	구레나룻제비갈매기	*Sterna hybrida*	갈매기과
whiskered tree swift	흰수염칼새	*Hemiprocne comata*	칼새과
whistler	때까치딱새	*Pachycephalinae*	때까치딱새과, 118종
white backed wood swallow	흰등숲제비	*Artamus monachus*	숲제비과
white backed woodpecker	린오색딱다구리	*Dendrocopos leucotos*	딱다구리과
white beared manakin	흰가슴매나킨	*Manacus manacus*	매나킨과
white bellied black woodpecker	큰나새	*Dryocopus javensis*	딱다구리과
white bellied fruit pigeon	흰가슴과일비둘기	*Sphenurus sieboldii*	비둘기과
white billed diver	흰부리아비	*Gavia adamsii*	아비과
white breasted kingfisher	흰가슴물총새	*Halcyon smyrnensis*	물총새과
white breasted rockthrush	꼬까직바구리	*Monticola gularis*	딱새과
white breasted waterhen	흰배뜸부기	*Amaurornis phoenicurus*	뜸부기과
white breasted wood swallow	흰가슴숲제비	*Artamus leucorhynchus*	숲제비과
white browed wood swallow	흰눈썹숲제비	*Artamus superciliosus*	숲제비과
white capped dipper	흰머리물까마귀	*Cinclus leucocephalus*	물까마귀과
white cockatoo	화이트코카투	*Cacatua Nymphicus*	앵무과
white collard kingfisher	흰목물총새	*Halcyon chloris*	물총새과

영 명	국 명	학 명	과 명
white crested hornbill	흰볏코뿔새	*Berenicornis comatus*	코뿔새과
white crested laughing thrush	흰머리웃음새	*Garrulax leucolophus*	꼬리치레과
white eye	동박새류	*Zosteropidae*	동박새과, 85종
white eyed quaker babbler	흰눈꼬리치레	*Alcippe nipalensis*	꼬리치레과
white eyed river martin	아시아강제비	*Pseudochelidon sirintarae*	제비과
white faced shearwater	흰머리슴새	*Calonectris leucomelas*	슴새과
white fronted goose	쇠기러기	*Anser albifrons*	오리과
white fronted nunbird	흰이마펌버드	*Monasa morphoeus*	팜버드과
white ground thrush	호랑지빼귀	*Turdus dauma*	딱새과
white headed duck	흰머리흰등흰오리	*Oxyura leucocephala*	오리과
white headed manakin	벅조	*Munia striata*	판처류, 예완조
white headed vanga	흰머리방가	*Leptopterus viridis*	마다가스가르뼤까치과
white headed vulture	흰머리독수리	*Trigonoceps occipitalis*	독수리과
white headed wood-hoopoe	흰머리낮부리새	*Phoeniculus bollei*	낮부리새과
white ibis	흰따오기	*Eudocimus albus*	따오기과
white Java sparrow→Java sparrow			
white mantled barbet	흰등오색조	*Capito hypoleucus*	오색조과
white naped crane	재두루미	*Grus vipio*	두루미과
white necked jacobin	흰목자코빈	*Florisuga mellivora*	벌새과
white necked petrel	흰목바다제비	*Pterodroma externa*	슴새과
white rumped manakin	흰꼬리매너킨	*Munia striata*	참새과
white rumped sandpiper	흰꼬리도요		
white rumped shama	흰꼬리사마	*Copsychus malabaricus*	지빼귀과

white stork	유럽황새	*Ciconia ciconia*	황새과
white tailed goldenthroat	흰꼬리노랑벌새	*Polytmus guainumbi*	벌새과
white tailed plover	흰꼬리물떼새	*Chettusia leucura*	물떼새과
white tailed sea eagle	흰꼬리수리	*Haliaetus albicilla*	독수리과
whitethroat	흰목솔새	*Sylvia communis*	휘파람세과
white throated cachalote	흰목가마새	*Pseudoseisura guttualis*	가마새과
white tipped plantcutter	흰꼬리톱부리새	*Phytotoma rutila*	톱부리새과
white tipped sicklebill	낫부리벌새	*Eutoxeres aquila*	벌새과
white tufted grebe	흰수염논병아리	*Podiceps rolland*	논병아리과
white wagtail	흰할미새	*Motacilla alba*	할미새과
white winged black tern	흰죽지제비갈매기	*Sterna leucoptera*	갈매기과
white winged chough	큰진흙집새	*Corcorax melanorhamphos*	큰진흙집새과, 호주
white winged crossbill	흰죽지솔잣새	*Loxia leucoptera*	되새과
white winged trumpter	흰날개나팔새	*Psophia leucoptera*	나팔새과
white zebra finch	금화조	*Taenopygia castanotis*	참새과
whooper swan	큰고니	*Cygnus cygnus*	오리과
whopping crane	아메리카두루미	*Grus americana*	두루미과
whydah	천냐새, 천인조	*Vidua macroura*	참새과
wigeon	홍머리오리	*Anas penelope*	오리과
wild pigeon→rock dove			
wild turkey	칠면조	*Meleagris gallopavo*	칠면조과
willow grouse→red grouse			
willow tit	북방쇠박새	*Parus montanus*	박새과
willow warbler	버들솔새	*Phylloscopus trochilus*	휘파람새과

영 명	국 명	명	학 명	과	명
Wilson's petrel	윌슨바다제비		*Oceanites oceanicus*	바다제비과	
wire crested thronbill	누른볏슬벌새		*Popelairia popelairii*	벌새과	
wire tailed manakin	실꼬리매나킨		*Teleonema filicauda*	매나킨과	
wood chat shrike	붉은머리때까치		*Lanius senator*	때까치과	
woodcock	멧도요		*Scolopax rusticola*	멧도요과	
wood creeper	나무발발이류		*Certhiidae*	나무발발이과, 47종	
wood duck	아메리카원앙이		*Aix sponsa*	오리과	
wood ibis	우드아이비스		*Ibis ibis*	황새과	
wood lark	숲종다리		*Lullata arborea*	종다리과	
wood owl →tawny owl					
woodpeck finch	딱다구리방울새		*Castospiza pallida*	방울새아과	
woodpecker	딱다구리류			딱다구리과, 210종	
wood pigeon	숲비둘기		*Columba palumbus*	비둘기과	
wood rail →weka					
wood sandpiper	알락도요		*Tringa glareola*	도요과	
wood thrush	숲지빠귀		*Holycichla mustelina*	지빠귀과	
wood swallow	숲제비과		*Artamidae*	숲제비과, 10종	
wood wabler	숲솔새		*Phylloscopus sibilatrix*	휘파람새과	
wren	굴뚝새		*Troglodytes troglodytes*	굴뚝새과, 59종	
wren tit	굴뚝새사촌		*Chamaea fasciata*	꼬리치레과	
wrybill	굽은부리물떼새		*Anarhynchus frontalis*	물떼새과	
wryneck	개미잡이		*Jynx toquilla*	딱다구리과	
yellow bellied fantail	노랑배딱새		*Rhipidura hypoxanta*	딱새과	

영명	국명	학명	과명
yellow bellied fruit pigeon	노랑가슴과일비둘기	Leucotreon cinctatus	비둘기과
yellow bellied robin	갈레도니아노랑딱새	Eopsaltria flaviventris	딱새과
yellow bellied sapsucker	노랑배딱다구리	Sphyrapicus varius	딱다구리과
yellow billed cuckoo	노랑부리뻐꾸기	Coccyzus americanus	두견이과
yellow billed hornbill	노랑부리코뿔새	Tockus flavirostris	코뿔새과
yellow billed oxpecker	노랑부리소등쪼기	Buphagus africanus	찌르레기과
yellow bishop	노랑금란조	Euplectes capensis	참새과 위버류
yellow breasted bunting	검은머리촉새	Emberiza aureola	멧새과
yellow browed bunting	노랑눈썹멧새	Emberiza chrysophrys	멧새과
yellow browed warbler	노랑눈썹솔새	Phylloscopus inornatus	딱새과
yellow casqued hornbill	노랑혹코뿔새	Ceratogymana elata	코뿔새과
yellow chat	노랑오스트레일리아딱새	Ephthiamura crocea	오스트레일리아딱새과
yellow crowned bulbul	노랑관머리직바구리	Pycnonotus zeylanicus	직바구리과
yellow figbird	노랑인경꾀꼬리	Sphecotheres vieilloti	꾀꼬리과
yellow fronted tinkerbird	노랑이마오색조	Pogoniulus chrysoconus	오색조과
yellowhammer	노랑촉새	Emberiza citrinella	멧새과
yellow headed amazon	노랑머리아존앵무	Amazona ochrocephala	앵무과
yellow headed gouldian finch	노랑머리호금조	Chloebia gouldiae	참새과
yellow headed wagtail	노랑머리할미새	Motacilla citreola	할미새과
yellow laysan finch	노랑하와이양진이	Psittirostra cantans	하와이꿀빨이새과
yellow tailed black cockatoo	노랑꼬리검은코카투	Calyptorhynchus funereus	앵무과
yellow throated bunting	노랑턱멧새	Emberiza elegans	멧새과
yellow tufted honeyeater	노랑머리꿀빨이새	Meliphaga melanops	꿀빨이새과
yellow wagtail	노랑할미새	Motacilla flava	할미새과

영 명	국 명	학 명	과 명
yellow warbler	옐로위블러	*Dendroica petechia*	심자메류, 예완조
zebra finch	금화조(金花鳥)	*Taenopygia castanotis*	

■ 국명－영명

국	영	국	영
가마우지	ovenbird	개개비	great reed warbler
가마우지	cormorant	개개비사촌	fan-tailed warbler
가막딱다구리	black woodpecker	개구리매	marsh harrier (hawk)
가면앵무	masked lovebird	개구리입쏙독새	tawny frogmouth
가면올빼미	barn owl	개꿩	golden plover
가슴띠물총새	belted kingfisher	개닛	gannet
가창오리	Baikal teal	개똥지빠귀	dusky thrush
감기괴판	tufted puffin	개리	swan goose
감까마귀	jackdaw	개미잡이	wryneck
감라과고스군함새	magnificient frigate bird	개미잡이지빠귀	red tailed ant trush
감라과고스펭귄	Galapagos penguin	갱갱코커투	gang-gang cockatoo
감매기	gull	거문고꼬리꿀잡이새	lyre tailed honeyguide
감색기슴앵무	brown-necked parakeet	거문고새류	lyrebird
감색굴뚝새	bay wren	거미잡이새	little spider hunter
감색머리흑조	brown-headed cowbird	검독수리	golden eagle
감색벌새	rufous hummingbird	검둥고니	black swan
감색사다새	brown pelican	검둥뇌조	black grouse
감색양진이	rosy finch	검둥오리	scoter
감색올빼미	brown wood owl	검둥오리사촌	velvet scoter
감색정원사새	vogelkop gardener,	검은가슴물떼새	Pacific golden plover
	gardener bowerbird	검은가슴홍관조	dickcissel
감색제비	bank swallow	검은깃종다리	calandra lark
강변발총다리	water pipit	검은꼬리왁스빌	black-rumped waxbill

국명	영명	국명	영명
검은군복동박새	olive black-eye	검은목꿀잡이새	black throated honeyguide
검은다리세가락갈매기	black legged kittiwake	검은목논병아리	black necked grebe
검은댕기해오라기	green backed heron	검은목도리찌르레기	black collared starling
검은도적갈매기	parasitic skua	검은목두루미	crane
검은등뻐꾸기	Indian cuckoo	검은목바위종다리	black throated accentor
검은등사다박새	pied weatear	검은목스크리머	black necked screamer
검은등제비갈매기	sooty tern	검은목아메리카노랑솔새	hooded warbler
검은따오기	hermit ibis	검은목지빠귀	dark throated thrush
검은딱새	bushchat, stonechat	검은무촉새	cirl bunting
검은멧새	gray bunting	검은무팥새조	noisy pitta
검은머리갈매기	Saunder's gull	검은무죽고니	black necked swan
검은머리기러기	brant	검은바람까마귀	black drongo
검은머리넓적부리새	black capped broadbill	검은발세리마	Burmeister's seriema
검은머리동고비	azure nuthatch	검은방울새	siskin
검은머리따오기	scred ibis	검은뿔뜸부기	blake crake
검은머리물떼새	oystercatcher	검은배사막꿩	black-belled sand grouse
검은머리솔새	blackpoll warbler	검은버팥로위버	black buffalo weaver
검은머리쑥새	reed bunting	검은슴새	sooty shearwater
검은머리아메리카딱새	eastern kingbird	검은알바트로스	black footed albatros
검은머리아메리카솔새	blackcap	검은엷굴꿀빨이새	noisy miner
검은머리앵무 →가면앵무	masked lovebird	검은여새	phainopepla
검은머리촉새	yellow breasted bunting	검은장수앵무	black lory
검은머리흰따오기	oriental ibis	검은점오색조	black spotted barbet
검은머리흰죽지	scaup	검은제비갈매기	black tern

영 명	구 명	한 명	과 명
검은지빠귀	gray thrush	관머리투라코	knysna touraco
검은직바구리	black bulbul	꽹이갈매기	black tailed gull
검은칼새	chimney swift	구판조	hill mynah
검은죽고뿔새	black-casqued hornbill	구레나루제비갈매기	whiskered tern
검정빼꾸기	koel	군함새	frigate-bird
검정종다리	black lark	굴뚝새	wren
검정지빠귀	blackbird	굴뚝새사촌	wren tit
검정해오라비	least bittern	굵은부리나무발발이	strong billed wood-creeper
겨우살이꽃새	mistletoe flowerpecker	굵은부리떼까치딱새	shrike tit
겨우살이지빠귀	mistle thrush	굵은부리앵무	thick billed parrot
고기잡이까마귀	fish crow	굵은부리위버	grosbeak weaver
고방오리	pintail	굵은부리물떼새	wrybill
고양이흉내지빠귀	gray catbird	카뿔논병아리	horned grebe
곤줄박이	varied tit	카제비	red rumped swallow
골라앗왜가리	Goliath heron	녹제비갈매기	arctic tern
공작	peacock	금강앵무	scarlet macaw
공작태양새	malachite sunbird	금꿩	golden pheasant
관머리떼까치딱새	crested pitohui	금눈쇠올빼미	eastern little owl
관머리청원사새	Macgregor's bowerbird	금도롱이룽조	magnificent bird of paradise
관머리박새	crested tit	금란조	orange weaver
관머리비오리	hooded merganser	금목오색조	gaudy barbet
관머리스크리머	crested screamer	금방울새	goldfinch
관머리아배리카딱새	great crested flycatcher	금복조	black-headed manakin

금빛논병아리	lesser golden grebe
금정조(金靜鳥)	grass finch
금화조	white zebra finch
금화조(金花鳥)	zebra finch
기름쏙독새	oil bird
긴꼬리넓적부리새	long tailed broadbill
긴꼬리단풍새	long tailed munia
긴꼬리도적갈매기	long tailed skua
긴꼬리매나킨	long tailed manakin
긴꼬리벌새	long tailed hermit
긴꼬리숲굿부리새	paradise jacamar
긴꼬리실프	long tailed sylph
긴꼬리아메리카딱새	fork tailed flycatcher
긴꼬리여새사촌	long-tailed silky flycatcher
긴꼬리오색조	ground barbet
긴꼬리올빼미	hawk owl
긴꼬리홍잔이	long-tailed rose finch
긴꼬리휘파람새	dartford warbler
긴라켓꼬리벌새	booted racket tail
긴발가락댕기물떼새	long toed lapwing
긴발톱멧새	lapland bunting (longspur)
긴부리하와이꿀빨이새	kauai akialoa
긴부리휘파람새	long billed crombee
긴점박이올빼미	Ural owl

길잡이새	pirot bird
깃머리갈리도	crested gallito
깃머리볏새	bearded helmet crest
깃머리비둘기	plumed pigeon
깃머리앵무	plum headed parakeet
깃발꼬리쏙독새	pennant winged nightjar
까마귀	carrion crow
까마귀류	crow
까마귀풍조	paradise crow
까치	magpie
까치거위	magpie goose
까치딱새류	monarch flycatcher
까치비둘기	magpie pouter
까치울새	magpie robin
까치종다리	magpielark
깍도요사촌	Swinhoe's snipe
깍도요	snipe
꼬까도요	turnstone
꼬까직바구리	white breasted rockthrush
꼬까참새	chesnut bunting
꼬리쏙독새	standard winged nightjar
꼬리치레	Chinese babbler
꼬리치레류	babbler
꼬마도요	jack snipe

국	영	국	영
꼬마마코	little blue macaw	난쟁이새류	tody
꼬마물떼새	little ringed plover	난쟁이올빼미	elf owl
꽃새류	flowerpecker	난쟁이펭귄	little penguin
꾀꼬리	black naped oriole	남극도적갈매기	south polar skua
꾀꼬리화파람새	oriole babbler	남방코뿔새	southern ground hornbill
꿀길잡이새	honeyguide	낫부리꼬리치레	large scimitar babber
꿀벌벌새	bee hummingbird	낫부리별새	white tipped sicklebill
꿀빨이새류	honeyeater	낫부리새	scythebill
꿀새	honeycreeper	넓적부리난쟁이새	broad billed tody
꿩	ring necked pheasant	넓적부리도요	spoonbill sandpiper
꿩꼬리뇌조	sage grouse	넓적부리새	broadbill
꿩꼬리별새	shallow tailed hummingbird	넓적부리오리	shoveler
꿩꼬리자카나	pheasant tailed jacana	넓적부리해오라비	boat billed heron
꿩앵무	ground parrot	넓적부리황새	shoebill stork
나그네비둘기	passenger pigeon	노랑가슴과일비둘기	yellow bellied fruit pigeon
나무발발이	tree creeper	노랑가슴도요	buff breasted sandpiper
나무발발이류	wood creeper	노랑가슴앵무	orange bellied parrot
나무발중다리	tree pipit	노랑가슴제르빌기	golden breasted starling
나무제비	tree swallow	노랑관머리박새	sultan tit
나이팅게일	nightingale	노랑관머리직바구리	yellow crowned bulbul
나팔새	trumpeter	노랑금관조	yellow bishop
나팔수코뿔새	trumpeter hornbill	노랑꼬리검은코커투	yellow tailed black cockatoo
나팔수큰고니	trumpeter swan	노랑꾀꼬리	golden oriole

국명	영명
노랑눈썹멧새	yellow browed bunting
노랑눈썹솔새	yellow browed warbler
노랑딱새	mugimaki flycatcher
노랑때까치	brown shrike
노랑머리꿀빨이새	yellow tufted honeyeater
노랑머리아마존앵무	yellow headed amazon
노랑머리할미새	yellow headed wagtail
노랑머리호금조	yellow headed gouldian finch
노랑모자방울새	plush capped finch
노랑바위버드	golden bowerbird
노랑발도요	greater yellowleg
노랑방울새	serin
노랑배딱다구리	yellow bellied sapsucker
노랑배새	yellow bellied fantail
노랑배때까치딱새	golden whistler
노랑볏코카투	sulfur crested cockatoo
노랑부리까마귀	alpine chough
노랑부리물닭	American gallinule
노랑부리백로	Chinese egret
노랑부리뻐꾸기	yellow billed cuckoo
노랑부리소등쪼기	yellow billed oxpecker
노랑부리저어새	spoonbill
노랑부리코뿔새	yellow billed hornbill
노랑부비	brown booby

국명	영명
노랑아메리카솔새	prothonotary warbler
노랑안경퍼꼬리	yellow figbird
노랑오스트레일리아딱새	yellow chat
노랑이마오색조	yellow fronted tinkerbird
노랑제비물떼새	cream colored courser
노랑지빠귀	Naumann's thrush
노랑참새	golden sparrow
노랑멧새	yellowhammer
노랑턱멧새	yellow throated bunting
노랑턱앵무	stanley parrakeet
노랑풍금새	western tanager
노랑하와이앗진이	yellow laysan finch
노랑할미새	yellow wagtail
노랑히리솔새	Pallas's willow warbler
노랑혹코뿔새	yellow casqued hornbill
노래지빠귀	song thrush
논병아리	little grebe
뇌조	ptarmigan
뉴기니앵무	eclectus parrot
뉴질랜드꺅도요	New Zealand snipe
뉴질랜드논병아리	New Zealand dabchick
느시	great bustard
니아사앵무	nyasa lovebird
니코바비둘기	nicobar pigeon

국	영	명
다윈테아	Darwin's rhea	
다윈방울새	Darwin finch	
단풍새	waxbill	
매금화조	diamond finch	
매만금화조	green avadavat	
매만자고새	Formosan bamboo-partridge	
매머리수리	bald eagle	
맹기물떼새	lapwing	
맹기흰죽지	tufted duck	
냅불해오라기	Chinese little bittern	
델라쿠르논병아리	Delacour's little grebe	
도도	dodo	
도요	sandpiper	
도요류	godwit, wader, sandpiper	
도적갈메기	skua, jaeger	
도티벌	dotterel	
도토리딱따구리	acorn woodpecker	
독수리	black vulture	
독수리새시닭	vulturine guinea fowl	
독일황제풍조	emperor of Germany's bird of paradise	
동고비	Eurasian nuthatch	
동고비류	nuthatch	

국	영	명
동박새	oriental white-eye	
동박새류	white eye	
뫼새	brambling	
뫼솔새	pale legged willow warbler	
뫼지빼귀	gray backed thrush	
두건독수리	hooded vulture	
두건	little cuckoo	
두건파랑새	courol	
두루미	Japanese crane	
두줄비솔멧새	wire crested thronbill	
뮛부리도요	terex sandpiper	
뮛부리별새	avocetbill	
뮛부리장다리물떼새	avocet	
들꽝	hazel grouse	
따오기	Japanese crested ibis	
따다구리류	woodpecker	
따다구리방울새	woodpeck finch	
딱새	daurian redstart	
딱새류	flycatcher, redstart	
때까치	bull headed shrike	
때까치딱새	whistler	
때까치류	shrike	
때까마귀	rook	

국명	영명
뜸부기	water cock
라켓꼬리벌새	recquet tailed coquette
레아	rhea
로드러너	roadrunner
루디오리	ruddy duck
루손팔색조	Koch's pitta
루웬조리투라코	ruwenzori touraco
루뻴앵무	Ruppell's parrot
리본꼬리풍조	ribon-tailed bird of paradise
리치바다제비	Leach's petrel
림프킨	limpkin
마다가스칼논병아리	Madagascar little grebe
마다가스칼자카나	Madagascar jacana
마도요	curlew
마젤란거위	Magellan goose
마젤란펭귄	Magellan penguin
마카로니펭귄	macaroni penguin
말똥가리	buzzard
망치머리황새	hammerhead stork
매, 송골매	peregrin falcon
매그놀리아솔새	magnolia warbler
매너킨	manakin
매삐꾸기	fugitive hawk cuckoo
매사촌	Horsfield's hawk cuckoo

국명	영명
맹스슴새	Manx shearwater
먹황새	black stork
멋장이새	bullfinch
멋장이제왕비둘기	elegant imperial pigeon
메뚜기휘파람새	grasshopper warbler
메사이트	mesite
메추라기	quail
메추라기닭	chukar partridge
메추라기도요	sharp tailed sandpiper
메시코토디	Puerto Rican tody
멜로디휘파람새	melodious warbler
멧도요	woodcock
멧비둘기	rufous turtle dove
멧새	long-tailed bunting
멧새류	bunting
멧좋다리	Siberian accentor
모란앵무	lovebird
모스코바오리	muscovy duck
목고리펭귄	chinstrap penguin
목도리도요	pale arctic ruff
무장도요	upland sandpiper
목장밭좋다리	medow pipit
목줄테양새	collared sunbird
목비갈매기	Sabine's gull

국	명	영	명	국	명	영	명
무당새		Japanese yellow bunting		민물가마우지		common cormorant	
무남새		mallee fowl		민물도요		dunlin	
무지개꿩, 은계		Lady Amherst's pheasant		밀리타리마코		military macaw	
무지개수염벌새		rainbow bearded thornbill		밀화부리		Chinese grosbeak	
무지개앵무		rainbow lorikeet		바늘꼬리도요		pintail snipe	
무지개큰부리새		keel billed toucan		바늘꼬리칼새		needle-tailed swift	
문조(文鳥)		Java sparrow		바다꿩		old squaw	
물까마귀		brown dipper		바다비오리		red breasted merganser	
물까마귀류		dipper		바다쇠오리		ancient murrelet	
물까치		azure-winged magpie		바다오리		murre, guillemot	
물닭		coot		바다제비		Swinhoe's fork tailed petrel	
물때까치		long tailed grey shrike		바다제비류		petrel, storm petrel	
물떼새류		plover		바다직바구리		blue rock trush	
물떼새		forest wagtail		바람까마귀		spangled drongo	
물수리		osprey		바람까마귀류		drongo	
물총새		kingfisher		바위버드		bowerbird	
물길뚝도요		semipalmated sandpiper		바위동고비		rock nuthatch	
미국쇠오리		green winged teal		바위자고새		rock partridge	
미국오리		North America black duck		바위종다리		alpine accentor	
미남새		crimson winged waxbill		바위종다리류		accentor	
미녀새		red faced waxbill		바위참새		rock sparrow	
민댕기물떼새		gray headed lapwing		바이오렛투라코		violet touraco	
민머리황새		marabow		박새		great tit	

국명	영명
박새류	tit(titmice)
박설구(薄雪鳩)	diamond dove
반쪽부리하와이꿀빨이새	akiapolaau
반쪽흰꼬리때까치	fiscal shrike
발구지	garganey teal
발톱날개물떼새	wattled plover
방가	vanga
방울새	oriental greenfinch
발뜸부기	corncrake
발종다리류	pipit
백로류	egret
백설왜가리	snowy egret
뱅가마우지	anhinga
뱀독수리	snake eagle
뱁잡이수리	secretary bird
버들솔새	willow warbler
머딘	verdin
벌매	honey buzzard
벌새류	hummingbird
벌잡이새류	bee-eater
벌잡이새사촌	blue-crowned motmot
벌잡이새사촌류	motmot
병어리뻐꾸기	oriental cuckoo
뻥갈단풍새	red cheeked cordon-bleu
비슬겁새	crested tree swift
벡조	white headed manakin
볏딱따구리	pileated woodpecker
보리도요	purple sandpiper
보라빛멸새	violet saberwing
보라지빠귀	grandala
보라근털발제비	purple martin
보블랑크	bobolink
보브화이트	bobwhite quail
보석새	diamond bird
부비	booby
부체꼬리뇌조	ruffed grouse
부채비둘기	fantail
북경로빈	Peking robin
북극도둑갈매기	parasitic jaeger
북극수리	Juvenile white tailed sea eagle
북방개개비	Siberian grasshopper warbler
북방검은머리쑥새	Pallas' reed bunting
북방쇠박새	willow tit
북방쇠종다리	short toed lark
북방쇠찌르레기	daurian starling
북방올빼미	great gray owl
북방흰뺨오리	Barrow's goldeneye
북아메리카는병아리	western grebe

국 명	영 명	국 명	영 명
분홍가슴앵무	red fronted parakeet	붉은꼬리톱부리새	rufous tailed plantcutter
분홍가슴파랑새	lilac breasted roller	붉은꾀꼬리	maroon oriole
분홍찌르레기	rosy pastor	붉은꿀빨이새	scarlet honeyeater
붉은가마새	rufous ovenbird	붉은뇌조	red grouse, willow grouse
붉은가슴과일비둘기	red breasted fruit dove	붉은눈썹나무발발이	red browed tree creeper
붉은가슴기러기	red breasted goose	붉은등꽃새	scarlet backed flowerpecker
붉은가슴도요	knot	붉은등딱새	red backed warbler
붉은가슴도터럴	rufous chested dotterel	붉은등때까치	red backed shrike
붉은가슴딱새	red breasted flycatcher	붉은따오기	scarlet ibis
붉은가슴밀화부리	rose breasted goshbeak	붉은머리꼬리치레	red capped babbler
붉은가슴방울새	linnet	붉은머리꿀빨이새	cardinal honeyeater
붉은가슴밭종다리	red throated pipit	붉은머리딱다구리	red headed woodpecker
붉은가슴벌새	ruby throated hummingbird	붉은머리때까치	wood chat shrike
붉은가슴앵무	scarlet chested parrot	붉은머리멧새	red headed bunting
붉은가슴울새	Japanese robin	붉은머리오목눈이	crow tit
붉은가슴태양새	superb sunbird	붉은머리재두루미	sarus crane
붉은가슴홍관조	pyrrhuloxia	붉은목금관조	red bishop
붉은가슴흰죽지	bear's pochard	붉은목도리벌새	collared inca
붉은갯도요	curlew sandpiper	붉은목벌새	rudy throated hummingbird
붉은관코커투	salmon crested cockatoo	붉은목벌잡이새	red throated bee eater
붉은꼬리솔새	American redstart	붉은목숲때까치	four colored bush shrike
붉은꼬리왁스빌	lavender waxbill	붉은목카리브	purple throated carib
붉은꼬리치레	rufous chatterer	붉은목큰논병아리	red necked grebe

붉은발가마우지	red legged cormorant	붉은부리코뿔새	red billed hornbill
붉은발꿀새	red legged honeycreeper	붉은부리흰죽지	rosy billed pochard
붉은발도요	redshank	붉은뺨멧새	gray headed bunting
붉은발뜸부기	spotted crake	붉은솔개	scarlet minivet
붉은발물닭	gallinule	붉은솔개	red kite
붉은발부비	red footed booby	붉은수염벌잡이새	red beared bee-eater
붉은발슴새	pale footed shearwater	붉은수염직바구리	red whiskered bulbul
붉은발자고새	red legged partridge	붉은아메리카딱새	vermilion flycatcher
붉은방울새	red siskin	붉은안경앵무	red spectacped parrot
붉은배따새	rufous bellied niltava	붉은어깨도요	greater knot
붉은배새매	Chinese sparrow hawk	붉은얼굴가마새	red faced spinetail
붉은배아메리카솔새	painted redstart	붉은얼굴굴앵무	red faced lovebird
붉은배오색딱다구리	roufous belled pied woodpecker	붉은얼굴쥐새	red faced mousebird
붉은배지빠귀	brown thrush	붉은왜가리	purple heron
붉은벌잡이새	carmine bee-eater	붉은장수앵무	chattering lory
붉은벼슬등지새	crested malimbe	붉은저어새	roseate spoonbill
붉은벼슬흰죽지	red crested pochard	붉은제비갈매기	roseate tern
붉은부리갈매기	black headed gull	붉은토파즈벌새	rudy topaz hummingbird
붉은부리금화조	red avadavat	붉은풍금새	scarlet tanager
붉은부리까마귀	red billed chough	붉은해오라기	Japanese night heron
붉은부리낫부리새	red billed scythebill	붉은허리개개비	Gray's grasshopper warbler
붉은부리동고비때까지	Madagascar nuthatch	붉은허리앵무	red rumped parakeet
붉은부리버팔로위바	red billed bufflo weaver	붉은호주딱새	crimson chat
붉은부리소등쪼기	red billed oxpecker	블래키스톤올빼미	Blackiston's fish-owl

국	영	명
불때스기미	black skimmer	
불때해론	black heron	
비늘목굴집잡이새	sealy throated honeybird	
비단깃털새류	trogon	
비단눈썹벨쎗조	velvet asity	
비단테양새	splendid sunbird	
비둘기류	dove, pigeon	
비둘기바다제비	cape pigeon	
비둘기조롱이	red footed falcon	
비상비둘기	mourning dove	
비오리	goosander	
비토리공작비둘기	Victoria crowned pigeon	
뻐꾸기	cuckoo	
뻐꾸기떼까치	rosy minivet	
뻐꾸기위버	cuckoo weaver	
뿔주꼬리사막꿩	pin tailed sand grouse	
뿔논병아리	great crested grebe	
뿔매	mountain hawk eagle	
뿔바다쇠오리	crested auklet	
뿔쇠오리	Japanese murrelt	
뿔스크리머	harned screamer	
뿔종다리	crested lark	
뿔괴핀	horned puffin	

국	영	명
뿔호반새	crested kingfisher	
삐빼도요	green sandpiper	
사다새	pelican	
사랑앵무	budgerigar	
사마귀칠면조	ocellated turkey	
사막꿩	Pallas's sand grouse	
사막꿩류	sand grouse	
사막참새	desert sparrow	
사과이아	crimson eared waxbill	
사힌린솔원자	pine grosbeak	
사해참새	dead sea sparrow	
산솔새	crowned willow warbler	
삼광조	black paradise flycatcher	
삼색왜가리	Louisiana heron	
삽부리물종새	shovel billed kingfisher	
삽사리비둘기	double-crested white trumpeter	
상모솔새	goldcrest	
상반작	violet-eared waxbill	
상사조	red billed robin	
상아갈매기	ivory gull	
상아부리딱다구리	ivory billed woodpecker	
새매	sparrowhawk	
새홀리기	hobby	

국명	영명
쇠갈매기	little gull
쇠개개비	black-browed reed warbler
쇠검은날개갈매기	lesser black backed gull
쇠검은머리쑥새	Japanese reed bunting
쇠군함새	lesser frigate bird
쇠기러기	white fronted goose
쇠논병아리	least grebe
쇠덤불해오라비	little bittern
쇠동고비	Chinese nuthatch
쇠딱다구리	Japanese pigmy woodpecker
쇠뜸부기	Baillon's crake
쇠뜸부기사촌	ruddy crake
쇠물닭	moorhen
쇠박새	marsh tit
쇠밭종다리	tawny pipit
쇠백로	little egret
쇠부리도요	little whimbrel
쇠부리슴새	slender billed shearwater
쇠붉은뺨멧새	little bunting
쇠부엉이	short eared owl
쇠솔딱새	brow flycatcher
쇠솔새	arctic warbler
쇠쏙독새	little nightjar
쇠아메리카딱새	eastern phoebe

국명	영명
색슨왕풍조	king of Saxony bird
쇠시닭	guinia fowl
선녀새, 천인조	whydah
선비틴	sun bittern
선인장굴뚝새	cactus wren
섬참새	russet sparrow
세가락도요	sanderling
세가락메추라기	bustard quail
세리머	seriema
세발가락딱다구리	three toed woodpecker
세티휘파람새	Cetti's warbler
소등포기름	oxpecker
소문조(小紋鳥)	star finch
소설위버	social weaver
소정조(小町鳥)	pointed finch
소쩍새	scops owl
솔개	black kite
솔딱새	sooty flycatcher
솔부엉이	oriental hawk owl
솔잣새	crossbill
솜털오리	eider
송곳부리도요	broad-billed sandpiper
송곳부리새	jacamar
쇠가마우지	pelagic cormorant

국	영	명	국	영	명
쇠얼룩뜸부기	little crake		숲솔새	wood warbler	
쇠얼룩물총새	lesser pied kingfisher		숲제비류	wood swallow	
쇠오리	teal		숲종다리	wood lark	
쇠오색딱다구리	lesser spotted woodpecker		숲지빠귀	wood thrush	
쇠유리새	Siberian blue robin		스노핀치	snow finch	
쇠재두루미	demoiselle crane		스인호오목눈이	penduline tit	
쇠재때까치	lesser gray shrike		스텔러솜털오리	Steller's eider	
쇠제비갈매기	least tern		스페인참새	Spanish sparrow	
쇠쩍르레기	red cheeked myna		습새	streaked shearwater	
쇠청다리도요	marsh sandpiper		습새류	shearwater, petrel	
쇠청다리도요사촌	spotted greenshank		시베리아뜸부기	Siberian ruddy crake	
쇠초록넓적부리새	lesser green broadbill		시베리아오박새	Siberian tit	
쇠칼새	house swift		시베리아흰두루미	Siberian white crane	
쇠황조롱이	merlin		심꼬리매너긴	wire tailed manakin	
쇠휘파람오리	lesser whistling duck		심꼬리별새	streamertail	
쇠흰털딱새	lesser whitethroat		쌍띠물떼새	killdeer	
수리부엉이	eagle owl		쏙독새	nightjar, goatsucker	
수염바다오리	whiskered auklet		쑥새	rustic bunting	
숲낫부리새	forest wood-hoopoe		아르팍	arfak	
숲때까치류	bush shrike		아마존물총새	Amazon kingfisher	
숲박새	bushtit		아메리카금방울새	American goldfinch	
숲비둘기	wood pigeon		아메리카까마귀	American crow	
숲새	short tailed bush warbler		아메리카두루미	whopping	

국명	영명
아메리카딱다구리	flicker
아메리카딱새	tyrant flycatcher
아메리카메추라기도요	pectoral sandpiper
아메리카멧도요	American woodcock
아메리카물까마귀	American dipper
아메리카솔새	American warbler
아메리카쇠쏙독새	whip poor will
아메리카쏙독새	nighthawk
아메리카어치	scrub jay
아메리카올빼미	barred owl
아메리카원앙이	wood duck
아메리카자카나	American jacana
아메리카지뻐귀	American robin
아메리카홍머리오리	American wigeon
아메리카황조롱이	American sparrowhawk
아메리카흑조	American blackbird, cowbird
아메리카흰목쏙독새	poor will
아물쇠딱다구리	gray headed pigmy woodpecker
아비	red throated diver
아센션군함새	Ascension frigate-bird
아시아강제비	white eyed river martin
아시아극락딱새	Asian paradise flycatcher
아프리카강제비	African river martin
아프리카노랑꾀꼬리	African golden oriole
아프리카목고리잉무	African ring-necked parakeet
아프리카뱀가마우지	African darter
아프리카비성비둘기	African mourning dove
아프리카새매	African little sparrow hawk
아프리카쇠물총새	African pygmy kingfisher
아프리카쇠홍학	lesser flamingo
아프리카수리	African fish eagle
아프리카스키머	African skimmer
아프리카자카나	Afircan jacana
아프리카코뿔새	Abyssinian ground hornbill
아프리카팔색조	African pitta
안경올빼미	spectacled owl
안경찌르레기	bald starling
안나벌새	Anna's violet ear
안데스쇠도요	cordilleran snipe
안데스별새	Andean hillstar
안데스콘도르	Andean condor
안데스홍학	Andean flamingo
안티포트잉무	Antipodes Islands parakeet
알락개구리매	pied harrier
알락뻐꾸기	great spotted cuckoo
알락꼬리마도요	Australian curlew
알락도요	wood sandpiper
알락딱새	pied flycatcher

국	영	명
일택똠부기	Swinhoe's yellow rail	
일택쇠오리	marbled murrelet	
일택오리	gadwall	
일택해오라기	bittern	
일배트로스	Steller's albatros	
일배트로스류	albatros	
일배트거문고새	Albert's lyrebird	
앵무류	parrot, parakeet, lovebird	
앵무바다오리	parakeet auklet	
앵무부리지빼귀	parrotbill	
앵무솔잣새	parot crossbill	
아자일깔새	palm swift	
아자코커투	palm cockatoo	
양비둘기	stock dove	
양진이	Pallas's rosy finch	
어치	Eurasian jay	
어치류	jay	
얼룩부리논병아리	pied-billed grebe	
얼룩사막꿩	spotted sand grouse	
에메랄드멧비둘기	emerald dove	
에메랄드큰부리새	emerald toucan	
에뮤	emu	
여새류	waxwing	

국	영	명
여새사촌류	silky flycatcher	
여왕앵무	princess parrot	
열대붉은해오라기	cinnamon bittern	
열대새	red tailed tropic bird	
염주비둘기	ring dove, collared dove	
옐로위블러	yellow warbler	
오드본슴새	Audubon's shearwater	
오목눈이	long-tailed tit	
오색따다구리	great spotted woodpecker	
오색머리콘도르	king vulture	
오색멧새	painted bunting	
오색솜털오리	king eider	
오색조	barbot	
오색태양새	variable sunbird	
오스트랄앵무	austral parakeet	
오스트베일리라딱새	chat	
오스트베일리아솔새	fairy wren	
울리브오로펜돌라	olive oropendola	
울리브태양새	olive sunbird	
올빼미	tawny owl	
올빼미슥독새	owlet nightjar	
올빼미앵무	kakapo, owl parrot	
왕관비둘기	sheepmaker's crowned pigeon	

국명	영명	국명	영명
왕관새	great curassow	우리딱새	Siberian bluechat
왕관세리아	crested seriema	우리멧새	indigo bunting
왕관앵무	cockatiel	우리앵무	glossy cockatoo
왕눈물떼새	sand plover	은계, 무지개꿩	Lady Amherst's pheasant
왕세매	gray faced buzzard eagle	은날개꿩, 백한	silver pheasant
왜가리	gray heron	은딱새	silver bird
우드아이비스	wood ibis	은부조	three colored manakin,
우의철보조	bronze manakin		tricolored manakin
울새	Swinhoe's bushrobin	은빛논병아리	silvery grebe
울참새	song sparrow	이위	iiwi
위블러	warbler	이집트독수리	Egyptian vulture
원앙	mandarin duck	이집트오리	Egyptian goose
위버류	weaver	인도민머리황새	greater adjutant stork
위카	weka	인도스키머	Indian skimmer
윌슨바다제비	Wilson's petrel	인도큰부리황새	Indian open billed stork
유럽개개비	reed warbler	인도회색코뿔새	Indian gray hornbill
유럽멧비둘기	turtle dove	인디고마코	indigo macaw
유럽바위종다리	headge sparrow	일본바위종다리	Japanese accentor
유럽별잡이새	Europen bee eater	일홍조	ribbon finch
유럽붉은가슴울새	robin	잉카제비갈매기	Inca tern
유럽절새	swift	자메이카난쟁이새	Jamaican tody
유럽파랑새	blue roller	자바넓적부리새	banded broadbill
유럽홍하	European greater flamingo	자바오목눈이	pygmy tit
유럽황새	white stork	자이언트모아	giant moa

국	명	영	명
자이언트물총새		giant kingfisher	
자이언트카우버드		ginat cowbird	
자이언트코아		giant coua	
자이언트포투		giant potoo	
자카나		jacana, lily trotter	
자코빈비둘기		jacobin	
작은날개가마우지		flightless cormorant	
작은부리푸른등물뿔새		purple backed thornbill	
잠수바다제비		diving petrel	
잣까마귀		nutcracker	
장다리물떼새		black winged stilt	
장미앵무		rosella parrot	
장수앵무		red lory	
재갈매기		herring gull	
재두루미		white naped crane	
재물떼새		gray plover	
재봉새		tailorbird	
재비루		jabiru	
재카스펭귄		jackass penguin	
잿빛개구리매		hen harrier	
잿빛벌새		vervain hummingbird	
잿빛쇠찌르레기		gray backed myna	
잿빛자고새		gray partridge	

국	명	영	명
저어새		black-faced spoon bill	
적로		raddish egret	
적록마코		red and green macow	
적원자		scarlet finch	
적호갈매기		relict gull	
절벽밭발이		wall creeper	
점가슴멧새		American tree sparrow	
점무늬타파콜로		ocellated tapaculo	
점박이가슴꾀꼬리		spotted breasted oriole	
정글꼬리치레		jungle babbler	
정글닭		jungle fowl	
정원솔새		garden warbler	
제비		barn swallow	
제비갈매기		tern	
제비꼬리매나킨		swallow tailed manakin	
제비꼬리별새		red tailed comet	
제비꼬리쏙독새		swallow tail nightjar	
제비날개꼽버드		swallow wing	
제비따새		grayspotted flycatcher	
제비물떼새		Indian pratincole	
제비풍금새		swallow tanager	
제왕깍도요		imperial snipe	
제왕딱다구리		imperial woodpecker	

국명	영명
제임스홍학	James' flamingo
제주참새	tree sparrow
젠투펭귄	gentoo penguin
조롱이	Japanese lesser sparrow hawk
좁은깡발도요	lesser yellowleg
좁도요	little stint
좁은부리나무발발이	narrow-billed wood-creeper
좁은부리난쟁이새	narrow-billed tody
종다리	skylark
종다리사촌	brown songlark
종달도요	least sandpiper
주걱꼬리벌새	marvelous spatuletail
주걱부리황새	saddle billed stork
줄무늬팔색조	banded pitta
중대백로	large egret
중백로	intermediate egret
중부리도요	whimbrel
쥐새류	mousebird
지느러미발도요	northern phalarope
지빠귀류	thrush
직박구리	brown eared bulbul
직박구리류	bulbul, rockthrush
진박새	coal tit
진홍가슴벌새	fiery throated awlbill
진홍가슴울새	Siberian rubythroat
집굴뚝새	house wren
짧은꼬리슴새	short tailed shearwater
짧은날개논병아리	short winged grebe
짧은날개오리	flightless steamer duck
찌르레기	gray starling
찌르레기류	staring
참매	goshhawk
참새	house sparrow
참새류	sparrow
참새올빼미	ferruginous pygmy owl
천인조, 선녀새	pin tailed whydah
철새까마귀	raven
청다리도요	green shank
청도요	solitary snipe
청동날개자카나	bronze-winged jacana
청둥오리	mallard drake
청딱다구리	gray headed woodpecker
청머리오리	falcated teal
청비둘기	(Japanese) green pigeon
청호반새	black-capped kingfisher
청홍조	parrot finch
청황마코	blue and yellow macaw
체리핀치	cherry finch

국	영	국	영
초록고양이새	green catbird	가스피제비갈매기	Caspian tern
초록공작	green peacock	카카	kaka, southern nestor
초록낫부리새	green wood-hoopoe	칼레도니아노랑딱새	yellow bellied robin
초록넓적부리새	green broadbill	칼부리벌새	sword-billed hummingbird
초록따다구리	green woodpecker	칼새	northern white rumped swift
초록방울새	greenfinch	캐나다기러기	Canada goose
초록벌잡이새	little green bee-eater	캐나다두루미	sandhill crane
초록불꽃머리벌새	green back firecrown	캐나다어치	gray jay
초록뻐꾸기	emerald cuckoo	캐롤린앵무	Carolina parakeet
초록오로펜돌라	green oropendola	캐퍼케일리	capercaillie
초록제왕비둘기	green imperial pigeon	캘리포니콘도르	California condor
초원닭조	prairie chicken	컷스로트	cut-throat
초원종달이	esatern medowlark	케냐세시닭	Kenya crested gunia fowl
축새	black faced bunting	케이프위버	cape weaver
측부엉이	long eared owl	케이프참새	cape sparrow
칠레홍학	Chilean flamingo	케찰	quetzal
칠면조	wild turkey	코끼리새	elephant bird
칠면조콘도르	turkey vulture	코뿔새	rhinoceros hornbill
칠색풍금새	paradise tanager	코뿔새류	hornbill
칼때까치	thick billed shrike	코카코	kokako
카구	kagu	코커투	cockatoo
카나리아	canary	콜롬비아귀는병아리	Colombian eared grebe
카라카라	caracara	콩고공작	congo peacock

한국어	영명
콩새	hawfinch
큰가부리	kookaburra
쿠바아자잎칼새	Cuban palm swift
쿠바토디	Cuban tody
큐비에큰부리새	Cuvier's toucan
큐슈꿩	copper pheasant
크나새	white bellied black woodpecker
크림손핀치	crimson finch
큰개개비	Japanese marsh warbler
큰거문고새	superb lyrebird
큰고니	whooper swan
큰과일비둘기	superb fruit dove
큰군함새	great frigate bird
큰기러기	bean goose
큰작도요	giant snipe
큰꼬리검은째르레기사촌	great tailed grackle
큰노랑꼬리풍조	greater bird of paradise
큰논병아리	great grebe
큰덤불해오라기	Schrenk's little bittern
큰도적갈매기	great scua
큰말똥가리	upland buzzard
큰물떼새	Caspian plover
큰바늘꼬리칼새	spine tail swift
큰발종다리	Richard's pipit
큰부리까마귀	jungle crow
큰부리도요	long-billed dowitcher
큰부리밀화부리	Japanese grosbeak
큰부리새	toucan
큰부리앵무	great billed parrot
큰북방아비	great northern diver
큰비늘풍조	magnificent riflebird
큰뿔올빼미	great horned owl
큰소쩍새	collared scops owl
큰알바트로스	wandering albatross
큰얼룩부리논병아리	giant pied billed grebe
큰오색딱다구리	white backed woodpecker
큰왕눈물떼새	greater sand plover
큰유리새	blue and white flycatcher
큰재갈매기	slaty backed gull
큰재개구마리	northern shrike
큰제비꼬리칼새	great swallow tailed swift
큰진홍집새	white winged chough
큰초록비둘기	large green pigeon
큰코뿔새	great hornbill
큰홍학	greater flamingo
큰회색머리아비	black throated diver
큰흰죽지	canvasback
큰흰해오라기	great white heron

국	영	명	국	영	명
기어	kea		파라독사타파쿨로	ocher flanked tapaculo	
기위	kiwi		파랑새	dollar bird	
킹펭귄	king penguin		파랑새류	roller	
타이완지빠귀	island trush		파랑지빠귀	blue jay	
타조	ostrich			bluebird	
타카헤	takahe		파타고니아벌새	giant hummingbird	
타파쿨로	tapaculo		파푸아붉은눈새	blue jewel babbler	
태양새	sunbird		팔색조	blue winged pitta	
태양새사촌	wattled false sunbird		팔색조류	pitta	
태양앵무	sun parakeet		퍼핀	puffin	
떼머리가마우지	shag		펌버드	puffbird	
떼머리벌새	tufted coquette		페루톱부리새	Peruvian plantcutter	
떼발말똥가리	rough legged buzzard		페루펭귄	Peruvian penguin	
떼밍크가마우지	Temminck's cormorant		펠올빼미	Pell's fishing owl	
땡맘올빼미	Tengmalm's owl		포투	potoo	
토디모트모트	tody motmot		푸나논병아리	Puna grebe	
토코큰부리새	toco toucan		푸른가슴왜가리	great blue heron	
토파즈벌새	crimson topaz		푸른공작비둘기	blue crowned pigeon	
풀뿌리새류	plantcutter		푸른관머리벌새	purple crowned fairy	
똥나무발발이류	logrunner		푸른귀벌새	sparkling violet ear	
파라다이스물총새	paradise kingfisher		푸른날개앵무	blue winged parrot	
파라다이스신녀새	paradise whydah		푸른눈섭모트모트	turquoise browed motmot	
파라다이스앵무	paradise parrot		푸른되새	chaffinch	

푸른마코	hyacinthine macaw	
푸른머리쥐새	blue-naped mousebird	
푸른바위버드	satin bowerbird	
푸른박새	blue tit	
푸른베짤새조	Steer's pitta	
뿔마갈매기	fulma	
뿔금세류	tanager	
뿔조류	bird of paradise	
프리니아	tawny prinia	
피가슴비둘기	bleeding heart pigeon	
피그미거위	pygmy goose	
피그미앵무	buff faced pygmy parrot	
피그미올빼미	pygmy owl .	
피지가시부리새	Fiji warbler	
피터트윈스포트	Peter's twin-spot	
피터판푸트	Peter's finfoot	
판푸트	finfoot	
밀리판넬적부리새	wattled broadbill	
하나이꿀빨이새	Hawaiian honeycreeper	
하와이기러기	Hawaian goose	
하틀로브투라코	Hartlaub's touraco	
하도요	spotted redshank	
할미새류	wagtail	
할미새사촌	ashy minivet	

황라머리검독수리	spotted egale	
해변가마새	surf cinclode	
해변댕기물떼새	shore plover	
해오라기	horned lark	
헨다손매	night heron	
헬멧코뿔새	saker falcon	
협홍조	helmeted hornbill	
호금조	orange cheeked waxbill	
호랑지빼귀	gouldian finch	
호로조	white ground thrush	
호반새	guiana fowl	
호사도요	ruddy kingfisher	
호사비오리	painted snipe	
호아진	Chinese merganser	
혹고니	hoazin	
혹부리오리	mute swan	
홍관조	shelduck	
홍관조류	red crested cardinal	
홍머리오리	cardinal	
홍방울새	wigeon	
홍여새	redpoll	
홍엽새	Japanese waxwing	
홍옷새	red billed quelea	
	red billed firefinch	

국	영	국	영
홍옥새류	fire finch	후투티	hoopoe
화살촉따다구리	arrowhead piculet	휘파람새	bush warbler
화식조	cassowary	흰부리흉내지빠귀사촌	curve billed thrasher
화이트코커투	white cockatoo	흉내지빠귀	mockingbird
황금새	Narcissus flycatcher	흑기러기	Brant goose, brant, brent
황로	cattle egret	흑꼬리도요	black tailed gotwit
황새	oriental white stork	흑두루미	hooded crane
황새류	stork	흑로	eastern reef egret
황새부리물총새	stork billed kingfisher	흑비둘기	Japanese wood pigeon
황여새	Bohemian waxwing	흰눈썹붉은배지빠귀	gray headed thrush
황오리	ruddy shelduck	흰가슴과일비둘기	white bellied fruit pigeon
황제거위	emperor goose	흰가슴군함새	Christmas Island frigate-bird
황제펭귄	emperor penguin	흰가슴메니킨	white beared manakin
황조롱이	kestrel	흰가슴물까마귀	Eurasian dipper
회색기러기	graylag goose	흰가슴물총새	white breasted kingfisher
회색도살새	gray bucherbird	흰가슴숲제비	white breasted wood swallow
회색따오기	glossy ibis	흰가슴칼새	alpine swift
회색머리물총새	gray headed kingfisher	흰갈매기	glaucous gull
회색머리아비	Pacific diver	흰기러기	snow goose
회색숲제비	ashy swallow shrike	흰꼬리노랑별새	white tailed goldenthroat
회색앵무	gray parrot	흰꼬리도요	white rumped sandpiper
회색진흙집새	apostle bird	흰꼬리메니킨	white rumped manakin
후이아	huia	흰꼬리물떼새	white tailed plover

흰꼬리메나킨	white rumped manakin
흰꼬리물떼새	white tailed plover
흰꼬리샤마	white rumped shama
흰꼬리수리	white tailed sea eagle
흰꼬리톱부리요	Temminck's stint
흰꼬리톱부리새	white tipped plantcutter
흰날개나팔새	white winged trumpeter
흰날개해오라기	Chinese pond heron
흰눈꼬리치레	white eyed quaker babbler
흰눈썹뜸부기	water rail
흰눈썹바다오리	sooty guillemot
흰눈썹솔새	firecrest
흰눈썹숲제비	white browed wood swallow
흰눈썹울새	bluethroat
흰눈썹지빠귀	Siberian thrush
흰눈썹할미새	gray wagtail
흰눈썹황금새	tricolour flycatcher
흰등숲제비	white backed wood-swallow
흰등오색조	white mantled barbet
흰따오기	white ibis
흰매	gyrfalcon
흰머리낫부리새	white headed wood hoopoe
흰머리논병아리	hoary headed grebe
흰머리독수리	white headed vulture
흰머리루돌프오리	white headed duck
흰머리메나킨	pale headed manakin
흰머리멧새	meadow bunting
흰머리물까마귀	white capped dipper
흰머리방가	white headed vanga
흰머리수리	Brahminy kite
흰머리슴새	white faced shearwater
흰머리웃음새	white crested laughing thrush
흰멧새	snow bunting
흰목가마새	white throated cachalote
흰목독수리	griffon vulture
흰목물떼새	long-billed ringed plover
흰목물총새	white collard kingfisher
흰목바다제비	white necked petrel
흰목슴새	whitethroat
흰목자코빈	white necked jacobin
흰목칼새	pallid swift
흰목물떼새	kentish plover
흰밭새	azure tit
흰배가마귀	hooded crow
흰배꿀빨이새	crestent honeyeater
흰배뜸부기	white breasted waterhen
흰배멧새	Tristram's bunting
흰배지빠귀	pale thrush

국	명	영	명
흰배때양새		amani sunbird	
흰볏코뿔새		white crested hornbill	
흰부리아비		white billed diver	
흰비오리		smew	
흰뺨검둥오리		spotbill duck	
흰뺨따오기		hadada ibis	
흰뺨오리		goldeneye	
흰사다새		American white pelican	
흰수염논병아리		white tufted grebe	
흰수염바다오리		rhinoceros auklet	
흰수염새류		whipbird	
흰수염칼새		whiskered tree swift	
흰어깨멧새		lark bunting	
흰올빼미		snowy owl	
흰이마기러기		lesser white fronted goose	
흰이마물닭		crsted coot	
흰이마꼽버드		white fronted nunbird	

국	명	영	명
흰점쩨르레기		European staring	
흰제비갈매기		fairly tern	
흰제비칼새		edible-nest swiftlet	
흰죽지		pochard	
흰죽지갈매기		white winged black tern	
흰죽지꼬마물떼새		ringed lover	
흰죽지솔잣새		white winged crossbill	
흰죽지수리		imperial eagle	
흰죽지참수리		Steller's sea eagle	
흰줄박이오리		harlequin duck	
흰털발제비		house martin	
흰할미새		white wagtail	
흰허리댓부리도요		bar-tailed godwit	
히말라야검은머리앵무		Himalayan slaty headed	
히말라야꿩		Himalayan pheasant	
향둥새		olivebacked pipit	

■ 학명—국명

학 명	국 명	학 명	국 명
Acanthis cannabina	붉은가슴방울새	*Agapornis lilianae*	니아사앵무
Acanthis flammea	홍방울새	*Agapornis personata*	가면앵무
Accipiter gentilis	참매	*Agapornis pullaria*	붉은얼굴앵무
Accipiter gularis	조롱이	*Aglaiocercus kingi*	긴꼬리실프
Accipiter minullus	아프리카새매	*Agriocharis ocellata*	사마귀칠면조
Accipiter nisus	새매	*Ailuroedus crassirostris*	초록고양이새
Accipiter soloensis	붉은배새매	*Aix galericulata*	원앙
Acrocephalus arundinaceus	개개비	*Aix sponsa*	아메리카원앙이
Acrocephalus bistrigiceps	쇠개개비	*Ajaja ajaja*	붉은저어새
Acrocephalus scirpaceus	유럽개개비	*Alauda arvensis*	종다리
Acropternis orthonyx	점무늬타파쿨로	*Alcedo atthis*	물총새
Acryllium vulturinum	독수리셋사닭	*Alcippe nipalensis*	흰눈꼬리치레
Actophilornis africanus	아프리카자카나	*Alectoris graeca*	바위자고새
Actophilornis albinucha	마다가스칼자카나	*Alectoris rufa*	붉은발자고새
Aechmophorus occidentalis	북아메리카논병아리	*Alopochen aegyptiacus*	이집트오리
Aegithalos caudatus	오목눈이	*Amadia fasciata*	깃스로트
Aegolius funereus	댕금올빼미	*Amandava amandava*	붉은부리금화조
Aegotheles cristatus	올빼미속독새	*Amandava formosa*	대만금화조
Aegypius monachus	독수리	*Amaurornis phoenicurus*	흰배뜸부기
Aepyornis maximus	코끼리새	*Amazona ochrocephala*	노랑머리아마존앵무
Aethia cristatella	뿔바다쇠오리	*Amazona pretrei*	붉은안경앵무
Aethia pygmaea	수염바다오리	*Amblyonis macgregoriae*	관머리정원사새
Afropavo congensis	콩고공작	*Amblyonis inornatus*	갈색정원사새

학명	국명
Amblyospiza albifrons	굵은부리위버
Anarhynchus frontalis	굽은부리물떼새
Anas acuta	고방오리
Anas americana	아메리카홍머리오리
Anas carolinensis	미국쇠오리
Anas clypeata	넓적부리오리
Anas crecca	쇠오리
Anas falcata	청머리오리
Anas formosa	가창오리
Anas penelope	홍머리오리
Anas platyrhynchos	청둥오리
Anas poecilorhyncha	흰뺨검둥오리
Anas querquedula	발구지
Anas rubripes	미국오리
Anas strepera	알락오리
Anastomus oscitans	인도큰부리황새
Anhima cornuta	뿔스크리머
Anhinga anhinga	뱀가마우지
Anhinga rufa	아프리카뱀가마우지
Anodorhynchus hyacinthinus	푸른마코
Anodorhynchus leari	인디고마코
Anomalospiza imberbis	뻐꾸기위버
Anser albifrons	쇠기러기
Anser anser	회색기러기
Anser caerulescens	흰기러기
Anser canagicus	황제거위
Anser cygnoides	개리
Anser erythropus	흰이마기러기
Anser fabalis	큰기러기
Anthreptes collaris	목줄태양새
Anthreptes pallidigaster	흰배태양새
Anthropoides virgo	쇠재두루미
Anthus campestris	쇠밭종다리
Anthus cervinus	붉은가슴밭종다리
Anthus hodgsoni	힝둥새
Anthus novaesselandiae	큰밭종다리
Anthus pratensis	목장밭종다리
Anthus spinoletta	강변밭종다리
Anthus trivialis	나무밭종다리
Aphelocoma coerulescens	아메리카어치
Aptenodytes forsteri	황제펭귄
Aptenodytes patagonica	킹펭귄
Apteryx australis	키위
Apus affinus	쇠칼새
Apus apus	유럽칼새
Apus melba	흰가슴칼새
Apus pacificus	칼새
Apus pallidus	흰목칼새

학 명	국 명	명	학 명	국 명	명
Aquila chrysaetos	검독수리		Asio flammeus	쇠부엉이	
Aquila clanga	항라머리검독수리		Asio otus	슭부엉이	
Aquila heliaca	흰죽지수리		Astrapia mayeri	리본꼬리풍조	
Ara aracauna	청황마코		Astrapia nigra	아르팍	
Ara chloroptera	적록마코		Athene noctua	금눈쇠올빼미	
Arachnothera longirostra	가미잡이새		Aulacorhynchus prasinus	에메랄드큰부리새	
Ara macao	금강앵무		Auriparus flaviceps	베딘	
Ara militaris	밀리타리마코		Avocettula recurvirostris	뱃부리벌새	
Aramus guarauna	랍프킨		Aythya baeri	붉은가슴흰죽지	
Aratinga solsthialis	태양앵무		Aythya ferina	흰죽지	
Ardea cinerea	왜가리		Aythya fuligula	댕기흰죽지	
Ardea goliath	끝다앗왜가리		Aythya marila	검은머리흰죽지	
Ardea herodias	푸른가슴왜가리		Aythya valisineria	큰흰죽지	
Ardea purpurea	붉은왜가리		Balaeniceps rex	넓적부리황새	
Ardeidae	백로류		Bambusicola thoracica	대만자고새	
Ardeola bacchus	흰날개해오라기		Bartramia longicauda	목정도요	
Arenaria interpres	꼬까도요		Bathilda ruficauda	소문조(小紋鳥)	
Arseranus semipalmata	까치거위		Berenicornis comatus	흰볏코뿔새	
Artamidae	숲제비류		Bombycilla	여새류	
Artamus fuscus	회색숲제비		Bombycilla garrulus	황여새	
Artamus leucorhynchus	흰가슴숲제비		Bombycilla japonica	홍여새	
Artamus monachus	흰등숲제비		Bombycillidae	여새과(류)	
Artamus superciliosus	흰눈썹숲제비		Bonasa umbellus	부채꼬리뇌조	

학명	국명
Botaurus stellaris	알락해오라기
Brachypteracias leptosomus	짧은다리파랑새
Brachyramphus marmoratus	알락쇠오리
Branta bernicla	흑기러기
Branta canadensis	캐나다기러기
Branta ruficollis	붉은가슴기러기
Branta sandvicensis	하와이기러기
Bubalornis albirostris	검은베짤로위버
Bubalornis niger	붉은부리베짤로위버
Bubo bubo	수리부엉이
Bubo virginianus	큰뿔올빼미
Bubulcus	왜가리류
Bubulcus ibis	황로
Buconidae	꼼비드
Bucephala clangula	흰뺨오리
Bucephala islandica	북방흰뺨오리
Buceros bicornis	큰코뿔새
Buceros rhinoceros	코뿔새
Bucerotidae	코뿔새류
Bucorvus abyssinicus	아프리카코뿔새
Bucorvus cafer	남방코뿔새
Buphagus	소등쪼기류
Buphagus africanus	노랑부리소등쪼기
Burphagus erythrorhynchus	붉은부리소등쪼기
Butastur indicus	왕새매
Buteo buteo	말똥가리
Buteo hemilasius	큰말똥가리
Buteo lagopus	털발말똥가리
Butorides striatus	검은댕기해오라기
Bycanister buccinator	나팔수코뿔새
Cacatua Nymphicus	화이트코카투
Cacatua galerita	노랑볏코카투
Cacatua moluccensis	붉은관코카투
Cairina moschata	모스코바오리
Calamospiza melanocorys	흰어깨멧새
Calandrella cinera	북방쇠종다리
Calcarius lapponicus	긴발톱멧새
Calidris	도요류
Calidris acuminata	메추라기도요
Calidris alba	세가락도요
Calidris alpina	민물도요
Calidris canutus	붉은가슴도요
Calidris ferruginea	붉은갯도요
Calidris maritima	보라도요
Calidris melanotos	아메리카메추라기도요
Calidris minuta	좀도요
Calidris minutilla	종달도요
Calidris temminckii	흰꼬리좀도요

학 명	국 명	학 명	국 명
Cinclus pallasii	물까마귀	*Collocalia inexpectata*	흰제비집칼새
Cinnyris venustus	오색태양새	*Columba janthina*	흑비둘기
Circaetus gallicus	뱀독수리	*Columba oenas*	양비둘기
Circus aeruginosus	개구리매	*Columba palumbus*	숲비둘기
Circus cyaneus	잿빛개구리매	*Columbidae*	비둘기류
Circus melanoleucus	알락개구리매	*Compylopterus hemileucurus*	보라빛벌새
Cisticola juncidis	개개비사촌	*Conuropsis carolinensis*	캐롤린앵무
Clamator glandarius	알락관머리뻐꾸기	*Copsychus malabaricus*	흰꼬리샤마
Clangula hyemalis	바다꿩	*Copsychus saularis*	까치울새
Climacteris erythrops	붉은눈썹나무발발이	*Coracias caudata*	분홍가슴파랑새
Clytoceyx rex	삽부리물총새	*Coracias garrulus*	유럽파랑새
Coccothraustes coccothraustes	콩새	*Coraciidae*	파랑새류
Coccyzus americanus	노랑부리뻐꾸기	*Corcorax melanorhamphos*	큰진흙집새
Cochlearius cochlearius	넓적부리해오라비	*Corvidae*	까마귀류
Coeligena torquata	붉은목도리벌새	*Corvus brachyrhynchos*	아메리카까마귀
Coenocorypha aucklandica	뉴질랜드꺅도요	*Corvus corax*	철새까마귀
Coerebinae	꿀새류	*Corvus corone*	까마귀
Colaptes auratus	아메리카딱다구리	*Corvus corone cornix*	흰배까마귀
Colibri coruscans	푸른귀벌새	*Corvus frugilegus*	떼까마귀
Coliidae	쥐새류	*Corvus macrorhynchos*	큰부리까마귀
Colinus virginianus	보브화이트	*Corvus monedula*	갈까마귀
Colius indicus	붉은얼굴쥐새	*Corvus ossifragus*	고기잡이까마귀
Colius macrourus	푸른머리쥐새	*Cosmopsarus regius*	노랑가슴찌르레기

Coturnix coturnix	메추라기
Coua gigas	자이언트코아
Cracticus torquatus	회색도살새
Cranioleuca erythrops	붉은얼굴가마새
Crax rubra	왕관새
Crex crex	발톱부기
Cuculus canorus	뻐꾸기
Cuculus fugax	매사촌
Cuculus micropterus	검은등뻐꾸기
Cuculus poliocephalus	두견
Cuculus saturatus	벙어리뻐꾸기
Cursorius cursor	노랑제비물떼새
Cyanerpes cyaneus	붉은발꿀새
Cyanocitta cristata	파랑어치
Cyanopica cyanus	물까치
Cyanopsitta spixi	꼬마마코
Cyanoptila cyanomelaena	큰유리새
Cyanoramphus novaezelandiae	붉은가슴앵무
Cyanoramphus unicolor	안티포드앵무
Cyclorrhynchus psittacula	앵무바다오리
Cygnus atratus	검둥고니
Cygnus c. buccinator	나팔수큰고니
Cygnus cygnus	큰고니
Cygnus melanocoryphus	검은목혹고니

Cygnus olor	혹고니
Cypsiurus parvus	야자잎칼새
Dacelo gigas	쿠가부라
Daption capensis	바둑기바다제비
Delichon urbica	흰털발제비
Dendrocolaptidae	낫부리새
Dendrocopos hyperythrus	붉은배오색딱다구리
Dendrocopos kizuki	쇠딱다구리
Dendrocopos leucotos	큰오색딱다구리
Dendrocopos major	오색딱다구리
Dendrocopos minor	쇠오색딱다구리
Dendrocopos nanus	아물쇠딱다구리
Dendrocygna javanica	쇠휘파람오리
Dendroica magnolia	매그놀리아솔새
Dendroica petechia	옐로위블러
Dendroica striata	검은머리솔새
Dendronanthus indicus	물레새
Dicaeidae	꽃새류
Dicaeum cruentatum	붉은등꽃새
Dicaeum hirundinaceum	겨우살이꽃새
Dichromanassa rufescens	적로
Dicrurus	바람까마귀류
Dicrurus hottentottus	바람까마귀
Dicrurus macrocercus	검은바람까마귀

학 명	구 명	명	학 명	명	구 명
Dinornis maximus	자이언트모아		Emberiza aureola		검은머리촉새
Diomedea	알바트로스류		Emberiza bruniceps		붉은머리멧새
Diomedea albatrus	알바트로스		Emberiza chrysophrys		노랑눈썹멧새
Diomedea exalans	큰알바트로스		Emberiza cioides		멧새
Diomedea nigripes	검은알바트로스		Emberiza cioides		흰머리멧새
Diphyllodes magnificus	금도롱이풍조		Emberiza cirlus		검은목촉새
Discosura longicauda	라켓꼬리벌새		Emberiza citrinella		노랑촉새
Dolichonyx oryzivorus	보블링크		Emberiza elegans		노랑턱멧새
Drepanidae	하나이꿀빨이새		Emberiza fucata		붉은뺨멧새
Dromaius novaehollandiae	에뮤		Emberiza mustica		쑥새
Dryocopus martius	가막따다구리		Emberiza pallasi		북방검은머리쑥새
Dryocopus javensis	크낙새		Emberiza pusilla		쇠붉은뺨멧새
Drypocopus pileatus	볏딱따구리		Emberiza rutila		꼬까참새
Ducula aenea	초록제왕비둘기		Emberiza schoeniclus		검은머리쑥새
Ducula concinna	맛장이제왕비둘기		Emberiza spodocephala		촉새
Dumetella carolinensis	고양이흉내지빠귀		Emberiza sulphurata		무당새
Eclectus roratus	누가니엥무		Emberiza tristrami		흰배멧새
Ectopistes migratorius	나그네비둘기		Emberiza variabilis		검은멧새
Egretta alba	중대백로		Emberiza yessoensis		쇠검은머리쑥새
Egretta europhotes	노랑부리백로		Emberizidae		멧새류
Egretta garzetta	쇠백로		Empidornis semipartitus		은딱새
Egretta intermedia	중백로		Ensifera ensifera		칼부리벌새
Egretta sacra	흑로		Eophona migratoria		밀화부리

Eophona personata	큰부리밀화부리
Eopsaltria flaviventris	흰배도니아노랑딱새
Eosbornea	장수앵무
Ephippiorhynchus senegalensis	주걱부리황새
Ephthianura crocea	노랑오스트레일리아딱새
Ephthianura tricolor	붉은호주딱새
Ephthianuridae	오스트레일리아딱새
Eremophila alpestris	해변종다리
Erithacus akahige	붉은가슴울새
Erithacus calliope	진홍가슴울새
Erithacus cyane	쇠유리새
Erithacus rubecula	유럽붉은가슴울새
Erithacus sibilans	울새
Erithacus sveccicus	흰눈썹울새
Erithrura prasina	긴꼬리단풍새
Erythrura psittacea	청홍조
Estrilda astrild	단풍새
Estrilda caerulescens	붉은꼬리외스빌
Estrilda troglodytes	검은꼬리외스빌
Eudocimus albus	흰따오기
Eudocimus ruber	붉은따오기
Eudromias morinellus	도터틸
Eudynamis scolopacea	검정뻐꾸기
Eudyptes chrysolophus	마카로니펭귄
Eudyptula minor	난쟁이펭귄
Eugerygone rubra	붉은등딱새
Eugralla paradoxa	파라독사타파쿨로
Eulampis jugularis	붉은목카리브
Eumomota superciliosa	푸른눈섬모트모트
Eupetomena macroura	팽꼬리벌새
Euplectes capensis	노랑금관조
Euplectes franciscana	붉은목금관조
Eurylaimidae	넓적부리새류
Eurylaimis steerii	필리핀넓적부리새
Eurylaimus javanicus	자바넓적부리새
Eurynorhynchus pygmaeus	넓적부리도요
Eurypyga helias	선비턴
Eurystomus orientalis	파랑새
Eutoxeres aquila	낫부리벌새
Falco cherrug	헨다손매
Falco peregrinus	매
Falco rusticolus	흰매
Falco sparverius	아메리카황조롱이
Falco subbuteo	새홀리기
Falco timnunculus	황조롱이
Falco vespertinus	비둘기조롱이
Falcunculus frontatus	굵은부리때까치딱새
Faloco columbarius	쇠황조롱이

학 명	국 명	학 명	국 명
Ficedula hypoleuca	알락딱새	Gallicolumba luzonica	피가슴비둘기
Ficedula mugimaki	노랑딱새	Gallicrex cinerea	뜸부기
Ficedula narcissina	황금새	Gallinago gallinago	꺅도요
Ficedula parva	붉은가슴딱새	Gallinago hardwickii	큰꺅도요
Ficedula zanthopygia	흰눈썹황금새	Gallinago imperialis	제왕꺅도요
Florisuga mellivora	흰목자코비	Gallinago megala	꺅도요사촌
Fratercula arctica	퍼핀	Gallinago solitaria	청도요
Fregata	군함새류	Gallinago stenura	바늘꼬리도요
Fregata andrewsi	흰가슴군함새	Gallinago stricklandii	안데스꺅도요
Fregata aquila	아센션군함새	Gallinago undulata	큰꺅도요
Fregata ariel	작군함새	Gallinula chloropus	쇠물닭
Fregata magnificens	갈라파고스군함새	Gallirallus australis	위카
Fregata minor	큰군함새	Gallus gallus	청닭닭
Fringilla coelebs	푸른되새	Garrulax leucolophus	흰머리웃음새
Fringilla montifringilla	되새	Garrulus	어치류
Fulica atra	물닭	Garrulus glandarius	어치
Fulica cristata	흰이마물닭	Gavia adamsii	흰부리아비
Fulmarus glacialis	풀마갈매기	Gavia arctica	큰회색머리아비
Furnariidae	가마새류	Gavia immer	큰북방아비
Furnarius rufus	붉은가마새	Gavia pacifica	회색머리아비
Galbula dea	긴꼬리숲굿부리새	Gavia stellata	아비
Galbulidae	숲굿부리새	Geococcyx calfornianus	로드러너
Galerida cristata	뿔종다리	Geospizinae	다윈방울새

Geronticus eremita	검은따오기
Glareola pratincola	제비물떼새
Glaucidium brasilianum	참새올빼미
Glaucidium passerinum	피그미올빼미
Gorsachius goisagi	붉은해오라기
Goura cristata	푸른공작비둘기
Goura scheepmakeri	왕관비둘기
Goura victoria	비토리공작비둘기
Gracula religiosa	구관조
Gracupica nigricollis	검은목도리찌르레기
Grallina cyanoleuca	까치종다리
Grandala coelicolor	보라지빠귀
Grus americana	아메리카두루미
Grus antigone	붉은머리재두루미
Grus canadensis	캐나다두루미
Grus grus	검은목두루미
Grus japonensis	두루미
Grus leucogeranus	시베리아흰두루미
Grus monacha	흑두루미
Grus vipio	재두루미
Guttera pucherani	케나색시담
Gygis alba	흰제비갈매기
Gymnogyps californianus	켈리포니콘도르
Gymnostinops yuracares	울리브오로펜돌라

Gyps fulvus	흰목독수리
Haematopus ostralegus	검은머리물떼새
Hagedashia hagedash	흰뺨따오기
Halcyon capensis	황새부리물총새
Halcyon chloris	흰목물총새
Halcyon coromanta	호반새
Halcyon leucocephala	회색머리물총새
Halcyon pileata	청호반새
Halcyon smyrnensis	흰가슴물총새
Haliaetus albicilla	흰꼬리수리
Haliaetus leucocephalus	대머리수리
Haliaetus pelagicus	흰죽지참수리
Haliaetus vocifer	아프리카수리
Haliastur indus	흰머리수리
Heliornis fulica	판포트
Heliothryx barroti	푸른판머리벌새
Hemignathus procerus	긴부리하와이꿀빨이새
Hemignathus wilsoni	반쪽부리하와이꿀빨이새
Hemiparra crassirostris	긴발가락댕기물떼새
Hemiprocne comata	흰수염칼새
Hemiprocne logipennis	비슬칼새
Heterolocha acutirostris	후이아
Himantopus himantopus	장다리물떼새
Hippolaias sutorius	멜로디휘파람새

학 명	국 명	학 명	국 명
Hirundapus giganteus	큰칼늪꼬리칼새	*Ixobrychus cinnamomeus*	알락붉은해오라기
Hirundo daurica	귀제비	*Ixobrychus eurhythmus*	큰덤불해오라기
Hirundo rustica	제비	*Ixobrychus exilis*	검정해오라비
Histrionicus histrionicus	흰줄박이오리	*Ixobrychus minutus*	쇠덤불해오라비
Holycichla mustelina	숲지빠귀	*Ixobrychus sinensis*	덤불해오라기
Hydranassa tricolor	삼색왜가리	*Jabiru mycteria*	재비부
Hydrobatidae	바다제비류	*Jacana spinosa*	아메리카자카나
Hydrophasianus chirurgus	꿩꼬리자카나	*Jacanidae*	자카나류
Hydroprogne caspia	카스피제비갈매기	*Jynx toquilla*	개미잡이
Hyerococcyx fugax	매뻐꾸기	*Ketupa blakistoni*	불개기스톤올빼미
Hylomanes momotula	토디모트모트	*Lagonostricta senegala*	홍옥새
Hypargos niveouttatus	피티트윈스포트	*Lagopus lagopus*	붉은뇌조
Hypergerus atriceps	피꼬리회파람새	*Lagopus mutus*	뇌조
Hypositta corallirostris	붉은부리동고비매까치	*Laniidae*	때까치류
Hypsipetes amaurotis	직바구리	*Lanius bucephalus*	반쪽흰꼬리때까치
Hypsipetes madagascariensis	검은직바구리	*Lanius collaris*	붉은등때까치
Ibis ibis	우드아이비스	*Lanius collurio*	노랑때까치
Icteridae	아메리카흑조	*Lanius cristatus*	큰재개구마리
Icterus pectoralis	점박이가슴꾀꼬리	*Lanius excubitor*	쇠재때까치
Indicatoridae	꿀잡이새	*Lanius minor*	붉은머리때까치
Indicator indicator	검은목꿀잡이새	*Lanius senator*	물때까치
Indicator variegatus	비늘목꿀잡이새	*Lanius sphenocercus*	칡때까치
Ispidina picta	아프리카쇠물총새	*Lanius tigrinus*	

학명	국명
Larosterna inca	잉카제비갈매기
Larus argentanus	재갈매기
Larus canus	갈매기
Larus crassirostris	괭이갈매기
Larus fuscus	쇠검은등갈매기
Larus hyperboreus	흰갈매기
Larus minutus	쇠갈매기
Larus relictus	적호갈매기
Larus ridibundus	붉은부리갈매기
Larus saundersi	검은머리갈매기
Larus schistisagus	큰재갈매기
Leiothrix lutea	북경로빈
Leipoa ocellata	무덤새
Lepiocalaptes angustirostris	좁은부리나무발발이
Leptopterus viridis	흰머리방가
Leptoptilos crumeniferus	민머리황새
Leptoptilos dubius	인도대머리황새
Leptosomus discolor	두견과광새
Leucosticte arctoa	갈색양진이
Leucotreon cinctatus	노랑가슴과일비둘기
Limicola falcinellus	송곳부리도요
Limnocorax flavirostris	검은뜸부기
Limosa	도요류
Limnodromus scolopaceus	큰부리도요

학명	국명
Limosa lapponica	흰꼬리빛부리도요
Limosa limosa	흑꼬리도요
Locustella certhiola	북방개개비
Locustella fasciolata	붉은허리개개비
Locustella naevia	메뚜기휘파람새
Loddigesia mirabilis	주걱꼬리벌새
Lonchura maja	흰머리매니킨
Lonchura malacca	금복조, 은복조
Lophophaps plumifera	갓머리비둘기
Lophophours impeyanus	히말라야꿩
Lophornis ornata	털머리벌새
Lophura nychemera	은납꿩, 백한
Loxia curvirostra	솔잣새
Loxia leucoptera	흰죽지솔잣새
Loxia pytopsittacus	앵무솔잣새
Lullata arborea	숲종다리
Lunda cirrhata	갈기괭괴
Luscinia megarhynchos	나이팅게일
Lycocorax pyrrhopterus	까마귀풍조
Lymnocryptes minimus	꼬마도요
Lyrurus tetrix	검둥뇌조
Macrodipteryz longipennis	꼬리쪽독새
Malimbus malimbus	붉은배등지새
Manacus manacus	흰가슴매니킨

학 명	국 명		학 명	국 명	명
Manorina melanocephala	검은일굴꿀빨이새		*Menura novaehollandiae*	큰거문고새	
Megaceryle alcyon	가슴띠물총새		Menuridae	거문고새류	
Megaceryle maxima	자이언트물총새		*Mergus albellus*	흰비오리	
Megalaima mystacophane	금목오색조		*Mergus cucullatus*	관머리비오리	
Megalulus pryeri	큰개개비		*Mergus merganser*	비오리	
Melanchlora sultanea	노랑관머리박새		*Mergus serrator*	바다비오리	
Melanerpes erythrocephalus	붉은머리딱다구리		*Mergus squamatus*	호사비오리	
Melanerpes formicivorus	도토리딱다구리		Meropidae	벌잡이새류	
Melanitta fusca	검둥오리사촌		*Merops apiaster*	유럽벌잡이새	
Melanitta nigra	검둥오리		*Merops nubicus*	붉은벌잡이새	
Melanocorhypha bimaculata	검은깃종다리		*Merops orientalis*	초록벌잡이새	
Melanocorhypha yeltoniensis	검정종다리		*Mestornis unicolor*	메사이트	
Melanophoyx ardesiaca	블랙해론		*Metopidius indicus*	청동날개자카나	
Meleagris gallopavo	칠면조		*Micrathene whitneyi*	난쟁이올빼미	
Melichneutus robustus	가문고꼬리꿀길잡이새		*Micropsitta pusio*	피그미앵무	
Meliphaga melanops	노랑머리꿀빨이새		*Microsarcops cinereus*	민댕기물떼새	
Meliphagidae	꿀빨이새류		*Microsittace ferruginea*	오스트랄앵무	
Melittophagus bulocki	붉은목벌잡이새		*Milbus migrans*	솔개	
Mellisuga helenae	꿀벌벌새		*Milvus milvus*	붉은솔개	
Mellisuga minima	잿빛벌새		*Mimus polyglottus*	흉내지빠귀	
Melospittacus undulatus	사랑앵무		*Molothrus ater*	갈색머리흑조	
Melospiza melodia	울참새		*Momotus momota*	벌잡이새사촌	
Menura alberti	얼버트거문고새		Momtidae	벌잡이새사촌류	

Nannaopterum harrisi	작은날개가마우지
Nectarinia coccinigastra	비단태양새
Nectarinia formosa	공작태양새
Nectarinia olivacea	올리브태양새
Nectarinia superba	붉은가슴태양새
Nectarinidae	태양새류
Neochmia phaeton	크림슨핀치
Neocossyphus rufus	개미잡이지빠귀
Neocrosyrtes monachus	두건독수리
Neodrepanis coruscans	태양새사촌
Neophema chrysogaster	노랑가슴앵무
Neophema chrysostomus	푸른날개앵무
Neophema splendida	붉은가슴앵무
Neophron percnopterus	이집트독수리
Nestor notabilis	키아
Nettapus	꼬마기러기
Nettarufina	붉은볏술황죽지
Niltava sundara	붉은배딱새
Ninox scutulata	솔부엉이
Nipponica nippon	따오기
Noster meridionalis	카카
Notornis mantelli	타카헤
Nucifraga caryocatactes	잣까마귀
Numenius arquata	마도요

Monarchinae	까치딱새류
Monasa morphoeus	흰이마꼽버드
Monticola	직바구리류
Monticola gularis	꼬까직바구리
Monticola solitarius	바다직바구리
Montifringilla nivalis	스노핀치
Morus	개닛
Motacilla alba	흰할미새
Motacilla cinerea	흰눈썹할미새
Motacilla citreola	노랑머리할미새
Motacilla flava	노랑할미새
Motacillidae	밭종다리류, 할미새류
Mulurinae	오스트레일리아솔새류
Munia striata	벼조
Munia striata	흰꼬리매너킨
Muscicapa griseisticta	제비딱새
Muscicapa latirostris	쇠솔딱새
Muscicapa sibirica	솔딱새
Muscicapidae	딱새류
Muscivora tyrannus	긴꼬리아메리카딱새
Musophaga violacea	바이오렛투라코
Myiarchus crinitus	관머리아메리카딱새
Myzomela cardinalis	붉은머리꿀빨이새
Myzomela sanguinolenta	붉은꿀빨이새

Parus cinctus	시베리아박새	*Pelecanus erythrorhynchos*	흰사다새
Parus cristatus	관머리아박새	*Pelecanus occidentalis*	갈색사다새
Parus cyanus	흰박새	*Perdix perdix*	잿빛자고새
Parus major	박새	*Pericrocotus divaricatus*	할미새사촌
Parus montanus	북방쇠박새	*Pericrocotus flammeus*	붉은빼꾸기[삐까지]
Parus palustris	쇠박새	*Pericrocotus roseus*	빼꾸기[삐까지]
Parus varius	곤줄박이	*Perisoreus canadensis*	캐나다어치
Passer domesticus	참새	*Pernis apivorus*	벌매
Passerina ciris	오색멧새	*Petronia petronia*	바위참새
Passerina cyanea	유리멧새	*Pezoporus parrot*	땅앵무
Passerinae	참새류	*Phaethon rubricauda*	열대새
Passer hispaniolensis	스페인참새	*Phaethornis superciliosus*	긴꼬리벌새
Passer luteus	노랑참새	*Phainopepla nitens*	검은여새
Passer melanurus	케이프참새	*Phalacrocarax carbo*	민물가마우지
Passer moabiticus	사해참새	*Phalacrocorax*	가마우지류
Passer montanus	제주참새	*Phalacrocorax aristotelis*	떨머리가마우지
Passer rutilans	섬참새	*Phalacrocorax capillatus*	베망크가마우지
Passer simplex	사막참새	*Phalacrocorax gaimardi*	붉은발가마우지
Pastor roseus	분홍찌르레기	*Phalacrocorax pelagicus*	쇠가마우지
Patagonia gigas	파타고니아벌새	*Phalaenoptilus nuttallii*	아메리카쏙독새
Pavo cristatus	공작	*Phalaropus lobatus*	지느러미발도요
Pavo muticus	조록공작	*Pharomachrus mocino*	케찰
Pelecanoides	잠수바다제비	*Phasianus colchinus*	꿩
Pelecanus	사다새류	*Pheucticus dudovicianus*	붉은가슴입화부리

학 명	국 명	학 명	국 명
Philepitta castanea	비단눈썹팔색조	*Phynochetos jubatus*	카구
Philetarius socitus	소설위버	*Phytotoma raimondii*	페루톱부리새
Philohela minor	아메리카멧도요	*Phytotoma rara*	붉은꼬리톱부리새
Philomachus pugnax	목도리도요	*Phytotoma rutila*	흰꼬리톱부리새
Phoeniconaia minor	아프리카서홍학	*Phytotomidae*	톱부리새류
Phoenicoparrus andinus	안데스홍학	*Pica pica*	까치
Phoenicoparrus jamesi	제임스홍학	*Piceides tridactylus*	세발가락딱따구리
Phoenicopterus chilensis	칠레홍학	*Picumnus minutissimus*	황살촉딱따구리
Phoenicopterus r. roseus	유럽홍학	*Picus canus*	청딱다구리
Phoenicopterus ruber	큰홍학	*Picus viridis*	초록딱다구리
Phoeniculus bollei	흰머리낫부리새	*Pinicola enucleator*	사할린솔잣자
Phoeniculus castaneiceps	숲낫부리새	*Pipridae*	매너킨류
Phoeniculus purpureus	초록낫부리새	*Piranga ludoviciana*	노랑풍금새
Phoenicurus	딱새류	*Piranga olivacea*	붉은풍금새
Phoenicurus auroreus	딱새	*Pitohui ferrugineus*	판머리떼까치딱새
Phylidonyris pirrhoptera	흰배꿀빨이새	*Pitta angolensis*	아프리카팔색조
Phylloscopus borealis	쇠솔새	*Pitta brachyura*	팔색조
Phylloscopus inornatus	노랑눈썹솔새	*Pittadae*	팔색조류
Phylloscopus occipitalis	산솔새	*Pitta guajana*	줄무늬팔색조
Phylloscopus proregulus	노랑허리솔새	*Pitta kochi*	루손팔색조
Phylloscopus sibilatrix	숲솔새	*Pitta steerii*	푸른배팔색조
Phylloscopus tenellipes	되솔새	*Pitta versicolor*	검은목팔색조
Phylloscopus trochilus	버들솔새	*Platalea leucorodia*	노랑부리저어새

Platalea minor	저어새	Podiceps tackzanowskii	푸나논병아리
Plectrophenax nivalis	흰멧새	Podilymbus gigas	큰얼룩부리논병아리
Plegadis falcinellus	회색따오기	Podilymbus podiceps	얼룩부리논병아리
Ploceus capensis	케이프위버	Pogoniulus chrysoconus	노랑이마오색조
Pluvialis apricaria	개꿩	Poicephalus robustus	갈색가슴앵무
Pluvialis fulva	검은가슴물떼새	Poicephalus rueppellii	루뻴앵무
Pluvialis squatarola	재물떼새	Polysticta stelleri	스뻴러솜털오리
Podargus strigoides	개구리입쑥독새	Polytelis alexandrae	여왕앵무
Podica senegalensis	피티란푸트	Polytmus guainumbi	흰꼬리노랑벌새
Podiceps andinus	꼴롬비아-가논병아리	Pomatorhinus hypoleucos	낫부리꼬리치레
Podiceps auritus	귀뿔논병아리	Popelairia popelairii	두줄배슴벌새
Podiceps chilensis	금빛논병아리	Porphyrio martinica	노랑부리물닭
Podiceps cristatus	뿔논병아리	Porphyrio porphyrio	붉은발물닭
Podiceps dominicus	쇠논병아리	Porzana exquisita	알락뜸부기
Podiceps grisegena	붉은목흰뺨논병아리	Porzana fusca	쇠뜸부기사촌
Podiceps major	큰논병아리	Porzana parva	쇠알락뜸부기
Podiceps nigricollis	검은목논병아리	Porzana paykullii	시베리아뜸부기
Podiceps occipitalis	은빛논병아리	Porzana porzana	붉은발뜸부기
Podiceps pelzelnii	마다가스칼논병아리	Porzana pusilla	쇠뜸부기
Podiceps poliocephalus	흰머리논병아리	Prinia subflava	프리니아
Podiceps rolland	흰수염논병아리	Prinodura newtoniana	노랑바위비드
Podiceps ruficollis	논병아리	Probosciger aterrimus	야자코카투
Podiceps rufolaratus	밸라코논병아리	Procellariidae	슴새류
Podiceps rufopectus	뉴질렌드논병아리	Progne subis	보라른털알제비

학 명	국 명	학 명	국 명
Protonotaria citrea	노랑아메리카솔새	*Pteridofora alberti*	색손왕풍조
Prunella atrogularis	검은목바위종다리	*Pterocles alchata*	뾰족꼬리사막꿩
Prunella collaris	바위종다리	*Pterocles orientalis*	검은배사막꿩
Prunella modularis	유럽바위종다리	*Pterocles senegallus*	일록사막꿩
Prunella montanella	멧종다리	*Pteroclidae*	사막꿩류
Prunella ruvida	일본바위종다리	*Pterodroma exterua*	흰목바다제비
Prunellidae	바위종다리류	*Ptilinopus superbus*	큰과일비둘기
Psaisomus dalhousiae	긴꼬리넓적부리세	*Ptilinopus viridis*	붉은가슴과일비둘기
Psaltria exilis	자바오목눈이	*Ptilogonys caudatus*	긴꼬리여새사촌
Psaltripaurs minimus	숲박새	*Ptilonorhynchidae*	바위버드
Psarocolius viridis	초록오로펜돌라	*Ptilonorhynchus violaceus*	푸른바위버드
Psephotus pulcherrimus	파라다이스앵무	*Ptiloris magnificus*	큰비늘풍조
Pseudochelidon eurystomina	아프리카강제비	*Ptilorrhoa caerulescens*	파푸아이붉은눈세
Pseudochelidon sirintarae	아시아강제비	*Puffinus carneipes*	붉은발슴세
Pseudoseisura guttualis	흰목가마새	*Puffinus griseus*	검은슴세
Psittaciformes	앵무류, 교카투류	*Puffinus ihermineri*	오드본슴세
Psittacula cyanocephala	깃머리앵무	*Puffinus tenuirostris*	쇠부리슴세
Psittacula himalayana	히말라야검은머리앵무	*Pulsatrix perspicillata*	안경올빼미
Psittacula krameri	아프리카목고리앵무	*Pycnonotidae*	직박구리류
Psittacus erithacus	회색앵무	*Pycnonotus jocosus*	붉은수염직박구리
Psittirostra cantans	노랑하와이양진이	*Pycnonotus zeylanicus*	노랑관머리직박구리
Psophia	나팔세류	*Pyconopilus floccosus*	깁잠이세
Psophia leucoptera	흰날개나팔세	*Pygoscelis antarctica*	목고리펭귄

학명	국명
Setophaga ruticilla	붉은꼬리솔새
Sialia sialis	파랑지빠귀
Sitta azurea	검은머리동고비
Sitta europaea	동고비
Sitta neumayer	바위동고비
Sitta villosa	쇠동고비
Sittidae	동고비류
Smithornis capensis	검은머리넓적부리새
Somateria mollissima	솜털오리
Somateria spectabilis	오색솜털오리
Spathula underwoodii	긴라켓꼬리벌새
Sphecotheres vieilloti	노랑안경꾀꼬리
Spheniscus demersus	제가스펭귄
Spheniscus humboldti	페루펭귄
Spheniscus magellanicus	마젤란펭귄
Spheniscus mendiculus	갈라파고스펭귄
Sphenurus sieboldii	청비둘기
Sphyrapicus varius	노랑배딱다구리
Spiza americana	검은가슴촉란조
Spizaetus nipalensis	뿔매
Spizella arborea	접가슴멧새
Steatornis caripensis	기름쏙독새
Steganura paradisaea	파라다이스선녀새
Stercorarius longicaudatus	긴꼬리도적갈매기
Stercorarius parasiticus	검은도적갈매기
Stercorarius pomarinus	도적갈매기
Stercorarius scua	큰도적갈매기
Sterna albifrons	쇠제비갈매기
Sterna dougalli	붉은제비갈매기
Sterna fuscata	검은등제비갈매기
Sterna hirundo	제비갈매기
Sterna hybrida	구레나루제비갈매기
Sterna leucoptera	흰죽지갈매기
Sterna paradisaea	극제비갈매기
Streptopelia decaoto	염주비둘기
Streptopelia decipiens	아프리카가비성비둘기
Streptopelia orientalis	멧비둘기
Streptopelia turtur	유럽멧비둘기
Strigops habroptilus	올빼미앵무
Strix aluco	올빼미
Strix leptogrammica	갈색올빼미
Strix nebulosa	북방올빼미
Strix uralensis	긴점박이올빼미
Strix varia	아메리카올빼미
Struthidea cinerea	회색진흙집새
Struthio camelus	타조

Sturnella magna	초원종달이	*Tadorna ferruginea*	황오리
Sturnia sturnia	북방쇠찌르레기	*Tadorna tadorna*	혹부리오리
Sturnidae	찌르레기류	*Taenopygia castanotis*	금화조(金花鳥)
Sturnus cineraceus	찌르레기	*Tangara chilensis*	칠색풍금새
Sturnus philippensis	쇠찌르레기	*Tanygnathus megalorhynchus*	큰부리앵무
Sturnus sinensis	잿빛쇠찌르레기	*Tanysiptera galatea*	파라다이스물총새
Sturnus vulgaris	흰점찌르레기	*Tarsiger cyanurus*	유리딱새
Sula	부비류	*Tauraco corythaix*	관머리투라코
Sula leucogaster	노랑부비	*Tauraco hartlaubi*	하틀로브투라코
Sula sula	붉은발부비	*Tauraco johnstoni*	루웬조리투라코
Surnia ulula	긴꼬리올빼미	*Teleonema filicauda*	실꼬리매나긴
Sylvia atricapilla	검은머리아메리카솔새	*Telophorus quadricolor*	붉은목金때까치
Sylvia borin	정원솔새	*Terpsiphone atrocaudata*	삼광조
Sylvia communis	흰목솔새	*Terpsiphone paradisi*	아시아극락딱새
Sylvia curruca	쇠흰털딱새	*Tersina viridis*	제비풍금새
Sylvia undata	긴꼬리휘파람새	*Tetrao urogallus*	캐퍼케일리
Sylvietta rufesens	긴부리휘파람새	*Tetrastes bonasia*	들꿩
Sylviinae	솔새류	*Thinornis novaeseelandiae*	해변댕기물떼새
Synthliboramphus antiquus	바다쇠오리	*Thraupinae*	풍금새류
Synthliboramphus wumizusume	뿔쇠오리	*Threskiornis aethiopica*	검은머리따오기
Syrmaticus soemmerringii	구리꿩	*Threskiornis melanocephalus*	검은머리흰따오기
Syrrhaptes paradoxus	사막꿩	*Thryothorus migricapillus*	갈색굴뚝새
Tachycineta bicolor	나무제비	*Tichodroma muraria*	절벽발발이
Tachyeres pteneres	짧은날개오리	*Timalia pileata*	붉은머리꼬리치레

학 명	국 명
Timaliinae	꼬리치레류
Tockus birostris	인도회색코뿔새
Tockus erythrorhynchus	붉은부리코뿔새
Tockus flavirostris	노랑부리코뿔새
Todidae	난쟁이새류
Todus angustirostris	좁은부리난쟁이새
Todus mexicanus	멕시코토디
Todus multicolor	쿠바토디
Todus subulatus	넓적부리난쟁이새
Todus todus	자메이카난쟁이새
Topaza pella	토파즈벌새
Toxostoma curvirostre	흰부리흉내지빠귀사촌
Trachyphonus	긴꼬리오색조
Treron capellei	큰초록비둘기
Trichoglossus haematodus	무지개잉꼬
Trigna erythropus	하도요
Trigonoceps occipitalis	흰머리독수리
Tringa flavipes	좀노랑발도요
Tringa glareola	알락도요
Tringa gutifer	쇠청다리도요사촌
Tringa hypoleucos	도요
Tringa melanoleuca	노랑발도요
Tringa nebularia	청다리도요
Tringa ochropus	삑삑도요
Tringa stagnatilis	쇠청다리도요
Tringa totanus	붉은발도요
Trochilidae	벌새류
Trochilus polytmus	실꼬리벌새
Troglodytes aedon	집굴뚝새
Troglodytes troglodytes	굴뚝새
Trogonidae	비단깃털새류
Trynigites subruficollis	노랑가슴도요
Turdidae	지빠귀류
Turdoides rubiginosus	붉은꼬리치레
Turdoides striatus	정글꼬리치레
Turdus chrysolamus	붉은배지빠귀
Turdus cordis	검은지빠귀
Turdus dauma	호랑지빠귀
Turdus hortulorum	되지빠귀
Turdus merula	검정지빠귀
Turdus migratorius	아메리카지빠귀
Turdus naumanni	개똥지빠귀
Turdus obscurus	흰눈썹붉은배지빠귀
Turdus pallidus	흰배지빠귀
Turdus philomelos	노래지빠귀
Turdus poliocephalus	타이완지빠귀

학명	국명
Turdus ruficollis	검은목지빠귀
Turdus sibericus	흰눈썹지빠귀
Turdus viscivorus	겨우살이지빠귀
Turnix suscitator	세가락메추라기
Tympanuchus cupido	초원뇌조
Tyrannidae	아메리카딱새
Tyrannus tyrannus	검은머리아메리카딱새
Tyto alba	가면올빼미
Upupa epops	후투티
Uraeginthus bengalus	병갈단풍새
Uragus sibiricus	긴꼬리홍진이
Uria aalge	바다오리
Uropsalis segmentata	제비꼬리쏙독새
Vanellus senegallus	발톱날개물떼새
Vanellus vanellus	댕기물떼새
Vangidae	방가류
Vestiaria coceinea	이위
Vidua macroura	선녀새, 천인조
Vitia ruficapilla	퍼지가시부리딱새
Vultur gryphus	안데스콘도르
Wilsonia citrina	검은목아메리카솔새
Xema sabini	목테갈매기
Xerus cinereus	붉부리도요
Xiphocolaptes promeropirhynchus	큰부리나무발발이
Zeinadura macroura	비정비둘기
Zosteropidae	동박새류
Zosterops palpebrosa	동박새

포 유 류

■ 영명 - 국명 - 학명 - 과명

영	국	학	과	명
aardvark, earth-pig	땅돼지	*Orycteropus afer*	땅돼지과	
aardwolf	아드울프	*Proteles cristatus*	하이에나과	
abahi → wooly lemur				
Abbot's duiker	애보트다이커	*Cephalophus spadix*	소과	다이커류
abyssinian cat	아비시니아고양이		집고양이	원조
addax	애닥스	*Addax nasomaculatus*	소과	영양류
Ader's duiker	애더다이커	*Cephalophus adersi*	소과	다이커류
Afghan pika	아프간쥐토끼	*Ochotona rufescens*	쥐토끼과	
African ass	아프리카당나귀	*Equus africanus*	말과	
African buffalo	아프리카들소	*Synceros caffer*	소과	
African civet	아프리카사향고양이	*Civettictis civetta*	사향고양이과	
African elephant	아프리카코끼리	*Loxodonta africana*	코끼리과	
African galago	아프리카갈라고	*Galago*	갈라고원숭이류	
African golden cat(wild cat)	아프리카금고양이	*Felis aurata*	고양이과	
African linsang	아프리카린상	*Poiana richardsoni*	사향고양이과	
African lynx → caracal				
African porcupine	갈기호저	*Hystrix cristata*	호저과	설치류
African pouched rat	아프리카볼주머니쥐	*Cricetomys*	쥐과	
African rock rat	아프리카바위쥐	*Petromus typicus*	아프리카바위쥐과	
African swamp rat	아프리카늪쥐	*Otomys*	쥐과	
agile gibbon	애절가번	*Hylobates agilis*	긴팔원숭이과	
agile mangabey	애절맹거베이	*Cercocebus galeritus*	긴꼬리원숭이과	
agile wallaby	애절왈러비	*Macropodidae*	캥거루과	

agouti	아구티	*Dasyproctidae*	남미 아구티과 설치류
albino mouse	흰생쥐		세앙쥐의 알비노
albino rat	흰쥐		곰쥐의 알비노
Allen's bush baby	알렌부시베이비	*Galago alleni*	갈라고과 원숭이
Allen's swamp monkey	알렌원숭이	*Allenopithecus nigroviridis*	긴꼬리원숭이과
alpaca	알파카	*Lama pacos*	낙타과
Alpine marmot	알포스마뭇	*Marmota*	다람쥐과
Amami rabbit	아마미토끼	*Pentalagus furnessi*	토끼과
Amami spiny rat	아마미가시쥐	*Echimydae*	가시쥐과
Amazon dolphin	아마존돌고래	*Inia geoffrensis*	강돌고래과
Amazonian manatee	아마존메너티	*Trichechus inunguis*	바다소목
Amazonian porcupine	아마존호저	*Echinoprocta rufescens*	아메리카호저과
Amercian marten	아메리카산달	*Martes americana*	족제비과
America water shrew	아메리카물뒤쥐	*Sorex palustris*	땃쥐과
American badger	아메리카오소리	*Taxidea taxus*	족제비과
American bighorn	큰뿔양	*Ovis canadensis*	소과 염소류
American bison	아메리카들소	*Bison bison*	소과
American black bear	아메리카큰곰	*Ursus americanus*	곰과
American elk → red deer			
American marten	아메리카담비	*Martes americana*	족제비과
American mink	아메리카밍크	*Mustela vison*	족제비과
American mold	아메리카두더지	*Scalopus*	두더지과
American opossum	아메리카어포섬	*Didelphis virginiana*	유대류
American red squirrel	아메리카붉은다람쥐	*Tamiasciurus hudsonicus*	다람쥐과

영명	구명	학명	과명
American shrew mole	아메리카뒤쥐두더지	*Neurotrichus gibbsii*	두더지과
Amierican buffalo → bison			
Andean cat → mountain cat			
Andean mouse	안데스생쥐	*Andinomys edax*	쥐과
Andean rat	페루두더지쥐	*Lenoxus apicalis*	쥐과
Andean swamp rat	안데스늪쥐	*Neotomys ebriosus*	쥐과
ankole cattle	안콜소		아프리카산 소과
Antarctic fur seal	남극물개	*Arctocephalus gazella*	바다사자과
antbear → aardvark			
anteater	개미핥기	*Myrmecophagidae*	개미핥기과
antelope	영양류	*Antilopinae*	사슴과 소 중간행
antelope jackrabbit	영양잭래빗	*Lepus alleni*	북미 토끼과
antilopine wallaroo	붉은월러루	*Macropus*	유대류 캥거루과
Arabian oryx	아라비아오릭스	*Oryx leucoryx*	소과 영양류
arch beaked whale	활주둥이고래	*Mesoplodon carhubbsi*	주둥이고래과
arctic bear	북극곰	*Ursus maritimus*	곰과
arctic fox	북극여우	*Alopex lagopus*	개과
arctic hare	눈토끼	*Lepus timidus*	토끼과
argali	아르갈리	*Ovis ammon*	소과 염소류
Argentina coypu	아르헨티나코이푸		
armadillo	아르마딜로	*Dasypodidae*	아르마딜로과
armored shrew	갑옷땃쥐	*Scutisorex somereni*	맞쥐과
Asian black bear	반달가슴곰	*Ursus thibetanus*	곰과

영명	국명	학명	과명
Asian elephant	인도코끼리	*Elephas maximus*	코끼리과
Asian tapir → Malayan tapir			
Asiatic ass	아시아당나귀	*Equus hemionus*	유제류 말과
Asiatic golden cat	아시아흰코뱃킷	*Felis temmincki*	고양이과
Asiatic jackal	아시아재칼		육식성 포유류
Asiatic mouflon	아시아무플론	*Ovis orientalis*	소과 염소류
Asiatic onager	당나귀	*Equus onager*	말과
Assam rabbit → hispid hare			
Assames macaque	아삼원숭이	*Macaca assamensis*	긴꼬리원숭이과
Atlantic humpbacked dolphin	아프리카혹등고래	*Sousa teuszii*	참돌고래과
Atlantic walrus	대서양바다코끼리	*Odobenus rosmarusr.*	바다코끼리과
aurochs	오록스	*Bos taurus*	유럽야생소. 멸종
Australian fur seal → cape fur seal			
Australian sea lion	오스트레일리아바다사자	*Neophoca cinerea*	바다사자과
Australian water rat	호주물쥐	*Hydromys*	쥐과
axis deer, chital	인도별사슴	*Axis axis*	사슴과
aye-aye	아이아이	*Daubentonia madagascariensis*	인드리과 원숭이
babirusa	바비루사	*Babyrousa babyrussa*	맷돼지과
baboon	개코원숭이류	*Papio*	긴꼬리원숭이과
bactrian camel	쌍봉낙타	*Camelus bactrianus*	낙타과
badger	오소리	*Meles meles*	족제비과
Baikal seal	바이칼바다표범	*Phoca sibirica*	바다표범과
Baird's beaked whale	베어드주둥이고래		
Baird's tapir	베어드베이퍼	*Tapirus bairdi*	유제류 테이퍼과

영명	국명	학명	과	명
bald uakari	대머리우아카리	*Cacajao*	남미 꼬리감기원숭이류	
baleen whales	수염고래류	*Mysticeti*	수염고래류 충정	
bamboo rat, root rat	대나무쥐	*Rhizomys*	쥐과	
banded anteater, numbat	줄무늬유대개미핥기	*Myrmecobius fasciatus*	유대류	
banded hare wallaby	줄무늬토끼왈러비	*Lagostrophus fasciatus*	캥거루과	
banded mongoose	줄무늬몽구스	*Mungos mungo*	사향고양이과	
banded palm civet	타이거시벳	*Hemigalus derbyanus*	사향고양이과	
banded sureli	줄무늬수렐리	*Presbytis femoralis*	긴꼬리원숭이과	
banded weasel	사하라족제비	*Poecilictis libyca*	족제비과	
bandicoot	밴디쿠트	*Phalangeridae*	쿠스쿠스과 유대류 14종	
bank vole	유럽대륙밭쥐	*Clethrionomys glareolus*	쥐과	
banteng	반텡	*Bos javanicus*	소과	
barbary macaque	바바리원숭이	*Macaca sylvanus*	긴꼬리원숭이과	
barbary sheep	바바리양	*Ammotragus lervia*	소과 염소류	
barefoot weasel	맨발족제비	*Mustela nudipes*	족제비과	
barred bandicoot	등줄밴디쿠트	*Perameles gunnii*	밴디쿠트과 유대류	
bat	박쥐류	*Chiroptera*	박쥐목 약 950종	
bat eared fox	박쥐귀여우	*Otocyon megalotis*	개과	
bay cat → Bornean red cat				
bay duiker	듀줄다이커	*Cephalophus dorsalis*	소과 다이커류	
beaked whale	주둥이고래류	*Ziphiidae*	주둥이고래과	
bear cat → binturong				
beard pig	수염멧돼지	*Sus barbatus*	멧돼지과	

영명	국명	학명	과명
bearded (black) saki	수염사키	Chiropotes satanas	꼬리감기원숭이과
bearded seal	수염바다표범	Erignathus barbatus	바다표범과
beaver	비버(해리)	Castoridae	비버과 설치류
beira	베이라	Dorcatragus megalotis	아프리카산 소과 영양류
beluga, belukha	흰돌고래	Delphinapterus leucas	흰돌고래과
Bengal tiger	뱅골호랑이	Panthera tigris	고양이과
bent winged bat	긴발가락박쥐		윗주선 박쥐류
bezoar	비조르		염소류
bharal, blue sheep	바랄	Pseudois nayaur	소과 염소류
big horn	비혼 산양	bilby → rabbit eared bandicoot	
binturong	빈투롱	Arctictis binturong	인도사 사향고양이과
birchmouse	긴꼬리쥐	Sicistinae	긴꼬리쥐아과
bird's beaked whale	새부리고래		이빨고래류
bison → American bison			
black back jackal → silver back jackal			
black bear	아메리카큰곰	Ursus americanus	곰과
black bearded saki	검은수염사키	Pithecia hirsuta	꼬리감기원숭이과
black bellied hamster	검은배비단털쥐	Cricetus cricetus	쥐과
black buck	인도영양	Antilope cervicapra	인도, 영양류
black capped capuchin → brown capuchin			
black celebes ape	검둥원숭이	Macaca nigra	원숭이류
black colobus	검은콜로부스(류)	Colobus	긴꼬리원숭이과
black duiker	검은다이커	Cephalophus niger	소과 다이커류
black (headed) uakari	검은우아카리	Cacajao melanocephalus	꼬리감기원숭이과

영	국	한	과	목
black faced kangaroo → mallee				
black footed cat	검은발고양이	*Felis nigripes*	고양이과	
black footed douc monkey	검은다리두크원숭이	*Pygathrix nigripes*	긴꼬리원숭이과	
black footed ferret	검은발족제비	*Mustela nigripes*	족제비과	
black fronted duiker	검은머리다이커	*Cephalophus nigrifrons*	소과 다이커류	
black gloved wallaby	검은장갑왈러비		캥거루과	
black handed spider monkey	검은손거미원숭이	*Ateles geoffroyi*	꼬리감기원숭이과	
black howler	검은고함원숭이	*Alouatta caraya*	꼬리감기원숭이과	
black lemur	검은여우원숭이	*Lemur macaco*	여우원숭이과	
black mangabey	검은맹거베이	*Cercocebus aterrimus*	긴꼬리원숭이과	
black mantle tamarin	검은목타마린	*Saguinus nigricollis*	타마린과 원숭이	
black nosed pica	검은코새앙토끼	*Ochotona*	쥐토끼과	
black rat, roof rat	곰쥐	*Rattus rattus*	쥐과	
black rhinoceros	검은코뿔소	*Diceros bicornis*	코뿔소과	
black right whale	검은수염고래	*Balaena glacialis*	수염고래류	
black spider monkey	검은거미원숭이	*Ateles paniscus*	꼬리감기원숭이과	
black stripped weasel	등줄족제비	*Mustela strigidorsa*	족제비과	
black tailed deer → mule deer				
black tailed jackrabbit	검은꼬리제래빗	*Lepus califonicus*	북미, 토끼류	
black tailed marmoset → silvery marmoset				
black tufted-ear marmoset	검은귀마모셋	*Callithrix penicillata*	마모셋과 원숭이	
black uakari	검은우아카리	*Cacajao melanocephalus*	꼬리감기원숭이류	
black wallaby → swamp walaby				

black wildebeest → white tailed gnu		
Blainville's beaked whale	*Mesoplodon densirostris*	주둥이고래과
blind mole-rat	*Spalax*	두더지쥐과
bluebuck	*Hippotragus leucophaeus*	소과 영양류
blue bull → nilgai		
blue duiker	*Cephalophus monticola*	소과 다이커류
blue monkey	*Cercopithecus mitis*	긴꼬리원숭이과
blue sheep → bharal		
blue whale	*Balaenoptera musculus*	긴수염고래과
blue wildebeest → brindled gnu		
bobac		영양류
bobac marmot	*Marmota boback*	마못류
bobcat	*Felis rufus*	고양이과
bog lemming	*Synaptomys borealis*	쥐과
Bohor reedbuck	*Redunca redunca*	소과 영양류
bongo	*Tragelaphus euryceros*	소과 아프리카 대형 영양
bonnet macaque	*Macaca radiata*	긴꼬리원숭이과
bonobo → pigmy chimpanzee		
bontebok	*Damaliscus dorcas*	소과 영양류
Bornean long tailed porcupine	*Trichys lipura*	호저과 설치류
Bornean porcupine	*Thecurus crassispinis*	호저과 설치류
Bornean red cat	*Felis badia*	고양이과
bottle nosed dolphin (whale)	*Tursips truncatus*	참돌고래과
bowhead whale	*Balaena mysticetus*	북고래과

영	국	학	과
Brazilian capybara	브라질카피바라	*Hydrochoerus hydrochaeris*	캐피바라과 설치류
Brazilian spiny rat	브라질가시쥐	*Abrawayaomys ruschii*	쥐과
Brazilian tapir	아메리카테이퍼	*Tapirus terrestris*	우제류 테이퍼과
brindled bandicoot	얼룩밴디쿠트	*Isodon macrourus*	밴디쿠트과 유대류
brindled gnu	검은꼬리누	*Connochaetes taurinus*	소과 영양류
broad nosed gentle lemur	넓적코젠틀여우원숭이	*Hapalemur simus*	여우원숭이과
brown antechinus	브라운엔트키나스	*Antechinus stuarti*	주머니쥐과 유대류
brown bear	불곰	*Ursus arctos*	곰과
brown brocket	갈색마자마	*Mazama gouazoubira*	사슴과
brown capuchin	검은머리꼬리감기원숭이	*Cebus apella*	꼬리감기원숭이과
brown four eyed opossum	갈색비눈여포섬	*Metachirus nudicandatus*	이포섬과 유대류
brown headed spider monkey	갈색머리거미원숭이	*Ateles fussciceps*	꼬리감기원숭이과
brown howler	갈색고함원숭이	*Alouatta fusca*	꼬리감기원숭이과
brown hyena	갈색하이에나	*Hyaena brunnea*	하이에나과
brown lemur	갈색여우원숭이	*Lemur fulvus*	여우원숭이과
brown rat, house rat	집쥐	*Mus musculus*	쥐과
brush rabbit	브러시토끼	*Sylvilagus bachmani*	토끼과
brush tailed porcupine	솔꼬리호저	*Atherurus africanus*	호저과 설치류
brush tailed rat kangroo	브러시테일쥐캥거루	*Bettongia penicillata*	쥐캥거루과
brush tailed rock wallaby	검은바위왈라비		캥거루과
brush tail possum	브러시테일포섬	*Trichosurus vulpecula*	쿠스쿠스과 유대류
Bryde's whale	오리부리고래	*Balaenoptera edeni*	긴수염고래과
buffalo → American bison			

buffy saki	노랑사키	*Pithecia albicans*	꼬리감기원숭이과
buffy tufted-ear marmoset	흰귀마모셋	*Callithrix aurita*	마모셋과 원숭이
bulldog bat → fisherman bat			
bunyoro rabbit	우간다토끼	*Poelagus marjorita*	토끼과
Burmese hare	버마토끼	*Lepus peguensis*	토끼과
bush baby	부시베이비	*Galago*	원원류, 갈라고원숭이류
bush dog, vinegar fox	숲개	*Speothos venaticus*	개과
bush hyrax	부시하이랙스	*Heterohyrax*	하이렉스과
bush pig, river hog	강돼지	*Potamochoerus porcus*	멧돼지과
bush tailed opossum	부시테일어포섬	*Gironia venusta*	어포섬과 유대류
bushbuck	부시벅	*Tragelaphus scritus*	소과 아프리카산 영양
bushman hare	부시맨토끼	*Bunolagus monticularis*	토끼과
butterfly bat → hog-nosed bat			
cachalot → sperm whale			
cacomistle → ringtail cat			
California mouse	캘리포니아흰발생쥐	*Peromyscus californicus*	쥐과
California porpoise	캘리포니아포퍼스	*Phocoena sinus*	포퍼스과
California sea lion	캘리포니아바다사자	*Zalophus califonianus*	바다사자과
caloprymnus	사막쥐캥거루	*Caloprymnus campestris*	유대류
Campbell's monkey	캠벨원숭이	*Cercopithecus campbelli*	긴꼬리원숭이과
Canada lynx	캐나다스라소니	*Lynx (Felis) canadensis*	고양이과
Canadian otter	캐나다수달	*Lutra canadensis*	족제비과
Canadian porcupine	캐나다호저	*Erethizon dorsatum*	호저과 설치류
cane rat	케인랫	*Thryonomyidae*	케인래트과 설치류

영	명	국	명	학	명	과	명
cape bush pig → bush pig							
cape dune mole-rat		케이프두더지쥐		Bathyergus suillus		두더지쥐과 설치류	
cape fox		케이프여우		Vulpes chama		개과 여우속	
Cape fur seal		남아프리카물개		Arctocephalus pusillus		바다사자과	
Cape hare		케이프토끼		Lepus capensis		토끼과	
cape hunting dog → wild dog							
Cape oribi		케이프오리비				아프리카산 영양	
Cape pangolin		사바나천산갑		Manis temmincki		천산갑과	
Cape porcupine		케이프호저		Hystrix africaeaustralis		호저과 설치류	
capuchin monkey		캐푸친원숭이		Cebus		꼬리감기원숭이과	
capybara		캐피바라		Hydrochoeridae		캐피바라과 설치류	
caracal		아프리카살쾡이		Felis caracal		고양이과	
Caribean mank seal		카리브바다표범		Monachus tropicalis		바다표범과	
caribou → reindeer							
Caspian seal		카스피바다표범		Phoca caspica		바다표범과	
cattle		소		Bos primigenius		소과	
cavy, mara		천축쥐				설치류	
Celebes anoa		셀레베스아노아		Bubalus		사슴과	
Celebes macaque		검등원숭이		Macaca nigra		긴꼬리원숭이과	
Celebes wild pig		셀레베스멧돼지		Sus celebensis		멧돼지과	
centetes		텐텐테비스				반식렬 강한 텐테류	
chaco peccary		차코페커리		Catagonus wagneri		페커리과 우제류	
chamois		샤모아		Rupicapra rupicapra		소과 염소류	

cheetah	치타	*Acinonyx jubatus*	고양이과
chequered elehant shrew	큰긴코땃쥐	*Rhynchocyon cirnei*	긴코땃쥐과
Chevrotain → mouse deer			
chevrotein	쥐사슴	*Tragulus*	아프리카 영양류
Chilean huemul → guemal			
chimpanzee	침팬지	*Pan troglodytes*	성성이과
chinchilla	친칠라	*Chinchillidae*	친칠라쥐과 설치류 남미
chinchilla mouse	친칠라·생쥐	*Chinchillula sahamae*	쥐과
chinchilla rat	친칠라쥐	*Abrocomidae*	친칠라쥐과 설치류
Chinese desert cat	회색고양이	*Felis bieti*	고양이과
Chinese hare	산토끼	*Lepus sinensis*	토끼과
Chinese pangolin	귀천산갑	*Manis pentadactyla*	천산갑과
chipmunk	줄무늬다람쥐	*Tamias striatus*	북미산 다람쥐류
chiru	치루	*Pantholops hodgsoni*	소과 염소류
chital → axis deer			
chulu bear, coatimundi	출루곰 북미		
civet	사향고양이류	*Viverrinae*	사향고양이과
clawless otter	민발톱수달		아프리카산 수달
climbing mouse	나무타기쥐	*Dendromus*	쥐과
climbing rat	나무타기쥐	*Tylomys*	쥐과
clouded leopard	구름표범	*Neofilis nebulosa*	고양이과
coati	긴코너구리	*Nasua narica*	아메리카너구리과
coatimundi → chulu bear			
collared mangabey → white mangabey			

영명	국명	학명	과명
collared peccary	흰목페카리	*Tayassu tajacu*	페카리과 멧돼지
collared pika	무접이쥐토끼	*Ochotona callalis*	쥐토끼과
collared titi→yellow handed titi			
colobus monkey	콜로부스원숭이		아프리카
colocolo	콜로콜로	*Dromiciops australis*	아포섬과 유대류
Colombia weasel	콜롬비아족제비	*Mustela felipei*	족제비과
colpeo fox	콜페오여우	*Dusicyon culpaeus*	개과 여우속
colugo→flying lemur			
concolor gibbon	검은손기번	*Hylobates concolor*	긴팔원숭이과
coney→pica			
congo buffalo	아프리카들소	*Synceros caffer*	소과 유제류
Congo water civet	물사향고양이	*Osbornictis piscivora*	사향고양이과
corsac fox	코르사크여우	*Vulpes corsac*	개과 여우속
cotton rat	무화쥐	*Sigmodon*	쥐과
cottontail rabbit	솜꼬리토끼	*Sylvilagus*	토끼과
cotton top tamarin	솜머리타마린	*Saguinus oedipus*	타마린과 원숭이
coyote	코이오트	*Canis latrans*	개과
coypu	코이푸	*Myocastoridae*	누트리아과 설치류 남미
crab eater seal	게잡이바다표범	*Lobodon carcinophagus*	바다표범과
crab eating fox	게잡이여우	*Dusicyon thous*	개과 여우속 남미
crab eating macaque	필리핀원숭이	*Macaca fascicularis*	긴꼬리원숭이과
crab eating raccoon	게잡이아메리카너구리	*Procyon cancrivorus*	아메리카너구리과
crested porcupine	갈기호저		아프리카, 설치류

crested rat	갈기쥐	*Lophiomys imhausi*	쥐과
cricetine	비단털쥐류	*Cricetus*	비단털쥐과
crowned guenon	관머리거농	*Cercopithecus pogonias*	긴꼬리원숭이과
crowned lemur	관머리여우원숭이	*Lemur coronatus*	여우원숭이과
cui	쿠이	*Galea*	천축쥐과 남미
cuscus	쿠스쿠스	*Phalangeridae*	유대류 쿠스쿠스과
Cuvier's beaked whale	큐비에주둥이고래	*Ziphius cavirostris*	주둥이고래과
Dall's porpoise	돌고돔이	*Phocoenoides dalli*	포과스과 돌고래류
dama gazelle	다마거젤	*Gazella dama*	소과 영양류
dassy→rock hyrax			
Dasysercus→mulgara			
daurian pica	다우리안쥐토끼		쥐토끼류
de Brazza's monkey	브라짜원숭이	*Cercopithecus neglectus*	긴꼬리원숭이과 남미, 설치류
deer mouse	사슴쥐		
degu→octodont			
delicate mouse	델리킷마우스		설치류
desert cavy	사막천축쥐	*Microcavia*	천축쥐과 남미
desert cottontail	사막솜꼬리토끼	*Sylvilagus audubonii*	토끼과
desert dormouse	사막둥면쥐	*Selevinia betpakdalensis*	사막둥면쥐아과
desert golden mole	사막황금두더지	*Eremitalpa granti*	황금두더지과
desert gundi	사막군디	*Ctenodactylus vali*	군디과 설치류
desert hedgehog	사막고슴도치	*Paraechinus*	고슴도치과
desert rat kangaroo	사막쥐캥거루	*Caloprymmus campestris*	쥐캥거루과
desert shrew	사막뒤쥐		

영	명	구	명	학	명	과	명
desert swift→kit fox							
diana monkey		다이아나원숭이		*Cercopithecus diana*		긴꼬리원숭이과	
dibatag		디바타그		*Ammodorcas clarkei*		소과 영양류	
dibbler		디블러		*Parantechinus apicalis*			
dikdik		딕딕		*Madoqua*		소과 영양류	
dingo		딩고		*Canis dingo*		개과	
diprotodon		디프로토돈		*Diplotodon*		고대 포유류	
dire wolf		다이어울프				고대 늑대류	
dish winged bat		접시날개박쥐		*Thyropteridae*		접시날개박쥐과	
dog		개		*Canis familiaris*		개과	
doguera baboon		개코원숭이.				원숭이	
doll sheep		돌시프				개나다, 염소류	
dolphin		참돌고래		*Delphinus delphis*		참돌고래과	
domestic horse		말		*Equus caballus*		유제류 말과	
dormouse		동면쥐		*Gliridae*		동면쥐과	
douc monkey		두크원숭이		*Pygathrix*		긴꼬리원숭이과	
douroucouli monkey→night monkey							
drill baboon		드릴개코원숭이		*Papio leucophaeus*		긴꼬리원숭이과	
dromedary camel		단봉낙타		*Camelus dromedarius*		낙타과	
duckbill→platypus							
dugong		듀공		*Dugon Dugon*		바다소목	
dukier		다이커류		*Cephalophus*		소과 영양류	
dusky antechinus		긴발톱앤트키너스		*Antechinus swainonii*		주머니쥐과 유대류	

dusky dolphin	더스키돌고래	*Lagenorhynchus obscurus*	참돌고래과
dusky footed wood rat	검은발나무쥐		긴꼬리원숭이과
dusky leaf monkey	더스키리프몽키	*Semnopithecus obscurus*	꼬리감기원숭이과 남미
dusky titi	붉은티티	*Callicebus moloch*	캥거루과
dusky tree kangaroo	갈색나무타기캥거루	*Dendrolagus*	갈라고과 원숭이
dwarf bush baby	난쟁이부시베이비	*Galago demidovii*	쥐과
dwarf hamster	애기비단털쥐	*Phodopus sungorus*	여우원숭이과
dwarf lemur	난쟁이여우원숭이	*Cheirogaleus*	사향고양이과
dwarf mongoose	난쟁이몽구스	*Helogale parvula*	
earth pig→aardvark			
eastern addax, addax	이스턴애닥스	*Addax nasomaculatus*	아프리카가산 영양
eastern American mole	동부아메리카두더지	*Scalopus aquaticus*	두더지과
eastern gray kangaroo	큰캥거루	*Macropus giganteus*	캥거루과
eastern mole	동부아메리카두더지	*Scalopus aquaticus*	북미 두더지과
echidner, spiny anteater	가시두더지	*Tachyglossus aculeatus*	가시두더지과 단공류
Ecuadorean spiny mouse	검은가시쥘쥐	*Scolomys melanops*	쥐과
Egyptian jerboa	이집트저보어쥐	*Dipodidae*	저보어과
eland	일런드	*Taurotragus oryx*	소과 아프리카가산 영양
elephant seal	코재이바다표범	*Mirounga*	바다표범과
elephant shrew, jumping shrew	긴코땃쥐	*Macroscelididae*	긴코땃쥐과
elk, wapiti	엘크사슴	*Cervus canadensis*	사슴과 북미
emperor tamarin	황제타마린	*Saguinus imperator*	타마린과 원숭이
ermine, marten	흰담비	*Mustela erminea*	족제비과
Eurasian river otter	수달	*Lutra lutra*	족제비과

영명	구명	학명	과명
Eurasian wild pig →wild bore			
European badger	유럽오소리	Meles meles	족제비과
European beaver	유럽비버	Castor fiber	비버과 설치류
European bison	유럽들소	Bison bonasus	소과
European hare	유럽토끼	Lepus europaeus	토끼과
European mink	유럽밍크	Mustela lutreola	족제비과
European mole	유럽두더지	Talpa europaea	두더지과
European polecat	유럽긴털족제비	Mustela putorius	족제비과
European rabbit	굴토끼	Oryctolagus cuniculus	토끼과
European red deer →red deer			
European shrew	뒤쥐	Sorex araneus	땃쥐과
European weasel	쇠족제비	Mustela nivalis	족제비과
European wildcat	유럽삵괭이	Felis silvestris	살쾡이과
fairly armadillo	애기아르마딜로	Chlamyphorus retusus	아르마딜로과
fallow deer	다마사슴	Dama dama	사슴과
false killer whale	범고래부치	Pseudorca crassidens	참돌고래과
false vampire	흡혈박쥐사촌	Vampyrum sectrum	주머니쥐과
fanaloka	마다가스칼사향고양이		마다가스카르, 육식성
fat tailed lemur	살진꼬리여우원숭이	Cheirogaeus	뚱뚱한 꼬리에 영양 저장
feathertail glider	깃꼬리유대하늘다람쥐	Acrobates pygmaeus	피그미포섬과 유대류
feathertail possum	깃꼬리포섬	Distoechurus pennatus	피그미포섬과 유대류
felou gundi	세네갈군디	Felovia vae	군디과 설치류
ferret	흰족제비	Mustela putorius	족제비과

영명	국명	학명	과명
ferret badger	족제비오소리	*Melogale*	족제비과
field mouse→field vole			
field vole, vole	밭쥐	*Microtus*	쥐과
fin whale, finback whale	수염고래	*Balaenoptera physalus*	긴수염고래과
finless porpoise	무라치	*Neophocaena phocaenoides*	포과스과
fish eating rat	고기잡이쥐	*Ichthyomys*	쥐과
fisherman bat	고기잡이박쥐	*Noctilionidae*	고기잡이박쥐과
fisher weasel	고기잡이족제비	*Martes pennanti*	북미 족제비과
fishing cat	고기잡이고양이	*Felis viverrina*	고양이과
flat headed cat	딸레이지아살쾡이	*Felis planiceps*	고양이과
flightless scaly-tailed squirrel	무마비늘꼬리다람쥐	*Zenkerella insignis*	비늘꼬리다람쥐과
Florida water rat	플로리다사향뒤쥐	*Neofiber alleni*	쥐과
fluffy glider	플라피글라이더		날다람쥐 닮은 유대류
flying fox	큰박쥐	*Pteropodidae*	큰박쥐과
flying lemur, colugo	박쥐원숭이	*Cynocephalidae*	박쥐원숭이과 2종
flying phalanger	주머니하늘다람쥐		주머니날다람쥐 닮음
flying squirrel	하늘다람쥐	*Pteromys volans*	다람쥐과
forest hog	숲돼지		최대형 멧돼지류
forest mouse	숲쥐		
forest rabbit	숲토기	*Sylvilagus brasiliensis*	토끼과
Formosan rock macaque	타이완원숭이	*Macaca cyclopis*	긴꼬리원숭이과
fossa	포사	*Fossa fossa*	사향고양이과 마다가스카르
four eyed opossum	네눈이포섬	*Philander opossum*	여포섬과 유대류
four horned antelope	네뿔영양	*Tetracerus quadricornis*	소과

영 명	국 명	학 명	과 명
four stripped	아프리카네줄무늬쥐		진코끼리쥐과
four toed elephant shrew	네발가락긴코맛쥐	Petrodromus tetradactylus	진코끼리쥐과
fox squirrel	여우다람쥐	Sciurus	다람쥐과
free-tailed bat	큰귀박쥐	Molossidae	큰귀박쥐과 90여종
fruit bat→flying fox			
funnel-eared bat	넓은귀박쥐	Natalidae	넓은귀박쥐과
fur seal	물개류	Otariidae	바다사자과
Galapagos fur seal	갈라파고스물개	Arctocephalus galapagoensis	바다사자과
Gambian sun squirrel	갬비아다람쥐		아프리카, 다람쥐류
Ganges dolphin	겐지스강돌고래	Platanista gangetica	강돌고래과
gaur, Indian bison	가우어	Bos gaurus	소과
gazelle	거젤	Gazella	아프리카 영양류
gelada baboon	젤라다개코원숭이	Theropithecus gelada	긴꼬리원숭이과
gemsbok→oryx			
genet	유럽제닛	Genetta genetta	사향고양이과
gentle lemur	젠틀여우원숭이	Hapalemur griseus	여우원숭이과
Geoffroy's cat	조프로이캣	Felis geoffroyi	고양이과
Geoffroy's tamarin	조프로이타마린	Saguinus geoffroyi	타마린과 원숭이
Geoffroy's tufted-ear marmoset	조프로이마모셋	Callithrix geoffroyi	마모셋과 원숭이
gerbil	저빌	Gerbillinae	쥐과 약 80종
gerenuk	제레누크	Litocranius walleri	소과 영양류
ghost bat, pale-winged bat	유령박쥐		호주산
giant anteater	큰개미핥기	Myrmecophaga tridactyla	개미핥기과

giant armadillo	큰아르마딜로	*Priodontes maximus*	아르마딜로과
giant bandicoot	큰밴디쿠트	*Peroryctes broadbenti*	밴디쿠트과 유대류
giant eland	자이언트일런드	*Taurostragus derbianus*	소과 대형 영양
giant forest hog	숲돼지	*Hylochoerus meinertzhageni*	멧돼지과
giant forest squirrel	큰숲다람쥐		아프리카, 다람쥐류
giant genet	자이언트제닛	*Genetta victoriae*	사향고양이과
giant golden mole	큰황금두더지	*Chrysospalax trevelyani*	황금두더지과
giant otter	큰수달	*Pteronura brasiliensis*	족제비과
giant panda	자이언트팬더	*Ailuropoda melanoleuca*	아메리카너구리과
giant pangolin	큰천산갑	*Manis gigantea*	천산갑과
giant rat	자이언트쥐		아프리카, 최대의 쥐
giant sable	자이언트세이블	*Hippotragus niger*	아프리카산 영양
gibbon	기번원숭이(류)	*Hylobates*	긴팔원숭이과
giraffe	기린	*Giraffa camelpardalis*	기린과
gliding lemur→flying lemur			
gnu, wildbeast	소영양(누)	*Connochaetus*	아프리카산 소영양
Goeldi's monkey	겔디원숭이	*Calloimico goeldii*	타마린과 원숭이
goitered gazelle	조이터거젤	*Gazella subgutturosa*	소과 영양류
golden bandicoot	골든밴디쿠트	*Isodon auratus*	밴디쿠트과 유대류
golden cat	골든캣		아프리카산 고양이류
golden hamster	골든햄스터	*Mesocricetus auratus*	쥐과
golden jackal→jackal			
golden langur	황금털랑구르원숭이	*Semnopithecus*	긴꼬리원숭이과
golden marmoset	골든마모셋	*Callithrix*	소형영장류

영명	국명	학명	과명
golden mole	황금두더지류	*Chrysochloridae*	황금두더지과 20여종
golden mouse	황금쥐	*Ochrotomys nuttalli*	쥐과
golden potto	금토포토	*Arctocebus calabarensis*	로리스과 원숭이
golden rumped elephant shrew	오색긴코땃쥐	*Rhynchocyon chrysopygus*	긴코땃쥐과
golden snub-nosed monkey	금든중귀	*Pygathrix roxellana*	긴꼬리원숭이과
gopher	고퍼		북미산 뒤쥐 총칭
goral, red goral	산양	*Nemorhaedus goral*	소과 염소류
gorilla	고릴라	*Gorilla gorilla*	성성이과
grant gazelle	그랜트가젤	*Gazella granti*	영양류
grass rat	줄린쥐		캐나다 코지 생쥐류
grasshopper mouse	메뚜기쥐	*Onychomys*	쥐과
gray cat	그레이캣		아프리카
gray-cheeked mangabey	흰뺨맹거베이	*Cercocebus albigena*	긴꼬리원숭이과
gray cuscus	회색쿠스쿠스	*Phalanger orientalis*	쿠스쿠스과 유대류
gray forest wallaby	회색숲왈러비	*Dorcopsis veterum*	캥거루과
gray fox	회색여우	*Vulpes cinereoargenteus*	개과 여우속
gray kangaroo	회색캥거루	*Macropus*	캥거루과
gray rhebok, gray ribbok	리복	*Pelea capreolus*	소과 영양류
gray seal	회색바다표범	*Halichoerus grypus*	바다표범과
gray squirrel	회색다람쥐	*Sciurus carolinensis*	다람쥐과
gray whale	쇠고래	*Eschrichtius robustus*	쇠고래과
gray wolf	늑대	*Canis lupus*	개과
great gray kangaroo	회색캥거루		

greater glider	유대날다람쥐	*Petauroides volans*	링테일과 유대류
greater kudu	그레이터쿠두	*Tragelaphus strepsiceros*	소과
Greenland whale → bowhead whale			
green monkey → vervet moneky			
Grevy's zebra	그레비얼룩말	*Equus grevyi*	유제류 말과
grison weasel	그리손족제비	*Galictis vittata*	족제비과
grizzled sureli	회색수렐리	*Presbytis comata*	긴꼬리원숭이과
grizzly bear	회색곰	*Ursus horibilis*	북미 곰과
grivet monkey → savana monkey			
ground cuscus	등줄쿠스쿠스	*Phalanger gymnotis*	쿠스쿠스과 유대류
ground squirrel	줄무늬다람쥐	*Citellus*	다람쥐과
grysbuck	그리스벅	*Raphicerus melanotis*	소과 영양류 ·
Guadalupe fur seal	과달루프포물개	*Arctocephalus townsendi*	바다사자과
guagga	구가		말종 얼룩말
guanaco	과나코	*Lama guanicoe*	낙타과
guemal	게말사슴	*Hippocamelus bisulcus*	사슴과
guenon	게농원숭이	*Cercopithecus*	아프리카 긴꼬리원숭이류
guinea baboon	기니아개코원숭이	*Papio papio*	긴꼬리원숭이과
guinea pig, cavy	천축쥐	*Caviidae*	천축쥐과 설치류
gundy	간디		식충목 포유류
gymnre → moonrat			
hairy eared dwarf lemur	귀털난쟁이여우원숭이	*Allocebus trichotis*	여우원숭이과
hairy nosed otter	수마트라수달	*Lutra sumatrana*	족제비과
hairy nosed wombat	꽃등털웜뱃	*Lasiorhinus*	웜배트과 유대류

영명	구명	하명(학명)	과명
Hamadryas baboon	망토개코원숭이	*Papio hamadryas*	긴꼬리원숭이과
hamster	비단털쥐	*Cricelulus triton*	설치류
hanuman langur	하누만랑구르	*Semnopithecus entellus*	긴꼬리원숭이과
hapa lemur	하파여우원숭이		
harbor porpoise	포쇄스	*Phocoena phocoena*	포괴스과 돌고래류
harbor seal	바다표범	*Phoca vitulina*	바다표범과
hare	산토끼(멧토끼)	*Leporidae*	토끼과
hare lipped bat	고기잡이박쥐	*Noctilio*	박쥐과
hare wallaby	토끼왈라비	*Lagorchestes*	캥거루과
harp seal	하프바다표범	*Phoca groenlandica*	바다표범과
hartebeest	하티비스트	*Alcelaphus buselaphus*	소과 영양류
harvest mouse	수확쥐	*Reithrodontomys*	쥐과
Hawaiian monk seal	하와이바다표범	*Monachus schauinslandi*	바다표범과
hedgehog	고슴도치	*Erinaceus europaeus*	고슴도치과
hereford	헤리포드소		소류
hero shrew	히어로쥐		설치류
Himalayan shrew	히말라야땃쥐	*Soriculus nigriscens*	땃쥐과
Himalayan tahr	히말라야타르	*Hemitragus jemlahicus*	소과 염소류
hippopotamus	하마	*Hippopotamus amphibius*	하마과
hirola	히롤라	*Beatragus hunteri*	소과 영양류
hispid bat → hollow faced bat			
hispied hare	아섬토끼	*Caprolagus hispidus*	토끼과
hog deer	폐지사슴	*Axis porcinus*	사슴과

영명	국명	학명	과명
hog nosed bat	돼지코박쥐	*Craseonycteridae*	돼지코박쥐과
hog nosed skunk	돼지코스컹크	*Conepatus mesoleucus*	족제비과
hollow faced bat	주름코박쥐	*Nycteridae*	구멍얼굴박쥐과
honey badger → ratel			
honey possum	꿀포섬	*Tarsipes rostratus*	꿀포섬과 유대류
hooded seal	두건바다표범	*Cystophora cristata*	바다표범과
hooded skunk	흰등스컹크	*Mephitis macroura*	족제비과
horse antelope	말영양	*Hippotragus equinus*	소과 영양류
horse faced bat	말머리박쥐		
house rat → brown rat			
horseshoe bat	관박쥐	*Rhinolophidae*	관박쥐과
howler	고함원숭이류	*Alouatta*	꼬리감기원숭이과 남미
huina → kodkod			
humpback whale	혹등고래	*Megaptera novaeangliae*	긴수염고래과
hunting leopard → cheetah			
huron → grison			
hutia	후티아	*Capromyidae*	후티아과 설치류
hyena	하이에나	*Crocuta crocuta*	하이에나과
Jackson's hartebeast	잭슨하티비스트	*Alcelaphus*	아프리카산 영양류
Japanese hare	일본토끼	*Lepus brachyurus*	토끼과
Japanese macaque (monkey)	일본원숭이	*Macaca fuscata*	긴꼬리원숭이과
Japanese marten	산달	*Martes melampus*	족제비과
Japanese mole	일본두더지	*Talpa wogura*	두더지과
Japanese serow	일본산양	*Capricornis crispus*	소과 염소류

영	국	학	과	목
Javan rhinoceros	자바코뿔소	*Rhinoceros sondaicus*	코뿔소과	
Javan warty pig	자바혹멧돼지	*Sus verrucosus*	멧돼지과	
ibex	아이베스엄소	*Capra ibex*	소과 염소류	
impala	임팔라	*Aepyceros melampus*	소과 영양류	
Indian bison →gaur				
Indian civet	인도사향고양이	*Viverra indica*	동남아산 사향고양이류	
Indian elephant →Asian elephant				
Indian fox	벵갈여우	*Vulpes bengalensis*	개과	
Indian muntjac	인도문착	*Muntiacus muntjac*	사슴과	
Indian panagolin	인도천산갑	*Manis crassicaudata*	천산갑과	
Indian rhinoceros	인도코뿔소	*Rhinoceros unicornis*	코뿔소과	
Indian smooth-coated otter	윤단수달	*Lutrogale perspicillata*	족제비과	
Indian spotted chevrotain →spotted mouse deer				
Indian tree shrew	인도투파이	*Anathana ellioti*	투파이과	
Indian wolf	인도이리	*Canis*	개과	
indri	인드리원숭이	*Indri indri*	인드리과 원숭이	
Indus dolphin	인더스강돌고래	*Platanista minor*	강돌고래과	
insectivorous bat	애기박쥐류		식충박쥐류	
irrawaddy dolphin	이라와디돌고래	*Orcaella brevirostris*	참돌고래과	
island coati	코즈멜코아티	*Nasua nelsoni*	아메리카너구리과	
Juan Fernadez fur seal	페르난데스물개	*Arctocephalus philippii*	바다사자과	
jabelina →collard peccary				
jackal	재칼	*Canis adustus*	개과	

영명	국명	학명	과명
jackrabbit	잭래빗	*Lepus*	토끼과
jaguar	재규어	*Panthera onca*	고양이과
jaguarundi	자가란디	*Felis yagouaroundi*	고양이과
jerboa	저보어	*Dipodidae*	저보어아과의 쥐류
jumping hare →spring hass			
jumping mouse	점핑마우스	*Zapodinae*	점핑마우스아과
jumping shrew →elephant shrew			
jungle cat	정글캣	*Felis chaus*	고양이과
kangaroo mouse	캥거루생쥐	*Microdipodops*	주머니생쥐과
kangaroo rat	캥거루쥐	*Dipodomys*	주머니생쥐과
kiang	키앙	*Equus kiang*	티벳, 야생 나귀류
killer whale	범고래	*Orcinus orca*	참돌고래과
kinkajou	킹커주	*Potos flavus*	아메리카너구리과
kit fox →swift fox			
klipspringer	클립스프링거	*Oreotragus oreotragus*	소과 영양류
kloss gibbon	클로스기번	*Hylobates klossi*	긴팔원숭이과
koala	코알라	*Phascolarctos cinereus*	코알라과 유대류
kob	코브	*Kobus kob*	소과 영양류 아프리카산
kodkod	코드코드	*Felis guigna*	고양이과
kowari	코와리	*Dasyuroides byrnei*	주머니쥐과 유대류
kudu	쿠두	*Tragelaphus*	소과 아프리카산 영양
kulan	쿨란	*Equus hemionus*	몽고당나귀
kultarr	쿨타르	*Antechynomys laniger*	주머니쥐과 유대류
L'Hoest's monkey	로에스트거농	*Cercopithecus lhoesti*	긴꼬리원숭이과

영	명	국	명	학	명	과	명
La Plata dolphin		라플라타강돌고래		*Pontoporia blainvillei*		강돌고래과	
langur		랑구르원숭이		*Presbytis*		인도, 동남아	
lar gibbon		흰팔긴손원숭이		*Hylobates lar*		긴팔원숭이과	
large eared pika		큰귀쥐토끼		*Ochotona macrotis*		쥐토끼과	
large eared vole		큰귀산쥐		*Alticola macrotis*		쥐과	
large pocket gopher		큰포킷고퍼		*Orthogemoys grandis*		포킷고퍼과 설치류	
larger mouse deer		큰쥐사슴		*Tragulus napu*		쥐사슴과 우제류	
lead beater's possum		유대다람쥐사슴				유대류	
leaf chinned bat		잎술박쥐		*Mormoopidae*		잎술박쥐과	
leaf eared mouse		큰귀생쥐		*Phyllotis*		쥐과	
leaf monkey		황금빛땅구르원숭이		*Semnopithecus*		긴꼬리원숭이과	
leaf nosed bat, nectar eater		꿀먹이박쥐		*Hipposideridae*		잎코박쥐과	
least weasel		아메리카쇠족제비		*Mustela nivalisr.*		족제비과	
lechwe		리치위		*Kobus leche*		소과 영양류	
lemur		여우원숭이류		*Lemuridae*		여우원숭이과 마다가스칼	
leopard		표범		*Panthera pardus*		고양이과	
leopard cat		뱅갈살쾡이		*Felis bengalensis*		고양이과	
leopard seal		얼룩바다표범		*Hydrurga leptonyx*		바다표범과	
lepi lemur		비피여우원숭이					
lesser bush baby		세네갈부시베이비		*Galago senegalensis*		갈라고과 원숭이	
lesser cachalot →pygmy sperm whale							
lesser kudu		레서쿠두		*Tragelaphus imberbis*		소과	
lesser moonrat		짧은꼬리문랫		*Hylomys suillus*		고슴도치과	

lesser mouse deer	자바쥐사슴	*Tragulus javanicus*	쥐사슴과 우제류
lesser panda	레서팬더	*Ailurus fulgens*	아메리카너구리과
lesser short tailed shrew	작은꼬리땃쥐	*Cryptotis parva*	땃쥐과
lesser spot nosed monkey	얼룩코거농	*Cercopithecus petaurista*	긴꼬리원숭이과 고양이과
Libian wildcat	리비아살쾡이	*Felis*	고양이과
linsang	린상	*Viverrinae*	사향고양이과
lion	사자	*Panthera leo*	고양이과
lion tailed macaque	사자꼬리원숭이	*Macaca silenus*	긴꼬리원숭이과
lion tamarine	라이온타마린	*Leontopithecus rosalia*	타마린과 원숭이
little spotted skunk	얼룩스컹크	*Spirogale putorius*	족제비과
Livingston's sumi	리빙스턴수니	*Neotragus*	아프리카산 영양
llama	라마	*Lama glama*	낙타과 남미
long beaked echidner	세발가락가시두더지	*Zaglossus bruijni*	가시두더지과
long clawed marsupial mouse	긴발톱주머니생쥐	*Neophascogale lorentzii*	주머니쥐과 유대류
long clawed mole-vole	긴발톱두더지쥐베당	*Prometheomys schaposchnikowi*	쥐과
long eared bandicoot	긴귀밴디쿠트		
long eared hedgehog	큰귀고슴도치	*Hemiechinus*	고슴도치과
long haired marsupial mouse	긴꼬리주머니생쥐	*Murexia longicaudata*	주머니쥐과 유대류
long haired spider monkey	긴털거미원숭이	*Ateles belzebuth*	꼬리감기원숭이과
long legged bat→funnel eared bat			
long nosed armadillo	아홉띠아르마딜로	*Dasypus novemcintus*	아르마딜로과
long nosed bandicoot	긴코밴디쿠트	*Perameles nasuta*	밴디쿠트과 유대류
long nosed bat	긴코박쥐 박쥐과		
long nosed mongoose	긴코몽구스	*Herpestes naso*	사향고양이과

영	명	국	명	학	명	과	명
long nosed potoroo, rat kangaroo		긴코쥐캥거루		*Potorous tridactylus*		쥐캥거루과	
long tailed bat→mouse tailed bat							
long tailed pangolin		긴꼬리천산갑		*Manis tetradactyla*		천산갑과	
long tailed tenrec		긴꼬리텐렉				몸길이 5cm 꼬리길이 14cm	
long tailed weasel		긴꼬리족제비		*Mustela frenata*		족제비과	
long tonged bat		긴혀박쥐				잎코박쥐류	
loris		늘보원숭이		*Loris*		늘보원숭이과	
lowland gorilla		로랜드고릴라		*Gorilla gorilla*		고릴라과	
lumholtz kangaroo		검은얼굴나무타기캥거루				캥거루과	
lutrine · opossum		족제비여포섬		*Lutreolina crassicaudata*		아포섬과 유대류	
lynx		실쾡이		*Felis*		고양이과	
macaque		마가크류		*Macaca*		긴꼬리원숭이과	
Madagascar hedgehog		마다가스카르고슴도치		*Erinaceidae*		고슴도치과	
Madagascar rat		긴다리생쥐		*Macrotarsomys*		쥐과	
maksed shrew		가면뒤쥐		*Sorex cinereus*		땃쥐과	
malabar langur		말라바랑구르		*Semnopithecus hypoleucos*		긴꼬리원숭이과	
Malayan civet		자바사향고양이		*Viverra tangalunga*		사향고양이과	
Malayan colugo		말레이박쥐원숭이		*Cynocephalus variegatus*		박쥐원숭이과	
Malayan flying lemur→Malayan colugo							
Malayan gymnure→moon rat							
Malayan pangolin		말레이천산갑		*Manis javanica*		천산갑과	
Malayan stink badger		페지코오소리		*Arctonyx collaris*		족제비과	

영명	국명	학명	과명
Malayan tapir	말레이바이어	*Tapirus indicus*	유제류 테이퍼과
mallee	검은캥거루	*Macropus fuliginosus*	캥거루과
manatee→sea cow	해우		
mandrill (baboon)	맨드릴	*Papio sphinx*	긴꼬리원숭이과
maned rat	갈기쥐		아프리카, 설치류
maned sloth	갈기나무늘보	*Brandypus torquatus*	아르마딜로과
maned wolf	갈기이리	*Chrysocyon brachyurus*	개과
mangabey	맹거베이원숭이	*Cercocebus*	긴꼬리원숭이과
mantled howler	망토고함원숭이	*Alouatta palliata*	꼬리잡기원숭이과
marbled cat	마블캣	*Felis marmorata*	고양이과
marbled polecat	얼룩족제비	*Vormela peregusna*	족제비과
margay cat	마게이캣	*Felis wiedi*	고양이과
marine otter	남방바다수달	*Lutra felina*	족제비과
markhor	마코르	*Capra falconery*	카슈미르 산약 염소류
marmoset	마모셋원숭이	*Callithrix jacchus*	마모셋원숭이과
marmot →woodchuck			
maroon sureli →red sureli			
marsh deer	아메리카늪사슴	*Blastocerus dichotomous*	사슴과
marsh mongoose	늪몽구스	*Atilax paludinosus*	사향고양이과
marsh rabbit	애기늪토끼	*Sylvilagus palustris*	토끼과
marsh rat	늪쥐		
marsh tenrec	마시텐렉		물결귀를 가지고 수생함
marsupial anteater	주머니개미핥기		유대류 개미핥기
marsupial mole, pouched m.	주머니두더지	*Notoryctes typhlops*	유대류 두더지

영	명	구	명	학	명	과	명
marten		담비		Martes		족제비과	
masked titi		마스크티티		Callicebus personatus		꼬리감기원숭이과	
mastiff bat		고기잡이박쥐				호주산	
Maxwell's duiker		맥스웰더이커		Cephalophus maxwelli		작은 영양 다이커류	
meadow mouse, field mouse		아메리카들쥐				들쥐 중정	
meadow vole		아메리카밭쥐		Microtus pennsylvanicus		쥐과	
Mediterranean monk seal		지중해바다표범		Monachus monachus		바다표범과	
meerkat→suricate							
melon headed whale		큰머리돌고래		Peponocephala electra		참돌고래과	
Mexican black howler		멕시코고함원숭이		Alouatta villosa		꼬리감기원숭이과	
Michoacan pocket gopher		미초아칸포킷고퍼		Zygogeomys trichopus		포킷고퍼과 설치류	
mink, America mink		밍크		Mustela vison		족제비과	
minke whale		밍크고래		Balaenoptera acutorostrata		긴수염고래과	
mole		두더지류		Talpidae		두더지과 약 30종	
mole mouse		두더지생쥐		Notiomys		쥐과	
mole rat		두더지쥐		Cryptomys hottentotus		두더지쥐과 설치류	
mole shrew		두더지땃쥐		Anourosorex squamipes		땃쥐과	
mole vole		두더지밭쥐		Ellobius		쥐과	
mona monkey		모나원숭이		Cercopithecus mona		긴꼬리원숭이과	
Mongolian gazelle		몽고가젤		Procapra gutturosa		소과 영양류	
mongoose		몽구스류		Herpestinae		사향고양이과 30여종	
mongoose lemur		몽구스여우원숭이		Lemur mongoz		여우원숭이과	
monito del monte→colocolo							

영명	국명	학명	과명
monk seal	몽크바다표범	*Monachus*	바다표범과
moonrat, gymnure	말레이고슴도치	*Echinosorax gymnurus*	고슴도치과
moor macaque (monkey)	무어원숭이	*Macaca maura*	긴꼬리원숭이과
moose	무스	*Alces alces*	사슴과
mora, Patagonian hare	마라	*Dolichotis*	천축쥐과 남미 설치류
mormosa opossum	마르모사어포섬		설치류
mottle faced tamarin	얼룩얼룩타마린	*Saguinus inustus*	타마린과 원숭이
mouflon	무플론	*Ovis musimon*	소과 염소류
mountain beaver	비버	*Aplodontia rufa*	비버과 설치류
mountain beaver→beaver			
mountain cat	안데스고양이	*Felis jacobita*	고양이과
mountain coati	에콰도르코아티	*Nasuella olivacea*	아메리카너구리과
mountain cuscus	마운틴쿠스쿠스	*Phalanger carmelitae*	쿠스쿠스과 유대류
mountain gazelle	마운틴거젤	*Gazella gazella*	소과 영양류
mountain goat	로키산양	*Oreamnos americanus*	소과 염소류
mountain gorilla	마운틴고릴라	*Gorillag. beringei*	성성이과
mountain hare→arctic hare			
mountain nyala	마운틴니알라	*Tragelaphus buxtoni*	소과
mountain possum	마운틴포섬 유대류		
mountain reedbuck	마운틴리드벅	*Redunca fulvorufula*	소과 영양류
mountain sheep→American bighorn			
mountain tapir	마운틴테이퍼	*Tapirus pinchaque*	유제류 테이퍼과
mountain weasel	알타이족제비	*Mustela altaica*	족제비과
mountain zebra	산얼룩말	*Equus zebra*	유제류 말과

영 명	국 명	학 명	과	명
moupin langur→golden snub nosed monkey				
mouse bandicoot	생쥐밴디쿠트	*Microperoryctes murina*	밴디쿠트과 유대류	
mouse deer	쥐사슴류	*Tragulidae*	쥐사슴과 우제류	
mouse lemur	쥐여우원숭이	*Microcebus*	여우원숭이과	
mouse like hamster	캥거루비단털쥐	*Calomyscus bailwardi*	쥐과	
mouse opossum	생쥐어포섬	*Marmosa murina*	어포섬과 유대류	
mouse tailed bat	긴꼬리박쥐	*Rhinopomatidae*	긴꼬리박쥐과	
mouse tenrec	쥐텐렉		9cm 정도의 텐텍류	
moustached monkey	콧수염거농	*Saguinus mystax*	영장류	
moustached tamarin	수염타마린		타마린과 원숭이	
mule deer	검은꼬리사슴	*Odocoileus hemionus*	사슴과	
mulgara	멀가라	*Dasycercus cristicauda*	주머니쥐과 유대류	
muntjac	문착	*Muntiancus*	사슴과	
muriqui→wooly spider monkey				
musk deer	사향사슴	*Moschus*	사향사슴과	
musk ox	사향소	*Ovibos moschatus*	소과 염소류	
musk rat	사향뒤쥐	*Ondatra zibethicus*	쥐과	
musk shrew	사향땃쥐	*Suncus*	땃쥐과	
musky rat kangaroo	사향캥거루	*Hypsiprymnodon moschatus*	쥐캥거루과 유대류	
Mzab gundi	진털군디	*Massoutiera mzabi*	군디과 설치류	
nail-tail wallaby	긴손가락왈러비		유대류	
naked backed bat	때머리오코박쥐			
naked mole-rat	벌거숭이두더지쥐	*Heterocephalus glaber*	두더지쥐과 설치류	

영명	국명	학명	과명
naked nosed wombat	민코웜뱃		
naked tailed armadillo	민꼬리아르마딜로	*Cabassous unicinatus*	아르마딜로과
nar whale→narwhal			
narrow-stripped marsupial mouse	등줄주머니생쥐	*Phascolorex dorsalis*	주머니쥐과 유대류
narwhal	일각돌고래	*Monodon monoceros*	흰돌고래과
native cat	호주고양이		호주산 유대류
nectar eater→leaf-nosed bat			
needle-clawed bush baby	바늘발톱부시베이비	*Galago elegrantulus*	갈라고과 원숭이
neotropical river otter	긴꼬리수달	*Lutra longicaudis*	족제비과
New Guinea cuscus	뉴기니쿠스쿠스	*Phalanger*	호주, 유대류
New Guinea marsupial cat	과푸아주머니고양이	*Satanellus albopunctatus*	주머니쥐과 유대류
New Zealand fur seal	뉴질랜드물개	*Arctocephalus forsteri*	바다사자과
New Zealand sea lion	뉴질랜드바다사자	*Phocarctos hookeri*	바다사자과
night monkey	올빼미원숭이	*Aotus trivirgatus*	꼬리감기원숭이과
Nile lechwe	나일리치위	*Kobus megaceros*	소과 영양류
nilgai, blue bull	닐가이	*Boselaphus tragocamelus*	소과
nine-banded armadillo	아홉띠아르마딜로		
North America gundi	에티티스군디	*Ctenodactylus gundi*	군디과 설치류
North American beaver	아메리카비버	*Castor canadensis*	비버과 설치류
North American pika	아메리카쥐토끼	*Ochotona princeps*	쥐토끼과
North America porcupine	캐나다호저	*Erethizon dorsatum*	아메리카가호저과
northern bottlenose whale	북방병코고래	*Hyperoodon ampullatus*	부등이고래과
northern elephant seal	북방코끼리바다표범	*Mirounga angustirostris*	바다표범과
northern fur seal	북방물개	*Callorhinus ursinus*	바다사자과

영	명	국	명	학	명	과	명
northern mole-vole		북방두더지들쥐					
northern native cat		애기유대고양이				유대류	
northern right whale dolphin		북해돌고래					
Norway lemming		노르웨이레밍		Lemmus lemmus		쥐과	
numbat→banded anteater							
nutria		물쥐				설치류	
nyala		니알라		Tragelaphus angasi		소과 아프리카 영양류	
ocelot		오실롯		Felis pardalis		고양이과 표범류 남미	
octodont, degu		옥토돈트		Octodontidae		옥토돈트과 설치류	
Ogilby's duiker		오길비다이커		Cephalophus ogilbyi		소과 다이커류	
okapi		오카피		Okapia johnstoni		기린과	
olingo		올링고		Brassaricyon		아메리카너구리과 영장류	
olive colobus		올리브콜로부스				영장류	
onager		오나거		Equus onager		야생나귀류 중동	
one humped camel→dromedary camel							
opossum (rat)		어포섬		Didelphidae		어포섬과 유대류 쥐	
orang-utan		오랑우탄		Pongo pygmacus		성성이과 말레이	
orca→killer whale							
oribi		오리비		Ourebia ourebi		소과 영양류	
oriental dormouse		가시둥면쥐		Platacanthomys		쥐과	
oryx		오릭스		Oryx gazella		소과 영양류	
otter civet→water civet							
otter shrew		수달땃쥐				물고기 잡음. 아프리카산	

ouakari →uakari			
owl faced monkey	올빼미원숭이	*Cercopithecus hamlyni*	긴꼬리원숭이과
paca	파카	*Agoutidae*	파카과 설치류
pacarana	파카라나	*Dinomyidae*	파카라나과 설치류
Pacific walrus	태평양바다코끼리	*Odobenus rosmarus*	바다코끼리과
Pacific white sided dolphin	태평양흰돌고래	*Delphinapterus*	입자돌고래과
pack rat, wood rat	산림쥐	*Neotoma floridana*	설치류
pademelon	숲왈러비	*Thylogale*	캥거루과
Palawan stink badger	팔라완오소리	*Suillotaxus marchei*	족제비과
pale fox	엷은꼬리모래여우	*Vulpes pallida*	개과 여우속
pale winged bat →ghost bat			
Pallas's cat	팔라스고양이	*Felis manul*	고양이과
palm civet	팜시벳	*Paradoxurus hermaphroditus*	사향고양이과
pampas cat	팜파스고양이	*Felis colocolo*	고양이과
pampas deer	팜파스사슴	*Ozotoceros bezoarticus*	사슴과
pampas fox	팜파스여우	*Dusicyon gymnocercus*	개과 여우속
pangolin	천산갑	*Manidae*	천산갑과 7종
panther	흑표범	*Felis*	검은색 표범
paramo rat	파라모쥐	*Thomasomys*	쥐과
pardel lynx	스페인살쾡이		고양이과
Patagonian cavy →cavy			
Patagonian gray fox →gray fox			
Patagonian hare →mara			
Patagonian opossum	파타고니아주머니쥐	*Lestodelphys halli*	아포섬과 유대류

영 명	국 명	학 명	과 명
Patagonian weasel	파타고니아족제비	*Lyncodon patagonicus*	족제비과
patas monkey	파타스원숭이	*Erythrocebus patas*	긴꼬리원숭이과
peccary	페커리	*Tayassus*	아생페지·페커리과
peneck	페비크여우	*Vulpes zerda*	이프리카산 여우류
pentailed tree shrew	깃꼬리투파이	*Ptilocercus lowii*	투파이과
Pere David's deer	사불상	*Elaphurus davidiensis*	사슴과
Persian cat	페르시아고양이		대형 애완고양이
Peruvian opossum	페루의포섬	*Lestoros inca*	이포섬과 유대류
Peter's duiker	피티다이커	*Cephalophus callipygus*	소과 다이커류
phalanger→possum			
phascogale→tuan			
Philippine colugo	필리핀바위원숭이	*Cynocephalus volans*	바위원숭이과
Philippine tarsier	필리핀안경원숭이	*Tarsius syrichta*	안경원숭이과
Philippine tree shrew	필리핀투파이	*Urogale everetti*	투파이과
pichi-pichi	피치피치		귀닮은 유대류
pichy armadillo	피치아르마딜로	*Zaedyus*	아르마딜로과
pig footed bandicoot	돼지발밴디쿠트	*Chaeropus ecaudatus*	유대류
pig tail macaque	돼지꼬리원숭이	*Macaca nemestrina*	긴꼬리원숭이과
pika	쥐토끼	*Ochotona*	쥐토끼과
pilbara ningaui	필바라닝가우이	*Ningaui timelaeyi*	주머니쥐과 유대류
pilot whale	파일럿고래	*Globicephala melaena*	참돌고래과
pilbara ningaui	필바라닝가우이	*Ningaui timelaeyi*	주머니쥐과 유대류
pilot whale	파일럿고래	*Globicephala melaena*	참돌고래과

pine marten	소나무산달	*Martes martes*	족제비과
pine vole	소나무쥐	*Pitymys*	쥐과
pinnipeds	기각류	*Pinnipedes*	물개, 바다사자류
plains pocket gopher	동부포깃고퍼	*Gemoys bursarius*	포깃고퍼과 설치류
plains zebra	사바나얼룩말	*Equus burchelli*	유제류 말과
planigale	주머니뒤쥐	*Planigale maculata*	주머니쥐과 유대류
platypus, duckbill	오리너구리	*Ornithorhynchus anatinus*	오리너구리과
pocket gopher	포깃고퍼	*Geomys*	포깃고퍼과 설치류
pocket mouse	주머니생쥐	*Perognathus*	주머니생쥐과
polecat	긴털족제비	*Mustela putorius*	남유럽, 야생고양이
porcupine	호저	*Hystricidae*	호저과 설치류
porpoise	포피스	*Phocoena*	돌고래류 총칭
possum, phalanger	포섬	*Trichosurus*	호주, 쉬닮은 유대류
potamogale	포타모갈레	*Potamogale velox*	텐레과 식충류
potto	포토원숭이	*Perodicticus potto*	로리스과 원숭이
pouched cat→tiger cat			
pouched wolf→Tasmanian wolf			
prairie dog	개쥐	*Cynomys*	다람쥐과
prairie vole	프뤼이리밭쥐	*Microtus ochrogaster*	쥐과
prehensile tailed procupine	꼬리감기호저	*Coendou prehensilis*	아메리카호저과
pretty face wallaby	제쩍꼬리왈러비	*Macropus parryi*	유대류
proboscis monkey	코주부원숭이	*Nasalis larvatus*	긴꼬리원숭이과
procoptodon	프로코프토돈	*Procoptodon*	고대포유류
prong horn	프롱혼	*Antirocapra americana*	소과

영명	국명	학명	과명
protemnodon	프로템노돈	*Protemnodon*	고대포유류
Przewalski's gazelle	프제발스키가젤	*Procapra przewalskii*	소과 영양류
Przewalski's horse	몽고말	*Equus przewalskii*	유제류 말과
pudu	푸두	*Pudu pudu*	남미의 붉은사슴
puku	푸쿠	*Kobus vardoni*	소과 영양류
puma, America lion	퓨마	*Felis concolor*	고양이과
puna mouse	페루고산쥐	*Punomys lemmius*	쥐과
purple faced leaf monkey	붉은얼굴랑구르	*Semnopithecus vetulus*	긴꼬리원숭이과 영장류
putty nosed monkey	큰흰코거농	*Cercopithecus*	영장류
pygmy antelop	피그미영양	*Neortragus batesi*	소과 영양류
pygmy blue whale	피그미흰수염고래	*Balaenoptera brevicauda*	긴수염고래류
pygmy brocket	피그미마자마	*Mazama chnyi*	사슴과
pygmy chimpanzee	피그미침펜지	*Pan paniseus*	침펜지과
pygmy flying mouse→feathertail glider			
pygmy gliding possum	피그미글라이딩포섬	*Acrobates pygmaeus*	날다람쥐 닮은 유대류
pygmy hipotamus	피그미하마	*Choeropsis liberiensis*	하마과
pygmy hog	피그미멧돼지	*Sus salvanius*	멧돼지과
pygmy killer whale	피그미범고래	*Feresa attenuata*	참돌고래과
pygmy marmoset	피그미마모셋	*Cebuella pygmaea*	마모셋과 원숭이
pygmy mouse	피그미쥐	*Baiomys*	쥐과
pygmy possum	피그미포섬	*Cercartetus nanus*	피그미포섬과 유대류
pygmy rabbit	피그미토끼	*Sylvilagus idahensis*	토끼과
pygmy right whale	쇠흑고래	*Caperea marginata*	흑고래과

pygmy scaly-tailed squirrel	피그미비늘꼬리다람쥐	*Idiumus*	비늘꼬리다람쥐과
pygmy shrew	피그미땃쥐	*Microsorex hoyi*	땃쥐과
pygmy sperm whale	피그미향고래	*Kogia breviceps*	향고래과
pygmy tree shrew	피그미투파이	*Tupaia minor*	투파이과 설치류
quagga	콰가	*Equus quagga*	말종 얼룩말류
Queensland blossom	퀸즐랜드박쥐 호주		
quokka	쿼카왈러비	*Setonix brachyurus*	캥거루과
rabbit	토끼류	*Oryctolagus*	소형 토끼류
rabbit eared bandicoot	토끼귀밴디쿠트	*Macrotis lagotis*	밴디쿠트과 유대류
rabbit rat	토끼쥐	*Reithrodon physodes*	쥐과
raccoon	아메리카너구리	*Procyon lotor*	아메리카너구리과
raccoon dog	너구리	*Nyctereutes procyonoides*	개과
racing carmel →dromedary			
Rainey's gazelle →grandg.			
rat kangaroo	쥐캥거루	*Potoroidae*	쥐캥거루과 유대류 60종
rat like hamster	비단털쥐	*Cricetulus triton*	쥐과
ratel	레이틀	*Mellivora capensis*	족제비과 아프리카
red backed vole	애기대륙밭쥐	*Clethrionomys rutilus*	쥐과
red bearded saki	붉은수염사키	*Pithecia monachus*	꼬리감기원숭이과
red bellied lemur	붉은배여우원숭이	*Lemur rubriventer*	여우원숭이과
red bellied monkey	붉은배거농	*Cercopithecus erythrogaster*	긴꼬리원숭이과
red bellied pademelon	붉은다리왈러비	*Thylogale stigmatica*	캥거루과
red brocket	붉은마자마	*Mazama americana*	사슴과
red cheeked dunnart	붉은뺨주머니쥐		호주

영명	국명	학명	과명
red colobus	붉은콜로부스(류)	*Procolobus*	긴꼬리원숭이과
red deer	붉은큰뿔사슴	*Cervus elaphus*	사슴과
red eared monkey	붉은귀거농	*Cercopithecus erythrotis*	긴꼬리원숭이과
red flanked duiker	붉은겨드랑이다이커	*Cephalophus rufilatus*	소과 다이커류
red forest duiker	붉은다이커	*Cephalophus natalensis*	소과 다이커류
red fox	붉은여우	*Vulpes vulpes*	개과
red fronted gazelle	코린거젤	*Gazella rufifrons*	소과 영양류
red goral → goral			
red handed howler	붉은손고함원숭이	*Alouatta belzebul*	꼬리감기원숭이과
red handed tamarin	붉은손타마린	*Saguinus midas*	타마린과 원숭이
red howler	붉은고함원숭이	*Alouatta seniculus*	꼬리감기원숭이과
red kangaroo	붉은캥거루	*Macropus rufus*	캥거루과
red lechwe	레드리치위		영양류
red legged pademelon	붉은다리왈라비	*Thylogale stigmatica*	캥거루과
red nosed mouse	붉은코쌩쥐	*Wiedomys pyrrhorhinos*	쥐과
red nosed rat	붉은코쥐	*Bibimys*	쥐과
red panda → lesser panda			
red pika	붉은쥐토끼	*Ochotona ruiila*	위토끼과
red river hog → bushpig			
red rockhare	붉은바위토끼	*Pronolagus*	토끼과
red squirrel	아베리리카붉은다람쥐	*Tamiasciurus hudsonicus*	다람쥐과
red sureli	붉은수렐리	*Presbytis rubicunda*	긴꼬리원숭이과
red tailed phascogale	붉은꼬리과스코갈레	*Pascogale calura*	주머니쥐과 유대류

red tree vole	붉은나무타기들쥐	*Phenacomys longicaudus*	쥐과
red uakari	붉은우아카리	*Cacajao rubicundus*	꼬리감기원숭이과
red wolf	붉은늑대	*Canis rufus*	개과
reedbuck	리드벅	*Redunca*	아프리카산 영양
reindeer, caribou	순록	*Rangifer tarandus*	사슴과
reticulated giraffe	그물무늬기린	*Giraffa reticulata*	아프리카기린류
rhesus macaque	히말라야원숭이	*Macaca mulatta*	긴꼬리원숭이과
rhesus monkey→rhesus macaque			
ribbon seal	흰바다표범	*Phoca fasciata*	바다표범과
rice tenrec	라이스텐레	*Oryzorictes*	마다가스카르산 텐렉과
right whale	검은수염고래	*Balaena glacialis*	혹고래과
ringed seal	반달바다표범	*Phoca hispida*	바다표범과
ringtail (cat)	링테일캣	*Bassaricus astutus*	아메리카너구리과
ringtailed rock wallaby	알락꼬리바위왈러비	*Petrogale xanthopus*	캥거루과
ringtail lemur	알락꼬리여우원숭이	*Lemur catta*	여우원숭이과
ringtail mongoose	알락꼬리망구스	*Galidia elegans*	시향고양이과
ringtail possum	알락꼬리포섬	*Pseudocheirus peregrinus*	링테일과 유대류
Risso's dolphin	큰코돌고래	*Grampus griseus*	참돌고래과
river dolphin	강돌고래	*Platanista*	강돌고래과
river hare→hushman hare			
river hog→bush pig			
river otter→Canadian otter			
roan antelope→horse antelope			
rock cavy	바위천축쥐	*Kerodon rupenstris*	천축쥐과 남미

영	국	학	과
rock hyrax	바위하이래스	*Procavia*	하이래스과
rock rat	바위쥐	*Petromyscus*	아프리카산
rock ringtail	바위링테일	*Pseudocheirus dahli*	링테일과 유대류
rock wallaby	바위왈러비	*Petrogale*	캥거루과
Rocky Mountain goat	로키산양	*Oreamnos americanus*	북미, 염소류
rocky mountain goat →mountain goat			
rodent	설치류	*Rodentia*	설치목 약 17,000종
roe deer	노루	*Capreolus capreolus*	사슴과
Ross seal	로스바다표범	*Ommatophoca rossi*	바다표범과
royal antelope	로열영양	*Neotragus pygmaeus*	소과 영양류
ruddy mongoose	붉은몽구스	*Herpestes smithi*	사향고양이과
ruffed lemur	흰목도리여우원숭이	*Varecia variegata*	여우원숭이과
rufous bettong→rufous rat kangaroo			
rufous elephant shrew	붉은긴코맹쥐	*Elephantulus rufescens*	긴코맹쥐과
rufous rat kangaroo	붉은쥐캥거루	*Aepyprymnus rufescens*	유대류
rusa deer	루사사슴	*Cervus timorensis*	사슴과
Russian molerat	러시아장님두더지쥐	*Spalacinae*	두더지쥐류
rusty-spotted cat	붉은점고양이	*Felis rubiginosus*	고양이과
sable	검은담비	*Martes zibellina*	족제비과
sable antelope	세이블영양	*Hippotragus niger*	소과 영양류
sac winged bat→sheath tailed bat			
saddle back dolphin→dolphin			
saddle back tamarin	안장등타마린	*Saguinus fuscicollis*	타마린과 원숭이

saiga	사이가	*Saiga tatarica*	소과 염소류
saki	사키원숭이	*Pithecia*	남미 꼬리감기원숭이과
samba	삼바	*Cervus unicolor*	사슴과
sand cat	모래고양이	*Felis margarita*	고양이과
sand fox	흰꼬리모래여우	*Vulpes ruppelli*	개과 여우속
sapajor, capuchin monkey	꼬리감기원숭이	*Cebus*	남미 꼬리감기원숭이류
sasaby→topi			
savanna baboon	사바나개코원숭이	*Papio cynocephalus*	긴꼬리원숭이과
savanna duiker	사바나다이커	*Sylvicapra grimmia*	소과 다이커류
savanna hare	사바나토끼	*Lepus crawshayi*	토끼과
savanna monkey	사바나원숭이	*Cercopithecus aethiops*	아프리카, 거농원숭이류
savis pygmy shrew	사비땃쥐		최소의 포유류, 체장 6.5cm
scaly pangolin→pangolin			
scaly tailed flying squirrel	비늘꼬리다람쥐	*Anomalurus*	비늘꼬리다람쥐과
scaly tailed posspum	비늘꼬리포섬	*Wyulda squamicaudata*	쿠스쿠스과 유대류
scimitar oryx	흰오릭스	*Oryx dammah*	소과 영양류
screaming hairy armadillo	긴털아르마딜로	*Chaetophratus vellerosus*	아르마딜로과
scrub hare	붉은목토끼	*Lepus saxatilis*	토끼과
sea cow→dugong			
seal→harbor seal			
sea lion	바다사자	*Eumetopias jubatus*	바다사자과
sea otter	바다수달, 해달	*Enhydra lutris*	족제비과
sea pig→dugong			
sechuran fox	세추란여우	*Dusicyon sechurae*	개과 여우속

영	명	구	명	한	명	과	명
sei whale		멸치고래		*Balaenoptera borealis*		긴수염고래과	
serval		서발고양이		*Felis serval*		고양이과 아프리카	
setifer, spiny tenrec		가시텐렉		*Setifer setosus*		마다가스카르산 텐렉류	
shamois		샤므와		*Rupicapra rupicapra*		영양류	
sheath tailed bat		주머니꼬리박쥐		*Emballonuridae*		주머니꼬리박쥐과	
short hair cat		유럽고양이				털이 짧은 집고양이	
short nosed bandicoot		납작코벤티루트				유대류 밴디루트과	
short tailed bat		짧은꼬리박쥐		*Mystacinidae*		짧은꼬리박쥐과	
short tailed opossum		짧은꼬리어포섬		*Monodelphis domestica*		어포섬과 유대류	
short tailed shrew		짧은꼬리땃쥐		*Blarinella quadraticauda*		땃쥐과	
short tailed weasel, ermine		짧은꼬리족제비					
short tailed vole		짧은꼬리밭쥐		*Microtus*		남미, 쥐치류	
shrew		뒤쥐류		*Soricidae*		땃쥐과 250여종	
shrew hegehog		쥐고슴도치		*Neotetracus sinensis*		고슴도치과	
shrew mole		아메리카뒤쥐두더지		*Neurotrichus gibbsii*		두더지과	
shrew mouse		뒤쥐		*Blarinomys breviceps*		쥐과	
shrew opossum		뒤쥐어포섬					
siamang		샤망		*Hylobates syndactylus*		긴팔원숭이과	
siamany gibbon		검은긴팔원숭이		*Symphalangus syndactylus*		긴팔원숭이과	
siamese cat		샴고양이				고양이과 푸른눈	
Siberian bighorn→snow sheep							
Siberian weasel		족제비		*Mustela sibirica*		족제비과	
sidestriped jackal		줄무늬재칼		*Canis adustus*		개과	

영명	국명	학명	과명
sifaka	시파카원숭이	*Propithecus*	인드리과 원숭이
sika deer	일본사슴	*Cervus nippon*	사슴과
silky anteater	애기개미핥기	*Cyclopes didactylus*	개미핥기과
silky cuscus	비단텔루스쿠스	*Phalanger vestitus*	쿠스쿠스과 유대류
silver fox, red fox	은여우	*Vulpes vulpes*	북미산 여우류
silverback jackal	검은등계귈	*Canis mesolemas*	개과
silvery marmoset	실버마모셋	*Callithrix argentata*	마모셋과 원숭이
silvery mole-rat	실버두더지쥐	*Heliophobius*	두더지쥐과 설치류
simien jackal	이디오피아계귈	*Canis simensis*	개과
sitatunga	시타퉁가	*Tragelaphus spekei*	소과 아프리카산 영양
six banded armadillo →yellow armadillo			
slender loris	홀쭉이로리스	*Loris tardigradus*	로리스과 원숭이
sloth (bear)	나무늘보	*Melursus ursinus*	곰과
slow loris	슬로로리스	*Nycticebus caucang*	로리스과 원숭이
small scaled tree pangolin	나무천산갑	*Manis tricuspis*	천산갑과
smoky bat	민발톱박쥐		박쥐과
smooth tailed tree shrew	가는꼬리투파이	*Dendrogale*	투파이과
snow leopard	설표	*Panthera uncia*	고양이과
snow sheep	시베리아눈양	*Ovis nivicola*	소과 염소류
snowshoe hare	눈신토끼	*Lepus americanus*	토끼과 북미
snow vole	눈밭쥐	*Dinaromys bogdanovi*	쥐과
snub nosed monkey	남작코원숭이	*Nasalis*	긴꼬리원숭이과
solenodon	솔레노돈	*Solenodontidae*	솔레노돈과 식충류
sooti mangabey →blackm.			

영 명	구 명	명	학 명	과 명	명
South American fur seal	남방물개		*Arctocephalus australis*	바다사자과	
South American manatee →Amazonian m.	남아메리카바다사자 →Amazonian m.				
South American sea lion	남아메리카호저		*Otaria flavescens*	바다사자과	
South America porcupine	나무타기호저		*Sphiggurus*	아메리카호저과	
southern elephant seal	수염바다표범		*Mirounga leonina*	바다표범과	
southern pudu	푸두		*Puda pudu*	사슴과	
southern reedbuck	리드벅		*Redunca arundinum*	소과 영양류	
southern river otter	칠레수달		*Lutra provocax*	족제비과	
Spanish goat	스페인아이벡스		*Capra pyrenaica*	소과 염소류	
Spanish ibex →Spanish goat					
spear nosed bat	주걱코박쥐		*Phyllostomatidae*	주걱코박쥐과	
spectacled bear	안경곰		*Tremarctos ornatus*	곰과	
spectacled hare wallaby	안경토끼왈러비		*Lagorchestes conspicillatus*	캥거루과	
spectral tarsier	셀레비스안경원숭이		*Tarsius spectrum*	안경원숭이과	
Speke's gundi	슬꼬리군디		*Pectinator spekei*	군디과 설치류	
sperm whale	향고래		*Physeter macrocephalus*	향고래과	
spider monkey	거미원숭이		*Ateles*	남미 꼬리감기원숭이과	
spinner dolphin	열대돌고래		*Stenella longirostris*	참돌고래과	
spiny anteater →echidner					
spiny bandicoot	가시밴디쿠트		*Echymipera kalubu*	밴디쿠트과 유대류	
spiny pocket mouse	가시주머니생쥐		*Heteromys*	주머니생쥐과	
spiny rat	가시쥐		*Echimydae*	가시쥐과 설치류	
spiny tenrec →setifer					

영명	국명	학명	과명
spot necked otter	얼룩목수달	*Hydrictis maculicollis*	족제비과
spot nosed monkey	흰코거농	*Cercopithecus nictitans*	긴꼬리원숭이과
spotted cuscus	얼룩쿠스쿠스	*Phalanger maculatus*	쿠스쿠스과 유대류
spotted dolphin	얼룩돌고래	*Stenella longirostris*	참돌고래과
spotted hyena	얼룩하이에나	*Crocuta crocuta*	하이에나과
spotted linsang	얼룩린상	*Prionodon pardicolor*	사향고양이과
spotted mouse deer	인도쥐사슴	*Tragulus meminna*	쥐사슴과 우제류
spotted seal	점박이바다표범	*Phoca largha*	바다표범과
spotted skunk	얼룩스컹크	*Spilogale*	족제비과
spring hass, jumping hare	뜀토끼	*Pedetes capensis*	뛰토끼과
springbock→springbuck			
springbuck	스프링벅	*Antidorcas marsupialis*	소과 영양류
springhare→springhass			
squirrel glider	날주머니다람쥐		날다람쥐 닮은 유대류
squirrel monkey	다람쥐원숭이	*Saimiri sciureus*	꼬리감기원숭이과
star nosed mole	별코두더지	*Condylura cristata*	두더지과
steinbok	스타인복	*Raphicerus campestris*	소과 영양류
Steller sea lion	바다사자	*Eumetopias jubatus*	바다사자과
Steller's sea cow	스텔러바다소	*Hydrodamalis gigas*	바다소목
steppe bear	카시미르곰		
steppe polecat	스텝긴털족제비	*Mustela eversmanni*	족제비과
stoat→ermine			
stone marten	회가슴산달	*Martes foina*	족제비과
strap-toothed whale	근이빨고래	*Mesoplodon layardii*	주둥이고래과

영 명	구 명	학 명	과 명
stripped bandicoot	긴꼬리밴드루트	*Peroryctes longicauda*	밴디루트과 유대류
stripped dolphin	줄무늬돌고래	*Stenella coeruleoalba*	참돌고래과
stripped grass mouse	줄무늬풀밭쥐	*Lemniscomys barbarus*	쥐과
stripped hyena	갈색하이에나	*Hyaena brunnea*	하이에나과
stripped hyena	줄무늬하이에나	*Hyaena hyaena*	하이에나과
stripped possum	유대줄무늬다람쥐		유대류
stripped skunk	줄무늬스컹크	*Mephitis mephitis*	족제비과
stump tailed macaque	뭉땅꼬리원숭이	*Macaca arctoides*	긴꼬리원숭이과
subantarctic fur seal	아남극물개	*Arctocephalus tropicalis*	바다사자과
sucker footed bat	흡반박쥐	*Myzopoda aurita*	흡반박쥐과
Sudan reedbuck	수단리드벅	*Redunca redunca*	아프리카 영양
sugar glider	유대하늘다람쥐	*Petaurus breviceps*	유대하늘다람쥐과
Sulawesis cuscus	검은쿠스쿠스	*Phalanger ursinus*	쿠스쿠스과 유대류
sulphur bottom whale	흰긴수염고래	*Balaenoptera musculus*	수염고래류
Sumatran hare	수마트라토끼	*Nesolagus netscheri*	토끼과
Sumatran rhinoceros	수마트라코뿔소	*Dicerorhinus sumatrensis*	코뿔소과
sun bear	말레이곰	*Helarctos malayanus*	곰과
suni	수니영양	*Neotragus moschatus*	소과 영양류
sureli	수렐리원숭이류	*Presbytis*	긴꼬리원숭이과
suricate	서리케이트	*Suricate suricata*	사향고양이과
suslink, ground squirrel	땅다람쥐	*Spermophilus*	다람쥐과
swamp deer	바라싱가사슴	*Cerus davaucelips*	인도 사슴과
swamp rabbit	늪토끼	*Sylvilagus aquaticus*	토끼과

swamp wallaby	검은꼬리왈라비	*Wallabia bicolor*	캥거루과
swift fox	스위프트여우	*Vulpes velox*	아프리카산 여우류
swift fox, kit fox	스위프트여우	*Vulpes velox*	개과
tahr	히말라야산양	*Hemitragus*	소과
takin	타킨	*Budorcas taxicolor*	소과 염소류
talapoin monkey	탈라포원숭이	*Miopithecus talapoin*	긴꼬리원숭이과
tamandua →three toed anteater			
tamarin	타마린원숭이	*Saguinus*	마모셋 원숭이과
tapier	베이과	*Tapirus*	베이과
tarpan	타르판		별종 야생마
tarsier	안경원숭이	*Tarsious*	안경원숭이과
Tasmanian devil	태즈메이니아데블	*Sarcophilus harrisii*	주머니쥐과 유대류
Tasmanian wolf, pouched wolf	주머니이리	*Thylacinus cynocephalus*	주머니이리과 별종
tassel ear marmoset	털귀마모셋	*Callithrix humeralifer*	마모셋과 원숭이
tenrec	텐레	*Tenrec ecaudatus*	텐레과 식충류
tent building bat	천막박쥐	*Uroderma bilobatum*	
thick tailed busy baby	굵은꼬리부시베이비	*Galago crassicaudatus*	긴다 고과 원숭이
thinhorn sheep	가는뿔산양	*Ovis dalli*	소과 염소류
thinned spined porcupine	가는꼬리호저	*Chaetmys subspinosus*	아메리카호저과
Thomson's gazzle	톰슨가젤	*Gazella thomsoni*	소과 영양류
three banded armadillo	세띠아르마딜로	*Tolypeutes matacus*	아르마딜로과
three toed anteater, tamandua	세발가락개미핥기	*Tamandua*	
three toed jerboa	세발가락저보어		설치류
three toed sloth	세발가락나무늘보	*Bradypus*	나무늘보과

영	국	명	학	명	과	명
thumbless bat	민발톱박쥐		*Furipterus horrens*		민발톱박쥐과	
thylacine	주머니이리		*Thylacinus cynocephalus*		주머니이리과	
Thylacoleo	틸라콜레오		*Thylacoleo*		코대 유대류 사자	
Thylacosmilus	틸라코스밀루스		*Thylacosmilus*		단궁류	
Tibetan fox	티벳여우		*Vulpes ferrilata*		개과 여우속	
Tibetan gazelle	티벳거젤		*Procapra picticaudata*		소과 영양류	
Tibetan stump-tailed macaque	티벳원숭이		*Macaca thibetana*		긴꼬리원숭이과	
tiger	호랑이		*Panthera tigris*		고양이과	
tiger cat, pouched cat	타이거캣		*Felis tigrinus*		주머니쥐과 유대류	
timber wolf→gray wolf						
tiny toothed tenrec	좀무늬텐레		*Tenrec*		지렁이 주식 텐레류	
titi monkey	티티원숭이		*Callicebus*		꼬리감기원숭이과	
toddy cat→palm civet						
Tonkean macaque	통킹마카크		*Macaca tonkeana*		긴꼬리원숭이과	
toothed whales	이빨고래류		*Odontoceti*		60여종	
topi, sasaby	토피		*Damaliscus lunatus*		소과 영양류	
toque macaque	토크원숭이		*Macaca sinica*		긴꼬리원숭이과	
Toxodon	톡소돈		*Toxodon*		유제류	
tree climbing kangaroo	나무캥거루				캥거루과	
tree hyrax	트리하이렉스		*Dendrohyrax*		하이렉스과	
tree kangaroo	나무타기캥거루		*Dendrolagus*		유대류 캥거루과	
tree porcupine	나무타기호저				남미, 아메리카호저과	
tree shrew→tupai						

영명	국명	학명	과명
tropical weasel	아마존족제비	*Mustela africana*	족제비과
tuan, phascogale	유대고양이	*Phascogale*	유대고양이과
tube nosed bat	관박쥐	*Rhinolophidae*	관박쥐과
tuco-tuco	투코투코	*Ctenomyidae*	투코투코과 설치류
tucuxi	난쟁이돌고래	*Sotalia fluviatilis*	참돌고래과
tufted capuchin →brown capuchin			
tufted deer	앞머리가탄서슴	*Elaphodus cephalphus*	사슴과
tupai, tree shrew	투파이류	*Tupaiidae*	원원류 투파이과 18종
tur	투르	*Capra*	소과 염소류
two humped camel →bactrian camel			
two toed sloth	두발가락나무늘보	*Choloepus hoffmanni*	나무늘보과
uakari	대머리우아카리	*Cacajao*	남미 꼬리감기원숭이류
Uganda grass hare →bunyoro rabbit			
Uganda kob	우간다코브		
uinta ground squirrel	아프리카난쟁이다람쥐	*Myosciurus pumilio*	아프리카산 영양
vaal rhebok, grayr.	리북	*Pelea caprelolus*	다람쥐과
vampire vat	흡혈박쥐	*Desmodontiidae*	아프리카산 영양 흡혈박쥐과
varying hare	눈토끼	*Lepus timidus*	토끼과 북미
vervet monkey →savanna monkey			
vesper	애기박쥐	*Vespertilionidae*	애기박쥐과 320여종
vesper mouse	저녁생쥐	*Calomys*	쥐과
vesper rat	저녁쥐	*Nyctomys*	쥐과
vicuna	비쿠나	*Vicugna vicugna*	낙타과
Virginia opossum →America opossum			

영	국	학	과	명
vizcacha	비스카차	*Lagostomus maximus*	설치류 남미	
volcano mouse	화산쥐	*Neotomodon alstoni*	쥐과	
volcano rabbit	멕시코토끼	*Romerolagus diazi*	토끼과	
vole	밭쥐	*Microtus arvalis*	쥐과	
wallaby	왈라비류	*Macropodidae*	캥거루과	
wallaroo	긴털왈라비	*Macropus robustus*	캥거루과	
walrus, Pacific walrus	바다코끼리	*Odobenus rosmarus*	바다코끼리과	
wapiti→elk				
warthog	혹멧돼지	*Phacochoerus aethiopicus*	멧돼지과	
waterbuck	워터벅	*Kobus ellipsiprymnus*	소과 영양류	
water chevrotain	아프리카쥐사슴	*Hyemoschus aquaticus*	쥐사슴과 우제류	
water civet	위티시벳	*Cynogale bennettii*	사향고양이과	
water deer	고라니	*Hydropotes inermis*	사슴과	
water mouse	물쥐	*Rheomys*	쥐과	
water opossum → yapok				
water rabbit	물토끼		토끼류	
water shrew	물뒷쥐	*Neomys fodiens*	땃쥐과	
water vole	물밭쥐	*Arvicola terrestris*	설치류	
weasel	족제비	*Mustelinae*	족제비과	
weasel lemur	족제비여우원숭이	*Lepilemur mustelinus*	여우원숭이과	
web footed rat	물갈퀴쥐			
Weddell seal	웨델바다표범	*Leptonychotes weddelli*	바다표범과	
weeper capuchin	울보꼬리감기원숭이	*Cebus nigrivittatus*	꼬리감기원숭이과	

West African manatee	아프리카메나티	*Trichechus senegalensis*	바다소목
western gray kangaroo→mallee			
western tarsier	보르네오안경원숭이	*Tarsius bancanus*	안경원숭이과
West Indian manatee	카리브메나티	*Trichechus manatus*	바다소목
whiptail wallaby	채찍꼬리왈러비	*Macropus parryi*	캥거루과
white beaked dolphin	흰코돌고래	*Lagenorhynchus albirostris*	참돌고래과
white beared wildbeast	흰수염소영양	*Connochaetus*	아프리카소 영양
white bellied dolphin	흰배돌고래	*Cephalorhynchus eutropia*	참돌고래과
white bellied duiker	흰배다이커	*Cephalophus leucogaster*	소과 다이커류
white cheeked gibbon→concolor gibbon			
white collard monkey	흰목거농	*Cercopithecus*	긴꼬리원숭이류
white collared mangabey	흰목맹거베이	*Cercocebus torquatus*	맹거베이원숭이류
white eared opossum	흰귀아포섬	*Didelphis albiventris*	아포섬과 유대류
white faced (headed) saki	흰얼굴사키	*Pithecia pithecia*	꼬리감기원숭이과
white faced capuchin	흰무꼬리감기원숭이	*Cebus capucinus*	꼬리감기원숭이과
white fin dolphin	양자강돌고래	*Lipotes vexillifer*	강돌고래과
white footed mouse	흰발생쥐	*Peromyscus leucopus*	쥐과
white footed tamarin	흰발타마린	*Saguinus leucopus*	타마린과 원숭이
white fronted capuchin	흰이마꼬리감기원숭이	*Cebus albifrons*	꼬리감기원숭이과
white fronted sureli	흰이마수렐리	*Presbytis frontata*	긴꼬리원숭이과
white hand gibbon	흰손긴팔원숭이	*Hylobates lar*	긴팔원숭이과
white handed gibbon→lar gibbon			
white hare→varying hare			
white headed saki	흰얼굴사키	*Pithecia pithecia*	꼬리감기원숭이류

영	국	명	학	명	과	명
white lipped peccary	흰입술페커리		Tayassu pecari		페커리과 우제류	
white mangabey	흰목맹거베이		Cercocebus torquatus		긴꼬리원숭이류	
white mangabey→sooty mangabey						
white nosed civet	흰코사향고양이		Viverra		동남아산	
white nosed coati	흰줏등코아티		Nasua nasua		아메리카너구리과	
white nosed monkey	흰코거농		Cercopithecus nictitans		긴꼬리원숭이류	
white nosed saki	흰코수염사키		Chiropotes albinasus		꼬리잡기원숭이과	
white oryx→scimitar oryx						
white rhinoceros	흰코뿔소		Ceratotherium simum		코뿔소과	
white tailed deer	흰꼬리사슴		Odocoileus virginianus		사슴과	
white tailed gnu	흰꼬리누		Connochaetes gnou		소과 영양류	
white tailed jackrabbit	흰꼬리제레빗		Lepus townsendii		북미, 토끼류	
white tailed rat	흰꼬리비단털쥐		Mystromys albicaudatus		쥐과	
white throatd capuchin → white faced capuchin						
white toothed shrew	유럽땃쥐		Crocidura russulla		땃쥐과	
wildbeast→gnu						
wild boar	멧돼지		Sus scrofa		멧돼지과	
wild cat	유럽살쾡이		Felis silvestris		고양이과	
wild dog	리카온		Lycaon pictus		개과	
wild goat	염소		Capra aegagrus		소과 염소류	
wild water buffalo	아시아물소		Bubalus arnee		소과	
Wolf's monkey	울프거농		Cercopithecus wolfi		긴꼬리원숭이과	
wolverine	아메리카오소리		Gulo gulo		족제비류 북미산	

영명	국명	학명	과명
wombat	웜뱃	*Vombatus ursinus*	웜뱃과 유대류
woodchuck, marmot	우드척	*Marmota monax*	다람쥐과
wood lemming	숲레밍	*Myopus schisticolor*	쥐과
woodrat →pack rat			
woolly hare	티벳토끼	*Lepus oiostolus*	토끼과
woolly lemur, wolly indri	양털여우원숭이	*Avahi laniger*	인드리과 원숭이
woolly monkey	양털원숭이	*Lagothrix*	꼬리감기원숭이과
woolly opossum	비단털여포섬	*Caluromys*	여포섬과 유대류
woolly spider monkey	양털거미원숭이	*Brachyteles arachnoides*	꼬리감기원숭이과
wrinkle faced bat	주름얼굴박쥐		박쥐과
yak	야크	*Bos mutus*	하밑과
yapok, water opossum	물이포섬	*Chironectes minimus*	하밑라아, 들소류 여포섬과 유대류
yellow armadillo	여섯띠아르마딜로	*Euphractus sexcinctus*	아르마딜로과
yellow backed duiker	노랑등더이카	*Cephalophus sylvicultor*	소과 다이커류
yellow bellied glider	큰유대하늘다람쥐	*Petaurus australis*	유대하늘다람쥐과
yellow bellied weasel	노랑배족제비	*Mustela kathiah*	족제비과
yellow footed marsipual mouse	노랑발유대쥐		유대류
yellow golden mole	노랑황금두더지	*Calcochloris obtusirostris*	황금두더지과
yellow handed titi	흰손티티	*Callicebus torquatus*	꼬리감기원숭이과
yellow nosed monkey	노랑코원숭이	*Cercopithecus*	겨동류
yellow throated marten	대륙담비	*Martes flavigula*	족제비과
zaglossus	긴다리가시두더지	*Zaglossus*	단공류
Zaire duiker	자이르다이커	*Cephalophus weynsi*	소과 다이커류
zebra duiker	줄무늬다이커	*Cephalophus zebra*	소과 다이커류

영 명	국 명	학 명	과 명
zorilla, Afircan polecat zorro→crab eating fox	조릴라	*Ictonyx striatus*	족제비과

■ 국명-영명

국	영 명	국	영 명
가는꼬리투과이	smooth tailed tree shrew	갈색하이에나	brown hyena, stripped hyena
가는꼬리호저	thinned spined porcupine	갑옷땃쥐	armored shrew
가는뿔산양	thinhorn sheep	강돌고래	river dolphin
가면뒤쥐	maksed shrew	강폐지	bush pig, river hog
가시동면쥐	oriental dormouse	개	dog
가시두디지	echidner, spiny anteater	개미핥기	anteater
가시밴디쿠트	spiny bandicoot	개쥐	prairie dog
가시주머니생쥐	spiny pocket mouse	개코원숭이	doguera baboon
가시쥐	spiny rat	개코원숭이류	baboon
가시텐렉	setifer, spiny tenrec	겐지스강돌고래	Ganges dolphin
가우어	gaur, Indian bison	캠비아다람쥐	Gambian sun squirrel
갈기나무늘보	maned sloth	거동원숭이	guenon
갈기이리	maned wolf	거미원숭이	spider monkey
갈기쥐	crested rat, maned rat	거젤	gazelle
갈기호저	African porcupine, crested porcupine	건디	gundy
갈라파고스물개	Galapagos fur seal	검둥원숭이	black celebes ape
갈색고함원숭이	brown howler	검은가시생쥐	Ecuadorean spiny mouse
갈색나무타기캥거루	dusky tree kangaroo	검은거미원숭이	black spider monkey
갈색배눈어포섬	brown four eyed opossum	검은고함원숭이	black howler
갈색마자마	brown brocket	검은귀마모셋	black tufted ear marmoset
갈색머리거미원숭이	brown headed spider monkey	검은긴팔원숭이	siamany gibbon
갈색여우원숭이	brown lemur	검은꼬리누	brindled gnu
		검은꼬리모래여우	pale fox

국명	영명	국명	영명
검은꼬리사슴	mule deer	검은캥거루	mallee
검은꼬리왈러비	swamp wallaby	검은코뿔소	black rhinoceros
검은꼬리쌔패빗	black tailed jackrabbit	검은코새양토끼	black nosed pica
검은다리두크원숭이	black footed douc monkey	검은콜로부스(류)	black colobus
검은다이커	black duiker	검은쿠스쿠스	Sulawesis cuscus
검은담비	sable	검정발고양이	black footed cat
검은등제칼	silverback jackal	케말사슴	guemal
검은맹거베이	black mangabey	게잡이바다표범	crab eater seal
검은머리꼬리감기원숭이	brown capuchin	게잡이아메리카너구리	crab eating raccoon
검은머리다이커	black fronted duiker	게잡이여우	crab eating fox
검은목타마린	black mantle tamarin	겔디윈숭이	Goeldi's monkey
검은바위왈러비	brush tailed rock wallaby	겔라다개코원숭이	gelada baboon
검은발고양이	black footed cat	고기잡이고양이	fishing cat
검은발나무쥐	dusky footed wood rat	고기잡이박쥐	fisherman bat, hare lipped bat
검은발족제비	black footed ferret	고기잡이족제비	fisher weasel
검은배비단털쥐	black bellied hamster	고기잡이쥐	fish eating rat
검은손거미원숭이	black handed spider monkey	고라니	water deer
검은손기번	concolor gibbon	고릴라	gorilla
검은수염고래	black right whale	고슴도치	hedgehog
검은수염사키	black bearded saki	고퍼	gopher
검은얼굴나무타기캥거루	lumholtz kangaroo	고함원숭이류	howler
검은여우원숭이	black lemur	글든랑구르	golden leaf monkey
검은우아카리	black (headed) uakari	글든마모셋	golden marmoset
검은장갑왈러비	black gloved wallaby	글든웅기	golden snub nosed monkey

국	영	명
골든밴디쿠트	golden bandicoot	
골든캣	golden cat	
골든포토	golden potto	
골든햄스티	golden hamster	
곰쥐	black rat, roof rat	
곰등어 → 포피스		
과나코	guanaco	
과달루프물개	Guadalupe fur seal	
관머리거농	crowned guenon	
관머리여우원숭이	crowned lemur	
관박쥐	horseshoe bat, tube nosed bat	
구가	guagga	
구대륙원숭이 → 진꼬리원숭이		
구름표범	clouded leopard	
굴토끼	European rabbit	
굵은꼬리부시베이비	thick tailed busy baby	
귀천산갑	Chinese pangolin	
귀털난쟁이여우원숭이	hairy eared dwarf lemur	
그렌트거젤	Grant's gazelle	
그레비얼룩말	Grevy's zebra	
그레이캣	gray cat	
그레이티쿠두	greater kudu	
그리빗원숭이 → 사바나원숭이		

국	영	명
그리손족제비	grison weasel	
그리스벅	grysbuck	
그린란드고래	bowhead whale	
그물무늬기린	reticulated giraffe	
금사후 → 금든몽기		
기각류	pinnipeds	
기나아개코원숭이	guinea baboon	
기린	giraffe	
기번원숭이(류)	gibbon	
진귀밴디쿠트	long eared bandicoot	
진꼬리박쥐	mouse tailed bat	
진꼬리밴드쿠트	stripped bandicoot	
진꼬리수달	neotropical river otter	
진꼬리오코조	long tailed weasel	
진꼬리족제비	long tailed weasel	
진꼬리주머니생쥐	long haired marsupial mouse	
진꼬리쥐	birchmouse	
진꼬리천산갑	long tailed pangolin	
진꼬리텐레	long tailed tenrec	
진다리가시두더지	zaglossus	
진다리생쥐	Madagascar rat	
진발가락박쥐	bent winged bat	
진발톱두더지례밍	long clawed mole-vole	

국명	영명
긴발톱앤트키니스	dusky antechinus
긴발톱주머니생쥐	long clawed marsupial mouse
긴손가락왈러비	nail-tail wallaby
긴코너구리	coati
긴코맷쥐	elephant shrew, jumping shrew
긴코몽구스	long nosed mongoose
긴코박쥐	long nosed bat
긴코밴디쿠트	long nosed bandicoot
긴코쥐캥거루	long nosed potoroo(rat kangaroo)
긴털거미원숭이	long haired spider monkey
긴털군디	Mzab gundi
긴털아르마딜로	screaming hairy armadillo
긴털왈러비	wallaroo
긴털족제비	polecat
긴혀박쥐	long tonged bat
깃꼬리유대하늘다람쥐	feathertail glider
깃꼬리투파이	pen-tailed tree shrew
깃꼬리포섬	feathertail possum
꼬리감기원숭이	sapajor, capuchin monkey
꼬리감기호저	prehensile tailed procupine
꿀빨이박쥐	leaf-nosed bat, nectar eater
꿀포섬	honey possum
나무늘보	sloth (bear)
나무천산갑	small scaled tree pangolin
나무캥거루	tree climbing kangaroo
나무타기쥐	climbing mouse (rat)
나무타기캥거루	tree kangroo
나무타기호저	tree porcupine
나일리처위	Nile lechwe
난쟁이돌고래	tucuxi
난쟁이몽구스	dwarf mongoose
난쟁이부시베이비	dwarf bush baby
난쟁이여우원숭이	dwarf lemur
날주머니다람쥐	squirrel glider
남극물개	Antarctic fur seal
남방물개	South American fur seal
남방바다수달	marine otter
남아메리카바다사자	South American sea lion
남아프리카가물개	Cape fur seal
납작코밴디쿠트	short-nosed bandicoot
납작코원숭이	snub nosed monkey
너구리	raccoon dog
넓은귀박쥐	funnel-eared bat
넓적코젠틀여우원숭이	broad-nosed gentle lemur
네눈이포섬	four eyed opossum
네발가락긴코맷쥐	four toed elephant shrew
네뿔영양	four horned antelope
노랑발유대쥐	yellow footed marsipual mouse

구	영
노랑배족제비	yellow bellied weasel
노랑사키	buffy saki
노랑코원숭이	yellow nosed monkey
노랑허리다이커	yellow backed duiker
노랑황금두더지	yellow golden mole
노루	roe deer
노르웨이레밍	Norway lemming
눈밭쥐	snow vole
눈신토끼	snowshoe hare
눈토끼	arctic hare
뉴기니쿠스쿠스	New Guinea cuscus
뉴질랜드물개	New Zealand fur seal
뉴질랜드바다사자	New Zealand sea lion
늑대	gray wolf
늘보원숭이	loris
늪레밍	bog lemming
늪몽구스	marsh mongoose
늪쥐	marsh rat
늪토끼	swamp rabbit
나일라	nyala
닐가이	nilgai, blue bull
다람쥐 → 줄무늬다람쥐	
다람쥐원숭이	squirrel monkey

구	영
다마거젤	dama gazelle
다마사슴	fallow deer
다우리안쥐토끼	daurian pica
다이아나원숭이	Diana monkey
다이어울프	dire wolf
다이커	dukier
단봉낙타	dromedary camel
담비	marten
당나귀	Asiatic onager
대나무쥐	bamboo rat, root rat
대륙담비	yellow throated marten
대머리우아카리	bald uakari
대머리잎코박쥐	naked backed bat
대서양바다코끼리	Atlantic walrus
더스키돌핀	dusky dolphin
더스키리프몽키	dusky leaf monkey
델리컷마우스	delicate mouse
돌곱등어	Dall's porpoise
돌시프	doll sheep
동면쥐	dormouse
동부아메리카두더지	Eastern American mole
동부포킷고퍼	plains pocket gopher
페지꼬리원숭이	pig tail macaque

국명	영명	국명	영명
돼지발밴디쿠트	pig footed bandicoot	디블러	dibbler
돼지사슴	hog deer	디프로토돈	diprotodon
돼지코박쥐	hog nosed bat	딕딕	dikdik
돼지코스컹크	hog nosed skunk	딩고	dingo
돼지코오소리	Malayan stink badger	땅다람쥐	suslink, ground squirrel
두건바다표범	hooded seal	땅돼지	aardvark, earth-pig
두더지땃쥐	mole shrew	뜀토끼	spring hass, jumping hare
두더지비멍	mole vole	라마	llama
두더지쥐	mole	라이스텐렉	rice tenrec
두더지생쥐	mole mouse	라이온타마린	lion tamarine
두더지쥐	mole rat	라코→바다수달	
두발가락나무늘보	two toed sloth	라플라타강돌고래	La Plata dolphin
두크원숭이	douc monkey	랑구르원숭이	langur
뒤쥐	European shrew, shrew mouse	러시아장님두더지쥐	Russian molerat
뒤쥐류	shrew	레드리치위	red lechwe
뒤쥐어포섬	shrew opossum	레서쿠두	lesser kudu
듀공	dugong	레서팬더	lesser panda
드릴개코원숭이	drill baboon	레이틀	ratel
등줄다이커	bay duiker	레피여우원숭이	lepi lemur
등줄밴디쿠트	barred bandicoot	로렌드고릴라	lowland gorilla
등줄족제비	black stripped weasel	로스바다표범	Ross seal
등줄주머니생쥐	narrow stripped marsupial mouse	로에스트거농	L'Hoest's monkey
등줄쿠스쿠스	ground cuscus	로열영양	royal antelope
디바타그	dibatag	로키산양	mountain goat

국	영	명	국	명	영	명
루사사슴	rusa deer		마운틴테이퍼		mountain tapir	
리드벅	reedbuck		마운틴포섬		mountain possum	
리복	gray rhebok, gray ribbok		마카크류		macaque	
리비아살쾡이	Libian wildcat		마코르		markhor	
리빙스턴수니	Livingston's suni		말		domestic horse	
리치위	lechwe		말라바랑구르		malabar langur	
리카온	wild dog		말레이고슴도치		moonrat, gymmure	
린상	linsang		말레이고슴도치 → 문레트			
링테일킷	ringtail (cat)		말레이곰		sun bear	
마게이킷	margay cat		말레이박쥐원숭이		Malayan colugo	
마다가스카르고슴도치	Madagascar hedgehog		말레이지아살쾡이		flat headed cat	
마다가스칼산향고양이	fanaloka		말레이천산갑		Malayan pangolin	
마라	mora, Patagonian hare		말레이테이퍼		Malayan tapir	
마르모사어포섬	mormosa opossum		말머리박쥐		horse faced bat	
마모셋원숭이	marmoset		말영양		horse antelope	
마블킷	marbled cat		망토개코원숭이		Hamadryas baboon	
마스크티티	masked titi		망토고함원숭이		mantled howler	
마시테레	marsh tenrec		망토비비		hamadryas baboon	
마운틴가젤	mountain gazelle		맥스웰다이커		Maxwell's duiker	
마운틴고릴라	mountain gorilla		맨드릴		mandrill (baboon)	
마운틴니알라	mountain nyala		맨발족제비		barefoot weasel	
마운틴리드벅	mountain reedbuck		망거베이원숭이		mangabey	
마운틴쿠스쿠스	mountain cuscus		멀가라		mulgara	

메뚜기쥐	grasshopper mouse
멕시코고함원숭이	Mexican black howler
멕시코토끼	volcano rabbit
멧돼지	wild boar
밍치고래	sei whale
모나원숭이	mona monkey
모래고양이	sand cat
목걸이쥐토끼	collared pika
목화쥐	cotton rat
몽고가젤	Mongolian gazelle
몽고말	Przewalski's horse
몽구스류	mongoose
몽구스여우원숭이	mongoose lemur
몽땅꼬리원숭이	stump tailed macaque
몽크바다표범	monk seal
무라치	finless porpoise
무막비늘꼬리다람쥐	flightless scaly tailed squirrel
무스	moose
무어원숭이	moor macaque (monkey)
무플론	mouflon
문착	muntjac
물갈퀴쥐	web-footed rat
물개	Northern fur seal
물개류	fur seal

물땃쥐	water shrew
물밭쥐	water vole
물범 → 바다표범	
물사슴	water deer
물사향고양이	Congo water civet
물어포섬	yapok, water opossum
물쥐	nutria
물쥐	water mouse
물토끼	water rabbit
미조아칸포킷고퍼	Michoacan pocket gopher
민꼬리아르마딜로	naked tailed armadillo
민발톱박쥐	smoky bat, thumbless bat
민발톱수달	clawless otter
민코웜베트	naked nosed wombat
밍크	mink
밍크고래	minke whale
바늘발톱부시베이비	needle clawed bush baby
바다사자	sea lion
바다수달, 해달	sea otter
바다코끼리	walrus, Pacific walrus
바다표범	harbor seal
바라싱가사슴	swamp deer
바랄	bharal, blue sheep
바바리마카크원숭이	Barbary macaque(ape)

국	영	명
바바리양	barbary sheep	
바바리원숭이	barbary macaque	
바비루사	babirusa	
바위링테일	rock ringtail	
바위왈라비	rock wallaby	
바위쥐	rock rat	
바위천축쥐	rock cavy	
바위하이레스	rock hyrax	
바이칼바다표범	Baikal seal	
박쥐귀여우	bat-eared fox	
박쥐류	bat	
박쥐원숭이	flying lemur, colugo	
반달가슴곰	Asian black bear	
반달바다표범	ringed seal	
반탱	banteng	
밤원숭이 → 올빼미원숭이		
밭쥐	field vole, vole	
베어드주둥이고래	Baird's beaked whale	
밴디쿠트	bandicoot	
버마토끼	Burmese hare	
버빗원숭이 → 사바나원숭이		
벌거숭이두더지쥐	naked mole rat	
범고래	killer whale	

국	명	영	명
범고래부지		false killer whale	
베어드테이퍼		Baird's tapir	
베이라		beira	
뱅갈살쾡이		leopard cat	
뱅갈여우		Indian fox	
뱅골호랑이		Bengal tiger	
변색토끼 → 눈토끼			
별코두더지		star nosed mole	
병코돌고래		bottle nosed dolphin (whale)	
보닛원숭이		bonnet macaque	
보르네오살쾡이		Bornean red cat	
보르네오안경원숭이		western tarsier	
보르네오호저		Bornean porcupine	
보박마못		bobac marmot	
보박영양		bobac	
보브캣		bobcat	
보호르리드벅 → 수단리드벅			
본티복		bontebok	
봉고		bongo	
부시멘토끼		bushman hare	
부시벅		bushbuck	
부시베이비		bush baby	
부시비털이포섬		bush tailed opossum	

국명	영명
부시하이랙스	bush hyrax
북극곰	arctic bear
북극여우	arctic fox
북방두더지들쥐	northern mole-vole
북방물개	northern fur seal
북방바다코끼리	northern elephont seal
북방병코고래	northern bottlenose whale
북방코끼리바다표범	northern elephant seal
북해돌고래	northern right whale dolphin
불곰	brown bear
붉은겨드랑이다이커	red flanked duiker
붉은고함원숭이	red howler
붉은귀거농	red eared monkey
붉은긴코땃쥐	rufous elephant shrew
붉은꼬리원숭이	red tail monkey
붉은꼬리퍼스코갈레	red tailed phascogale
붉은나무타기들쥐	red tree vole
붉은늑대	red wolf
붉은다람쥐 → 아메리카붉은다람쥐	
붉은다리왈러비	red legged pademelon
붉은다이커	red forest duiker
붉은마사마	red brocket
붉은목토끼	scrub hare
붉은몽구스	ruddy mongoose
붉은물소 → 아프리카들소	
붉은바위토끼	red rockhare
붉은배거농	red bellied monkey
붉은배여우원숭이	red bellied lemur
붉은빼쭈머니쥐	red cheeked dunnart
붉은손고함원숭이	red handed howler
붉은손타마린	red handed tamarin
붉은수헬리	red sureli
붉은수염사키	red bearded saki
붉은잎긴꼬리원숭이	purple faced leaf monkey
붉은여우	red fox
붉은왈러루	antilopine wallaroo
붉은우아카리	red uakari
붉은점고양이	rusty-spotted cat
붉은쥐캥거루	rufous rat kangaroo
붉은쥐토끼	red pika
붉은캥거루	red kangaroo
붉은코쌩쥐	red nosed mouse
붉은코쥐	red nosed rat
붉은콜로부스(류)	red colobus
붉은큰뿔사슴	red deer
붉은티티	dusky titi
브라운엔트키니스	brown antechinus
브라질가시쌀쥐	Brazilian spiny rat

국	영	국	영
브라질계피바라	Brazilian capybara	사막뒤쥐	desert shrew
브라저원숭이	de Brazza's monkey	사막솜꼬리토끼	desert cottontail
브러시비일쥐캥거루	brush tailed rat kangroo	사막쥐캥거루	desert rat kangaroo
브러시비일꼬포섬	brush tail possum	사막천축쥐	desert cavy
브러시토끼	brush rabbit	사막황금두더지	desert golden mole
블랙벅	blackbuck	사바나개코원숭이	savanna baboon
블루다이커	blue duiker	사바나다이커	savanna duiker
블루벅영양	bluebuck	사바나얼룩말	plains zebra
비늘꼬리다람쥐	scaly tailed flying squirrel	사바나원숭이	savanna monkey
비늘꼬리포섬	scaly tailed posspum	사바나천산갑	Cape pangolin
비단털어포섬	woolly opossum	사바나토끼	savanna hare
비단털쥐	hamster	사불상	Pere David's deer
비단털쥐류	cricetine	사비땃쥐	savis pygmy shrew
비단털루스쿠스	silky cuscus	사슴쥐	deer mouse
비버(해리)	beaver	사이가	saiga
비스카차	vizcacha	사자	lion
비조르	bezoar	사자꼬리원숭이	lion tailed macaque
비루나	vicuna	사키원숭이	saki
빅혼	big horn	사하라족제비	banded weasel
빈투룽	binturong	사향고양이류	civet
사막고슴도치	desert hedgehog	사향뒤쥐	musk rat
사막군디	desert gundi	사향땃쥐	musk shrew
사막동면쥐	desert dormouse	사향사슴	musk deer

국명	영명
사향소	musk ox
사향쥐캥거루	musky rat kangaroo
산달	Japanese marten
산림쥐	pack rat, wood rat
산양	goral, red goral
산얼룩말	mountain zebra
산토끼(멧토끼)	hare
살찐꼬리여우원숭이	fat tailed lemur
살쾡이	lynx
삵 → 살쾡이	
삼바	sambar
세부리고래	bird's beaked whale
새앙쥐두더지 → 아메리카쥐뒤쥐두더지	
생쥐벤디쿠트	mouse bandicoot
생쥐어포섬	mouse opossum
생토끼 → 쥐토끼	
샤망	siamang
샤모아	chamois, shamois
샴고양이	siamese cat
서리케이트	suricate
서발고양이	serval
설치류	rodent
설표	snow leopard
세네갈군디	felou gundi
세비갈부시베이비	lesser bush baby
세띠아르마딜로	three banded armadillo
세발가락가시두더지	long beaked echidner
세발가락개미핥기	three toed anteater, tamandua
세발가락나무늘보	three toed sloth
세발가락뛰는쥐	three toed jerboa
세이블영양	sable antelope
세추란여우	sechuran fox
유령안경원숭이	spectral tarsier
셀레버스안경원숭이 → 검둥원숭이	
셀레버스멧돼지	Celebes wild pig
셀레버스아노아	Celebes anoa
소	cattle
소나무산달	pine marten
소나무쥐	pine vole
소영양(누)	gnu, wildbeast
스페케군디	Speke's gundi
붓꼬리호저	brush tailed porcupine
술레노돈	solenodon
솜꼬리토끼	cottontail rabbit
솜머리타마린	cotton top tamarin
쇠고래	gray whale
쇠족제비	European weasel
쇠흑고래	pygmy right whale

국	영	명	국	영	명
수니영양	suni		스위프트여우	swift fox, kit fox	
수단리드벅	Sudan reedbuck		스타인복	steinbok	
수달	Eurasian river otter		스텔러바다소	Steller's sea cow	
수달땃쥐	otter shrew		스텝긴털족제비	steppe polecat	
수렐리	sureli		스페인살쾡이	pardel lynx	
수마트라원숭이류	hairy nosed otter		스페인아이베스	Spanish goat	
수마트라수달	Sumatran rhinoceros		스프링벅	springbuck	
수마트라코뿔소	Sumatran hare		스파니돌픈 → 얼룩돌고래		
수마트라토끼	fin whale, finback whale		슬로로리스	slow loris	
수염고래	baleen whales		승냥이 → 늑대		
수염고래류	beard pig		시베리아눈양	snow sheep	
수염멧돼지	bearded seal, southern elephant seal		시타퉁가	sitatunga	
수염바다표범			시파카원숭이	sifaka	
수염사키	bearded (black) saki		실버두더지쥐	silvery mole rat	
수염타마린	moustached tamarin		실버마모셋	silvery marmoset	
수확쥐	harvest mouse		쌍봉낙타	bactrian camel	
순록	reindeer, caribou		아구티	agouti	
숲개	bush dog, vinegar fox		아남극물개	subantarctic fur seal	
숲페커지	forest hog		아드울프	aardwolf	
숲레밍	wood lemming		아라비아오릭스	Arabian oryx	
숲왈러비	pademelon		아르갈리	argali	
숲쥐	forest mouse		아르마딜로	armadillo	
숲토끼	forest rabbit		아르헨티나코이푸	Argentina coypu	

아마미가시쥐	Amami spiny rat
아마미토끼	Amami rabbit
아마존돌고래	Amazon dolphin
아마존매너티	Amazonian manatee
아마존족제비	tropical weasel
아마존호저	Amazonian porcupine
아메리카너구리	raccoon
아메리카늪사슴	marsh deer
아메리카담비	American marten
아메리카두더지	American mold
아메리카뒤쥐두더지	American shrew mole
아메리카들소	American bison
아메리카들쥐	meadow mouse, field mouse
아메리카물뒤쥐	America water shrew
아메리카밍크 → 밍크	
아메리카밭쥐	meadow vole
아메리카붉은다람쥐	American red squirrel
아메리카비버	North Ameircan beaver
아메리카산달	Amercian marten
아메리카쇠족제비	least weasel
아메리카어포섬	American opossum
아메리카오소리	American badger, wolverine
아메리카우는토끼	North American pika
아메리카큰곰(흑곰)	black bear

아메리카큰사슴 → 붉은큰뿔사슴	
아메리카테이퍼	Brazilian tapir
아바히 → 양털여우원숭이	
아비시니아고양이	abyssinian cat
아삼원숭이	Assames macaque
아삼토끼	hispied hare
아시아금트캣	Asiatic golden cat
아시아당나귀	Asiatic ass
아시아무플론	Asiatic mouflon
아시아물소	wild water buffalo
아시아재칼	Asiatic jackal
아이베스염소	ibex
아이아이	aye-aye
아프간쥐토끼	Afghan pika
아프리카갈라고	African galago
아프리카금트캣	African golden cat(wild cat)
아프리카난장이다람쥐	uinta ground squirrel
아프리카네줄무늬쥐	four stripped
아프리카늪쥐	African swamp rat
아프리카당나귀	African ass
아프리카돌고래	Atlantic humpbacked dolphin
아프리카들개	cape hunting dog
아프리카들소	African buffalo
아프리카린상	African linsang

국	영	명
아프리카매니티	West African manatee	
아프리카바위쥐	African rock rat	
아프리카볼주머니쥐	African pouched rat	
아프리카사향고양이	African civet	
아프리카살쾡이	caracal	
아프리카쥐사슴	water chevrotain	
아프리카코끼리	African elephant	
아홉띠아르마딜로	nine banded armadillo	
안경곰	spectacled bear	
안경원숭이	tarsier	
안경토끼왈러비	spectacled hare wallaby	
안데스고양이	mountain cat	
안데스늪쥐	Andean swamp rat	
안데스생쥐	Andean mouse	
안장등타마린	saddle-back tamarin	
안콜소	ankole cattle	
알락꼬리망구스	ring tail mongoose	
알락꼬리바위왈러비	ringtailed rock wallaby	
알락꼬리여우원숭이	ringtail lemur	
알락꼬리포섬	ringtail possum	
알렌부시베이비	Allen's bush baby	
알렌원숭이	Allen's swamp monkey	
알타이족제비	mountain weasel	

국	영	명
알파카	alpaca	
알프스마못	Alpine marmot	
앞머리카탉사슴	tufted deer	
애기개미핥기	silky anteater	
애기늪토끼	marsh rabbit	
애기대륙밭쥐	red backed vole	
애기박쥐	vesper	
애기박쥐류	insectivorous bat	
애기비단털쥐	dwarf hamster	
애기아르마딜로	fairly armadillo	
애기유대고양이	northern native cat	
애닥스	addax	
애더다이커	Ader's duiker	
애보트다이커	Abbot's duiker	
애절기번	agile gibbon	
애절맹가베이	agile mangabey	
애절왈러비	agile wallaby	
애터리스군디	North America gundi	
야크	yak	
양자강돌고래	white fin dolphin	
양털가미원숭이	woolly spider monkey	
양털여우원숭이	woolly lemur, wolly indri	
양털원숭이	woolly monkey	

어포섬	opossum (rat)
얼룩돌고래	spotted dolphin
얼룩린상	spotted linsang
얼룩목수달	spot necked otter
얼룩바다표범	leopard seal
얼룩밴디쿠트	brindled bandicoot
얼룩스컹크	spotted skunk
얼룩얼굴타마린	mottle faced tamarin
얼룩족제비	marbled polecat
얼룩코거농	lesser spot-nosed monkey
얼룩쿠스쿠스	spotted cuscus
얼룩하이에나	spotted hyena
에콰도르코아티	mountain coati
엘크사슴	elk, wapiti
여섯띠아르마딜로	yellow armadillo
여우다람쥐	fox squirrel
여우원숭이류	lemur
염소	wild goat
영양류	antelope
영양잭래빗	antelope jackrabbit
오길비다이커	Ogilby's duiker
오나거	onager
오랑우탄	orang-utan
오록스	aurochs

오리너구리	platypus, duckbill
오리부리고래	Bryde's whale
오리비	oribi
오릭스	oryx
오색긴코맛쥐	golden rumped elephant shrew
오소리	badger
오스트베일리아바다사자	Australian sea lion
오실롯	ocelot
오카피	okapi
옥토도트	octodont, degu
올리브콜로부스	olive colobus
올링고	olingo
올빼미원숭이	night monkey, owl-faced monkey
웜뱃	wombat
왈라비류	wallaby
우간다콥	Uganda kob
우간다토끼	bunyoro rabbit
우는토끼 → 쥐토끼	
우드래트 → 산림쥐	
우드척	woodchuck, marmot
우아카리원숭이 → 대머리우아카리	
울보꼬리감기원숭이	weeper capuchin
울프거농	Wolf's monkey
위터벅	waterbuck

520 포유류

국	영
위티시벳	water civet
웨델바다표범	Weddell seal
유대고양이	tuan, phascogale
유대날다람쥐	greater glider
유대다람쥐사촌	lead beater's possum
유대이리 →주머니이리	
유대줄무늬다람쥐	stripped possum
유대하늘다람쥐	sugar glider
유럽고양이	short hair cat
유럽긴털족제비	European polecat
유럽대륙밭쥐	bank vole
유럽두더지	European mole
유럽땃쥐	white toothed shrew
유럽들소	European bison
유럽밍크	European mink
유럽비버	European beaver
유럽살쾡이	European wildcat, wild cat
유럽오소리	European badger
유럽제닛	genet
유럽토끼	European hare
유령박쥐	ghost bat, pale-winged bat
용단수달	Indian smooth-coated otter
은여우	silver fox, red fox
이디오피아재칼	simien jackal
이라와디돌고래	irrawaddy dolphin
이빨고래류	toothed whales
이스틴에닥스	eastern addax, addax
이점트저보어쥐	Egyptian jerboa
인디스강돌고래	Indus dolphin
인도문쳐	Indian muntjac
인도별사슴	axis deer, chital
인도사향고양이	Indian civet
인도영양	black buck
인도이리	Indian wolf
인도쥐사슴	spotted mouse deer
인도천산갑	Indian panagolin
인도코끼리	Asian elephant
인도코뿔소	Indian rhinoceros
인도투파이	Indian tree shrew
인드리원숭이	indri
일각돌고래	narwhal
일런드	eland
일본두더지	Japanese mole
일본산양	Japanese serow
일본사슴	sika deer
일본원숭이	Japanese macaque (monkey)

일본토끼	Japanese hare	저빌	gerbil
임팔라	impala	점박이바다표범	spotted seal
입술박쥐	leaf-chinned bat	점핑마우스	jumping mouse
자가란디	jaguarundi	접시날개박쥐	dish winged bat
자바사향고양이	Malayan civet	정글캣	jungle cat
자바쥐사슴	lesser mouse deer	제레누크	gerenuk
자바코뿔소	Javan rhinoceros	젠틀여우원숭이	gentle lemur
자바혹멧돼지	Javan warty pig	조릴라	zorilla, Afircan polecat
자이르다이커	Zaire duiker	조이티거젤	goitered gazelle
자이언트개미핥기 → 큰개미핥기		죠프로이마모셋	Geoffroy's tufted-ear marmoset
자이언트세이블	giant sable	죠프로이캣	Geoffroy's cat
자이언트일런드	giant eland	죠프로이타마린	Geoffroy's tamarin
자이언트제닛	giant genet	족제비	Siberian weasel, weasel
자이언트쥐	giant rat	족제비아포섬	lutrine opossum
자이언트펜더	giant panda	족제비여우원숭이	weasel lemur
작은꼬리땃쥐	lesser short-tailed shrew	족제비오소리	ferret badger
장님두더지쥐	blind mole-rat	주걱코박쥐	spear nosed bat
재규어	jaguar	주둥이고래류	beaked whale
재칼	jackal	주름잎굴박쥐	wrinkle faced bat
잭래빗	jackrabbit	주름코박쥐	hollow faced bat
잭슨하티비스트	Jackson's hartebeast	주머니개미핥기	marsupial anteater
저녁생쥐	vesper mouse	주머니꼬리박쥐	sheath tailed bat
저녁쥐	vesper rat	주머니두더지	marsupial mole, pouched m.
저보아	jerboa	주머니뒤쥐	planigale

국	영
주머니생쥐	pocket mouse
주머니이리	Tasmanian wolf, pouched wolf
주머니하늘다람쥐	flying phalanger
줄무늬다람쥐	chipmunk, ground squirrel
줄무늬다이커	zebra duiker
줄무늬돌고래	stripped dolphin
줄무늬몽구스	banded mongoose
줄무늬수렐리	banded sureli
줄무늬스컹크	stripped skunk
줄무늬유대개미핥기	banded anteater, numbat
줄무늬제칼	sidestriped jackal
줄무늬테렉	tiny toothed tenrec
줄무늬토끼왈러비	banded hare wallaby
줄무늬풀밭쥐	stripped grass mouse
줄무늬하이에나	stripped hyena
쥐고슴도치	shrew hegehog
쥐사슴	chevrotain
쥐사슴류	mouse deer
쥐여우윈숭이	mouse lemur
쥐캥거루	rat kangaroo
쥐테렉	mouse tenrec
쥐토기	pika
쥐호저	Bornean long tailed porcupine
지중해바다표범	Mediterranean monk seal
집쥐	brown rat, house rat
짧은꼬리땃쥐	short tailed shrew
짧은꼬리문뱃	lesser moonrat
짧은꼬리박쥐	short tailed bat
짧은꼬리밭쥐	short tailed vole
짧은꼬리어포섬	short tailed opossum
짧은꼬리족제비	short tailed weasel, ermine
차코페카리	chaco peccary
참돌고래	dolphin
채찍꼬리왈러비	whiptail wallaby
천막박쥐	tent building bat
천산갑	pangolin
천축쥐	cavy, mara, guinea pig, cavy
초원쥐	grass rat
출루곰	chulu bear, coatimundi
치루	chiru
치타	cheetah
친칠라	chinchilla
친칠라생쥐	chinchilla mouse
친칠라쥐	chinchilla rat
칠레수달	southern river otter
침팬지	chimpanzee

국명	영명	국명	영명
카리브메너티	West Indian manatee	코드코드	kodkod
카리브바다표범	Caribean mank seal	코르사크여우	corsac fox
카스피바다표범	Caspian seal	코린거젤	red fronted gazelle
카시미르곰	steppe bear	코브	kob
캐나다살쾡이	Canada lynx	코알라	koala
캐나다수달	Canadian otter	코와리	kowari
캐나다호저	Canadian porcupine, North America p.	코이오트	coyote
		코이푸	coypu
캐인랫	cane rat	코젱이바다표범	elephant seal
캐퓨친원숭이	capuchin monkey	코주부원숭이	proboscis monkey
캐퍼바라	capybara	코즈멜코아티	island coati
캘리포니아바다사자	California sea lion	코카월러비	quokka
캘리포니아포퍼스	California porpoise	콜로부스원숭이	colobus monkey
캘리포니아횐발생쥐	California mouse	콜로콜로	colocolo
캠벨원숭이	Campbell's monkey	콜롬비아족제비	Colombia weasel
캥거루비단털쥐	mouse like hamster	콜페오여우	colpeo fox
캥거루생쥐	kangaroo mouse	웃등털움뱃	hairy nosed wombat
캥거루쥐	kangaroo rat	웃수염거농	moustached monkey
케이프두더지쥐	cape dune mole-rat	콰가	quagga
케이프여우	cape fox	쿠두	kudu
케이프오리비	Cape oribi	쿠스쿠스	cuscus
케이프토끼	Cape hare	쿠이	cui
케이프호저	Cape porcupine	쿨란	kulan
켄테테스	centetes	쿨타르	kultarr

국	영	명	국	영	명
퀸즐랜드박쥐	Queensland blossom		큰포킷고퍼	large pocket gopher	
뷰미에주둥이고래	Cuvier's beaked whale		큰황금두더지	giant golden mole	
큰개미핥기	ginat anteater		큰흰코거농	putty nosed monkey	
큰곰 → 불곰			클로스기번	kloss gibbon	
큰귀고슴도치	long eared hedgehog		클립스프링거	klipspringer	
큰귀박쥐	free-tailed bat		키앙	kiang	
큰귀산쥐	large eared vole		킹카주	kinkajou	
큰귀생쥐	leaf-eared mouse		타르판	tarpan	
큰귀쥐토끼	large eared pika		타마린	tamarin	
큰긴코맛쥐	chequered elehant shrew		타이거사벳	banded palm civet	
큰머리,둥근고래	melon headed whale		타이완원숭이	Formosan rock macaque	
큰박쥐	flying fox		타이거캣	tiger cat, pouched cat	
큰밴디쿠트	giant bandicoot		타킨	takin	
큰뿔양	American bighorn		탈라포은원숭이	talapoin monkey	
큰수달	giant otter		태즈메이니아데블	Tasmanian devil	
큰숲다람쥐	giant forest squirrel		태평양바다코끼리	Pacific walrus	
큰아르마딜로	giant armadillo		태평양흰돌고래	Pacific white sided dolphin	
큰유대하늘다람쥐	yellow bellied glider		탤귀마모셋	tassel ear marmoset	
큰이빨고래	strap toothed whale		탤로움뱃	hairy nosed wombat	
큰쥐사슴	larger mouse deer		테이퍼	tapier	
큰천산갑	giant pangolin		텐렉	tenrec	
큰캥거루	eastern gray kangaroo		토끼귀밴디쿠트	rabbit eared bandicoot	
큰코돌고래	Risso's dolphin		토끼류	rabbit	

국명	영명
토끼왈러비	hare wallaby
토끼쥐	rabbit rat
토크원숭이	toque macaque
토피	topi, sasaby
톡소돈	Toxodon
톰슨가젤	Thomson's gazelle
통깅마카크	Tonkean macaque
투르	tur
투코투코	tuco-tuco
투파이뮤	tupai, tree shrew
트리하이렉스	tree hyrax
티벳거젤	Tibetan gazelle
티벳여우	Tibetan fox
티벳원숭이	Tibetan stump tailed macaque
티벳토끼	woolly hare
티티원숭이	titi monkey
틸라코스밀루스	Thylacosmilus
틸라콜레오	Thylacoleo
파라모쥐	paramo rat
파일럿고래	pilot whale
파카	paca
파카라나	pacarana
파타고니아여포섬	Patagonian opossum
파타고니아족제비	Patagonian weasel
파타스원숭이	patas monkey
파푸아주머니고양이	New Guinea marsupial cat
팔라스고양이	Pallas's cat
팔라완오소리	Palawan stink badger
팜시벳	palm civet
팜파스고양이	pampas cat
팜파스사슴	pampas deer
팜파스여우	pampas fox
페네크	peneck
페루고산쥐	puna mouse
페루두더지쥐	Andean rat
페루여포섬	Peruvian opossum
페르난데스물개	Juan Fernadez fur seal
페르샤고양이	Persian cat
페커리	peccary
포사	fossa
포섬	possum, phalanger
포킷고퍼	pocket gopher
포타모갈레	potamogale
포토윈숭이	potto
포퍼스	harbor porpoise, porpoise
표범	leopard
푸두	pudu
푸른거동원숭이	blue monkey

국	영	국	영
푸쿠	puku	피그미향고래	pygmy sperm whale
퓨마	puma, America lion	피그미흰수염고래	pygmy blue whale
프레이리밭쥐	prairie vole	피지아르마딜로	pichy armadillo
프로코프토돈	procoptodon	피치피치	pichi-pichi
프로템노돈	protemnodon	피티다이커	Peter's duiker
프롱혼	prong horn	필리핀박쥐원숭이	Philippine colugo
프제발스키가젤	Przewalski's gazelle	필리핀안경원숭이	Philippine tarsier
플라피글라이더	fluffy glider	필리핀핀원숭이	crab eating macaque
플로리다사향뒤쥐	Florida water rat	필리핀투파이	Philippine tree shrew
피그미글라이딩포섬	pygmy gliding possum	필바라닝가우르	pilbara ningaui
피그미땃쥐	pygmy shrew	하누만랑구르	hanuman langur
피그미마모셋	pygmy marmoset	하늘다람쥐	flying squirrel
피그미마자마	pygmy brocket	하마	hippopotamus
피그미멧돼지	pygmy hog	하와이바다표범	Hawaiian monk seal
피그미범고래	pygmy killer whale	하이에나	hyena
피그미비늘꼬리다람쥐	pygmy scaly-tailed squirrel	하티비스트	hartebeast
피그미영양	pygmy antelop	하파여우원숭이	hapa lemur
피그미쥐	pygmy mouse	하프바다표범	harp seal
피그미침팬지	pigmy chimpanzee	해우→바다소	
피그미토끼	pygmy rabbit	향고래	sperm whale
피그미투파이	pygmy tree shrew	헤리포드소	hereford
피그미포섬	pygmy possum	호랑이	tiger
피그미하마	pygmy hipotamus	호저	porcupine

국명	영명
호주고양이	native cat
호주물쥐	Australian water rat
혹등고래	humpback whale
혹멧돼지	warthog
혹이빨고래	Blainville's beaked whale
홀쭉이로리스	slender loris
화산쥐	volcano mouse
활주둥이고래	arch beaked whale
황금두더지쥐	golden mole
황금쥐	golden mouse
황금털랑구르원숭이	golden langur
황제타마린	emperor tamarin
회색고양이	Chinese desert cat
회색곰	grizzly bear
회색다람쥐	gray squirrel
회색바다표범	gray seal
회색수벨리	grizzled sureli
회색숲왈라비	gray forest wallaby
회색여우	gray fox
회색캥거루	gray kangaroo
회색쿠스쿠스	gray cuscus
후티아	hutia
흑표범	panther
흡반박쥐	sucker footed bat
흡혈박쥐	vampire vat
흡혈박쥐사촌	false vampire
흰가슴산달	stone marten
흰귀마모셋	buffy tufted-ear marmoset
흰귀어포섬	white eared opossum
흰수염고래	sulphur bottom whale
흰꼬리누	white tailed gnu
흰꼬리모래여우	sand fox
흰꼬리비단털쥐	white tailed rat
흰꼬리사슴	white tailed deer
흰꼬리잭래빗	white tailed jackrabbit
흰담비	ermine, marten
흰돌고래	beluga, belukha
흰등스컹크	hooded skunk
흰머리사키 → 흰얼굴사키	
흰목거농	white collard monkey
흰목꼬리감기원숭이	white faced capuchin
흰목도리여우원숭이	ruffed lemur
흰목맹거베이	white collared mangabey
흰목페커리	collared peccary
흰바다표범	ribbon seal
흰발·생쥐	white footed mouse
흰발타마린	white footed tamarin
흰배다이커	white bellied duiker

국	명	영	명
흰배돌고래		white bellied dolphin	
흰뺨땅거베이		gray-cheeked mangabey	
흰생쥐		albino mouse	
흰손긴팔원숭이		white hand gibbon	
흰손티티		yellow handed titi	
흰수염고래		blue whale	
흰수염소영양		white beared wildbeast	
흰얼굴사키		white faced saki	
흰오릭스		scimitar oryx	
흰이마꼬리감기원숭이		white fronted capuchin	
흰이마수렐리		white fronted sureli	
흰입술페커리		white lipped peccary	
흰족제비		ferret	
흰쥐		albino rat	

국	명	영	명
흰코거농		white nosed monkey, spot nosed monkey.	
흰코돌고래		white beaked dolphin	
흰코뿔소		white rhinoceros	
흰코사향고양이		white nosed civet	
흰코수염사키		white nosed saki	
흰긋등코아티		white nosed coati	
하롤라		hirola	
히말라야뒷쥐		Himalayan shrew	
히말라야산양		tahr	
히말라야웰숭이		rhesus macaque	
히말라야타르		Himalayan tahr	
히어로쉬류		hero shrew	

■ 학명-국명

학	국	명
Abrawayaomys ruschii	브라질가시쌀쥐	
Abrocomidae	친칠라쥐	
Acinonyx jubatus	치타	
Acrobates pygmaeus	피그미글라이딩포섬	
Addax nasomaculatus	애닥스	
Aepyceros melampus	임팔라	
Aepyprymnus rufescens	붉은쥐캥거루	
Agoutidae	파카	
Ailuropoda melanoleuca	자이언트팬더	
Ailurus fulgens	레서팬더	
Alcelaphus	하티비스트류	
Alcelaphus buselaphus	하티비스트	
Alces alces	무스	
Allenopithecus nigroviridis	알렌원숭이	
Allocebus trichotis	귀털난쟁이여우원숭이	
Alopex lagopus	북극여우	
Alouatta	고함원숭이류	
Alouatta belzebul	붉은손고함원숭이	
Alouatta caraya	검은고함원숭이	
Alouatta fusca	갈색고함원숭이	
Alouatta palliata	망토고함원숭이	
Alouatta seniculus	붉은고함원숭이	
Alouatta villosa	멕시코고함원숭이	

학	국	명
Alticola macrotis	큰귀산쥐	
Ammodorcas clarkei	디바타그	
Ammotragus lervia	바바리양	
Anathana ellioti	인도투파이	
Andinomys edax	안데스생쥐	
Anomalurus	비늘꼬리다람쥐	
Anourosorex squamipes	두더지땃쥐	
Antechinus stuarti	브라운엔트키니스	
Antechinus swainonii	긴발톱엔트키니스	
Antechynomys laniger	쿨타르	
Antidorcas marsupialis	스프링벅	
Antilope cervicapra	인도영양	
Antilopinae	영양류	
Antirocapra americana	프롱혼	
Aotus trivirgatus	올빼미원숭이	
Aplodontia rufa	비버	
Arctictis binturong	빈투롱	
Arctocebus calabarensis	골든포토	
Arctocephalus australis	남방물개	
Arctocephalus forsteri	뉴질랜드물개	
Arctocephalus galapagoensis	갈라파고스물개	
Arctocephalus gazella	남극물개	
Arctocephalus philippii	페르난데스물개	

학명	국명	학명	국명
Arctocephalus pusillus	남아프리카물개	Balaenoptera physalus	수염고래
Arctocephalus townsendi	과달루프물개	Bassaricus astutus	링테일캣
Arctocephalus tropicalis	아남극물개	Bathyergus suillus	케이프두더지쥐
Arctonyx collaris	돼지코오소리	Beatragus hunteri	히롤라
Arvicola terrestris	물밭쥐	Belomy	텔다리하늘다람쥐
Ateles	거미원숭이류	Bettongia penicillata	브러시비얼쥐캥거루
Ateles belzebuth	긴팔거미원숭이	Bibimys	붉은코쥐
Ateles fussciceps	갈색머리거미원숭이	Bison bison	아메리카들소
Ateles geoffroyi	검은손거미원숭이	Bison bonasus	유럽들소
Ateles paniscus	검은거미원숭이	Blarinella quadraticauda	짧은꼬리땃쥐
Atherurus africanus	숲꼬리호저	Blarinomys breviceps	땃쥐
Atilax paludinosus	늪몽구스	Blastocerus dichotomous	아메리카늪사슴
Avahi laniger	양털여우원숭이	Bos gaurus	가우어
Axis axis	인도벵사슴	Bos javanicus	반텡
Axis porcinus	돼지사슴	Bos mutus	야크
Babyrousa babyrussa	바비루사	Bos primigenius	소
Baiomys	피그미쥐	Bos taurus	오록스
Balaena glacialis	검은수염고래	Boselaphus tragocamelus	닐가이
Balaena mysticetus	그린란드고래	Brachyteles arachnoides	양털거미원숭이
Balaenoptera acutorostrata	밍크고래	Bradypus	나무늘보류
Balaenoptera borealis	별치고래	Brandypus torquatus	갈기나무늘보
Balaenoptera brevicauda	피그미흰수염고래	Brassaricyon	올링고
Balaenoptera edeni	오리부리고래	Bubalus	물소류
Balaenoptera musculus	흰수염고래	Bubalus arnee	아시아물소

학명	국명	학명	국명
Budorcas taxicolor	타킨	Calomyscus bailwardi	캥거루비단털쥐
Bunolagus monticularis	부시멘토끼	Caloprymnus campestris	사막쥐캥거루
Cabassous unicinatus	민꼬리아르마딜로	Caluromys	비단털여포섬
Cacajao	우아가리류	Camelus bactrianus	쌍봉낙타
Cacajao melanocephalus	검은우아가리	Camelus dromedarius	단봉낙타
Cacajao rubicundus	붉은우아가리	Canis	개, 늑대, 재칼류
Calcochloris obtusirostris	노랑황금두더지	Canis adustus	재칼
Callicebus	티티윈숭이류	Canis dingo	딩고
Callicebus moloch	붉은티티	Canis familiaris	개
Callicebus personatus	마스크티티	Canis latrans	코이오트
Callicebus torquatus	흰손티티	Canis lupus	늑대
Callithrix	마모셋원숭이류	Canis mesolemas	검은등재칼
Callithrix argentata	실버마모셋	Canis rufus	붉은늑대
Callithrix aurita	흰귀마모셋	Canis simensis	이디오피아재칼
Callithrix geoffroyi	조프로이마모셋	Caperea marginata	쇠흑고래
Callithrix humeralifer	털귀마모셋	Caphalorhynchus eutropia	흰배돌고래
Callithrix jacchus	마모셋원숭이	Capra	투르
Callithrix penicillata	검은귀마모셋	Capra aegagrus	염소
Calloimico goeldii	젤디윈숭이	Capra falconery	마코르
Callorhinus ursinus	북방물개	Capra ibex	아이베스염소
Callosciurus notatus	바나나다람쥐	Capra pyrenaica	스페인아이베스
Callosciurus prevosti	프레보스트다람쥐	Capreolus capreolus	노루
Calomys	저녁생쥐	Capricornis crispus	일본산양

학명	국명	학명	국명
Cercopithecus neglectus	브라쎄원숭이	*Chlamyphorus retusus*	애기아르마딜로
Cercopithecus nictitans	흰코거농	*Choeropsis liberiensis*	피그미하마
Cercopithecus petaurista	얼룩코거농	*Choloepus hoffmanni*	두발가락나무늘보
Cercopithecus pogonias	관머리거농	*Chrysochloridae*	황금두더지류
Cercopithecus wolfi	울프거농	*Chrysocyon brachyurus*	갈기이리
Cerus duvaucelips	바라싱가사슴	*Chrysospalax trevelyani*	큰황금두더지
Cervus canadensis	엘크사슴	*Citellus*	줄무늬다람쥐
Cervus elaphus	붉은뿔사슴	*Civettictis civetta*	아프리카사향고양이
Cervus nippon	일본사슴	*Clethrionomys glareolus*	유럽대륙밭쥐
Cervus timorensis	루사사슴	*Clethrionomys rutilus*	애기대륙밭쥐
Cervus unicolor	삼바	*Coendou prehensilis*	꼬리감기호저
Chaeropus ecaudatus	돼지발밴디쿠트	*Colobus*	검은흰로부스(류)
Chaetmys subspinosus	가는꼬리호저	*Condylura cristata*	별코두더지
Chaetophratus vellerosus	긴털아르마딜로	*Conepatus mesoleucus*	돼지코스컹크
Challorhinus	물개	*Connochaetes gnou*	흰꼬리누
Chaerogaeus	살찐꼬리여우원숭이	*Connochaetes taurinus*	검은꼬리누
Cheirogaeus	난쟁이여우원숭이	*Connochaetus*	소영양(누)
Cheirogaleus	친칠라	*Craseonycteridae*	돼지코박쥐
Chinchillidae	친칠라생쥐	*Cricelulus trion*	비단털쥐
Chinchillula sahamae	물어포섬	*Cricetomys*	아프리카불주머니쥐
Chironectes minimus	흰코수염사키	*Cricetulus trion*	비단털쥐
Chiropotes albinasus	수염사키	*Cricetus*	비단털쥐류
Chiropotes satanas	박쥐류	*Cricetus cricetus*	검은배비단털쥐
Chiroptera			

학명	국명
Crocidura russulla	유럽땃쥐
Crocuta crocuta	하이에나
Cryptomys hottentotus	두더지쥐
Cryptotis parva	작은귀땃쥐
Ctenodactylus gundi	에티러스군디
Ctenodactylus vali	사막군디
Ctenomyidae	투코투코
Cuon alpinus	승냥이
Cyclopes didactylus	애기개미핥기
Cynocephalidae	박쥐원숭이
Cynocephalus variegatus	말레이박쥐원숭이
Cynocephalus volans	필리핀박쥐원숭이
Cynogale bennettii	위터사벳
Cynomys	개쥐
Cystophora cristata	두건바다표범
Dama dama	다마사슴
Damaliscus dorcas	본티복
Damaliscus lunatus	토피
Dasycercus cristicauda	땔가라
Dasypodidae	아르마딜로
Dasyproctidae	아구티
Dasypus novemcinctus	아홉띠아르마딜로
Dasyuroides byrnei	코와리
Daubentonia madagascariensis	아이아이

학명	국명
Delphinapterus leucas	흰돌고래
Delphinaptrus	태평양흰돌고래
Delphinus delphis	참돌고래
Dendrogale	가는꼬리투파이
Dendrohyrax	트리하이렉스
Dendrolagus	나무타기캥거루
Dendromus	나무타기쥐
Desmodontidae	흡혈박쥐
Dicerorhinus sumatrensis	수마트라코뿔소
Diceros bicornis	검은코뿔소
Didelphidae	이포섬
Didelphis albiventris	흰가어포섬
Didelphis virginiana	아메리카어포섬
Dinaromys bogdanovi	눈밭쥐
Dinomyidae	파카라나
Diplotodon	디프로토돈
Dipodidae	저보아
Dipodomys	캥거루쥐
Distoechurus pennatus	깃꼬리포섬
Dolichotis	마라
Dorcatragus megalotis	베이라
Dorcopsis veterum	회색숲왈러비
Dromiciops australis	콜로콜로
Dugon Dugon	듀공

학	명	국	명
Dusicyon culpaeus		콜페오여우	
Dusicyon gymnocercus		팜파스여우	
Dusicyon sechurae		세추란여우	
Dusicyon thous		게잡이여우	
Echimydae		가시쥐	
Echinoprocta rufescens		아마존호저	
Echinosorax gymnurus		맨털이고슴도치	
Echymipera kalubu		가시뺀디쥐트	
Elaphodus cephalphus		앞머리가타사슴	
Elaphurus davidiensis		사불상	
Elephantulus rufescens		붉은긴코맞쥐	
Elephas maximus		인도코끼리	
Ellobious		두더지베 밍	
Emballomuridae		주머니꼬리박쥐	
Enhydra lutris		바다수달, 해달	
Equus africanus		아프리카당나귀	
Equus burchelli		사베너얼룩말	
Equus caballus		말	
Equus grevyi		그레비얼룩말	
Equus hemionus		아시아당나귀	
Equus onager		당나귀, 오나거	
Equus przewalskii		몽고말	
Equus quagga		콰가	

학	명	국	명
Equus zebra		산얼룩말	
Eremitalpa granti		사막황금두더지	
Erethizon dorsatum		캐나다호저	
Erignathus barbatus		수염바다표점	
Erinaceidae		마다가스카르고슴도치	
Erinaceus europaeus		고슴도치	
Erythrocebus patas		파타스원숭이	
Eschrichtius robustus		쇠고래	
Eumetopias jubatus		바다사자	
Euphractus sexcinctus		여섯띠아르마딜로	
Felis		살쾡이류	
Felis aurata		아프리카금든갯	
Felis badia		보르네오살쾡이	
Felis bengalensis		뱅갈살쾡이	
Felis bieti		회색고양이	
Felis caracal		아프리카살쾡이	
Felis chaus		정글갯	
Felis colocolo		팜파스고양이	
Felis concolor		퓨마	
Felis geoffroyi		조프로이갯	
Felis guigna		코드코드	
Felis jacobita		안데스고양이	
Felis manul		팔리스고양이	

Felis margarita	모래고양이	*Galea*	쿠이
Felis marmorata	마블캣	*Galictis vittata*	그리슨족제비
Felis nigripes	검은발고양이	*Galidia elegans*	알락꼬리망구스
Felis pardalis	오실롯	*Gazella*	가젤류
Felis planiceps	말레이지아삵쾡이	*Gazella dama*	다마가젤
Felis rubiginosus	붉은점고양이	*Gazella gazella*	마운틴가젤
Felis rufus	보브캣	*Gazella granti*	그랜트가젤
Felis serval	서발고양이	*Gazella rufifrons*	코린가젤
Felis silvestris	유럽살쾡이	*Gazella subgutturosa*	조이터가젤
Felis temmincki	아시아금빛캣	*Gazella thomsoni*	톰슨가젤
Felis tigrinus	타이거캐트	*Gemoys bursarius*	동부포깃고퍼
Felis viverrina	고기잡이고양이	*Genetta genetta*	유럽제넷
Felis wiedi	마게이캣	*Genetta victoriae*	자이언트제넷
Felis yagouaroundi	자가란디	*Geomys*	포깃고퍼
Felovia vae	세비줄군디	*Gerbillinae*	저빌
Feresa attenuata	피그미범고래	*Giraffa camelpardalis*	기린
Fossa fossa	포사	*Giraffa reticulata*	그물무늬기린
Furipterus horrens	민발톱박쥐	*Glaucomys volans*	아메리카하늘다람쥐
Galago	아프리카갈라고, 부시베이비	*Gliridae*	동면쥐
Galago alleni	알렌부시베이비	*Gironia venusta*	부시비없이포섬
Galago crassicaudatus	굵은꼬리부시베이비	*Globicephala melaena*	파일럿고래
Galago demidovii	난쟁이부시베이비	*Gorilla g. beringei*	마운틴고릴라
Galago elegrantulus	바늘발톱부시베이비	*Gorilla gorilla*	고릴라
Galago senegalensis	세네갈부시베이비	*Grampus griseus*	큰코돌고래

학명	국명
Gulo gulo	아메리카오소리
Halichoerus grypus	회색바다표범
Hapalemur griseus	샌틀여우원숭이
Hapalemur simus	넓적코젠틀여우원숭이
Helarctos malayanus	말레이곰
Heliophobius	실바두더지쥐
Helogale parvula	난쟁이몽구스
Hemicentetes semispinosus	검은머리텐렉
Hemiechinus	른귀고슴도치
Hemigalus derbyanus	타이거사벳
Hemitragus	히말라야산양
Hemitragus jemlahicus	히말라야타르
Herpestes naso	긴코몽구스
Herpestes smithi	붉은몽구스
Herpestinae	몽구스류
Heterocephalus glaber	벌거숭이두더지쥐
Heterohyrax	부시하이렉스
Heteromys	가시주머니생쥐
Hippocamelus bisulcus	계말사슴
Hipposideridae	꽃박이박쥐
Hippopotamus amphibius	하마
Hippotragus equinus	말영양
Hippotragus leucophaeus	블루벅영양

학명	국명
Hippotragus niger	세이블영양
Hyaena brunnea	갈색하이에나
Hyaena hyaena	줄무늬하이에나
Hydrictis maculicollis	얼룩목수달
Hydrochoeridae	캐피바라
Hydrochoerus hydrochaeris	브라질캐피바라
Hydrodamalis gigas	스텔러바다소
Hydromys	호주물쥐
Hydropotes inermis	고라니
Hydrurga leptonyx	얼룩바다표범
Hyemoschus aquaticus	아프리카쥐사슴
Hylobates	기번원숭이(류)
Hylobates agilis	애질기번
Hylobates concolor	검은손기번
Hylobates klossi	클로스기번
Hylobates lar	흰손긴팔원숭이
Hylobates syndactylus	샤망
Hylochoerus meinertzhageni	숲돼지
Hylomys suillus	짧은꼬리문렛
Hyperoodon ampullatus	북방병코고래
Hypsiprymnodon moschatus	사향쥐캥거루
Hystricidae	호저
Hystrix africaeaustralis	케이프호저

학명	국명
Hystrix cristata	갈기호저
Ichthyomys	고기잡이쥐
Ictonyx striatus	조릴라
Idiumus	피그미비늘꼬리다람쥐
Indri indri	인드리원숭이
Inia geoffrensis	아마존돌고래
Isodon auratus	금등밴디쿠트
Isodon macrourus	얼룩밴디쿠트
Kerodon rupenstris	바위천축쥐
Kobus ellipsiprymnus	워터벅
Kobus kob	코브
Kobus leche	리치위
Kobus megaceros	나일리치위
Kobus vardoni	푸쿠
Kogia breviceps	피그미향고래
Lagenorhynchus albirostris	흰꼬돌고래
Lagenorhynchus obsurus	더스키돌핀
Lagorchestes	토끼왈라비
Lagorchestes conspicillatus	안경토끼왈라비
Lagostomus maximus	비스카차
Lagostrophus fasciatus	줄무늬토끼왈라비
Lagothrix	양털원숭이
Lama glama	라마
Lama guanicoe	과나코
Lama pacos	알파카
Lasiorhinus	꼿등털웜뱃
Lasiurus borealis	붉은박쥐
Lemmus lemmus	노르웨이레밍
Lemniscomys barbarus	줄무늬풀밭쥐
Lemur catta	알락꼬리여우원숭이
Lemur coronatus	관머리여우원숭이
Lemur fulvus	갈색여우원숭이
Lemuridae	여우원숭이류
Lemur macaco	검은여우원숭이
Lemur mongoz	몽구스여우원숭이
Lemur rubriventer	붉은배여우원숭이
Lenoxus apicalis	페루드니지쥐
Leontopithecus rosalia	라이온타마린
Lepilemur mustelinus	족제비여우원숭이
Leporidae	산토끼(멧토끼)
Leptonychotes weddelli	웨델바다표범
Lepus	재래빗류
Lepus alleni	영양잭래빗
Lepus americanus	눈신토끼
Lepus brachyurus	일본토끼
Lepus californicus	검은꼬리잭래빗
Lepus capensis	케이프토끼
Lepus crawshayi	사바나토끼

학	국
Lepus europaeus	유럽토끼
Lepus oiostolus	티벳토끼
Lepus peguensis	버마토끼
Lepus saxatilis	붉은목토끼
Lepus sinensis	산토끼
Lepus timidus	눈토끼
Lepus townsendii	흰꼬리제래빗
Lestodelphys halli	파타고니아아포섬
Lestoros inca	페루어포섬
Limnogale mergulus	물텐렉
Lipotes vexillifer	양자강돌고래
Litocranius walleri	제레누크
Lobodon carcinophagus	게잡이바다표범
Lophiomys imhausi	갈기쥐
Loris	늘보원숭이류
Loris tardigradus	홀쭉이로리스
Loxodonta africana	아프리카코끼리
Lutra canadensis	캐나다수달
Lutra felina	남방바다수달
Lutra longicaudis	긴꼬리수달
Lutra lutra	수달
Lutra provocax	칠레수달
Lutra sumatrana	수마트라수달

학	국
Lutreolina crassicaudata	쪽제비어포섬
Lutrogale perspicillata	옹단수달
Lycaon pictus	리카온
Lyncodon patagonicus	파타고니아족제비
Lynx(Felis) canadensis	캐나다살쾡이
Macaca	마카크류
Macaca arctoides	뭉땅꼬리원숭이
Macaca assamensis	아삼원숭이
Macaca cyclopis	타이완원숭이
Macaca fascicularis	필리핀원숭이
Macaca fuscata	일본원숭이
Macaca maura	무어원숭이
Macaca mulatta	히말라아원숭이
Macaca nemestrina	꽤지꼬리원숭이
Macaca nigra	검둥원숭이
Macaca radiata	보넷원숭이
Macaca silenus	사자꼬리원숭이
Macaca sinica	토끄원숭이
Macaca sylvanus	바바리원숭이
Macaca thibetana	티벳원숭이
Macaca tonkeana	통킹마카크
Macroglossus	긴혀과일박쥐
Macropodidae	왈러비류

학 명	국 명
Metachirus nudicandatus	검센비늘어포섬
Microcavia	사막천죽쥐
Microcebus	쥐여우원숭이
Microdipodops	캥거루생쥐
Microgale	긴꼬리텐렉
Microperoryctes murina	생쥐밴디루트
Microsorex hoyi	피그미땃쥐
Microtus	밭쥐류
Microtus arvalis	밭쥐
Microtus ochrogaster	포레이리밭쥐
Microtus pennsylvanicus	아메리카밭쥐
Miniopterus schreibersi	긴발가락박쥐
Miopithecus talapoin	탈라포원숭이
Mirounga	바다표범류
Mirounga angustirostris	북방코끼리바다표범
Mirounga leonina	수염바다표범
Molossidae	른귀박쥐
Monachus	바다표범류
Monachus monachus	지중해바다표범
Monachus schauinslandi	하와이바다표범
Monachus tropicalis	카리브바다표범
Monodelphis domestica	짧은꼬리이포섬
Monodon monoceros	일각돌고래

학 명	국 명
Mormoopidae	입술박쥐
Moschus	사향사슴류
Moschus berezovskii	난쟁이사향사슴
Moschus chrysogaster	산사향사슴
Moschus moschiferus	사향노루
Mungos mungo	줄무늬몽구스
Muntiacus muntjac	인도문착
Muntiancus	문착류
Murexia longicaudata	긴꼬리주머니생쥐
Mus musculus	집쥐
Mustela africana	아마존족제비
Mustela altaica	알타이족제비
Mustela erminea	흰담비
Mustela eversmanni	스텝긴털족제비
Mustela felipei	콜롬비아족제비
Mustela frenata	긴꼬리오코조
Mustela kathiah	노랑배족제비
Mustela lutreola	유럽밍크
Mustela nigripes	검은발족제비
Mustela nivalis	쇠족제비
Mustela nivalisr.	아메리카쇠족제비
Mustela nudipes	맨발족제비
Mustela putorius	긴털족제비 ·

학명	국명	학명	국명
Mustela putorius	흰족제비	*Neofilis nebulosa*	구름표범
Mustela sibirica	족제비	*Neomys fodiens*	물뒷쥐
Mustela strigidorsa	드줄족제비	*Neophascogale lorentzii*	긴발톱주머니생쥐
Mustela vison	밍크	*Neophoca cinerea*	오스트레일리아바다사자
Mustelinae	족제비아류	*Neophocaena phocaenoides*	무라지
Myocastoridae	코이푸	*Neotragus batesi*	피그미영양
Myopus schisticolor	숲레밍	*Neotetracus sinensis*	쥐고슴도치
Myosciurus pumilio	아프리카난쟁이다람쥐	*Neotoma floridana*	산림쥐
Myotis grisescens	회색빠른수염박쥐	*Neotomodon alstoni*	화산쥐
Myrmecobius fasciatus	줄무늬주머니개미핥기	*Neotomys ebriosus*	메스늪쥐
Myrmecophaga tridactyla	큰개미핥기	*Neotragus*	수니영양류
Myrmecophagidae	개미핥기류	*Neotragus moschatus*	수니영양
Mystacinidae	짧은꼬리박쥐	*Neotragus pygmaeus*	로열영양
Mysticeti	수염고래류	*Nesolagus netscheri*	수마트라토끼
Mystromys albicaudatus	흰꼬리비단털쥐	*Neurotrichus gibbsii*	아메리카뒤쥐두더지
Myzopoda aurita	흡반박쥐	*Ningaui timelaeyi*	닝바라닝가우이
Nasalis larvatus	코주부원숭이	*Noctilio*	고기잡이박쥐
Nasua narica	긴코너구리	*Noctilionidae*	고기잡이박쥐류
Nasua nasua	흰롯등코아티	*Notiomys*	두더지생쥐
Nasua nelsoni	코즈멜코아티	*Notoryctes typhlops*	주머니두더지
Nasuella olivacea	에콰도르코아티	*Nyctereutes procyonoides*	너구리
Natalidae	넓은귀박쥐	*Nycteridae*	주름코박쥐
Nemorhaedus goral	산양	*Nycticebus caucang*	슬로로리스
Neofiber alleni	플로리다사향뒤쥐	*Nyctomys*	저녁쥐

학명	국명	명
Ochotona	쥐토끼류	
Ochotona callalis	북결이쥐토기	
Ochotona macrotis	큰귀쥐토끼	
Ochotona princeps	아메리카쥐토끼	
Ochotona rufescens	아프간쥐토끼	
Ochotona rutila	붉은쥐토끼	
Ochrotomys nuttalli	황금쥐	
Octodontidae	옥토돈트	
Odobenus rosmarus	바다코끼리	
Odobenus rosmarusr.	대서양바다코끼리	
Odocoileus hemionus	검은꼬리사슴	
Odocoileus virginianus	흰꼬리사슴	
Odontoceti	이빨고래류	
Okapia johnstoni	오카피	
Ommatophoca rossi	로스바다표범	
Ondatra zibethicus	사향뒤쥐	
Onychomys	메뚜기쥐	
Orcaella brevirostris	이라와디돌고래	
Orcinus orca	범고래	
Oreamnos americanus	로키산양	
Oreotragus oreotragus	클립스프링거	
Ornithorhynchus anatinus	오리너구리	
Orthogemoys grandis	큰포깃고퍼	

학명	국명	명
Orycteropus afer	땅돼지	
Oryctolagus	토기류	
Oryctolagus cuniculus	굴토기	
Oryx dammah	흰오릭스	
Oryx gazella	오릭스	
Oryx leucoryx	아라비아오릭스	
Oryzorictes	쌀텐렉	
Osbornictis piscivora	물사향고양이	
Otaria flavescens	남아메리카바다사자	
Otariidae	물개류	
Otocyon megalotis	박쥐귀여우	
Otomys	아프리카늪쥐	
Ourebia ourebi	오리비	
Ovibos moschatus	사향소	
Ovis ammon	아르갈리	
Ovis canadensis	큰뿔양	
Ovis dalli	가는뿔산양	
Ovis musimon	무플론	
Ovis nivicola	시베리아눈양	
Ovis orientalis	아시아무플론	
Ozotoceros bezoarticus	팜파스사슴	
Pan paniscus	피그미침팬지	
Panthera leo	사자	

학명	국명	학명	국명
Panthera onca	재규어	*Perognathus*	주머니생쥐
Panthera pardus	표범	*Peromyscus californicus*	캘리포니아흰발생쥐
Panthera tigris	호랑이	*Peromyscus leucopus*	흰발생쥐
Panthera uncia	설표	*Peroryctes broadbenti*	큰밴디쿠트
Pantholops hodgsoni	치루	*Peroryctes longicauda*	긴꼬리밴드쿠트
Pan troglodytes	침팬지	*Petaurista leucogenys*	날다람쥐
Papio	개코원숭이류	*Petauroides volans*	유대날다람쥐
Papio cynocephalus	사바나개코원숭이	*Petaurus australis*	큰유대하늘다람쥐
Papio hamadryas	망토개코원숭이	*Petaurus breviceps*	유대하늘다람쥐
Papio leucophaeus	드릴개코원숭이	*Petrodromus tetradactylus*	네발가락긴코맷쥐
Papio papio	기니아개코원숭이	*Petrogale*	바위왈러비류
Papio sphinx	맨드릴	*Petrogale xanthopus*	노랑꼬리바위왈러비
Paradoxurus hermaphroditus	팜시벳	*Petromys typicus*	아프리카바위쥐
Paraechinus	사막고슴도치	*Petromyscus*	바위쥐
Parantechinus apicalis	디블러	*Phacochoerus aethiopicus*	혹멧돼지
Pascogale calura	붉은꼬리파스코걸레	*Phalanger*	쿠스쿠스류
Pectinator spekei	솔꼬리군디	*Phalanger carmelitae*	마운틴쿠스쿠스
Pedetes capensis	뜀토끼	*Phalanger gymnotis*	등줄쿠스쿠스
Pelea capreolus	리복	*Phalangeridae*	밴디쿠트, 쿠스쿠스류
Pentalagus furnessi	아마미토끼	*Phalanger maculatus*	얼룩쿠스쿠스
Peponocephala electra	큰머리돌고래	*Phalanger orientalis*	회색쿠스쿠스
Perameles gunnii	등줄밴디쿠트	*Phalanger ursinus*	검은쿠스쿠스
Perameles nasuta	긴코밴디쿠트	*Phalanger vestitus*	비단털쿠스쿠스
Perodicticus potto	포토원숭이	*Phascogale*	유대고양이

학 명	국 명	학 명	국 명
Phascolarctos cinereus	코알라	*Pithecia albicans*	노랑사키
Phascolorex dorsalis	등줄주머니생쥐	*Pithecia hirsuta*	검은수염사키
Phenacomys longicaudus	붉은나무타기들쥐	*Pithecia monachus*	붉은수염사키
Philander opossum	네눈이포섬	*Pithecia pithecia*	흰얼굴사키
Phoca caspica	가스피바다표범	*Pitymys*	소나무쥐
Phoca fasciata	흰바다표범	*Planigale maculata*	주머니뒤쥐
Phoca groenlandica	하프바다표범	*Platacanthomys*	가시등면쥐
Phoca hispida	반달바다표범	*Platanista*	강돌고래
Phoca largha	점박이바다표범	*Platanista gangetica*	겐지스강돌고래
Phoca sibirica	바이칼바다표범	*Platanista minor*	인더스강돌고래
Phoca vitulina	바다표범	*Plecotus auritus*	토기박쥐
Phocarctos hookeri	뉴질랜드바다사자	*Poecilictis libyca*	사하라족제비
Phocoena	포쾌스류	*Poelagus marjorita*	우간다토끼
Phocoena phocoena	포쾌스	*Poiana richardsoni*	아프리카린삿
Phocoena sinus	캘리포니아포쾌스	*Pongo pygmacus*	오랑우탄
Phocoenoides dalli	둘쿱등이	*Pontoporia blainvillei*	라플라타강돌고래
Phodopus sungorus	애기비단털쥐	*Potamochoerus porcus*	강돼지
Phyllostomatidae	주걱코박쥐	*Potamogale velox*	포티모갈메
Phyllotis	큰귀생쥐	*Potoroidae*	쥐캥거루
Physeter macrocephalus	향고래	*Potorous tridactylus*	코뀀캥거루
Pinnipedes	기각류	*Potos flavus*	킹카쥬
Pipistrellus pipistrellus	양박쥐	*Presbytis*	수렐리원숭이류
Pithecia	사키원숭이류	*Presbytis comata*	회색수렐리

학명	국명	학명	국명
Presbytis femoralis	줄무늬수렐디	*Pteropodidae*	큰박쥐
Presbytis frontata	흰이마수렐디	*Pteropus rodricensis*	로드리게스큰박쥐
Presbytis rubicunda	붉은수렐디	*Ptilocercus lowii*	깃꼬리투파이
Priodontes maximus	큰아르마딜로	*Puda pudu*	푸두
Priodon pardicolor	얼룩린샹	*Punomys lemmius*	페루고산쥐
Procapra gutturosa	몽고가젤	*Pygathrix*	두크원숭이류
Procapra picticaudata	티벳가젤	*Pygathrix nigripes*	검은다리두크원숭이
Procapra przewalskii	프레발스키가젤	*Pygathrix roxellana*	골든몽키
Procavia	바위하이레스	*Rangifer tarandus*	순록
Procolobus	붉은콜로부스(류)	*Raphicerus campestris*	스타인벅
Procoptodon	프로콥토돈	*Raphicerus melanotis*	그리스벅
Procyon cancrivorus	게잡이아메리카너구리	*Rattus rattus*	곰쥐
Procyon lotor	아메리카너구리	*Redunca*	리드벅류
Prometheomys schaposchnikowi	긴발톱두더지레밍	*Redunca arundinum*	리드벅
Pronolagus	붉은바위토끼	*Redunca fulvorufula*	마운틴리드벅
Propithecus	시파카원숭이	*Redunca redunca*	수단리드벅
Proteles cristatus	아드울프	*Reithrodon physodes*	토키쥐
Protemnodon	프로템노돈	*Reithrodontomys*	수확쥐
Pseudocheirus dahli	바위링테일	*Rheomys*	물쥐
Pseudocheirus peregrinus	일반꼬리포섬	*Rhinoceros sondaicus*	자바코뿔소
Pseudois nayaur	바랄	*Rhinoceros unicornis*	인도코뿔소
Pseudorca crassidens	범고래부치	*Rhinolophidae*	관박쥐
Pteromys volans	하늘다람쥐	*Rhinopomatidae*	긴꼬리박쥐
Pteronura brasiliensis	큰수달	*Rhinosciurus laticaudatus*	긴코다람쥐

학 명	국 명	학 명	국 명
Rhizomys	대나무쥐	*Sciurus carolinensis*	회색다람쥐
Rhynchocyon chrysopygus	오색긴코땃쥐	*Sciurus vulgaris*	청설모, 청서
Rhynchocyon cirnei	르긴코땃쥐	*Scolomys melanops*	검은가시쌀쥐
Rodentia	설치류	*Scutisorex somereni*	갑옷땃쥐
Romerolagus diazi	멕시코토끼	*Selevinia betpakdalensis*	사막동면쥐
Rupicapra rupicapra	샤모아	*Semanopithecus geei*	골든랑거
Saguinus	타마린원숭이류	*Semnopithecus*	황금털향구르원숭이
Saguinus fuscicollis	안장등타마린	*Semnopithecus entellus*	하누만향구르
Saguinus geoffroyi	조프로이타마린	*Semnopithecus hypoleucos*	말라바향구르
Saguinus imperator	황제타마린	*Semnopithecus obscurus*	더스키리프몽키
Saguinus inustus	얼룩얼굴타마린	*Semnopithecus vetulus*	붉은얼굴향구르
Saguinus leucopus	흰발타마린	*Setifer setosus*	가시텐렉
Saguinus midas	붉은손타마린	*Setonix brachyurus*	코가왈러비
Saguinus mystax	수염타마린	*Sicistinae*	긴꼬리쥐
Saguinus nigricollis	검은목타마린	*Sigmodon*	목화쥐
Saguinus oedipus	솜머리타마린	*Solenodontidae*	솔베노드
Saiga tatarica	사이가	*Sorex araneus*	뒤쥐
Saimiri sciureus	다람쥐원숭이	*Sorex cinereus*	가면뒤쥐
Sarcophilus harrisii	태즈메이니아데블	*Sorex palustris*	아메리카물뒤쥐
Satanellus albopunctatus	과푸아주머니고양이	*Soricidae*	뒤쥐류
Scalopus	아메리카두더지류	*Soriculus nigriscens*	히말라야땃쥐
Scalopus aquaticus	동부아메리카두더지	*Sotalia fluviatilis*	난쟁이돌고래
Sciurus	다람쥐류	*Sousa teuszii*	아프리카혹고래

학명	국명
Spalacinae	타시아장님두더지쥐
Spalax	장님두더지쥐
Speothos venaticus	숲개
Spermophilus	땅다람쥐류
Sphiggurus	나무타기호저
Spirogale putorius	얼룩스컹크
Stenella attenuata	알락돌고래
Stenella coeruleoalba	줄무늬돌고래
Stenella longirostris	얼룩돌고래
Suillotaxus marchei	팔라완오소리
Suncus	사향땃쥐
Suricate suricata	서리케이트
Sus barbatus	수염멧돼지
Sus celebensis	셀레베스멧돼지
Sus salvanius	피그미멧돼지
Sus scrofa	멧돼지
Sus verrucosus	자바혹멧돼지
Sylvicapra grimmia	사바나다이커
Sylvilagus	솜꼬리토끼류
Sylvilagus aquaticus	늪토끼
Sylvilagus auduboni	사막솜꼬리토끼
Sylvilagus bachmani	브러시토끼
Sylvilagus brasiliensis	숲토끼
Sylvilagus idahensis	피그미토끼
Sylvilagus palustris	애기늪토끼
Symphalangus syndactylus	검은긴팔원숭이
Synaptomys borealis	늪레밍
Synceros caffer	아프리카들소
Tachyglossus aculeatus	가시두더지
Tadarida brasiliensis	멕시코큰귀박쥐
Talpa europaea	유럽두더지
Talpa wogura	일본두더지
Talpidae	두더지류
Tamandua	세발가락개미핥기
Tamiasciurus hudsonicus	아메리카붉은다람쥐
Tamias sibiricus	무늬다람쥐
Tamias striatus	줄무늬다람쥐
Tapirus	테이퍼
Tapirus bairdi	베어드테이어퍼
Tapirus indicus	말레이테이어퍼
Tapirus pinchaque	마운틴테이어퍼
Tapirus terrestris	아메리카테이어퍼
Tarsipes rostratus	꿀포섬
Tarsius	안경원숭이류
Tarsius bancanus	보르네오안경원숭이
Tarsius spectrum	셀레베스안경원숭이
Tarsius syrichta	필리핀안경원숭이
Taurostragus derbianus	자이언트일런드

학	국	명
Taurotragus oryx	일런드	
Taxidea taxus	아메리카오소리	
Tayassu pecari	흰입술페커리	
Tayassu tajacu	흰목페커리	
Tayassus	페커리	
Tenrec	텐레류	
Tenrec ecaudatus	텐렉	
Tetracerus quadricornis	네뿔영양	
Thecurus crassispinis	보르네오호저	
Theropithecus gelada	겔라다개코원숭이	
Thomasomys	파라모쥐	
Thryonomyidae	개인멧	
Thylacinus cynocephalus	주머니이리	
Thylacoleo	틸라콜레오	
Thylacosmilus	틸라코스밀루스	
Thylogale	숲왈라비	
Thylogale stigmatica	붉은다리왈러비	
Thyropteridae	접시날개박쥐	
Tolypeutes matacus	세띠아르마딜로	
Toxodon	톡소돈	
Trachops cirrhosus	개구리잡이박쥐	
Tragelaphus	쿠두	
Tragelaphus angasi	니알라	

학	국	명
Tragelaphus buxtoni	마운틴니알라	
Tragelaphus euryceros	봉고	
Tragelaphus imberbis	베시쿠두	
Tragelaphus scritus	부시벅	
Tragelaphus spekei	시타퉁가	
Tragelaphus strepsiceros	그레이타쿠두	
Tragulus	쥐사슴류	
Tragulus javanicus	자바쥐사슴	
Tragulus meminna	인도쥐사슴	
Tragulus napu	큰쥐사슴	
Tremarctos ornatus	안경곰	
Trichechus inunguis	아마존매너티	
Trichechus manatus	카리브매너티	
Trichechus senegalensis	아프리카매너티	
Trichosurus	포섬류	
Trichosurus vulpecula	브러시테일포섬	
Trichys lipura	쥐호저	
Tupaia minor	피그미투파이	
Tupaiidae	투파이류	
Tursips truncatus	병코돌고래	
Tylomys	나무타기쥐	
Uroderma bilobatum	천막박쥐	
Urogale everetti	필리핀투파이	

Ursus americanus	아메리카큰곰	*Vulpes cinereoargenteus*	회색여우
Ursus arctos	불곰	*Vulpes corsac*	코르사크여우
Ursus horibilis	회색곰	*Vulpes ferrilata*	티벳여우
Ursus maritimus	북극곰	*Vulpes pallida*	검은꼬리모래여우
Ursus thibetanus	반달가슴곰	*Vulpes ruppelli*	흰꼬리모래여우
Vampyrum sectrum	흡혈박쥐사촌	*Vulpes velox*	스위프트여우
Varecia variegata	흰목도리여우원숭이	*Vulpes vulpes*	붉은여우, 은여우
Vespertilionidae	애기박쥐	*Vulpes zerda*	페네크여우
Vicugna vicugna	비쿠나	*Wallabia bicolor*	검은꼬리왈러비
Viverra	사향고양이류	*Wiedomys pyrrhorhinos*	붉은코쌀쥐
Viverra indica	인도사향고양이	*Wyulda squamicaudata*	비늘꼬리포섬
Viverra tangalunga	자바사향고양이	*Zaedyus*	피치아르마딜로
Viverrinae	사향고양이류	*Zaglossus*	긴다리가시두더지
Vombatus ursinus	웜뱃	*Zaglossus bruijni*	세발가락가시두더지
Vormela peregusna	얼룩족제비	*Zalophus californianus*	캘리포니아바다사자
Vulpes bengalensis	벵갈여우	*Zapodinae*	점핑마우스
Vulpes chama	케이프여우		

공룡과 고대동물

■ 영명-국명-과명

영명	국명	과 명
Abimimus	아비미무스	
Aepinacodon	아에피나코돈	고생 포유류
Alamosaurus	알라모사우루스	공룡류 21m
Albertosaurus	알베르토사우루스	공룡 9m
Allosaurus	알로사우루스	쥐라기 공룡류 11~12m
Alticamellus	알티카멜루스	고생 포유류
Amebelodon	아메벨로돈	고생 포유류
Amonite	암모나이트	고생 연체동물류 60cm
Anchiceratops	안키세라톱스	공룡류 6m
Ankylosaurus	안킬로사우루스	백악기 공룡 7m
Anthracotheres	석탄수	점신세 하마의 조상
Apatosaurus	아파토사우루스	쥐라기 공룡 21m
Aphelops	아펠로프스	고생 포유류
Archaeopteryx	시조새	최초의 새
Archaeotherium	아르카에오비튬	고생 포유류
Archelon	아르켈론	바다의 거북류 3.5m
Archosaurs	아르코사우르스	공룡류
Arsinoitherium	아르시노이비튬	고생 코끼리류
Baculites	바쿨리테스	암모나이트류
Baluchiterium	발루키비튬	포유류 최대 포유류
Barosaurus	바로사우루스	쥐라기 용각류
Baryonyx	바리오닉스	백악기 공룡류
Brachiosaurus	브라키오사우루스	공룡 9m

Brontops	브론토프스	점신세 대형 포유류
Brontosaurus	브론토사우루스	공룡류 20m
Brontotherium	브론토테륨	고생 코뿔소류
Camarasaurus	카마라사우루스	공룡류
Camelops	카멜로프스	최신세 낙타류
Camptosaurus	캄프토사우루스	공룡류
Casmosaurus	카스모사우루스	각룡류
Castroides	카스트로이데스	최신세 비버류
Centrosaurus	켄트로사우루스	검룡류
Chalicotheres	칼리코비레스	기제류 조상
Coelodonta	코엘로돈타	홍적세 코뿔소류
Coelophysis	코엘로피지스	중생대 공룡 3m
Compsognathus	콤프소그나투스	중생대 공룡 0.6m
Coryphodon	코리포돈	시신세 초식 포유류
Corythosaurus	코리토사우루스	공룡류 10m
Cotylosaurus	코틸로사우루스	공룡류
Cranioceras	크라니오케라스	고생 포유류
Creodont	육치류	육식류의 조상
Crocodilus	크로코딜루스	고생 포유류
Cryptocleidus	크리프토클레이두스	바다파충류 3m
Cymbospondylus	킴보스폰딜루스	바다 파충류 7m
Cynognathus	키노그나투스	공룡류
Daeodon	다에오돈	고생 포유류
Daphoenodon	다포에노돈	고생 포유류

영	국 명	한	과	명
Daspletosaurus	다스플레토사우루스		공룡류	9m
Deinonychus	데이노니쿠스		백악기 공룡	2.5~3m
Diadectes	디아덱티스		공룡류	
Diatryma	디아트리마		육식 조류	
Diceratherium	디케라테리움		신형 코뿔소류	
Dicynodon	디키노돈		공룡류	
Dilophosaurus	딜로포사우루스		공룡류	6m
Dimetrodon	디메트로돈		공룡류	3m
Dinohyus	디노히우스		중신세 돼지류	
Dinosaurs	디노사우루스		공룡	
Diplocaulus	디플로카울루스		공룡	0.6m
Diplodocus	디플로도쿠스		공룡류	26m
Dire wolf	다이어울프		최신세 이리 비슷	
Doedicurus	도에디쿠루스		최신세 포유류	
Dolichosaurs	돌리코사우루스		공룡류	
Dromaeosaurus	드로마에오사우루스		공룡류	
Dromiceiomimus	드로미케이오미무스		공룡류	6m
Echmatemys	에크마테미스		고생 도마뱀류	
Ecuus	에쿠스		최신세 말의 일종	
Edaphosaurus	에다포사우루스		고생 포유류	
Edmontosaurus	에드몬토사우루스		공룡류	12m
Elasmosaurus	엘라스모사우루스		기룡류	10m
Eobasileus	에오바실레우스		고생 포유류	

영 명	국 명	하 명	목 명	과 명
Hoplophoneus	호플로포네우스			고양이과 포유류
Hyaenodon	하이에노돈			고생 포유류(육지류)
Hyopsodus	히오프소두스			고생 포유류
Hypertragulus	히페르트라굴루스			고생 포유류
Hypisodus	히피소두스			고생 포유류
Hypolagus	히폴라구스			고생 포유류
Hypsilophodon	힙실로포돈			백악기 공룡 2m
Hyrachyus	히라키우스			고생 포유류
Hyracodon	히라코돈			고생 포유류
Hyracotherium, Eohippus	히라코테륨, 시조말			원시말
Ichthyosaurs	어룡			공룡류 3m
Icthyornis	이크티오르니스			제비갈매기 닮은 새
Ictopus	이크토푸스			고생 포유류
Iguanodon	이구아노돈			백악기 공룡류
Ischyrotomys	이스키로토미스			고생 포유류
Kannemeyeria	카네메예리아			공룡 1.8m
Kronosaurus	크로노사우루스			공룡류
Lambeosaurus	람베오사우루스			백악기 공룡 9m
Leptoceratops	레프토세라톱스			공룡류 2m
Leptomeryx	레프토메릭스			고생 포유류
Lesthosaurus	레스토사우루스			공룡류
Machaeroides	마카에로이데스			고생 포유류
Machaeroprosopus	마카에로프로소푸스			악어류

영명	국명	과명
Maiasaurus	마이아사우루스	공룡류 9m
Mammut	맘무트	고생 코끼리류
Mammuthus	맘무투스	고생 코끼리류
Massospondylus	마소스폰딜루스	중생대 공룡 4m
Mastodon	마스토돈	최신세 코끼리류
Megaceros	아이리시엘크	홍적세 사슴류
Megaterium	메가테륨	최신세 나무늘보류
Megatylopus	메가틸로푸스	고생 포유류
Melanodon	멜라노돈	고생 포유류
Merychyus	메리키우스	고생 포유류
Merycodus	메리코두스	고생 포유류
Merycoidodon	메리코이도돈	고생 포유류
Mesohippus	메소히푸스	고생 말 선조의 하나
Mesonyx	메소닉스	고생 말 선조의 하나
Mesosaurus	메소사우루스	수생파충류 0.4m
Metacheiromys	메타케이로미스	고생 일마뒫로의 선조
Microceratops	미크로케라톱스	배아기 공룡 0.6m
Moeritherium	모에리테륨	고생 코끼리류
Monotremata	단공목	오리너구리 따위
Moropus	모로푸스	아르마딜로의 선조
Mosasaurs	모사사우루스	공룡류
Mussaurus	무스사우루스	공룡류
Mylodon	밀로돈	최신세 포유류
Mystriosaurus	미스트리오사우루스	공룡류

영명	국명	하명	명	과명
Neohipparion	네오히파리온			고생 일마딜로의 선조
Ngapakaldia	응가파칼디아			고생 유대류
Notharctus	노타르크투스			원숭이류
Nothosaurus	노토사우루스			공룡류
Notocampsa	노토캄프사			삼첩기 악어류
Nyctosaurus	니크토사우루스			공룡류
Obyraptor	오비랍토르			빼앗기 공룡
Omeisaurus	오메이사우루스			극공룡류
Ophiacodon	오피아코돈			공룡류
Ornithischia	조반류			공룡류
Ornitholestes	오르니톨레스테스			공룡류
Ornithomimus	오르니토미무스			빼앗기 공룡 4m
Orohippus	오로히푸스			고생 일마딜로의 선조
Osteoborus	오스테오보루스			고생 일마딜로의 선조
Ostrich dinosaur	타조공룡			공룡류
Othnielia	오트니엘리아			중생대 공룡 1.4m
Ouronosaurus	오우로노사우루스			조반류 공룡
Oxyaena	옥시아에나			시신세 포유류
Oxydactylus	옥시닥틸루스			고생 일마딜로의 선조
Pachycephalosaurus	파키케팔로사우루스			빼앗기 공룡 8m
Pachyrhinosaurus	파키리노사우루스			공룡류 5.5m
Palaeocastor	팔라에오카스토르			일마딜로의 선조
Palaeolagus	팔라에오라구스			원시토끼

영명	국명	한명	과명
Protoceras	프로토케라스		고생 포유류
Protoceratops	원기둥		공룡류 2m
Protosachus	프로토사쿠스		공룡류
Protosaurus	원룡		공룡류
Pseudaelurus	프슈도엘룰루스		고생 포유류
Pteranodon	프테라노돈		익룡류
Pterosaurus	익룡류		공룡류
Quetzalcoatlus	퀘찰코아틀루스		익룡류 날개폭 10m
Rhamphorhynchus	람포린쿠스		비행 파충류, 날개폭 7.5m
Saltasaurus	살타사우루스		배악기 공룡 12m
Saltoposuchus	살토포수쿠스		공룡 1.2m
Saniwa	사니와		고생 포유류
Saurolophus	사우롤로푸스		공룡류 10.5m
Saurolunitoides	사우롤루니토이데스		공룡류
Sauropelta	사우로펠타		공룡류 5m
Sauropteryga	기룡류		공룡류
Scelidosaurus	스켈리도사우루스		공룡류
Segnosaurus	세그노사우루스		공룡류
Seismosaurus	세이스모사우루스		중생대 공룡 12~15m
Sentrosaurus	센트로사우루스		각룡류
Seymouria	세이모우리아		원시 파충류 0.6m
Sinopa	시노파		고생 포유류
Sinornis	시노르니스		화석 조류 0.18m

Smilodon	스밀로돈	대형 고양이과
Spinosaurus	스피노사우루스	용반류 공룡 6m
Stegosaurus	검룡	공룡류
Stenomylus	스테노밀루스	원시 낙타류
Stenonicosaurus	스테노니코사우루스	공룡류
Struthiomimus	스트루티오미무스	타조 닮은 공룡 키 1.5m
Stygimoloch	스티기몰로크	공룡류 1.8m
Stylemys	스틸레미스	육지 거북류
Stylinodon	스틸리노돈	고생 포유류
Styracosaurus	스티라코사우루스	뿔악기 공룡 5.5m
Subhyracodon	수브히라코돈	고생 포유류
Syndyoceras	신디오케라스	고생 사슴류
Synthetoceras	신테토케라스	고생 사슴류
Tarbosaurus	타르보사우루스	공룡류
Teleoceras	텔레오케라스	고생 사슴류
Tetonius	테토니우스	고생 영장목
Thecodont	테코돈트	공룡류, 조류의 조상
Theropsida	수형류	공룡류
Thylacoleo	틸라콜레오	고생 유대류
Titanoteres	티타노테레스	고생 포유류(코뿔소 비슷)
Toroodon	토로돈	온혈 공룡
Trachodon	트라코돈	공룡류 12m
Triassochelys	트리아소켈리스	공룡류
Triceratops	세뿔룡	공룡류 6m

영명	국명	목명	항	목명	과	목명
Trigonias	트리고니아스				고생세 사슴류	
Trilophodon	트릴로포돈				중신세 코끼류	
Tritemnodon	트리템노돈				신신세 포유류	
Trogosus	트로고수스				고생 사슴류	
Tylosaurus	틸로사우루스				바다 공룡류 9m	
Tyrannosaurus	티라노사우루스, 폭군룡				공룡류 15m	
Uintatherium	유인타테륨				신신세 코뿔소형 포유류	
Velociraptor	벨로키랍토르				백악기 공룡 2m	
Vintatherium	빈타테륨				고생 사슴류	
Wooly mammoth	우모매머드				최신세 매머드류	
Xiphactinus	시파크티누스				어류 5m	
Youngina	요웅기나				공룡류	
Zeuglodon	제우글로돈				신신세 수생 포유류	

■ 국명－영명

국명	영명		국명	영명		국명	영명
검룡	Stegosaurus		디아덱테스	Diadectes			
게오사우루스	Geosaurus		디아트리마	Diatryma			
고르고사우루스	Gorgosaurus		디케라테리움	Diceratherium			
글립토사우루스	Glyptosaurus		디키노돈	Dicynodon			
기룡류	Sauropteryga		디플로도쿠스	Diplodocus			
네오히파리온	Neohipparion		디플로카울루스	Diplocaulus			
노타르크투스	Notharctus		딜로포사우루스	Dilophosaurus			
노토사우루스	Nothosaurus		딜로포사우루스	Dilophosaurus			
노토캄프사	Notocampsa		람베오사우루스	Lambeosaurus			
니크토사우루스	Nyctosaurus		람포린쿠스	Rhamphorhynchus			
다스플레토사우루스	Daspletosaurus		레스토사우루스	Lesthosaurus			
다에오돈	Daeodon		레프토메릭스	Leptomeryx			
다이어울프	Dire wolf		레프토세라톱스	Leptoceratops			
다포에노돈	Daphoenodon		마소스폰딜루스	Massospondylus			
단공목	Monotremata		마스토돈	Mastodon			
데이노니쿠스	Deinonychus		마이아사우루스	Maiasaurus			
도에디쿠루스	Doedicurus		마카에로이데스	Machaeroides			
돌리코사우루스	Dolichosaurus		마카에로프로소푸스	Machaeroprosopus			
드로마에오사우루스	Dromaeosaurus		맘무트	Mammuthus			
드로미세이오미무스	Dromiceiomimus		맘무트	Mammut			
디노사우루스	Dinosaurs		메가테리움	Megaterium			
디노하우스	Dinohyus		메가틸로푸스	Megatylopus			
디메트로돈	Dimetrodon		메리코두스	Merycodus			

구	영	명
스피노사우루스	Spinosaurus	
시노르니스	Sinornis	
시노파	Sinopa	
시이뉴	Eosuchia	
시조말	Eohippus, Hyracotherium	
시조새	Archaeopteryx	
시파크티누스	Xiphactinus	
신디오케라스	Syndyoceras	
신테토케라스	Synthetoceras	
아르시노이테륨	Arsinoitherium	
아르카에오테륨	Archaeotherium	
아르케오프테릭스→시조새		
아르켈론	Archelon	
아르코사우르스	Archosaurs	
아메벨로돈	Amebelodon	
아비미무스	Abimimus	
아에피나코돈	Aepinacodon	
아이리시엘크	Megaceros	
아파토사우루스	Apatosaurus	
아펠로프스	Aphelops	
안기세라톱스	Anchiceratops	
안킬로사우루스	Ankylosaurus	
알라모사우루스	Alamosaurus	

구	영	명
알로사우루스	Allosaurus	
알베르토사우루스	Albertosaurus	
알티카멜루스	Alticamellus	
암모나이트	Amonite	
어룡	Ichthyosaurs	
에다포사우루스	Edaphosaurus	
에드몬토사우루스	Edmontosaurus	
에리옵스	Eriops	
에오랍토르	Eoraptor	
에오바실레우스	Eobasileus	
에오히푸스(시조말)	Eohippus, hyracotherium	
에우노토사우루스	Eunotosaurus	
에쿠스	Ecus	
에크마테미스	Echmatemys	
에피가우루스	Epigaulus	
엘라스모사우루스	Elasmosaurus	
오로히푸스	Orohippus	
오르니토미무스	Ornithomimus	
오르니톨레스테스	Ornitholestes	
오메이사우루스	Omeisaurus	
오비랍토르	Obyraptor	
오스테오보루스	Osteoborus	
오우로노사우루스	Ouronosaurus	

국	영	국	영
텔레오케라스	Teleoceras	팔라에오시오프스	Palaeosyops
토로돈	Toroodon	팔라에오카스토르	Palaeocastor
트라코도	Trachodon	페나코두스	Phenacodus
트로고수스	Trogosus	페르코에루스	Perchoerus
트리고니아스	Trigonias	펠리코사우루스	Pelycosaurus
트리아소쉘리스	Triassochelys	포에브로테리움	Poebrotherium
트리케라톱스→세뿔룡		폴리오돈트사우루스	Polyodontsaurus
트리뱁노도	Tritemmodon	프로메리코코에루스	Promerycochoerus
트릴로포돈	Trilophodon	프로스텐노프스	Prosthennops
티라노사우루스, 폭군룡	Tyrannosaurus	프로카멜루스	Procamelus
티타노테베리스	Titanoteres	프로콥토돈	Procoptodon
탈라콜레오	Thylacoleo	프로타피리스	Protapiris
탈로사우루스	Tylosaurus	프로토사쿠스	Protosachus
파라미스	Paramys	프로토케라스	Protoceras
파라사우로푸스	Parasaurophus	프슈다엘룰루스	Pseudaelurus
파라사우롤로푸스	Parasaurolophus	프테라노돈	Pteranodon
파라케라테리움	Paraceratherium	플라센티세라스	Placenticeras
파라히푸스	Parahippus	플라테오사우루스	Plateosaurus
파키리노사우루스	Pachyrhinosaurus	플라테카르푸스	Platecarpus
파키케팔로사우루스	Pachycephalosaurus	플리오히푸스	Pliohippus
파트리오펠리스	Patriofelis	피토사우르	Phytosaur
판치룡	Placodus	하드로사우루스	Hadrosaurus
팔라에오라구스	Palaeolagus	헤레라사우루스	Herrerasaurus

국명	영명
헤미키온	Hemicyon
헤스페로르니스	Hesperornis
헤스페로키온	Hesperocyon
헤스페롤니스	Hesperolnis
헬로히우스	Helohyus
헬리오세라스	Helioceras
호마코돈	Homacodon
호말로세팔레	Homalocephale
호메오사우루스	Homeosaurus
호플로포네우스	Hoplophoneus

국명	영명
히라코돈	Hyracodon
히라코테륨, 시조말	Hyracotherium
히라키우스	Hyrachyus
하이에노돈	Hyaenodon
히오프소두스	Hyopsodus
히페르트라굴루스	Hypertragulus
히폴라구스	Hypolagus
히피소두스	Hypisodus
힙실로포돈	Hypsilophodon

식 물

■ 영명—국명—학명—과명

영	명	국	명	학	명	과	명
acacia		아카시아		*Acacia arabica*		콩과	
acidanthera		아시단테라		*Acidanthera bicolor*		붓꽃과	
acorn		상수리나무, 참나무		*Quercus acutissima*		참나무과	
adderstongue		엘레지류		*Erythronium*		백합과	
aechmea		에크메아		*Aechmea fasciata*		파인애플과	
Africa dragon		아프리카드레곤					
African corn lily		익시아		*Ixia*		붓꽃과	
African daisy		아프리카데이지		*Arctotis*		국화과	
African lily		아프리카백합		*Agapanthus africanus*		수선과	
African marigold		취부용		*Tagetes erecta*		국화과	
Africa tulip		아프리카튤립				능소화과	
African violet		아프리카제비꽃		*Saintpaulia ionantha*		돌담배과	
agapanthus		자주군자란		*Agapanthus Peter Pan*		백합과	
agar-agar		우뭇가사리		*Gelidium*		해조류	
agarum		아기룸		*Agarum cribrosum*		바다갈조류	
agathis		카우리나무					
agave, century plant		용설란		*Agave americana*		수선과	
ageratum		멕시코엉거퀴		*Ageratum houstonianum*		국화과	
agrimoney		짚신나물		*Agrimonia pilosa*		짚신나물과	
alaria		알라리아		*Alaria esculenta*		바다갈조류	
alder bracket		시루뻔버섯류		*Inonotus radiatus*		소나무비늘버섯과	
alder milk cap		고염젖버섯		*Lactarius obscuratus*		무당버섯과	
alfalfa		자주개자리		*Medicago sativa*		콩과	

영명	국명	학명	과명
Algerian ivy	알제리송악	Hedera canariensis	오갈피나무과
allamanda	알라만다	Allamanda cathartica	협죽도과
alligator weed	악어풀	Alternanthera	비름과
allwood's pink	디안투스	Dianthus allwoodii	석죽과
almond	편도, 아몬드	Prunus amygdalus	벚나무과
aloe	알로에, 엘로	Aloe L.	나리과
alpine grevillia	엘파인그레빌리아		방크사과 호주산
alpine holy grass, sweet grass	향모, 스위트그레스	Hierochloa odorata	벼과
alpine milkwort	을프스영신초		원지과
alpine strawberry	산딸기	Fragaria	장미과
alsike	엘사이크토끼풀	Trifolium	콩과
aluminum plant	물통이	Pilea cadierei	쐐기풀과
alyssum	일리숨	Lobularia maritima	배추과
amaranth	비름	Amaranthus mangostanus	비름과
amaryllis	아마릴리스	Hippeastrum herb	수선과
Amazon lily	아마존릴리	Eucharis grandiflora	수선과
American chesnut	미국밤나무		북미원산 밤나무
American elder	캐나다딱총나무	Sambuscus canadensis	인동과
American elm	아메리카느릅나무	Ulmus sarniensis	느릅나무과
American holly	아메리카호랑이가시나무	Ilex opaca	감탕나무과
American hop hornbean	아메리카새우나무	Ostrya virginiana	자작나무과
American persimmon	아메리카감나무	Diospyros virginiana	감나무과
amethyst deceiver	자주졸각버섯	Laccaira amethyster	송이과
amur adonis	복수초	Adonis amurensis	유럼, 원예종

영 명	국 명	학 명	과 명
amur cork tree	황벽나무	*Phellodendron amurense*	산초과
amur maple	신나무	*Acer ginnala*	단풍나무과
ananas	아나나스	*Ananas bromelia*	파인애플과
anaphalis	아나필리스		
anemone	아네모네	*Anemone coronaria*	미나리아재비과
angelica	안젤리카	*Angelica*	미나리과(과자 향료)
angel's trumpet	흰독말풀	*Datura alba*	가지과
animated oat		*Avena sterilis*	벼과
anise	아니스	*Pimpinella anisum*	미나리과
annatto	립스틱나무		벽사과
annual balsam, touch-me-not	봉선화, 봉숭아	*Impatiens balsamina*	봉선화과
annual blue grass	새포아풀	*Poa acroleuca*	벼과
annual fleabane	개망초	*Erigeron annus*	엉거시과
annual woodruff	갈퀴아재비	*Asperula orientalis*	꼭두서니과
anthurium	안수름	*Anthurium scherzeriamum*	토란과
antiquity lavender → larvender			
aphelandra	아펠란드라	*Aphelandra squarrosa*	쥐꼬리망
apple serviceberry	애플서비스베리	*Amelanchier grandiflora*	배나무과
apricot	매화	*Prunus mume*	장미과
apricot jelly	장미주걱목이	*Phologiotis helvelloidos*	흠목이과 버섯
arabian coffee → coffee plant			
Arabian violet	아라비아아이올렛	*Exacum affine*	용담과
araceao	반하	*Pinellia ternata*	천남성과

영명	국명	학명	과명
arch → celeriac			
arctic cotton	북극목화		
ardisia	아르디시아	*Ardisia crispa*	자금우과
arnold crab apple	아놀드능금나무	*Malus arnoldiana*	배나무과
aroid	에어로이드		천남성과 식물
arrowhead	쇠귀나물류	*Sagittaria*	택사과
arrowhead vine	싱고늄	*Syngonium podophyllum*	천남성과
arrowroot	칡	*Pueraria lobata*	콩과
artemisia → mugwort			
artichoke	뚱딴지, 뻬지감자	*Helianthus tuberosus*	엉거시과
artist's fungus	불로초버섯	*Ganoderma applanatum*	불로초과
arum	천남성	*Arisaema amurense*	천남성과
arum lily	화란불토란		천남성과
ash	물푸레나무	*Fraxinus mandshurica*	물푸레나무과
ashanti blood, mussaenda	무센다		꼭두서니과
Asian birch	사스래나무	*Betula ermanii*	자작나무과
Asian coral tree	인도산호나무		콩과, 동남아원산
Asian frogbit, frog's bit	자라풀, 수련아재비	*Hydrocharis dubia*	자라풀과
Asiatic dayflower	닭의장풀	*Commelina communis*	닭의장풀과
Asiatic pennywort	병풀	*Centella asiatica*	미나리과
asparagus	에스페러거스	*Asparagus officinalis*	백합과
aspen, popular	미루나무	*Populus monilifera*	버드나무
aspergillus	에스퍼질러스	*Aspergillus*	곰팡이류
asphodel	아스포델	*Asphodelus ramosus*	백합과

영 명	국 명	학 명	과 명
asplenium	일엽초, 아스플레늄	*Asplenium*	고사리류
aster	에스터, 쑥부쟁이, 과꽃	*Aster frikartii*	국화과
astilbe	노루오줌	*Astilbe arendsii*	범의귀과
Atlantic ceder	대서양삼목		
Austrian black pine	오스트리아흑송		
autograph tree	글씨나무		맹고스틴
autumn crocus	오툼크로커스	*Colchicum autumnale*	백합과
avalanch lily	옐레지, 가제무릇	*Erythronium*	백합과
avicennia	아비세니아	*Avicennia*	쥴로리다
avocado pear	아보카도	*Persea americana*	녹나무과
azalea	진달래	*Rhododendron*	철쭉과
azolla	물개구리밥	*Azolla imbricata*	양치류
Aztex lily	스프레켈리아	*Sprekelia formosissima*	수선과
babie's-breath	석회패랭이꽃	*Gypsophila elegans*	석죽과
baboonroot	바비아나	*Babiana stricta*	수선과
baby blue eyes	네모필라	*Nemophila menziesii*	
baby's tear	헬기지노	*Helxino soleirolii*	쐐기풀과
bahia grass	바히아그라스	*Paspalum notatum*	벼과 참세피속
bailey acacia	금양아카시아	*Acacia baileyana*	콩과
bald cypress	낙우송	*Taxodium disticum*	낙우송과
balfour aralia	폴리지아스	*Polyschias balfouriana*	오갈피나무과
ball cactus	볼선인장	*Notocactus*	선인장과
ballon vine	풍경덩굴, 풍선덩굴	*Cardiospermum halicacabum*	무환자과

balloon flower, bellflower	도라지	*Platycodon grandiflorum*	초롱꽃과
balsa	발사	*Achroma lagopus*	가벼운 제목질
balsam fir	발삼왜전나무	*Abies balsamea*	전나무과
balsam pear	당굴여주	*Momordica charantia*	외과
bamboo	대나무	*Sinoarundinaria*	대나무과
bamboo palm, parlor palm	엘베간야자	*Chamaedorea elegans*	종려과
banana	바나나	*Musa spientum*	파초과
bangia	김과래		홍조
bank's grevillia	뱅크그레빌리아		
banksia	뱅크스소나무	*Pinus banksiana*	호주산, 소나무과
banyan	벨갈보리수	*Ficus bengalensis*	뽕나무과
baobab tree, bottle tree	바오바브나무	*Adansonia digitata*	판다과
Barbados pride	케실피니아	*Caesalpinia pulcherrima*	콩과
barberry	매자나무	*Berberis*	매자나무과
barbertondaisy → african daisy			
barken fern, pteridium	충충고사리	*Pteridium*	양치류
barnyard grass	강피	*Echinochloa crusgalli*	벼과
barraginaese	꽃받이	*Bothriospermum tenellum*	지치과
barrel cactus	배럴선인장	*Ferocactus latispinus*	선인장과
barringtonia	바링토니아		박쥐가 수분
basil, sweet basil	나륵	*Ocimum basilicum*	꿀풀과
basswood	아메리카피나무	*Tilia americana*	피나무과
bastard box	베스티드박스	*Tristania*	유칼리나무류
bayberry	수메, 미리카	*Myrica*	수메과

영 명	국 명	학 명	과 명
bay tree → laurel tree			
beach morning-glory	갯메꽃	*Convolvulus soldanella*	메꽃과
beack pea	갯완두	*Lathyrus japonicus*	콩과
bearberry	베어베리	*Arctostaphylos uva-ursi*	철쭉과
beard orchid	수염란		난과
beardtongue	펜스테몬류	*Penstemon*	현삼과
bears-breech	아칸서스	*Acanthus mollis*	쥐꼬리망초과
bear's toes, silver crown	꽃바위솔	*Cotyledon*	돌나물과
beauty bush	꼴크비체아	*Kolkwitzia amabilis*	인동과
beavertail, prickly pear	금오모자선인장	*Opuntia microdasys*	선인장과
Beckmann's grass	개피	*Beckmannia syzigachne*	벼과
bedstraw	갈퀴류	*Galium*	꼭두서니과
beebalm → bergamot			
bee-blossom	가시아	*Cassia*	콩과
beech	너도밤나무	*Fagus multinervis*	참나무과
beefsteak fungus	비프스틱버섯	*Fistulina hepatica*	구멍장이버섯과
beeplant	양풍접초	*Cleome spinosa*	풍접초과
beet	비트	*Beta vulgaris*	명아주과 아제
beggarlice → sticktight			
beggar's tick	도깨비바늘	*Bidens*	국화과
beggarweed	도둑놈의 갈고리	*Desmodium*	콩과
begonia	사철베고니아	*Begonia semperflorens*	베고니아과
begonia rex	렉스베고니아	*Begonia rex*	베고니아과

begonia treevine	시수스	Cissus discolor	포도과
belladona lily → amaryllis			
bellflower	칸파눌라	Campanula	블루벨과
bell heather	벨히더		철쭉과
bells-of-ireland	물루셀라	Molucella laevis	배향과
bellwort, merrybells	풍령초	Uvularia grandiflora	꽂무서니과
Bengal madder, madder	꼭두서니	Rubia akane	버과
bent grass	겨이삭	Agrostis	
benzoin tree	안식향나무		녹나무과
bergamot	베가모트	Monarda didyma	꿀풀과
bergernia	바위치	Bergernia	범의귀과
Bermuda grass	우산대바랭이	Cynodon dactylon	버과
beta	근대	Beta vulgaris	명아주과의 아제
Bidwill's coral tree	에리트리나	Erythrina bidwillii	콩과
big betony	석잠풀	Stachys grandiflora	꿀풀과
big blue lily-turf			
big leaf fydrangea → hydrangea			
billbergia	빌베르기아	Billbergia fantasia	파인애플과
bindweed, morning glory	른메꽃	Calystegia sepium	메꽃과
birch, white birch	자작나무	Betula platyphylla	자작나무과
bird foot trefoil	벌노랑이	Lotus corniculatus	콩과
bird of paradise flower	극락조화	Strelitzia reginae	파초과
bird pepperweed	콩말냉이	Lepidium virginicum	배추과
bird's eye	왕봄까지, 른개불알꽃	Veronica persica	현삼과

영	명	학	명	과	명
bird's eye primrose → primrose					
bird's foot trefoil	턱벌노랑이	Lotus corniculatus		콩과	
bird's nest bromeliad → nidularium					
bird's nest fern	아스플레늄	Asplenium nidus		고사리과	
birthwort	쥐방울덩굴	Aristolochia		쥐방울과	
Bishop's cap, star cactus	별선인장	Astrophytum		선인장과	
bitter bolete	쓴맛그물버섯	Tylopilus felleus		그물버섯과	
bitter bracket	흰개떡버섯	Tyromyces stipticus		구멍장이버섯과	
bitter dock	쓴수영				
bitter gourd	여주	Momordica charantia		박과	
bitternut	비터너트	Carya cordiformis		Fuglandaceae	
bitterweed	헬레늄	Helenium		국화과	
black bonnet cap	검은애주름버섯	Mycena leucogala		송이과	
black bovista	검은경단버섯	Bovista nigrescens		말불버섯과	
blackbutt	블백버트			호주산 유칼립터스류	
blackening russule	절구버섯	Russula nigricans		무당버섯과	
blackening wax cap		Hygrocybe conica		벚꽃버섯과	
black eyed susan vine	툰베르기아	Thunbergia alata		쥐꼬리망초과	
black eyed susan, yellow daisy	노랑데이지	Bellis		국화과	
black fritillary	검나리	Fritillaria ussuriensis		백합과	
black locust	꽃아카시아	Robinia pseudoacaica		콩과	
black medick	잔개자리	Medicago lupulina		콩과	
black nightshade	까마중	Solanum nigrum		가지과	

영명	국명	학명	과명
black oak	블랙오크	*Quercus kelloggii*	참나무과
black pepper	후추	*Piper nigrum*	후추과
black pine	새빨간검둥이	*Neorhodomela aculeata*	해조류
black saxaul	블래색솔		
black tube slime	머리카락점균	*Stemonitis nigrescens*	점균류
black walnut	검정호도나무	*Juglans nigra*	호도나무과
black wattle	검은아카시아		호주산 아카시아류
bladder cherry, ground cherry	꽈리	*Physalis francheti*	가지과
bladder cup fungus	주발버섯	*Peziza vesiculosa*	주발버섯과
bladder senna	꿀루테아	*Colutea arborescens*	콩과
bladderwort, floating	통발	*Utricularia japonica*	통발과, 식충식물
bladderwrack	푸루스	*Fucus vesiculosus*	갈조류
blanketflower	큰천인국	*Galillardia aristata*	국화과
blazing star	리아트리스	*Liatris*	국화과
bleeding bonnet cap	작갈색애주름버섯	*Mycena haematopus*	송이과
bleeding heart	금낭화	*Dicentra spectabilis*	양귀비과
bleeding heart vine,	블레로덴드룸	*Clerodendrum*	마편초과
blewit	갈때기버섯	*Clitocybe nuda*	송이과
blight	동고병균		곰팡이류
blireiana plum	브리레이아나플룸	*Prunus blireiana*	벚나무과
blood flower		*Asclepias curassavica*	
blood leaved mapple	적단풍	*Acer palmatum*	단풍나무과
blood lily	블루드릴리	*Haemonthus multiflorus*	수선과
bloodroot	혈근초	*Sanguinaria canadensis*	현삼과

영 명	국 명	학 명	과 명
bloodvein sage → salvia			
blood wood	블러드우드		호주산 유킬립타스류
blue atlas cedar	세드루스시다	Cedrus atlantica	소나무과
blue banded web cap	청줄끈적버섯	Cortinarius collinitus	끈적버섯과
bluebeard	카리오프테리스	Caryopteris clandonensis	마편초과
bluebell	갯지치	Mertensia	지치과
blueberry	월귤나무	Vaccinium vitis	철쭉과
bluebonnet → lupine			
blue cupflower	니렘베르기아	Nierembergia caerulea	가지과
bluecurl	트리코스테마	Trichostema	꿀풀과(나물과) 박하
blue daisy	블루데이지	Felicia amelloides	국화과
blue eyed grass	등심붓꽃	Sisyrinchium angustifolium	붓꽃과
blue fescue	김의털	Festuce ovina	벼과
blue flag → iris			
bluegrass	블루그라스		포아풀 총칭
blue green funnel cap	하늘색깔때기버섯	Clitocybe odora	송이과
blue green slime cap	푸른독청버섯	Stropharia cyanea	독청버섯과
blue lace flower	블루레이스	Trachymene caerulea	
blue lungwort	풀모나리아	Pulmonaria angustifolia	지치과
blue sage	블루세이지	Eranthemum nervosum	쥐꼬리망초과
blue toadflax	금어초	Linaria canadensis	현삼과
blue torch, Spanish moss	소나무겨우살이	Tillandsia setacea	파인애플과
bluet	호스토니아	Houstonia	꼭두서니과

bluing bolete	그물버섯류	Gyroporus cyanescens	그물버섯과
blusher fungus	붉은점박이광대버섯	Amanita rubescens	광대버섯과
blushing bracket	도장버섯	Daedaleopsis confragosa	구멍장이버섯과
boat lily → rodea			
bog moss, sphagnum moss	물이끼		선태류
bog pixy-cap		Galerina tibiicystis	끈적버섯과
bog pondweed, pondweed	가래	Potamogeton distinctus	가래과
bog stitchwort	벼룩나물	Stellaria alsine	너도개미자리과
bolete	그물버섯류	Boletaceae	그물버섯과
bolleana poplar → silver mapple			
boneset	보니세트	Eupatorium perfoliatum	국화과
bonfire chanterelle		Faerberia carbonaria	느타리과 버섯
bonnet cap fungus	애주름버섯류	Mycena	송이과 버섯
borage	서양지치	Borago officinalis	지치과 향신야채
border forsythia	개나리	Forsythia	물푸레나무과
borrenwort	삼지구엽초	Epimedium	매자나무과
Boston fern, sword fern	보스톤고사리	Nephrolepsis exaltata	고란초과
bottle brush buckeye	칠엽수	Aesculus	칠엽수과
bottle brush tree	병솔꽃나무	Calistemon	정향과
bottle gourd	호리병박	Lagenaria leucantha	박과
bottle palm		Beaucarnear	
bottle tree → baobab tree			
bottle weed, sea twine	끈말	Chorda filum	해조류
bougainvillea, paper flower	부겐빌레	Bougainvillea comm	분꽃과

영	국	학	과	명
bouncing bet	비누패랭이꽃	*Saponaria officunalis*	석죽과	
box elder	네군도단풍	*Acer negundo*	단풍나무과	
boxthone	구기자	*Lycium chinense*	가지과	
boxwood	회양목	*Buxus microphylla*	회양목과	
brachet fungus	구멍장이버섯	*Polyporaceae*	구멍장이버섯류	총칭
bradford pear	콩배나무	*Pyrus calleryana*	배나무과	
brain fungus	묵이버섯류	*Tremellaceae*	흰목이과	
brake fern, table fern	큰봉의꼬리	*Pteris cretica*	고사리과	
braken	층층고사리	*Pteridium aquillinum*	양치류	
branched palm	브렌치팜		마다가스카르	
brass button → pincushion flower				
breadfruit	빵나무	*Artocarpus insisa*	뽕나무과	
brick cap fungus		*Hypholoma sublateritium*	독청버섯과	
bridal wreath	꽃조팝나무	*Spiraea prunifolia*	조팝나무과	
brilliant chokeberry	아로니아	*Aronia arbutifolia*	배나무과	
bristlecone pine	가시잣소나무			
britle bush (grass)	강아지풀	*Setaria viridis*	벼과	
brittle head fungus	눈물버섯류	*Psathyrella*	먹물버섯과	
broad bean	잠두	*Vicia faba*	콩과	
broad gilled agaric	넓은주름긴뿌리버섯	*Oudemansiella platyphylla*	송이과	
broccoli	브로콜리	*Brassica oleracea italica*	양배추류	
brodiaea	브로디아	*Brodiaea laxa*	백합과	
bromelia	브로멜리아	*Bromelia*	파인애플과	

영명	국명	학명	과명
bromgrass	브롬그래스		
broom rape	조종용	*Orobanche coerulescens*	열당과, 기생식물
broomsedge grass	쇠풀	*Andropogon*	벼과
browallia	브로왈리아	*Browallia speciosa*	가지과
brown brich bolete	가친껍질이그물버섯	*Leccinum scabrum*	그물버섯과
brown fibre cap	비듬땀버섯	*Inocybe lacera*	끈적버섯과
brownie fungus	다세계이버섯	*Tubaira furfuraceae*	끈적버섯과
brown roll rim	주름우단버섯	*Paxillus involutus*	우단버섯과
bruguiera	브루기에라		홍수과
brush fungus	푸른빵곰팡이	*Penicillum*	푸른곰팡이과
Brussels sprouts	싹눈양배추	*Brassica oleracea gemmifera*	양배추류 아채
brutta pine	브루타소나무		소나무과
bryophyllum → kalanchoe			
buckthorn plantain	참질경이	*Plantago lanceolata*	참질경이
buckthorn	갈매나무	*Rhamnus davurica*	갈매나무과
buckwheat	메밀	*Fagopyrum esculentum*	여뀌과
buddhas ear	붉은은행주	*Rhodoglossum japonicum*	혜조류
buddhist bauhinia	바우히니아	*Bauhinia variegata*	콩과
buddist pine	금송	*Podocarpus macrophyllus*	나한송과
buffalo grass	버팔로그라스	*Buchloe dactyloides*	벼과
bugbane	승마	*Cimicifuga*	미나리아재비과
bugleweed	아쥬가	*Ajuga reptans*	꿀풀과
bulb foot cone cap	노랑종버섯	*Conocybe subovalis*	소똥버섯과
bulrush	올챙이고랭이	*Scirpus juncoides*	방동산이과

영 명	구 명	학 명	과 명
bumalda spirea	부밀다조팝나무	*Spiraea bumalda*	배나무과
bunchberry	풀산딸나무	*Chamaepericlimenum canadense*	층층나무과
bunny ears → beavertail			
bur clover	가시토기풀	*Trifolium*	콩과
burford holly	호랑이가시나무	*Ilex cornuta*	감탕나무과
bur marigold → beggar's tick			
burnet	베비트	*Sanguisorba minor*	장미과 향신아채
burning bush	댑싸리, 비싸리	*Kochia scoparia*	명아주과
bur ragweed → burroweed			
burreed	흑삼릉	*Spargnium*	흑삼릉과
burro's.tail, stonecrop	서양돌나물	*Sedum morganianum*	돌나물과
burroweed	부로위드	*Franseria discolor*	
bush cherry	부시체리	*Prunus besseyi*	빗나무과
bush cinquefoil → cinquefoil			
bush clover	싸리	*Lespedeza bicolor*	콩과
bush violet	르브로윌리아	*Browallia speciosa*	메꽃과
busy lizzie	임파티엔스	*Impatiens walleriana*	봉선화과
butter and egg	좁은잎해란초	*Linaria vulgaris*	현삼과
butter cap fungus	바티에기버섯	*Collybia butyracea*	송이과
buttercup, tall buttercup	미나리아재비	*Ranunculus*	미나리아재비과
butterfly bush	부들레아	*Buddleja davidii*	마전과
butterfly flower	나비꽃	*Schizanthus*	
butterfly gardenia	에르바타미아	*Ervatamia coronaria*	협죽도과

butterfly orchid	온시듐	*Oncidium*	난과
butterfly palm	나비야자	*Chrysalidocarpus lutescens*	야자과
butterfly weed	나비풀	*Asclepias tuberosa*	밀크위드류
butternut	버터너트	*Juglans cinerea*	호두나무과
butterwort	별레잡이제비꽃	*Pinguicula vulgaris*	통발과, 유럽원산
button fern, cliff brake fern	펠라에아	*Pellaea rotundifolia*	고사리과
buttonhole orchid	에피덴드룸	*epidendrum*	난과
buttonweed	단추풀	*Diodia teres*	
cabbage	양배추	*Brassica oleracea*	배추과
cabbage earth-fan	단풍사마귀버섯	*Thelephora palmata*	굴뚝버섯과
cabbage palmeto	캐비지야자	*Sabal palmetto*	소형 야자류
cabbage rose	장미	*Rosa centifolia*	장미과
cacao	카카오	*Theobroma cacao*	벽오동과, 코코아원료
cactus	선인장	*Cactaceae*	전세계 2,000여종
calamite	노목	*Calamite*	속새류의 고생식물
calanthe	새우난	*Calanthe rosea*	난과
calendula → field marigold			
calico hearts	아드로미스쿠스	*Adromischus maculatus*	돌나물과
Califonia poppy	금영화	*Eschscholtzia*	양귀비과
California blue bells	파셀리아	*Phacelia campanularia*	Hydrophyllaceae
California plane tree	캘리포니아버즘나무	*Platanus californica*	버즘울나무과
calla lily, calla	칼라	*Zantedeschia aethiopica*	천남성과
callithamnion	칼리탐니온	*Callithamnion*	바다홍조류
camass	카마시아	*Camassia esuculenta*	백합과

영 명	국 명	학 명	과 명
camellia	동백나무	*Camellia japonica*	차나무과
campanula, canterbury	초롱꽃	*Campanula punctata*	초롱꽃과(도라지과)
camphor tree (laurel)	장녀나무	*Cinnamomum camphora*	장뇌나무과
Canada hemlock	캐나다솔송나무	*Tsuga canadensis*	소나무과
Canada mayflower	캐나다메이플라워	*Maianthemum*	백합과
Canada phlox → phlox			
canaert red cedar	연필향나무	*Juniperus virginiana*	측백나무과
canary bird flower	카나리아한련	*Tropaeolum peregrinum*	한련과
canary island ivy → english ivy			
canby pachistima	파키스티마	*Pachistima canbyi*	노박덩굴과
candi cactus	캔디선인장		선인장과
candle delphinium	캔들델피늄	*Delphinium elatum*	미나리아재비과
candle plant, kleinia	클레이니아	*Senecio kleinia*	남아프리카
candle snuff fungus	콩꼬투리버섯	*Xylaria hypoxylon*	콩꼬투리버섯과
candy corn plant	캔디콘	*Nematanthus fritschii*	
candytuft	이베리스	*Iberis*	배추과
cane palm	종려죽	*Rhapis humilis*	종려과
canna, Indian shot	칸나	*Canna generalis*	칸나과
canoe birch	아메리카자작나무	*Betula papyrifera*	자작나무과
cantaloupe	캔털루프멜론	*Cucumis m. reticulatus*	박과
Canterbury bell	풍경초	*Campanula medium*	초롱꽃과
canterbury → campanula			
cape cowslip	라케날리아	*Lachenalia aloides*	백합과

영명	국명	학명	과명
cape jasmine	치자나무	*Gardenia jasminoides*	꼭두서니과
cape marigold	미국금잔화	*Dimorphotheca*	국화과
cape primrose	아프리카앵초	*Streptocarpus*	굴목시니아과
caper plant	양풍접초	*Capparis spinosa*	풍접초과
caraway	개러웨이	*Carum carvi*	미나리과
cardinal flower	붉은로벨리아	*Lobelia inflata*	도라지과
carmel creeper	케아노투스	*Ceanothus griseus*	갈매과
carnation, pink	카네이션	*Dianthus caryophyllus*	석죽과
carnival candy slime	캔디점균	*Arcyria denudata*	점균류
Carolina cherry laurel	캐로린벚나무	*Prunus caroliniana*	벚나무과
Carolina jasmine	겔세뮴	*Gelsemium sempervirens*	마전과
Carolina thermopsis	테르모프시스	*Thermopsis caroliniana*	콩과
carpet grass	카펫그라스	*Axonopus affinis*	벼과
carpet weed	석류풀	*Mollugo stricta*	석류풀과
carrion flower, starfish flower	스타펠리아	*Stapelia hirsuta*	박주가리과
carrot	당근	*Daucus carota*	미나리과
cascara	캐스케이드	*Cascara sagrada*	털갈매나무류
cashew	캐슈	*Anacardium occidentale*	옻나무과, 과일옻나무과
cassava, tapioca	카사바, 타피오카		고무나무과
cast iron plant	엽란	*Aspidistra elitior*	백합과
castor aralia	음나무	*Kalopanax pictus*	오갈피나무과
castor bean	아주까리, 피마자	*Ricinus communis*	대극과
casuarina	캐주어리나		고금가구제
catalpa	미국개오동	*Catalpa bignonioides*	능소화과

영 명	국 명	명	한 명	과	명
catchfly	끈끈이대나물		Silene armeria	석죽과	
catclaw	고양이발톱선인장			선인장류	
cateye, field speedweel	개불알풀		Veronica didyma	현삼과	
catnip	개박하		Nepeta cataria	광대나물과	
cat's ear	금은조		Hypochoeris	국화과	
cat tail	부들		Typha latifolia	부들과	
cattleya	카틀레야		Cattleya	난과	
Caucasian leopard's bane	도로니쿰		Doronicum caucasicum	국화과	
caulerpa	카우레르파		Caulerpa prolifera	바다녹조류	
cauliflower	꽃양배추		Brassica oleracea	십자화과	
cauliflower fungus	꽃송이버섯		Sparassis crispa	꽃송이버섯과	
cayenne	긴고추		Capsicum angulosum	가지과	
cedar	삼나무류		Cryptomeria	낙우송과	
ceiba tree	세이바나무		Ceiba petandra	판야과	
celeriac	셀러리아크		Apium graveolens	미나리과 아재	
celery	셀러리		Apium graveolens	미나리과	
celery leaf butter	개구리자리		Ranunculus sceleratus	미나리아재비과	
centipede grass	센티페드그러스		Eremochloa ophiruoides	벼과	
century plant → agave					
ceramium	세라뮴		Ceramium	바다홍조류	
Ceylon moss, agar-agar	참우뭇가사리		Gelidium amonsii	해조류	
chain cactus	비들선인장		Rhipsalis	선인장과	
chamaedrys germander	테우크룸		Teucrium chamaedrys	광대나물과	

chamomile	화양국	*Anthemis nobilis*	국화과
chanterelle	꾀꼬리버섯	*Cantharellus cibarius*	꾀꼬리버섯과
chara	차라		해조류
charcoal burner	청머루무당버섯	*Russula cyanoxantha*	무당버섯과
charcoal scale-head	묵턴비늘버섯	*Pholiota carbonaria*	독청버섯과
chaste tree	이탈리아목형	*Vitex agnus-castus*	마편초과
chempaduck	쳄파디크		뽕나무과
chenille plant, copperleaf	누기니아게롤	*Acalypha hispida*	대극과
chenopod → goose foot			
cherry	벗나무	*Prunus donarium*	벗나무과
cherry elaeagnus	짐보리수나무	*Elaeagnus multifloara*	보리수나무과
chervil	처빌	*Anthriscus cerefolium*	미나리과
chestnut	밤나무	*Castanea crenata*	참나무과
chicken-of-the-woods	덕다리벗섯	*Laetiporus sulphureus*	구멍장이버섯과
chickweed	별꽃	*Stellaria media*	너도개미자리과
chilean avens	게움	*Geum chiloense*	장미과
Chilean oxalis	옥살리스	*Oxalis adenophylla*	괭이밥과
China aster	과꽃	*Callistephus chinensis*	국화과
chinese bellflower → ballon flower			
Chinese cabbage	배주	*Brassica pekinensis*	배주과
Chinese chestnut	약밤나무	*Castanea mollisima*	참나무과
chinese delphinium → larkspur			
Chinese elm	느릅나무	*Ulmus parvifolia*	느릅나무과
Chinese fan palm	리비스토나	*Livistona chinensis*	종려과

영 명	국 명	학 명	과 명
Chinese ground orchid	자란	*Bletilla striata*	난과
Chinese lantern plant → bladder cherry			
Chinese parasol tree → sultan's parasol			
Chinese peony → peony			
Chinese pistache	중국검양옻나무	*Pistacia chinensis*	옻나무과
Chinese podocarpus → podocarp			
Chinese redbud	박태기꽃나무	*Cercis chinensis*	콩과, 중국원산
Chinese tallow tree	오구나무	*Sapium sebiferum*	대극과
Chinese wingnut	당굴피나무	*Pterocarya stenoptera*	호도나무과
Chinese witch hazel	하마멜리스	*Hamamelis mollis*	조록나무과
Chinse sacred bamboo	남천	*Nandina domestica*	매자나무과
chirita	키리타	*Chirita lavandulacea*	글록시니아과
chive	산파	*Allium schoenoprasum*	백합과의 아제
chlorophytum	접란	*Chlorophytum*	백합과
chocolage tubeslime	자주솔점균	*Stemonitis splendens*	점균류
cholla	체신인장		선인장과
chondrus → irish moss			
chorda	코르다	*Chorda tomentosa*	바다갈조류
chordaria	코르다리아	*Chordaria*	바다갈조류
Christmas bell	크리스마스벨		
Christmas cactus	크리스마스선인장	*Schlumbergera zygocactus*	선인장과
Christmas cherry	우산호, 알산호	*Solanum pseudocapsicum*	가지과
Christmas rose	크리스마스로즈	*Helleborus niger*	미나리아재비과

chrysanthemum, field daisy	크리산테멈	*Chrysanthemum*	국화과
chufa	금방동산이	*Cyperus microriria*	사초과
cichory	치코리	*Cichorium endivia*	국화과
cigar plant	쿠페아	*Cuphea intibus*	부처꽃과
cinchona tree, quinine	키나나무	*Cinchona offcinalis*	꼭두서니과, 키닌
cineraria	시네라리아	*Senecio cruentus*	국화과
cinnamon	계피나무	*Cinnamomum*	녹나무과
cinquefoil	양지꽃	*Potentilla fragarioides*	장미과
cistus, rock rose	시스티스	*Cistus*	시스투스과
citron	불수감	*Citrus medica*	운향과(산초과)
citrus	감귤나무	*Citrus sinensis*	산초과
cladanthus	클라단투스	*Cladanthus arabicus*	
cladophora	클라도포라	*Cladophora sericea*	바다녹조류
clarkia	클라키아	*Clarkia unguiculata*	바늘꽃과
cleaver	갈키덩굴	*Galium aparin*	꼭두선이과
clematis	참으아리	*Clematis paniculata*	미나리아재비과
cleome → caper plant			
cliff brake fern → button fern			
climacium	둥근나무이끼		선태류
climing buckwheat	고만이류	*Polygonum*	마디풀과
cloud grass → bent grass			
clove	정향	*Eugenia caryophyllata*	정향과
club moss, moss fern	석송, 비늘이끼류	*Lycopodium, Selaginella*	석송, 부처손과의 양치류
cob cactus	로비비아	*Lobivia hybrid*	선인장과

영 명	국 명	학 명	과	명
cockle	보리알동자꽃	*Agrostemma githago*	석죽과	
cocklebur	도꼬마리	*Xanthium strumarium*	엉거시과	
cockscomb	맨드라미	*Celosia cristata*	비름과	
coco de mer → double coconut				
coconut plam	코코닷야자	*Cocos nucifera*	종려과	
codium	청각	*Codium fragile*	바다녹조류	
coelogyne	코엘로지네	*Coelogyne asperata*	난과	
coffee plant	코피나무	*Coffea arabica*	꼭두서니과	
colchicum	콜지쿰	*Colchicum autumnale*	백합과	
coleus → flame nettle				
collard	콜라드	*Brassica o. acephala*	배추과 아제	
collinsia	콜린시아	*Collinsia heterophylla*	현삼과	
columbine	매발톱꽃	*Aquilegia oxysepala*	미나리아재비	
columnea	콜룸네아	*Columnea gloriosa*	글룩시니아과	
coneflower → black-eyed susan				
confederate star jasmine	당마식낭굴	*Trachelospermum jasminoides*	협죽도과	
conifer leather bracket	소나무꽃구름버섯	*Stereum sanguinolentum*	꽃구름버섯과	
coolabah	쿨라바		호주산 우칼리나무류	
coontail, floating fern	붕어마름	*Ceratophyllum demersum*	붕어마름과	
cootaminda	쿠타민다			
copperleaf, chenille plant	닝굴멘드라미	*Alternanthera*	비름과	
coral bells	코랄벨스	*Heuchera sanguinea*		
coralberry → ardisia				

영명	국명	학명	과명
coral drops	베세라	*Bessera elegans*	백합과
coral fungus	싸리버섯류	*Clavariaceae*	국수버섯과
corallina		*Corallina officinalis*	바다흥조류
coral plant	루셀리아	*Russelia equisetiformis*	현삼과
coral slime	산호점균	*Ceratiomyza fruticulosa*	점균류
coriander	고수나물	*Coriandrum sativum*	미나리과 향신야채
corn	옥수수, 강냉이	*Zea mays*	벼과
corn cockle	보리잎동자꽃	*Agrostemma githago*	석죽과
cornelian cherry	코넬리언체리	*Cornus mas*	충충나무과
corn speed well	석개불알풀		현삼과
cornflower → dusty miller			
cornus	산수유	*Cornus officinalis*	수목과
Corsica pine	코르시카소나무		소나무과
Corsican mint	멘타	*Mentha requienii*	광대나물과
cos lettuce	코스레티스	*Lactuca s. longifolia*	국화과 상치류
cosmos	코스모스	*Cosmos bipinnatus*	국화과
costus → spiral flag			
cottonwood	넓은잎양버들	*Populus deltoides*	버드나무과
cowslip → bluebell			
cowblinder	카우블라인더		선인장류
cowslip orchid	소하란		
coyote bush	바카리스	*Baccharis piluraris*	국화과
crab apple	아그배나무	*Malus dorothea*	배나무과
crab cactus, Christmas cactus	게발선인장	*Epiphyllum trucatum*	선인장과

영 명	국 명	명	하 명	과	명
crabgrass, fingergrass	바랭이		*Digitaria adscendens*	벼과	
cranberry	넌출월귤		*Vaccinium*	철쭉과	
cranberry cotoneaster	야광나무		*Cotoneaster*	장미과	
cranesbill	이질풀		*Geranum thunbergii*	쥐손이풀과	
crape myrtle	배롱나무		*Lagerstroemia indica*	부처꽃과	
crassula → jade plant					
creamcup	크림컵		*Platystemon califonicus*	양귀비과	
creeping buttercup	왜개가락풀		*Ranunculus quelpaertensis*	미나리아재비과	
creeping cinquefoil	가락지나물		*Potentilla kleiniana*	너도개미자리과	
creeping mazus	주름잎		*Mazus reptans*	현삼과	
creeping speedwell	두메투구풀		*Veronica repens*	현삼과	
creeping spikerush	물꼬챙이골		*Eleocharis mamillata*	방동산이과	
creeping thistle	조뱅이		*Cephalonoplos setosum*	엉거시과	
creeping vitex	순비기나무		*Vitex rotundifolia*	마편초과	
creeping wood sorrel	괭이밥		*Oxalis corniculata*	괭이밥과	
creeping zinnia	노랑향국		*Sanvitalia procumbens*	국화과	
creosote bush	크레오스트부시		*Larrea mexicana*	남가세과	
cress	양갓냉이		*Lepidium sativum*	십자화과	
crested coral fungus	볏싸리버섯		*Clavulina cristata*	국수버섯과	
crested spider brake fern	봉의꼬리		*Pteris multifida*	고사리과	
crimson flag	시조스틸리스		*Schizostylis coccinea*	붓꽃과	
crinodonna	크리노돈나		*Crinodonna corsii*	수선과	
crinum lily	문주란		*Crinum maritimum*	수선과	

crocus	크로커스	*Crocus minimus*	붓꽃과
crossandra	크로산드라	*Crossandra infundibuliformis*	쥐꼬리망초과
croton	크로톤	*Codiaeum variegatum*	대극과
crown cactus	왕관선인장	*Rebutia*	선인장과
crown vetch	크리운베치	*Coronilla varia*	콩과
crucifix thorn	크루시픽스손		
cryptanthus	크립토탄티스	*Cryptanthus acaulis*	아나나스류
cucumber	오이	*Cucumis sativus*	박과
cucumber tree	큐컴버트리	*Magnolia acuminata*	목련과
cudweed → pearly everlasting			
cumin	커민	*Cuminum cyminum*	
cupflower → blue Cupflower			
cupid's dart	큐피드다트	*Catananche caerulea*	국화과
cup fungus	컵버섯		
curled thistle	지느러미엉겅퀴	*Carduus crispus*	엉거시과
curly dock	소리쟁이	*Rumex crispus*	마디풀과
curly hazelnut	개암나무	*Corylus avellana*	자작나무과
curly moss → Irish moss			
currant, gooseberry	까치밥나무	*Ribes*	범의귀과
cushion pink	큐션핑크		석죽과
cushion spurge	유포르비아	*Euphorbia polychroma*	대극과
custard apple, sweetsop	번여지	*Amona cherimola*	번여지과
cycas → fern plant			
cyclamen, shooting star	시클라멘	*Cyclamen percicum*	앵초과

영	국	한	과
cymbidium	보춘화, 심비디움	*Cymbidium*	난과
cynara	카르둔	*Cynara cardunculus*	국화과의 아재
cypella	시펠라	*Cypella herbertii*	붓꽃과
cyperus, flat sadge	방동사니	*Cyperus*	사초과
cypress	편백	*Chamaecyparis*	측백나무과
cypress spurge → cushion spurge			
cypress vine	유홍초	*Quamoclit pennata*	메꽃과
daffodil → narcissus			
dahlberg daisy	티모필라	*Thymophylla temuiloba*	국화과
dahlia	달리아	*Dahlia variabilis*	국화과
daisy, English daisy	데이지	*Billis perennis*	국화과
dandelion	민들레	*Taraxacum wiggers*	국화과
daphno	팥꽃나무	*Dophne odora*	심정화과
darsley	미나리	*Oenanthe javanica*	미나리과
dasya	다시아	*Dasya*	바다홍조류
date → jujube			
dayflower	닭의장풀	*Commelina*	달개비과
daylily	원추리	*Hemerocallis*	백합과
deadly, dodder	새삼	*Cuscuta*	새삼과
death cap fungus	광대버섯류	*Amanitaceae*	광대버섯과
deceiver fungus	졸각버섯	*Laccaria laccata*	송이과
deciduous tree, frame of forest	델로닉스	*Delonix regia*	콩과 사막식물
deergrass → meadow beauty			

deer mushroom	난버섯	*Pluteus atricapillus*	난버섯과
delphinium	털제비꼬깔	*Delphinium hybridum*	라넌쿨러스과 원예종
dendrobium	덴드로비움	*Dendrobium*	난과
desert candle	데저트캔들		
desert trumpet	에리오고눔	*Eriogonum*	
desmarestia	미스마레스티아	*Desmarestia*	바다얼조류
destroying angel	독우산광대버섯	*Amanita virosa*	광대버섯과
deutzia → slender deutzia			
devil's backbone	은룡	*Pedilanthus tithymaloides*	대극과
dew plant, ice plant	사철채송화	*Mesembryanthemum*	번행과
dichondra	아욱메풀	*Dichondra repens*	메꽃과
dieffenbachia	디펜바지아	*Dieffenbachia*	천남성과
dill	딜	*Anethum graveolens*	미나리과 향신식물
dilsea	딜세아	*Dilsea*	바다얼조류
dipladenia	디플라데니아	*Dipladenia amoena*	협죽도과
dirtweed	좀명아주	*Chenopodium ficifolium*	명아주과
disaerubescens	디사에루베센스		아프리카산 난류
disc foot fungus	수레바퀴애주름버섯	*Mycena stylobates*	송이과
dischidia	디시디아	*Dischidia*	박주가리과
dizygotheca	디지고테카	*Dizygotheca*	오갈피나무과
dock, sorrel	수영	*Rumex acetosa*	마디풀과
dodder → deadly			
dogbane	개정향풀	*Apocynum cannabium*	협죽도과
dogbery, mountain ash	마가목	*Sorbus chinophylla*	장미과

영 명	국 명	학 명	과 명
dog fennel	등골나무	*Eupatorium*	국화과
dog lily	원추리	*Hemerocallis aurantiaca*	백합과
dogrose	찔레나무	*Rosa polyantha*	장미과
dog stinkhorn	뱀버섯	*Mutinus canius*	말뚝버섯과
dogtooth violet, trout lily	가재무릇, 얼레지	*Eryhronium japonicum*	백합과
dogwood	산딸나무류	*Dendrobenthamia*	층층나무과
dotted stem bolete	붉은대그물버섯	*Boletus erythropus*	그물버섯과
double coconut, coco de mer	더블코코넛	*Cocos*	최미형
double tail	쌍꼬리란		
Douglas arborvitae	서양측백나무	*Thuja occidentalis*	측백나무과
dove tree	비둘기나무	*Davidia involucrata*	Davidiaceae
doveweed	크론튼	*Croton*	대극과
dragon tongue fern	콩조각고사리, 꽂쳐계덩굴	*Lemmaphyllum microphyllum*	고란초과
dragon tree	드라카에나	*Dracaena*	백합과
dropwort	털이풀	*Filipendula vulgaris*	장미과
duckweed	좀개구리밥	*Lemna paucicostata*	개구리밥과
dumb cane	디펜바치아	*Diffenbachia amoena*	천남성과
dune wax cup	붉은산무명버섯	*Hygrocybe conica k.*	벛꽃버섯과
dunk ink cap	쇠똥먹물버섯	*Coprinus miser*	먹물버섯과
durian	듀리언		판아과
dusty miller	수레국화	*Centaurea rutifolia*	국화과
dwarf date palm	로에벨레니아자	*Phoenix roebelenii*	야자과
dwarf lily turf	소엽맥문동	*Ophiopogon japonicus*	백합과

dwarf winged euonymus	화살나무	Euonymus alatus	노방덩굴과
dyckia	디키아	Dyckia fosteriana	파인에플과
ear pick fungus	솜방울버섯	Auriscalpium vulgare	꾀꼬리버섯과
earthball	어리알버섯	Scleroderma citrinum	어리알버섯과
earth star	별버섯	Geastrum	
earth fan fungus	사마귀버섯	Thelephora terrestris	굴뚝버섯과
earth star fungus	방귀버섯	Geastrum	방귀버섯과
easter cactus	이스터선인장	Rhipsalidopsis	선인장과
easter lily	나팔나리	Lilium longiflorum	백합과
easter lily cactus	투구선인장	Echinopsis multiplex	선인장과
eastern hemlock → canada hemlock			
eastern redbud	아메리카박태기	Cercis canadensis	콩과
Eastern white pine	서양백송	Pinus strobus	소나무과
ectocarpus	엑토카르푸스	Ectocarpus	바다김조류
edelweise	솜다리, 에델바이스	Leontopodium alpinum	엉거시과(국화과)
edging boxwood	회양목	Buxus microphylla	회양목과
edging lobelia a → cardinal flower			
eelgrass	거머리말	Zostera marina	거머리말과
eelgrass, tapegrass	발리스네리아	Vallisneria americana	자라풀과
egg plant	가지	Salanum melongena	가지과
Egyptian star cluster	펜타스	Pentas lanceolata	꼭두서니과
elastic saddle	회갈색안장버섯	Helvella elastica	안장버섯과
elder, Japanese black elder	오리나무	Alnus japonica	자작나무과
elephant foot tree	코끼리발톱	Beaucarnea recurvata	백합과 아프리카, 과경

영　명	국　명	학　명	과　명	비　명
elephant's ear	토란	*Colocasia antiquorum*	천남성과	
elephant tree	코끼리나무			
Elizabeth azalea	엘리자베스철쭉	*Rhododendron Elizabeth*	철쭉과	
elm → Chinese elm				
empress tree	참오동나무	*Paulownia tomentosa*	능소화과	
endive, escarole	꽃상치	*Cichorium endivia*	국화과 아제	
English daisy	데이지	*Bellis perennis*	국화과	
English holly → holly				
English ivy	금송악	*Hedera helix*	오갈피나무과	
English lavender → lavender				
English walnut	페르샤호두	*Juglans regia*	호도나무과	
enkianthus → redvein enkianthus				
enteromorpha	파래	*Enteromorpha*	바다녹조류	
ephedra	마황	*Ephedra sinica*	마황과 에페드린 원료	
epidemum → borrenwort				
epilobium	바늘꽃	*Epilobium*	바늘꽃과	
episcia	에피스시아	*Episcia emberrace*	글독시니아과	
eragrostis	비노리	*Eragrostis multicaulis*	벼과	
erect bur marigold	가막사리	*Bidens tripartita*	엉거시과	
erica → spring heath				
erythronium	에리트로늄	*Erythronium americanum*	백합과	
eucalyptus	유칼리나무	*Eucalyptus*	도금양과, 호주 특산	
eugrena	연두벌레, 유그레나	*Euglenida*	단세포	

euphorbia	꽃기린	*Sedum kamtschaticum*	대극과
European fan palm	부채야자	*Chamaerops humilis*	종려과
European mountain ash	유럽마가목	*Sorbus aucuparia*	배나무과
evening primrose	달맞이꽃	*Oenothera odorata*	바늘꽃과
evergreen ash	상록물푸레나무	*Fraxinus uhdei*	물푸레나무과
evergreen elm	상록느릅나무	*Ulmus parvifolia*	느릅나무과
evergreen magnolia	태산목	*Magnolia grandiflora*	목련과
eyebane	땅빈대	*Euphorbia pseudochamaesyce*	대극과
eyebright	좁쌀풀	*Euphrasia*	현삼과
eyelash fungus	접시버섯	*Scutellinia scutellata*	접시버섯과
fairly club fungus	국수버섯류	*Clavaria*	국수버섯과
fairly ring champignon	낙엽버섯류	*Marasimus oreades*	송이과
fairy candle → bugbane			
fairy primrose	말라코이데스앵초	*Primula malacoides*	앵초과
false agave → yucca			
false aralia	아랄리아	*Dixygoteaca elegantissima*	오갈피나무과
false chanterelle	애기꾀꼬리버섯	*Hygrophoropsis aurantiacus*	마개버섯과
false dragonhead	꽃범의꼬리	*Physostegia virginiana*	광대나물과
false holly, sweet olive	단계목, 계목	*Osmanthus fragrans*	물푸레나무과
false pimpernel	밭뚝외풀	*Lindernia procumbens*	현삼과
false sea onion	오르니소갈룸	*Ornithogalum caudatum*	백합과
fan maidenhair fern	아디안툼	*Adiantum tenerum*	고사리과
fansy leaved caladium	칼라듐	*Caladium hortulanum*	천남성과
fanwart, water shield	카봄바	*Cabomba caroliniana*	수련과

영 명	국 명	명	학 명	과	명
fawn shield cap	난버섯		*Pluteus cervinus*	난버섯과	
feather fingergrass	나도바랭이		*Chloris virgata*	벼과	
feather grass	나래새		*Stipa sibirica*	벼과	
feaverfew	베이지큐		*Chrysanthemum*	국화과	
feaver weed → boneset					
February daphne	얇서향나무		*Daphne mezereum*	서향나무과	
fennel	회향		*Foeniculum vulgare*	미나리과 향신식물	
fern leaf inch plant	고사리달개비		*Tripogandra*		
fern plant, sago palm	소철		*Cycas revoluta*	소철과	
fescue → blue feseue					
fiddle-leaf fig	벤자미나		*Ficus benjamina*	뽕나무과	
fiddleneck	암성기아		*Amsinckia*	지치과	
field corn	변응씀바귀		*Ixeris storonifera*	꽃상추과	
field daisy	베이지		*Chrysanthemum leucanthemum*	국화과	
field horsetail → horsetail					
field marigold, pot marigold	금송화		*Calendula officinalis*	국화과	
field mint, spearmint	박하		*Mentha arvensis*	꿀풀과	
field mushroom	주름버섯		*Agaricus campestris*	주름버섯과	
field pea	들완두		*Vicia bungei*	콩과	
field penny cress	말냉이		*Thlaspi arvense*	겨자과	
field poppy	꽃양귀비		*Papaver rhocas*	양귀비과	
field speedweel → cateye					
fig tree	무화과나무		*Ficus carica*	뽕나무과	

영명	국명	학명	과명
figwort	현삼	*Scrophularia*	현삼속 총칭
filaree	국화쥐손이	*Erodium*	쥐소니풀과
fingergrass → crabgrass			
fingernail plant	네오레겔리아	*Neoregelia*	아나나스류
fir	전나무	*Abies holophylla*	소나무과
firecracker flower	브로디아류	*Brodiea*	석죽과
firecracker plant(vine)	마네티아	*Manettia inflata*	꼭두서니과
fire king → wooly yarrow			
fireweed	분홍바늘꽃	*Epilobium angustifolium*	바늘꽃과
fishtail palm	공작야자		종려과
fitzroya	피츠로야	*Fitzroya*	무프레스과
five-finger → cinquefoil			
five-leaf akebia	아케비아	*Akebia quinata*	아케비과
five-leaved aralia	오갈피나무	*Acanthopanax*	오갈피나무과
five stamened tamarisk	타마리스크	*Tamarix pendantra*	위성류과
flame azalea	진달래류	*Rhododendron calendulacum*	철쭉과
flame nettle	콜레우스	*Coleus blumei*	꽝꽝나무과
flame violet → episcia			
flame of the-wood	익소라	*Ixora coccinea*	꼭두서니과
flaming sword	브리시아	*Vriesea*	파인에플과
flamingo flower	등대석위	*Anthurium scherzerianum*	천남성과
flat sedge	너도방동산이	*Cyperus serotinus*	방동산이과
flax	신선란	*Phormium tenax*	백합과
flax(hemp)	아마	*Linum usitatissimum*	아마과

영명	국명	학명	과명
flaxleaf fleabane	실망초	*Erigeron linifolius*	엉거시과
flaxleaf pimpernel	파랑봄맞이꽃	*Anagallis linifolia*	앵초과
fleabane horse weed	망초	*Erigeron*	국화과
fleckled flame cap	주근깨미치광이버섯	*Gymnopilus penetrans*	끈적버섯과
floating bladderwort → bladderwort			
floating fern → coontail			
florist's gloxinia → gloxinia		*Sinningia speciosa*	글록시니아과
flowering almond	옥매	*Prunus*	벚나무과
flowering dogwood	붉은꽃말채나무	*Cornus florida*	층층나무과
flowering mapple	꽃단풍	*Abutilon megapotamicum*	무궁화과
flowering quince	명자나무	*Chaenomeles*	배나무과
flowering tobacco	꽃담배	*Nicotiana gracilis*	가지과
flower of an hour	수박풀	*Hibiscus trionum*	무궁화과
fly agaric	파리광대버섯	*Amarita muscaria*	광대버섯과
foamflower	산바위귀	*Tiarella*	범의귀과
forest lily → veltheimia			
forget me not	물망초	*Myosotis palustris*	지치과
fortune's palm	종려	*Trachycarpus fortunei*	종려과
fountain grass	페니세룸	*Pennisetum setaceum*	벼과
four o'clock	분꽃	*Mirabillis jalapa*	분꽃과
four colored wandering Jew	자주줄달개비	*Zebrina pendula*	닭개비과
foxglove	디기탈리스	*Digitalis purpurea*	현삼과
foxtail grass, green foxtail	강아지풀	*Setaria viridis*	벼과

영명	국명	학명	과명
foxtail → coontail			
foxtail lily	에레무루스	*Eremurus shelfordii*	백합과
fragrant epaulette tree	포비로스티락스	*Pterostyrax hispida*	때죽나무과
fragrant plantain lily	비비추잡화	*Hosta plantaginea*	백합과
fragrant snowball	비부르늄	*Viburnum carlcephalum*	인동과 분꽃나무속
fragrant tulbaghia	툴바기아	*Tulbaghia fragrans*	백합과
frame of forest → deciduous tree			
frangipani	황반화	*Plumeria lutea*	협죽도과
franklinia	프랑크리니아	*Franklinia alatamaha*	차나무과
freackle face	히포에스테스	*Hypoestes sanguinolenta*	쥐꼬리망초과
freesia	포리지아	*Freesia refecta*	붓꽃과
French marigold	메리골드	*Tegetes patula*	국화과
fringe tree	미국이팝나무	*Chionanthus virginicus*	물푸레나무과
fringed bleeding heart	디센트라	*Dicentra eximia*	양귀비과
fringed hay cap	페우스말통버섯	*Panaeolus sphinctrinus*	먹물버섯과
fringed violet	포린지바이올렛	*Viola*	제비꽃과
fritillaria	포리틸라리아	*Fritillaria*	백합과
frog's bit → Asian frogbit			
fucus, rockweed	모자반류	*Fucus*	바다갈조류
fufous milk cap		*Lactarius rufus*	무당버섯과
fumitory	자주괴불주머니	*Corydalis incisa*	양귀비과
funnel cap fungus	깔때기버섯류	*Clitocybe*	송이과
fuschia	수령초	*Fuchsia*	바늘꽃과
fuzzy deutzia	뜨지아	*Deutzia scabra*	범의귀과

영 명	국 명	학 명	과 명
gaillardia	천인국	*Gaillardia pulchella*	국화과
galax	갈락스	*Galax aphylla*	암매과
galeola	갈레올라		개천마속의 식물
galinsoga	별꽃아재비	*Galinsoga ciliata*	국화과
garden burnet	오이풀	*Sanguisorba officinalis*	짚신나물과
garden crewfot → Persian buttercup			
gardenia → cape jasmine			
garden phlox	협죽초	*Phlox paniculata*	협죽초
garden sage → salvia			
garden verbena → verbena			
garlic	마늘	*Allium sativum*	백합과
gas plant	디크탐누스	*Dictamnus albus*	산초과(운향과)
gayfeather → blazing star			
gazania	가짜니아	*Gazania*	국화과
gelidium	우뭇가사리	*Gelidium*	바다홍조류
gentian	용담	*Gentiana*	용담과
gerardias	아갈리니스	*Agalinis*	
gerenium	게라니움, 제라늄	*Pelargonium zonale*	쥐손이풀과
ghost gum	고스트검		호주산 유칼리나무류
giant allium	자이언트알륨	*Allium albopilosum*	백합과
giant club	방망이싸리버섯	*Clavariadelphus pistillaris*	국수버섯과
giant duckweed	개구리밥	*Spirodela polyrhiza*	개구리밥과
giant fennel	큰회향	*Ferula communis*	미나리과

giant flame cap	큰미치광이버섯	*Gymnopilus junonius*	끈적버섯과
giant polypore	큰구멍장이버섯	*Meripilus giganteus*	구멍장이버섯과
giant puffball	자이언트말불버섯	*Langermannia gigantea*	말불버섯과
giant sequoia → sequoia			
giant tree spurge	줄거리나무		고무나무과
gigartia	기가르티아	*Gigartia*	바다홍조류
gilia	길리아	*Gilia*	꽃고비과
ginger plant	생강	*Zingiber officinale*	생강과
gingerlily	진저	*Hedychium koenig*	생강과 원예종
ginkgo	은행나무	*Ginkgo biloba*	은행나무과
gladiolus	글라디올러스	*Gladiolus*	붓꽃과
glary bower → bleeding heart			
glasswort	퉁퉁마디	*Salicornia europaea*	명아주과
glistening ink cap	갈색먹물버섯	*Coprinus micaceus*	먹물버섯과
globeflower kerria	황매화	*Kerria japonica*	장미과
gloden ball cactus	골든볼선인장	*Notocactus leninghausii*	선인장과
gloriosa daisy → orange coneflower			
glory bower	비탄의 꽃	*Clerodendrum thomsonae*	마편초과
glory bush, princess flower	티보치나	*Tibouchina*	멜라스토마과
glory lily	글로리릴리	*Gloriosa rothschildiana*	백합과
glory of the snow	치오노둑사	*Chionodoxa luciliae*	백합과
glossopteris, seed fern	종자고사리		화석식물
glove amaranthus	천일홍	*Gomphrena globosa*	비름과
glove thistle	절굿대	*Echinops setifer*	국화과

영 명	국 명	명	학 명	과	명
gloxinera	글록시네라		*Gloxinera rosebells*	글록시니아과	
gloxinia	글록시니아		*Sinningia speciosa*	글록시니아과	
gnetum	네틈			둥남아산 교목	
goatsbeard	눈개승마		*Aruncus sylvester*	조팝나무과	
goat sheard	선흉조				
goat willow	염소버들		*Salix caprea*	비드나무과	
godetia, clarkia	고데티아		*Godetia amoena*	오나그라과	
gold dust tree	식나무		*Aucuba japonica*	충층나무과	
golden St. John's-wort	히페리쿰 황금조		*Hypericum frondosum*	물레나물과	
golden algae					
golden barrel cactus	구루손선인장		*Echinocactus grusonii*	선인장과	
golden brodiea	골든브로디아		*Brodiea*	석죽과	
golden cap fungus	금색갓버섯		*Phaeolepiota aurea*	갓버섯과	
golden eyed grass	노랑끝붓꽃		*Sisyrinchium*	붓꽃과	
golden garlic	알륨		*Allium moly*	백합과	
golden jickseed	금계조		*Coreopsis drummondii*	국화과	
golden marguerite	안테미스		*Anthemis tinctoria*	국화과	
golden rain tree	모감주나무		*Koelreuteria paniculata*	무환자과	
goldenrod	기린초		*Sedum kamtschaticum*	돌나물과	
goldenrod	미역취		*Solidago*	국화과	
golden shower	결명자		*Cassia tora*	콩과	
golden star cactus	골든스타선인장		*Mammillaria elongata*	선인장과	
golden tickseed	기생초		*Coreopsis tinctoria*	국화과	

영명	국명	학명	과명
golden weeping willow	금수양버들	*Salix alba*	버드나무과
goldfish plant	금붕어초	*Hypocyrta nummularia*	글룩시니아과
gooseberry	까치밥나무	*Ribes grossulalis*	범의귀과
goose foot, chenopod	명아주	*Chenopodium album*	명아주과
goose grass	왕바랭이	*Eleusine indica*	벼과
gootweed, jatropha	자트로파		대극과
goutweed	개방풍	*Ledebouriella seseloides*	미나리과
graminea	조개풀	*Arthraxon hispidus*	벼과
grape	포도나무	*Vitis vinifera*	포도과
grape hyacinth	포도히아신스	*Muscari armeniacum*	백합과
grape ivy, kangaroo ivy	포도담쟁이	*Cissus rhombifolia*	포도과
grassnut → brodiea			
grass tree	그래스트리	*Xanthorrhoea*	백합과 호주산 목본
greater celandine	애기똥풀	*Chelidonium majus*	양귀비과
grecian vase plant	퀘스넬리아	*Quesnelia liboniana*	파인애플과
Greek anemone	그리스아네모네	*Anemone blanda*	미나리아재비과
green foxtail → foxtail grass			
green kyllinga	파대가리	*Cyperus brevifolius*	방동산이과
green laver	파래	*Enteromorpha*	해조류 녹조
green pigweed	푸른비드라미	*Amaranthus retroflexus*	비름과
green smilax	땅갈		
grevillea → silky oak			
grinnellia	그리넬리아	*Grinnellia*	바다홍조류
gromwell	지치	*Lithospermum*	지치과

영 명	국 명	명	학 명	과	명
ground cherry → bladder cherry					
ground ivy	긴병꽃풀		Glechoma hederacea	꿀풀과	
ground morning glory	삼색메꽃		Convolvulus	메꽃과	
ground orchid	잠자리난		Habenaria linearifolia	난과	
ground pink	땅패랭이꽃		Phlox subulata	꽃고비과	
groundsel, mountain senecio	개쑥갓		Senecio valgaris	국화과	
guava plant	과바나무		Psidium guajava	정향과	
guayule	과율고무나무		Parthenium	국화과	
guernsey lily	네리네		Nerine sarniensis	수선과	
guillwort	물부추, 물솔		Isoetes japonica	양치류	
gulfweed → sea-lentil					
gumweed	그린델리아		Grindelia squarrosa	국화과	
guzmania	구즈마니아		Guzmania monostachya	파인애플과	
gypsophila	석회패랭이꽃		Gypsophila elegans	패랭이꽃과	
hackberry	팽나무		Celtis occidentalis	느릅나무과	
haik moss	솔이끼			선태류	
hairy leather bracket	꽃구름버섯		Stereum hirsutum	꽃구름버섯과	
hairy vetch	새완두		Vicia hirsuta	콩과	
halimeda	힐티메비		Halimeda tuna	바다녹조류	
hardy chrysontemum	국화		Chrysanthemum morifolium	국화과	
hardy silk tree	자귀나무		Albizzia jubibrissin	콩과	
hare's foot fern	미역고사리		Polypodium aureum	고란초과	
harlequin flower	스파락시스		Sparaxis tricolor	붓꽃과	

영명	국명	학명	과명
hart's tongue fern	나도파초일엽	*Phyllitis scolopendrium*	꼬리고사리과
Hawaiian ti	그르딜리네	*Cordyline terminalis*	백합과
hawk's beard	크레피스	*Crepis rubra*	국화과
hawkweed	조밥나물	*Hieracium*	국화과
hawkweed picris	쇠서나물	*Picris hieracioides*	꽃상추과
hawthorn	산사나무	*Crataegus pinnatifida*	배나무과
hay cap fungus	말똥버섯	*Panaeolus foenisecii*	먹물버섯과
hazelnut	개암나무	*Corylus*	자작나무과
hazelnut barcelona	서양개암나무	*Corylus avellana*	자작나무과
healall, self heal	꿀풀	*Prunella asiatica*	꿀풀과
heart leaved bergenia	히말라야베취지	*Bergenia cordifolia*	범의귀과
heath	히스	*Erica*	진달래과
hedge bindweed	애기메꽃	*Calystegia hederacea*	메꽃과
hedgehog cactus	헤지호그선인장	cactus	선인장과
hedgehog fungus	턱수염버섯	*Hydnum repandum*	턱수염버섯과
hedge parsley	사상자	*Torilis japonica*	미나리과
heliotrope	헬리오트로프	*Heliotropium arborescens*	지치과
hemerocallis	헤메로칼리스	*Hemerocallis* L.	백합과
hemlock	독당근		미나리과
hemlock spruce	솔송나무	*Tsuga sieboldii*	소나무과
hemp plant	삼	*Cannabis sativa*	뽕나무과
henbit	광대나물	*Lamium amplexicaule*	꿀풀과
hen of the wood	잎새버섯	*Grifola frondosa*	
henna	지감꽃		부처손과

영	명	구	명	학	명	과	명
hepatica		노루귀		*Hepatica*		미나리아재비과	
herald of the winter				*Hygrophorus hypothejus*		벚꽃버섯과	
heterosiphonia		헤테로시포니아		*Heterosiphonia*		바다검조	
hibiscus		히비스커스		*Hibiscus rosa-sinensis*		접시꽃과	
hickory		히코리		*Carya*		호두나무류	
hicks yew		힉스주목		*Taxus media*		주목과	
high-bush blueberry → blueberry							
hill cherry → cherry							
Himalayan blue poppy		블루포피		*Meconopsis betonicifolia*		양귀비과	
Himalayan cedar		히말라야노그주		*Cedrus deodara*		소나무과	
himalayan primrose → primula							
holly, holly shrub		양호랑가시		*Ilex aquifolium*		감탕나무과	
holly fern		도깨비고비		*Cyrtomium falcatum*		면마과 양치류	
hollyhock		접시꽃		*Alcea rosea*		무궁화과(아욱과)	
hollyhock mallow		말타		*Malva alcea*		무궁화과	
holly malpighia		말피기아		*Malpighia coccigera*		측백나무과	
hollywood juniper		향나무		*Juniperus chinensis*			
honesty		루나리아		*Lunaria annua*			
honey fungus		뽕나무버섯류		*Armillaira mellea*		송이과	
honey locust		주엽나무		*Gleditsia*		콩과	
honey mesquite		프로소피스		*Prospopis glandulosa*		콩과	
honey myrtle		하니미를					
honeysuckle		인동덩굴		*Lonicera japonica*		인동과, 동남아	

honeywort	호프	*Cerinthe major*	지치과
hop	호프	*Humulus lupulus*	뽕나무과
horehound	흰꽃광대나물	*Marrubium vulgare*	광대나물
horixontle	호리촌틀		범의귀과 호주산
hornbeam	서나무	*Carpinus*	자작나무과
horn of plenty	뿔나팔버섯	*Craterellus cornucopioides*	꾀꼬리버섯과
hornwort → coontail			
horse chestnut	양칠엽수, 마로니에	*Aesculus hippocastatum*	칠엽수과
horse hair fungus	말총낙엽버섯	*Marasimus androsaceus*	송이과
horsemint → bergamot			
horse mushroom	흰주름버섯	*Agaricus arvensis*	주름버섯과
horse weed	망초	*Erigeron canadensis*	국화과(엉거시과)
horseradish	거자무	*Armoracia rusticana*	십자화과
horsetail, field horsetail	쇠뜨기	*Equisetum arvense*	속새과
hosta	옥잠화	*Hosta undulata*	백합과
hottentot fig	배아국화	*Carpobrotus edulis*	번행과
houseleek	하우스리크	*Sempervivum*	돌나물과
hyacinth	히아신스	*Hyacinthus orientalis*	백합과
hyacinth bean	제비콩	*Dolichos lablab*	콩과
hydrangea	수국	*Hydrangea macrophylla*	범의귀과
hymenaea courbaril	개이슬카시아	*Robinia pseudo-acacia*	콩과
Iceland poppy	아이슬랜드포피	*Papaver nudicaule*	양귀비과
ice plant → dew plant			
iguanure plam	이구아누르야자		야자과

영 명	국 명	명	한 명	과	명
immortelle	임모텔		Xeranthemum annuum	국화과	
incarvillea	인카빌레아		Incarvillea delavayi	능소화과	
inch plant → spiderwort					
India lovegrass	큰비노리		Eragrostis pilosa	벼과	
Indian azalea	인디언철쭉		Rhododendron indicum	철쭉과	
Indian cress, nasturtium	한련, 금련화		Tropaeolum majus	한련과	
Indian joint vetch	자귀풀		Aeschynomene indica	콩과	
Indian paint brush	인디언페인트브러시			기생식물	
Indian pink	패랭이꽃		Dianthus chinensis	석죽과	
Indian pipe	수정란풀, 수정초		Monotropastrum globosum	노루발풀과	
Indian shot → canna					
Indian strawberry	홍실뱀딸기		Duchesnea indica	장미과	
Indian (mock) strawberry	뱀딸기		Duchesnea chrysantha	장미과	
Indoor oak	니코티미아		Nicodemia diversifolia		
Indoor primrose	서양앵초		Primula veris	앵초과	
inkberry	미국자리공		Phytolacca americana	자리공과	
ink cap fungus	두엄먹물버섯		Coprinus atramentarius	먹물버섯과	
insect egg slime	별태알점균		Leocarpus fragilis	점균류	
ipecac	토근, 이페가크		Cephaelis ipecacuanhae	꼭두서니과	
iris	창포류		Iris	붓꽃과	
iris, blue flag	붓꽃		Iris nertschinskia	붓꽃과	
Irish moss	진두발		Chondrus ocellatus	홍조류 진두발류	
iron cross begonia	철십자베고니아		Begonia masoniana	베고니아과	

영명	국명	학명	과명
ironweed	베르노니아	*Vernonia*	국화과
ironwood	강철나무		맹고스틴과
Italian alder	이탈리안엘더	*Alnus cordata*	오리나무류
Italian bugloss	안쿠사	*Anchusa azurea*	지치과
ivy	담쟁이	*Parthenocissus tricuspidata*	포도과
ivy gerenium	아이비제레니엄	*Pelargonium peltatum*	쥐손이풀과
ixiolirion	익시올리리온	*Ixiolirion montanum*	수선과
jacitara	하시타라		남미원산
jackfruit	잭프루트	*Artocarpus*	뽕나무과 열대
Jacob's ladder	꽃고비	*Polemonium caeruleum*	꽃고비과
jacobinia	자코비니아	*Jacobinia suberecta*	쥐꼬리망초과
jade plant	크라술라	*Crassula portulacea*	돌나물과
jambu	잠부		정향과
Japanese andromeda	마취목	*Pieris japonica*	철쭉과
Japanese anemone	일본아네모네	*Anemone hupehensis*	미나리아재비과
Japanese barberry	매자나무	*Berberis*	매자나무과
japanese black elder → elder			
Japanese black pine	해송	*Pinus thunbergii*	소나무과
Japanese brome	참새귀리	*Bromus japonicus*	벼과
Japanese clover	매듭풀	*Kummerovia striata*	콩과
Japanese dogwood	산딸나무	*Cornus kousa*	층층나무과
Japanese fatsia	팔손이나무	*Fatsia japonica*	오갈피나무과
Japanese hop vine	한삼덩굴	*Humulus japonicus*	뽕나무과
Japanese pachysandra	파키산드라	*Pachysandra terminalis*	회양목과

영 명	구 명	학 명	과 명
Japanese pagoda tree	회화나무	*Sophora japonica*	콩과
Japanese pittosporum → mock orange			
Japanese plum	비파나무	*Eriobotrya japonica*	배나무과
Japanese primrose	구종앵초	*Primula japonica*	앵초과
Japanese quince	풀명자나무	*Chaenomeles maulei*	배나무과
Japanese rose	해당화	*Rosa rugosa*	장미과
Japanese snowbell	때죽나무	*Styrax japonica*	때죽나무과
Japanese tree lilac	정향나무	*Syringa amurensis*	물푸레나무과
Japanese zelkova	느티나무	*Zelkova serrata*	느릅나무과
jasmine, winter jasmine	자스민	*Jasminum polyanthum*	물푸레나무과
jatropha → gootweed			
jelly anteler fungus	싸리아교뿔버섯	*Calocera viscosa*	붉은목이과
jelly baby fungus	콩두건버섯	*Leotia lubrica*	두건버섯과
jelly spot	붉은목이	*Dracrymyces*	붉은목이과
Jelusalme artichoke → artichoke			
Jelusaleme cherry → Christmas cherry			
Jerusalem thorn	과킨소니아	*Parkinsonia aculeata*	콩과
jetbead	병아리꽃나무	*Rhodotypos scandens*	장미과
Jew's ear	목이	*Auricularia auricula*	목이과버섯
jewel orchid	보석란	*Haemaria discolorata*	봉선화과
jewelweed	물봉선	*Impatiens textori*	봉선화과
jimsonweed	독말풀	*Datura stramonium*	가지과
job's tears	염주	*Coix lacryma-jobi*	벼과

영명	국명	학명	과명
joepyeweed	등골나물	*Eupatorium*	국화과
Johnson grass	수수	*Sorghum*	벼과
Joseph's coat	삼색맨드라미	*Amaranthus tricolor*	비름과
joshua tree	조슈아트리	*Yucca brevifolia*	용설란과
jujube	대추나무	*Zizyphus jujuba*	갈매나무과
jumping chollor	점핑촐리		선인장류
June berry	채진목속 총칭	*Ameranchier*	장미과
jungle geranimu → flame of the wood			
Jupiter's beard	붉은쥐오줌풀	*Centranthus ruber*	마타리과
jute	황마	*Corchorus capsularis*	피나무과
kafir lily	군자란	*Clivia miniata*	수선과
kalanchoe	붉은꽃꿩의비름	*Kalanchoe blossfeldiana*	돌나물과
kale	케일	*Brassica oleracea var*	배추과의 아제
kangaroo ivy → grape ivy			
kangaroo's paw	캥거루포	*Anigozanthus*	Haemadoreaceae 꽈아과
kapok	케이폭나무		판야과
Katherine crab apple	캐서린능금나무	*Malus katherine*	배나무과
katsura tree	가츠라나무	*Cercidiphyllum japonicum*	가츠라과
kelnia → candle plant			
kentia palm, paradise palm	켄티아야자	*Howea forsterana*	종려과
Kentucky bluegrass	왕포아풀	*Poa pratensis*	벼과, 목초
Kentucky pescue	켄터키페스큐		목초
kermes oak	카미즈오크	*Quercus coccinea*	참나무과
kew broom	키뷰수스	*Cytisus kewensis*	콩과

영 명	국 명	학 명	과	명
kirilow indigo	땅비싸리	*Indigofera kirilowii*	콩과	
klamathweed	고추나물	*Hypericum*	물레나물과	
knight cap fungus	송이류	*Tricholoma*	송이과	
knot grass, knotweed	호장근	*Polygonum cuspitatum*	마디풀과	
kohleria	콜레리아	*Kohleria amabilis*	글록시니아과	
kohlrabi	구경양배추	*Brassica o. caulorapa*	배추과 아제	
Korean abelialeaf	미선나무	*Abeliophyllum distichum*	물푸레나무과	
Korean mountain ash	털팥배나무	*Sorbus alnifolia*	배나무과	
kousa dogwood→Japanese dogwood				
kumquat	둥글금귤	*Fortunella margarita*	산초과	
labiatas	향유	*Elsholtzia ciliata*	꿀풀과	
lace plant		*Aponogeton*		
lacquer tree, sumac	옻나무	*Rhus verniciflua*	옻나무과	
lady finger	레이디핑거		포도 품종	
lady palm	관음죽	*Rhapis excelsa*	종려과	
lady's eardrops	수령초	*Fuchsia magellanica*	바늘꽃과	
lady's saddle	별점버섯류	*Polyporus squamosus*	구멍장이버섯과	
lady's slipper	시프리페듐	*Cypripedium*	난과	
laelia	리엘리아	*Laelia*	난과	
laland fire thorn	울산사나무	*Pyracantha coccinea*	배나무과	
lamb's ears → big betony				
lamb's quater, white goosefoot	흰명아주	*Chenopodium album*	명아주과	
lamb's tail	램즈테일			

laminaria, sea tangle	다시마류	*Laminaria*	바다갈조류
lantana	란타나	*Lantana camara*	마편초과
lapeirousia	라페이로시아	*Lapeirousia laxa*	붓꽃과
larch bolete	른비단그물버섯	*Suillus grevillei*	그물버섯과
larch, Dahurian larch	낙엽송	*Larix kaempferi*	소나무과
large forthergilla	포비르길라	*Forthergilla major*	조록과
larkspur	제비고깔	*Delphinium*	미나리아재비과
laurel tree, bay tree	월계수, 계수나무	*Laurus nobilis*	녹나무과
lavender, antiquity lavender	라벤더	*Lavendula officianalis*	꿀풀과
lavender cotton	산톨리나	*Santolina chamaecyparissus*	국화과
lavender mist meadow rue	꿩의다리	*Thalictrum*	미나리아재비과
laver	김류(참김, 돌김)	*Porphyra*	홍조류
leadwort	레드위트	*Ceratostigma plumbaginvides*	갯질경과
leather leaf	레드리프		산성에 강한 식물
Lebanon cedar	레바논삼나무	*Cedrus libani*	소나무과
ledebour globeflower	트롤리우스	*Trollius ledebourii*	미나리아재비과
leek	리크	*Allium porrum*	백합과의 야채
lemoine deutzia	레모인듀치아	*Deutzia lemoinei*	범의귀과
lemoine purple crab apple	레모인능금나무	*Malus purpurea*	배나무과
lemon	레모	*Citrus limonia*	산초과
lemon balm	레몬밤	*Melissa officinalis*	광대나물과
lemon bottle brush	레몬보틀브러시	*Callistemon lanceolatus*	도금양과
lemon peel fungus	레몬접시버섯	*Otidea onotica*	접시버섯과
lemon thyme	레몬사임	*Thymus citriodus*	광대나물과

영 명	국 명	학 명	과 명
lepidodendron	인목	*Lepidodendron*	화석식물
lettuce	상치, 양상치	*Lactuca sativa*	국화과
liana	리아나		열대산 덩쿨이류
liberty cap fungus	종벌똥버섯	*Psilocybe semilanceata*	먹물버섯과
lichen	지의류	*Lichenes*	지의류
lignum vitae	유창목	*Guaiacum sanctum*	남가세과
lilac	라일락	*Syringa vulgaris*	물푸레나무과
lilac bonnet cap	맑은애주름버섯	*Mycena pura*	송이과
lilac crane's bill	황새부리쥐손이	*Geranium grandiflorum*	쥐손이풀과
lily of the valley	은방울꽃, 비비추	*Convallaria majoalis*	백합과
lily pad	릴리패드		수련류
lily turf→big blue lily turf	맥문동		
lima bean	리마콩	*Phaseolus limensis*	콩과 식용
lime	라임	*Citrus aurantifolia*	산초과
linden tree	보리수	*Tilia miqueliana*	보리수과
linum → flax			
lipstic plant, basket plant	에스키난투스	*Aeschynanthus parvifolius*	글록시니아과
little-leaved linden	소엽보리수	*Tilia cordata*	피나무과
live oak	버지니아참나무	*Quercus virginiana*	참나무과
liverwort, marchantia	우산이끼	*Marchantia*	선태류
livid amaranth	개비름	*Amaranthus lividus*	비름과
living stones	리빙스톤	*Lithops turbiniformis*	아프리카 다육식물
living vase plant		*Aechmea fasciata*	

영명	국명	학명	과명
livistona palm	리비스토나야자		호주산 야자
loberia	수염가래꽃	Lobelia chinensis	숫잔대과
loblolly pine	티에다소나무	Pinus taeda	소나무류
lobster	헬리코니아	claw	파초과
locoweed	황기류	Astragalus	콩과
lollipop plant	롤리팝	Pachystachys lutea	쥐꼬리망초과
lombardy poplar	이태리포플라	Populus nigar	버드나무과
London plane tree	단풍잎버짐나무	Platanus acerifolia	쥐방울나무과
longan	롱간	Euphoria longana	무환자과
longiflorum lily → easter lily			
longleaf pine	대왕송	Pinus palustris	소나무과
long stemmed water wort	물별	Elatine triandra	물별과
loofah, luffa	수세미오이	Luffa cylindrica	박과
loosestrife	부처꽃	Lythrum anceps	부처꽃과
loquat → Japanese plum			
lotus	연	Nelumbo nucifera	수련과
lovegrass	그령	Eragrostis ferruginia	벼과
love in a mist	니겔라	Nigella damascena	미나리아재비과
love lies bleeding	줄맨드라미	Amaranthus caudatus	비름과
low cudweed	왜떡쑥	Gnaphalium uliginosum	엉거시과
lucky clover, shamrock	꽃괭이밥	Oxalis bowiei	괭이밥과
ludwigia	여마바늘	Ludwigia prostrata	바늘꽃과
lupine	루핀	Lupinus arboreus	콩과
lychee, litchi	리지	Litchi chinensis	무환자과

영	명	국	명	학	명	과	명
lychnis		동자꽃		Lychnis		패랭이과	
lynwood forsythia		장수개나리		Forsythia intermedia		물푸레나무과	
lysiloma		리실로마		Lysiloma		북미사막식물	
macaranga tree		마가랑가나무				고무나무과	
macrocystis		마크로시스티스		Macrocystis		바다갈조류	
Madagascar periwinkle		매일초		Vinca rosea		협죽도과	
madder		꼭두서니		Rubia		꼭두서니과	
Madonna lily		포랑스백합		Lilium candidum		백합과	
Magellan fuchsia → lady's eardrops							
magic flower		아키메네스		Achimenes Charm		바위담배과	
magnolia		후박나무, 목련		Magnolia obovata		목련과	
mahogany		마호가니		Swietenia mahogani		멀구슬나무과	
mahonia		마호니아		Mahonia repens		매자과	
maidenhair fern		섬공작고사리		Adiantum cuneatum		고사리과	
maiden pink		각시패랭이꽃		Dianthus deltoides		석죽과	
makami kumquat → kumquat							
mallee		맬리		Eucalyptus dumosa		유칼리나무류	
mallow		부용		Hibiscus mutabilis		아욱과	
malope		말로프		Maope trifida			
maltese cross		수베동자꽃		Lychnis chalcedonica		석죽과	
mandrake → mayapple							
mango		맹고		Mongifera indica		옻나무과(과일)	
mangosteen		맹고스틴		Garcinia mangostana		맹고스틴과	

영명	국명	학명	과명
mangrove	홍수	Rhizophora mangle	홍수과
Manila hemp	마닐라삼		파초과
manna gum	마나검		유칼리나무류
mapple	단풍나무	Acer palmatum	단풍나무과
marchantia → liverwort			
marguerite	마거리트	Chrysanthemum frutescens	국화과
marigold → field marigold	금잔화 → 금송화	Calendula officinalis	국화과
mariposa tulip (lily)	마리포사백합	Calochortus venustus	백합과
maritime pine	해안송	Pinus pianaster	소나무과
marlock	말로크		유칼리나무류
marram brittle head		Psathyrella ammophilla	먹물버섯과
marronnier, horse chestnut	마로니에, 양칠엽수	Aesculus hippocastanum	나도밤나무과
marrow	페포호박	Cucurbita pepo	박과
marsh watercress	숙숙이풀	Roippa islandica	겨자과
Marshall's seedless ash	마샬물푸레나무	Fraxinus pennsylvanica	물푸레나무과
martagon lily	마르타곤릴리	Lilium martagon	백합과
mask flower	알론소아	Alonsoa	
matilija poppy	롬네아	Romneya coulteri	양귀비과
maurandia	마우란디아	Maurandia barclaiana	베꽃과
mauve catmint	네페타	Nepeta massinii	광대나물과
Max Graf rose	막스그라프장미	Rosa Max Graf	장미과
mayapple	메이애플	Podophyllum peltatum	매자나무과
mayflower	메이플라워	Epigaea repens	철쭉과
mayweed	아티미스	Athemis	국화과, 가모밀라차 원료

영	명	국	명	학	명	과	명
meadow beaty		레시아		*Rhexia*		들모란과	
meadow coral fungus		첫싸리버섯류		*Clavulinopsis corniculata*		국수버섯과	
meadow wax cap		풀밭무명버섯		*Hygrocybe pratensis*		벚꽃버섯과	
meadowrue		꿩의다리		*Thalictrum*		미나리아재비과	
melon		멜론				박과	
memorial rose		메모리얼로즈		*Rosa wichuraiana*		장미과	
mermaid's cup				*Acetabularia cremulata*		바다녹조류	
mermaids fan		부채말				갈조류	
mermaids wineglass		아세타불라리아				열대 녹조	
merman's shaving brush				*Penicillus dumetosus*		바다녹조류	
merrill magnolia		메릴매그놀리아		*Magnolia loebnerii*		목련과	
mescal		메스칼					
mesem		메셈		*Mesembryanthema*		석류초과	
mesquite		메스키트		*Prosopis juliflora*		콩과	
metasequoia		메타세코이어		*Sequoia glyptostoboides*		시코이아과	
Mexican cactus		윌하미인		*Epiphyllum oxypetalum*		선인장과	
Mexican flame vine → parlor ivy							
Mexican foxglove		테트라네마		*Tetranema mexicanum*		현삼과	
Mexican tree fern		시보튬		*Cibotium schiedei*			
Mexican tulip poppy		메시코양귀비		*Hunnemannia fumariifolia*		양귀비과	
michaelmas		우선국		*Aster novi-belgii*		국화과	
mignonette		레세다		*Reseda oderata*		물푸레나무과	
milfoil, parrot's feather		물수세미		*Myriophyllum verticillatum*		개미탑과	

영명	국명	학명	과명
milk cap fungus	젖버섯류	*Lactarius*	무당버섯과
milk striped euphorbia	흰줄유포르비아	*Euphorbia lactea*	대극과
milk vetch	자운영	*Astragalus sinicus*	콩과
milkweed	밀크위드		유액조충청
milkwort	애기풀, 원지	*Polygala*	애기풀과
milky cone cap	흰종버섯	*Conocybe lactea*	소똥버섯과
miller fungus		*Clitopillus prunulus*	난버섯과
ming aralia	폴리지아스	*Polyschias balfouriana*	
miniature agave → dyckia			
miniature date palm → dwarf d. p.			
miniature holly → holly malpighia			
miniature rose	월계화	*Rosa chinensis*	장미과
mint → field mint			
mistflower	유파토룸	*Eupatorium coelestinum*	국화과
mistletoe	열대새삼	*Viscum album*	겨우살이류
mock orange	고광나무	*Philadelphus lathyris*	범의귀과
modesto ash	모데스토물푸레나무	*Fraxinus velutina*	물푸레나무과
molucca bramble	물루카브램블		
monarch-of-the-veldt	베니듐	*Venidium fastuosum*	콤포지트과
moneywort	서양좀가지꽃	*Lysimachia nummularia*	앵초과
monkey flower	원숭이꽃	*Mimulu*	현삼과
monkey plant → ruellia			
monkey puzzle	칠리삼목	*Araucaria araucana*	아라우카리아과
monkey faced pansy			

영	명	국	명	학	명	과	명
monkshood		아코니툼		*Aconium cammarum*		마디풀과	
monochoria		물달개비		*Monochoria vaginalis*		물옥잠과	
monstera		몬스테라		*Monstera deliciosa*		토란과(천남성과)	
montbretia		모트브레티아		*Crocosmia*		붓꽃과	
moonstone		문스톤		*Pachyphytum oviferum*		돌나물과	
morel fungus		곰보버섯		*Morchella esculenta*		곰보버섯과	
morel slime		곰보버섯점균		*Ceratiomyxa morchella*		점균류	
morning glory		서양나팔꽃		*Ipomoea*		메꽃과	
mosaic plant		피토니아		*Fittonia verschaffeltii*			
moses in the cradle		자주만년청		*Rhoeo discolor*		닭개비과	
moss fern → club moss							
moss phlox		꽃잔디		*Adenophora*		초롱꽃과	
moss sandwort		누운개미자리		*Minuartia verna*		석죽과	
moth orchid		팔레노프시스		*Phalaeopsis*		난과	
mother in law plant		산세베리아		*Sansevieria trifasciata*		백합과	
mother of thyme → taim							
mother's hear → shepherd's purse							
motherwort		익모초		*Leonurus sibiricus*		꿀풀과	
mountain ash → dogbery							
mountain cushion pink		마운틴쿠션핑크					
mountain laurel		칼미아		*Kalmia latifolia*		철쭉과	
mountain senecio → groundsel							
mouse ear chickweed		점나도나물		*Cerastium caespitosum*		너도개미자리과	

mouse ear cress	애기장대	*Arabis thaliana*	겨자과
moutain ash	마운틴애시	*Eucalyptus*	호주산 유컬립류
mubellifer → darsley			
mugo pine	무고소나무	*Pinus mugo*	소나무과
mugwort, sagebrush, worm wood	쑥	*Artemisia vulgaris*	엉거시과
mulberry	뽕나무	*Morus alba*	뽕나무과
mullein	버바스쿰	*Verbascum*	현삼과
muscari → grape hyacinth			
muscat berry	머스컷포도		포도 품종
mussaenda → ashanti blood			
mustard	겨자	*Brassica cernua*	십자화과(배추과)
myrrh	몰약나무	*Commiphora*	감람과
myrtle	도금양나무	*Myrtus communis*	도금양과
narcissus, daffodil	수선화	*Narcissus tazetta*	수선과
nardoo	네가래	*Marsilea quadrifolia*	네가래과
nasturtium, Indian cress	금련화, 한련	*Tropaeolum majus*	한련과
natal plum	카리사	*Carissa grandiflora*	협죽도과
navel cap fungus	이끼버섯류	*Rickenella*	이끼와 군생
neapolitan cyclamen	네아폴리탄시클라멘	*Cyclamen neapolitanum*	앵초과
needle grass	띠	*Imperata cyindrica*	벼과
nemesia	네메시아	*Nemesia strumosa*	현삼과
nemophila	네모필라	*Nemophila*	하이드로필라과
neoregelia → fingernail plant			
nepenthes, pitcher plant	벌레잡이통풀	*Nepenthes rafflesiana*	벌레잡이통풀과

영명	국명	학명	과명
nephrolepis	단빛고사리	*Nephrolepis*	고사리류
nerocystis		*Nerocystis luetkeana*	바다잎조류
nest fern	파초일엽	*Asplenium antiquum*	꼬리고사리과
nettle	쐐기풀	*Urtica thunbergiana*	쐐기풀과
New Zealand flax → flax			
nidularium	들라리움	*Nidularium regelioides*	파인애플과
night blooming jasmine	세스트룸	*Cestrum nocturnum*	가지과
nightshade	가지류	*Solanum*	가지과
nipplewort	개보리뺑이	*Lapsana apogonoides*	꽃상추과
Nonkeen lily	날긴나리	*Lilium testaceum*	백합과
norfolk island pine	남양삼나무	*Araucaria excelasa*	남양삼나무과
northern red oak	붉은갈참나무	*Quercus borealis*	참나무과
Norway maple	유럽단풍	*Acer platanoides*	단풍나무과
Norway spruce	독일가문비나무	*Picea excelsa*	소나무과
notchleaf statice	꽃갯질경	*Limonium sinuatum*	깃질경과
notcutt smokebush → smoke tree			
nutgrass	방동사니, 왕골	*Cyperus*	방동사니과
nutmeg	육두구	*Mysistica fragrans*	
nutsage	향부자	*Cyperus rotundus*	방동산이과(사초과)
oak	떡갈나무류	*Quercus*	밤나무과
oak honnet cap	참나무예주름버섯	*Mycena inclinata*	송이과
ocotillo	오코티요	*Fouquieria splendens*	북미사막관목
odontoglossum	오토토글로슘	*Odontoglossum rossii*	난과

영명	국명	학명	과명
Ohio buckeye	칼리포니아칠엽수	*Aesculus glabra*	칠엽수과
oil palm	기름야자	*Elaeis guineensis*	종려과
okra	오크라	*Abelmoschus esculentus*	무궁화과
old man cactus	노인선인장	*Cephalocereus senilis*	선인장과
old man of the wood	카신그물버섯	*Strobilomyces strobilaceus*	카신그물버섯과
old man's bread	사위질빵	*Clematis apiifolia*	미나리아재비과
oleander	협죽도	*Nerium oleander*	협죽도과
olive	올리브나무	*Olea europaea*	물푸레나무과
olive oyster	참부채버섯	*Panellus serotinus*	느티리과
oliver sea holly	에린쥼	*Eryngium oliverianum*	미나리과
onion	양파	*Allium cepa*	백합과
orach	붉은갯는쟁이	*Atriplex hortensis*	명아주과
orange → sweet orange			
orange birch bolete	등색껍질이그물버섯	*Leccinum versipella*	그물버섯과
orange bog web cap	노랑주름끈적버섯	*Cortinarius uliginosus*	끈적버섯과
orange coneflower	루드베키아	*Rudbeckia fulgida*	국화과
orange navel cap	주홍이끼버섯	*Rickenella fibula*	이끼와 군생
orange peel fungus	들주발버섯	*Aleuria aurantia*	접시버섯과
orange streptosolen	스트렙토솔렌	*Streptosolen jamesonii*	가지과
orange-zoned brachet	소나무잔나비버섯	*Fomitopsis pinicola*	구멍장이버섯과
orchardgrass	오리새	*Dactylis glomerata*	벼과의 목초
orchid cactus	공작선인장	*Epiphyllum hermosissimus*	선인장과
oregano, sweet marjoram	꽃박하	*Origanum vulgare*	광대나물과
Oregon holly grape → mahonia			

영 명	국 명	명	학 명	한 명	과	명
organ cactus	오르간선인장				선인장과	
oriental hawksbeard	보리뺑이		*Youngia japonica*		꽃상치과	
oriental poppy	개양귀비		*Papaver orientale*		양귀비과	
ornamental pepper	오색고추		*Capsicum annuum*		가지과	
osage orange	가시뽕나무		*Maclura pomifera*		뽕나무과	
otaheite orange	시트루스		*Citrus taitensis*		산초과	
oxtongue gasteria	가스비리아		*Gasteria verrucosa*		백합과	
oyster mushroom	느타리		*Pleurotus ostreatus*		느타리과	
Pacific dogwood	누틸리말채나무		*Cornus nuttallii*		충충나무과	
paeony	함박꽃		*Paeonia*		미나리아재비과	
pagoda flower	파고다꽃				마편초과	
paintbrush → paintedcup						
paintedcup	가스틸레이아		*Castilleja*		현삼과	
painted daisy	붉은제충국		*Chrysanthemum coccineum*		국화과	
painted lady → plush plant						
pale smartweed	흰여뀌		*Polygonum lapathifolium*		마디풀과	
palm	야자나무		*Livistona australis*		종려과	
palmyra	다라수		*Borassus flabellifer*		종려과	
pampas grass	팜파스그라스		*Cortaderia selloana*		벼과	
panda plant, velvet leaf	란단코에		*Kalanchoe tomentosa*		돌나물과	
panic grass, barnyard grass	피		*Echinochloa*		벼과	
panicum	개기장		*Panicum bisulcatum*		벼과	
panida			*Padina pavonia*		바다갈조류	

영명	국명	학명	과명
pansy	팬지	*Viola tricolor*	제비꽃과
papaw	파포	*Asimina triloba*	Annonaceae
papaya	파파야	*Carica papaya*	파파야과
paperbark maple	페이퍼바크메플	*Acer griceum*	단풍나무과
paperbark tree	뱃밤나무		정향과
paper mulberry	닥나무	*Broussonetia*	뽕나무과
paper-flower → bougainvillea			
papyrus	파피루스	*Cyperus papyrus*	사초과
paradise palm → kentia palm			
parasitic bolete	기생그물버섯	*Boletus parasitucus*	그물버섯과
parasol mushroom	큰갓버섯	*Macrolepiota procera*	주름버섯과
parlor ivy	세네시오	*Senecio mikanioides*	국화과
parlor palm	테이블야자	*Chamaedorea elegans*	종려과
parrotia	페로티아	*Parrotia*	조록나무과
parrot's beak, glory pea	클리안수스	*Clianthus puniceus*	콩과
parrot's feather → milfoil			
parrot wax cap	초록무명버섯	*Hygrocybe psittacina*	벗꽃버섯과
parsley	파슬리	*Petroselinum crispum*	미나리과
parsnip	파스닙프	*Pastinaca sativa*	미나리과 아제
partridgeberry	미쳴라	*Michella repens*	꼭두서니과
paspalum	참새피	*Paspalum thunbergii*	벼과
pasqueflower	할미꽃	*Pulsatilla*	미나리아재비과
passion-flower	꽃시계덩굴	*Passiflora coerulea*	꽃시계덩굴과
patient lucy	스칼렛베이비	*Impatiens scarlet baby*	봉선화과

영　명	국　명	명	학　명	과	명
Paul's scarlet hawthorn	서양산사나무		*Crataegus oxyacantha*	베나무과	
pea	완두		*Pisum sativum*	콩과	
peace lily, spathe flower	마우나로아		*Spathiphyllum*	천남성과	
peach	복숭아나무		*Prunus persica*	벚나무과	
peach-leaved bellflower	복사잎도라지		*Campanula persicifolia*	초롱꽃과	
peacock flame	세실펜			콩과	
peacock iris	공작붓꽃		*Morea pavonia*	붓꽃과	
peacock plant	화살깃과즙		*Calathea makoyana*	마란타과	
pear	서양배나무		*Pyrus communis*	베나무과	
pearlbush	엑소코르다		*Exochorda macrantha*	조팝나무과	
pearl grass	른방울내풀		*Briza maxima*	벼과	
pearl plant	하오르티아		*Haworthia subfasciata*	백합과	
pearlwort	개미자리		*Sagina japonica*	석죽과	
pearly everlasting	떡쑥		*Anaphalis affine*	국화과	
pecan	피칸		*Carya illinoensis*	호두과	
penny bun	그물버섯		*Boletus edulis*	그물버섯과	
pennywort	피막이풀		*Hydrocotyle sibthorpioides*	미나리과	
penstemon	펜스테몬		*Penstemon gloxinioides*	현삼과	
peony	작약		*Paeonia*	미나리아재비과	
peperomia	페페로미아		*Peperomia sandersii*	후추과	
pepper, red pepper	고추		*Capsicum annuum*	가지과	
pepperweed	냉이		*Lepidium*	배추과	
perennial flax → flax					

perennial pea	라티루스	*Lathyrus latifolius*	콩과
perennial sow thistle	사데풀	*Sonchus brachyotis*	국화과
perilla	차조기	*Perilla frutescens*	차조기과
Persian buttercup	라눈쿨러스	*Ranunculus asiaticus*	미나리아재비과
Persian lilac	페르시라일락	*Syringa persica*	물푸레나무과
persimmon	아메리카감나무	*Diospyros virginiana*	감나무과
Peru chlidanthus	클리단투수	*Chlidanthus fragrans*	수선과
Peruvian apple cactus	케레우스	*Cereus peruvianus*	선인장과
Peruvian lily	알스트로메리아	*Alstroemeria aurantiaca*	수선과
petai	페타이		콩과, 동남아
petunia	피튜니어	*Petunia hybrid*	가지과
philodendron	우호댱굴	*Philodendron friedrichsthahli*	천남성과
phlox	플록스	*Phlox drummondi*	꽃고비과
phophyra → laver			
photinia	포티니아	*Photinia*	배나무과
pickereloweed	폰테데리아	*Pontederia*	물옥잠과
piggyback plant	톨미에아	*Tolmiea menziesii*	범의귀과
pin cushion cactus	판무선선인장	*Coryphantha elephantidens*	선인장과
pincushion cactus	에기고주선인장	*Mammillaria candida*	선인장과
pincushion flower	체꽃	*Scabiosa*	산토끼과
pincushion flower	코툴라	*Cotula barbata*	국화과
pincushion flower	하케아	*Hakea laurina*	
pineapple	파인애플	*Ananas comosus*	파인애플과
pineapple lily	파인애플백합	*Eucomis comosa*	백합과

영	국	명	학	명	과	명
pinguicular	핑규이쿨라		Pinguicular		통발과	
pink → carnation						
pink anemone clematis	핑크아네모네		Clematis montana		미나리아재비과	
pink boltonia	핑크볼토니아		Boltonia latisquama		국화과	
pink flowering dogwood	붉은꽃말채나무		Cornus florida		층층나무과	
pink gill fungus			Entoloma		난버섯과	
pink maid → red maid						
pink plume poppy	마를레아		Macleaya cordata		양귀비과	
pink powder puff	칼리안드라		Calliandra inequilatera		콩과	
pink rocky lil	핑크로키릴리				난과	
pink silk tree → hardy silk tree						
pink summer sweet	까치수염꽃나무		Clethra alnifolia		까치수염꽃나무과	
pink turtle head	켈로네		Chelone lyonii			
pin oak	핀오크		Quercus palustris		참나무과	
pinon pine	피뇽소나무		Pinus		소나무과	
pinwheel			Aeonium arboreum			
pipewort	곡정초		Eriocaulon robustius		곡정초과	
pitcher plant → nepenthes						
pitcher's sage → salvia						
pitchfork → sticktight						
pitch pine	리기다소나무		Pinus rigida		소나무과	
pixy cap fungus			Galerina vittaeformis		끈적버섯과	
plaid cactus	모란선인장		Gymnocalycium mihanovichii		선인장과	

plane tree → platanus			
plantain lily	산옥잠화, 파초	*Musa basjoo*	파초과
plantain, wooly plantain	질경이	*Plantago asiatica*	질경이과
platanus, cycamore	플라타너스, 시카모어	*Platanus orintalis*	쥐방울나무과
pleomele	플레오멜러	*Pleomele reflexa*	백합과
plum	서양자두	*Prunus domestica*	벚나무과
plum-and-custard	솔버섯	*Tricholomopsis rutilans*	송이과
plumaria	플루마리아	*Plumaria*	바다홍조류
plumbago	기죽	*Limonium wrightii*	갯질경이과
plume poppy	죽사초	*Macleaya microcarpa*	양귀비과
plumed thistle	엉겅퀴	*Cirsium japonicum*	국화과
plush plant	에케베리아	*Echeveria pulvinata*	돌나물과
pocketbook flower	칼세올라리아	*Calceolaria cherbcohybrida*	현삼과
pocket thief	불비기말	*Calpomenia simosa*	해조류
podocarp	나한송	*Podocarpus chinensis*	나한송과
poinsettia	포인세티아	*Euphorbia pulcherrima*	고무나무과
poison ivy	덩굴옻나무	*Rhus radicans*	
poison oak → poison ivy			
poison pie	독파이버섯	*Hebeloma crustuliniforme*	버섯류
pokeberry → inkberry			
polemonium	꽃고비	*Polemonium*	꽃고비과
polygala	애기풀	*Polygala japonica*	애기풀과
polypody fern → hare's foot fern			
polypore	송편버섯	*Trametes*	구멍장이버섯과

영 명	국 명	학 명	과 명
polysiphonia	폴리시포니아	*Polysiphonia*	바다홍조류
pomegranate	석류나무	*Punica granatum*	석류나무과
ponderosa pine	폰더로사소나무	*Pinus ponderosa*	소나무과
poppy	양귀비	Papaver rhocas	양귀비과
poppy flowered anemone → anemone			
popular	은백양, 은버들	*Populus alba*	버드나무과
porcelain flower → waxplant			
porcelain fungus	끈적긴뿌리버섯	*Oudemansiella mucida*	송이과
porphyra		*Porphyra*	바다김조
pot marigold → field marigold			
prairie mallow	시달세아	*Sidalcea*	
prayer plant, arrowroot	마란타	*Maranta bicolor*	마란타과
pretzel slime	포베첼점균	*Hemitrichia serpula*	점균류
prickly lettuce	가시상치		
prickly pear	포리물리페어, 메가란타	*Opuntia*	선인장과
prickly poppy	가시양귀비	*Argemone albiflora*	양귀비과
pricky lantana → lantana			
pride of Burma	암헤르스티아		콩과, 동남아원산
primrose, bird's eye primrose	앵초	*Primula sieboldii*	앵초과
primula	포리물라	*Primula polyantha*	앵초과
prince mushroom	주름버섯류	*Agaricus augustus*	주름버섯과
princess flower → carrion flower			
privet	쥐똥나무	*Ligustrum*	물푸레나무과

영명	국명	학명	과명
prostrate knotweed	마디풀	*Polygonum aviculare*	마디풀과
prostrate rosemary	미점향	*Rosmerinus officinalis*	광대나물과
prostrate spurg	애기땅빈대	*Euphorbia supina*	대극과
pteridium → barken fern			
ptilota → plumaria			
puffball	말불버섯	*Lycoperdon*	말불버섯과
pumpkin	서양호박	*Cucurbita maxima*	박과
puncture-vine	평주어바인		
purple beauty berry	좀작살나무	*Callicarpa dichotoma*	마편초과
purple black russule	참무당버섯	*Russula atropurpurea*	무당버섯과
purple coneflower	드리국화	*Echinacea purpurea*	국화과
purple coral	자주국수버섯	*Clavaria zollingeri*	국수버섯과
purple heart	세트크레아세아	*Setcreasea purpurea*	달개비과
purple loosestrife	털부처꽃	*Lythrum salicaria*	보리수나무과
purple ragwort	자주솜방망이	*Senecio elegans*	국화과
purple saxifrage	자주범의귀		
purple wondering Jew	줄자주달개비, 제브리나	*Zebrina pendula*	달개비과
purplish web cap	풍선끈적버섯	*Cortinarius purpurascens*	끈적버섯과
purslane	쇠비름	*Portulaca oleracea*	쇠비름과
pussy willow	버들개지	*Salix gracilistyla*	버들과
pygmybamboo	왜해장죽	*Arundinaria pygmaea*	대나무류
quack grass, wheat grass	개밀	*Agropyron ciliare*	방동사니과
quaking grass	방울꾀	*Briza minor*	벼과
queen annes lace	산당근	*Daucus*	미나리과 야생당근

영	명	구	명	한	명	과	명
queen palm		여왕야자		*Arecastrum romanzoffianum*		야자과	
queen's tears				*Billbergia saundersii*			
quinine → cinchona tree							
rabbit brush		래비트브러시		*Chrysothamnus*		국화과	
rabbit's foot fern		넉줄고사리		*Davallia fejeensis*		넉줄고사리과	
rabbit tail grass		토끼꼬리풀		*Lagurus ovatus*			
radish		무		*Raphanus sativus*		십자화과	
rafflesia		라플레시아				기생식물	
ragwork → groundsel							
railroad vine		레일로드바인		*Impomoea pes-caprae*		메꽃과	
rainbow corn		비단옥수수		*Zea mays*		벼과	
rambutan		람부탄				무환자과	
ramie		모시풀		*Boehmeria frutescens*		쐐기풀과	
ramona clematis		라모나으아리		*Clematis Ramona*		미나리아재비과	
raspberry		나무딸기		*Rubus idaeus*		장미과	
rattail cactus		쥐꼬리선인장		*Aporocactus*			
rattan		라탄야자				종려과	
rattlesnakeweed		방울뱀풀		*Hieracium*		국화과 조밥나물류	
read var		익새		*Miscanthus sinensis*		벼과	
red banded web cap		붉은줄끈적버섯		*Cortinarius armillatus*		끈적버섯과	
redbird cactus		홍조선인장		*Pedilanthus*		대극과	
red cabbage		붉은양배추					
red champion		응달나리		*Lilium speciosum*		백합과	

영명	국명	학명	과명
red clover	붉은토끼풀	*Trifolium pratense*	콩과
red corn poppy	꽃양귀비	*Papaver rhoeas*	양귀비과
red eyelet silk	구멍분홍지	*Rhodymenia pertusa*	해조류
red fescue	레드페스큐	*Festuca rubra*	벼과
red flowering gum	붉은꽃유칼리나무	*Eucalyptus ficifolia*	유칼리나무과
red hot poker	니포피아	*Kniphofia uvaria*	백합과
red maid	나도쇠비름	*Calandrinia*	쇠비름과
red maple	적단풍	*Acer rubrum*	단풍나무과
red oak	종가시나무	*Cyclobalanopsis glauca*	참나무과
red oat grass	솔새	*Themeda triandra*	화본과(벼과)
red pepper plant	고추	*Capsicum annuum*	
red root pigweed	털비름	*Amaranthus retroflexus*	비름과
red sage → lantana			
red sandalwood	자단		콩과, 두남아
red sorrel, sheep sorrel	애기수영	*Rumex acetosella*	마디풀과
red tingle	레드팅글		유칼리나무류
redtop	흰겨이삭	*Agrostis alba*	벼과
red wood	붉은아메리가삼목	*Sequoia sempervirens*	시코이아과
redvine enkianthus	단풍철쭉	*Enkianthus campanulatus*	철쭉과
reed	갈대류	*Phragmites communis*	
reindeer moth	순록이끼	*Cladonia rangiferina*	
renghas	랭가스		옻나무류, 말베이원산
reynoutria fleece flower	홍리고눔	*Polygonum reynoutria*	여뀌과
rhododendron	철쭉류	*Rhododendron*	철쭉과

영	명	국	명	학	명	과	명
rhubarb		장군풀, 대황		*Rheum undulatum*		여뀌과	
ribwort plantain		창질경이		*Plantago sibirica*		질경이과	
rice-paper plant		통탈목		*Tetrapanax papyriferum*		오갈피나무과	
river bulrush		매자기		*Scirpus fluviatilis*		방동산이과	
river red gum		리버레드검				유칼리나무류	
rivers purple beech		유럽너도밤나무		*Fagus sylvatica*		참나무과	
rock purslane		나도쇠비름		*Calandrinia umbellata*		쇠비름과	
rockweed → fucus							
rock rose → cistus							
rocklady		록레이디				메드벨리 자생식물	
rodea		만년청		*Rohdea roth*		나리과	
roll rin		우단버섯류		*Paxillaceae*		우단버섯과	
rooting fairy cake		뿌리케익버섯		*Hebeloma radicosum*		끈적버섯과	
rosary vine		세로페기아		*Ceropegia woodii*		박주가리과	
rose acacia		로비니아		*Robinia hispida*		콩과	
rosea ice plant		드로산테뭄		*Drosanthemum hispidum*		번행과	
rose cone bush		로즈콘부시					
rose gentian		사바티아		*Sabatia*		용담과	
rose mallow		풀부용화		*Hibiscus moscheutos*		무궁화과	
rosemary		미질향		*Rosmarinus officinalis*		광대나물과	
rose moss		채송화		*Portulaca grandiflora*		쇠비름과	
rose of Persia		페르샤장미					
rose of sharon		무궁화		*Hibiscus syriacus*		무궁화과	

영　명	국　명	학　명	과	비　고
saffron tritonia	트리토니아	Tritonia crocata	붓꽃과	
sage bush → mugwort				
sage → salvia				
sage cycas, seminole plant	자미아		소철류	
sago palm → fern plant				
saguaro	큰기둥선인장	Carnegiea gigantea	선인장과	
Saint-John's-wort	고추나물	Hypericum erectum	물레나물과	
salpiglossus	샐피글로수스	Salpiglossus sinuata	가지과	
salsify	양쇠채	Tragopogon porifolius	국화과	
saltbush	솔트부시		명아주과 관목총칭	
salvia	샐비어	Salvia splendens	꿀풀과	
salvinia	생이가래	Salvinia natans	생이가래과	
sanap bean	강낭제두	Phaseolus vulgaris	콩과 식용	
sandbur	샌드버	Cenchrus tribuloides		
sand pear	둥양배나무	Pyrus pyrifolia	배나무과	
sand strawberry → strawberry				
sand verbena	샌드버베나		마편초과 해안모래땅	
sansevieria → mother-in-law plant				
sapodilla	사포딜라		사포딜라과(치클 원료)	
sapphireberry	섬블모르스	Symplocos paniculata	천남성과	
sargassum	모자반	Sargassum	바다갈조류 1,000여종	
sargent cherry	산벚나무	Prunus sargentii	벚나무과	
sassafras	사사프라스	Sassafras albidum	녹나무과	

영명	국명	학명	과명
satin flower	르코베티아	*Godetia grandiflora*	목련과
saucer magnolia	비단목련	*Magnolia soulangiana*	능소화과
sausage tree	소시지나무		국화과
saussurea	분취	*Saussurea*	
saw palmetto	팔메토	*Serenoa repens*	
saw toothed grass	버뮤다그래스		화본과 동아프리카
saxaul	색슬		
saxifrage	범의귀, 바위지	*Saxifraga*	범의귀과
scale head fungus	비늘버섯류	*Pholiota*	독청버섯과
scarlet kafir lily → kafir lily			
scarlet pimpernel	별봄맞이꽃	*Anagallis arvensis*	앵초과
scaly hydnum	노루털버섯류	*Sarcodon imbricatum*	굴뚝버섯과
scaly wood mushroom	숲주름버섯	*Agaricus silvaticus*	주름버섯과
scarborough lily	발로타	*Vallota speciosa*	수선과
scarlet elf-cup	술잔버섯	*sarcoscypha coccinea*	술잔버섯과
scarlet runner bean → shell bean			
scarlet sage → salvia			
scarlet star glory→cypress vine			
schefflera	브라샤이아	*Brassaia actinopylla*	오갈피나무과
Scotch heather	칼루나	*Calluna vulgaris*	철쭉과
Scotch pine	유럽소나무		
scouring rush	속새	*Equisetum hyemale*	속새과
screwpine	스크루파인	*Pandanus*	소나무과
scribly gum	스크리블리검		

영	명	국	명	학	명	과	명
sea buckthorn		히포파에		*Hippophae rhamnoides*		보리수나무과	
sea colander		시콜렌더				해조류	
sea daffodil		판크라튬		*Pancratium maritimum*		수선과	
sea fan		부챗말		*Padina arborescens*		해조류	
sea fig		사철채송화		*Mesembryantheum chilense*		번행과	
sea grape		갯포도		*Coccoloba vrifera*			
sea hibiscus → rose of sharon							
sea holly		에링고				쥐꼬리망초과	
sea lentil, gulf weed		모자반		*Sargassum fulvellum*		갈조류	
sea lettuce		갈파래		*Ulva lactuca*		바다녹조류	
sea moss		털말		*Bryopsis plumosa*		바다녹조류	
sea mustard		미역		*Udaria pinnatifida*		해조류	
sea oak		대황		*Eisenia bicyclis*		해조류	
sea oat		시오트		*Uniola paniculata*		벼과	
sea palm		바다종려		*Postelsia palmaeformis*		바다갈조류	
sea pink		아르메리아		*Armeria willd*		패랭이꽃과, 원예종	
seasame		참깨		*Sesamum indicum*		참깨과	
seaside daisy		갯망초		*Erigeron glaucus*		국화과	
seaside goldenrod		미역취류		*Solidago sempervirens*		국화과	
sea staghorn		청각		*Codium fragile*		해조류	
seasucker		쇠미역사촌		*Castaria costata*		해조류	
sea tangle, sea kelp		다시마		*Laminaria*		갈조류	
sea trumpet		감태		*Ecklonia cava*		해조류	

sea urchin cactus	성게선인장	*Astrophytum asterias*	선인장과
seaweed	김패금보	*Meristotheca populosa*	해조류
sedum	바위솔, 와송	*Orostachys*	돌나물과
seed fern → glossopteris			
seersucker plant	게오게난투스	*Geogenanthus undatus*	닭개비과
segolily, mariposa	마리포사백합	*Calochortus*	백합과
seinfoin	세인포인		콩과
selaginella	부처손	*Selaginella remotifolia*	부처손과, 양치류
self-heal → healall			
seminole plant → sage cycas			
senecio	목본개쑥갓	*Senecio articulatus*	국화과 개나 원산
senna	차풀	*Cassia nommame*	차풀과
sentry palm → kentia palm			
sequoia	아메리카참무, 시코이어	*Sequoiadendron gigantheum*	시코이어과
seraya tree	사라수	*Ternstroemia*	뇌향과
Serbian spruce	세르비아가문비	*Picea omorica*	소나무과
sericea lespedeza	비수리	*Lespedeza cuneata*	콩과
seven golden candlestick	결명자, 차	*Caragana tora*	콩과, 열대아메리카
sewing thread, seastring	꼬시래기	*Gracilaria*	해조류
shaggy ink-cap	먹물버섯	*Coprinus comatus*	먹물버섯과
shaggy parasol		*Macrolepiota rhacodes*	주름버섯과
shaggy scale head	비늘버섯	*Pholiota squarrosa*	독청버섯과
shallot	샬롯	*Allium ascalonicum*	백합과 향신식물
shamrock → lucky clover			

영	명	국	명	학	명	과	명
sharp leaved jacaranda		자카란다		Jacaranda acutifolia		능소화과	
shasta daisy		샤스타데이지		Chrysanthemum maximum		국화과	
sheep sorrel → red sorrel							
shell bean		강낭콩		Phaseolus multiflorus		콩과	
shepherd's purse		냉이		Capsella bursa-pastoris		거자과	
shield cap		노란난버섯		Pluteus leoninus		난버섯과	
shield fern		나도쇠고사리		polystichum tsus-simense		면마과의 양치류	양치류
shining sumac		루스		Rhus copallina		옻나무과	
shiny hay cap				Panaelous semiovatus		먹물버섯과	
shooting star				Dodekatheon		앵초과	
shore rush		슈팅스타		Scripus americanus		사초과	
shortleaf pine		아메리카골풀		Pinus echinata		소나무과	
showy stewartia		소왕송		Stewartia ovata		차나무과	
showy stonecrop		스비와르티아		Sedum spectabile		돌나물과	
shrimp plant		큰꿩의비름		Beloperone gutata		쥐꼬리망초과	
shrub bush clover → bush clover		새우풀					
Siberian bugloss		브루네라		Brunnera macrophyll		지치과	
Siberian dogwood		흰말채나무		Cornus alba		층층나무과	
Siberian fur		시베리아전나무		Abies spectabilis		소나무과	
Siberian honeysuckle		붉은인동덩굴		Lonicera tartarica		인동과	
Siberian iris		시베리아붓꽃		Iris sibirica		붓꽃과	
Siberian larch		시베리아낙엽송		Larix		소나무과	
Siberian pea tree		골담초		Caragana		콩과	

siberian squill → spring beauty			
sickener fungus	냄새무당버섯	Russula emetica	무당버섯과
sida, false mallow	시다	Sida spinosa	해조류
silk fabric	비단풀	Ceramium kondoi	해조류
silkworm tail	지중이	Sargassum thunbergii	송이과
silky grey knight cap	회색독송이	Tricholoma virgatum	Proteaceae
silky oak	그레빌레아	Grevillea robusta	단베섯과
silky pink-gill fungus		Entoloma sericeum	때죽나무과
silver bell	실버벨	Halesia carolina	
silver bract → moonstone			
silver crown → bear's toes			
silver dollar → jade plant			
silveredge goutweed	방풍	Aegopodium podagraria	미나리과
silver linden	은보리수	Tilia tomentosa	피나무과
silver maple	은단풍	Acer saccharinum	단풍나무과
silverwort	실버위트		하와이 분화구
skunk cabbage	앉은부채	Symplocarpus renifolius	천남성과
slash	슬래시소나무	Pinus caribaea	소나무과 미국남부
slender deutzia	말발도리	Deutzia gracillis	범의귀과
slender spikeruch	쇠털골	Eleocharis acicularis	방동산이과
slender vetch	얼치기완두	Vicia tetrasperma	콩과
slime mold	점균	Myxomycetes	
slime cap fungs	독청버섯	Stropharia aurantiaca	독청버섯과
slipper orchid → lady's slipper			

영	국	학	과
slippery jack	비단그물버섯	*Suillus luteus*	그물버섯과
smartweed	고만이	*Polygonum senticosum*	마디풀과
smoke tree	황로	*Cotinus coggygria*	옻나무과
smooth crabgrass	민바랭이	*Digitaria violascens*	벼과
smut	깜부기병균, 흑수병균	*Tilletia*	깜부기이끼
snake gourd	수세미오이	*Luffa cylindrica*	오이과
snake plant → mother-in-law plant			
snapdragon	금어초, 금붕어초	*Antirrhinum majus*	현삼과
sneezeweed	헬레늄	*Helenium autumnale*	국화과
snowbell	스노벨	*Styrax grandifolia*	옛죽과
snowdrop	갈란티스	*Galanthus nivalis*	수선과
snowflake	스노플레이크	*Leucojum aestivum*	백합과
snow drop	설중화	*Galanthus* L.	석산과
snow grass	겨이삭	*Agrostis*	벼과 호주
snow gum	스노검		유칼리나무류
snow in summer	나도냉이	*Cerastium*	석죽과
snow on the mountain	눈포인세티아	*Euphorbia marginata*	대극과
snow white ink cap	흰먹물버섯	*Coprinus niveus*	먹물버섯과
snowball	백당나무류	*Viburnum*	인동과
soapwort → bouncing bet			
soft rush	골풀	*Juncus effusus*	골풀과
solidaster	솔리다스티	*Solidaster luteus*	국화과
Solomon's seal	둥굴레	*Polygonatum involucratum*	백합과

영명	국명	학명	과명
sooty parasol	검정갓버섯	*Melanophyllum echinatum*	갓버섯과
sophronitis	소프로니티스	*Sophronitis coccinea*	난과
sorrel tree	옥시덴드룸	*Oxydendrum arboreum*	철쭉과
souer cherry	사워체리	*Prunus cerasus*	벚나무과
southern star	옥시페탈룸	*Oxypetalum caeruleum*	
sow thistle	방가지똥	*Sonchus oleraceus*	꽃상치과
Spanish bluebell	실라	*Scilla hispanica*	백합과
Spanish moss, usnea	소나무겨우살이	*Tillandsia*	파인애플과
Spanish needle	도깨비바늘	*Bidens biternata*	엉거시과
Spanish shawl	시조센트론	*Schizocentron elegans*	멜라스토마과
spathe flower → peace lily			
spathiphyllum	스파스필룸	*Spathiphyllum clevelandii*	천남성과
spatterdock	황수련	*Nuphar luteum*	수련과
spearmint → mint			
speedwell	쉬무릎	*Achyranthes japonica*	비름과
sphagnum greyling	그레일링버섯	*Tephrocybe palustris*	이끼와 군생
sphagnum moss → bog moss			
spice berry → ardsia			
spicebush	감태나무	*Lindera benzoin*	녹나무과
spider cactus	가미선인장	*Gymnocalycium*	선인장과
spiderflower	양풍접초	*Cleome*	풍접초과
spider lily	가미백합	*Hymenocallis narcissiflora*	수선과
spider plant	가미죽란, 흰묘초	*Chlorophytum comosum*	지모과
spiderwort	자주달개비	*Tradescantia canaliculata*	닭개비과

영 명	국 명	학 명	과 명
spike cap	마개버섯류	Gomphidiaceae	마개버섯과
spike gay feather	리아트리스	Liatris spicata	국화과
spikenard	승매	Smilacina	백합과
spikerush	바늘골	Eleocharis congesta	방동산이과
spike speedwell	베로니카	Veronica spicata	현삼과
spike wattle	스파이크아카시아		호주산 관목
spike winter hazel	납판화	Corylopsis spicata	조록나무과
spinach	시금치	Spinacia oleracea	명아주과
spindle shank	밀버섯류	Collybia fusipes	송이과
spindle shaped bladder	뜻		갈조류
spinyfex	스파이니펙스		반디부족 조가 재료
spiny horror	스파이니호러		
spiny sow thistle	큰방가지똥	Sonchus asper	꽃상치과
spiral flag	코스투스	Costus sanguineus	생강과
spirea	조팝나무류	Spirea	배나무과
spirogyra	해감	Spirogyra	담수 녹조
spleenwort	일엽초	Asplenium nidus	꼬리고사리과
spoted tough shank	점박이애기버섯	Collybia maculata	송이과
spreading sneezeweed	중대가리풀	Centipeda minima	엉거시과
spring adonis	서양복수초	Adonis vernalis	미나리아제비과
spring beauty	스프링뷰티	Scilla sibirica	백합과
spring field cap	밭갈버섯	Agrocybe praecox	소똥버섯과
spring heath	에리카	Erica carnea	철쭉과

영명	국명	학명	과명
spring meadow saffron	불보코디움	*Bulbocodium vernum*	백합과
spring starflower	이페이온	*Ipheion uniflorum*	백합과
spruce milk cap	가문비젖버섯	*Lactarius deterrimus*	무당버섯과
spruce tree	가문비나무	*Picea jezoensis*	소나무과
spurge	등대풀	*Euphorbia*	대극과
squash	스쿼시	*Cucurbita p. melopepo*	가지과 호박류
squill	무릇	*Scilla scilloides*	백합과
stack	향무	*Matthiola incana*	십자화과(배추과)
staghorn fern	박쥐고사리	*Platycerium bifurcatum*	고사리과
St. Augustine grass	세인트오거스틴그라스	*Stenotaphrum secundatum*	벼과
St. Bernard's lily	안테리쿰	*Anthericum liliago*	백합과
St. Bruno's lily	파라디시아	*Paradisea liliastrum*	백합과
St Georges gambosa	밤버섯류	*Calocybe gambosa*	송이과
St. Pauls wort	털진득찰	*Siegesbeckia glabrescens*	엉거시과
star cactus → bishop's cap			
star fruit	아베로아		괭이밥과
star lily	별나리	*Milla biflora*	백합과
star thistle	뻬꾸채	*Centaurea*	국화과
startis	스타티스	*Limonium mill*	해빈숭 원예종
stephanandra	국수나무	*Stephanandra incisa*	조팝나무과
stephanotis	마다가스카르자스민	*Stephanotis floribunda*	박주가리과
steppe iris	스텝붓꽃		붓꽃과
sternbergia	스테른벨기아	*Sternbergia lutea*	수선과
stickseed	지지	*Lithospermum erythrorhizon*	지치과

영명	국명	학명	과명
sticktight → beggartick			
stinggrass	참새그령	*Eragrostis cilianensis*	벼과
stinging nettle	쐐기풀	*Urtica*	쐐기풀과
stinkhorn	말뚝버섯	*Phallus impudicus*	말뚝버섯과
stinkhorn mushroom	대꿀보버섯		안장버섯과
stinking parasol	갈색고리갓버섯	*Lepiota cristata*	갓버섯과
stock	비단향꽃무	*Matthiola incana*	배추과
Stokes's aster	스토케시아	*Stokesia laevis*	국화과
stonecrop	꿩의비름	*Sedum*	돌나물과
stone crop → burro's tail			
stone pine	스톤파인		
stone plant	돌꽃	*Rhodiola angusta*	돌나물과
straight coral fungus	다발싸리버섯류	*Ramaria stricta*	싸리버섯과
strawberry	양딸기	*Fragaria chiloensis*	장미과
strawberry begonia(geranium)	범의귀	*Saxifraga stolonifera*	범의귀과
strawberry tree	화살나무	*Arbutus unedo*	화살나무과
strawflower	꽃향이국화	*Helichrysum bractoattum*	국화과
string of beads → cineraria			
string of hearts → rosary vine			
striped inch plant	칼리시아	*Callisia elegans*	닭개비과
striped squill	푸시키니아	*Puschkinia scillodies*	백합과
stump brittle head	그루터기눈물버섯	*Psathyrella*	먹물버섯과
sturt pea	스티트피		

영명	국명	학명	과명
Sudan grass	수단그래스		목초
sugar apple	사탕사과		빈여지과
sugar beet	사탕무우	Beta vulgaris	명아주과
sugar maple	사탕단풍	Acer saccharum	단풍나무과
sugar palm	설탕야자		야자과
sulphur knight cap	노랑독버섯	Tricholoma sulphureum	송이과
sulphur tuff fungus		Hypholoma fasciculale	독청버섯과
sultan's parasol	벽오동	Firmiana platanifolia	벽오동과
sumac→lacquer tree			
summer adonis	바람꽃	Adonis	미나리아재비과
summer cedar→dog fennel			
summer forget-me-not	여름물망조	Anchusa capensis	붓꽃과
summer hyacinth	갈토니아	Galtonia candicans	미나리과 향신식물
summer savory	서머세이버리	Satureia hortensis	국화과
sunburst	큰금계국	Coreopsis grandiflora	끈끈이주걱과
sundew plant	끈끈이주걱	Drosera rotundifolia	바늘꽃과
sundrop	참달맞이꽃	Oenothera tetragona	국화과
sunflower	해바라기	Helianthus annus	난과
sun orchid	태양란		
sun rose	선로즈	Helianthemum nummularium	Cistaceae
sun spurge	등대풀	Galarhoeus helioscopia	대극과
swamp foxtail	수크령	Pennisetum alopecuroides	벼과
swamp mapple	물단풍		
swan river daisy		Brachycome iberidifolia	

영	명	국	명	학	명	과	명
sweat pea		향나래완두, 스위트피		Lathyrus odoratus		콩과	
Swedish ivy		스웨덴담쟁이		Plectranthus australis			
sweet basil, basil		나륵		Ocimum basilicum		광대나물과	
sweet briar → japanese rose							
sweet cherry		스위트체리		Prunus avium		벚나무과	
sweet cicely		스위트시슬리		Myrrhis odorata		미나리과 향신야채	
sweetclover		스위트클로버		Melilotus		콩과	
sweet corn		단수수		Sorghum bicolor		벼과	
sweet fennel		회향		Foeniculum vulgare		미나리과	
sweet fern		콤프토니아		Comptonia peregrina		숙나무과	
sweet-flag, iris		창포		Iris ensata		붓꽃과	
sweet frag		석창포		Acorus gramineus		천남성과	
sweet grass → alpine hloy grass							
sweet gum		풍나무		Liquidambar styraciflua		조록나무과	
sweet marjoram, oregano		마요라나		Majorana hortensis		광대나물과	
sweet olive		계목, 단계목		Osmanthus fragrans		물푸레나무과	
sweet orange		당귤나무		Citrus sinensis		운향과(귤과)	
sweet pea		스위트피		Lathyrus odoratus		콩과	
sweet pepper		피망		Capsicum annuum		가지과의 아채	
sweet potato		고구마		Ipomoea batatas		메꽃과	
sweet rocket		헤스페리스		Hesperis matronalis		십자화과	
sweet shrub		컬리칸터스		Calycanthus floridus		불써리과	
sweetsop → custard apple							

sweet william	수염패랭이꽃	*Dianthus barbatus*	석죽과
sweet woodruff	선갈퀴	*Asperula odorata*	꼭두서니과
Swiss chard → beta			
switch cane	해장죽	*Pleioblastus simoni*	대나무과
sword fern, **Boston fern**	단탈고사리	*Nephrolepis*	올베안드라과
sycamore → platanus			
syndapsus	신답수스	*Syndapsus*	토란과
tabacco	담배	*Nicotiana tabacum*	가지과
table fern → brake fern			
taeniophyllum	거머리란	*Taeniophyllum aphyllum*	난과
taffeta plant	호프마니아	*Hoffmania roezlii*	
taim, thyme	백리향	*Thymus quinquecostatus*	광대나물과
tall buttercup → buttercup			
tall fescue	톨페스큐	*Festuca arundinacea*	벼과
tall lettuce	왕고들빼기	*Lactuca laciniata*	꽃상추과
tall oatgrass	톨오트그래스	*Arrhenatherum elatius*	무초
tamarisk	위성류	*Tamarix juniperina*	위성류과
taoka daisy	타호카쑥부쟁이	*Aster tanacetifolius*	국화과
tape grass → eelgrass			
tapioka → cassava			
tapioka slime	타피오카점균	*Brefeldia maxima*	점균류
taro → elephant's ear			
tarragon	타라곤	*Artemisia dracunculus*	국화과 향신식물
tarweed	마디아	*Madia*	국화과

영	명	국	명	학	명	과	명
tassel flower		에밀리아		*Emilia coccinea*		백합과	
tawny day lily		왕원추리		*Hemerocallis fulva*		광대버섯과	
tawny grisette		황갈색달걀버섯		*Amanita fulva*		마편초과	
teak		티크				동백과	
tea-tree		다무화		*Thea sinensis*		글록시니아과	
temple bell		템플벨		*Smithiantha carmel*		용설란류	
tequila		테킬라용설란		*Agave tequilana*		멀구슬나무과	
Texas umbrella tree		멀구슬나무		*Melia azedarach*		엉거시과(국화과)	
thistle		엉겅퀴		*Circium adans*			
thistle poppy→ prickly poppy							
thorn-gelidium jelly		실고리가시우무		*Hyponea japonica*		해조류	
thorny elaeagnus		엘레아그누스		*Elaeagnus pungens*		보리장과	
threadplant		스레드플랜드				사막식물	
thrift → sea pink							
throughwort → boneset							
thundercloud plum		선더클라우드플룸		*Prunus ceracifera*		벚나무과	
thyme		티에무스		*Thymus vulgaris*		꿀풀과	
thymeleaf sandwort		벼룩이자리		*Arenaria serpyllifolia*		너도개미자리과	
thymothy		티모시				목초	
tiger aloe		타이거알로에		*Aloe variegata*		백합과	
tiger flower		티그리디아		*Tigridia pavonia*		붓꽃과	
tiger lily		참나리		*Lilium lancifolium*		백합과(나리과)	
tiger's jaws		포카리아		*Faucaria tuberculosa*			

영명	국명	학명	과명
tillandsia → blue torch			
tinct flower	잇꽃	*Carthamas tinctorius*	국화과
tinder fungus	말굽버섯	*Formes fomentarius*	구멍장이버섯과
tithonia	멕시코해바라기	*Tithonia rotundifolia*	국화과
toadflax	해란초	*Linaria maroccana*	현삼과
toad lily	뻐꾹나리	*Tricyrtis dilatata*	백합과
toad rush	애기비녀골풀	*Juncus bufonius*	골풀과
toadstool	맥각버섯		
today and tomorrow → yesterday			
tomato	토마토	*Lycopersicon esculentum*	가지과
tongue fern	혀고사리		고사리삼과
toothcup	마디꽃	*Rotala indica*	부처꽃과
toothwort	미나리냉이	*Cardamine leucantha*	
touch-me-not → annual balsam			
tough-shank	밀버섯	*Collybia confluens*	송이과
trailing arbutus → mayflower			
trailing gazania	가자니아	*Gazania leucolaena*	국화과
trailing ice plant → dew plant			
transvaal daisy	거베라	*Gerbera jamesonii*	국화과
traveler's tree	여행자나무	*Ravenala*	야자류, 마다가스칼
traveller	잎도란	*Caladium bicolor*	천남성과
tree fern	나무고사리		열대 목본 양치류
tree glozinia → kohleria			
tree of heaven	가죽나무	*Ailanthus altissima*	소태나무과

영 명	국 명	학 명	과 명
tree peony	모란	*Paeonia suffruticosa*	미나리아재비과
trillium	트릴륨	*Trillium*	백합과
triodia	트리오디아		호주산 화본과
triplaris	트리플라리스		
rout lily → dogtooth violet			
trumpet bird's nest	새둥지버섯	*Cyathus olla*	새둥지버섯과
trumpet chanterelle	나팔꾀꼬리버섯	*Cantharellus tubaeformis*	꾀꼬리버섯과
trumpet honey suckle	트럼펫인동넝쿨	*Lonicera sempervirens*	인동과
trumpet vine	트럼펫바인	*Campsis tagliabuana*	능소화과
tsama	차마		구근, 식용
Tsussima holly fern → shield fern			
tuberose	튜버로스	*Polianthes tuberosa*	수선과
tuberous begonia	알뿌리베고니아	*Begonia tuberhybrida*	베고니아과
tufted fishtail palm	미티스야자	*Caryota mitis*	종려과
tufted vetch	등갈퀴넝쿨	*Vicia cracea*	콩과
tulip	툴립	*Tulipa fosteriana*	백합과
turf	잔디	*Zoysia japonica*	벼과
turip tree	투립나무	*Liriodendron tulipfera*	목련과
turk's cap cactus	칠면조머리선인장	*Melocactus*	선인장과
Turk's cap	애기부용화	*Malvaviscus arboreus*	무궁화과
turnip	순무	*Brassica rapa*	배추과 무우류
twinspur	디아스키아	*Diascia barberae*	
two toned wood tuft	무리우산버섯	*Kuehneromyces mutabilis*	독청버섯과

ugly milk-cap		*Lactarius necator*	무당버섯과
ulva	울바		해조류
umbellifer → darsley			
umberlla pine	왜금송	*Sciadopytys verticillata*	낙우송과
umbrella plant	종려방동산이	*Cyperus alternifolius*	사초과
upright japanese yew → yew			
ural false spirea	쉬땅나무	*Sorbaria sorbifolia*	조팝나무과
ursinia	우르시니아	*Ursinia anethoides*	
usnea→Spanish moss			
valencia orange	발렌시아오렌지	*Citrus valencia*	산초과
valerian	쥐오줌풀	*Valeriana fauriei*	마타리과
vanda	반다	*Vanda*	난과
vanilla	바닐라	*Cypripedium*	생강과
variegated dwarf myrtle → myrtle			
veiled oyster	베일느타리	*Pleurotus dryinus*	느타리과
veitch screw pine	판다누스	*Pandanus veitchii*	Pandanaceae
veltheimia	벨세이미아	*Veltheimia viridifolia*	백합과
velvet leaf → panda plant			
velvet plant	지누라	*Gynura aurantiaca*	국화과
velvet roll-rim	우단버섯	*Paxillus atrotomentosus*	우단버섯과
velvet shank	팽나무버섯	*Flammulina velutipes*	송이과
Venice mallow → flower-of-an-hour			
Venus lookingglass	스페쿨라리아	*Specularia*	지치과
Venus flytrap	파리지옥	*Dionaea muscipula*	끈끈이귀개과

영 명	구 명	학 명	과	명
vervain	버베나, 마편초	*Verbena*	마편초과	
vetch	살갈귀	*Vicia angustifolia*	콩과	
vine maple	덩굴단풍	*Acer circinatum*	단풍나무과	
viola → violet				
violet	제비꽃	*Viola mandshurica*	제비꽃과	
violet conifer bracket	옷슬버섯	*Trichatum abietium*	구멍장이버섯과	
vipers bugloss	에키움	*Echium vulgare*	자지과	
Virginia copperleaf	깨풀, 들깨풀	*Acalypha australis*	대극과	
Virginia creeper	양담쟁이	*Parthenocissus quinquefolius*	포도과	
Virginia stock	말콜미아	*Malcolmia maritima*		
viscid spike cap	끈끈이우단버섯	*Gomphidius glutinosus*	마개버섯과	
volar fungus		*Volvariella*	난버섯과	
volvox	볼북스	*Volvox*	하등 녹색 조류	
vriesia	브리시아	*Vriesia Mariae*	파인애플과	
walking iris	네오마티카	*Neomartica gracilis*	붓꽃과	
wallflower	꽃향무	*Cheiranthus cheiri*	배추과	
wall rockcress	양장대	*Arabis albida*	배추과	
walnut	호도나무	*Juglans sinensis*	호도나무과	
wandering Jew	흰얼룩줄달개비	*Tradescantia fluminensis*	달개비과	
war begonia → begonia				
Washington hawthorn	와싱톤산사나무	*Crataegus phaenopyrum*	배나무과	
Washington palm	위싱턴팜			
water chesnut	올방개	*Eleocharis kuroguwai*	방동산이과	

watercress	양겨자	*Nasturitium officinale*	십자화과
waterer laburnum	나도싸리	*Laburnum watererii*	콩과
water foxtail	둑새풀	*Alopeculus aequalis*	벼과
water gentian	어리연꽃	*Nymphoides indica*	용담과
water hyacinth	부레옥잠	*Eichornia crassipes*	물옥잠과
water hyssop		*Bacopa monnieri*	
water lettuce	물상치		
water lily, cape blue	수련	*Nymphaea*	수련과
watermelon peperomia	수박페페로미아	*Peperomia sandersii*	후주과
water melon	수박	*Citrulls battich*	박과
water milfoil → milfoil			
water nut(chestnut)	마름	*Trapa natan*	쪽두서니과
water oak	위티오크	*Quercus nigra*	참나무과
water pepper	여뀌	*Persicaria blumei*	여뀌과
water speedwell	물칭개나물	*Veronica undulata*	현삼과
water spinach	물시금치		메꽃과
water starwort	물별이끼	*Callitriche verna*	별이끼과
water stitchwort	쇠별꽃	*Stellaria aquatica*	석죽과
watsonia	와소니아	*Watsonia rosen*	붓꽃과
wavy bittercress	황새냉이	*Cardamine flexuosa*	겨자과
wax cap	무명버섯류	*Hygrophoraceae*	빛꽃버섯과
waxplant	옥접매	*Hoya carnosa*	박주가리과
wax tree	검양옻나무	*Rhus sylvestris*	옻나무과
wayfaring tree	가막살나무	*Viburnum carlesii*	인동과

영명	국명	학명	과명
way leaved privet	광나무	*Ligustrum japonicum*	물푸레나무과
weavers broom	스페인금작화		콩과
web cap fungus	끈적버섯류	*Cortinarius*	끈적버섯과
weeping European beech	유럽너도밤나무	*Fagus sylvatica*	너도밤나무과
weeping fairy cake	물방울애기버섯	*Heboloma crustuliniforme*	끈적버섯과
weeping lovegrass	위핑러브그레스		목초류
weeping pig → fiddle-leaf fig			
weeping widow	눈물버섯	*Lacrymaria velutina*	먹물버섯과
weeping willow	수양버들	*Salix babylonica*	버드나무과
weigela	병꽃나무류	*Weigela vanicek*	인동과
welwitschia	웰위치		아프리카 건조지대
Western hemlock	서양솔송		
wheat grass → quack grass			
whip tube	고리매	*Scytosiphon lomentaria*	해조류
whisk fern	솔잎란	*Psilotum nudum*	솔잎란과, 양치류
white alder	화이트엘더	*Alnus rhombifolia*	오리나무류
white birch → birch			
white brittle head	족제비눈물버섯	*Psathyrella candolliana*	먹물버섯과
white cistus	화이트시스터스		지중해
white clover	토끼풀	*Trifolium repens*	콩과
white draba	가시냉이		
white fibre cap	흰땀버섯	*Inocybe geohylla*	끈적버섯과
white fir	흰전나무	*Abies concolor*	소나무과

영명	국명	학명	과명
white goosefoot → lamb's quater			
white Italian bellflower	참꽃둥러	*Campanula isophylla*	조롱꽃과
white matsutake	흰송이	*Armillaira ponderosa*	송이과
white mulberry → mulberry			
white oak	화이트오크	*Quercus alba*	참나무과
white pearl	촛대승마	*Cimicifuga simplex*	미나리아재비과
white pine	서양백송	*Pinus strobus*	소나무과
white popular → popular			
white saddle	주름안장버섯	*Helvella crispa*	안장버섯과
white spindle	국수버섯	*Clavaria vermicularis*	국수버섯과
white stonecrop	흰꿩의비름	*Sedum album*	돌나물과
white trumpet	백합	*Lilium longiflorum*	나리과
wide leaved sea lavender	리모니움	*Limonium latifolium*	갯질경과
wiged knot grass	신여뀌	*Polygonum nepalense*	마디풀과
wild barley	겉보리	*Hordeum jubatum*	벼과
wild carrot	산당근	*Daucus*	미나리과
wild geranium	쥐손이풀	*Geranium*	쥐손이풀과
wild ginger	아사룸	*Asarum*	쥐방울과
wild oat	메귀리	*Avena fatue*	벼과
wild onion	달래류	*Allium vineale*	백합과
wild ox-eye daisy → marguerite			
wild sena	카시아	*Cassia marilandica*	콩과
willow	버드나무	*Salix*	버드나무과
willow oak	윌로오크	*Quercus phellos*	참나무과

영　명	국　명	학　명	과　명
Wilton carpet juniper	툭향나무	*Juniperus horizontalis*	측백나무과
windmill	윈드밀		선인장류
winter aconite	에란티스	*Eranthis hyemalis*	미나리아재비과
winterberry	일레스	*Ilex verticillata*	감탕나무과
wintercress	나도냉이	*Barbarea*	배추과
winter daphne	서향나무	*Daphne odora*	서향나무과
wintergreen	가울테리아	*Gaultheria*	철쭉과
wintergreen	노루발풀	*Pyrola japonica*	노루발풀과
winter hazel → spike winter hazel			
winter honeysuckle	흰인동덩굴	*Lonicera fragrantissima*	인동과
winter jasmine	영춘화	*Jasminum nudiflorum*	물푸레나무과
wishbone flower	토레니아	*Torenia founieri*	현삼과
wisteria climb	등나무	*Wisteria nutt*	콩과
witch hazel	풍년화	*Hamamelis japonica*	조록나무과
wolf's milk slime		*Lycogale epidendrum*	점균류
wood blewit	민자주방망이버섯	*Lepista nuda*	송이과
woodland forget me not	왜지치	*Myosotis sylvatica*	지치과
wood lily	붉은나리		
woodrush	꿩의밥	*Luzula capitata*	골풀과
wood sorrel → creeping wood sorrel			
wood wooly foot	가랑잎에기버섯	*Collybia peronata*	송이과
woodsorrel	꿩의밥	*Oxalis*	꽹이밥과
woody climber	우디클라이머		

영명	국명	학명	과명
woody vine	위령선	*Celmatis florida*	미나리아재비과
wooly milk cap	털젖버섯	*Lactarius torminosus*	무당버섯과
wooly plantain → plantain			
wooly yarrow	서양톱풀	*Achillea tomentosa*	국화과
worm wood → mugowrt			
wormia	위미아		위미아과
wormwood	쓴쑥	*Artemisia albula*	국화과
woundwort → big betony			
wreath nasturtium	트로파엘룸	*Tropaeolum polyphyllum*	한련과
xylosma	산유자나무	*Xylosma senticosa*	산유자나무과
yam	참마	*Dioscorea batata*	마과
yarrow	톱풀	*Achillea*	국화과
yaupon	감탕나무류	*Ilex vomitoria*	감탕나무과
yellow angel twigged magnolia	오미자	*Maximowiczia chinensis*	목련과
yellow bell	노랑종, 옐로벨	*Allamanda nerifolia*	능소화과
yellow clover	노랑토끼풀	*Trifolium medicago*	콩과
yellow coneflower	노랑루드베키아	*Rudbeckia*	국화과
yellow corydalis	코리달리스	*Corydalis lutea*	양귀비과
yellow cow-pat toadstool	노랑쇠똥버섯	*Bolbitius vitellinus*	쇠똥버섯과
yellow cress	개갓냉이	*Rorippa cress*	겨자과
yellow daisy → black eyed susan			
yellow flame	옐로포름		콩과
yellow footed shield cap	노란자루난버섯	*Pluteus romellii*	난버섯과
yellow foxtail grass	금강아지풀	*Setaria glauca*	벼과

영 명	국 명	학 명	과 명
yellow frag	노랑꽃창포	*Iris pseudocorus*	붓꽃과
yellow nutsedge	참방동이	*Cyperus iria*	방동산이과
yellowroot	키산토리자	*Xanthorhiza simplicissima*	미나리아재비과
yellow sage → lantana			
yellow stainer	노랑얼룩주름버섯	*Agaricus xanthodermus*	주름버섯과
yellow swamp russule	노랑무당버섯	*Russula claroflava*	무당버섯과
yellow wood	옐로우드	*Cladrastis lutea*	콩과
yellow-milk cup	노랑주발버섯	*Peziza succosa*	주발버섯과
yerba buena	미크로메리아	*Micromeria chamissonis*	광대나물과
yesterday, today and tomorrow	브룬펠리사	*Brunfelsia calycina*	가지과
yew	주목	*Taxus cuspidata*	주목과
yucca, false agave	유카	*Yucca filamentosa*	백합과
yulan magnolia	백목련	*Magnolia denudata*	목련과
zamia → sage cycas			
zebra haworthia → pearl plant			
zebra plant	줄무늬밀뿔	*Calatea zebrina*	마란타과
zephyr lily	단레꽃무릇	*Zephyranthes candida*	수선과
zinnia	백일조	*Lagerstroemia indica*	국화과
zoysia → turf			

■ 국명-영명

국	영	명	국	영	명
가락지나물	creeping cinquefoil		갈고리가시우무	thorn gelidium jelly	
가랑잎애기버섯	wood wooly-foot		갈대류	reed	
가래	bog pondweed, pondweed		갈락스	galax	
가래과	Potamogetonaceae		갈란티스	snowdrop	
가막사리	erect bur marigold		갈래곰보	seaweed	
가막살나무	wayfaring tree		갈래울라	galeola	
가문비나무	spruce tree		갈매과	Rhamnaceae	
가문비젖버섯	spruce milk-cap		갈매나무	buckthorn	
가스테리아	oxtongue gasteria		갈색고리갓버섯	stinking parasol	
가시뽕나무	osage orange		갈색먹물버섯	glistening ink-cap	
가시잣소나무	bristlecone pine		갈조류	Phaeophyta	
가시상치	prickly lettuce		갈퀴류	bedstraw	
가시양귀비	prickly poppy		갈퀴아재비	annual woodruff	
가시토끼풀	bur clover		갈키덩굴	cleaver	
가울테리아	wintergreen		갈토니아	summer hyacinth	
가제무릇, 헬레지	dogtooth violet, trout lily		갈파래	sea lettuce	
가죽나무	tree of heaven		감	Ebenaceae	
가지	egg plant		감굴나무	citrus	
가지과	Solanaceae		감란과	Bruseraceae	
가지류	nightshade		감탕과	Aquifoliaceae	
가짜나이아	gazania, trailing gazania		감탕나무류	yaupon	
자시냉이	white draba		감태	sea trumpet	
자시패랭이꽃	maiden pink		감태나무	spicebush	

국명	영명	국명	영명
강남제두	sanap bean	개정향풀	dogbane
강낭콩	shell bean	개피	Beckmann's grass
강아지풀	britle bush, foxtail grass	갯망초	seaside daisy
강철나무	ironwood	갯메꽃	beach morning glory
강피	barnyard grass	갯완두	beack pea
개자냉이	yellow cress	갯지치	bluebell
개구리밥	giant-duckweed	갯포도	sea grape
개구리밥과	Lemnaceae	거머리란	taeniophyllum
개구리자리	celery leaf butter	거머리말	eelgrass
개기장	panicum	거머리말과	Zosteraceae
개나리	border forsythia	거미백합	spider lily
개망초	annual fleabane	거미선인장	spider cactus
개미자리	pearlwort	거미죽란, 줄모조	spider plant
개미탑과	Halorrhagaceae	거베라	transvaal daisy
개밀	quack grass, wheat grass	거친껄껄이그물버섯	brown brich bolete
개박하	catnip	검나리	black fritillary
개방풍	goutweed	검양옻나무	wax tree
개보리뺑이	nipplewort	검은경단버섯	black bovista
개불알풀	cateye, field speedwell	검은아카시아	black wattle
개비름	livid amaranth	검은애주름버섯	black bonnet-cap
개쑥갓	groundsel, mountain senecio	검정잣버섯	sooty parasol
개아카시아, 꽃아카시아	hymenaea courbaril	검정호도나무	black walnut
개암나무	hazelnut	겉보리	wild barley
개양귀비	oriental poppy	게발선인장	crab cactus, Christmas cactus

국	영	명
게오케난투스	seersucker plant	
게옴	chilean avens	
겔세뭄	Carolina jasmine	
겨우살이과	Loranthaceae	
겨이삭	bent grass, snow grass	
겨자	mustard	
겨자무우	horseradish	
결명자	golden shower	
계목 → 단계목		
계수과	Cercidiphyllaceae	
계수나무 → 윌계수		
계피나무	cinnamon	
고광나무	mock orange	
고구마	sweet potato	
고데티아	godetia, clarkia	
고리매	whip tube	
고만이	smartweed	
고만이류	climing buckwheat	
고무나무	rubber plant	
고비	royal fern	
고비과	Osmundaceae	
고사리과	Pteridaceae	
고사리달개비	fern leaf inch plant	

국	영	명
고사리삼과	Ophioglossaceae	
고수나물	coriander	
고스트검	ghoast gum	
고양이발톱선인장	catclaw	
고염젖버섯	alder milk-cap	
고주	pepper, red pepper	
고주나무과	Staphyleaceae	
고주나물	Saint-John's wort, klamathweed	
국정초	pipewort	
국정초과	Eriocaulaceae	
골담초	Siberian pea tree	
골드볼선인장	gloden ball cactus	
골드브로디아	golden brodiea	
골드스타선인장	golden star cactus	
골풀	rush, soft rush	
골풀과	Juncaceae	
곰보버섯	morel fungus	
곰보버섯점균	morel slime	
공작붓꽃	peacock iris	
공작선인장	orchid cactus	
공작야자	fishtail palm	
과꽃	China aster	
과바나무	guava plant	

국명	영명	국명	영명
과율고무나무	guayule	그레빌레아	silky oak
관음죽	lady palm	그레일링버섯	sphagnum greyling
광나무	way-leaved privet	그령	lovegrass
광대나물	henbit	그루손선인장	golden barrel cactus
광대버섯류	death cap fungus	그루터기눈물버섯	stump brittle-head
괭이밥	creeping wood sorrel, woodsorrel	그리벨리아	grinnellia
괭이밥과	Oxalidaceae	그리스아네모네	Greek anemone
구경양배추	kohlrabi	그린빌리아	gumweed
구기자	boxthone	그물버섯	penny bun
구멍붉은종지	red eyelet silk	그물버섯류	bluing bolete, bolete
구명장이버섯	brachet fungus	극락조화	bird-of-paradise flower
구즈마니아	guzmania	근대	beta
구릉앵초	Japanese primrose	글라디올러스	gladiolus
국수나무	stephanandra	글로리릴리	glory lily
국수버섯	white spindle	글록시네라	gloxinera
국수버섯류	fairly-club fungus	글록시니아과	gloxinia
국화	hardy chrysontemum	글씨나무	Gesneriaceae
국화과, 엉거시과	Asteraceae, Compositae	금강아지풀	autograph tree
국화쥐손이	filaree	금계조	yellow foxtail grass
군자란	kafir lily	금낭화	golden jickseed
카신그물버섯	old man of the wood	금련화, 한련	bleeding heart
굴파	Rutaceae	금방동산이	nasturitum, Indian cress
그네틈	gnetum	금붕어조	chufa
그레스토리	grass tree		goldfish plant

국 (Korean)	영 (English)
금세갓버섯	golden cap fungus
금송	buddist pine
금송아	English ivy
금송화	field marigold, pot marigold
금수양버들	golden weeping willow
금엉아가시아	bailey acacia
금어죠	blue toadflax
금영화	Califonia poppy
금오모자선인장	beavertail, prickly pear
금은죠	cat's ear
금잔화→금송화	marigold, field marigold
기가르티아	gigartia
기름야자	oil palm
기린죠	goldenrod
기생그물버섯	parasitic bolete
기생죠	golden tickseed
기숑	plumbago
기숑과	Plumbaginaceae
진고추	cayenne
진병꽃풀	ground ivy
길리아	gilia
김류(참김, 돌김)	laver
김의털	blue fescue

국 (Korean)	영 (English)
김파래	bangia
까마중	black nightshade
까치밥나무	currant, gooseberry
까치수염과	Clethraceae
까치수염꽃나무	pink summer sweet
깝깔이국화	strawflower
깔때기버섯	blewit
깔때기버섯류	funnel-cap fungus
깜부기병균, 흑수병균	smut
깨풀, 들깨풀	Virginia copperleaf
꼬리고사리과	Aspleniaceae
꼬깨기	sewing thread, seastring
꼭두서니	Bengal madder, madder
꼭두서니과	Rubiaceae
꽃갯질경	notchleaf statice
꽃고비	Jacob's-ladder
꽃고비과	Polemoniaceae
꽃팽이밥	lucky clover, shamrock
꽃구름버섯	hairy leather-bracket
꽃기린	euphorbia
꽃단풍	flowering mapple
꽃담배	flowering tobacco
꽃바위솔	bear's toes, silver crown

국명	영명
꽃바하	oregano, sweet marjoram
꽃반이	barraginaese
꽃별의꼬리	false dragonhead
꽃상치	endive, escarole
꽃송이버섯	cauliflower fungus
꽃시계덩굴	passion-flower
꽃시계덩굴과	Passifloraceae
꽃아카시아	black locust
꽃양귀비, 개양귀비	field poppy, red corn poppy
꽃양배추	cauliflower
꽃잔디	moss phlox
꽃조팝나무	bridal wreath
꽃향무	wallflower
파리	bladder cherry, ground cherry
꾀꼬리버섯	chanterelle
꿀풀	healall, self-heal
꿀풀과	Labiatae
꿩의다리	lavender mist, meadowrue
꿩의밥	woodrush
꿩의비름	stonecrop
끈끈이귀개과	Droseraceae
끈끈이대나물	catchfly
끈끈이우단버섯	viscid spike cap
끈끈이주걱	sundew plant
끈말	bottle weed, sea twine
끈적긴뿌리버섯	porcelain fungus
끈적버섯류	web-cap fungus
나도나물	snow-in-summer
나도냉이	wintercress
나도바랭이	feather fingergrass
나도쇠고사리	shield fern
나도쇠비름	red maid, rock purslane
나도싸리	waterer laburnum
나도파초일엽	hart's tongue fern
나래새	feather grass
나륵	basil, sweet basil
나리과 → 백합과	
나무고사리	tree fern
나무딸기	raspberry
나비꽃	butterfly flower
나비야자	butterfly palm
나비풀	butterfly weed
나자식물	Gymnosperm
나팔꾀꼬리버섯	trumpet chanterelle
나팔나리	easter lily
나한송	podocarp
낙엽버섯류	fairly ring champignon
낙엽송	larch, Dahurian larch

국	영	명	국	명	영	명
나우송	bald cypress		네오레젤리아		fingernail plant	
난과	Orchidaceae		네오마티카		walking iris	
난버섯	deer mushroom, fawn shield cap		네페타		mauve catmint	
난진나리	Nonkeen lily		노란난버섯		shield cap	
남가세과	Zygophyllaceae		노란자루난버섯		yellow-footed shield-cap	
남세무당버섯	sickener fungus		노랑골붓꽃		golden-eyed-grass	
남양삼나무	norfolk island pine		노랑꽃창포		yellow frag	
남죽	Chinse sacred bamboo		노랑데이지		black eyed susan, yellow daisy	
남판화	spike winter hazel		노랑독버섯		sulphur knight-cap	
냉이	pepperweed, shepherd's purse		노랑루드베키아		yellow coneflower	
너도밤나무	beech		노랑무당버섯		yellow swamp russule	
너도방동산이	flat-sedge		노랑쇠똥버섯		yellow cow pat toadstool	
너줄고사리	rabbit's foot fern		노랑엷은주름버섯		yellow stainer	
넌출월귤	cranberry		노랑종, 옐로벨		yellow bell	
넓은잎양버들	cottonwood		노랑종버섯		bulb-foot cone-cap	
넓은주름긴뿌리버들	broad-gilled agaric		노랑주름끈적버섯		orange bog web cap	
네가래	nardoo		노랑주발버섯		yellow-milk cup	
네가래과	Marsileaceae		노랑토끼풀		yellow clover	
네군도단풍	box elder		노랑향국		creeping zinnia	
네리네	guernsey lily		노루귀		hepatica	
네메시아	nemesia		노루발과		Pyrotaceae	
네모필라	baby blue eyes, nemophila		노루발풀		wintergreen	
네아폴리탄시클라멘	neapolitan cyclamen		노루오줌		astilbe	

노루털버섯류	scaly hydnum	다래과	Actinidiaceae
노린재나무과	Symprocaceae	다목화	tea tree
노목	calamite	다박싸리버섯류	straight coral fungus
노인선인장	old man cactus	다색계의버섯	brownie fungus
누나무과	Lauraceae	다시마	sea tangle, sea kelp
누조류	Chlorophyta	다시마류	laminaria, sea tangle
누운개미자리	moss sandwort	다시아	dasya
누탈리말채나무	Pacific dogwood	닥나무	paper mulberry
눈개승마	goatsbeard	단계목, 계목	false holly, sweet olive
눈물버섯	weeping widow	단발고사리	sword fern, Boston fern
눈물버섯류	brittle-head fungus	단수수	sweet corn
눈포인세티아	snow-on-the-mountain	단자엽식물	Monocotyledonea
누기나아케풀	chenille plant, copperleaf	단주풀	buttonweed
느름과	Ulmaceae	단풍과	Aceraceae
느릅나무	Chinese elm	단풍나무	mapple
느타리	oyster mushroom	단풍사마귀버섯	cabbage earth-fan
느티나무	Japanese zelkova	단풍잎버짐나무	London plane tree
능소화과	Bignoniaceae	단풍철쭉	redvine enkianthus
니셀라	love-in-a-mist	단향과	Santalaceae
니들라리움	nidularium	닭개비과	Commelinaceae
니켈베르기아	blue cupflower	닭배꽃무릇	zephyr lily
니코비미아	indoor oak	달래	wild onion
니포피아	red hot poker	달리아	dahlia
다라수	palmyra	달맞이꽃	evening primerose

국	영	명
닭벗섯	hen of the wood	
닭의장풀	dayflower	
담배	tabacco	
담쟁이	ivy	
담팔수과	Elaeocarpaceae	
당굴피나무	Chinese wingnut	
당귤나무	sweet orange	
당근	carrot	
당마사영궐	confederate star jasmine	
대끔보버섯	stinkhorn mushroom	
대극과	Euphorbiaceae	
대나무	bamboo	
대서양삼목	Atlantic ceder	
대왕송	longleaf pine	
대추나무	jujube	
대황	sea oak	
댑씨리, 비씨리	burning bush	
더블코코닛	double coconut, coco de mer	
덕다리버섯	chicken-of-the-woods	
덩굴단풍	vine maple	
덩굴맨드라미	copperleaf	
덩굴옻나무	poison ivy	
데스마레스티아	desmarestia	

국	영	명
데이지	daisy, English daisy, field daisy	
데저트캔들	desert candle	
덴드로비움	dendrobium	
델로닉스	deciduous tree, frame of forest	
도금양나무	myrtle	
도깨비고비	holly fern	
도깨비바늘	beggartick, beggar's tick, Spanish needle	
도꼬마리	cocklebur	
도둑놈의 갈고리	beggarweed	
도라지	balloon flower, bellflower	
도라지과	Campanulaceae	
도로니쿰	Caucasian leopard's bane	
도장버섯	blushing bracket	
독공목과	Coriariaceae	
독당근	hemlock	
독말풀	jimsonweed	
독우산광대버섯	destroying angel	
독일가문비나무	Norway spruce	
독청버섯	slime cap fungs	
독파이버섯	poison pie	
돌꽃	stone plant	
돌나무이끼	climacium	

돌나물과	Crassulaceae
동고병균	blight
동백나무	camellia
동양배나무	sand pear
동자꽃	lychnis
꽤저감자→뚱단지	
두메투구꽃	creeping speedwell
두엄먹물버섯	ink cap fungus
두충과	Eucommiaceae
둑세풀	water foxtail
둥굴레	Solomon's seal
둥글알귤	kumquat
뒤리언	durian
뉴저아	fuzzy deutzia
드라카에나	dragon tree
드로산비름	rosea ice plant
드린국화	purple coneflower
들께풀→깨풀	
들완두	field pea
들주발버섯	orange peel fungus
등갈퀴덩굴	tufted vetch
등골나무	dog fennel
등골나물	joepyeweed
등나무	wisteria climb

등대석위	flamingo flower
등대풀	spurge, sun spurge
등색껍질이그물버섯	orange birch bolete
등심붓꽃	blue-eyed grass
디사에루베쎈스	disaerubescens
디센트라	fringed bleeding heart
디지디아	dischidia
디아스키아	twinspur
디안투스	allwood's pink
디지고테카	dizygotheca
디크탐누스	gas plant
디키아	dyckia
디키탈리스	foxglove
디펜바지아	dieffenbachia, dumb cane
디플라데니아	dipladenia
딜	dill
딜세아	dilsea
땅비싸리	kirilow indigo
땅빈대	eyebane
땅패랭이꽃	ground pink
때죽과	Styracaceae
때죽나무	Japanese snowbell
떡갈나무류	oak
떡쑥	pearly everlasting

구	영
뚝향나무	Wilton carpet juniper
뚱단지	artichoke
띠	needle grass
라눈쿨러스	Persian buttercup
라모나으아리	ramona clematis
라벤디	lavender, antiquity lavender
라엘리아	laelia
라이그라스	rye grass
라일락	lilac
라임	lime
라케날리아	cape cowslip
라티루스	perennial pea
라페이로시아	lapeirousia
라플레시아	rafflesia
란타나	lantana
람부탄	rambutan
래비트브러시	rabbit brush
램즈테일	lamb's tail
랭가스	renghas
러시아올리브	Russian olive
래탄야자	rattan
레더리프	leather leaf
레드워트	leadwort
레드팅글	red tingle
레드페스큐	red fescue
레모인듀쩌아	lemoine deutzia
레몬	lemon
레몬밤	lemon balm
레몬보틀브러시	lemon bottle brush
레몬사임	lemon thyme
레몬껍질버섯	lemon peel fungus
레바논삼나무	Lebanon cedar
레세다	mignonette
레이디핑거	lady finger
레이스말똥버섯	fringed hay cap
레일로드바인	railroad vine
레스베고니아	begonia rex
레시아	meadow beaty
로베지	rovage
로비니아	rose acacia
로비비아	cob cactus
로에벨레니아야자	dwarf date palm
로즈콘부시	rose cone bush
록베이디	rocklady
롤리팝	lollipop plant
롬네아	matilija poppy

룽간	longan
루나리아	honesty
루드베키아	orange coneflower
루비그라스	ruby grass
루셀리아	coral plant
루스	shining sumac
루엘리아	ruellia
루펜	lupine
리기다소나무	pitch pine
리마콩	lima bean
리모니움	wide-leaved sea lavender
리모인능금나무	lemoine purple crab apple
리버레드검	river red gum
리비스토나	Chinese fan palm
리비스토나야자	livistona palm
리빙스톤	living stones
리실로마	lysiloma
리아나	liana
리아트리스	blazing star, spike gay feather
리치	lychee, litchi
리크	leek
릴리패드	lily pad
림스틱나무	annatto
마가목	dogbery, mountain ash

마개비섯류	spike-cap
마거리트	marguerite
마과	Dioscoreaceae
마나검	manna gum
마네티아	firecracker plant(vine)
마늘	garlic
마닐라삼	Manila hemp
마다가스카르자스민	stephanotis
마디꽃	toothcup
마디말과	Najadaceae
마디아	tarweed
마디풀	prostrate knotweed
마란타	prayer plant, arrowroot
마로니에, 양칠엽수	marronnier, horse chestnut
마르타곤릴리	martagon lily
마름	water-nut (chestnut)
마리포사백합	mariposa tulip (lily)
마요라나	sweet marjoram, oregano
마우나토아	peace lily, spathe flower
마우란디아	maurandia
마운틴애시	moutain ash
마운틴쿠션핑크	mountain cushion pink
마전과	Loganiaceae
마취목	Japanese andromeda

국	영
마카랑가나무	macaranga tree
마크로시스티스	macrocystis
마를레야	pink plume poppy
마티리과	Valerianaceae
마편초과	Verbenaceae
마호가니	mahogany
마호니아	mahonia
마황	ephedra
마황과	Ephedraceae
막스그라프장미	Max Graf rose
만녀청	rodea
말굽버섯	tinder fungus
말냉이	field penny cress
말똥버섯	hay-cap fungus, stinkhorn
말라	hollyhock mallow
말라코이(비스잉초)	fairy primrose
말로크	marlock
말로프	malope
말발도리	slender deutzia
말불버섯	puffball
말총낙엽버섯	horse-hair fungus
말콤미아	Virginia stock
말피기아	holly malpighia

국	영
맑은애주름버섯	lilac bonnet-cap
망초	fleabane horse weed, horse weed
매듭풀	Japanese clover
매리골드	French marigold
매발톱꽃	columbine
매일초	Madagascar periwinkle
매자과	Berberidaceae
매자기	river bulrush
매자나무	barberry
매화	apricot
매자버섯	toadstool
맥문동	lily-turf → big blue lily-turf
맨드라미	cockscomb
맬리	mallee
맹감	green smilax
맹고	mango
맹고스틴	mangosteen
마샬물푸레나무	Marshall's seedless ash
머리카락점균	black-tube slime
머스컷포도	muscat berry
먹물버섯	shaggy ink-cap
멀구슬과	Meliaceae
멀구슬나무	Texas umbrella tree

국명	영명	국명	영명
메귀리	wild oat	모자반	sargassum, sea lentil, gulf weed
메꽃과	Convolvulaceae	목련과	Magnoliaceae
메릴메그놀리아	merrill magnolia	목본개쑥갓	senecio
메모리알로즈	memorial rose	목이	Jew's ear
메밀	buckwheat	목이버섯류	brain fungus
메셈	mesem	목탄비늘버섯	charcoal scale head
메스칼	mescal	몬스테라	monstera
메스키트	mesquite	몬트브레티아	montbretia
메이애플	mayapple	몰루셀라	bells-of-ireland
메이플라워	mayflower	몰루카브램블	molucca bramble
메타세코이어	metasequoia	몰약나무	myrrh
멕시코양귀비	Mexican tulip poppy	무	radish
멕시코양거뀌	ageratum	무고소나무	mugo pine
멕시코해바라기	tithonia	무궁화	rose of sharon
멘타	Corsican mint	무궁화과, 아욱과	Malvaceae
멜론	melon	무당버섯류	russule fungus
명아주	goose foot, chenopod	무릇	squill
명아주과	Chenopodiaceae	무리우산버섯	two-toned wood tuft
명자나무	flowering quince	무명버섯류	wax-cap
모감주나무	golden-rain tree	무센다	ashanti blood, mussaenda
모데스토물푸레나무	modesto ash	무화과나무	fig tree
모란	tree peony	무환자과	Sapindaceae
모란선인장	plaid cactus	문스톤	moonstone
모시풀	ramie	문주란	crinum lily

국	영	명	국	영	명
물개구리밥	azolla		물푸레나무	ash	
물고사리과	Parkeriaceae		미국감나무	American persimmon	
물꼬챙이골	creeping spikerush		미국개오동	catalpa	
물단풍	swamp mapple		미국금잔화	cape marigold	
물달개비	monochoria		미국밤나무	American chesnut	
물레나무과	Hypericaceae		미국이팝나무	fringe tree	
물망초	forget-me-not		미국자리공	inkberry	
물방울계이버섯	weeping fairy-cake		미나리	darsley	
물별	long-stemmed water wort		미나리과	Apiaceae	
물별과	Elatinaceae		미나리냉이	toothwort	
물별이끼	water starwort		미나리아재비	buttercup, tall buttercup	
물봉선	jewelweed		미나리아재비과	Ranunculaceae	
물부추, 물솔	guillwort		미루나무	aspen, popular	
물부추과	Isoetaceae		미선나무	Korean abelialeaf	
물상치	water lettuce		미역	sea mustard	
물수세미	milfoil, parrot's feather		미역고사리	hare's foot fern	
물시금치	water spinach		미역취	goldenrod	
물옥잠과	Pontederiaceae		미역취류	seaside goldenrod	
물이끼	bog moss, sphagnum moss		미질향	prostrate rosemary	
물이끼과	Callitrichaceae		미첼라	partridgeberry	
물칭개나물	water speedwell		미크로메리아	yerba buena	
물통이	aluminum plant		미티스야자	tufted fishtail palm	
물푸레과	Oleaceae		민들레	dandelion	

민바랭이	smooth crabgrass
민자주방망이버섯	wood blewit
밀버섯	tough shank
밀버섯류	spindle shank
밀크위드	milkweed
바나나	banana
바늘골	spikerush
바늘꽃	epilobium
바늘꽃과	Epilobiaceae
바닐라	vanilla
바다종려	sea palm
바람꽃	summer adonis
바랭이	crabgrass, fingergrass
바링토니아	barringtonia
바베아나	baboonroot
바오바브나무	baobab tree, bottle tree
바우히니아	buddhist bauhinia
바위솔, 와송	sedum
바위지	bergernia
바카리스	coyote bush
바히아그라스	bahia grass
박주가리과	Asclepiadaceae
박쥐고사리	staghorn fern
박쥐나무과	Alangiaceae
박태기꽃나무	Chinese redbud
박하	field mint, spearmint
반다	vanda
반하	araceao
발렌시아오렌지	valencia orange
발로타	scarborough lily
발리스네리아	eelgrass, tapegrass
발사	balsa
발삼왜전나무	balsam fir
밤과	Fagaceae
밤나무	chestnut
밤버섯류	St Georges gambosa
방가지똥	sow thistle
방귀버섯	earth-star fungus
방기과	Menispermaceae
방동사니	cyperus, flat sadge
방동사니, 왕골	nutgrass
방망이써리버섯	giant club
방울뱀풀	rattlesnakeweed
방울피	quaking grass
방크스소나무	banksia
방풍	silveredge goutweed
발독외풀	false pimpernel
베릴선인장	barrel cactus

국	영	명	국	영	명
배롱나무	crape myrtle		버베나, 마편초	vervain	
배스티드박스	bastard box		버지니아참나무	live oak	
배추	Chinese cabbage		버터너트	butternut	
배추과, 십자화과	Cruciferae, Brassicaceae		버터에기버섯	butter cap fungus	
배당나무류	snowball		버팔로그라스	buffalo grass	
배리향	taim, thyme		번여지	custard apple, sweetsop	
배목련	yulan magnolia		번행과	Tetragoniaceae	
배부과	Stemonaceae		번음씀바귀	field corn	
배야구화	hottentot fig		벌노랑이	bird-foot trefoil	
배일초	zinnia		벌레알점균	insect-egg slime	
배향	white trumpet		벌레잡이제비꽃	butterwort	
배향과, 나리과	Liliaceae		벌레잡이통풀	nepenthes, pitcher plant	
뱀딸기	Indian (mock) strawberry		벌레잡이통풀과	Nepenthaceae	
뱀매섯	dog stinkhorn		벌집버섯류	lady's saddle	
뱃밤나무	paperbark tree		범부채	blackberry lily	
뱅크그레빌리아	bank's grevillia		범의귀	strawberry begonia(geranium)	
버가모트	bergamot		범의귀, 바위귀	saxifrage	
버드나무	willow		범의귀과	Saxifragaceae	
버들개지	pussy willow		벗풀 → 올미		
버들과	Salicaceae		벚나무	cherry	
버들선인장	chain cactus		베고니아과	Begoniaceae	
버무다그래스	saw toothed grass		베비드	burnet	
버바스쿰	mullein		베니둥	monarch-of-the-veldt	

베로니카	spike speedwell
베로노니아	ironweed
베세라	coral drops
베어베리	bearberry
베일느타리	veiled oyster
벤갈보리수	banyan
벤자미나	fiddle-leaf fig
벨세이미아	veltheimia
벨히더	bell heather
벼룩나물	bog stitchwort
벼룩이자리	thymeleaf sandwort
벽오동	sultan's parasol
벽오동과	Sterculiaceae
별꽃	chickweed
별꽃아재비	galinsoga
별나리	star lily
별버섯	earth star
별봄맞이꽃	scarlet pimpernel
별선인장	Bishop's cap, star cactus
볏짜리버섯	crested coral fungus
볏집버섯	spring field-cap
병꽃나무류	weigela
병솔꽃나무	bottle-brush tree
병아리꽃나무	jetbead

병풀	Asiatic pennywort
보니세트	boneset
보리뺑이	oriental hawksbeard
보리수	linden tree
보리잎동자꽃	cockle, corn cockle
보리장과	Elaeagnaceae
보석란	jewel orchid
보스톤고사리	Boston fern, sword fern
보춘화, 심비디움	cymbidium
복사잎도라지	peach-leaved bellflower
복수초	amur adonis
복숭아나무	peach
볼복스	volvox
볼선인장	ball cactus
봉선화, 봉숭아	annual balsam, touch-me-not
봉숭아→봉선화	
봉숭아과	Balsaminaceae
봉의꼬리	crested spider brake fern
부겐빌레	bougainvillea, paper-flower
부들	cat-tail
부들과	Typhaceae
부들레아	butterfly bush
부레옥잠	water hyacinth
부밤다조팝나무	bumalda spirea

국	영	국	영
부시체리	bush cherry	붉은꽃말체나무	pink flowering dogwood
부용	mallow	붉은꽃유칼립나무	red flowering gum
부채말	mermaids fan	붉은나리	wood lily
부채선인장	cholla	붉은대그물버섯	dotted-stem bolete
부채야자	European fan palm	붉은로벨리아	cardinal flower
부챗말	sea fan	붉은목이	jelly spot
부처꽃	loosestrife	붉은산무넝버섯	dune wax-cup
부처꽃과	Lythraceae	붉은아메리카삼목	red wood
부처손	selaginella	붉은양배추	red cabbage
부처손과	Selaginellaceae	붉은은행조	buddhas ear
부극목화	arctic cotton	붉은인동덩굴	Siberian honeysuckle
부수스	edging boxwood	붉은점박이광대버섯	blusher fungus
분꽃	four o'clock	붉은제충국	painted daisy
분꽃과	Nyctaginaceae	붉은줄끈적버섯	red-banded web cap
분취	saussurea	붉은쥐오줌풀	Jupiter's-beard
분홍바늘꽃	fireweed	붉은토기풀	red clover
불베기말	pocket thief	붓꽃	iris, blue flag
불로초버섯	artist's fungus	붓꽃과	Iridaceae
불보리디움	spring meadow saffron	붕어마름	coontail, floating fern
불수감	citron	붕어마름과	Ceratophllaceae
붉은갈참나무	northern red oak	뷰로위드	burroweed
붉은갯는쟁이	orach	브라시이아	schefflera
붉은꽃꽝의비름	kalanchoe	브랜치팜	branched palm

국명	영명
브로디아	brodiaea
브로디아류	firecracker flower
브로멜리아	bromelia
브로왈리아	browallia
브로콜리	broccoli
브롬그레스	bromgrass
브루기에라	bruguiera
브루네라	Siberian bugloss
브루타소나무	brutta pine
브룬펠시아	yesterday, today and tomorrow
브리레이아나플룸	blireiana plum
브리시아	vriesia, flaming swort
블래버트	blackbutt
블래베리	blackberry
블래색술	black saxaul
블래오크	black oak
블러드우드	blood wood
블루그라스	bluegrass
블루데이지	blue daisy
블루드릴리	blood lily
블루레이스	blue lace flower
블루세이지	blue sage
블루포피	Himalayan blue poppy
비녀옥잠화	fragrant plantain lily

국명	영명
비노리	eragrostis
비누쾌랭이꽃	bouncing bet
비늘버섯류	scale-head fungus
비단그물버섯	slippery jack
비단목련	saucer magnolia
비단옥수수	rainbow corn
비단풀	silk fabric
비단향꽃무	stock
비둘기나무	dove tree
비듬땀버섯	brown fibre cap
비름	amaranth
비름과	Amarantaceae
비부르늄	fragrant snowball
비비추 → 은방울꽃	
비수리	sericea lespedeza
비싸리 → 댑싸리	
비탄의 꽃	glory bower
비티니트	bitternut
비트	beet
비파나무	Japanese plum
비프스틱버섯	beefsteak fungus
빌베르기아	billbergia
빵나무	breadfruit
뻐꾹나리	toad lily

국	명	영	명	국	명	영	명
삐뚝제		star-thistle		사프란		saffron crocus	
뽕과		Moraceae		산당근		queen-annes-lace, wild carrot	
뽕나무		mulberry		산딸기		alpine strawberry	
뽕나무버섯류		honey fungus		산딸나무		Japanese dogwood	
뿌리께이버섯		rooting fairy cake		산바위귀		foamflower	
뿔나팔버섯		horn-of-plenty		산벚나무		sargent cherry	
사군자과		Combretaceae		산사나무		hawthorn	
사데풀		perennial sow thistle		산세베리아		mother-in-law plant, snake plant	
사라수		seraya tree		산수유		cornus	
사마귀버섯		earth-fan fungus		산수유과		Cornaceae	
사바티아		rose gentian		산여뀌		wiged knot grass	
사사프라스		sassafras		산옥잠화, 파초		plantain lily	
사상자		hedge-parsley		산유자과		Flacourtiaceae	
사스래나무		Asian birch		산유자나무		xylosma	
사위체리		souer cherry		산토끼꽃과		Dipsacaceae	
사위질빵		old-man's bread		산톱티나		lavender cotton	
사철베고니아		begonia		산파		chive	
사철체송화		dew plant, ice plant, sea fig		산호점균		coral-slime	
사초과		Gyperaceae		살갈기		vetch	
사탕단풍		sugar maple		살피글로수스		salpiglossus	
사탕무우		sugar beet		삼		hemp plant	
사탕사과		sugar apple		삼나무류		cedar	
사포딜라		sapodilla		삼백조과		Saururaceae	

삼색맨드라미 Joseph's coat
삼색메꽃 ground morning glory
삼지구엽초 borrenwort
상록느릅나무 evergreen elm
상록물푸레나무 evergreen ash
상륙과 Phytolaccaceae
상수리나무, 참나무 acorn
상치, 양상치 lettuce
새둥지버섯 trumpet bird's nest
새빨간검둥이 black pine
새삼 deadly, dodder
새완두 hairy vetch
새우난 calanthe
새우풀 shrimp plant
새포아풀 annual blue grass
색솔 saxaul
샌드버 sandbur
샌드버베나 sand verbena
샐비어 salvia
생강 ginger plant
생강과 Zingiberaceae
생이가래 salvinia
생이가래과 Salviniaceae
샤스타데이지 shasta daisy

샬롯 shallot
서나무 hornbeam
서머세이버리 summer savory
서양개암나무 hazelnut barcelona
서양깨풀 indoor primrose
서양나팔꽃 morning glory
서양돌나물 burro's tail, stonecrop
서양배나무 pear
서양백송 Eastern white pine
서양복수초 spring adonis
서양산사나무 Paul's scarlet hawthorn
서양솔송 Western hemlock
서양자두 plum
서양좀가지꽃 moneywort
서양지치 borage
서양측백나무 Douglas arborvitae
서양톱풀 wooly yarrow
서양호박 pumpkin
서향과 Daphnaceae
서향나무 winter daphne
석개불일풀 corn speed well
석류과 Punicaceae
석류나무 pomegranate
석류풀 carpet weed

국	명	영	명	국	명	영	명
석류풀과		Aizoaceae		세스트룸		night-blooming jasmine	
석송, 비늘이끼류		club moss, moss fern		세이바나무		ceiba tree	
석송과		Lycopodiaceae		세인트오거스틴그라스		St. Augustine grass	
석잠풀		big betony		세인포인		seinfoin	
석주과		Coryophyllaceae		세트크페아세아		purple heart	
석창포		sweet frag		센티페드그라스		centipede grass	
석회매때이꽃		babie's breath		셀러리		celery, celeriac	
선갈퀴		sweet woodruff		소나무거우살이		blue torch, Spanish moss, usnea	
선더클라우드플룸		thundercloud plum		소나무꽃구름버섯		conifer leather bracket	
선로즈		sun rose		소나무잔나비버섯		orange zoned brachet	
선인장		cactus		소리쟁이		curly dock	
선인장과		Cactaceae		소시지나무		sausage tree	
선흥조		goat sheard		소엽맥문동		dwarf lily-turf	
설중화		snow drop		소엽보리수		little-leaved linden	
설탕야자		sugar palm		소왕송		shortleaf pine	
섬공작고사리		maidenhair fern		소철		fern plant, sago palm	
섬음과		Pittosporaceae		소철과		Cycadaceae	
성게선인장		sea urchin cactus		소태과		Simarubaceae	
세네시오		parlor ivy		소프로니티스		sophronitis	
세드루스시다		blue atlas cedar		소혜란		cowslip orchid	
세로폐기아		rosary vine		속새		scouring rush	
세르비아가문비		Serbian spruce		속새과		Equisetaceae	
세살펀		peacock flame		속속이풀		marsh watercress	

습과	Pinaceae
솔리다스터	solidaster
솔방울버섯	ear pick-fungus
솔버섯	plum-and-custard
솔새	red oat grass
솔송나무	hemlock spruce
솔이끼	haik moss
솔잎란	whisk fern
솔잎란과	Psilotaceae
솔장다리	Russian thistle
솔트부시	saltbush
솜다리, 에델바이스	edelweise
솜대	spikenard
솜털가물고사리	rusty woodsia
송이류	knight cap fungus
송편버섯	polypore
쇠귀나물류	arrowhead
쇠똥먹물버섯	dunk ink cap
쇠뜨기	horsetail, field horsetail
쇠뜨기말과	Hippuridaceae
쇠무릎	speedwell
쇠미역사촌	seasucker
쇠별꽃	water stitchwort
쇠비름	purslane

쇠비름과	Portulaceae
쇠서나물	hawkweed picris
쇠털골	slender spikeruch
쇠풀	broomsedge grass
수국	hydrangea
수단그레스	Sudan grass
수레국화	dusty miller
수레동자꽃	maltese cross
수레바퀴에주름버섯	disc-foot fungus
수련	water lily, cape blue, sacred rotus
수련과	Nymphaeaceae
수련아재비→자리풀	
수명조	fuschia, lady's eardrops
수매, 미리카	bayberry
수매과	Mylcaceae
수박	water melon
수박페로미아	watermelon peperomia
수박풀	flower-of-an-hour
수선과	Amaryllidaceae
수선화	narcissus, daffodil
수세미오이	loofah, luffa, snake gourd
수수	Johnson grass
수양버들	weeping willow
수염가래꽃	loberia

국	영	명	국	영	명
수염란	beard orchid		스위트피	sweet pea	
수염패랭이꽃	sweet william		스위트피 → 향나래완두		
수영	dock, sorrel		스컬빗베이비	patient lucy	
수정란풀, 수정초	Indian pipe		스쿼시	squash	
수께포이풀	roughstalk bluegrass		스크루파인	screwpine	
수크령	swamp foxtail		스크리블리검	scribly gum	
순록이끼	reindeer moth		스타티스	startis	
순무	turnip		스타펠리아	carrion flower, starfish flower	
순비기나무	creeping vitex		스터트피	sturt pea	
술잔버섯	scarlet elf-cup		스테른베기아	sternbergia	
숲주름버섯	scaly wood mushroom		스테와르티아	showy stewartia	
쉬땅나무	ural false spirea		스텝붓꽃	steppe iris	
슈팅스타	shooting star		스토케시아	Stokes's aster	
스노검	snow gum		스톤파인	stone pine	
스노벨	snowbell		스트렙토솔렌	orange streptosolen	
스노플레이크	snowflake		스파락시스	harlequin flower	
스레드플랜드	threadplant		스파시필룸	spathiphyllum	
스웨덴담쟁이	Swedish ivy		스파이니페스	spinyfex	
스웨덴순무	rutabaga		스파이니호러	spiny horror	
스위트그래스 → 향모			스파이크아카시아	spike wattle	
스위트시슬리	sweet cicely		스페인금작화	weavers broom	
스위트체리	sweet cherry		스페큘라리아	Venus lookingglass	
스위트클로버	sweetclover		스프베켈리아	Aztek lily	

스포링뷰티	spring beauty
슬베시소나무	slash
승마	bugbane
시금치	spinach
시베라리아	cineraria
시다	sida, false mallow
시달세아	prairie mallow
시로미과	Emptraceae
시루뺀버섯류	alder bracket
시베리아낙엽송	Siberian larch
시베리아붓꽃	Siberian iris
시베리아전나무	Siberian fur
시보름	Mexican tree fern
시수스	begonia treevine
시스타과	Cistaceae
시스터스	cistus, rock rose
시오트	sea oat
시조센트롯	Spanish shawl
시조스틸리스	crimson flag
시카모아 → 플라타니스	
시코이아 → 아메리카가참목	
시콜렌디	sea colander
시크로피아	cecropia
시클라멘	cyclamen, shooting star

시트루스	otaheite orange
시펠라	cypella
시프리페듐	lady's slipper
식나무	gold-dust tree
신나무	amur maple, mapple
신답수스	syndapsus
신선란	flax
실고사리과	Lygodiaceae
실라	Spanish bluebell
실망초	flaxleaf fleabane
실배벨	silver bell
실버위트	silverwort
심플로코스	sapphireberry
십자화과, 베추과	Brassicaceae, Cruciferae
싱고늄	arrowhead vine
싸리	bush clover
싸리버섯류	coral fungus
싸리아교뿔버섯	jelly anteler-fungus
싹눈양배추	Brussels sprouts
쌍꼬리란	double tail
쌍자엽식물	Dicotyledoneae
쐐기풀	nettle, stinging nettle
쐐기풀과	Urticaceae
쑥	mugwort, sagebrush, worm wood

국	영	국	영
쓴맛그물버섯	bitter bolete	아메리카골풀	shore rush
쓴수영	bitter dock	아메리카느릅나무	American elm
쓴쑥	wormwood	아메리카박달	canoe birch
아랄리니스	gerardias	아메리카박태기	eastern redbud
아그배나무	crab apple	아메리카삼목, 시코이어	sequoia
아나나스	ananas	아메리카세우나무	American hop hornbean
아나팔리스	anaphalis	아메리카피나무	basswood
아네모네	anemone	아메리카호랑이가시나무	American holly
아네모넬라	rue anemone	아멜란키에르	running serviceberry
아놀드능금나무	arnold crab apple	아몬드 → 편도	
아니스	anise	아베로아	star fruit
아드로미스쿠스	calico hearts	아보카도	avocado pear
아디안톰	fan maidenhair fern	아비세니아	avicennia
아라비아바이올렛	Arabian violet	아사룸	wild ginger
아랄리아	false aralia	아세티불라리아	mermaids wineglass
아로니아	brilliant chokeberry	아스포델	asphodel
아르디시아	ardisia	아스플레늄	asplenium
아르메리아	sea pink	아스플레늄, 일엽초	bird's-nest fern
아마	flax (hemp)	아시단테라	acidanthera
아마과	Linaceae	아욱메풀	dichondra
아마릴리스	amaryllis	아이비지레니엄	ivy gerenium
아마존릴리	Amazon lily	아이슬랜드포피	Iceland poppy
아메리카감나무	persimmon	아주까리, 피마자	castor bean

국명	영명
아쥬가	bugleweed
아카시아	acacia
아칸서스	bears-breech
아케비아	five-leaf akebia
아코나이톰	monkshood
아코나이톰	monkshood
아기메티스	magic flower
아테미스	mayweed
아티초크	artichoke
아펠란드라	aphelandra
아프리카데이지	African daisy
아프리카드래곤	Africa dragon
아프리카백합	African lily
아프리카엥조	cape primrose
아프리카제비꽃	African violet
아프리카튤립	Africa tulip
악어풀	alligator weed
안수름	anthurium
안식향나무	benzoin tree
안젤리카	angelica
안루사	Italian bugloss
안테리쿰	St. Bernard's-lily
안테미스	golden marguerite
앉은부체	skunk cabbage
알라리아	alaria
알라만다	allamanda
알로에	aloe
알룬소아	mask flower
알룸	golden garlic
알리숨	alyssum
알뿌리베고니아	tuberous begonia
알산호 → 옥산호	
알스트로메리아	Peruvian lily
알제리아송악	Algerian ivy
알포스영신초	alpine milkwort
암메과	Diapensianceae
암상기아	fiddleneck
암헤드스티아	pride of Burma
애기고주선인장	pincushion cactus
애기땅빈대	prostrate spurg
애기동풀	greater celandine
애기메꽃	hedge bindweed
애기부용화	Turk's-cap
애기비녀골풀	toad rush
애기수영	red sorrel, sheep sorrel
애기장때	mouse ear cress
애기풀, 원지	milkwort, polygala
애스터, 쑥부장이, 과꽃	aster

국	영	명
에스패러거스	asparagus	
에스퍼질러스	aspergillus	
에주름버섯류	bonnet cap fungus	
에플서비스베리	apple serviceberry	
엘로→앞로에		
엘사이크토기풀	alsike	
엘파인그레빌리아	alpine grevillia	
엥초	primrose, bird's eye primrose	
엥초과	Primulaceae	
아광나무	cranberry cotoneaster	
아자나무	palm	
약밤나무	Chinese chestnut	
양갓냉이	cress	
양갓자	watercress	
양귀비	poppy	
양귀비과	Papaveraceae	
양담쟁이	Virginia creeper	
양딸기	sand strawberry, strawberry	
양배주	cabbage	
양서향나무	February daphne	
양삼채	salsify	
양장대	wall rockcress	
양지꽃	cinquefoil	

국	영	명
양지류	Pteridopyta	
양칠엽수, 마로니에	horse chestnut	
양파	onion	
양풍접초	beplant, caper plant, spiderflower	
양호랑가시	holly, holly shrub	
어리꾀꼬리버섯	false chanterelle	
어리알버섯	earthball	
어리연꽃	water gentian	
억새	read var	
얼치기완두	slender vetch	
엄나무	castor aralia	
엉거시과, 국화과	Compositae, Asteraceae	
엉겅퀴	plumed thistle, thistle	
에델바이스→솜다리		
에란티스	winter aconite	
에페무루스	foxtail lily	
에르바타미아	butterfly gardenia	
에리오코둠	desert trumpet	
에리카	spring heath	
에리트로늄	erythronium	
에리트리나	Bidwill's coral tree	
에린줌	oliver sea holly	
에링고	sea holly	

국명	영명	국명	영명
에밀리아	tassel flower	연필향나무	canaert red cedar
에스키난투스	lipstic plant, basket plant	열당과	Orobanchaceae
에어로이드	aroid	열대세틀	mistletoe
에케베리아	plush plant	염소버들	goat willow
에크메아	aechmea	염주	job's tears
에키움	vipers bugloss	염란	cast-iron plant
에피덴드룸	buttonhole orchid	영춘화	winter jasmine
에피스시아	episcia	옐로벨 → 노랑총	
에소코르다	pearlbush	옐로우드	yellow wood
에토카르푸스	ectocarpus	오갈피과	Araliaceae
엘레간티아자	bamboo palm, parlor palm	오갈피나무	five-leaved aralia
엘레아-그누스	thorny elaeagnus	오구나무	Chinese tallow tree
엘테지, 가재무릇	avalanch lily	오도토글로숨	odontoglossum
엘리자베스철쭉	Elizabeth azalea	오르간선인장	organ cactus
여뀌	water pepper	오르니소갈롬	false sea onion
여뀌바늘	ludwigia	오리나무	elder, Japanese black elder
여름물망초	summer forget-me-not	오리새	orchardgrass
여왕야자	queen palm	오미자	yellow angel twigged magnolia
여주	bitter gourd	오색고추	ornamental pepper
여행자나무	traveler's tree	오스트리아흑송	Austrian black pine
여귀과	Polygonaceae	오이	cucumber
연	lotus	오이풀	garden burnet
연두벌레, 유-그레나	eugrena	오코티요	ocotillo
연복초과	Adoxaceae	오크라	okra

국	영
오룸크로커스	autumn crocus
옥매	flowering almond
옥산호, 일산호	Christmas cherry
옥살리스	Chilean oxalis
옥수수, 강냉이	corn
옥시덴드룸	sorrel tree
옥시페탈룸	southern star
옥잠화	hosta
옥첩매	waxplant
온시듐	butterfly orchid
올리브나무	olive
올방개	water chestnut
올챙이고랭이	bulrush
옷솔버섯	violet conifer bracket
옻과	Anacardiaceae
옻나무	lacquer tree, sumac
와소니아	watsonia
와싱톤산사나무	Washington hawthorn
완두	pea
왕고들빼기	tall lettuce
왕관선인장	crown cactus
왕바랭이	goose grass
왕봉가지, 른개불알꽃	bird's eye
왕원추리	tawny day lily
왕포아풀	Kentucky bluegrass
왜금송	umberlla pine
왜떡쑥	low cudweed
왜젓가락풀	creeping buttercup
왜지치	woodland forget-me-not
왜해장죽	pygmybamboo
외과	Cucurbitaceae
용뇌향과	Dipterocarpaceae
용담	gentian
용담과	Gentianaceae
용설란	agave,century plant
우단버섯	velvet roll-rim
우단버섯류	roll-rin
우디클라이머	woody climber
우르시니아	ursinia
우뭇가사리	agar-agar, gelidium
우산대바랭이	Bermuda grass
우산이끼	liverwort, marchantia
우선국	michaelmas
우호덩굴	philodendron
울바	ulva
울산사나무	laland fire thorn

위미아	wormia
위싱턴꽢	Washington palm
위터오크	water oak
윈숭이꽃	monkey flower
원지과	Polygalaceae
원추리	daylily, dog lily
월계수, 계수나무	laurel tree, bay tree
월계화	miniature rose
월굴나무	blueberry
월하미인	Mexican cactus
웰위처	welwitschia
위령선	woody vine
위성류	tamarisk
위성류과	Tamaricaceae
위핑러브그래스	weeping lovegrass
윈드밀	windmill
윌로오크	willow oak
유그레나→연두벌레	
유럽너도밤나무	rivers purple beech
유럽단풍	Norway maple
유럽마가목	European mountain ash
유럽소나무	Scotch pine
유창목	lignum vitae
유카	yucca, false agave

유킬리나무	eucalyptus
유과도름	mistflower
유포르비아	cushion spurge
유흥조	cypress vine
육두구	nutmeg
육두구과	Myristicaceae
으름과	Lardizabalaceae
은단풍	silver maple
은룡	devil's backbone
은방울꽃, 비비추	lily of the valley
은백양, 은버들	popular
은보리수	silver linden
은행과	Ginkgoaceae
은행나무	ginkgo
응답나리	red champion
이구아누르으아자	iguanure plam
이끼버섯류	navel-cap fungus
이베리스	candytuft
이스티선인장	easter cactus
이질풀	cranesbill
이탈리아목형	chaste tree
이탈리안엘더	Italian alder
이태리포플라	lombardy poplar
이판화식물	Choripetalae

국 명	영 명	국 명	영 명
이페이온	spring starflower	자라풀, 수련아재비	Asian frogbit, frog's-bit
익모초	motherwort	자라풀과	Hydrocharidaceae
익소라	flame-of-the-wood	자란	Chinese ground orchid
익시아	African corn lily	자미아	sage cycas, seminole plant
익시올리리온	ixiolirion	자스민	jasmine, winter jasmine
인도산호나무	Asian coral tree	자운영	milk-vetch
인동과	Caprifoliaceae	자이언트알륨	giant allium
인동덩굴속	honeysuckle	자이언트말불버섯	giant puffball
인디언철쭉	Indian azalea	자작과	Betulaceae
인디언페인트브러시	Indian paint brush	자작나무	birch, white birch
인목	lepidodendron	자주괴불주머니	alfalfa
인카빌레아	incarvillea	자주국수버섯	fumitory
일레스	winterberry	자주군자란	purple coral
일본아네모네	Japanese anemone	자주달개비	agapanthus
일엽초	spleenwort	자주만년청	spiderwort
임모텔	immortelle	자주범의귀	moses-in-the-cradle
임파티엔스	busy lizzie	자주슬잎굴	purple saxifrage
잇꽃	tinct flower	자주쓴방망이	chocolage-tubeslime
엪토란, 컬라듐	traveller	자주졸갗버섯	purple ragwort
자귀나무	hardy silk tree	자주줄달개비	amethyst deceiver
자귀풀	Indian joint vetch	자처과	four-colored wandering Jew
자금우과	Myrsinaceae	자카란다	Boraginaceae
자단	red sandalwood		sharp leaved jacaranda

자코비니아	jacobinia	접란	chlorophytum
자트로파과	gootweed, jatropha	접시꽃	hollyhock
작약	peony	접시버섯	eyelash fungus
잔디	turf	정향	clove
잠두	broad bean	정향과	Myrtaceae
잠부	jambu	정향나무	Japanese tree lilac
잠자리란	ground orchid	젖버섯류	milk cap fungus
장군풀, 대황	rhubarb	제라늄 → 지레니엄	
장뇌나무	camphor tree (laurel)	제브라나 → 줄자주달개비	
장미	cabbage rose	제비고깔	larkspur
장미과	Rosaceae	제비꽃	violet
장미주걱목이	apricot jelly	제비꽃과	Violaceae
장수개나리	lynwood forsythia	제비콩	hyacinth bean
재포루트	jackfruit	조개풀	graminea
적갈색에주름버섯	bleeding bonnet-cap	조록과	Hamamelidaceae
적단풍	blood leaved mapple, red maple	조밥나물	hawkweed
적철과	Sapotaceae	조뱅이	creeping thistle
전나무	fir	조슈아트리	joshua tree
절구버섯	blackening russule	조팝나무류	spirea
절굿대	glove thistle	족제비눈물버섯	white brittle-head
점균	slime mold	졸각버섯	deceiver fungus
점나도나물	mouse-ear chickweed	좀개구리밥	duckweed
점박이애기버섯	spoted tough-shank	좀명아주	dirtweed
점핑출러	jumping chollor	좀작살나무	purple beauty berry

국	영
좁쌀풀	eyebright
좁은잎해란초	butter-and-egg
종가시나무	red oak
종려	fortune's palm
종려과	Coryphaceae, Palmae
종려방동산이	umbrella plant
종려죽	cane palm
종말똥버섯	liberty cap fungus
종자고사리	glossopteris, seed fern
주근깨미치광이버섯	fleckled flame cap
주름버섯	field mushroom, prince mushroom
주름안장버섯	white saddle
주름우단버섯	brown roll-rim
주름잎	creeping mazus
주목	yew
주목과	Taxaceae
주발버섯	bladder cup fungus
주염나무	honey locust
주홍이끼버섯	orange navel-cap
죽사초	plume poppy
줄기리나무	giant tree spurge
줄말과	Ruppiaceae
줄말과	
줄맨드라미	love-lies-bleeding
줄모초 →가미죽란	
줄무늬말풀	zebra plant
줄자주달개비, 제브리나	purple wondering Jew
중국젖양옻나무	Chinese pistache
중매가리풀	spreading sneezeweed
쥐꼬리망초과	Acanthaceae
쥐꼬리선인장	rattail cactus
쥐똥나무	privet
쥐방울과	Aristolochiaceae
쥐방울덩굴	birthwort
쥐손이풀	wild geranium
쥐손이풀과	Geraniaceae
쥐오줌풀	valerian
지갑꽃	henna
지누라	velvet plant
지느러미엉겅퀴	curled thistle
지베니엄, 제라늄	gerenium
지의류	lichen
지체과	Scheuchzeriaceae
지충이	silkworm tail
지치	gromwell, stickseed
진달래	azalea

국명	영명
진달래과	Ericaceae
진달래류	flame azalea
진두발	Irish moss
진저	gingerlily
질경이	plantain, wooly plantain
질경이과	Plantaginaceae
집보리수나무	cherry elaeagnus
집소필라	gypsophila
짚신나물	agrimony
짜마	tsama
찔레나무	dogrose
차과	Ternstroemiaceae
차라	chara
차조기	perilla
차풀	senna
참깨	seasame
참깨과	Pedaliaceae
참나리	tiger lily
참나무 → 상수리나무	
참나무에주름버섯	oak honnet-cap
참낭피버섯	saffron parasol
참달맞이꽃	sundrop
참마	yam
참무당버섯	purple-black russule
참방동사니	yellow nutsedge
참부체버섯	olive oyster
참새귀리	Japanese brome
참새그령	stinggrass
참새피	paspalum
참오동나무	empress tree
참우뭇가사리	Ceylon moss, agar-agar
참으아리	clematis
참질경이	buckthorn plantain
창싸리버섯류	meadow coral fungus
창질경이	ribwort plantain
창포	sweet-flag, iris
창포류	iris
채송화	rose moss
처녀이끼과	Hymenophyllaceae
처빌	chervil
천남성	arum
천남성과	Araceae
천인국	gaillardia
천일홍	glove amaranthus
칠십자베고니아	iron cross begonia
철쭉	royal azalea
철쭉류	rhododendron
청각	codium, sea staghorn

국	명	영	명
청머루무당버섯		charcoal burner	
청줄균적버섯		blue-banded web-cap	
체꽃		pincushion flower	
체폐더크		chempaduck	
초록무명버섯		parrot wax cap	
초롱꽃		campanula, canterbury	
초종용		broom rape	
촛대승마		white pearl	
취부용		African marigold	
층층고사리		braken	
치오노독사		glory-of-the-snow	
치자나무		cape jasmine	
치코리		cichory	
칠리삼목		monkey puzzle	
칠면조머리선인장		turk's cap cactus	
칠엽수		bottle brush buckeye	
칠엽수과		Hippocastanaceae	
칡		arrowroot	
카나리아한련		canary-bird flower	
카네이션		carnation, pink	
카르돈		cynara	
카리사		natal plum	
카리오프테리스		bluebeard	

국	명	영	명
카마시아		camass	
가붑바		fanwart, water shield	
가사바, 타피오카		cassava, tapioca	
카스틸레야		paintedcup	
카시아		bee blossom, wild sena	
카우리르파		caulerpa	
카우리나무		agathis	
카우블라인더		cowblinder	
카츠라나무		katsura tree	
카카오		cacao	
카틀레야		cattleya	
카펫그라스		carpet grass	
칸나		canna, Indian shot	
칸나과		Cannaceae	
칼라		calla lily, calla	
칼라듐		fansy leaved caladium	
칼란코에		panda plant, velvet leaf	
칼루나		Scotch heather	
칼리시아		striped inch plant	
칼리안드라		pink powder puff	
칼리칸티스		sweet shrub	
칼리탐니온		callithamnion	
칼리포니아칠엽수		Ohio buckeye	

킵미아	mountain laurel
킵세올라리아	pocketbook flower
캄파눌라	bellflower
캐나다딱총나무	American elder
캐나다메이플라워	Canada mayflower
캐나다솔송나무	Canada hemlock
캐러웨이	caraway
캐로린벚나무	Carolina cherry laurel
캐비지야자	cabbage palmeto
캐서린능금나무	Katherine crab apple
캐슈	cashew
캐스케르	cascara
캐주어리나	casuarina
캔들벨피늄	candle delphinium
캔디선인장	candi cactus
캔디점균	carnival candy slime
캔디콘	candy corn plant
캔털루프멜론	cantaloupe
캘리포니아버짐나무	California plane tree
캥거루포	kangaroo's paw
커미즈오크	kermes oak
커민	cumin
컵버섯	cup fungus
케페우스	Peruvian apple cactus

케실피니아	Barbados pride
케아노투스	carmel creeper
케이폭나무	kapok
케일	kale
켄터키페스큐	Kentucky pescue
켄티아야자	kentia palm, paradise palm
켈로네	pink turtle head
코카리나무	elephant tree
코카리발풀	elephant-foot tree
코벨리안체리	cornelian cherry
코랄벨스	coral-bells
코르다	chorda
코르다리아	chordaria
코르딜리네	Hawaiian ti
코르시카소나무	Corsica pine
코리달리스	yellow corydalis
코스레티스	cos lettuce
코스모스	cosmos
코스투스	spiral flag
코엘로지네	coelogyne
코카과	Erythroxylaceae
코코넛야자	coconut plam
코틀라	pincushion flower
코피나무	coffee plant

구	영	명	구	영	명
콜라드	collard		크라술라	jade plant	
콜레리아	kohleria		크라운베치	crown vetch	
콜레우스	flame nettle		크레오소트부시	creosote bush	
콜루테아	bladder senna		크레피스	hawk's beard	
콜룸네아	columnea		크로산드라	crossandra	
콜린시아	collinsia		크로커스	crocus	
콜치쿰	colchicum		크로톤	croton	
콜크비저이아	beauty bush		크루시피스손	doveweed	
콤포토니아	sweet fern		크루시픽스손	crucifix thorn	
콩과	Papilionaceae		크리노돈나	crinodonna	
콩꼬투리버섯	candle snuff fungus		크리산테뭄	chrysanthemum	
콩두건버섯	jelly baby fungus		크리스마스로즈	Christmas rose	
콩말냉이	bird pepperweed		크리스마스벨	Christmas bell	
콩배나무	bradford pear		크리스마스선인장	Christmas cactus	
콩조각고사리, 꽃짜개녕굴	dragon-tongue fern		크리포탄디스	cryptanthus	
꽃짜개녕굴 → 콩조각고사리			크림컵	creamcup	
쿠타민다	cootaminda		큰갓버섯	parasol mushroom	
쿠베아	cigar plant		큰개불알꽃 → 왕봄까지		
쿨라바	coolabah		큰고비데이아		
퀘스넬리아	grecian vase plant		큰구멍장이버섯	satin flower	
쿠션핑크	cushion pink		큰금게주	giant polypore	
큐컴버트리	cucumber tree		큰기둥선인장	sunburst	
큐피드느다트	cupid's dart		큰꿩의비름	saguaro	
				showy stonecrop	

국명	영명	국명	영명
른마개버섯	rosy spike-cap	타에다소나무	loblolly pine
른메꽃	bindweed, morning glory	타이거일로에	tiger aloe
른미치광이버섯	giant flame-cap	타피오카→카사바	
른방가지똥	spiny sow thistle	타피오카점균	tapioka slime
른방울내풀	pearl grass	타호가쑥부쟁이	taoka daisy
른봉의꼬리	brake fern, table fern	태산목	evergreen magnolia
른브로왈리아	bush violet	태양란	sun orchid
른비노리	India lovegrass	택사과	Alismataceae
른비단그물버섯	larch bolete	턱수염버섯	hedgehog fungus
른천인국	blanketflower	털말	sea moss
른회향	giant fennel	털벌노랑이	bird's-foot trefoil
클라단투스	cladanthus	털부처꽃	purple loosestrife
클라도포라	cladophora	털비름	red root pigweed
클라키아	clarkia	털이풀	dropwort
클레로덴드룸	bleeding heart vine, glory bower	털젖버섯	wooly milk-cap
클레이니아	candle plant, kleinia	델피비꼬깔	delphinium
클리단투수	Peru chlidanthus	털진득찰	St. Pauls wort
클리안수스	parrot's beak, glory pea	털팥배나무	Korean mountain ash
키나나무	cinchona tree, quinine	테르모프시스	Carolina thermopsis
키리타	chirita	테우크륨	chamaedrys germander
키산토리쩌	yellowroot	테이블야자	parlor palm
키티수스	kew broom	테킬라용설란	tequila
타라곤	tarragon	테트라네마	Mexican foxglove
타마리스크	five-stamened tamarisk	템플벨	temple bell

국	영	명	국	명	영	명
토근, 이페카크	ipecac		트로파엘룸		wreath nasturtium	
토끼꼬리풀	rabbit-tail grass		트롤리우스		ledebour globeflower	
토끼풀	white clover		트리오디아		triodia	
토란	elephant's ear		트리콜스테마		bluecurl	
토레니아	wishbone flower		트리토니아		saffron tritonia	
토마토	tomato		트리플라리스		triplaris	
톨미에아	piggyback plant		트릴륨		trillium	
톨오트그래스	tall oatgrass		티그리디아		tiger flower	
톨페스큐	tall fescue		티모시		thymothy	
톱풀	yarrow		티모필라		dahlberg daisy	
붓	spindle-shaped bladder		티보치나		glory bush, princess flower	
통발	bladderwort, floating bladderwort		티에무스		thyme	
통발과	Lentibulariaceae		티크		teak	
통탈목	rice-paper plant		파고다꽃		pagoda flower	
투구선인장	easter lily cactus		파대가리		green kyllinga	
투립나무	turip tree		파라고무나무		rubber tree	
툰베르기아	black-eyed-susan vine		파라디시아		St. Bruno's lily	
툴바기아	fragrant tulbaghia		파랑봄맞이꽃		flaxleaf pimpernel	
퉁퉁마디	glasswort		파래		enteromorpha, green laver	
튜버로스	tuberose		파리광대버섯		fly agaric	
튤립	tulip		파리지옥		Venus-flytrap	
트럼펫바인	trumpet vine		파리풀과		Phrymaceae	
트럼펫인동덩굴	trumpet honey suckle		파셀리아		California blue bells	

국명	영명
파스니프	parsnip
파슬리	parsley
파인애플	pineapple
파인애플백합	pineapple lily
파초 → 산옥잠화	
파초과	Musaceae
파초일엽	nest fern
파키산드라	Japanese pachysandra
파키스티마	canby pachistima
파킨소니아	Jerusalem thorn
파파야	papaya
파파야과	Caricaceae
파포	papaw
파피루스	papyrus
판다누스	veitch screw pine
판크라툼	sea daffodil
팔레노프시스	moth orchid
팔메토	saw palmetto
팔손이나무	Japanese fatsia
팜파스그라스	pampas grass
팥꽃나무	daphno
패랭이꽃	Indian pink
패로티아	parrotia
팬지	pansy
팽나무	hackberry
팽나무버섯	velvet shank
평주어바인	puncture-vine
페니세툼	fountain grass
페르샤라일락	Persian lilac
페르샤장미	rose of Persia
페르샤호두	English walnut
페이퍼바크메플	paperbark maple
페타이	petai
페페로미아	peperomia
펜스테몬	penstemon
펜스테몬류	beardtongue
펜타스	Egyptian star cluster
펠라에아	button fern, cliff brake fern
펠로포듐	yellow flame
편도, 아몬드	almond
편백	cypress
포도과	Vitaceae
포도나무	grape
포도담쟁이	grape ivy, kangaroo ivy
포도하이아신스	grape hyacinth
포인세티아	poinsettia
포카리아	tiger's jaws
포테르길라	large forthergilla

국	영
포티니아	photinia
포플라→미루나무	
포티로사소나무	ponderosa pine
폰테데리아	pickereloweed
폴리고눔	reynoutria fleece flower
폴리시포니아	polysiphonia
폴리치아스	balfour aralia, ming aralia
푸르도청버섯	blue-green slime cap
푸른명아주	green pigweed
푸른빨강뿔이	brush fungus
푸시키니아	striped squill
푸쿠스	bladderwrack
풀고사리과	Gleicheniaceae
풀명자나무	Japanese quince
풀모나리아	blue lungwort
풀밭무명버섯	meadow wax-cap
풀부용화	rose mallow
풀산딸나무	bunchberry
풍경덩굴, 풍선덩굴	ballon vine
풍경초	Canterburry bell
풍나무	sweet gum
풍년화	witch hazel
풍령초	bellwort, merrybells

국	영
풍선끈적버섯	purplish web-cap
풍선덩굴→풍경덩굴	
풍접초과	Capparidaceae
프랑스백합	Madonna lily
프랑크리니아	franklinia
프레첼점균	pretzel slime
프로소피스	honey mesquite
프리물라	primula
프리지어	freesia
프리클리페어, 메가리칸타	prickly pear
프리틸라리아	fritillaria
프린지바이올렛	fringed violet
프베리포스티락스	fragrant epaulette tree
플라타너스, 시카모어	platanus, cycamore
플라타과	Platanaceae
플레오멜리	pleomele
플록스	phlox
피	panic grass, barnyard grass
피나무과	Tiliaceae
피농소나무	pinon pine
피마자→아주까리	
피막이풀	pennywort
피망	sweet pepper

국명	영명	국명	영명
피자식물	Angiospermeae	할미꽃	pasqueflower
피즈로아	fitzroya	함박꽃	paeony
피칸	pecan	함다리과	Sabiaceae
피토니아	mosaic plant	합판화류	Sympetalat
피튜니아	petunia	해당화	Japanese rose
피페르	saffron pepper	해동 → 섬음나무	
피포흐박	marrow	해란초	toadflax
핀오크	pin oak	해바라기	sunflower
핀쿠션선인장	pin cushion cactus	해송	Japanese black pine
핑규이쿨라	pinguicular	해안송	maritime pine
핑크로키릴리	pink rocky lily	해장죽	switch cane
핑크볼토니아	pink boltonia	해캄	spirogyra
핑크아네모네	pink anemone clematis	향나레완두, 스위트피	sweat pea
하늘색깔때기버섯	blue green funnel cap	향나무	hollywood juniper
하니미틀	honey myrtle	향모, 스위트그래스	alpine holy grass, sweet grass
하마멜리스	Chinese witch hazel	향무	stack
하시타라	jacitara	향부자	nutsage
하오르티아	pearl plant	향유	labiatas
하우스리크	houseleek	해메로칼리스	hemerocallis
하케아	pincushion flower	해스페리스	sweet rocket
한련, 금련화	Indian cress, nasturtium	해지호그선인장	hedgehog cactus
한련과	Tropaeolaceae	해티로시포니아	heterosiphonia
한삼덩굴	Japanese hop vine	헬레늄	bitterweed, sneezeweed
할리메데	halimeda	헬리오트로프	heliotrope

구	명	영	명
헬리오프시스		rough heliopsis	
헬리코니아		lobster	
헬키시노		baby's tear	
하고사리		tongue fern	
현삼		figwort	
현삼과		Scrophulariaceae	
혈근초		bloodroot	
협죽도		oleander	
협죽도과		Apocynaceae	
협죽초		garden phlox	
호두나무		walnut	
호두과		Juglandaceae	
호랑이가시나무		burford holly	
호리병박		bottle gourd	
호리촌틀		horixontle	
호스토니아		bluet	
호장근		knot grass, knotweed	
호프		hop	
도프마니아		taffeta plant	
홀아비꽃대과		Chloranthaceae	
홍수		mangrove	
홍수과		Rhizophoraceae	
홍실뱀딸기		Indian strawberry	

구	명	영	명
홍조류		Rhodophyta	
홍조선인장		redbird cactus	
화란물토란		arum lily	
화본과		Poaceae	
화살깃파초		peacock plant	
화살나무		dwarf winged euonymus	
화살나무과		Celastraceae	
화이트시스티스		white cistus	
화이트헬더		white alder	
화이트오크		white oak	
황갈색달걀버섯		tawny grisette	
황금조		golden algae	
황기류		locoweed	
황로		smoke tree	
황마		jute	
황매화		globeflower kerria	
황반화		frangipani	
황벽나무		amur cork tree	
황새냉이		wavy bittercress	
황세부리쥐소니		lilac crane's bill	
황수련		spatterdock	
회갈색안장버섯		elastic saddle	
회색독송이		silky-grey knight-cap	

국명	영명
회양과	Buxaceae
회양목	boxwood
회잎나무	strawberry tree
회향	fennel, sweet fennel
회화나무	Japanese pagoda tree
후박나무, 목련	magnolia
후추	black pepper
후추과	Piperaceae
흑삼릉	Sparganiaceae
흑삼릉	burreed
흰개떡버섯	bitter bracket
흰겨이삭	redtop
흰꽃광대나물	horehound
흰땅의비름	white stonecrop
흰독말풀	angel's trumpet
흰땀버섯	white fibre cap
흰말채나무	Siberian dogwood
흰먹물버섯	snow-white ink-cap
흰명아주	lamb's quater, white goosefoot
흰송이	white matsutake
흰앙국	chamomile
흰얼룩줄달개비	wandering Jew
흰여뀌	pale smartweed
흰인동덩굴	winter honeysuckle
흰전나무	white fir
흰종버섯	milky cone-cap
흰주름버섯	horse mushroom
흰줄유포르비아	milk striped euphorbia
히말라야노가주	Himalayan cedar
히말라야바위취	heart-leaved bergenia
히비스커스	hibiscus
히스	heath
히아신스	hyacinth
히코리	hickory
히페리쿰	golden St.John's-wort
히포에스비스	freackle face
히포파에	sea buckthorn
히스주목	hicks yew

■ 학명―국명

학 명	국 명	학 명	국 명
Abeliophyllum distichum	미선나무	Acer saccharum	사탕단풍
Abelmoschus esculentus	오크라	Achillea	톱풀
Abies concolor	흰전나무	Achillea tomentosa	서양톱풀
Abies holophylla	전나무	Achimenes Charm	아키메네스
Abies spectabilis	시베리아전나무	Achyranthes japonica	쇠무릎
Abutilon megapotamicum	꽃단풍	Acidanthera bicolor	아시단테라
Acacia arabica	아카시아	Acinetospora crinita	솜말
Acacia baileyana	금양아카시아	Aconitum cammarum	아코니툼
Acalypha australis	깨풀, 들깨풀	Acorus gramineus	석창포
Acalypha hispida	늬기니아깨풀	Acrosorium yendoi	누운분홍잎
Acanthaceae	쥐꼬리망초과	Actinidiaceae	다래과
Acanthopanax	오갈피나무	Adenophora	꽃잔대
Acanthopeltis japonica	새발	Adiantum cuneatum	섬공작고사리
Acanthus mollis	아칸서스	Adiantum tenerum	아디안툼
Aceraceae	단풍과	Adonis	바람꽃
Acer circinatum	당굴단풍	Adonis amurensis	복수초
Acer ginnala	신나무	Adonis vernalis	서양복수초
Acer griceum	페이퍼바크메플	Adoxaceae	연복초과
Acer negundo	네군도단풍	Adromischus maculatus	아드로미스쿠스
Acer palmatum	단풍나무	Aechmea fasciata	에크메아
Acer platanoides	유럽단풍	Aegopodium podagraria	방풍
Acer rubrum	적단풍	Aeschynanthus parvifolius	에스키난투스
Acer saccharinum	은단풍	Aeschynomene indica	자귀풀

학명	국명
Aesculus	칠엽수
Aesculus glabra	칠리포니아칠엽수
Aesculus hippocastatum	양칠엽수
Agalinis	아갈리니스
Agapanthus Peter Pan	자주군자란
Agapanthus africanus	아프리카백합
Agaricus arvensis	흰주름버섯
Agaricus augustus	주름버섯류
Agaricus campestris	주름버섯
Agaricus silvaticus	숲주름버섯
Agaricus xanthodermus	노랑일룩주름버섯
Agavaceae	아가바과
Agave americana	용설란
Agave tequilana	테킬라용설란
Ageratum houstonianum	멕시코엉겅귀
Agrimonia pilosa	짚신나물
Agrocybe praecox	볏짚버섯
Agropyron ciliare	개밀
Agrostemma githago	보리이동자꽃
Agrostis	겨이삭
Agrostis alba	흰겨이삭
Ailanthus altissima	가죽나무
Aizoaceae	석류풀과
Ajuga reptans	아쥬가
Akebia quinata	아케비아
Alangiaceae	박쥐나무과
Alaria esculenta	알라리아
Alatocladia modesta	참화살깃산호말
Albizzia jubibrissin	자귀나무
Alcea rosea	접시꽃
Aleuria aurantia	들주발버섯
Alismataceae	택사과
Allamanda cathartica	알라만다
Allium albopilosum	자이언트 알륨
Allium ascalonicum	샬롯
Allium cepa	양파
Allium moly	알륨
Allium porrum	리크
Allium sativum	마늘
Allium schoenoprasum	산파
Allium vineale	달래류
Alnus cordata	이탈리안엘더
Alnus rhombifolia	화이트엘더
Aloe L.	알로에, 앨로
Aloe variegata	타이거알로에
Alonsoa	알론소아
Alopeculus aequalis	둑새풀
Alstroemeria aurantiaca	알스트로메리아

학 명	구 명	학 명	구 명
Alternanthera	덩굴맨드라미	Anagallis arvensis	별봄맞이꽃
Alnus japonica	오리나무	Anagallis linifolia	파랑봄맞이꽃
Amanitaceae	광대버섯류	Ananas bromelia	아나나스
Amanita fulva	황갈색달걀버섯	Ananas comosus	파인애플
Amanita rubescens	붉은점박이광대버섯	Anaphalis affine	떡쑥
Amanita virosa	독우산광대버섯	Anchusa azurea	안쿠사
Amarantaceae	비름과	Anchusa capensis	여름물망초
Amaranthus caudatus	줄맨드라미	Andropogon	쇠풀
Amaranthus lividus	개비름	Anemone blanda	그리스아네모네
Amaranthus mangostanus	비름	Anemone coronaria	아네모네
Amaranthus retroflexus	털비름	Anemone hupehensis	일본아네모네
Amaranthus tricolor	삼색맨드라미	Anemonella thalictroides	아네모넬라
Amarita muscaria	파리광대버섯	Anethum graveolens	딜
Amaryllidaceae	수선과	Angelica	안젤리카
Amelanchier grandiflora	애플서비스베리	Angiospermeae	피자식물
Amelanchier stolonifera	아벨란기에르	Anigozanthus	캥거루포
Amphiroa beauvoisii	고리마디개발	Annona cherimola	변여지
Amphiroa dilatata	넓은개발	Anthemis nobilis	환양국
Amphiroa ephedraea	에페드라개발	Anthemis tinctoria	안테미스
Amphiroa pusilla	애기개발	Anthericum liliago	안테리쿰
Amsinckia	암싱키아	Anthriscus cerefolium	처빌
Anacardiaceae	옻과	Anthurium scherzerianum	등매석위
Anacardium occidentale	캐슈	Antirrhinum majus	금어초, 금봉어초

학 명	국	명	학 명	국	명
Asphodelus ramosus	아스포델		Babiana stricta	바비아나	
Aspidistra elitior	엽란		Baccharis pilularis	바카리스	
Aspleniaceae	꼬리고사리과		Balsaminiaceae	봉숭아과	
Asplenium	아스플레니움		Barbarea	나도냉이	
Asplenium antiquam	과줄일엽		Bauhinia variegata	바우히니아	
Asplenium nidus	일엽초		Beaucarnea recurvata	코끼리발톱	
Aster frikartii	에스터, 쑥부쟁이, 과꽃		Beckmannia syzigachne	개피	
Aster novi-belgii	우선국		Begoniaceae	베고니아과	
Aster tanacetifolius	타호카쑥부쟁이		Begonia masoniana	철십자베고니아	
Asteraceae, Compositae	국화과, 엉거시과		Begonia rex	렉스베고니아	
Astilbe arendsii	노루오줌		Begonia semperflorens	사철베고니아	
Astragalus	황기류		Begonia tuberhybrida	일뿌리베고니아	
Astragalus sinicus	자운영		Belamcanda chinensis	범부채	
Astrophytum asterias	성계선인장		Bellis perennis	데이지	
Athemis	아테미스		Beloperone gutata	새우풀	
Atriplex hortensis	붉은갯는쟁이		Berberidaceae	매자과	
Aucuba japonica	식나무		Berberis	매자나무	
Auricularia auricula	목이		Bergenia cordifolia	히말라야바위취	
Auriscalpium vulgare	솔방울버섯		Bergernia	바위취	
Avena fatue	메귀리		Bessera elegans	베세라	
Avicennia	아비세니아		Beta vulgaris	사탕무우	
Axonopus affinis	카펫그라스		Betulaceae	자작과	
Azolla imbricata	물개구리밥		Betula ermanii	사스래나무	

Betula papyrifera	아메리카박달	*Brassica o. acephala*	콜라드
Betula platyphylla	자작나무	*Brassica o. caulorapa*	구경양배추
Bidens biternata	도깨비바늘	*Brassica oleracea*	양배추
Bidens tripartita	가막사리	*Brassica oleracea gemmifera*	싹눈양배추
Bignoniaceae	능소화과	*Brassica oleracea italica*	브로콜리
Bilbergia fantasia	빌베르기아	*Brassica oleracea var*	케일
Billis perennis	데이지	*Brassica pekinensis*	배추
Bletilla striata	자란	*Brassica rapa*	순무
Boehmeria frutescens	모시풀	*Brefeldia maxima*	타피오가점균
Bolbitius vitellinus	노랑쇠똥버섯	*Briza maxima*	큰방울내풀
Boletaceae	그물버섯류	*Briza minor*	방울피
Boletus edulis	그물버섯	*Brodiaea laxa*	브로디아
Boletus erythropus	붉은대그물버섯	*Bromelia*	브로멜리아
Boletus parasitucus	기생그물버섯	*Bromus japonicus*	참새귀리
Boltonia latisquama	명크불로니아	*Broussonetia*	닥나무
Boraginaceae	자지과	*Browallia speciosa*	브로왈리아
Borago officinalis	서양지치	*Brunfelsia calycina*	브룬펠리사
Bothriospermum tenellum	꽃받이	*Brunnera macrophylla*	브루네라
Bougainvillea comn	부겐빌레	*Bruseraceae*	감란과
Bovista nigrescens	검은겅단버섯	*Bryopsis plumosa*	털말
Brassaia actinopylla	브라사이아	*Buchloe dactyloides*	버팔로그라스
Brassicaceae, Cruciferae	십자화과, 배추과	*Buddleja davidii*	부들레아
Brassica cernua	겨자	*Bulbocodium vernum*	불보코디움
Brassica napobrassica	스웨덴순무	*Buxaceae*	회양과

학명	국명	명
Buxus microphylla	회양목	
Cabomba caroliniana	가붐바	
Cactaceae	선인장과	
Caesalpinia pulcherrima	케살피니아	
Caladium bicolor	잎토란	
Caladium hortulanum	칼라듐	
Calandrinia umbellata	나도쇠비름	
Calanthe rosea	새우난	
Calatea zebrina	줄무늬말풀	
Calathea makoyana	화살깃파초	
Calceolaria cherbeohybrida	칼세올라리아	
Calendula officinalis	금송화	
Calliandra inequilatera	칼리안드라	
Callicarpa dichotoma	좀작살나무	
Callisia elegans	칼리시아	
Callistemon lanceolatus	레몬보틀브러시	
Callistephus chinensis	과꽃	
Callithamnion	칼리담니온	
Callitrichaceae	물이끼과	
Callitriche verna	물별이끼	
Callophylls japonica	볏붉은잎	
Caluna vulgaris	칼루나	
Calocera viscosa	싸리아교뿔버섯	

학명	국명	명
Calochortus venustus	마리포사백합	
Calocybe gambosa	밤버섯류	
Calpomenia sinuosa	불뚝기말	
Calycanthus floridus	칼리칸터스	
Calystegia hederacea	애기메꽃	
Calystegia sepium	큰메꽃	
Camassia esculenta	카마시아	
Camellia japonica	동백나무	
Campanula	치죠리	
Campanulaceae	도라지과	
Campanula isophylla	감파눌라	
Campanula medium	풍경초	
Campanula persicifolia	부시잎도라지	
Campanula punctata	초롱꽃	
Campasis tagliabuana	트럼펫바인	
Cannaceae	칸나과	
Canna generalis	칸나	
Cannabis sativa	삼	
Cantharellus cibarius	꾀꼬리버섯	
Cantharellus tubaeformis	나팔꾀꼬리버섯	
Capparidaceae	풍접초과	
Capparis spinosa	양풍접초	
Caprifoliaceae	인동과	

Capsella bursa-pastoris	냉이	*Cassia nommame*	차풀
Capsicum angulosum	긴고추	*Cassia tora*	결명자
Capsicum annuum	고추	*Castanea crenata*	밤나무
Caragana	골담초	*Castanea mollissima*	약밤나무
Caragana tora	결명자, 차	*Castaria costata*	쇠미역사촌
Cardamine flexuosa	황새냉이	*Castilleja*	카스틸레야
Cardamine leucantha	미나리냉이	*Catalpa bignonioides*	미국개오동
Cardiospermum halicacabum	풍경덩굴, 풍선덩굴	*Catananche caerulea*	뮤퍼드나드
Carduus crispus	지느러미엉겅퀴	*Cattleya*	카틀레야
Caricaceae	파파야과	*Caulacanthus okamurae*	애기가시덤불
Carica papaya	파파야	*Caulerpa prolifera*	카우레르파
Carissa grandiflora	카리사	*Ceanothus griseus*	케아노투스
Carnegiea gigantea	큰기둥선인장	*Cedrus atlantica*	세드루스시다
Carpinus	서나무	*Cedrus deodara*	히말라야노가주
Carpobrotus edulis	배아국화	*Cedrus libani*	레바논삼나무
Carpopeltis crispata	주름까막살	*Celastraceae*	화살나무과
Carthamas tinctorius	잇꽃	*Celmatis florida*	위령선
Carum carvi	캐러웨이	*Celosia cristata*	맨드라미
Carya cordiformis	비터니트	*Celtis occidentalis*	팽나무
Carya illinoensis	피칸	*Cenchrus tribuloides*	신드버
Caryopteris clandonensis	카리오프테리스	*Centaurea*	뻐꾹채
Caryota mitis	미티스야자	*Centaurea rutifolia*	수레국화
Cascara sagrada	캐스케로	*Centella asiatica*	병꿀
Cassia marilandica	카시아	*Cenipeda minima*	중대가리풀

학 명	국 명	명	학 명	국 명	명
Centranthus ruber	붉은쥐오줌풀		Chaenomeles maulei	풀명자나무	
Centroceras clavulatum	가시비단풀		Chamaecyparis	편백	
Cephaelis ipecacuanhae	토근, 이페카크		Chamaedorea elegans	엘레간야자	
Cephalocereus senilis	노인선인장		Chamaepericlimenum canadense	풀산딸나무	
Cephalonoplos setosum	조뱅이		Chamaerops humilis	부채야자	
Ceramiopsis japonica	비단풀사촌		Champia parvula	참사슬풀	
Ceramium kondoi	비단풀		Cheiranthus cheiri	꽃향무	
Ceramium tenerrimum	털비단풀		Chelidonium majus	애기똥풀	
Cerastium	나도나물		Chelone lyonii	첼로네	
Cerastium caespitosum	점나도나물		Chenopodiaceae	명아주과	
Ceratiomyxa morchella	끈보라멋점균		Chenopodium album	명아주	
Ceratiomyza fruticulosa	산호점균		Chenopodium ficifolium	좀명아주	
Ceratophllaceae	붕어마름과		Chionanthus virginicus	미국이팝나무	
Ceratophyllum demersum	붕어마름		Chionodoxa luciliae	치오노독사	
Ceratostigma plumbaginvides	베드우드		Chirita lavandulacea	키리타	
Cercidiphyllaceae	계수과		Chlidantus fragrans	클리단투수	
Cercidiphyllum japonicum	가츠라나무		Chloranthaceae	홀아비꽃대과	
Cercis canadensis	아메리카박태기		Chloris virgata	나도바랭이	
Cercis chinensis	박태기꽃나무		Chlorophyta	녹조류	
Cereus peruvianus	케레우스		Chlorophytum comosum	가미죽란, 줄모초	
Ceropegia woodii	세로페기아		Chondria crassicaulis	개서실	
Cestrum nocturnum	세스트룸		Chondria expansa	담물개서실	
Chaenomeles	명자나무		Chondrus ocellatus	진두발	

학 명	국 명	학 명	국 명
Clematis paniculata	참으아리	Collybia butyracea	버터애기버섯
Clematis Ramona	라모나으아리	Collybia confluens	밀버섯
Cleome spinosa	양풍접초	Collybia fusipes	밀버섯류
Clerodendrum	클레로덴드룸	Collybia maculata	점박이애기버섯
Clerodendrum thomsonae	비틴의 꽃	Collybia peronata	가랑잎애기버섯
Clethra alnifolia	까치수염꽃나무	Colocasia antiquorum	토란
Clethraceae	까치수염과	Colpomenia sinuosa	불레기말
Chanthus puniceus	클리안수스	Columnea gloriosa	콜룸네아
Clitocybe nuda	깔때기버섯	Colutea arborescens	콜루테아
Clitocybe odora	하늘색깔때기버섯	Combretaceae	시군자과
Clivia miniata	군자란	Commelina communis	닭이장풀
Coccoloba vrifera	갯포도	Commelinaceae	닭개비과
Cocos nucifera	코코넛야자	Commiphora	몰약나무
Codiaeum variegatum	크로톤	Compositae, Asteraceae	엉거시과, 국화과
Codium adhaerens	떡청각	Comptonia peregrina	콤프토니아
Codium coactum	누운청각	Conocybe lactea	흰종버섯
Codium fragile	청각	Conocybe subovalis	노랑종버섯
Coelogyne asperata	코엘로지네	Conus kousa	산딸나무
Coffea arabica	코피나무	Convallaria majoalis	은방울꽃, 비비추
Coix lacryma-jobi	염주	Convolvulaceae	메꽃과
Colchicum autumnale	오룸크로커스	Convolvulus	삼색메꽃
Coleus blumei	콜레우스	Convolvulus soldanella	갯메꽃
Collinsia heterophylla	콜린시아	Coprinus atramentarius	두엄먹물버섯

Coprinus comatus	먹물버섯	*Cortinarius uliginosus*	노랑주름끈적버섯
Coprinus micaceus	갈색먹물버섯	*Corydalis incisa*	자주괴불주머니
Coprinus miser	쇠똥먹물버섯	*Corydalis lutea*	코리달리스
Coprinus niveus	흰먹물버섯	*Corylopsis spicata*	납판화
Corallina pilulifera	작은구슬산호말	*Corylus avellana*	서양개암나무
Corchorus capsularis	황마	*Coryophyllaceae*	석주과
Cordyline terminalis	코르딜리네	*Coryphaceae, Palmae*	종려과
Coreopsis drummondii	금계초	*Coryphantha elephantidens*	판류선선인장
Coreopsis grandiflora	큰금계국	*Cosmos bipinnatus*	코스모스
Coreopsis tinctoria	기생초	*Costus sanguineus*	코스투스
Coriairiaceae	독공목과	*Cotinus coggygria*	황로
Coriandrum sativum	고수나물	*Cotoneaster*	야광나무
Cornaceae	산수유과	*Cotula barbata*	코툴라
Cornus alba	흰말채나무	*Cotyledon*	꽃바위솔
Cornus florida	붉은꽃말채나무	*Crassulaceae*	돌나물과
Cornus mas	코넬리안체리	*Crassula portulacea*	크라슐라
Cornus nuttallii	누탈리말채나무	*Crataegus oxyacantha*	서양산사나무
Cornus officinalis	산수유	*Crataegus phaenopyrum*	와싱톤산사나무
Coronilla varia	크라운베치	*Crataegus pinnatifida*	산사나무
Cortaderia selloana	팜파스그라스	*Craterellus cornucopioides*	뿔나팔버섯
Cortinarius	끈적버섯류	*Crepis rubra*	크레피스
Cortinarius armillatus	붉은줄끈적버섯	*Crinodonna corsii*	크리노돈나
Cortinarius collinitus	청줄끈적버섯	*Crinum maritimum*	문주란
Cortinarius purpurascens	풍선끈적버섯	*Crocosmia*	모트브레티아

학 명	국 명	학 명	국 명
Crocus minimus	크로커스	Cynara scolymus	아티초크
Crocus sativus	사프란	Cynodon dactylon	우산대바랭이
Crossandra infundibuliformis	크로산드라	Cypella herbertii	시펠라
Croton	크로톤	Cyperus alternifolius	종려방동산이
Cruciferae, Brassicaceae	배추과, 십자화과	Cyperus brevifolius	파대가리
Cryptanthus acaulis	크립토란티스	Cyperus iria	참방동산이
Cryptomeria	삼나무류	Cyperus microiria	금방동산이
Cucumism. reticulatus	켄탈루프멜론	Cyperus papyrus	파피루스
Cucurbitaceae	외과	Cyperus rotundus	향부자
Cucumis sativus	오이	Cyperus serotinus	도방동산이
Cucurbita maxima	서양호박	Cypripedium	시프리페듐
Cucurbita p. melopepo	스쿼시	Cyrtomium falcatum	도깨비고비
Cucurbita pepo	피포호박	Cystoderma amianthium	참낭피버섯
Cuphea ignea	쿠페아	Cytisus kewensis	키티수스
Cuscuta	새삼	Dactylis glomerata	오리새
Cyathus olla	새둥지버섯	Daedaleopsis confragosa	도장버섯
Cycadaceae	소철과	Dahlia variabilis	달리아
Cycas revoluta	소철	Daphnaceae	서향과
Cyclamen neapolitanum	네아폴리탄시클라멘	Daphne mezereum	양서향나무
Cyclamen percicum	시클라멘	Daphne odora	서향나무
Cyclobalanopsis glauca	종가시나무	Dasya	다시아
Cymbidium	보춘화, 심비디움	Datura alba	흰독말풀
Cynara cardunculus	카르돈	Datura stramonium	독말풀

Daucus carota	당근
Davallia fejeensis	넉줄고사리
Davidia involucrata	비둘기나무
Delonix regia	델로닉스
Delphinium elatum	켄들델피늄
Delphinium hybridum	털제비꼬깔
Dendrobenthamia	산딸나무류
Dendrobium	덴드로비움
Dermonema pulvinatum	눌래기
Desmarestia	데스마레스티아
Desmodium	도둑놈의갈고리
Deutzia gracillis	말발도리
Deutzia lemoinei	베모인두치아
Deutzia scabra	뉴치아
Dianthus allwoodii	디안투스
Dianthus barbatus	수염패랭이꽃
Dianthus caryophyllus	카네이션
Dianthus chinensis	패랭이꽃
Dianthus deltoides	각시패랭이꽃
Diapensianceae	암매과
Diascia barberae	디아스키아
Dicentra eximia	디센트라
Dicentra spectabilis	금낭화
Dichondra repens	아욱메풀

Dicotyledoneae	쌍자엽식물
Dictamnus albus	디크탐누스
Dictyota dichotoma	참그물바탕말
Dieffenbachia	디펜바치아
Diffenbachia amoena	디펜바키아
Digitalis purpurea	디기탈리스
Digitaria adscendens	바랭이
Digitaria violascens	민바랭이
Dilsea	릴세아
Dimorphotheca	미국금선화
Diodia teres	단주풀
Dionaea muscipula	파리지옥
Dioscorea batata	참마
Dioscoreaceae	마과
Diospyros virginiana	아메리카감나무
Dipladenia amoena	디플라데니아
Dipsacaceae	산토끼꽃과
Dipterocarpaceae	용뇌향과
Dischidia	디시디아
Dixygoteaca elegantissima	아탈리아
Dizygotheca	디지고테카
Dodekatheon	슈팅스타
Dolichos lablab	제비콩
Dophne odora	팥꽃나무

학 명	국 명
Doronicum caucasicum	도로니쿰
Dracaena	드라카에나
Dracrymyces	붉은목이
Drosanthemum hispidum	드로산테뭄
Drosera rotundifolia	끈끈이주걱
Droseraceae	끈끈이귀개과
Duchesnea chrysantha	뱀딸기
Duchesnea indica	홍실뱀딸기
Dyckia fosteriana	디키아
Ebenaceae	감과
Echeveria pulvinata	에케베리아
Echinacea purpurea	드린국화
Echinocactus grusonii	그루손선인장
Echinochloa crusgalli	강피
Echinops setifer	절굿대
Echinopsis multiplex	투구선인장
Echium vulgare	에기움
Echlonia cava	감태
Ectocarpus arctus	냇자솜털
Eichornia crassipes	부레옥잠
Eisenia bicyclis	대황
Elaeocarpaceae	담팔수과
Elaeagnaceae	보리장과

학 명	국 명
Elaeagnus angustifolia	러시아올리브
Elaeagnus multifloara	집보리수나무
Elaeagnus pungens	엘레아그누스
Elaeis guineensis	기름야자
Elatinaceae	물별과
Elatine triandra	물별
Eleocharis acicularis	쇠털골
Eleocharis congesta	바늘골
Eleocharis kuroguwai	올방개
Eleocharis mamillata	물꼬챙이골
Eleusine indica	왕바랭이
Elsholtzia ciliata	향유
Emilia coccinea	에밀리아
Emptraceae	시로미과
Endarachne binghamiae	미역서
Enkianthus campanulatus	단풍철쭉
Enteromorpha	파래
Enteromorpha clathrata	격자파래
Enteromorpha compressa	납작파래
Enteromorpha linza	잎파래
Ephedraceae	마황과
Ephedra sinica	마황
Epidendrum	에피덴드룸

Epigaea repens	메이플라워
Epilobiaceae	바늘꽃과
Epilobium angustifolium	분홍바늘꽃
Epimedium	삼지구엽초
Epiphyllum hermosissimus	공작선인장
Epiphyllum oxypetalum	월하미인
Epiphyllum trucatum	게발선인장
Episcia emberrace	에피스시아
Equisetaceae	속새과
Equisetum arvense	쇠뜨기
Equisetum hyemale	속새
Eragrostis cilianensis	참새그령
Eragrostis ferruginia	그령
Eragrostis multicaulis	비노리
Eragrostis pilosa	른비노리
Eranthemum nervosum	불루세이지
Eranthis hyemalis	에란티스
Eremochloa ophiuroides	센티페드그라스
Eremurus shelfordii	에레무루스
Erica carnea	에리카
Ericaceae	진달래과
Erigeron	망초
Erigeron annus	개망초
Erigeron canadensis	망초

Erigeron glaucus	갯망초
Erigeron linifolius	실망초
Eriobotrya japonica	비파나무
Eriocaulaceae	곡정초과
Eriocaulon robustius	곡정초
Eriogonum	에리오고늄
Erodium	국화쥐손이
Ervatamia coronaria	에르바타미아
Eryngium oliverianum	에린쥼
Erythrina bidwillii	에리트리나
Erythronium	엘레지, 가재무릇
Erythronium americanum	에리트로늄
Erythronium japonicum	가재무릇, 엘레지
Erythroxylaceae	코카과
Eschscholtzia	금영화
Eucalyptus	유칼리나무
Eucalyptus ficifolia	붉은꽃유칼리나무
Eucharis grandiflora	아마존릴리
Eucomis comosa	파인애플백합
Eucommiaceae	두충과
Eugenia caryophyllata	정향
Euglenida	연두벌레, 유그레나
Euonymus alatus	화살나무
Eupatorium coelestinum	유파토룸

학 명	국 명	학 명	국 명
Eupatorium perfoliatum	보네세트	Festuca rubra	레드페스큐
Euphorbia	등대풀	Festuce ovina	김의털
Euphorbiaceae	대극과	Ficus bengalensis	벵갈보리수
Euphorbia lactea	회줄유포르비아	Ficus benjamina	벤자미나
Euphorbia marginata	눈포인세티아	Ficus carica	무화과나무
Euphorbia polychroma	유포르비아	Ficus elastica	고무나무
Euphorbia pseudochamaesyce	땅빈대	Filipendula vulgaris	털이풀
Euphorbia pulcherrima	포인세티아	Firmiana platanifolia	벽오동
Euphoria longana	룽간	Fistulina hepatica	비프스테이크버섯
Euphoribia supina	애기땅빈대	Fittonia verschaffeltii	피토니아
Euphrasia	좁쌀풀	Fitzroya	피츠로야
Exacum affine	아라비아바이올렛	Flacourtiaceae	산유자과
Exochorda macrantha	엑소코르다	Flammulina velutipes	팽나무버섯
Fagaceae	밤과	Foeniculum vulgare	회향
Fagopyrum esculentum	메밀	Fomitopsis pinicola	소나무잔나비버섯
Fagus multinervis	너도밤나무	Formes fomentarius	말굽버섯
Fagus sylvatica	유럽너도밤나무	Forsythia intermedia	장수개나리
Fatsia japonica	팔손이나무	Forthergilla major	포테르길라
Faucaria tuberculosa	포가리아	Fortunella margarita	둥글알금귤
Felicia amelloides	블루데이지	Fosliella zostericola	잘피껍데기
Ferocactus latispinus	배릴선인장	Fouquieria splendens	오코티요
Ferula communis	큰회향	Fragaria chiloensis	양딸기
Festuca arundinacea	톨페스큐	Franklinia alatamaha	프랑크리니아

학 명	국	명	학 명	국	명
Ginkgo biloba	은행나무		*Grifola frondosa*	잎새버섯	
Gladiolus	글라디올러스		*Grindelia squarrosa*	그린델리아	
Glechoma hederacea	긴병꽃풀		*Grinnellia*	그리넬리아	
Gleditsia	주엽나무		*Guaiacum sanctum*	유창목	
Gleicheniaceae	풀고사리과		*Guzmania monostachya*	구즈마니아	
Gloiopeltis complanata	애기풀가사리		*Gymnocalycium*	거미선인장	
Gloiopeltis fulcata	불등풀가사리		*Gymnocalycium mihanovichii*	모란선인장	
Gloiopeltis tenax	참풀가사리		*Gymnogongrus frabelliformis*	부챗살	
Gloriosa rothschildiana	글로리리 릴리		*Gymnopilus junonius*	큰미치광이버섯	
Gloxinera rosebells	글록시니라		*Gymnopilus penetrans*	주근깨미치광이버섯	
Gnaphalium uliginosum	왜떡쑥		*Gymnosperm*	나자식물	
Godetia amoena	고데티아		*Gynura aurantiaca*	지누과	
Godetia grandiflora	큰고데티아		*Gyperaceae*	사초과	
Gomphidiaceae	마개버섯류		*Gypsophila elegans*	석죽패랭이꽃	
Gomphidius glutinosus	끈끈이우단버섯		*Gyroporus cyanescens*	그물버섯류	
Gomphidius roseus	큰마개버섯		*Habenaria linearifolia*	잠자리난	
Gomphrena globosa	천일홍		*Haemaria discolorata*	보석란	
Gracilaria	꼬시래기		*Haemonthus multiflorus*	블루드릴리	
Gracilaria textori	잎꼬시래기		*Hakea laurina*	하케아	
Gracilaria verrucosa	꼬시래기		*Halesia carolina*	실버벨	
Grateloupia filicina	참지누아리		*Halimeda tuna*	할리메메	
Grateloupia turuturu	미끌지누아리		*Halorrhagaceae*	개미탑과	
Grevillea robusta	그레빌레아		*Hamamelidaceae*	조록과	

Hamamelis japonica	풍년화	*Hemitrichia serpula*	프레첼점균
Hamamelis mollis	하마멜리스	*Hepatica*	노루귀
Haworthia subfasciata	하오르티아	*Herposiphonia paroa*	가는거미줄
Hebeloma crustuliniforme	독파이버섯	*Herposiphonia subdisticha*	두줄거미줄
Hebeloma radicosum	뿌리케이버섯	*Hesperis matronalis*	헤스페리스
Hedera canariensis	일제리송악	*Heteroderma sargasii*	모자반점매기
Hedera helix	금송악	*Heterosiphonia*	헤테로시포니아
Hedychium koenig	진저	*Heuchera sanguinea*	코랄벨스
Helenium autumnale	헬레늄	*Hibiscus mutabilis*	부용
Helianthemum nummularium	선로즈	*Hibiscus rosa-sinensis*	하비스커스
Helianthum tuberosum	돼지감자→뚱단지	*Hibiscus syriacus*	무궁화
Helianthus annus	해바라기	*Hibiscus trionum*	수박풀
Helianthus tuberosus	뚱단지	*Hibscus moscheutos*	풀부용화
Helichrysum bractoattum	강갈이국화	*Hieracium*	조밥나물
Heliopsis scabra	헬리오프시스	*Hierochloa odorata*	향모, 스위트그래스
Heliotropium arborescens	헬리오트로프	*Hildenbrandtia rubra*	진분홍딱지
Helleborus niger	크리스마스로즈	*Hippeastrum herb*	아마릴리스
Helvella crispa	주름안장버섯	*Hippocastanaceae*	칠엽수과
Helvella elastica	회갈색안장버섯	*Hippophae rhamnoides*	하포파에
Helxino soleirolii	헬키시노	*Hippuridaceae*	쇠뜨기말과
Hemerocallis	원추리류	*Hizikia fusiformis*	톳
Hemerocallis aurantiaca	원추리	*Hoffmania roezlii*	호프마니아
Hemerocallis fulva	왕원추리	*Hordeum jubatum*	겉보리
Hemerocallis L.	헤메로칼리스	*Hosta plantaginea*	비녀옥잠화

학명	국명	학명	국명	학명	국명
Hosta undulata	옥잠화	*Hypericum frondosum*	히페리쿰		
Houstonia	호스토니아	*Hypnea saidana*	사이다가시우무		
Howea forsterana	켄티아야자	*Hypochoeris*	금읍초		
Hoya carnosa	옥접매	*Hypocyrta nummularia*	금붕어초		
Humulus japonicus	한삼덩굴	*Hypoestes sanguinolenta*	히포에스테스		
Humulus lupulus	호프	*Hyponea japonica*	갈고리가시우무		
Humnemannia fumariifolia	멕시코양귀비	*Iberis*	이베리스		
Hyacinthus orientalis	히아신스	*Ilex aquifolium*	양호랑가시		
Hydnum repandum	턱수염버섯	*Ilex cornuta*	호랑이가시나무		
Hydrangea macrophylla	수국	*Ilex opaca*	아메리카호랑이가시나무		
Hydrocharidaceae	자라풀과	*Ilex verticillata*	일렉스		
Hydrocharis dubia	자라풀, 수련어리제비	*Ilex vomitoria*	감탕나무류		
Hydroclathratus clathratus	그물바구니	*Impatiens balsamina*	봉선화, 봉숭아		
Hydrocotyle sibthorpioides	피막이풀	*Impatiens scarlet baby*	스칼렛베이비		
Hygrocybe conica k.	붉은산무명버섯	*Impatiens textori*	물봉선		
Hygrocybe pratensis	풀밭무명버섯	*Impatiens walleriana*	임파티엔스		
Hygrocybe psittacina	초록무명버섯	*Imperata cyindrica*	띠		
Hygrophoraceae	무명버섯류	*Impomoea pes-caprae*	해일로드바인		
Hygrophoropsis aurantiacus	어리꾀꼬리버섯	*Incarvillea delavayi*	인가빌레아		
Hymenocallis narcissiflora	가미백합	*Indigofera kirilowii*	땅비싸리		
Hymenophyllaceae	처녀이끼과	*Inocybe geohylla*	흰땀버섯		
Hypericaceae	물레나물과	*Inocybe lacera*	비듬땀버섯		
Hypericum erectum	고추나물	*Inonotus radiatus*	시루뻔버섯류		

학명	국명
Ipheion uniflorum	이페이온
Ipomoea batatas	고구마
Iridaceae	붓꽃과
Iris	창포류
Iris ensata	창포
Iris nertschinskia	붓꽃
Iris pseudocorus	노랑꽃창포
Iris sibirica	시베리아붓꽃
Ishige okamurae	패
Ishige sinicola	넓패
Isoetaceae	물부추과
Isoetes japonica	물부추, 물솔
Ixeris storonifera	벋음씀바귀
Ixia	익시아
Ixiolirion montanum	익시올리리온
Ixora coccinea	익소라
Jacaranda acutifolia	자카란다
Jacobinia suberecta	자코비니아
Jasminum nudiflorum	영춘화
Jasminum polyanthum	자스민
Juglandaceae	호두과
Juglans cinerea	버터니트
Juglans nigra	검정호도나무
Juglans regia	페르사호두
Juglans sinensis	호도나무
Juncaceae	골풀과
Juncus bufonius	애기비녀골풀
Juncus effusus	골풀
Junia adhaerens	덩이애기긴산호말
Junia ungulata	발굽애기긴산호말
Juniperus chinensis	향나무
Juniperus horizontalis	눈향나무
Juniperus virginiana	연필향나무
Kalanchoe blossfeldiana	붉은꽃꽃말의비름
Kalanchoe tomentosa	깁란코에
Kalmia latifolia	칼미아
Kalopanax pictus	음나무
Kerria japonica	황매화
Kniphofia uvaria	니포피아
Kochia scoparia	댑싸리, 비싸리
Koelreuteria paniculata	모감주나무
Kohleria amabilis	콜레리아
Kolkwitzia amabilis	콜크비찌아
Kuehneromyces mutabilis	무리우산버섯
Kummerovia striata	매듭풀
Labiatae	꿀풀과
Laburnum watererii	나도싸리
Laccaira amethyster	자주졸각버섯

학 명	국	명	학 명	국	명
Laccaria laccata	졸각버섯		Larrea mexicana	크레오소트부시	
Lachenalia aloides	라케날리아		Lathyrus japonicus	갯완두	
Lacrymaria velutina	눈물버섯		Lathyrus latifolius	라티루스	
Lactarius	젖버섯류		Lathyrus odoratus	향나래완두, 스위트피	
Lactarius deterrimus	가문비젖버섯		Lauraceae	누나무과	
Lactarius obscuratus	고욤젖버섯		Laurencia intermedia	검은서실	
Lactarius torminosus	털젖버섯		Laurencia pinnata	깃꼴서실	
Lactuca laciniata	왕고들빼기		Laurensia undulata	혹서실	
Lactuca sativa	상치, 양상치		Laurus nobilis	월계수, 계수나무	
Lactuca S. longifolia	코스레티스		Lavendula officianalis	라벤더	
Laelia	라엘리아		Leathesia difformis	바위두둑	
Laetiporus sulphureus	덕다리버섯		Leccinum scabrum	거친껍질이그물버섯	
Lagenaria leucantha	호리병박		Leccinum versipella	등색껍질이그물버섯	
Lagerstroemia indica	배롱나무		Ledebouriella seseloides	개방풍	
Lagurus ovatus	토끼꼬리풀		Lemmaphyllum microphyllum	콩조각고사리, 콩짜개덩굴	
Laminaria	다시마류		Lemnaceae	개구리밥과	
Lamium amplexicaule	광대나물		Lemna paucicostata	좀개구리밥	
Langermannia giantea	자이인트말불버섯		Lentibulariaceae	통발과	
Lantana camara	란타나		Leocarpus fragilis	별꽤알점균	
Lapeirousia laxa	라페이로시아		Leontopodium alpinum	솜다리, 에델바이스	
Lcpsana apogonoides	개보리뺑이		Leonurus sibiricus	익모초	
Lardizabalaceae	으름과		Leotia lubrica	콩두건버섯	
Larix kaempferi	낙엽송		Lepidium	냉이류	

Lepidium sativum	양갓냉이
Lepidium virginicum	콩말냉이
Lepidodendron	인목
Lepiota cristata	갈색고리갓버섯
Lepista nuda	민자주방망이버섯
Lespedeza bicolor	싸리
Lespedeza cuneata	비수리
Leucojum aestivum	스노플레이크
Levisticum officinale	로베지
Liatris spicata	리아트리스
Lichenes	지의류
Ligustrum	쥐똥나무
Ligustrum japonicum	광나무
Liliaceae	백합과, 나리과
Lilium candidum	포랑스백합
Lilium lancifolium	참나리
Lilium longiflorum	나팔나리
Lilium martagon	마르타곤릴리
Lilium speciosum	응담나리
Lilium testaceum	난킨나리
Limonium latifolium	리모니움
Limonium mill	스타티스
Limonium sinuatum	꽃갯질경
Limonium wrightii	기슭

Linaceae	아마과
Linaria canadensis	금어초
Linaria maroccana	해란초
Linaria vulgaris	좁은잎해란초
Lindera benzoin	감태나무
Lindernia procumbens	밭둑외풀
Linum usitatissimum	아마
Liquidambar styraciflua	풍나무
Liriodendron tulipifera	투립나무
Litchi chinensis	여지
Lithophyllum okamurae	혹돌잎
Lithops turbiniformis	리빙스톤
Lithospermum erythrorhizon	지치
Livistona australis	야자나무
Livistona chinensis	리비스토나
Lobelia chinensis	수염가래꽃
Lobelia inflata	붉은로벨리아
Lobivia hybrid	로비비아
Lobularia maritima	알리슘
Loganiaceae	마전
Lolium perenne	라이그라스
Lomentaria catenata	마디잘록이
Lomentaria hakotatensis	애기마디잘록이
Lonicera fragrantissima	흰인동덩굴

학 명	구	명
Lonicera japonica	인동덩굴	
Lonicera sempervirens	트럼펫인동덩굴	
Lonicera tartarica	붉은인동덩굴	
Loranthaceae	겨우살이과	
Lotus corniculatus	벨노랑이	
Ludwigia prostrata	여뀌바늘	
Luffa cylindrica	수세미오이	
Lunaria annua	루나리아	
Lupinus arboreus	루핀	
Luzula capitata	꿩의밥	
Lychnis chalcedonica	수레동자꽃	
Lycium chinense	구기자	
Lycoperdon	말불버섯	
Lycopersicon esculentum	토마토	
Lycopodiaceae	석송과	
Lycopodium, Selaginella	석송, 비늘이끼류	
Lygodiaceae	실고사리과	
Lysiloma	리실로마	
Lysimachia nummularia	시양좀가지꽃	
Lythraceae	부처꽃과	
Lythrum anceps	부처꽃	
Lythrum salicaria	털부처꽃	
Macleaya cordata	마를레아	

학 명	구	명
Macleaya microcarpa	죽사조	
Maclura pomifera	가시뽕나무	
Macrocystis	마크로시스티스	
Macrolepiota procera	큰갓버섯	
Madia	마디아	
Magnolia acuminata	큐컴버트리	
Magnoliaceae	목련과	
Magnolia denudata	백목련	
Magnolia grandiflora	태산목	
Magnolia loebnerii	메릴메그놀리아	
Magnolia obovata	후박나무, 목련	
Magnolia soulangiana	비단목련	
Mahonia repens	마호니아	
Maianthemum	캐나다매이플라워	
Majorana hortensis	마요라나	
Malcolmia maritima	말콜미아	
Malpighia coccigera	말기기아	
Malus arnoldiana	아놀드능금나무	
Malus dorothea	아그베나무	
Malus katherine	캐서린능금나무	
Malus purpurea	리모인능금나무	
Malva alcea	말라	
Malvaceae	무궁화과, 아욱과	

학명	국명
Malvaviscus arboreus	애기부용화
Mammillaria candida	애기고추선인장
Mammillaria elongata	골든스타선인장
Manettia inflata	마네티아
Maope trifida	말로프
Maranta bicolor	마란타
Marasimus androsaceus	말총낙엽버섯
Marasimus oreades	낙엽버섯류
Marchantia	우산이끼
Marginisporum aberrans	방황네발족
Marrubium vulgare	흰꽃광대나물
Marsilea quadrifolia	네가래
Marsileaceae	네가래과
Martensia denticulata	비단망사
Matthiola incana	향무
Maurandia barclaiana	마우란디아
Maximowiczia chinensis	오미자
Mazus reptans	주름잎
Meconopsis betonicifolia	블루포피
Medicago sativa	자주개자리
Melanophyllum echinatum	검정갓버섯
Melia azedarach	멀구슬나무
Meliaceae	멀구슬과
Melilotus	스위트클로버
Melissa officinalis	레모밤
Melocactus	칠면조머리선인장
Menispermaceae	방기과
Mentha arvensis	박하
Mentha requienii	멘타
Meripilus giganteus	큰구멍장이버섯
Meristotheca populosa	갈래곰보
Mertensia	갯지치
Mesembryanthema	메셈
Mesembryanthemum chilense	사철채송화
Micromeria chamissonis	미크로메리아
Milla biflora	별나리
Mimulus	원숭이꽃
Minuartia verna	누운개미자리
Mirabillis jalapa	분꽃
Miscanthus sinensis	억새
Mitchella repens	미첼라
Mollugo stricta	석류풀
Molucella laevis	몰루셀라
Momordica charantia	여주
Monarda didyma	베가모트
Mongifera indica	맹고
Monochoria vaginalis	물달개비
Monocotyledonea	단자엽식물

학명	국명
Monotropastrum globosum	수정난풀, 수정초
Monstera deliciosa	몬스비라
Moraceae	뽕과
Morchella esculenta	곰보버섯
Morea pavonia	공작붓꽃
Morelmushroom	곰보버섯
Morus alba	뽕나무
Musa basjoo	신우엽화, 파초
Musa spientum	바나나
Musaceae	파초과
Muscari armeniacum	포도히아신스
Mutinus canius	뱀버섯
Mycena	애주름버섯류
Mycena haematopus	적갈색애주름버섯
Mycena inclinata	참나무애주름버섯
Mycena leucogala	검은애주름버섯
Mycena pura	맑은애주름버섯
Mycena stylobates	수레바퀴애주름버섯
Myelophycus simplex	바위수염
Mylcaceae	수메과
Myosotis palustris	물망초
Myosotis sylvatica	왜지치
Myrica	수메, 미리카

학명	국명
Myriophyllum verticillatum	물수세미
Myristicaceae	육두구과
Myrrhis odorata	스위트시슬리
Myrsinaceae	자금우과
Myrtaceae	정향과
Myrtus communis	도금양나무
Myxomycetes	점균
Najadaceae	마디말과
Nandina domestica	남천
Narcissus tazetta	수선화
Nasturtium officinale	양가자
Nelumbo nucifera	연
Nematanthus fritschii	렌디곤
Nemesia strumosa	네메시아
Nemophila menziesii	네모필라
Neomartica gracilis	네오마티카
Neoregelia	네오레겔리아
Neorhodomela aculeata	새빨간검둥이
Nepenthaceae	벌레잡이통풀과
Nepenthes rafflesiana	벌레잡이통풀
Nepeta cataria	개박하
Nepeta mussinii	네페타
Nephrolepis	단발고사리

학명	국명
Nephrolepsis exaltata	보스톤고사리
Nerine sarniensis	네리네
Nerium oleander	협죽도
Nicodemia diversifolia	니코데미아
Nicotiana gracilis	꽃담배
Nicotiana tabacum	담배
Nidularium regelioides	니둘라리움
Nierembergia caerulea	니렘베르기아
Nigella damascena	니겔라
Notocactus	불선인장
Notocactus leninghausii	금드볼선인장
Nuphar luteum	왜개연
Nyctaginaceae	분꽃과
Nymphaea odorata	수련
Nymphaeaceae	수련과
Nymphoides indica	어리연꽃
Ocimum basilicum	나륵
Odontoglossum rossii	오돈토글로숨
Oenanthe javanica	미나리
Oenothera odorata	달맞이꽃
Oenothera tetragona	참달맞이꽃
Oleaceae	물푸레과
Olea europaea	올리브나무
Oncidium	온시듐

학명	국명
Ophioglossaceae	고사리삼과
Ophiopogon japonicus	소엽맥문동
Opuntia microdasys	금오모자선인장
Orchidaceae	난과
Origanum vulgare	꽃박하
Ornithogalum caudatum	오르니소갈룸
Orobanchaceae	열당과
Orobanche coerulescens	초종용
Orostachys	바위솔, 와송
Osmanthus fragrans	단계목, 계목
Osmunda japonica	고비
Osmundaceae	고비과
Ostrya virginiana	아메리카개우나무
Otidea onotica	배모접시버섯
Oudemansiella mucida	끈적긴뿌리버섯
Oudemansiella platyphylla	넓은주름긴뿌리버섯
Oxalidaceae	괭이밥과
Oxalis adenophylla	옥살리스
Oxalis bowiei	꽃괭이밥
Oxalis corniculata	괭이밥
Oxydendrum arboreum	옥시덴드룸
Oxypetalum caeruleum	옥시페탈룸
Pachistima canbyi	파키스티마
Pachydictyon coriaceum	참가죽그물바탕말

학명	국명	학명	국명
Pachymeniopsis elliptica	참도박	Parrotia	페로티아
Pachyphytum oviferum	문스톤	Parthenocissus quinquefolius	양담쟁이
Pachysandra terminalis	파키산드라	Parthenocissus tricuspidata	담쟁이
Pachystachys lutea	풀리팝	Paspalum notatum	바히아그라스
Padina arborescens	부챗말	Paspalum thunbergii	참새피
Padina japonica	얇은부챗말	Passiflora coerulea	꽃시계덩굴
Paeonia	작약	Passifloraceae	꽃시계덩굴과
Paeonia suffruticosa	모란	Pastinaca sativa	파스니프
Palmae → Coryphaceae		Paulownia tomentosa	참오동나무
Panaeolus foenisecii	말똥버섯	Paxillaceae	우단버섯류
Panaeolus sphinctrinus	레이스말똥버섯	Paxillus atrotomentosus	우단버섯
Pancratium maritimum	판크라튬	Paxillus involutus	주름우단버섯
Pandanus veitchii	판다누스	Pedaliaceae	참깨과
Panellus serotinus	참부채버섯	Pedilanthus	홍조선인장
Panicum bisulcatum	개기장	Pedilanthus tithymaloides	은룡
Papaveraceae양귀비과		Pelargonium peltatum	아이비제라니엄
Papaver nudicaule	아이슬랜드포피	Pelargonium zonale	제라니엄, 제라늄
Papaver orientale	개양귀비	Pellaea rotundifolia	펠라에아
Papaver rhocas	양귀비	Penicillium	푸른빵곰팡이류
Papilionaceae	콩과	Pennisetum alopecuroides	수크령
Paradisea liliastrum	파라디시아	Pennisetum setaceum	페니세툼
Parkeriaceae	물고사리과	Penstemon	펜스테몬류
Parkinsonia aculeata	파킨소니아	Penstemon gloxinioides	펜스테몬

학명	국명
Pentas lanceolata	펜타스
Peperomia sandersii	페페로미아
Perilla frutescens	차조기
Persea americana	아보카도
Persicaria blumei	여뀌
Petalonia fascia	개미역쇠
Petroselinum crispum	파슬리
Petrospongium	바위주름
Petunia hybrid	피튜니아
Peziza succosa	노랑주발버섯
Peziza vesiculosa	주발버섯
Phacelia campanularia	파셀리아
Phaeolepiota aurea	금색갖버섯
Phaeophyta	갈조류
Phalaeopsis	팔레노프시스
Phallus impudicus	말뚝버섯
Phaseolus limensis	리마콩
Phaseolus multiflorus	강낭콩
Phaseolus vulgaris	강남제두
Phellodendron amurense	황벽나무
Philadelphus lathyris	고광나무
Philodendron friedrichsthahli	우호덩굴
Phlox drummondi	풀록스
Phlox paniculata	협죽조

학명	국명
Phlox subulata	땅패랭이꽃
Phoenix roebelenii	로에벨레니야자
Pholiota carbonaria	묵탄비늘버섯
Pholiota squarrosa	비늘버섯
Phologiotis helvelloides	장미주걱목이
Phormium tenax	신선란
Photinia	포티니아
Phragmites communis	갈대류
Phrymaceae	파리풀과
Phyllitis scolopendrium	나도파초일엽
Physalis francheti	꽈리
Physostegia virginiana	꽃범의꼬리
Phytolacca americana	미국자리공
Phytolaccaceae	상륙과
Picea excelsa	독일가문비나무
Picea jezoensis	가문비나무
Picea omorica	세르비아가문비
Picris hieracioides	쇠서나물
Pieris japonica	마취목
Pilea cadierei	물통이
Pimpinella anisum	아니스
Pinaceae	솔과
Pinellia ternata	반하
Pinguicula vulgaris	벌레잡이제비꽃

학명	국명
Pinguicular	핑구이쿨라
Pinus banksiana	방크스소나무
Pinus caribaea	슬래시소나무
Pinus echinata	소왕송
Pinus mugo	무고소나무
Pinus palustris	대왕송
Pinus pianaster	해안송
Pinus ponderosa	폰더로사소나무
Pinus rigida	리기다소나무
Pinus strobus	서양백송
Pinus taeda	테에다소나무
Pinus thunbergii	해송
Piperaceae	후추과
Piper crocatum	괴페르
Piper nigrum	후추
Pistacia chinensis	중국검양옻나무
Pisum sativum	완두
Pittosporaceae	섬음과
Plantaginaceae	질경이과
Plantago asiatica	질경이
Plantago lanceolata	참질경이
Plantago sibirica	창질경이
Platanaceae	플라탄과
Platanus acerifolia	단풍잎버짐나무
Platanus californica	캘리포니버짐나무
Platanus orintalis	플라타너스, 시카모어
Platycerium bifurcatum	박쥐고사리
Platycodon grandiflorum	도라지
Platystemon califonicus	크림컵
Plectranthus australis	스웨덴담쟁이
Pleioblastus simoni	해장죽
Pleomele reflexa	플레오멜리
Pleurotus dryinus	베일느타리
Pleurotus ostreatus	느타리
Plocamium telfairiae	참곱슬이
Plumbaginaceae	기송과
Plumeria lutea	황반화
Pluteus atricapillus	난버섯
Pluteus cervinus	난버섯
Pluteus leoninus	노란난버섯
Pluteus romellii	노란주름난버섯
Poa acroleuca	새포아풀
Poaceae	화본과
Poa pratensis	왕포아풀
Poa tririalis	수개포아풀
Podocarpus chinensis	나한송

학명	국명
Podocarpus macrophyllus	금송
Podophyllum peltatum	메이애플
Polemoniaceae	꽃고비과
Polemonium caeruleum	꽃고비
Polianthes tuberosa	튜버로스
Polygala japonica	애기풀
Polygalaceae	원지과
Polygonaceae	역귀과
Polygonatum involucratum	등굴레
Polygonum aviculare	마디풀
Polygonum cuspiatatum	호장근
Polygonum lapathifolium	흰여뀌
Polygonum nepalense	산여뀌
Polygonum reynoutria	톨리고둠
Polygonum senticosum	고만이
Polypodium aureum	미역고사리
Polyporaceae	구멍장이버섯
Polyporus squamosus	벌집버섯류
Polyschias balfouriana	톨리치아스
Polysiphonia	톨리시포니아
Polystichum tsus-simense	나도쇠고사리
Pontederia	톤테데리아
Pontederiaceae	물옥잠과
Populus alba	은백양, 은버들
Populus deltoides	넓은잎양버들
Populus monilifera	미루나무
Populus nigar	이태리포플라
Porphyra ishigecola	패돌김
Portulaca grandiflora	채송화
Portulaca oleracea	쇠비름
Portulaceae	쇠비름과
Postelsia palmaeformis	바다종려
Potamogeton distinctus	가래
Potamogetonaceae	가래과
Potentilla fragarioides	양지꽃
Potentilla kleiniana	가락지나물
Primulaceae	앵초과
Primula japonica	구층앵초
Primula malacoides	말라코이데스앵초
Primula polyantha	프리물라
Primula sieboldii	앵초
Primula veris	서양깨풀
Prosopis juliflora	메스키트
Prospopis glandulosa	프로소피스
Prunella asiatica	꿀풀
Prunus amygdalus	편도, 아몬드
Prunus avium	스위트체리
Prunus besseyi	부시체리

학	국	명
Prunus blireiana	브리베이아나플름	
Prunus caroliniana	캐로린벚나무	
Prunus ceracifera	선녀물라우드플름	
Prunus cerasus	시워체리	
Prunus domestica	서양자두	
Prunus donarium	벚나무	
Prunus mume	매화	
Prunus persica	복숭아나무	
Prunus sargentii	산벚나무	
Psathyrella	눈물버섯류	
Psathyrella candolliana	족제비눈물버섯	
Psilocybe semilanceata	종말똥버섯	
Psilotaceae	솔잎란과	
Psilotum nudum	솔잎란	
Pteridaceae	고사리과	
Pteridium aquillinum	층층고사리	
Pteridopyta	양치류	
Pteris cretica	큰봉의꼬리	
Pteris multifida	봉의꼬리	
Pterocarya stenoptera	당굴피나무	
Pterostyrax hispida	프테로스티락스	
Pueraria lobata	칡	
Pulmonaria angustifolia	폴모나리아	

학	명	국	명
Pulsatilla		할미꽃	
Punica granatum		석류나무	
Punicaceae		석류과	
Puschkinia scillodies		푸시키니아	
Pyracantha coccinea		울산사나무	
Pyrotaceae		노루발과	
Pyrola japonica		노루발풀	
Pyrus calleryana		콩배나무	
Pyrus communis		서양배나무	
Pyrus pyrifolia		동양배나무	
Quamoclit pennata		유홍초	
Quercus		떡갈나무류	
Quercus acutissima		상수리나무, 참나무	
Quercus alba		화이트오크	
Quercus borealis		붉은갈참나무	
Quercus coccinea		캐미즈오크	
Quercus kelloggii		블백오크	
Quercus nigra		워터오크	
Quercus palustris		핀오크	
Quercus phellos		윌로오크	
Quercus virginiana		버지니아참나무	
Quesnelia liboniana		퀘스넬리아	
Ramaria stricta		다박싸리버섯류	

학 명	구 명	한 명	구 명
Rosa rugosa	해당화	Sabiaceae	함나리과
Rosa wichuraiana	베모리일로즈	Sagina japonica	개미자리
Rosmerinus officinalis	미질향	Sagittaria	쇠귀나물류
Rotala indica	마디꽃	Sainpaulia ionantha	아프리카제비꽃
Rubia akane	꼭두서니	Salanum melongena	가지
Rubiaceae	꼭두서니과	Salicaceae	버들과
Rubus idaeus	나무딸기	Salicornia europaea	퉁퉁마디
Rudbeckia fulgida	루드베키아	Salix	버드나무류
Ruellia macrantha	루엘리아	Salix alba	금수양버들
Rumex acetosa	수영	Salix babylonica	수양버들
Rumex acetosella	애기수영	Salix caprea	염소버들
Rumex crispus	소리쟁이	Salix gracilistyla	버들개지
Ruppiaceae	줄말과	Salpiglossus sinuata	실피글로수스
Russelia equisetiformis	루셀리아	Salsola	솔장다리
Russula	무당버섯류	Salvia splendens	샐비어
Russula atropurpurea	참무당버섯	Salvinia natans	생이가래
Russula claroflava	노랑무당버섯	Salviniaceae	생이가래과
Russula cyanoxantha	청머루무당버섯	Sambuscus canadensis	캐나다딱총나무
Russula emetica	남새무당버섯	Sanguinaria canadensis	혈근초
Russula nigricans	절구버섯	Sanguisorba minor	베네트
Rutaceae	귤과	Sanguisorba officinalis	오이풀
Sabal palmetto	캐비지야자	Sansevieria trifasciata	산세베리아
Sabatia	사바티아	Santalaceae	단향과

학명	국명
Santolina chamaecyparissus	산톨리나
Sanvitalia procumbens	노랑항국
Sapindaceae	무환자과
Sapium sebiferum	오구나무
Saponaria officunalis	비누패랭이꽃
Sapotaceae	적철과
Sarcodon imbricatum	노루털버섯류
Sarcoscypha coccinea	술잔버섯
Sargassum	모자반류
Sargassum confusum	알송이모자반
Sargassum coreanum	른잎모자반
Sargassum fulvellum	모자반
Sargassum hemiphyllum	좍잎모자반
Sargassum horneri	괭생이모자반
Sargassum myabe	미야베모자반
Sargassum partens	쌍발이모자반
Sargassum sagamianum	비틀대모자반
Sargassum siliquastum	꽈배기모자반
Sargassum thunbergii	지충이
Sassafras albidum	사사프라스
Satureia hortensis	서머세이버리
Saururaceae	삼백초과
Saussurea	분취
Saxifragaceae	범의귀과
Saxifraga stolonifera	범의귀
Scabiosa	체꽃
Scheuchzeriaceae	지체과
Schizanthus	나비꽃
Schizocentron elegans	시조센트론
Schizostylis coccinea	시조스틸리스
Schizymenia dubyi	실패임
Schlumbergera-zygocactus	크리스마스선인장
Sciadopytys verticillata	왜금송
Scilla hispanica	실라
Scilla scilloides	무릇
Scilla sibirica	스포링부티
Scinaia japonica	외흐늘풀
Scirpus fluviatilis	매자기
Scirpus juncoides	올챙이고랭이
Scleroderma citrinum	어리알버섯
Scripus americanus	아메리카골풀
Scrophularia	현삼류
Scrophulariaceae	현삼과
Scutellinia scutellata	접시버섯
Scytosiphon lomentaria	고리매
Sebdenia agardhii	미끌부체
Sedum album	흰꿩의비름
Sedum kamtschaticum	기린초

학 명	국	명
Sedum morganianum	서양돌나물	
Sedum spectabile	큰꿩의비름	
Selaginellaceae	부처손과	
Selaginella remotifolia	부처손	
Sempervivum	하우스리크	
Senecio articulatus	목본개쑥갓	
Senecio cruentus	시네라리아	
Senecio elegans	자주솜방망이]	
Senecio kleinia	클레이니아	
Senecio mikanioides	세네시오	
Senecio valgaris	개쑥갓	
Sequoiadendron giganteum	아메리카삼목, 시코이어	
Sequoia glyptostoboides	메타세코이어	
Sequoia sempervirens	붉은아메리카삼목	
Serenoa repens	꼽메토	
Sesamum indicum	참깨	
Setaria glauca	금강아지풀	
Setaria viridis	강아지풀	
Setcreasea purpurea	세트크레아세아	
Sidalcea	시달세아	
Sida spinosa	시다	
Stegesbeckia glabrescens	털진득찰	
Silene armeria	끈끈이대나물	

학 명	국	명
Simarubaceae	소태과	
Sinningia speciosa	글록시니아	
Sinoarundinaria	대나무	
Sisyrinchium	노랑꽃붓꽃	
Sisyrinchium angustifolium	등심붓꽃	
Smilacina polygonatum	솜대규	
Smithiantha carmel	땜플벨	
Solanaceae	가지과	
Solanum	가지규	
Solanum nigrum	까마중	
Solanum pseudocapsicum	옥산호, 알산호	
Solidago sempervirens	미역취류	
Solidaster luteus	솔리다스터	
Sonchus asper	큰방가지똥	
Sonchus brachyotis	사데풀	
Sonchus oleraceus	방가지똥	
Sophora japonica	회화나무	
Sophronitis coccinea	소프로니티스	
Sorbaria sorbifolia	쉬땅나무	
Sorbus alnifolia	팥배배나무	
Sorbus aucuparia	유럽마가목	
Sorbus chinophylla	마가목	
Sorghum bicolor	단수수	

Sparassis crispa	꽃송이버섯
Sparaxis tricolor	스파락시스
Sparganiaceae	흑삼릉
Spargnium	흑삼릉
Spathiphyllum clevelandii	스파시필룸
Specularia	스페쿨라리아
Spinacia oleracea	시금치
Spiraea bumalda	부밀다조팝나무
Spiraea prunifolia	꽃조팝나무
Spirea	조팝나무류
Spirodela polyrhiza	개구리밥
Spirogyra	해캄류
Sprekelia formosissima	스프레켈리아
Stachys grandiflora	석잠풀
Stapelia hirsuta	스타펠리아
Staphyleaceae	고추나무과
Stellaria alsine	벼룩나물
Stellaria aquatica	쇠별꽃
Stellaria media	별꽃
Stemonaceae	백부과
Stemonitis nigrescens	마리카타점균
Stemonitis splendens	자주솔점균
Stenotaphrum secundatum	세인트오거스틴그라스
Stephanandra incisa	국수나무
Stephanotis floribunda	마다가스카르자스민
Sterculiaceae	벽오동과
Stereum hirsutum	꽃구름버섯
Stereum sanguinolentum	소나무꽃구름버섯
Sternbergia lutea	스테른베기아
Stewartia ovata	스테와르티아
Stipa sibirica	나래새
Stokesia laevis	스토케시아
Strelitzia reginae	극락조화
Streptocarpus	아프리카가영초
Streptosolen jamesonii	스트렙토솔렌
Strobilomyces strobilaceus	귀신그물버섯
Stropharia aurantiaca	독청버섯
Stropharia cyanea	푸른독청버섯
Styracaceae	때죽과
Styrax grandifolia	스노벨
Styrax japonica	때죽나무
Suillus grevillei	큰비단그물버섯
Suillus luteus	비단그물버섯
Swietenia mahogani	마호가니
Sympetalat	합판화류
Symplocarpus renifolius	앉은부채
Symplocos paniculata	심플로코스
Symprocaceae	노린재나무과

학명	국명	별명	학명	국명	별명
Syndapsus	신답수스		Thalictrum	꿩의다리류	
Syngonium podophyllum	싱고늄		Thea sinensis	다목화	.
Syringa amurensis	정향나무		Thelephora palmata	단풍사마귀버섯	
Syringa persica	페르샤라일락		Thelephora terrestris	사마귀버섯	
Syringa vulgaris	라일락		Themeda triandra	솔새	
Taeniophyllum aphyllum	가마리란		Theobroma cacao	카카오	
Tagetes erecta	취부용		Thermopsis caroliniana	테르모프시스	
Tamaricaceae	위성류과		Thlaspi arvense	말냉이	
Tamarix juniperina	위성류		Thuja occidentalis	서양측백나무	
Tamarix pendantra	타마리스크		Thunbergia alata	툰베르기아	
Taraxacum wiggers	민들레		Thymophylla tenuiloba	티모필라	
Taxaceae	주목과		Thymus citriodus	레몬사임	
Taxodium disticum	낙우송		Thymus quinquecostatus	백리향	
Taxus cuspidata	주목		Thymus vulgaris	티에무스	
Taxus media	회스주목		Tiarella	산바위귀	
Tegetes patula	매리골드		Tibouchina	티보치나	
Tephrocybe palustris	그레일링버섯		Tigridia pavonia	티그리디아	
Ternstroemia	사라수		Tiliaceae	피나무과	
Ternstroemiaceae	차과		Tilia cordata	소엽보리수	
Tetragoniaceae	번행과		Tilia miqueliana	보리수	
Tetranema mexicanum	테트라네마		Tilia tomentosa	은보리수	
Tetrapanax papyriferum	통탈목		Tillandsia setacea	소나무겨우살이	
Teucrium chamaedrys	비아크름		Tilletia	깜부기병균, 흑수병균	

학명	국명
Tithonia rotundifolia	멕시코해바라기
Tolmiea menziesii	톨미에아
Torenia founieri	토레니아
Torilis japonica	사상자
Trachelospermum jasminoides	당마-산넝쿨
Trachycarpus fortunei	종려
Trachymene caerulea	블루베이스
Tradescantia canaliculata	자주달개비
Tradescantia fluminensis	흰잎죽달개비
Tragopogon porrifolius	양쇠채
Trametes	송편버섯
Trapa natan	마름
Tremellaceae	목이버섯류
Trichatum abietium	웃슬버섯
Tricholaena rosea	루비그라스
Tricholoma	송이류
Tricholoma sulphureum	노랑독버섯
Tricholoma virgatum	회색독송이
Tricholomopsis rutilans	솔버섯
Trichostema	트리코스테마
Tricyrtis dilatata	뻐꾸나리
Trifolium	토끼풀류
Trifolium medicago	노랑토끼풀
Trifolium pratense	붉은토끼풀

학명	국명
Trifolium repens	토끼풀
Trillium	트릴륨
Tripogandra	고사리달개비
Tritonia crocata	트리토니아
Trollius ledebourii	트롤리우스
Tropaeolaceae	한련과
Tropaeolum majus	금련화, 한련
Tropaeolum peregrinum	카나리아한련
Tropaeolum polyphyllum	트로파엘룸
Tsuga canadensis	캐나다솔송나무
Tsuga sieboldii	솔송나무
Tubaira furfuraceae	다색계의버섯
Tulbaghia fragrans	툴바기아
Tulipa fosteriana	튤립
Tylopilus felleus	쓴맛그물버섯
Typha latifolia	부들
Typhaceae	부들과
Tyromyces stipticus	흰개떡버섯
Udaria pinnatifida	미역
Ulmaceae	느릅과
Ulmus parvifolia	느릅나무
Ulmus sarniensis	아메리카느릅나무
Ulva conglobata	모란갈파래
Ulva lactuca	갈파래

학 명	국 명	명	학 명	국 명	명
Ulva pertusa	구멍갈파래		*Veronica spicata*	베로니카	
Undaria pinnatifida	미역		*Veronica undulata*	물칭개나물	
Uniola paniculata	시오트		*Viburnum*	배당나무류	
Ursinia anethoides	우르시니아		*Viburnum carlcephalum*	비부르늠	
Urtica thunbergiana	쐐기풀		*Viburnum carlesii*	가막살나무	
Urticaceae	쐐기풀과		*Vicia angustifolia*	살갈퀴	
Utricularia japonica	통발		*Vicia bungei*	들완두	
Uvularia grandiflora	풍령초		*Vicia cracca*	등갈퀴덩굴	
Vaccinium vitis	월귤나무		*Vicia faba*	잠두	
Vateriana fauriei	쥐오줌풀		*Vicia hirsuta*	새완두	
Valerianaceae	마타리과		*Vicia tetrasperma*	얼치기완두	
Vallisneria americana	발리스네리아		*Vinca rosea*	메일초	
Vallota speciosa	발로타		*Violaceae*	제비꽃과	
Vanda	반다		*Viscum album*	열대제삼	
Vetheimia viridifolia	벨세이미아		*Viola mandshurica*	제비꽃	
Venidium fastuosum	베니듬		*Viola tricolor*	팬지	
Verbascum	버바스굼		*Vitaceae*	포도과	
Verbena	버베나, 마편초		*Vitex agnus-castus*	이탈리아목형	
Verbenaceae	마편초과		*Vitex rotundifolia*	순비기나무	
Vernonia	베르노니아		*Vitis vinifera*	포도나무	
Veronica didyma	개불알풀		*Volvox*	볼복스	
Veronica persica	왕봉까지, 큰개불알꽃		*Vriesia Mariae*	브리시아	
Veronica repens	두메투구풀		*Watsonia rosen*	와소니아	

Weigela vanicek	병꽃나무류
Wisteria nutt	등나무
Woodsia ilvensis	숨털가물고사리
Xanthium strumarium	도꼬마리
Xanthorhiza simplicissima	키산토리저
Xanthorrhoea	그레스트리
Xeranthemum annuum	임모텔
Xylaria hypoxylon	콩꼬투리버섯
Xylosma senticosa	산유자나무
Yamadaea melobesioides	넓적아마다산호말
Youngia japonica	보리뺑이
Yucca brevifolia	조슈아트리
Yucca filamentosa	유카
Zamia floridana	자미아
Zantedeschia aethiopica	칼라
Zea mays	옥수수, 강냉이
Zebrina pendula	자주줄달개비, 제브리나
Zelkova serrata	느티나무
Zephyranthes candida	닭개꽃무릇
Zingiber officinale	생강
Zingiberaceae	생강과
Zizyphus jujuba	대추나무
Zostera marina	거머리말
Zosteraceae	거머리말과
Zoysia japonica	잔디
Zygophyllaceae	남가새과

참고문헌

도서명	출판사명
LIFE NATURE LIBRARY 　(series 영문판 및 일본어판) 　The Deserts 　The Poles 　The Mountains 　The Sea 　The Earth 　Ecology 　Animal Behavior 　The Primates 　Early Man 　The Mammals 　The Insects 　The Birds 　The Fishes 　The Reptiles 　The Plants 　Africa 　North America 　South America	Time-Life Books

Eurasia
Australia
Tropical Asia
Evolution

WILD, WILD WORLD OF ANIMAL Time-Life Books
(series 영문판 및 일본어판)
The Cats
Monkeys and Apes
Dangerous Sea Creatures
Elephants and Land Giants
Reptiles and Amphibians
Birds of Sea, Shore and Stream
Bears and Other Carnivores
Whales and Sea Mammals
Wild Herds
Insects and Spiders
Birds of Field and Forest
Life in the Coral Reef
Beavers and Other Pond Dwellers
Kangaroos and Other Creatures from Dawn Under
Song Birds
Island Life
Fishes of Lakes, Rivers and Oceans
Life in Zoos and Preserves
Rabbits and Other Small Mammals
Animal Defence

Domestic Descendants
Aquatic Miniatures

The World We Live in	Time-Life Books
The Wonders of Life on Earth	Time-Life Books
Visual Dictionary (영문판 및 일본어판)	Time-Life Books

THE CHILDRENS TREASURY   Time-Life Books
  OF KNOWLEDGE (series 영문판 및 일본어판)
    Prehistoric Life
    Plants
    Underwater Life
    Animals
    Insects

THE TIME-LIFE ENCYCLOPEDIA   Time-Life Books
  OF GARDENING (series 영문판 및 일본어판)
    Annuals
    Roses
    Landscape Gardening
    Lawns and Ground Covers
    Flowering House Plants
    Bulbs
    Evergreens
    Perenials
    Flowering Shrubs
    Trees

Foliage House Plants
Vegetables and Fruits
Herbs
Wildflower Gardening
Greenhouse Gardening
Ferns
Cacti and Succulents

THE ENCYCLOPEDIA OF   Equinox Ltd.(UPI)
  ANIMALS (series)
    육식동물
    해산포유류
    영장류
    대형 초식동물
    소형 초식동물
    유대류
    조류-1
    조류-2
    조류-3
    양서류·파충류

Great Books of Birds	Archcape Press
Fishes of the World	Portland House
Sea Shells of the World	Crescent
The Living World	Mallard Press
Indoor Gardening	Rodale
Animals of the Dark	Praeger
Biology Encyclopedia	Checkerboard Press

Nature Encyclopedia   Checkerboard Press

NATIONAL GEOGRAPHIC   National Geographic
   (magazine 1982—1993)   Society

Flowers of the World   Bantam Books
Mushrooms and Other Fungi   Hamlyn
Peterson First Guides Insects   Houghton Mifflin
Shells of the World   Mitchell Beazley

A GOLDEN GUIDE (series)   Wester Pub.
        Insects
        Spiders and Their Kin
        Butterflies and Moths
        Fishes
        Venomous Animals
        Mammals
        Birds
        Flowers
        Pond Life
        Seashore
        Fossils
        Reptiles and Amphibians
        Tropical Fishes
        Trees
        Weeds

Familia Mushrooms	The Audubon Society
Familia Seashells	The Audubon Society
Familia Birds of North America	The Audubon Society

곤충분류학	집현사(우건석)
원색한국곤충도감	아카데미(신유항)
한국의 조류	교학사(원병오)
수산동식물명사전	현대해양사
한국동물명집-척추동물	향문사
-곤충	
-무척추동물	
한국식물 병, 해충, 잡초 명감	서울대 출판부
한국동식물자원명감	일조각(안학수 등)
한국자원식물총람	국책문화사
한국수목해충목록	임업시험장
식물병충해명감	부민사
한국원색패류도감	일지사(유종생)
한국의 버섯	교학사(박완희)
한국패류도감	아카데미서적(권오길 외)
한국어류도감	일지사(정문기)
열대어 사육과 번식	오성출판사(박수용)
조류 사육과 번식	오성출판사(박희신)
동아대백과	동아출판사

기타 일본 가켄샤, 고단샤 등의 어린이 학습백과에서 동식물편 다수 참고

세계 중요 동식물 일반명 명감
-영명·국명·학명 상호대조-

1994년 10월 20일 인쇄
1994년 10월 30일 발행

지은이 윤 실
펴낸이 손영일
펴낸곳 전파과학사
서울시 서대문구 연희2동 92-18
TEL. 333-8877·8855
FAX. 334-8092   1956. 7. 23. 등록 제10-89호

공급처 : 한국출판 협동조합
서울시 마포구 신수동 448-6
TEL. 716-5616~9
FAX. 716-2995

ISBN 89-7044-550-1 03400